bahá'í

中国社会科学院世界宗教研究所巴哈伊研究中心
北京大学巴哈伊原典文献翻译与研究项目
山东大学巴哈伊研究所
广州大学巴哈伊研究中心

联 袂 推 出

巴哈伊文献集成

蔡德贵
卓新平
宗树人
于维雅
雷雨田

主编

Chinese Studies on the Bahá'í Faith: A Comprehensive Collection

第

2

卷

山东大学出版社

目录

亚洲国家的三大革命运动(节选)*

王芝九编

"巴勃"是波斯回教的一个新派,创始人萨依特·阿利·穆罕默德(一八二一～一八五〇),于一八四四年立教。巴勃是"睿智之门"的意思,它的教义主张废除封建剥削,主张一切人民平等,反映出当时波斯手工业者、城市贫民和农民的幻想。

一八四五年,萨依特·阿利·穆罕默德本人被囚禁。一八四八年,巴勃教徒鼓动各地人民起义,声势很大。波斯统治阶级用残酷野蛮的手段镇压了各地的起义,并于一八五〇年七月把萨依特·阿利·穆罕默德处死。后来到一八五二年,巴勃教徒一度采用暗杀方法,行刺国王,没有成功,又遭受了最残暴的屠杀。

巴勃起义运动以农民为主体,但是革命的口号并不是消灭封建剥削和平均分配土地,而是空想地废除私有财产制度。巴勃教徒起义运动采用了宗教的形式,那是适合于经济政治落后的波斯的情况的。那时波斯的回教教会顽固地保卫了封建制度,因此革命运动必须争取改革回教和反对上层的僧侣阶层。巴勃教徒起义的失败原因,在落后国家没有工人组织,农民队伍散漫不团结,又缺乏计划。巴勃起义失败后,波斯依然在外国侵略势力下半死不活地存在着。波斯的统治者企图做一些内政改革,但是并没有实现。

* 原载王芝九编:《世界近代史》第 1 册,人民教育出版社 1952 年。

伊朗巴布农民运动及对“巴哈主义”的批判*

纳　忠

一、巴布运动的时代背景(一)

十八世纪后半期，伊朗还是一个完全独立的封建国家。虽然内部封建领主间的斗争不断地发生，宫廷贵族间的暗杀、政变不断地出现，但从七十年代起，伊朗出现了较为稳定的局面，建立了较为强大的政权。当时，俄罗斯在自己不断地扩张的过程中，曾屡次向南推进，企图占领伊朗北部，但它的势力只达到伊朗的边界。英国对伊朗的贸易也是十分注意的，但在十八世纪初期，它的力量大部集中于地中海西部，在十八世纪后期，它又以全力对印度进行攫取与掠夺，忙于应付它的殖民地扩张的敌人——法国，因而，英国在整个中近东，特别是在伊朗的力量是薄弱的，英国人只能在波斯湾沿岸设立外国经理处。其他欧洲人在伊朗的利益，也只是暂时限于贸易方面。

法国资产阶级革命前夜的伊朗，仅仅是一个衰弱的封建国家，还不是殖民地、半殖民地。十八世纪的最后几年，伊朗出现了一个统一的王朝。大封建主阿加穆罕默德联络各封建汗王，以北方的德黑兰为根据，进行残酷的战争，夺取了全国大部分的省区，没收反对派的土地财产分配给自己的亲信，并将伊朗的首都从伊斯法汗迁到北方德黑兰。在伊朗确立了世袭君主制度的政权，即卡雅尔王朝。

阿加穆罕默德政权的建立，曾使伊朗的北方繁荣起来。从十八世纪中叶就已经衰落的伊朗的城市和农村，又获得暂时休养生息的机会。然而，就在这个时期，法国资产阶级革命之后，英国和法国争夺殖民地霸权的斗争，又以新的力量、新的姿态爆发起来了，伊朗成为它们争夺的重要地区，于是，伊朗被提到列强军事外交斗争的舞台。

一八〇〇年十二月，由于英国占领马尔它岛的事件，俄国和英国之间的关系突然变得紧张起来。这时，拿破仑在埃及遭到失败，占领近东的阴谋随着幻灭。拿破仑便利用英俄两国的矛盾，和俄皇保罗建立同盟，准备经过伊朗，向印度进军，共同推翻英国在印度的统治权。由于拿破仑在近东、中东没有稳固的根据地，也没有足够的军队，不久俄皇保罗又被暗杀，进攻印度的计划终于成为泡影。英国为了进一步打击法俄，扩张自己由近东到印度的势力，就派遣代表团到伊朗活动，用黄金贿赂伊朗的王公大臣，诱惑伊朗政府签订一八〇一年的英伊条约，进行反对俄国、法国。但是，当伊朗和俄国

* 原载《云南大学学报》1956年第1期。

发生战争的时候(一八〇四),英国并未履行条约,致使伊朗在战争中遭到严重的失败。而英国在伊朗的地位也大大地低落。法国乘机而入,于一八〇七年和伊朗订结同盟条约,条约中规定法国帮助伊朗训练新军,供给军火,并答应强迫俄国把乔治亚退还伊朗。不久,法国的军事在欧陆获得优势,国际局势的转变,又使俄法两国的关系密切起来,一八〇七年七月的里斯特和约签订之后,俄法两国再度成为同盟国家,联合取道伊朗,共同进军印度的计划又重新提出。在这个同盟条约中,法国出卖了伊朗,供给军火之约没有履行,收回乔治亚之事,更成为泡影。伊朗遭此打击后,上层分子大失所望,各阶层的人民对法国的背义寡信,尤为仇恨。英国利用了法、伊两国的矛盾,在伊朗展开了外交上传统的欺骗政策。对伊朗政府威胁利用,使它投到自己的怀抱。结果,签订了一八〇八年的英伊条约。并扩大制造谎言,宣传俄国进窥伊朗和印度,作为在伊朗建立军事根据地的借口,不但为了巩固它在伊朗的势力,并想由里海的东西岸,扩大侵略的范围,把大不列颠帝国的势力伸展到高加索和中央亚细亚去。接着派遣军官到伊朗去,供给伊朗武器,积极策动伊朗对俄国作战,一八一三、一八二八年两次的俄伊战争,便是在英国的煽动下爆发起来的。

随着拿破拿破仑的失败,英国暂时少了一个殖民地竞争的劲敌,它在伊朗的势力日益巩固。而伊朗的封建统治政府开始成为英国奴役伊朗人民的工具。

由于伊朗封建社会经济之落后,及其政治之腐败、黑暗,伊朗封建统治者的懦弱无能,贪婪成性,不惜出卖国家主权,谋取自身利益。英国人在整个伊朗获得优越地位,甚至能够收买了伊朗国王和伊朗太子忠实于英国。另外,法国对俄国背信寡义,对伊朗蒙蔽欺压的外交政策,使法、伊、俄之间发生尖锐的矛盾,迫使伊朗不能不从英国方面去寻找政治上的援助,这也是促成英国势力在伊朗增长的原因。

十九世纪三十年代英国的资本主义工业已经达到高度的水平。英国资产阶级,对于本国对内和对外的政策,具有巨大的影响,议会改革替工业资本主义打开政权的大门。夺取新的殖民地市场、夺取更多的工业原料的政策,成为英国资本主义的主要任务。自一八三二年后,在短短的十余年内,英国的资本,除束缚了整个印度以外,并控制了整个近东与中东的市场和资源。伊朗本来是 个落后的封建国家,伊朗国王“沙”和受国王管辖而实际是独立的或半独立的许多部落首长“汗”,仍然是伊朗人民和土地的主宰者。十八世纪末,伊朗还是一个闭关自守的封建国家,在英国、法国、俄国的竞争下,落后的伊朗社会呈现出它的孱弱性,很容易地沦为外国军事政治统治的附庸。三十年代以后的伊朗人民已经紧紧地被捆在英国资本的层层密网中了。在上一世纪,伊朗本来已经有过很大的家庭手工业的。纺织业、编织地毯业获得广泛的发展,输出全世界。丝织品、羊毛纺织以及农民的牧畜业也在国内畅销,城市也很发达,伊斯法汗、叶几德、克尔曼……都是十万人以上的城市。国内外的贸易都掌握在伊朗人自己手里。十九世纪开始后,伊朗变为英国与印度的通道,东印度公司曾把伊朗的经营划在它的范围以内,这使伊朗的手工业、商业受到了巨大的损害。到了三十年代,英国的纺织业垄断了伊朗的市场,伊朗薄弱的手工业出品,竞争不过英国工厂生产的输入品而日趋没落。不仅对外的贸易被英国、印度(东印度公司)代替,就是国内的贸易也受了严重的危害。

外资束缚使伊朗社会受惨重的破坏,古老的封建社会日益走上半殖民地的道路。在外资侵入,商品货币的关系迅速加强中,首先是伊朗王室、贵族、教会及各部落的首长感到对货币的需要,来自欧洲、印度的奢侈品扩大了他们的胃口,他们强迫农民把封建地租及封建劳役制改为货币的形式,为了保持自己的利益,满足自己的奢侈欲望,不惜接受英国人的贿赂,充当英国人搜刮、压迫本国人民的工具。

伊朗国王是伊朗人民生命、财产的最高主宰者，他使用最残酷的愚民政策凌驾一切，是典型的东方式的专制暴君。政治混乱，财政尤为紊乱不堪，国家的收入与国王的私产混在一起，一切官职，上至总督高位，下至地方胥吏，都以贿赂得到，除贿赂外无法得到一官半职。买官所付的贿款，由苛税暴敛和分卖低级官职而收回，且百倍于所付的贿款。藉这些方法，伊朗国王和贵族便成为全国财富的所有者。

伊朗国王用黑暗的恐怖手段，力图把全国农民和城市居民制服于自己的统治政权下，自阿加穆罕默德建立卡雅尔王朝之后，屠杀居民之事，层出不穷，曾经在大批屠杀的地方，用被砍下的头颅建起高塔。

统治各省的独立的、半独立的汗、王，对人民的压榨更甚于伊朗王朝，他们除了向农民征收七成以上的收入，并利用各种手段，向所属的人民勒索货币，又放高利贷，成千成万的人民失去了土地或职业，成为流浪的乞丐。

伊朗的教会——十叶派教会[三]，仍然是伊朗最大的土地所有者，面对着这新的变革，更增加了教会高级长老、阿衡阶级对人民剥削的机会，十叶教会是伊朗封建制度的综合，高级长老、阿衡是伊朗封建社会法律、秩序的泉源。长老、阿衡们利用他们在宗教上的传统地位，享有政治上、经济上的各种特权，支配着教会甚至国家的广大财产。在货币关系增长以后，长老、阿衡阶级利用解释法律、宗教法庭的审判、证婚、代管遗产、宗教税赋等等特权，对各阶级人民进行货币的剥削，并从事商业和高利贷的经营，收买各省各部落封建领主的土地。因而，在四十年代以后，教会的高级长老、阿衡和外国资本及本国商人有着密切的联系，对本国政治有着巨大的权力，成为伊朗统治阶级中最残酷的剥削者，他们是拥护现存制度最力的阶层。

由于外资侵入，商品货币的增强，大封建领主统治的采邑制逐渐破坏，而私人土地所有制日益扩大了。新的土地所有者——大商人对农民虽仍保留封建剥削制，但他们和外资的关系是密切的，他们是高利贷的能手，为了保持商品经济的发展，他们对古老的封建政治制度是不满意的，他们主张建立牢固的统一王国，希望交通之改善与一切内政的改革。因此，伊朗商人和力图维护旧制度的伊朗国王、贵族及高级长老、阿衡们是不能完全一致的。

受外资侵入的危害最大的自然是农民阶级、小手工业者、小商人和乡村教士。各种货币的负担放在农民的身上，各种苛捐杂税随着统治者对货币的需要而增加，还负担着战费、政费及教会、官吏的勒索，而且在外国军队的蹂躏和内战的摧残下，农田水利遭到惨重的破坏，原来人烟稠密的地区现出了数百里境内没有人烟的惨状，贫困、疾病、饥荒、虐杀、死亡……是十九世纪四十年代伊朗农村的情况。同样遭到压迫的包括为数很多的乡村教士，他们是高级长老、阿衡的奴仆，已经得不到任何收入，无法为生，结果是走入佃农的队伍，或流浪在外成为小商人。城市中的小手工人或小商人，在英国、印度工业品充斥后，在英国各种商业机构成立后，已经没有生存的余地。

十九世纪四五十年代，在西方是工人运动高涨的时代，在东方——伊朗、印度、中国，是人民反封建统治，反对外资束缚的开端的时代。

二、巴布教派　巴布农民运动的经过(四)

伊朗的人民运动是早在十九世纪三十年代就爆发的。一八二八年伊朗与俄国订了土库曼条约，为着缴纳俄国的赔款，在伊朗曾经施行非常繁重的捐税，这些沉重的压迫，增加了人民的愤懑。伊朗的统治阶级在英国的怂恿下，力图把人民对国王、官吏、高级教士的仇恨转移到俄国及其驻伊朗大使格里博爱多夫的身上。一八二九年二月，群众受了十叶教会的指使，攻击俄国大使馆，并把俄国大使凌迟碎割处死。格里博爱多夫原是十二月党人，为俄国沙皇所不喜，派充驻伊朗大使，原含着逐放之意。因而这一桩事件并未引起多大的纠纷。然而这是伊朗人民反对外国、反对国内统治阶级的序幕。近代伊朗大规模的人民运动，则是开始于十九世纪五十年代巴布教派所领导的农民起义。

巴布教派的创始人名米尔撒·穆罕默德，一八一九年五月生于什拉子城，出身于贫穷的小商人家庭。父亲名阿里，母亲名法提玛。幼年跟随父亲经营小商业，后来便到波斯港口本得布什尔居住，仍经营小商业。十九世纪初，本得布什尔是一个四通八达的码头，英国和印度的商品，特别是纺织品，从这里的港口运输到伊朗及阿富汗、中亚各地，又把伊朗的资源从这里送到英国、印度。这是英国吸取伊朗人民血液，掠夺伊朗人民财富的一个血口。米尔撒·穆罕默德住在本得布什尔的时候，正是英国资本家疯狂地向伊朗侵入的时代。十九世纪三十年代，伊朗的城市居民，特别是小商人都受了外资侵入的影响，逐渐被排挤开了，他们变成了码头的“苦力”，城市的流浪者。米尔撒居住在本得布什尔的时候，开始仇恨外国资本家，仇恨国内的封建统治阶级，对贫富悬殊感觉不平。他是十叶派的信徒，但他痛恨十叶派的高级长老们。这些长老们盤踞教堂，拥有大量的土地，享受极端的特权，和伊朗国王与封建贵族同为伊朗最大的剥削阶级。

米尔撒·穆罕默德在本得布什尔，和外国伊斯兰教徒发生了接洽关系，而和华哈弼教派(五)的关系尤为密切。华哈弼教派发生于阿拉伯的内机德，十九世纪初叶传布于印度的西北部。当时英国以全力深入印度西北，千千万万的农民，在英国资本主义的泛滥中破了产。三十年代，华哈弼教派成为反对英国侵略，反对封建统治者的人民运动。宣传人类生而平等，鼓动印度人民起来作武装斗争，驱逐英国人，推翻封建王公，打垮亵渎“圣教”、“先知”的高级教士。华哈弼教徒以乡村教会为根据，成立了坚强而广泛的组织，建立了武装部队，在西北各省和孟加拉省起义，进行了十余年的英勇斗争。最后，在英国军队及英国雇用的印度军队的犀利的新式武器下被镇压了。这是一种隐蔽在宗教外衣下面的人民运动具有宗教的狭隘的幻想成分(六)。印度的华哈弼教徒，一部分逃到阿富汗、伊朗、阿拉伯各地，本得布什尔便是他们聚集的一个地方。米尔撒·穆罕默德由他们受到很大的影响。一八三九年，米尔撒十二岁，他到美索布达米亚南部克朗白拉朝觐十叶“圣陵”(七)。在克尔白拉住了五年，研究十叶派与神秘派(八)的学说，受神秘派早期学说的影响很大。(九)克尔白拉是十叶派的“圣地”，每年有成千的狂热的十叶教徒由各地去朝觐，米尔撒结识了他们。向他们宣传自己的主张，他认为人类原来是平等的，世间一切灾害与贫困都是人为的，人类要得到幸福，必须消灭人为的一切不平等现象。这时，他的主张是局限于宗教理论上的，反映出人民大家的要求，因而在五年内，他的学说，迅速地传播开了，信徒遍伊朗、伊拉克、叙利亚、阿拉伯。他成为伊朗人民所崇拜的神秘人物。米尔撒曾作了长途的旅行，从美索布达米亚到红海沿岸及阿拉伯内地。在他旅行期间，他的信徒竟以“先知”、“最后的救世者”来称呼他，承认他是受了“天启”。一八四四年，米尔撒回到故乡本得布什尔，他宣布自己是十叶派正宗的领袖，自称“巴布”。“巴布”一字在阿拉伯文、波斯文里是“门户”之意，开始使用于中世纪伊斯兰的神秘教派，由穆罕默德的语录“我进到学问的门户”一句而来。神秘派采用这个字，是窥见“真理之门”、“找到幸福之路”、“会见救世主”之意。“巴布”一字，又有“首相”之意，首相是国王与人民的中介，“救世者”是上帝与人类的中介。[一〇]一八四四年，十叶派首领死后，米尔撒就宣布自己为“巴布”。他以“巴布”称呼他的教派，是含着继承神秘教派，以“救世主”自居的意思。狂热的十叶教徒中的城市贫民、小商人、低级教士吸引到他的周围，以清真寺为宣教的场所，又从事波斯文、阿拉伯文的著作，或用书信体材，传达他的主张，或写为短文、条文，作为教派的论纲，或写为诗歌，鼓动群众，或写成论文，解释古兰经。他主要的著作有白雅尼、两圣地之间、诗集、约瑟章注释。巴布否认古兰经是“最完善的经典”，他认为古兰经的时代已经过去，它的“教训”已不适用于近代新的生活的条件。又否认穆罕默德是“最后的先知”，他主张世界应随时存在一个“先知”。他的门徒以白雅尼为“新圣经”，每日必须诵读，以巴布为当代的“新先知”，他的出生地成为“圣地”，必须建立教堂，供人朝觐。巴布在白雅尼中也暗示自己是“新先知”：“你们在处世工作中应找到一面镜子，由镜子中看到你们热爱的太阳。”[一一]在一八四八年以前，巴布的学说只是局限在神学、教条的范围内，没有提出明显的政治主张来。一八四八年初，巴布的学说已经不是纯粹的宗教学派了，它的活动也不限于宗教范围，他开始从事于更广泛的社会运动。巴布提出了进一步的、但却是幻想的政治主张，他主张消灭一切不公道的秩序，揭露封建统治者和十叶教派高级长老教士的罪恶，他反对外国资本家的剥削，他主张建立一个新的王国，“在这个国度里只居住巴布教们，一切本国的统治者，外国的统治者都将被逐出去”[一二]。他们的财产，将被没收并在教徒之间分配。在这个国度里，将没有暴政，只有平等、幸福。“巴布教派将在全世界胜利，将使全世界人类社会得到幸福。”[一三]巴布主张建立的新王国，以“十九”这个数字为神圣的数目，因为这个包含着“唯一”、“永存”的意义，表示新王国是一个统一的永存的国家。[一四]新王国中将使用新历，一年分为十九个月，一月分为十九日。王国中组织十九人委员会，公平地主持国家大事，新制度将废除一切刑罚，一切苛捐杂税，新制度将征收商人五分之一的利润以为国家经费，若无赢利，则免于征收。每一个人民自由缴纳税赋，但国家机关、宗教团体不能向人民强收。[一五]

巴布主张婚姻自主，离婚是不幸福的，男女双方提出离婚意见时，应多给考虑的期限，使双方再归于合好。反对守节，男女双方在配偶死后，必须隔九十日到九十五日始能自由结婚。[一六]妇女应该抛去面幕，参加社会活动。男女可以自由交谈，但仍应有一定的距离，男子和一个不相识的女子只能说二十八句话。[一七]他反对虐待儿童。反对施济制度，这是反对伊斯兰教士上层长者教士借施济之名以剥削人民的一个鲜明表示。巴布的一切主张，反映出伊朗城市——特别是商人、手工人的要求。他们反对苛捐杂税，反对外国资本的侵入，甚至希望建立自己的政府。幻想着建立一个新制度，希望由巴布的“门”，巴布的“镜子”看见新的世界，但是巴布的主张是对城市富裕阶层有利的。巴布运动中，有为数很多的城市商人，也有许多政治上失意的封建贵族地主参加。凡是接受巴布学说，参加活动的人，不论是地主、贵族、商人，对其私有财产一律保护，他提出没收统治者的财产，但他认为平均分配财产是不公平的，应以财产的多寡为分配的标准。鼓动出门经商，一切商业的契约受到保护。[一八]商人在“巴布王国”中缴纳赋税后便可以享受优厚的权利。他仅仅提出不以暴力征税，不以苛政酷刑施人。在巴布初由克尔白拉回到本得布什尔的初期，巴布的追随者多半是城市贫民和低级教士，但在巴布的声望提高后，富裕的商人加入教派者日多，甚至宫廷贵族中政治上失意的人，也有参加教派活动的。巴布对于这些阶层的加入是不拒绝的。因此，巴布的学说是妥协的、矛盾的，不可能彻底地反映出那些受封建主、外国资本家压迫的农民、手工人的意识形态。但是在反对封建统治阶级、反对外国资本这一点上，是符合于广大农民的希望的。因而，巴布的学说是为农民所拥护的。在政治上，巴布教徒幻想着策动宫廷贵族的事变，甚至幻想把国王和皇宫贵族、教会的个别首领吸引到自己方面来。然而巴布教派的幻想破灭了。伊朗的国王、贵族，开始注意到他们，认为巴布学说是一个严重的威胁，十叶教会的神学家们认为巴布学说是背叛宗教的异端，伊朗国王以“颠覆王国”的罪名，在本得布什尔城逮捕了巴布，把他送到伊斯法汗，派当地的法官雅哈约达里比审判他。可是雅哈约达里比加入了巴布教派，暗中照顾了他。这是一八四八年六月的事。在这个时候，本得布什尔发生暴风的灾害，在暴风侵袭的当中，本得布什尔城的人忽然失去了他们的领袖巴布，这掀起了巨大的骚动，一部分群众藉躲避暴风的藉口，逃到伊斯法汗城，要求会见他们的“先知”。伊朗国王害怕群众知道巴布的下落，便下令将巴布和他的几个门徒扬言解回京城德黑兰，而中途却秘密改送遥远的西北部的大不列斯，组织以当地总督、伊朗皇太子拿速拉丁为首的教会审判委员会审判他，要强迫巴布承认自己是叛徒。在惨酷的毒刑下，巴布和他的门徒并没有屈服。由于伊朗国王穆罕默德沙已经病重，拿速拉丁忙于继承皇位的活动，无心多管巴布审判的事。不久，大不列斯的群众又发觉了巴布的禁所，准备着骚动，统治者无法下毒手，将巴布连夜秘密解送到西北，靠近俄国阿塞尔倍疆的边境，囚在阿拉拉特山脚下的马卡要塞里面。巴布和门徒的命运掌握在伊朗国王的魔掌中，过着悲惨黑暗的生活。[一九]

巴布在监中继续完成他的著作白雅尼。

巴布被捕后，他的信徒四处寻找不到他的踪迹。伊朗国王下令宣布巴布学说为异端，禁止巴布教徒在清真寺集会，并逮捕公开活动的人。巴布教徒开始认识了：伊朗国王为首的封建王国和十叶派的上层长老教士是他们的死敌，他们之间是水火不能相容的，并认识了过去依靠宗教改革或向统治者中寻找同盟来实现新社会的企图，完全是幻想。他们中的杰出者，乘巴布失踪的事件，把宣传深入到农村中去，反封建统治，反教会剥削的论纲，他逐渐在农民及被压迫的群众中找到了范围更大的反响。巴布运动开始成为以农民为基本力量的社会运动。

一八四八年的秋天，巴布教徒在德黑兰的东北沙赫鲁特城附近的比达什特村召开了大会，附近的农民、小手工人都参加了这个大会。在这次会议中出现了几个卓杰的农民领袖，一个是毛拉胡赛因，一个是穆罕默德阿里·巴尔弗鲁斯基，两个人都是巴布的忠实的朋友、农民出身的乡村教士。另外还有一个女教师古拉爱英，是伊朗妇女中的杰出人物。这几个卓杰的人物在比达什特会议中起了重大的作用。会议宣布废止一切捐税和劳役，宣布消减私有财产，并将以武装斗争建立新的王国，在新的王国中，伊朗国王及一切有权势的统治者，均将被推翻，他们的土地财产将被没收变为公产，分配给所有贫苦大众。会议又宣布妇女的自由平等权利及其他的民主改革，妇女应当扯去面幕，有权利站在大庭广众中发表他们的意见。古拉爱英在会议中，以解放妇女的战士姿态出现，她获得伊朗妇女的热爱。比达什特村会议是巴布教派发展过程中一个分野。毛拉胡赛因、穆罕默德阿里巴尔弗鲁斯基、古拉爱英等人，和他们的追随者，远远地走在巴布纲领的前面，他们抛弃了与农民、手工人利益相矛盾的一切论纲，特别抛弃了以财富为分配没收财产的标准的论纲。比达什特会议的纲领比较彻底地反映出劳苦大众企望幸福王国的幻想，也反映出劳苦大众希望消减封建统治的愿望。会议结束后，毛拉胡赛因等分别转到西北各省深入农村，从事扩大的活动。以莫桑德兰为中心，西北部的地区，大部卷入这个运动。

一八四八年十月间，伊朗国王穆罕默德汗逝世，大不列斯总督拿速拉丁赶到德黑兰继承王位，准备更换各省总督代替以自己的亲信。各省总督有的离开了自己的省区到德黑兰，向新国王活动保全自己的位置，因此，许多省份变成了没有政府的状态。另外，在一些省份，却公开实行兵变，反对新国王，如东北部的胡拉森总督沙拉汗的变乱。伊朗全国呈现极端骚动的状态。这是在巴布被解往德马卡要塞不久以后的事。西北区的农民乘此机会，在各地揭起了武装起义的旗帜，其中以毛桑德兰区的声势特别浩大。毛拉胡赛因乘该省总督和高级官吏到京城朝贺新王的机会，把该省的农民、手工人、城市平民，团结在自己的周围，宣布独立。毛桑德兰在里海的南岸、德黑兰的北部，中间隔着险峻的山崖。起义的队伍选择了靠近海边的一个狭长地带，前面是巴尔弗鲁什海港，以著名的十叶派长老塔白尔西的陵墓为中心，建立了一座坚固的石头营垒，四面围以坚厚的城墙，及十二座碉楼，以城壕围护。起义军的领袖毛拉胡赛因，穆罕默德阿里宣布消减一切不公道的制度，建立一个新的王国，废除私有财产，实行财产分配。并宣布巴布教徒自己的私产和积蓄也收为公有，送入公共库仓，组织人员管理。巴布教徒也要从公共锅釜中去取用食物。[二〇]为起义所打倒的当地贵族、官吏、上层长老、教士都逃到山中，他们散布谣言，诬陷巴布教徒实行公妻、到处抢劫。于是伊朗国王下令调集大军进攻毛桑德兰。当时正当严冬，在冰天雪地的山岭上起义军队坚守着自己的阵地，政府军已经将营垒围住，封锁了各路交通，用断绝粮食来围困他们。起义军在敌人的侧面，找到了脆弱的空隙，每日深夜，在三百名勇士的掩护下，派人越出封锁线，到附近乡村联系。远近的农民都纷纷加入起义军的队伍，直接投入营地者二千余人，无法参加的农民，暗中为起义军送粮食、武器，通报消息。开始的一个月内，起义军粉碎了敌人每次的进攻，使敌人无法接近。然而，在一次的战役中，起义军的首领毛拉胡赛因英勇地战死了，穆罕默德阿里继续领导战斗。

毛拉胡赛因的战死，政府军疯狂的进攻，更增加了起义军的愤怒，战斗的情绪，节节高涨，在穆罕默德的领导下沉着地、勇敢地打击进攻的军队。由于附近农民的帮助，他们一直是胜利的。八个碉堡中的守卫队，坚守着营垒，敌人的尸体填满了城壕。敌人失败的消息传到德黑兰后，伊朗国王和他的臣属们，大为震动。国王宣告，政府军必须攻进营垒，不准后退，否则用大炮在后面轰击，又通知起义的队伍和毛桑德兰区的人民，限期投降，否则，国王将下令把毛桑德兰全都毁灭，不让它的一草一木存在世界，但起义的农民并没有被吓倒，他们继续抵抗。一八四九年初，国王在南方调来了久经外国人训练的、有新式枪炮装备的军队，向毛桑德兰塔白尔西长老的陵墓进攻，把营垒围得水泄不通，切断了起义军与外面任何可能的联络，开始用大炮轰击陵墓与碉堡。起义军陷于重围，弹尽粮绝，连草根树皮都吃光了，最后用死尸的头发充饥。经过了三四个月的时间，毫不屈服。到了五月间，二千余人只剩下了二百一十六人了，一切抵抗都无济于事了。最后，接受了政府军官的条件，缴出武器，停止抵抗，得保全生命。在和谈的时候农民受了欺骗，遭遇到到残酷的杀害，有的被当场击死，有的被绑到巴尔弗鲁什城的广场上用大炮轰死，逃出者仅穆罕默德阿里等六个人，后来参加曾占城的起义。接着，附近农民，遭到了空前未有的大惨杀。伊朗国王实行他的誓言，毛桑德兰区几乎全部被毁灭了。被杀的人民达八千余人。[二一]

巴布教徒起义的另一据点是曾占城，在德黑兰的西北部，德黑兰到大布列斯的中途重镇。这里的人民在很早的时候就是巴布教派活动的重要地区之一。巴布“失踪”后，教派更有迅速的进展。接着毛桑德兰起义的爆发，曾占城的人民就进行公开的活动，酝酿着接应毛桑德兰的武装起义。毛桑德兰起义失败后，穆罕默德阿里逃到会曾占城给该城带来了极大的鼓舞，很快就建立起一支为数达一万五千人的武装部队。基本的群众是农民、城市贫民、小手工人，也有不少的商人与低级教士。一八五〇年五月，即占领会曾占城，宣布独立，并准备建立"幸福的王国"废除私有财产，把没收的财产平均分配给每一个贫穷的人民。伊朗国王在镇压了毛桑德兰的起义之后，很容易调集强大的军队，装备着优良的武器，向曾占城进攻。但政府军最初的进攻是失败的。这次伟大的起义很快地影响到西北的大部地区，人民纷纷起来了，新巴布教派的首领也迅速地推动着人民运动的蔓延。群众仍然没有忘记早已"失踪"了的"先知"，各处在寻找探访他的下落。伊朗的封建统治者，特别是伊朗首相大吉汗和德黑兰的十叶教会，决定杀害巴布以削弱他的政治影响。一八五〇年七月，伊朗首相将巴布从卡马要塞提出，送到大不列斯审判，同时被审判的还有巴布的忠实信徒叶兹底。七月九日，死刑在二人的面前宣布后，消息立刻传到街上，群众拥挤在街头，打算救巴布的生命，然而，这是无济于事的。刑场就在监狱后面的广场上。群众从远处看见巴布头发纷乱，仅穿着一件破烂的白衬衫，被绑在广场的木桩上。两个士兵奉命射击，叶兹底一弹就被打死了，射击巴布的士兵是同情巴布的，故意把枪弹射在绑绳上，第二次射击，巴布才被打死。群众在啜泣着，愤怒着，骚动着。在军队离开之后，群众将巴布的尸首秘密收藏起来，再送到德黑兰隐蔽了二十九日才埋藏。[二二]

巴布的被害，并未使曾占城起义军的勇气失去，他们更坚强地继续击退伊朗国王的军队，英勇的奇迹不断地在斗争中出现，特别是妇女们，在敌人残暴的恐怖的屠杀中，她们与男子并肩作战，毫不屈服。敌人的数目有数倍之多，重重包围，经过六个月的血战，由城外的对垒，转到街头的血战，包围圈越来越小了，敌人包围了起义军最后阵地——城中麦尔丹炮台，弹药粮食都用绝了。最后，穆罕默德阿里战死了，城市商人首先动摇。曾占城的起义军呈现了混乱。一八五〇年底，国王的官吏乘机提出了欺骗的诱和建议，来结束了这一场英勇的斗争。当放下武器走出炮台的起义农民接受讲和的时候，他们统统的被杀得一人不留，没有参加起义的附近人民，也遭遇到了屠杀。

与曾占城起义的同时，尼利斯城也掀起了以农民为主的武装暴动，攻占了城市，占据了炮台，没收了官史的财富。但是起义军的力量比不上政府军队，他们的首领赛以德首先背叛了人民投降敌人。于是起义军失败了，人民遭到空前未的浩劫，受到酷刑，一家一家地被烧死，不死的妇女与小孩被卖为奴隶。

巴布教徒的起义接二连三地被镇压以后，农民和小手工人逐渐退出了运动，农民公开的武装暴动转变为隐蔽的活动。狂热的巴布教徒离开了群众，主张实行恐怖的暗杀政策。他们决定暗杀国王和一些高级官吏。一八五二年五月，国王拿速拉丁到德黑兰郊外行猎，附近的巴布教徒向国王射击了三枪。带了轻伤的拿速拉丁决心向全国巴布教徒下毒手以为报复，他下令在德黑兰总搜捕，稍有嫌疑者即加逮捕，数日之内，处死刑者二十八人，包括巴布教徒的首领毛拉卡基母、米尔撒爱特勒弗二人。[二三]国王害怕巴布教徒对自己一个人报复，将被判处死刑者，分配给首相、贵族、宫廷显贵及各部大臣，要他们亲手杀死被判死刑的人，杀戮是空前惨酷的，施用各种火刑后，然后凌迟处死。接着又通令全国军警到深山原野四处搜捕。农民的女英雄爱因古拉就是在这次被捕到的，她曾参加西北各地的武装斗争，在鼓动伊朗妇女参加斗争中起着很大的作用，武装起义失败后，她隐蔽在西部的乡中秘密活动，在大屠杀的时期，她终于在巴格达被捕。送回德黑兰后，由于她在伊朗人民中有崇高的地位，统治者不敢遽下毒手，想用卑鄙的手段，诱劝她投降，但遭到爱因古拉的拒绝，继而施以惨刑也没有使她屈服。爱因古拉终于在"失踪"的谣言下被秘密杀死。爱因古拉是一个革命英雄,也是一个人民诗人,她英勇的事迹和悲壮的诗歌同样为伊朗人民传诵着。[二四]

经过这次的大屠杀后,巴布教徒无法再在伊朗境内活动,许多贵族出身和商人阶层的教徒们,包括了一部领导人物,纷纷向伊朗国王投降。曾经使统治阶级发抖的轰轰烈烈的农民起义,遭到严重的打击,新巴布教徒的学说遭到禁止,贫苦大众的生活更加惨痛了,许多不愿向统治阶级屈服的人,成群结队地逃到遥远的边疆。另外一部分为数很多的人逃到俄国境内的伊什格阿巴,建立了一所巴布教堂,在那里他们获得了一些自由。

三、巴布农民运动失败的原因及其历史意义

巴布运动爆发于伊朗统治阶级危机重重的时候。首先,伊朗王朝贪污腐败,懦弱无能,五十年来在对英、法、俄的交涉中,处处失败,丧权辱国,订立了许多不平等的条约。对内卖官鬻爵,压榨人民,置全国人民的生命于不顾,这就引起全国人民万分的痛恨。其次,在新王拿速拉丁即位后,和各省封建汗、王的矛盾极深,特别是东北部,一直是反对王朝最厉害的区域,伊朗国王必须调集大批军队去应付这些叛乱。另外,以皇太后为首的封建贵族集团和以首相大吉汗为首的当权势力有着激烈的斗争,大吉汗挟国王以自重,总揽大权以扩大他的权力,深为宫廷贵族所嫉恨。这种种情况对巴布运动来说是十分有利的。巴布运动之初,声势不为不浩大,区域不为不广泛,应该取得更大的胜利,而事实上不到两年的时间就失败了。分析起义的经过,寻找它失败的原因,可以由下面几方面来解释:

(一)起义分子的复杂

巴布运动的分子非常复杂,如上面提到的,在运动初期(一八四四~一八四八)纲领中显明地反映出商人阶层的要求。一八四八年秋,在比达什特的会议中,巴布运动大大地发展了一步,已经开始看到广大的农民,把旧的纲领加以修正,运动转入新的阶段。但在整个的运动中,商人的代表们还是居于重要的地位。如在毛桑德兰,特别是在曾占城的起义队伍中,包括着为数不少的富裕商人,他们是为环境所迫而参加的,具有很大的两面性的。同时又把起义局限在几座城市中,当城市被政府军包围的时候,他们便动摇起来,甚至逃出城去向政府军投降。这在起义的部队中是起着很大的破坏作用的。

(二)缺乏坚强统一的领导关系及周密的行动步骤

比达什特会议后不到两个月的时间,巴布教徒便乘着伊朗国王之死,统治阶级内讧的机会,在毛桑德兰宣布起义。利用统治阶级内部的弱点本来是得策的,但时间迫促,准备不够。没有建立起统一的领导关系,也没有筹划出周密的行动步骤。会议刚结束,巴布教派的领导人物,就分别出发,毛拉胡赛因、穆罕默德阿里到毛桑德兰,米尔撒雅哈约、赛以德到法斯。爱因古拉活动于大不列斯和巴格达之间。他们彼此之间步调不一,缺乏联系,形成单纯的军事行动。毛桑德兰的声势本来是浩大的,但又犯了战略上的错误,着重城市的争夺,忽略乡村的联系。起义军之所以选择毛桑德兰为根据地,一来毛桑德兰是十叶派的"圣地",利用其宗教上的地位,可以扩大巴布运动在民间的影响,吸收众多的狂热的宗教信徒参加。其次,毛桑德兰地势险要,和德黑兰间的交通梗阻,伊朗军队进攻困难,同时,陆路、海道都可以和阿赛尔倍疆往来,可以取得一些便利。但事实上,伊朗军队却先截断了

起义军对外的交通，起义军失去了和乡村的联系，陷于孤立，在粮食的供应和武器和人力的补充上，感受到极大的困难，虽然建筑了坚固的城墙和堡垒，给敌人以惨重的打击，但终于抵抗不了久经外国训练、具有优良武器、为数众多的伊朗正规军队。受了重重的包围，遭遇到不可补偿的牺牲。这一次的失败，削弱了起义军的力量，对整个运动来说，是一个致命的打击，影响到后来曾占城、尼利士城的起义，伊朗农民虽然前仆后继地起来英勇的斗争，但由于缺乏统一的领导关系和周密的行动步骤，又都是孤城作战，以致被政府军队各个击破，归于失败。

（三）起义局限于西北几个城市

巴布运动选择西北区为起义的中心，是非常正确的，因为西北区是伊朗重要的农业区域，耕地面积广，农民人口稠密，受封建统治的剥削特别深，具有反对封建统治的传统。同时，西北区是多民族聚居的地区，除伊朗人外，有库尔迪人、阿拉伯人、高加索人、犹太人，在宗教的区分上有伊斯兰教、基督教、犹太教。民族、宗教的矛盾十分尖锐，但在反对伊朗封建统治上是一致的，巴布运动的号召在这里很容易得到响应。此外，从十八世纪末开始，西北区就是英、法、俄、土争夺的目标，长期的战乱破坏了农民的灌溉系统，农民的生活感到十分的痛苦，农民为了寻找自身的出路，很容易参加到起义的队伍中来。比达什特会议中，巴布教派开始重视到农民的力量，在会议上决定以西北为武装起义的中心，会后也曾经深入农村鼓动宣传，取得很大的效果，但由于起义仓卒，未能将活动展开到整个的西北农村，来不及有计划地组织各地农民，致使起义的地点局限于几个大城及其附近的农村，巴布运动更未发展到西南部由波斯湾到伊斯法汗一带，这些地区不像伊朗南部和东南部那样地广人稀，而是受外国资本压迫最深的区域，又是巴布教派的策源地，有着浓厚的群众基础，在西北部掀起轰轰烈烈的武装暴动的时候，这些地方却是寂寂无闻，使伊朗国王能够从各地把军队集中起来对付西北。这也是巴布运动失败原因之一。

（四）缺乏鲜明的土地纲领

一八四八年秋比达什特的会议，是整个巴布运动过程中的分野。在会议中以农民群众为主体，修正了巴布初期的学说，提出了比较能够反映农民大众反对封建统治意识的纲领，宣布推翻统治阶级，实行土地分配，废止一切捐税，提高妇女的地位。然而会议是在巴布被捕后仓促召开的，时间短促，未能作周密的计划，因而没有提出一个完善的革命纲领与政策，对于农民革命中的中心环节——土地问题缺乏具体的方案和实行的步骤，仅仅宣布消减私有财产，没收一切有权势者的土地财产为公有，分配给贫苦大众。在毛桑德兰的起义中，曾实行分配财产，巴布教徒自己的私产和积蓄也收为公有，送入公共仓库，巴布教徒也要从公共锅釜中取用食物。在政治上宣布要建立一个新制度的“幸福王国”。这显然是一种超越时代的平均一切社会财富与消减私有制度的思想，这种思想虽然足以暂时鼓舞当时贫苦大众的革命情绪，但它没有实现的基础和条件，结果不能不成为一种空想。而且这种乌托邦思想的提出，对于农民阶层的小私有制的现实是矛盾的，得不到农民自始至终的支持。我国太平天国革命也曾经提出“有田同耕，有饭同食，有衣同穿，有钱同使，无处不均匀，无人不饱暖”的伟大理想，但太平天国最大的特点是有明确的土地纲领，它明确提出了废除封建土地所有制的要求。而巴布运动却没有，仅宣布空洞的理想，因而起义中的革命民主倾向，反而被隐蔽在消减私有财产制度，建立“幸福王国”的乌托邦要求的后面去。绝对平均的乌托邦思想，是许多农民革命中共有的缺点，而表现在巴布运动中尤为浓厚，这是巴布运动失败的另一原因。

（五）宗教的狭隘性

在起义中，十叶派低级教士一直居在领导的地位。如上所述，十九世纪中叶，伊朗还是一个古老的封建社会的国家，十叶教派在经济、政治、社会上占着极重要的地位，享有极端的特权，教会占有全国将近三分之一的土地，清真寺布满了全国。上层的长老、教士利用经典的解释把封建制度神圣化，利用宗教法典把一切封建剥削合法地固定下来。因此，十叶教会是旧制度的有力基柱。长老教士是直接剥削农民的最厉害的阶层。在这种情况下，受到剥削的不仅是农民，还有为数很多的乡村低级教士。因此反对封建统治的方式很容易采取宗教的形式。首先，在十叶教派的内部提出宗教理论的争执，如在十九世纪初流行在阿拉伯内几德和印度西北部的华哈弼教派，要求伊斯兰教回到原始粗野摸索的“自然时代”——到“古兰经时代”，按照字面解释经典，不许个人加以解释。废除一切繁复的仪式，反对一切虚荣与繁华，消减人类的不平等。[二五]这种思想注入巴布教派的学说，正是反映出广大人民反对封建剥削的意识形态。巴布教派用神学的论点反对上层长老的“神圣化”，揭发他们在神圣外表下面隐藏着的本质。这种思想很容易为当时的群众所了解。在巴布教派提出这种主张后，很快就得到群众的响应，他们幻想着用宗教来建立一个“幸福的王国”。这是一种阶级思想不显明的自发性运动，而且是非常狭隘的宗派主义。“巴布教派将在全世界得到胜利”，“巴布教派将领导全世界人类走到幸福”。巴布教派认为只有自己才是真理，只有巴布这一道“门”才能把人引到“幸福王国”，它没有将所有压迫的阶级全部团结在一起，更没有将十叶教派以外的人民——基督教、犹太教的贫苦大众团结在一起（他们在伊朗的西北各省是为数很多的），这就使运动局限在狭窄的圈子里。

（六）除此而外，巴布运动具有一切农民起义所共同具有的缺点，即农民的保守性、自私性与涣散性

起义的基本群众是农民。但农民们仅仅是由于实际生活的逼迫，由于自身遭受沉重的压迫，生活痛苦，找不到出路，因而勇敢地参加到起义的队伍，不顾死活地跟封建统治阶级斗争。农民没有远大的目标，受不住严重的挫折。在曾占城中，穆罕默德阿里才战死，农民就涣散，这是巴布运动失败的原因，也是所有农民起义共有的弱点。“由于当时还没有新的生产力和新的生产关系，没有新的阶级力量，没有先进的政党，因而这种农民起义和农民战争得不到如同现在所有的无产阶级和共产党的正确领导，这样就使当时的农民革命总是陷于失败。”[二六]毛主席对于中国农民起义失败的原因的正确分析，也适用于巴布运动的。

巴布运动虽然失败了，但它是十九世纪伊朗历史上的一桩大事，是近百年来伊朗规模较大的一次农民起义，是伊朗资产阶级性民主运动的先驱，它在历史上是具有重大意义的：

（一）巴布运动是近百年来伊朗民主革命的先驱

巴布运动不仅在政治上开始了伊朗人民战争的新道路，使当时在伊朗“沙”王政府及各封建“汗”王、上层宗教长老教士重重压迫之下的苦难人民，敢于公开组织武装队伍起来反对统治阶级，奋勇不屈地进行了努力自求解放与争取民族独立、自由的正义战争。起义失败后，英帝国曾藉口阿富汗事件进兵伊朗，削弱了十九世纪伊朗人民与欧洲国家公开武装战争的力量。从六十年代起，英国认为在伊朗已经建立起“和平秩序”了，然而事实并不是那样，伊朗人民反帝反封建的运动是日渐高涨的，它采取隐蔽的、局部的方式进行。帝国主义者——特别是英帝国主义把伊朗国家的经济畸形化了，用尽一切方法力图利用伊朗社会的落后性和保守性，维护和支持伊朗的封建制度的残余，又利用伊朗封建统治阶级，逼迫这些阶级替自己服务，把他们变为支持外国掠夺者的力量。受不了惨重压力

的巴布教徒和破了产的农民、手工人者，有许多走到俄国高加索、巴库去寻找工作。特别是在巴库油田中工作的伊朗工人，他们和俄罗斯的、亚塞尔倍疆的、乔治亚的及亚美尼亚的工人在一起并肩工作，他们把先进的无产阶级的斗争经验，带回伊朗，使巴布教派的狭隘民主思想，获得了新的发展，为未来的伊朗革命奠定了基础。一九〇五年的俄国革命，给伊朗以巨大的影响，在伊朗历史上打开了新的一页。伟大的革命导师列宁写道，"俄国的革命，引起整个亚洲的运动，土耳其、波斯、中国的革命证明了一九〇五年的雄伟起义留下了深刻的痕迹以及它在千千万万人的前进运动中所暴露出来的影响是难以根绝的"[二七]。

（二）巴布运动迫使统治阶级进行改革

巴布运动首先是在农民与封建主之间矛盾尖锐化的基地上生长起来的。巴布起义爆发后，统治阶级中有眼光的人，特别是和市场有紧切联系的大土地所有者，很敏感地看到，必须由改革中去缓和国内的矛盾，以巩固自己的地位。阿拔斯密尔撒便是代表这个集团的人。阿拔斯于一八四八年做过大不列斯的总督，在统治省区的时期，会雇佣英、法人为该省的行政官吏，派遣青年到欧洲留学，派人到莫斯科、圣彼得堡学习印刷术。他设立过一个印书馆，用波斯文翻译印行亚历山大、彼得大帝、拿破仑的传记和法国服尔泰的查理十二传记。阿拔斯本人是忠实于伊朗王室的，坚决反对巴布教派，但却是十九世纪中叶伊朗启蒙运动中的创始人之一。

由于巴布起义的爆发，封建统治阶级被迫采取一些改革者，还有大吉汗，爱米尔尼撒母其人。大吉汗是镇压巴布起义的大刽子手，一八四八年冬，伊朗太子拿速拉丁即位后，用他做了宰相，在宰相任内，大吉汗主持杀害巴布，残酷地镇压了起义，并坚决主张搜捕屠杀巴布党人。除了用恐怖政策对付巴布党人外，他赞成阿拔斯的主张，一八五〇年在德黑兰创办伊朗报，他认为巩固中央政府，改组训练军队，改革财政制度，是自己最重要的任务。为了达到这个目的，大吉汗就与纪律荡然的军队及卖官鬻爵、贪污贿赂、盗用公款、滥用职权的官吏进行了斗争。皇室贵族及许多高官的收入被剥夺了，这些收入是从各省直接缴解给他们的。大吉汗与各省统治者的跋扈及高级长老的特权也开始进行了斗争。同时，他也有反对英国、俄国对伊朗内政干涉的倾向。大吉汗的政策很快地引起皇宫贵族、各省汗王及高级长老的反对。十叶教会的上层分子和皇太后所领导的贵族集团也把倾向于大吉汗的国王拿速拉丁本人引向到自己的方面来，坚决反对大吉汗的政策，一八五一年罢免了他的首相职位。在巴布运动遭到镇压以后，大吉汗的全部改革，都遭到废除，一切革新的措施，都受到遏止。[二八]

大吉汗的改革虽然失败，但他的改革对七十年代以后兴起的资产阶级性的民族思想和民主改革起了一定的作用。

（三）巴布运动客观上反对外国资本侵略的民族运动，是十九世纪亚洲三大革命之一

巴布运动发生于十九世纪五十年代的伊朗，不是偶然的，而是有着其国际意义的。十九世纪四十年代的英国，已经是资本主义高度发展的国家，变成了殖民地帝国拥有广大殖民地，统治着全世界市场。在亚洲它已经征服了印度，它的策略是进一步统治整个印度，再以印度为根据，向西和西北，侵略近东、中东、中亚，向东侵略缅甸、中国。这个时期的伊朗，在经济上，战略上对于英国都是重要的。一八三八～一八四一年的战争，伊朗开始走向半殖民地的道路，古老、封建的伊朗在资本主义的侵入下日渐瓦解了。伊朗的封建统治阶级——国王、贵族、长老、汗王为了保持自己的利益，甘愿充当以英国为首的欧洲国家的走狗，屡次订结屈辱的条约。国内国外的压迫，使伊朗走到死亡的边缘，

人民的生活痛苦万分，反抗的情绪，日益高涨。巴布运动在这个时候爆发，是属于民主的、反封建的运动，同时，客观上也是朝向反对外国资本对伊朗束缚的民族运动，是十九世纪五十年代，世界革命的风暴由欧洲吹到亚洲的征兆，和中国太平天国的革命运动，及印度的反对英国的革命运动同时代，成为十九世纪中叶泛滥于亚洲国家的三大革命运动之一。三大革命同样具有农民起义和民族解放运动的特征[二九]，也同样给世界历史以程度不同的反响。当时的伊朗受英国的压迫没有印度那样深，它的领土还未曾被英国的武力征服，经济上的依附与束缚也没有印度那样惨重，因而巴布运动还不可能采取纯粹反对外国侵略的形式，同时巴布运动在政治、经济、社会方面的基础没有中国太平天国那样深厚，因而斗争时间不如太平天国那样持久，革命区域不如太平天国那样广阔，一切纲领政策也都不如太平天国那样完备，对封建统治阶级的打击也就没有太平天国那样深沉。但是三大革命有一共同点，即起义失败后帝国主义和封建统治阶级的勾结更加紧密，对人民的压榨更加厉害，三个国家都走上了半殖民地或殖民地的道路。七十年代后，英国几乎变成伊朗的主人，特别是从俾路支起，到美索不达米亚边界止的伊朗南部各省，以波斯湾为中心，完全控制在英国人的手里。七十年代后，英国在伊朗的阴谋，是企图向伊朗北部伸长，直达里海海岸，并由此向中亚细亚的西部扩张。从十九世纪到现在，伊朗一直是英美帝国主义反对苏联的跳板。

巴布运动在伊朗的历史和近东、中东各国的历史上是具有重大意义的。伊朗近百年来所掀起农民起义与民族运动是以巴布运动为导火线的。十九世纪后半期，阿拉伯、伊拉克、埃及各国所揭起的反帝、反封建的斗争，也会由巴布运动中吸取经验教训。今日细心探讨分析巴布运动的历史，再能将巴布运动和中国的太平天国革命，印度反英的民族运动，以及影响中近东最深的"华哈弼教派"、"赛努西教派"、"大伊斯兰主义"、"大伊朗主义"、"大土耳其主义"等作一比较的研究，从而分析这些"教派"和"主义"的本质并揭露其局限性或反动性，这对于了解十九世纪亚洲特别是西亚各国的历史是有意义的。

但是，巴布运动的时代已经过去了，在无产阶级在全世界已经取得决定性胜利的今天，在苏联社会主义革命伟大胜利的影响下，在新中国革命已取得辉煌胜利的鼓舞下，伊朗人民运动已经进入一个新的阶段。伊朗石油国有化的运动，反对以美帝为首侵略伊朗的英勇斗争，反对卖国政府勾结美帝国主义将伊朗拖进"土巴军事协定"的阴谋……这一切如火如荼的斗争，都是在工人阶级领导下进行的全民解放的斗争。我们研究巴布运动的历史对于了解今日正在斗争中的伊朗，是更具有现实意义的。

四、对"巴哈主义"反动理论的批判

巴布运动被镇压之后，英国加强了对伊朗的侵略。随着克里米战争的结束，藉口对阿富汗的"防御"问题，于一八五六年十一月由印度派遣大军从波斯湾登陆，进攻伊朗，于是引起了"英伊战争"。这一次战争，伊朗曾进行了英勇的抵抗，但由于伊朗在经济、政治、军事各方面的落后及统治阶级的懦弱无能，抵抗不了英国的进攻。战争的结果，英国虽然没有达到它预期的目的，但它在伊朗及整个中近东的地位却日益稳固。从六十年代起，伊朗的封建王朝便无力再和欧洲列强进行武装冲突。英国所谓的"和平的约束"时代开始了。军事上、政治上、经济上的侵略取得了进一步的控制。获得开采煤油，开采天然资源，开发森林，建立工厂的种种特权。英国工业品在伊朗占了统治的地位，伊朗对英国的政治经济的依存关系飞跃地强化，日益成为半封建、半殖民地。同时代，伊朗对英国统治印度的战略意义也日益重要。在英帝国主义者看来，军事——战略可以决定一切的，因而夺取交通成为它头等重要的政策之一。一八六七年，英国从德国与俄国方面获得协议，经过这些国度，敷设联接英国、伊朗间的电报线，强迫伊朗国王给它建设伊朗分割线的特许权，又签订了建设和开辟全国电报线的条约。接着获得开设帝国银行、发行钞票的独占权，把伊朗的造币厂隶属在自己的控制下，垄断外国交换的市场。伊朗的财政、经济已经失去任何独立的意义了。而国王、官吏、封建地主、宗教长老们却照旧掠夺人民，从外国资本家获得一部分利益从事高利贷剥削。农民土地更多地转到官吏、商人、长老的手里。在这种内外夹攻、双重压迫下，农村日趋破产，饥荒普遍全国。一些少数的手工场也倒闭了，自由小手工业者更无法生存。在这个时代——十九世纪的七十年代，伊朗的人民运动是更加激烈的，一方面是逃到俄国巴库去的人民，带回了先进的斗争经验；一方面是进步的知识分子，提出了不满政府的主张，出版书报攻击伊朗的封建统治，并反对外国的侵略。这个新的运动严重地威胁着英帝国主义和它的走狗：伊朗国王拿速拉丁政府，而拿速拉丁却残酷地镇压着任何运动。

在本国封建统治阶级和外国侵略者的双重压迫下，伊朗人民的反抗斗争，始终没有中断过。伊朗国内外的剥削统治者，一面对反抗运动采取血腥的镇压，一面利用伊朗人民对于宗教的狂热情绪，进行麻醉。“在不择任何手段的以求达到目的殖民者的武库中，特别是在英国人的武库中，伊斯兰教占着特殊的地位——巴吉洛夫同志写道。——他们利用伊斯兰教和他的各种思潮，不仅是为了在被压迫的殖民地各族人民间组织大批的骨肉相残的军士，而且是用以去和他的竞争者，首先是和俄国作斗争。”（转引自斯捷比利克：《英国侵略中东史》，一〇二页——五十代年代出版社，一九五四年）在这种情况下，“巴哈主义”便开始成为殖民主义者——特别是英国的代理人，成为替殖民主义者扫清道路的先锋。

“巴哈主义”是从巴布运动中蜕变出来的一个“学派”。巴布运动失败后，巴布教派继续由米尔撒雅合约弟兄二人领导。二人出身显贵，为伊朗前任大臣的儿子，是异母兄弟。当他俩在政治上失意后，加入了巴布教派，追随巴布活动。起义失败后，米尔撒雅合约弟兄和他们的追随者，开始动摇，离开了斗争。被伊朗国王的军队吓垮了的巴布教派中的贵族出身和商人分了，也纷纷投降。这样就影响到起义队伍中发生混乱，来自各方的农民、手工人，也陆续退出武装的营垒。德黑兰大惨杀后，大多数的贫民信徒，只能隐蔽起来，继续作反对国王的活动，教派的活动扩张到两河流域，甚至达到叙利亚、阿拉伯、土耳其。两兄弟在国王的同意下，移住巴格达，仍然以巴布教派的领袖自居。伊朗国王看见教派的潜力日张，采取一面镇压，一面收买的办法。伊朗国王取得土尔其皇帝的同意，把米尔撒雅合约兄弟送到君士坦丁，待为上宾。一八五三年，指定巴勒斯坦的亚克为米兰撒雅合约“讲学”之地，受到优待，过着富裕的生活。在这以后，两个兄弟和伊朗、土尔其的统治阶级有着密切的联系，他们抛弃了巴布教派的纲领，背弃了广大的人民群众，把他们的工作，转到直接为统治阶级服务的宗教的“研究”上面去。但是米兰撒雅合约仍然以巴布的后继者自居。自居住亚克后，他的追随者称呼米尔撒雅合约为巴哈乌拉（上帝之美），称米兰撒胡辛为苏布哈爱尔（无边的清晨）。[三〇]他们打着巴布的旗帜为“真正的伊斯兰精神”、“永久的和平”而活动。其中特别以巴哈乌拉的影响为大。他歪曲了巴布的学说，反对一八四八年后巴布运动中一切革命的，具有民主内容的纲领。拥护私有财产的不可侵犯。他认为巴布只是一道“门”，只有他自己才是进门后的“真理”，他的学说是“普救世人”的主义。[三一]其实巴哈乌拉的教义只是日益符合外国资本家及大商人阶层的要求，日益满足伊朗、土耳其统治者愿望的意识形态。[三二]巴哈以为人生是苦难罪恶的渊薮，物质世界是一切罪恶纷乱的根源。人们必须以“普爱”的精神来促进今生“永久的和平”。“普爱是和平的钥匙”，“普爱是人生最高的境界”。巴哈不断地以“禁欲主义”、“忍受苦难”、“承担祸患”的教义来对人们宣教。[三三]巴哈十分赞许基督教的教训：“汝等曾闻以眼报眼，以齿报齿；但吾则诏汝，人有掴汝右颊者更以左颊向之。……汝又曾闻汝当爱汝邻人，怨汝敌人；吾则诏汝爱汝之敌人，恨汝者汝善遇之，害汝者汝为之祈祷”。……巴哈信徒也说：“要忍受迫害，不能报复。”[三四]“对人只能行善，不能为恶”，“世上任何人都必受苦难，过去的先圣先贤都曾受苦难。受苦难愈深者，愈能达到完善的境界”[三五]。“忧患、痛苦是与生俱来的，不受忧患痛苦者，不能达到最高的境界。”[三六]巴哈认为世人不安分，才会引起世界的纷乱。“世人必须安分下来，离开外界事物的引诱，使自己生活在沉静的心境中，使自己抽象化，使自己潜入精神的大海。这便是幸福，便可以窥见宇宙的秘密，便可以达到永恒的和平。”[三七]

根据这个论点，巴哈拥护旧有制度，拥护私有财产的不可侵犯性。他认为聚众武装暴动是违反上帝的意思的，是世界纷乱的因素，因此，他反对流血的武装斗争，他斥责巴布教派的暴动行为。

巴哈主义者和中世纪的一切“宗教哲学家”一样，宣传绝对唯心论的“宗教哲学”——“定命论”，宣传人类必须安于命运，人间一切罪恶是相对的、有限的。认为一切的罪恶必须在死后的境界才会得到惩罚。这种“宗教哲学”的目的，是在维护剥削统治阶级的利益。中近东在过去的千百年，封建剥削统治阶级曾长期利用“宗教哲学”对劳动人民进行了无情的、残暴的压迫剥削，直到十九世纪末，这种“宗教哲学”仍旧是封建统治阶级和正在兴起的买办商人剥削人民的合法根据，特别是帝国主义，无处不在扶持和利用“宗教哲学家”作为侵略的工具。

十九世纪末的西方，随着科学的发展，马克思主义的胜利传播，宗教对于人民群众的支配已经有明显的、遽急的变化。科学的浪潮也开始泛滥到了中近东国家，特别在知识分子中间发生了很大的影响，虽然反对宗教的事实还不普遍，但对于中世纪遗留下来的绝对唯心论的宗教世界观却开始发生了动摇。一切剥削统治阶级的罪恶越来越大了。因而一切“宗教哲学”已经抵抗不了残酷的现实了。事实上从十九世纪八十年代起，中近东各国人民反抗封建统治阶级，特别是反抗帝国主义侵略的斗争是越来越扩大的。在伊朗出现了层出不穷对国王、大臣的暗杀活动，出现了一九〇六年的革命运动。在土耳其出现了“少年土耳其派”的革命运动。在埃及爆发了一系列的反对英国武装占领的斗争。这一切说明了：封建统治阶级及外国侵略者的一切好听的“道德教训”、“抽象寓言”，一切利用单纯宗教意识的手段都是无用的了。

在西方，由于马克思主义胜利的传播及工人运动的高涨，使剥削统治阶级受到很大的威胁，迫使他们不能不寻找新的思想意识武器来抵抗这种潮流，这就是“宗教与科学的调和”，就是在宗教的实质上披上科学的外衣，在迷信的毒汁中渗入美丽的颜色，竭力把宗教打扮成为一个“科学”的样子，从表面乍看起来也的确像“科学”（如实用主义），而实质上却是一种更毒辣、更骗人的宗教而已。

这一类的“调和论”、“中庸论”，实质上就是中世纪黑暗势力的复活，它的目的是迫害、扼杀一切对剥削统治阶级怀疑和反抗的进步思想。自十九世纪末，美、英帝国主义者为了巩固他们在国内国外的统治政权，就竭力雇佣各式各样的伪学者、伪思想家，打着科学的旗帜，实际进行宗教的复活，以为其剥削侵略的工具。

十九世纪末二十世纪初，这种带有绝大欺骗性的绝对唯心主义的意识形态——“宗教与科学的调和论”，随着帝国主义者加紧的侵略政策也传到了东方，成为本国和外国剥削统治阶级的新的武器，成为蒙昧主义、无知和迷信的新的基础。为了要镇压如火如荼的人民运动，为了要阻遏日益泛滥的启蒙运动，国内国外的剥削统治者利用了像巴哈主义者这样的"思想家"提出新"理论"。这就是为什么在十九世纪末以后，巴哈主义者忽然会称赞科学，认为"一切的宗教都是用象征的方法写下来"。"象征的方法"是什么意思呢？巴哈主义者和一切直接为剥削统治阶级服务的"宗教思想家"不能不承认科学的进步和时代的变迁，不能不看到中世纪宗教经典遗留下来的一切词句，已经无法应付日益变革的社会，已经欺骗不了日益觉悟的大众了。于是便提出"象征的寓言"之说，准备牺牲经典中的"文句"，保留其"精神"，使过去会为封建社会基础辩护的"文句"，也能为现代资本主义社会基础服务。譬如说，中世纪教会曾经反对过高利贷，其目的是在反对当时新兴的商业资本（自然，中世纪真正代表人民大众的意识形态是反对高利贷的）。但巴哈主义者和其他一切直接为剥削统治阶级服务的资本家，却转过来把高利贷"解释"成是"合法的"，其目的就是在拥护资本家的利益，维护资本主义社会基础，把资产阶级的一切残酷的剥削压榨"解释"成为"合法的"。照巴哈主义者看来，必须是如此，才能把"永恒的真理"写下来，不怕时代的变迁。必须如此，宗教才是一种既符合于千百年前又符合于千百年后的"永恒的真理"。因此，巴哈主义者也假意地反对迷信，要把"真理"从迷信中"解放"出来。因此，巴哈主义者反对"神秘派"（苏斐派）的祭司制度，因为神秘派主张"纯精神"的生活，主张"禁欲主义"，反对物质力量，这是和科学完全矛盾的。同时，反对中世纪的神秘派，也是直接有利于资本家的，因为废除神秘派所主张的一切宗教仪式和制度，便可以使信仰宗教的劳动人民闲下更多的时间去为资本家做工。

巴哈主义者认为人生是美好无穷的，只要世人"安分"，人生世界便是"和谐"的、"和平"的。他用宗教与科学的调和论来解释他的矛盾："宗教与科学是人生的智慧的两翼，藉此可以使人高飞，人的灵魂可以超脱。如果人只有宗教的翅膀，必堕入迷信的淤泥，如果人只有科学的翅膀，则必致毫无进步，而陷入唯物主义的压迫。"[三八]"看看宇宙间的一切都充满了神的活力，以致每一个原子都如太阳，每一块石头都具有意义，尤其是创造物质中使社会不断的进化。"[三九]

巴哈主义者不能不承认科学物质是客观存在的事实，但他们认为一切的物质财富，一切"人生美景"，都是上帝创造的，上帝为特殊阶级创造的，与劳动人民无干。劳动人民是命中注定要供富有者的剥削阶级役使的。假使劳动人民要希望享受幸福的物质生活，那便要"受唯物主义的压迫"。这还不很明显吗？巴哈主义者所谓"科学"便是一切剥削统治阶级对物质经济的独占，对劳动人民的无穷剥削。与真正的科学毫不相干。因此，巴哈主义者一面告诉贫苦的劳动人民说："人生是罪恶"，人们必须"忍受苦难"，必须"听天安命"，必须"离开外界事物的引诱"，必须"浸入精神的大海"，必须"生活在沉静的心境中"。一面又对富有的剥削阶级说："人生是美景"，一切物质财富都是上帝创造的，应当尽量享受。巴哈主义者不过是摭拾了中世纪基督教"哲学家"——"中庸的"唯实论者的遗唾，再采取一些西方资产阶级反动"哲学家"的言词——一切假科学的言论而已。照他们来看，一切贫富的不平等现象都是来自"上帝"，一切统治剥削阶级的特权以及广大劳动人民的痛苦都是上帝的"永恒不可变易"的意志。来源既然是一个，那便不会对立，便能够"调和"，便无所谓阶级、无所谓剥削了。贫苦人必须"忍受迫害，不能报复"，对"人""只能行善，不能为恶"。照巴哈主义者看来，一切剥削统治阶级对人民的一切措施都是"行善"，而劳动人民的一切义务也算是"行善"，只要能这样，则社会便是"美妙"的了，便是"每一个原子都如太阳"了。巴哈主义者以为千百年来，劳动人民反抗剥削统治阶级的流血斗争都是罪恶行为，人民只有安分守已，服从"命运"，才会得到幸福。他们用尽一切好听的名词,“象征的言语”来麻醉劳动人民,企图调和或缓和劳动人民的斗争意志,用“调和之道”根本取消阶级斗争和人民革命,企图使劳动人民永远为反动统治阶级效忠,成为恭顺驯服的奴仆,成为剥削统治阶级创造财富的工具。但是十九世纪末二十世纪初,在中近东和全亚洲一样,是人民觉醒的时代了,巴哈主义者和一切西方资产阶级唯心论“哲学家”提出的骗人的“理论”,已经阻遏不住这汹涌澎湃的浪潮了。巴哈主义者看见各地人民运动不断地掀起后,愤恨地说:“啊! 啊! 大群的恶犬,追扑一个美丽的羚羊! 大群的鹫鸟追捕着一个美丽的黄莺!”[四〇]在巴哈主义者看来群犬与群鹫就是“暴动的”人民,“美丽”的羚羊与黄莺就是“高贵的”皇帝与贵族。巴哈主义者不断地使用这些神秘的、意思含糊的“象征”词句来向人民说教,以满足统治阶级的愿望。“一切宗教都是用象征的方法写下来的”,巴哈主义者就是这样用“象征的寓言”来欺骗人民。

七十年代以后,巴哈乌拉提出“世界一家”的主张来,认为“世界上的人民要在宗教上联合起来,然后世界各国的民族和政府再联合起来,人类要像亲戚一样住在家里”。他坚持“人类一体”,不分什么贫富、贵贱的阶级,不分什么基督教或伊斯兰教,不分东方与西方,不分伊朗或英国,必须团结起来,统一起来,共同建立一个“永恒”的和平、“最大的和平”,必须成立“世界会议”来解决人类的问题,必须统一全世界的语言文字。他认为只有这种“世界大局”的主义,才可以解决世界上的一切纠纷。[四一]他的“世界大同”宣布一切为自由平等,为民族独立而进行的斗争都是应该停止的。宣布每一种爱祖国的思想都是民族的偏见,都是人类自私的表现。

巴哈主义者的这种“天下一家”、“人类一体”、“宗教联合”……的思想本质是什么呢? 我们应当加以揭露:

十九世纪七十年代以后,随着资本主义达到腐朽的帝国主义阶段,英国占领了广大的殖民地之后,加紧侵略中近东,已经以中近东的主人自居,控制着从印度到美索布达米亚,从叙利亚到埃及的地带,并占据了富有经济和军事重要价值的波斯湾和苏彝士运河。英国人还企图向伊朗北部及南高加索伸长直达里海沿岸,并由此向中亚细亚扩张,幻想造成从地中海到印度的殖民帝国,甚至梦想建立一个从日出到日没的世界帝国。同时,在十九世纪末,美国以凶猛的姿态来扩张殖民地,同样幻想建立一个从南极到北极而以“联邦主义”(实际就是“世界主义”)为原则的“合众国”(实际就是“世界帝国”)。一八八五年,美国“世界主义”分子费克斯已经露骨地发表美国统治世界的狂言:“我相信将会有这样一个时代,那时候在地球上会有这种事情存在,那时候会可能(与巴黎宴会上我们的朋友们说的那样)谈到从南极到北极的合众国。……只有到那时候这世界才能称为真正基督的。”(哈利威尔斯:《实用主义,帝国主义的哲学》,五三页,三联版)这还不很明确吗? 美国的垄断资本家梦想统治全世界,而且梦想以基督教为统治世界、奴役全世界人民的手段。因此,十九世纪末,美英等帝国主义,除在经济、政治和军事上力图统治中近东外,文化宗教的侵略也提到了重要的地位。美英的基督教教会学校遍布中近东各国,宗教团体不但成为侵略的先锋,而且多是特务组织。由此可以知道:巴哈主义者的“永恒的和平”就是美英帝国主义的“和平主义”的化身,美英帝国主义者企图用“和平主义”等爱好和平的词句掩饰其“实力主义”。巴哈主义者的“天下一家”、“宗教联合”完全是配合美英帝国主义扩张的意识形态,目的在为美英的“世界帝国”铺好道路。并企图掩盖本国封建统治阶级的卑鄙无耻的卖国行为。

于是巴哈主义者的学说得到美英“高等人士”的“欢迎”和“崇拜”了。一个牛津的神学家蔡恩说:“巴哈运动不是一种组织,你不能组织巴哈运动。巴哈运动是这个时代的精神。”、“上帝给这个觉醒的时代赏赐，乃是在使人知道人类是一体的，宗教根本上也是一体的。”于是巴哈乌拉的“永恒的和平”、“天下一家”、“人类一体”、“宗教联合”，便成为英美所“崇拜”的“学说”了。于是“巴哈乌拉”便成为英、美“高等人士”所崇拜的“理想人物”了。欧美的学者歌颂他是“神秘人物”，是“绝对的真理”。欧美的名人学者、政治家、宗教家不断地到亚克“瞻仰”他的“圣容”，在他们的笔下：“巴哈乌拉的身材成为一个神奇的模型，他的眼睛能够钻入每一个人的魂魄深处，他的浓眉是权力与威严的象征，他的深刻的额纹是奥妙的真理的标帜。”[四二]巴哈乌拉对一个访问他的英国教授说：“我们要求世界的良善，各国的快乐，我们要求共奉一种宗教，人类全成弟兄。……这些无结果的斗争，这些毁灭的战争都要过去。那‘最大的和平’会来到的。……这些斗争流血必须停止，人类要如亲戚一样住在家里。”[四三]巴哈乌拉这种“和平主义”是为欧洲殖民主义者所乐闻的，因为他和他的信徒认为人民争取自由平等的流血斗争都是无结果的，必须停止，世界必须在现有制度上建立起“最大的和平”。于是，“巴哈的教训证明了并补足了以前的宗教，并且献出一个实际的哲学系统来适应今日的人类精神上的需要，以建设神圣的和平与平安。”[四四]从十九世纪六十年代到今日，巴哈主义者一直是英美帝国主义的最忠实的代言人。

巴哈主义者认为人类要达到“永恒的幸福”，必须虔心归依巴哈教派，诚心举行一切仪式。他们提倡模仿基督教的制度，在每一个村落，每一个城市建立巴哈教堂，以教堂为中心，组织“九贤人会议”管理地方事务，征收遗产税及百分之十九的财产税为经费。巴哈主义者的活动已经明目张胆地在政治，经济的活动上和帝国主义联系起来了。

巴哈的著作：《信仰》、《亚克的教训》、《神光》等，曾被译为欧洲各种文字。[四五]

一八九二年巴哈乌拉死后，他的儿子阿拔斯阿芳地继为巴哈教派的首领，称为阿布笃巴哈（巴哈的仆人）。他更彰明较著地为帝国主义找侵略东方的理论根据。英、美各国的学者称他为“伟大的哲学家”、“伟大的革命领袖”、“尊贵庄严的领袖”[四六]。一九〇六年，伊朗在俄国革命的影响下掀起了革命斗争，反对殖民制度，反对伊朗国王出卖祖国。数以万计的伊朗人民参加了这一伟大的运动，在德黑兰城内举行示威暴动，巴哈教派的上层分子也参加到运动当中，警察士兵无情地在德黑兰街上屠杀群众，死尸遍地。巴哈教派的上层分子——各教堂的长老们，为群众选择了德黑兰郊外英国大使馆的别墅为避难所。他们很快地就露出真面目来，不断地警告人民，要人民躲在家里，停止斗争，并印出很多教条式的文告，散发在人民当中：“你们应当以最大的慈爱对待世界上的人，应当尽忠于皇权，应当服从政府，不要过问国家大事。应团结在上帝的意旨下，普爱世人。应以感激上帝的心情，普劝世人。不要说上帝不愿听的话，不要做违反上帝的事。在伊朗，找不出比皇帝陛下更伟大、更完善的人。你们应以最大的忠诚为皇帝陛下的复兴而祈祷，为皇帝陛下的健康而祈祷。啊！伊朗人民不知道皇帝陛下的高贵……”[四七]然而人民并未受到他们的欺骗，群众染上烈士鲜血在街上继续斗争。而巴哈教派的上层分子却纷纷离开群众，躲到外省的安全地带去了。巴哈教派的上层分子参加到群众队伍的用意是很明显的，只是为了分化群众而已。然而帝国主义，特别是英国的报刊、书籍却记载着一九〇六年的伊朗革命是巴哈教派所领导的，因而称阿布笃巴哈为“伟大的革命家”[四八]。这是一种卑鄙的阴谋，一方面诬陷了伊朗革命，同时抬高巴哈教派的声望，扩大它在民众中的影响，企图更方便继续向伊朗人民说教，做帝国主义的传声筒。

事实上，巴哈教徒的上层分子对于伊朗人民运动，没有起过任何积极的作用，他们最多是以模棱两可的骑墙派姿态出现。有时也表示反对伊朗国王，但那是在伊朗国王倾向俄国沙皇的情况下而发生的，因为巴哈教派的上层分子始终是站在英国和美国方面的。但是，由于英美帝国主义报刊书籍的捏造渲染，把伊朗人民的每一次革命都和巴哈教派联系起来，再加上伊朗和近东、中东其他国家的资产阶级书刊的歪曲历史事实，包括为数很多的小资产阶级知识分子及笃信宗教的部分人民大众也混淆不清，信为事实了。为了澄清近百年伊朗和近东、中东的历史真相，再由下面的事实加以说明：

一九〇七年后，对于英、美、法、德帝国主义国家来说，近东、中东的地位日益重要，巴哈教派的学说更为他们重视，巴哈学派的著作被翻译为各国文字，在伦敦、巴黎、支加哥、柏林等城市流行。英美各国"高等人士"不断到亚克来访问阿布笃巴哈。伦敦等地的机关团体不断地写信给他接受"教训"。一九一〇年，阿布笃巴哈被邀请到伦敦、巴黎、支加哥讲学，历时三年。他在各国被称为"圣者"，许多"高等人士"宣布"皈依"他的教派，愿意做他的"门徒"[四九]。

一九一三年，阿布笃巴哈在伦敦发表谈话："我年纪虽过，精力虽衰，仍愿意到各国讲学。战争是残酷的，我希望人与人之间永远和平，世界上永无流血战争。"[五〇]在巴黎说："今日各国之间需要团结与和平，刀剑统治世界已经六千年了，让我们用'普爱'来统治世界。"[五一]在美国支加哥的"高等人士"组织了一个"巴哈学会"来盛大欢迎他。[五二]

美帝国主义参加中近东的侵略较为晚些，十九世纪后半期，它在中近东着重文化的侵略。二十世纪初期，随着美国垄断资本高度的发展，它不再满足于中美、南美的统治及对中国的侵略了。一九一一年，摩尔根财团打进伊朗，在大战期间控制了伊朗的财政。同时对红海与波斯湾的交通，也乘机争夺。美帝国垄断资本家已深入到阿拉伯寻找石油。在大战的末期，参加了分赃会议，要求把美索布达米亚和叙利亚北部沿地中海一带划入它的统治范围。美国总统威尔逊的"民族自决"及"十四条款"，虽然欺骗了很多的人——特别是欺骗了中近东各国的人民，但它的侵略本质是掩盖不了的。大战后，美帝国主义以最凶狠的姿态，出现于中近东各国。美国独占资本在伟大的十月社会主义革命胜利后，曾在国内国外掀起了恶意诽谤的反苏运动，收买一些无耻的外国"学者"、"思想家"作为自己的喇叭筒。巴哈主义者的"世界一家"的谬论既是来源于十九世纪末美英帝国主义的"世界帝国"，则在第一次大战后自然更受美帝国主义的"重视"，成为美帝国主义的"世界主义"的推销者。一九二一年，美国的垄断资本家曾在支加哥建立一所规模宏大、富丽堂皇的巴哈教堂，而且许多美国的"高等人士"都宣布"崇奉"巴哈教派。一直到现在，巴哈主义者仍为美帝国宣传"世界主义"的走卒。

巴哈主义者仍然使用"抽象的寓言"来宣传他们的谬论，口不离"慈爱"、"和平"、"互助"、"团结"。由表面看，巴哈主义者好像是诚实的"和平使者"，是"为万民谋幸福"的"救世主"。但揭穿了看，却是资产阶级、特别是美帝国垄断资本家那一套极端虚伪的"正义"、"权利"、"基督教道德"、"国际和平"等等假仁假义的言词。在第一次大战的前夕，英美帝国主义迫切需要中东、近东"和平"（即服从）的时候，巴哈主义的首领奔走英、美、法各国的城市，宣扬"和平的哲学"。到了第一次大战开始后，英、美、法帝国主义又需要中近东各国的人民起来反抗土尔其，于是巴哈主义又起来宣传"保卫中近东"反对土尔其鼓吹战争了（他们的鼓吹战争，和中近东人民的反侵略战争是不同的）。第一次大战后，巴哈主义者随在美帝国主义的后面，大唱反苏的论调，常常想减轻美英反苏的罪恶活动的实际作用。企图使用其漂亮的词句来掩盖其最卑鄙的行业。巴哈主义的"世界一家"、"世界政府"在战后更加叫嚣起来，叙利亚、埃及的"学者"们也在大喊其"超民族"、"超国家"的口号。[五三]这是和美帝国主义的反苏阴谋，奴役全世界人民的阴谋紧密联系着。"现代资产阶级的世界主义，乃是反动资产阶级的帝国主义侵略政策底思想表现，这种政策的目的就是建立他们的世界统治权。夺取世界统治权，一小撮资本主义的垄断公司榨取世界的斗争，自然并且必然是产生于帝国主义时代资本主义的政治经济发展不平衡性。”“现代资产阶级的世界主义，是美帝国主义为实现建立世界统治权的荒谬计划而选用的思想斗争武器。美帝国主义藉世界主义的宣传进行实现自己的强盗扩张欲望的思想准备工作。资产阶级的世界主义思想，对于在国外执行间谍任务与破坏分子的破坏活动，乃是最有利的掩护。在世界主义花言巧语的假面具后面，在对民族自私主义斗争的虚伪口号下面，隐藏着竭力要使美帝国主义统治全世界的荒唐想法实现的新战争煽动者们的狰狞面目。”(五四)美帝国主义为了蒙蔽、欺骗各国人民，把它的反动的“世界主义”和“基督教帝国”说成是“国际主义”，认为东西民族、各国文化应当无条件地“和谐”统一起来。其实真正的国际主义是直接反对资产阶级的民族主义、世界主义的，真正的国际主义是工人阶级的政策，它领导人民大众为了和平、民主与社会主义而进行反对民族压迫与奴役的斗争。美帝国主义的民族主义世界主义的思想体系，现在和过去一样，是与无产阶级国际主义相对立的，是两个本质上相异，不可调和的互相敌对的东西。

自第一次特别是第二次大战后，美帝国主义为了挽救不可避免的死亡，日益显露其狰狞面孔，公开叫嚣发动侵略战争，美国的好战分子新闻记者雷特采尔在他写的《地中海及其在美国国际政策中的作用》一书中，无耻地庇护美帝的政策，公开主张战争，主张用战争把中近东国家变为美帝国主义的殖民地，他狂妄地认为新的世界大战是拯救资本主义的道路，在他看来，人剥削人是“永恒的真理”(五五)。巴哈主义的“永恒和平”，就是雷特采尔的“永恒的真理”，来龙去脉，呼应唱和，是很清楚的。日丹诺夫同志写道：“爱作狂想与标榜和平主义的资产阶级知识分子们所附和和响应的‘全球政府’思想，不仅是被用作一种口号，来专门反对苏联，始终不渝地捍卫一切大小民族真正平等和保障主权的原则。在现今条件下，美、英帝国主义以及与其接近的国家，愈益成为摧残各国民族独立与自决的凶恶敌人；在苏联和各新民主国家，却是保卫各国权利平等与民族自决的可靠柱石。”(五六)

为了粉碎美帝国在中近东、在亚洲的侵略，为了反对美帝国主义的世界统治权，为了和美帝的殖民主义作坚决斗争，在当前，无情地揭穿巴哈主义的本质，寻找其根源，揭露其反动作用，是非常必要而且具有现实意义的。

［注释］

(一)本节资料的主要来源：(一)斯捷比利格著：《英国侵略中东史》(中译本)，第一、二、四、五章。(二)《殖民地保护国史》上卷，第十二章。(三)沙克布阿尔色兰著：《波斯的伊斯兰》，第二、三章。

(二)略。

(三)“十叶”在阿拉伯文中是“宗派”之意，穆罕默德死后，发生争夺领导权的斗争，他的女婿阿里被反对派暗杀，阿里的后人，继续流血的斗争，后人称为十叶派，是在宗教形式下的一种贵族政党，盛行于伊朗。

(四)本节资料的主要来源：(一)沙克布阿尔色兰著：《巴布教派》。(二)《殖民地保护国史》上卷，第十二章。(三)加拉得弗著：《巴布教派》。见《穆斯林思想家》卷五，第四章。

(五)见哈弗纳威著：《伊本沙德传》，五七～六三页。

(六)见《殖民地保护国史》上卷，第十四章，一九三页。

(七)克尔白拉在巴格达西南。公元六八〇年十叶派首领侯赛因(阿里之子，穆罕默德之外孙)在这里被反对派斩首，埋藏于此，成为十叶派的“圣地”。

(八)神秘派即苏斐派。公元九世纪出现于伊拉克，表现了对于现存制度的抗议。它曾经反映了城乡小生产者对于封建主、高利贷者和其他剥削者的不满。根据苏斐派的学说，私有财产和财富乃是罪恶底起因。因此，苏斐派起初曾经抵制哈里发的命令，抵制富商和有产阶级其他代表的命令。在这个时期苏斐派曾遭到哈里发、高级长老、封建主们的迫害。然而，十一世纪后苏斐派转而依靠封建统治阶级，它的上层变成大地主、大商人。［见邵英巴耶夫等著：《为正确阐明苏联中央亚细亚各民族的历史问题而斗争》，一三七～一四二页。（中译本）］

（九）沙克布阿尔色兰：《伊斯兰的觉醒》，二五九页。

（一〇）沙克布阿尔色兰：《巴布教派》，三五一页。（收入《今日伊斯兰》）

（一一）前揭书，五五页。

（一二）《殖民地保护国史》上卷，二册，一三九页。

（一三）前揭书，同页。

（一四）沙克布阿尔色兰：《巴布教派》，三五五页。

（一五）前揭书，同页。

（一六）前揭书，同页。

（一七）前揭书，二五六页。

（一八）前揭书，同页。

（一九）见加拉得弗：《巴布教派》（《穆斯林思想家》卷五，八二～八四页）。

（二〇）《殖民地保护国史》上卷，二册，一四〇～一四一页。

（二一）见加拉得弗：前揭书，八五一九〇页。

（二二）见沙克布河尔色兰：前揭书，三五四页。

（二三）见加拉得弗：前揭书，九一～九三页。

（二四）前揭书，二四页。沙克布阿尔色前揭书，三五四页。

（二五）沙克布阿尔色兰：《伊斯兰的觉醒》，二六〇～二六四页。

（二六）毛泽东：《中国革命和中国共产党》（《毛泽东选集》卷二，五九五页）。

（二七）《列宁全集》第十六卷，三八四页（引自《殖民地保护国史》上卷，三册，二一页）。

（二八）《殖民地保护国史》上卷，二册，一四八页。

（二九）前揭书，一四六页。

（三〇）加拉德弗：《穆斯林思想家》卷五，九二页。

（三一）沙克布阿尔色兰：《巴布教派》，三五七页。

（三二）《殖民地保护国史》上卷，二册，一四六页。

（三三）沙克布阿尔色兰：《巴布教派》，三五七页。

（三四）前揭书，三五七页。

（三五）《阿布笃巴哈言论集》，四四～四五页。（引自《宗教与近代思想》）。

（三六）前揭书，三六三页。

（三七）沙克布阿尔色兰：《巴布教派》，三五七页。

（三八）《阿布笃巴哈在巴黎的言论》，一三二～一三三页。（引自《宗教与近代思想》二〇二页）

（三九）《宗教与近代思想》，二〇三页。

（四〇）加拉得弗：《穆斯林思想家》，九七～九八页。

（四一）来弥：《巴哈之启示与建设问题》，七七～七八页。（引自《宗教与近代思想》二〇二页）

（四二）加拉得弗：前揭书，九五～九六页。

（四三）前揭书，同页。

（四四）来弥：《巴哈之启示与建设问题》，一七页。

（四五）沙克布阿尔色兰：《巴布教派》，三五七页。

（四六）加拉得弗：前揭书，九八～一〇四页。沙克布：前揭书，三五七～三六〇页。

（四七）《伊斯兰世界》杂志：一九〇七年二月号，二〇〇～二〇一页。（巴黎）

（四八）前揭书，一九八页。

（四九）沙克布：前揭书，三六〇～三六一页。

（五〇）加拉得弗：前揭书，一〇三页。

（五一）前揭书，一〇四页。

（五二）沙克布：前揭书，三六〇页。

（五三）库迪阿里：《伊斯兰与阿拉伯文化》，四八～五三页。

（五四）见契尔诺夫：《无产阶级的国际主义与资产阶级的世界主义》（中译本），二六页。

（五五）巴斯金：《为扩张主义服务的现代美国资产阶级社会》，一一二页，三联版。

（五六）引上揭书，二七页。

后 记

本文是就我正在编著的“中近东国家近代、现代史”中的一个问题加以补充分析而成。一九五五年一月在本校科学报告会中报告过、讨论过，主要内容是：

（一）十九世纪中叶伊朗的“巴布运动”，是当时亚洲（中国、印度、伊朗）三大民族运动之一，但历来被帝国主义和伊朗、中近东各国的统治阶级歪曲诬蔑，目为“叛乱”。本文叙述运动的背景、经过，并分析运动失败的原因及其历史意义。基本论点——“农民起义”及许多材料是根据苏联科学院主编的《殖民地保护国史》的中译本。后来看到苏联历史学家阿卜杜拉耶夫评论《伊朗简史》的文章，认为“巴布运动”的主要成分，是破产的手工业者、城市贫民、中小商人，而不是农民（见《史学译丛》：一九五五年第二期，第一二六～一三四页），我自己没有更多的材料，只好仍旧。因为我分析“巴布运动”的目的，是为了说明“巴哈主义”的时代背景及其根源而加以批判。

（二）“巴哈主义”是由“巴布教派”蜕变出来的一种代表剥削统治阶级，维护旧制度，反对革命斗争，为美英帝国主义张目的反动学派。至今仍为美英帝国主义所“颂扬”，同时，至今仍为伊朗和中近东国家的资产阶级学者所标榜，而伊朗和中近东国家的一部分人民往往亦受其欺骗、蒙蔽。作者引证史实，就个人水平加以分析批判，大部是我自己的意见和看法。后来苏联历史家阿卜杜拉耶夫在上面提到评论《伊朗简史》一文中提到这个问题：“在书中没有充分明晰地说明柏哈依教派（即巴哈主义）和泛伊朗主义的本质。作者应当根据史料来说明这些反动理论既为伊朗统治集团服务，也为英、美资本家服务。”（《史学译丛》同期，第一三三页）我的论点和阿卜杜拉耶夫同志的提法是相符合的。这样，就鼓动我大胆地把这篇文章发表出来。但是限于自己掌握的材料及理论水平，错误一定很多，希望得到指正。

东方各国近代史（第1卷）（节选）*

[苏]雷斯涅尔·鲁布佐夫著，丁则良等译

第十四节　一八四四～一八五二年间波斯和南阿塞拜疆的巴布教徒起义

到十九世纪四十年代，由于英国资本的侵入，由于封建剥削的加强，由于世俗政权和封建政权的专横，波斯人民中劳动群众中的破产就有了一种广泛的性质。在波斯国内，城市贫民的自发的骚动愈来愈频繁了，而且城郊农村的农民也来参加其中。在许多情形下，这些骚动就转变为反对国王政权的起义。巴布教徒成了起义的领导者——这些信徒就是塞伊德—阿里—穆罕默德学说的信徒。

塞伊德—阿里—穆罕默德一八二〇年生于设拉子，他是卖布小商人的儿子。他和他的将来亲近辅佐和信徒都属于谢伊克教派。谢伊克教派相信救主的迅速降临，这位救主将建立正义王国，清理伊斯兰教生活法典并使正统派免受官吏的专横和僧侣的迫害。他们成了广大群众对当时封建压迫的怨恨心理的表达者。他们的宣传是在于反对统治者，官吏和僧侣们的祸国殃民。一八四三年，塞伊德—阿里—穆罕默德做了谢伊克教派的首领，随后不久就宣布自己为巴布，巴布的意思是门，人们所渴望的救主的意志即通过这个门，传达于人民。

巴布教徒运动特别有力地席卷了波斯北部和南阿塞拜疆。在这里，除了经济上的压制和政治上的无权以外，还存在着民族的压迫。

巴布教徒要求废除国王宫廷和波斯贵族所沉湎的侈靡生活，要求确立人身的权利和财产的不可侵犯，要求裁撤俸田；巴布教徒希望审判官公正廉明，法官大公无私，法律付诸实施。他们还要求减低租税和男女平等。巴布教徒的观点和宣传同时反映了人民对于外国资本侵入波斯的汹涌声势的愤慨，由于这种侵入，劳动群众的被剥削和贫穷化是更其加强了。巴布教徒的要求没有陈述于任何固定形式中。这些要求都是由梦想解脱封建压迫和求得较好命运的人民口口相传，加以增益的。在这个运动的最初阶段，巴布教徒是商人阶级利益的拥护人，当时的商人阶级是由于封建主义的淫威和外国资本的猖獗而大感痛苦的。

---

* 原载[苏]雷斯涅尔·鲁布佐夫：《东方各国近代史》第1卷，丁则良等译，三联书店1957年版。

第十五节　南阿塞拜疆的巴布教徒运动

巴布教徒的领导人阿迦－穆罕默德－阿里和牟拉－幼苏夫一八四四至一八四五年间在南阿塞拜疆开始宣传他们的教义。阿迦－穆罕默德－阿里依靠着巴布的权威，不但要求改组支持现存秩序的伊斯兰教，而且要求把祖国从波斯国王政权的淫威下解放出来。他和牟拉－幼苏夫巡行阿塞拜疆各个农村，号召人民抵拒波斯封建主和法官的横行霸道，领受巴布的教义，起来反对他们的逼害者。当巴布本人出现于南阿塞拜疆的时候，这里的事变就获得了更广大的规模。

还在一八四四年时，巴布就到麦加去巡礼。在回到波斯以后，他在一八四四年就被逮捕了。但是巴布逃到了伊斯法罕长官那里，那个长官待他很好。但是在一八四七年伊斯法罕长官死去以后，巴布又被捕获，解到大不里士，从大不里士解到麦加。巴布住了监以后，就向其他被幽囚的巴布派写了一部《默示录》，在其中阐述了这个新教义的基本原理。巴布宣布自己是阿拉（主）的使者，《默示录》是圣书。在《默示录》中宣布了人类的平等，预言了巴布教徒的公正国王的降临，预言了他们王国的建立，在那个王国中，外人的财产将分配给巴布的信徒，在那里将没有封建专横，在那里，将给贸易的顺利发展保证必需的法律关系。巴布教徒从波斯许多城市中聚会到阿塞拜疆来。拥护巴布的人数增多了。大不里士西南方的米兰村的农民全体承认自己是巴布的信徒。在大不里士本城中，城市贫民的发动愈益频繁，骚动席卷了城郊的各个乡村。

第十六节　巴布教徒在麻桑德伦的活动

在麻桑德伦省，巴布教徒活动的中心是在沙卢德东方的别德什村。巴布教徒在别德什传教时宣布了更急进的思想，比巴布本人的教义更其过火。他们宣传说，在将来的救世主王国中，一切财产将成为共同所有，每个人将在平等的条件下从其中领取自己的一份。他们大声疾呼地反对纳税，要求废除封建主的权利和特权，要求男女完全平等。

别德什的巴布教徒遭到了残酷的逼害，巴布教徒的女传道员库拉图良被捕，解送到德黑兰。另一个传道员哈治－穆罕默德－阿里则逃出去，到达巴尔夫鲁什；到了一八四八年夏末，从监里逃出的牟拉－忽辛－别什鲁伊也带着四百个巴布教徒来到那里。巴布教徒在麻桑德伦省各城各乡，从事布道，并有显著成功。

一八四八年九月初，在穆罕默德沙死后，就开始了封建党羽的照例的争权斗争，许多省长都被召回首都或被撤换了。在国内发生了封建叛乱和人民暴动。例如，在呼罗珊，沙拉尔汗的叛乱在继续着，而在伊斯法罕、列什特和波斯其他城市，也都爆发了人民起义。归根到底，国王所委派的南阿塞拜疆节度，王子纳斯雷丁登了王位。在这个幼王下面，聪明有为的弥尔查－塔吉汗就成了实际的统治者，得到了元帅称号。弥尔查－塔吉汗当他还在大不里士做纳斯雷丁的总理大臣时，就深知巴布教的本质，并了解这个运动对于波斯封建主的全部危险性。因此，当他还在做总理大臣时，就已下令逮捕大不里士的一切教派信徒，并无情地镇压了巴布教徒的发动。但是许多教徒却能够隐藏起来，到达晋詹城，在那里秘密准备巴布教徒的起义。以牟拉一幼苏夫为首的另一些教徒，则冲向麻桑德伦，在那里巴布教徒已经利用国王死后省内事实上存在的无政府状态而发动起义了。

第十七节 塞克一塔别尔西的起义 巴布和阿迦一穆罕默德一阿里的死刑

在巴尔夫鲁什，巴布教徒击退了当地汗派去讨伐他们的队伍并且占领了该城附近的商队旅舍。后来他们就到达塞克一塔别尔西陵墓，在那里盘踞起来。他们在那里，企图把他们的教义付诸实施，把他们的财产分给大众享用，实行共餐制。郊区农村的农民们也来归附巴布教徒，起义者的总数达二万人。农民们把大批存粮输入塞克一塔别尔西。在牟拉一忽辛一别什鲁伊领导之下建筑了有十二座塔楼的正规城堡，四周围上土堤和水壕。巴布教徒绝对忠于他们的教义，都不怕死地与敌人奋勇作战。受塔吉汗的命令派去攻击堡垒守卫者的汗王的军队，初一交锋，便被打散了。在这一次出击时，巴布教徒不但得以击破敌人，而且顺便解救了被国王政权所逮捕的牟拉一幼苏夫，和企图潜入塞克一塔别尔西的其他巴布教徒。在这次失利以后，塔吉汗又下令派常备军队开赴塞克一塔别尔西。但是在一八四九年二月三日夜里，被围的人们就组织了四百名的部队进行出击，并再度打败了几千兵士的沙王军队。波斯历史家曾描写在这次会战中被击溃的沙王军队情况说，他们的逃跑“正如羊群在狼面前一样”。但是在出击时候，巴布教徒却遭受了沉重的损失——他们失掉了他们的领袖牟拉一忽辛；他是因伤而致命的。

哈治一穆罕默德一阿里率领了巴布教徒现在向塞克一塔别尔西调来了新的军队，带来了大炮和炸药并有能征惯战的宿将加以指挥。堡垒四面都被围困起来，并对被围攻的人施放不断的炮火。巴布教徒既然与周围乡村切断，就逐渐把粮弹用尽了。一部分保卫者，主要是不久才来参加运动的那些农民，心惊胆落，开始离开了那座堡垒。剩下的为数不过三百人，仍然在继续作英勇的抵抗。巴布教徒虽然损失惨重，饥饿欲绝，大势已去，但是并没有向沙政权投降。这时指挥沙军队的麦狄一库里一弥尔查就以蒙混手段求得了他在公开战争中所不能求得的结果。麦狄一库里一弥尔查凭着可兰经发誓说，如果残存下来的保卫塞克一塔别尔西的人放弃了那个堡垒，放下武器，他将保全他们的生命和自由。但是听信这个誓言的巴布教徒，却在他们走出城外时被沙的兵士背信弃义地杀死了。至于哈治一穆罕默德一阿里，牟拉一幼苏夫和起义的其他领袖，则被解送到巴尔夫鲁什，并在严刑拷打之后于一八四九年八月被处了死刑。

尽管有沙政权的残酷逼害，巴布信徒的人数还是愈来愈增加了。特别是南阿塞拜疆和其大城大不里士造成了很大的威胁，全波斯的巴布教徒都汇合到那里了。住在监中的巴布和其新近朋友还和人民保持着联系，并号召他们为建立神圣的正义王国而斗争。政府当局认为巴布教徒运动对于封建秩序是一种严重的危险，所以就下令把这个运动的两个主要领袖，即巴布本人和阿塞拜疆人阿迦一穆罕默德一阿里处了死刑。

一八五〇年七月十九日，巴布和阿迦一穆罕默德一阿里在大不里士被处了死刑。在巴布和阿迦一穆罕默德一阿里被处死以后，他们的许多信徒都遭到了残酷的迫害。不过就是这样，也没有摧毁了巴布信徒的斗争意志。

第十八节 晋詹的巴布教徒起义

晋詹及其四周的居民基本上是阿塞拜疆人。晋詹城中有数千名巴布教徒。他们的首领是在居民中间享有很大声望的晋詹教长,牟拉－穆罕默德－阿里。参加这个运动的有晋詹的手工业者和贫民,还有附近乡村里的农民。晋詹城巴布教徒利用着沙的政府在一八四九年忙于镇压呼罗珊的沙拉尔起义,忙于围攻塞克－塔别尔西,忙于荡平大不里士的巴布教徒运动的机会,曾秘密购置了大量武器,弹药和粮饷。他们拥有有组织的武装力量,这种兵力是由各地散处的民兵队伍组成,他们受着司令员的领导,并有统一的指挥。一八四九年五月八日巴布教徒占领了那座城市的堡垒,到八月就构筑了四十八处防御工事并设立了铸造厂,制造大炮,子弹,火药。常备军带着大炮开到晋詹,去镇压起义。塞克－塔别尔西巴布教徒遭受屠杀的消息,在战士行列里引起了一些混乱。多数农民离开城市分散回乡去了。但是剩下来保卫晋詹城堡的人却向牟拉－穆罕默德宣誓,要战斗到最后一人。晋詹的妇女和少年也与男子并肩作战,抵抗沙的军队。其中特别突出的是指挥着一个武装巴布教徒别动队的女英雄。她起了一个男人名字,叫鲁斯腾－阿里,并且在最危险的作战地点,以无畏精神进行厮杀,使得波斯王军恐怖失色。

敌人的屡次攻击并没有能摧折巴布教徒的抵抗。于是沙就下令用炮火把晋詹轰成平地,并把守城者以及老幼都全部屠杀了。波斯王军冲入城中以后,据波斯历史家说:"就如饿狼一样残杀儿童和妇女。"在这场残酷而不平等的斗争中,巴布教徒的大无畏的领袖牟拉－穆罕默德－阿里受了致命伤。在他死后,残存的男子,妇女和少年重新发誓,不向他们所憎恨的敌人投降。在长期围攻晋詹城期间,沙的军队损失了八千士兵。巴布教徒死得剩下一个人,国王的刽子手们也只剩下了几个受了重伤的,而如人所说,其中每一个人要值"一五〇〇名以上的步兵和近卫兵"。一年以后(一八五〇年),波斯王军镇压了奈雷斯最后的一次大规模起义。

但是巴布教徒仍然在地下继续他们的活动。德黑兰巴布教徒的领袖是牟拉－塞克－阿里。德黑兰的巴布教徒秘密会社是与阿塞拜疆,麻桑德伦和呼罗珊的巴布教徒通着声气的。这个会社因为目的在于夺取政权,所以就在德黑兰准备反政府的武装起义。

首都巴布教徒的发动原计划由刺杀波斯王开始。十二个巴布教徒被指派进行暗杀。但是这次谋杀并没有能成功,沙只受了一点轻伤。这次谋杀事件以后(一八五二年八月),国内就对巴布教徒进行了大规模的逮捕。单在德黑兰一处就逮捕了四百名巴布教徒。其中只有七名背弃了巴布教义,其余三九三人在受了骇人听闻的拷打以后,被处了死刑。

第十九节 巴布教徒起义的性质和推动力、失败的原因

因外国工业品(主要的是英国制造的)广泛侵入波斯而引起的手工业者、农民和商人的大规模破产,给巴布教徒的反封建起义准备了基础。欧洲人的这种殖民主义侵入还引起了封建剥削的加强和国内阶级矛盾的急剧尖锐化。在南阿塞拜疆,除此而外又加上了当地居民从波斯统治者方面所受到

的民族压迫。

在巴布教徒起义之先，几乎到处都发生了城市贫民的骚动。巴布教徒起义就是这些发动的直接延续，并且甚至与他们合流起来。一切巴布教徒起义都是从城市发生。这是不足为奇的，因为外国工业品的侵入首先就打击了波斯各城市的手工业生产。巴布教徒起义的基本动力是破了产的手工业者、城市贫民和城郊的颠连无告的农民。绝大多数农民群众，都没有公开参加巴布教徒起义。恩格斯在《德意志农民战争》中写道："不论使农民呻吟于其下的压迫是怎样地沉重，而激动他们起义仍然是很困难的。他们的分散性极其有力地妨碍了共同协议的可能性。"[①]

在封建涣散性远甚于十六世纪的德意志的波斯的条件下，农民群众大多都不会揭竿而起，从事斗争。就是农民阶级本身也并不是一个整体，而还分成定居农民和游牧农民。游牧农民不但不支持巴布教徒，反而在各自汗的领导下去参加镇压他们。在塞克一塔别尔西、晋詹和奈雷斯，近郊农村的农民虽然归附了巴布教徒，可是他们并不曾构成起义者的基本核心。参加巴布教徒运动的还有破了产的中小商人以及与城市商业手工业集团有密切联系的中下层僧侣首脑。在起初，反对沙的政权并想利用这个运动以达其自私利益的某些高级官员，也曾参加过这个运动。

巴布教徒运动的领导者和思想家基本上是中级僧侣阶层的代表人物，如前所说，这些人物就其利益和出身而论是和城市中商业手工业者群众有密切关系的。巴布本人就是商人的儿子。

巴布主义的思想体系是在斗争过程中形成的，而且愈往前发展，它就愈革命化了。在一起初，巴布教徒在布道时只是号召人们消极等待救主(即马狄)的来临，后来巴布教徒便决心从他们里边拥戴救主即巴布来，以便加速在尘世上建立新的正义秩序。经验很快地就使巴布教徒相信，新秩序的建立只有借武力，借手中的武器才有可能。巴布教徒的领袖对贫民说："你们去，把你们的国王宫廷中，在僧俗显贵的壮丽宫殿中，在你们暴君的箱子中所发现的一切都拿来——一切都是你们的。在此以后，尘世上一切王国也都是你们的。"

巴布教徒起义失败的原因在于：它们的涣散性和地方性(这是波斯国家分散性的结果)，还在于城市中的革命发动没有得到农民战争的支持，最后还在于，他们不继续大胆的攻击行动而使敌人无喘息机会，却只限于夺取个别城市，而随后则只是消极坐待沙的军队开到来围攻他们。

沙的政府、封建主、大商人和高级僧侣对巴布教徒宣布了残酷的战争，成千的巴布教徒被投到牢狱，绞死，或用大炮射死。但是巴布教徒运动所遭受的最厉害的打击，使它一蹶不振的打击，不是来自逼害和杀戮，而是来自别哈乌拉，巴布的继承人。

弥尔查忽辛一别哈乌拉是沙的大臣的儿子，他反映了大商人阶级的利益。当他加入了巴布教徒运动以后，他就尽全力反对巴布教徒的好战精神和他们的革命斗争方法。别哈乌拉谆谆教人顺从，号召巴布教徒放下武器。别哈乌拉教训人们说："宁人杀我，毋我杀人。"他号召他的信徒们来执行波斯王、他的节度和僧侣的一切命令，因为他们是"神圣正义的化身"。别哈乌拉成了一切私有财产(其中包括着封建财产)和人类的社会不平等的坚决拥护者。他宣传要创立统一世界国家和统一语言的世界主义思想。别哈乌拉的信徒为了区别于巴布教徒起见开始自称为别哈教徒。这个与本民族格格不入的商人集团，主要地是买办，后来就转变为资本主义国家的直接代理人，并以其神秘主义世界主义的宣传促使波斯转变成半殖民地。

① 《马克思恩格斯全集》(俄文版)第八卷，第一二六页。

巴布教徒的起义与阿密尔·尼扎姆的改革*

[苏]伊凡诺夫著,李希泌等译

人民的抗议与怨恨终于在反对国王与诸汗统治的自发暴动中得到发泄。到了十九世纪四十年代末,在伊朗各市、各州这样的暴动爆发的越来越多。例如,在1847年手工业者、小商人与城市贫民在津章起义,反对该地州长,将州长驱逐出城。在同一年内,伊斯法罕的城市贫民发生骚动。1848年,在大不里士、伊斯得和其他城市都发生了城市贫民与手工业者的骚动与起义。

这些发动与起义的领导角色都是巴布教派,该教派创始者——巴布的信徒。伊朗的宗教派别就在以前也往往是人民群众不满情绪的思想上的反映(例如,马资达克教、胡尔拉米特教等)。

巴布的真名为阿里·穆罕默德。1820年,巴布生于设拉子的一个棉布商人赛义德的家庭里。到了成年以后,他自己在班达布什尔经商有五年之久。后来,他往卡巴拉与纳哲夫朝圣。在那里,他成了赛希特教派的领导者,即赛义德·卡节姆·勒什特的徒弟。赛希特教派宣扬的主要思想是说伊斯兰教救世主——第十二世教长马赫底即将降临的思想。据传说,他消逝了已近千年,往后他还要出现,消灭大地上不平之事,并建立合理的新制度。

1843年赛希特教徒的领导者赛义德·卡节姆逝世,但未指定自己身后谁应继承。1844年赛义德·阿里·穆罕默德自称巴布,巴布就是人民渴望的马赫底表达自己的意志给人民所必由的津梁和门户的意思。到了1847年巴布就自称为先知马赫底了,写了一本《默示录》(*The Bayán*),在该书中叙述了他的教义的主要原理。《默示录》是巴布仿可兰经写的,巴布教徒奉为圣经。巴布认为人类社会是一个时代和另一个时代依次递嬗互代而发展的。每一个后来的时代越过前一时代而与之不同。每一时代有该时代的特殊制度与法律。旧的制度与法律由于旧时代的结束与新时代的来临而废除,而代以新的制度。人们自己是不能独自制定新制度与新法律的。主宰通过先知来制定,他在每一时代派给人们一位先知。先知授给人们的指示,是为新的圣经,它就取旧圣经的地位而代之了。摩西及其旧约书、耶稣及其福音书、穆罕默德及其可兰经,按照巴布的意见,就是一个先知及其圣经和另一个先知及其圣经依次递嬗互代。

巴布教导说:穆罕默德的时代已经过去了,可兰经与教典都已陈旧了,应当代之以新的律条了,这种律条,先知就在他所写的圣经中告诉人们。他宣教说,已经到了出现新先知——马赫底的时候了,新先知在大地上建立新制度、新公道与新幸福。但是掠得政权的哈基姆与乌拉马(亦即世俗的执政者与高级僧侣),凭借着可兰经与教典,不愿抛掉旧制度。按照巴布的教义,这便是大地上充满了

* 原载[苏]伊凡诺夫:《伊朗史纲》,李希泌、孙伟、汪德全译,三联书店1958年版。

不公道与倾轧的原因。

巴布在自称是新的先知而称他的《默示录》是新圣经之后，他宣教一切人们平等，妇女也包括在内。他断言：随着时代前进，他的教义将传遍全世界，但是在目前巴布教徒的神圣王国还只不过是伊朗的五个大省：阿塞拜疆、马赞得朗、波斯的伊拉克（中伊朗）、法尔斯与呼罗珊。在这一神圣王国上住的人只能是信奉巴布主义的人们。凡拒绝信奉《默示录》的，虽是外国人，也一并赶出巴布教徒的神圣国家，没收其财产，分给巴布教徒。接着还有一些关于保障个人权、私有权的指示，关于继承制度等等指示。

除了这些一般的原理以外，其中还有说得很模糊的、反映广大人民群众幻想的一种制度，在这种制度下，无封建的压迫，人人一律平等而幸福。巴布提出了很多符合商人利益的极其具体的要求（欠债必还、严守商业通信的秘密、用法律规定高利贷的利息、举办良好邮政、统一币制、圣国的人民可出外经商等等）。

巴布的教义并不是始终如一地表达农民与手工业者劳动群众的利益。

在巴布教徒宣传的初期，1848 年年中以前，巴布及其门徒并没直接向人民群众传教。他们企图将国王、宫廷侍臣、一些州长和乌拉马争取过来。没想到统治集团反来惩办他们，不准传教。巴布本人在 1847 年被捕，起初被囚禁在马库要寨，后又囚禁在契利克要塞（乌尔米亚湖之西，离土伊交界处不远）。对巴布的信徒同样地查拿究办。

巴布信徒知道了自己在统治集团当中宣传已告失败，并看到了人民群众对现有制度的不满，自发地团结在他们周围，才转向广大的人民群众宣传。而且在巴布的信徒中出了一些比较接近于人民的人物，其中最著名的是出身农家的毛拉·穆罕默德·阿里·巴尔福鲁什。他们青出于蓝，将他们导师的教义中的民主因素加以发展，远远走到他们导师的前面去了。

巴布教徒在宣传上的这一转变，当他们在沙赫鲁德市迤东的别达什特镇传教的时候就表现出来了。1848 年年中，毛拉·穆罕默德·阿里·巴尔福鲁什，著名的巴布教徒女宣教者静观和其他一些巴布教徒皆聚集于此。在一连开了几天的别达什特巴布教徒会议上，毛拉·穆罕默德·阿里·巴尔福鲁什宣称新先知降临的时刻已经到来，旧的法律与制度、可兰经与教典都已失效，所以人们现在没有再履行自己旧的缴税和服役的义务（这些都是在此以前，对自己老爷有利，他们所必须履行的义务）。更有进者，他声明：在将来的神圣王国中，所有高高在上的，亦即各封建主，将要剥夺他们的特权和权利，降到最微末的地位。他进而宣布私人所有制是剥夺别人的物权的，所以应予废除，一切财产应归公有，每人只得其中的一份。除此而外，在别达什特大会上的说教中，宣布男女平权与其他一些民主要求，比起巴布所宣布的更为坚决。

巴布教徒在别达什特传教，唤醒了周围农村的农民，他们都聚到别达什特来找传教士，因为他们说压迫与排挤人的王国已到末日，而所有的人行将平等与幸福的神圣王国即将到来。当时官厅震惊失措，从沙赫鲁德派来武装部队将巴布教徒赶散。巴布教徒从别达什特散到各州，宣扬他们的思想。

毛拉·穆罕默德·阿里·巴尔福鲁什率领弟子前往马赞得朗，在巴尔福鲁什市（现在的巴波尔）照旧宣传。

1848 年 9 月，穆罕默德王逝世。穆罕默德王逝世之后，新王纳歇尔丁王在十月即位之前，在德黑兰和各省的官厅自相惊扰。呼罗珊、伊斯法罕、克尔曼、设拉子和伊斯得都纷纷起义，反对州长。马赞得朗的州长及其亲信都到德黑兰去了，求在新王之朝得保禄位，州里只剩下了些市县地方官长，他们也觉得自己的地位并不稳固。

巴布教徒决定利用官厅自相惊扰的机会，试图实现自己的理想。在十月中，他们在巴尔福鲁什已有党徒约七百人，公开武装起来。和当地诸汗的部队小有接触之后，巴布教徒离开了巴尔福鲁什，驻扎在巴尔福鲁什东南约二十公里的赛赫·塔巴尔西陵墓附近的森林里（在塔拉尔河西岸）。

巴布教徒决定在这里长期住下，便在陵墓附近用砖坯修筑起堡垒，即向农民展开宣传。不久从四外的乡村，甚而从伊朗的其他各州聚会到巴布教徒这里来的约有二千人。大多数都是农民和手工业者。农民送给牲畜、粮食和其他材料，手工业者制造武器。在很大的八角形堡垒内筑起了木头房舍，外用芦苇遮掩。

巴布教徒的领导者——毛拉·穆罕默德·阿里·巴尔福鲁什和毛拉·胡赛因·波什鲁耶试图在这里废除私人所有制、财产公有与人群平等。于是宣布所有资财公有。为此派有一些巴布教徒专管分配事宜。巴布教徒都吃大锅饭。

当德黑兰获悉巴布教徒已在马赞得朗起义之后，新国王纳歇尔丁的首相密尔扎·达吉汗（阿密尔·尼扎姆）命令马赞得朗诸汗自行镇压这次起义。但是巴布教徒得有周围农民的支援，进行夜袭，击败诸汗的部队，把这些部队打得狼狈而逃。

由于巴布教徒节节胜利，而吓破了胆的很多马赞得朗的汗与僧侣都从城市或从自己的采邑逃亡山中去了。他们散布流言蜚语，硬说巴布教徒抢劫居民，实行公妻等等。

1848 年底，国王派他的叔叔马赫底·古里·密尔扎率领王军（约二千人）从德黑兰进讨巴布教徒。但是，巴布教徒又来了一次夜袭，大败王军，王军抱头鼠窜而逃。

巴布教徒的宣传日广，其信徒日多。1849 年 2 月，密尔扎·达吉汗告诉驻德黑兰俄国公使朵尔哥鲁基公爵说，据他看，此时伊朗全境巴布教徒已达十万人。[①] 他们已经在津章公开准备起义。

王室大为震惊。向赛赫·塔巴尔西陵墓加派军队，总共约有七千人。遂包围了巴布教徒的要塞，以大炮轰击。僧侣宣布对巴布教徒进行“圣战”。但是，在很长的时间里，军队屡遭失败。最后，巴布教徒和四外乡村断了联系，粮秣耗竭，要塞内的人没饭可吃。由于饥饿的结果，遂有由要塞改投王军大营去的。

尽管这样，1849 年 5 月以前巴布教徒还是屡败王军，击退王军历次进攻，王军人数已增至万人。而要塞中的巴布教徒，此时还不足二百五十人。5 月初，巴布教徒因马赫底·古里·密尔扎当着可兰经宣誓，答应保全他们的生命与自由之后，便停止抵抗。可是，当巴布教徒轻信诺言，放下了武器之后，王军却不守信义，将他们完全杀掉。巴布教徒的堡垒全被拆毁，甚至形迹不留，使人不致想起曾经有过巴布教徒起义的事情。

马赞得朗起义被镇压下去以后，巴布教徒在伊朗其他省市中的活动不但没停止，反而规模更大。巴布囚禁在契利克要塞，前来参拜的不仅是来自伊朗各省的，甚至有来自土耳其与印度的。在德黑兰，巴布教徒日多。驻德黑兰俄国公使朵尔哥鲁基于 1850 年 2 月 12 日向给内塞罗得报告说：“在德黑兰到处都是这种危险教派信徒，他们是不承认民事法规的，宣传说凡不信奉巴布教义的人的财产将被分与他人。”[②]1850 年 2 月，官厅在德黑兰破获了巴布教徒的秘密组织，这一秘密组织为了报复

① 《对外政策档案·外交部办公厅卷·与德黑兰来往公文》，1849 年，第 177 日，第 32～33 页。

② 《对外政策档案·外交部办公厅卷·与德黑兰往来公文》，1850 年，第 133 日，第 103～105 页。

在马赞得朗惨害巴布教徒的仇恨，他们意图刺杀伊朗国王、阿密尔·尼扎姆和高级僧侣人物，夺取政权。伊朗国王政权逮捕了这一秘密组织的巴布教徒约四十人。其中有七人因不肯履行阿密尔·尼扎姆的当众咒骂巴布，并背叛巴布教义的要求，遂在市内广场被处死刑。

1850 年 5 月，巴布教徒又在津章起义。毛拉·穆罕默德·阿里是津章起义的组织者与领导者。有一个参加巴布教徒这次起义的密尔扎·扎尼，他在论巴布教徒起义《努克达特·卡沃》(*Нук-тат-эль-Каф*)一书中写道：早在 1847 年在津章地区已有数千农民是毛拉·穆罕默德·阿里的信徒了。[①]到了 1850 年春天的时候，在津章及其邻近地区内，毛拉·穆罕默德·阿里的信徒已达一万五千人，毛拉·穆罕默德·阿里在城市里势力很大。奉行他的指示的，不是巴布教的信徒，而是许多津章的居民。巴布教徒公开准备斗争：储备火药、黑铅和其他军用品。

1850 年 5 月，州长下令逮捕了一个巴布教徒。这便是发动起义的口实。巴布教徒打开了城中的监狱，救出所有的狱囚。后来他们占领了城中的要塞。城市分成了两部分，巴布教徒占领的是东边一大部分，西边的一部分还在他们的敌人手里。诸汗和财主都从巴布教徒占领的城市东部地区逃出。双方都在街道上筑起了街垒和工事。

手工业者和农民是起义的主要群众。除此而外，有很多小商人和低级僧侣积极参加起义。低级僧侣、手工业者和商人的代表人物起着领导作用。商人哈只·阿卜杜拉、铁匠卡节姆和面包师哈只·阿卜杜拉都是毛拉·穆罕默德·阿里最亲近的助手。手工业者为起义者准备武器。积极参加起义的还有妇女，她们在街垒上和男子一样英勇。起义者有一处工事，保卫此处工事的巴布教徒的部队就是由妇女指挥的。

巴布教徒的领袖宣称，他们在建立一个新的、拥有公平制度的将垂诸永久的幸福王国。他们又称，一切巴布教徒都是一个公社中有平等权利的一员，一如在赛赫·塔巴尔西陵墓那次起义一样，一切财产宣布公有。

自五月底起，开始从德黑兰派出军队，前往津章镇压起义。可是开来的军队屡次进攻，都被巴布教徒击退，伊朗国王的军队受了惨重的损失。

在 1850 年，巴布教徒起义反对官厅的地点不止津章一处，1850 年初在伊斯得爆发了起义，领导者为巴布教徒赛义德·雅西·达拉比。这次起义不久便被镇压了下去。但是到了 1850 年 6 月的时候巴布教徒又在尼里士(法尔斯)发动起义。为了防止巴布教徒运动继续发展，首相密尔扎·达吉汗在伊朗国王面前主张将巴布处死，在他上国王的报告中，关于这个问题他写道：巴布活一天，他的信徒的起义就一天不停，且能变为全国的革命，结果恺加王朝将被推翻。

1850 年 7 月初，国王下令将巴布由契利克要塞押解到大不里士，即在大不里士枪决了。

巴布虽已处死，并没能使巴布教徒的运动停止下来，津章的巴布教徒继续顽强抵抗。调动了很大的兵力(约兵士三万人)带着大炮去打他们，炮队向市内巴布教徒占领的那一部分大肆轰击。但是尽管炮轰，丧亡惨重，而且饥饿无食，巴布教徒还继续抵抗达数月之久，一直到了 1850 年 12 月底，王军才将津章巴布教徒的起义镇压了下去。国王的将领已经答应保全巴布教徒的性命和自由，但是后来等到巴布教徒停止抵抗，缴了械以后，却令兵士把他们尽数杀害了。

1851 年初，巴布教徒又在津章活动起来，并准备再发动起义，反对政府。但是他们的力量由于

---

① E. G. 布朗编辑：《基塔布·努克达特·卡沃》，来顿—伦敦 1910 年版，第 126 页。

第一次起义的失败，受了挫折。因此官厅很快地便将巴布教徒在津章再度发动的运动镇压下去。

1850 年 6 月，巴布教徒在尼里士掀起了规模巨大的第三次起义。到了这个时候，在尼里士及其邻州的居民无不咬牙切齿地痛恨尼里士州长的贪污和对于居民的残暴压迫和横行霸道。1850 年 6 月，巴布的门徒赛义德・雅西・达拉比在信徒数百人伴随之下来到了尼里士。这一年的年初，在伊斯得举行巴布教徒的起义，即是由赛义德・雅西・达拉比领导的。赛义德・雅西及其信徒开始在清真寺内宣传巴布教的思想。没有几天，城内及四外乡村的大量居民都投向他们来了。在赛义德・雅西的周围聚有好几千人。州长和其他地方当局在和巴布教徒小有接触之后，便都逃出城去。巴布教徒遂占领了城外的一处旧要塞。

不久，从设拉子派来军队进剿巴布教徒。军队到了尼里士，将要塞包围，开炮轰击。巴布教徒屡出袭击，均被王军击回，巴布教徒伤亡很重。巴布教徒的队伍大多数都是手无寸铁的农民，一见初战不利，遂不免动摇，四散奔逃。手工业者本是巴布教徒历次起义的中坚力量，但在尼里士巴布教徒中的手工业者却很少。王军的指挥部在尼里士又采用了在马赞得朗与津章消灭巴布教徒的得意方法，欺骗他们，答应赛义德・雅西保全他的生命与安全，劝赛义德・雅西从要塞出来。当赛义德・雅西出来之后，王军却攻入要塞将其中的巴布教徒杀尽，一个不留。赛义德・雅西一同被害。州长与诸汗疯狂地处治四外乡村同情过和帮助过巴布教徒的居民。

因为这样处治人民，过了些时，农民又在尼里士地区第二次起义。农民一家一家地抛弃了自己的乡村，逃入尼里士附近的山中。政府调动大军，携有大炮，会同当地诸汗的部队进剿起义者。但是巴布教徒，不论是男的或女的都抱着奋不顾身的英勇精神从事防御。他们从山上下来，出其不意地夜袭王军，把轰击他们的大炮给破坏了。有时他们抢到的大炮还是完好无缺的。他们把抢来的大炮运到山中，用来射击王军。有一次夜袭，巴布教徒竟潜入尼里士，杀了尼里士的州长。

起义者坚守着自己在山地的工事历时很久。兵士中间有很多同情巴布教徒的，不肯攻打他们。这才派了达拉布、萨普纳特与其他地区的好战的山地部落去攻打巴布教徒。进攻巴布教徒的军队与部队，共达一万人以上。最后，起义者陷于孤立了，他们和附近乡村的联系被切断了。他们的弹药都用完了。尽管如此，他们并不求饶，还是奋不顾身地从事防御。他们有很多人在白刃战中阵亡了，其余的做了俘虏。

镇压这次起义比镇压第一次尼里士起义还残酷。把巴布教徒活生生地烧死，把他们捆到炮口上开炮射击。一批巴布教徒，其中很多是妇孺，被关在一个山洞里活活烧死了。很多妇女和小孩被卖为奴隶。一部分俘虏送至设拉子折磨拷打，终于至死。

尼里士的第二次起义是农民与手工业者在巴布教徒领导下的最后一次群众性的发动。此后，巴布教徒的运动便失去了群众性。农民与手工业者逐渐脱离了巴布教徒。1852 年春，巴布教徒又企图在巴尔福鲁什、津章与阿塞拜疆发动，但不为广大人民群众所拥护，不久就被官厅镇压下去了。

巴布教的传教士主要是些低级僧侣与商人，他们失去了农民与手工业者的支持之后，遂转而采用恐怖手段。1852 年 8 月，他们谋刺纳歇尔丁王未遂，结果国王仅受了很轻微的枪伤。凶手当场被捕。后来在德黑兰逮捕了同情巴布教徒知名的人数十名。差不多全被判处死刑。

国王害怕巴布教徒报复，企图将镇压巴布教徒的责任转嫁给整个统治上层人物，下令将判处死刑的巴布教徒分配给各宫廷侍臣、各部大臣、各乌拉马与其他权势煊赫的人物。让他们亲自处治巴布教徒。在处死巴布教徒以前，百般地折磨与拷打。有一些巴布教徒脚上用钉子钉上了马掌，有一些则先用刀割，然后往创口里插上燃着的蜡烛和其他种种残毒手段。经过这样的收拾以后才把他们枪决，或用石头砸死，或用乱刀砍死。在德黑兰镇压了巴布教徒以后，紧接着在伊朗全国开始查究巴布教徒，并把他们处以死刑。

巴布教徒的起义是民主主义的、反封建的起义，客观上也是反对外国资本奴役伊朗的。这种起义是由于农民与封建主间的矛盾尖锐化才有可能的，参加起义的以农民为多。起义具有农民运动而非工人阶级领导的特点（地方性、组织性不强、宗教思想等等）。根据这一切便可认定巴布教徒的起义基本上是农民起义，尽管在起义中除了农民以外还有其他阶层的居民。

因为农民由于自己的社会政治发展极差，不能从自己当中推出运动的领导者，所以起义才由低级僧侣和商人的代表人物来领导。

在巴布教徒运动中已有了两种派别的萌芽：一种是由农民、城市贫民、手工业者为代表的民主的、人民的派别，一般是力图消灭封建制度与剥削的。而第二种则是反映着商人利益的派别，个别地主也接近于商人，这一派的目的仅在于改革现有的制度。到了后来，当伊朗社会经济发展与阶级分化达到了最高阶段的时候，才形成了各个独立的、彼此不同的两个派别——民主主义派与自由主义派（1905～1911 年革命）。

在十九世纪中叶伊朗的历史条件下，废除私有制，建立财产公有制的要求是一种乌托邦的要求。但是在这一要求后面却寓有民主革命的意图——就是消灭封建主对土地及其他生产资料的所有制，将这些资料平均分配给农民。巴布教徒的起义，其进步意义在于他们是破坏封建制度的基础，而为资产阶级关系的发展扫清道路的。

由于伊朗社会政治的落后，而且又有浓厚的中世纪残余滓渣，所以巴布教徒的起义具有很多中世纪人民运动的特点——如宗教形式、财产公有的口号、幸福天国的幻想等等都是。官方的伊斯兰教寺院阐扬的是封建制度。解决一切社会政治问题时都要引证可兰经与教典。对于身受封建压迫的广大人民群众来说，宗教是一种合理的和最易于接受的一种思想形态。在这个时候要反对现行的社会制度，根据恩格斯的说法，“就必须揭去神圣的外皮”①（恩格斯这些话是对德国农民战争说的，对于巴布教徒的起义，也完全可用）。所以巴布教徒反对封建制度的起义也采用了宗教的形式，马克思曾说，东方的所有革命运动都是采用的宗教形式，这不是偶然的②。

伊朗巴布教徒的起义是在 19 世纪中叶席卷东方各国（印度的西帕伊起义、中国的太平天国起义）的革命浪潮的一个组成部分，转而又是 19 世纪中叶笼罩着西方和东方的革命危机的一部分。东方的革命运动是由于封建制度矛盾的尖锐化的结果，由于外国资本侵入东方各国而矛盾加剧的结果。

巴布教徒的自发性与组织性不强，它的地方性，各省起义缺乏联系，都是巴布教徒起义失败的基本原因，而主要原因在于缺少一种能清楚地理解运动的目的和任务，并能给斗争指出正确方向的领导核心。巴布教徒起义的命运是证实斯大林同志所说：农民起义“只有在和工人起义结合起来。并由工人领导的时候，才可能取得胜利”③的很多范例之一。

19 世纪下半叶外国资本之渗入伊朗，和它对国家的社会经济生活的影响，却愈来愈加紧了。大

① 恩格斯：《德国农民战争》，载《马克思恩格斯全集》中文版第 7 卷，第 401 页。

② 《马克思恩格斯全集》俄文第 1 版第 12 卷，第 2 分册，第 360 页。

③ 《斯大林全集》中文版第 13 卷，第 100 页。

部分伊朗商人全成了外国资本的代理人与中间人，换言之就是变成买办了。国家的独立，和列强势力作斗争以及现行制度的根本改变，这对于买办说来是格格不入的。巴布的一个门徒——比哈乌拉是这部分商人的思想家。他把巴布主义学说中的全部革命民主因素都给抛弃了。他坚决反对革命与革命的斗争方法。他在给国王的奏议中，千方百计地证明他和他的信徒——比哈分子才是国王的忠顺臣民，他斥责一切反对当局的言论。他的学说和政治并无任何关系，他所抱的目的仅在"净心诚意"等等。他宣称，只有和平宣传才是比哈派的武器，而不用强迫作法。比哈派坚决地保护私人所有制与社会上人类的不平等。比哈乌拉因为代表买办的利益，反对伊朗民族独立。他宣称：谁也不该以爱自己的祖国而自豪，所应爱者不是自己的祖国，而是全世界。因此，比哈分子主张消灭国界，用世界语组织全世界的统一政府。他们宣扬宗教与科学有统一的必要性，以及其他反动思想。

比哈主义是买办的思想，它是为外国资本服务的，背叛民族独立的斗争事业的，背叛消灭封建制度的斗争的事业的。比哈主义和它的世界主义思想以前是，到现在还是帝国主义对伊朗政策的武器。

巴布教徒一再起义，乃伊朗社会矛盾十分尖锐的明证。较有远见的一部分统治阶级已经理解改变现况的必要性。他们看到如不改弦更张，则农民与城市人民新发动的危险依然存在，伊朗势将日愈沦为欧洲列强的附属国家。因此在统治阶级中出来了不多的一批人，认为国家有进行改革的必要。对这种改革特别关心的是和市场与商业相结合而不属于封建贵族以内的那些地主。

纳歇尔丁王的首相密尔扎·达吉汗就是这部分统治阶级利益的代表者。按照他的出身，并不是封建贵族。他的父亲起初是一个厨师，后来做到了穆罕默德王首相的管家。

在阿·斯·格利包耶道夫被害之后，密尔扎·达吉曾任密尔扎·科斯洛埃斯代表团秘书到达彼得堡。一直到了1843年，国王才赐以汗的称号。后来密尔扎·达吉汗任伊朗代表团团员参加过解决伊朗土耳其边境问题的爱尔捷鲁姆会议的工作。在密尔扎·达吉汗驻在土耳其的时候，他考察了当时土耳其政府变法的情形，并得出一个结论：伊朗图强也非变法不可。他从土耳其回国之后，被任为阿捷尔拜疆的大臣，而阿捷尔拜疆的统治者是年轻的纳歇尔丁，当时还是王位的继承人。穆罕默德王死后，密尔扎·达吉汗与纳歇尔丁王一起到了大不里士，达吉汗被任为首相兼三军司令，因此赐予封号为阿密尔·尼扎姆。①

在密尔扎·达吉汗担任首相的期内，他想实行改革，以巩固中央政府的政权，限制列强的势力，主要是限制英国的势力。阿密尔·尼扎姆首先着手改革的是军队。他严禁部队及其指挥官的无纪律现象及懈弛行为、严禁盗窃用以支付士兵薪饷的公款等等。

他力图缓和农民的愤怒与不平，乃将诸汗对农民的剥削加以限制，定出一种固定的剥削范围。他制定了计划，规定了农民应缴诸汗的贡赋的数额，他想取消对农民的过份压榨，以免引起农民的起义，而危及整个封建制度。这一方法和密尔扎·达吉汗的其他改革方案，其目的同是为了巩固中央政府的政权，这对于镇服人民起义，镇服不听命令的诸汗的叛变，以及抵抗列强对伊朗日愈加紧的压迫，是有必要的。

在伊朗所有的政治家中，密尔扎·达吉汗是坚决反对英国在伊朗加强势力的一个人。他企图不让列强，首先是英国奴役伊朗，并力图恢复它在国内外事务上的真正独立自主。俄国公使朵尔哥鲁

① 阿密尔·尼扎姆爵号，按字释就是"裁政公爵"或"管军的公爵"。

基在 1849 年 10 月 10 日曾向内赛罗得报告说，因呼罗珊的大封建主萨拉尔起义，达吉汗深惧英国公开干涉伊朗的内政。英国人利用反动诸汗的分立心理，一贯地进行削弱伊朗的政策。1846 年萨拉尔汗受英国人唆使和支持在呼罗珊叛变，此次叛变直到 1850 年才镇压下去。据朵尔哥鲁基说，阿密尔·尼扎姆曾经说过，我们既不愿呼罗珊成为第二埃及，也不愿让他（指英国人而言）有任何机会干涉波斯的内政。[①]

① 本文年份前后不一，有矛盾之处。但为保留资料原始性，未加改动。——编者注

马特维·克日米亚金的一生(节选)*

[苏]高尔基著,耿济之译

"鞑靼人是极好的民族!"客人对克日米亚金深信地说,"他们的思想很迟缓,但是极诚实。他们还会做出一鸣惊人的事情呐,你们等着瞧吧!"

他用俄国话对沙基尔讲波斯出现了新的法律的传道师,如巴巴、耶辖、白哈乌拉等,编成了一本题作《基达白——阿克台司》的圣经。

"这部圣经里说,"克日米亚金听见清晰的、提高的低音,"人应该以爱人类为骄傲……"

沙基尔把俄国话和鞑靼话搅在一处,惊慌而贪婪地在询问什么。在角落里忙乱着的马克西姆一面打开沉重的皮箱,一面摇着头说:

"他们鞑靼人,还有犹太人,自然应该爱大家——因为他们生活在异族的人们中间。"

* 原载[苏]高尔基:《马特维·克日米亚金的一生》,耿济之译,人民文学出版社1958年版。

伊朗现代史纲要(节选)*

[苏]伊凡诺夫等著,文津等译

1955 年 5 月 17 日

伊朗政府下令查禁比哈分子教派①,这个教派拥有信徒七十万人。

1955 年 6 月 28 日

穆斯林和比哈派教徒之间在设剌子发生冲突。五十人受伤。设剌子市临时宣布戒严。

* 原载[苏]伊凡诺夫等:《伊朗现代史纲要》,文津等译,三联书店 1959 年版。

① 这一教派的创始人比哈乌拉是巴布的一个教徒。他把巴布主义中的全部革命民主因素都给抛弃了。他代表买办的利益,反对伊朗民族的独立。——译者

伊朗巴布教徒起义*

张桂枢

一、卡札尔王朝的统治

伊朗在以前又叫波斯，位于亚洲的西部。波斯湾的海水拍打着它的南部海岸，里海像蓝色的宝石镶嵌在它的北端。这是一个古老而富饶的国家。当历史的时针指向十八世纪晚期的时候，伊朗正处在卡札尔王朝统治之下。

卡札尔王朝统治下的伊朗是一个多民族的封建国家。在经济上，伊朗还是个十分落后的农业国。全国的土地、森林和水源都掌握在以国王为首的宗教封建主和世俗封建主手中。土地所有制的主要形式是国有土地、各地区封建汗的汗有土地、清真寺的寺有土地。此外，还有地主的私有地、农村公社的公有地（牧场与荒地）和农民的小块土地。但是，后三种土地为数很少。

伊朗当时的封建汗在国内具有很大的独立性，特别是游牧部落诸汗，他们越来越不受国王的约束，只要国王政权稍有削弱，他们便会起来造反。由于封建汗的残酷剥削，农民简直无法生活下去。同时，在这些大封建主之间，又经常发生争夺土地、牧场和水源的战争。兵连祸结，老百姓被迫四散逃亡，留下了许多荒无人烟的村落。这样，伊朗的经济就长期陷于衰败的状态。

伊斯兰教十叶派①在伊朗的社会政治生活中有很重要的地位。早在16世纪初它就被国王宣布为伊朗国教。十叶派的高级阿訇拥有很大势力，他们不仅占有巨大地产（供养田），而且执掌教权，控制国民教育，还有审理有关宗教、财产、婚姻、交易等民事诉讼的特权。在掠夺、压迫人民的勾当中，他们是同国王和世俗封建主勾结在一起的。他们利用宗教的威权，为所欲为。

至于低级阿訇，他们的地位同高级阿訇有根本区别。供养田的收益，他们分沾不到；从民事诉讼案件中他们也捞不到油水，因为有钱的主顾要在诉讼中行贿求情，都只找高级阿訇。由于生活困难，许多低级阿訇不得不经营手工业、小商业，甚至农业，勉强维持清贫的生活。这样，许多低级阿訇，按其社会经济地位来说，并不接近剥削者，而接近劳动人民。

农民和手工业者是封建社会的基本生产者。农民不论耕种哪一部分封建主的土地，同样遭到残酷的剥削。他们同封建主的关系还保留着吃人的“五分制”（土地、水、种子、耕畜和人工各作一份）。

---

* 原载张桂枢：《伊朗巴布教徒起义》，商务印书馆 1962 年版。

① 十叶派，伊斯兰教中两个主要派别（孙尼派和十叶派）之一，它的名称原意有党派与教派的意思。

这样，农民们风里去雨里归，一年辛苦，到头来往往逼得把五分之四的收成交给封建主。此外，农民还得负担各种苛重的实物贡赋和捐税。他们世世代代困守在土地上，对封建主保持着人身依附关系，没有半点自由。农民如果想用逃亡的形式表示反抗，封建主就会用武力把他们捉回来，并加以严厉的惩罚。掌握政权的封建主就是法官，农民真是有口难言！

城市手工业者的处境并不比农民好些。他们都组织在封建性的行会里，起早摸黑，辛辛苦苦地生产，但为了交纳捐税，必须把很多现款或自己的劳动产品交给州长的代理人——税吏。此外，他们还受到包买商人的剥削。

这时，伊朗已经有了简单的手工工场。这种手工工场的主人主要是些中等商人。但是工场手工业在封建统治的束缚下，在地方封建主连年混战的情况下，也不能得到发展。在平时，封建主在国内设了很多关卡，大大加重了商品运转的困难，例如，从里海沿岸的勒什特到波斯湾上的布什尔，沿途关卡就有十四处，过一道关卡，就得缴一道税。有些地区的封建主甚至派武装队伍经常拦路抢劫。这些都使伊朗工商业的发展受到严重的阻碍。

封建的生产关系阻碍了生产力的发展，使伊朗的社会经济长期处于落后状态，从而整个国家也就处于衰弱状态。这样，早就伺于伊朗之旁虎视眈眈的外国殖民主义者，就加紧了他们的侵略活动。

二、欧洲列强侵略下伊朗的灾难

从 19 世纪初开始，英、法、俄三国的力量渗入伊朗，它们在伊朗明争暗斗。对伊朗这块肥肉，个个都想多咬一口，最好是独吞下去。拿破仑，这个野心勃勃的法国的独裁皇帝，早就打算把伊朗当作远征印度的前哨基地；1808 年，法国与伊朗签订通商条约，法国获得了领事裁判权。英国的侵略活动更加积极，1801 年，它强迫伊朗签订了一项不平等条约，这个条约保证了英国人在伊朗能购买土地，建筑工厂；英国商品在伊朗境内可以免征关卡杂税，畅销无阻。俄国也不甘“落后”，它通过两次俄伊战争（第一次 1804～1813 年，第二次 1826～1828 年），不仅抢得了大片土地，大宗赔款，而且攫取了许多政治经济特权：俄国商人可以在伊朗自由贸易，俄国商品入口关税值百抽五，境内关卡杂税一概豁免；俄国臣民间的一切诉讼和争端由俄国领事审理，伊朗政府无权过问；俄伊两国臣民间的诉讼和争端由两国官员会审，伊朗政府无权单独审判。这就是说，俄国继法国之后也获得了领事裁判权。领事裁判权是对伊朗法律的蔑视，是外国侵略者犯罪行为的护身符，伊朗的国家主权被粗暴地蹂躏了。

英国殖民强盗最会挑拨离间，从中取利。英国人利用俄伊战争和战后伊朗进一步削弱的机会，时而装成伊朗人民的“忠实朋友”，出钱、出枪、出军事教官，帮助伊朗国王同沙皇打仗；时而又翻脸露出凶相，把舰队开进波斯湾，占领了伊朗的海岛。在软硬兼施、威逼利诱下，英国人又捞到了一把；1814 年的英伊条约规定伊朗废除和那些与英国敌对的欧洲各国所缔结的一切条约和联盟，英国对俄伊划界有“仲裁”权等，实际上使伊朗成为投靠英国的附属国；后来在 1841 年的英伊商约中，英国人又获得了领事裁判权以及对英国商品入口关税采取值百抽五的低税率等特权。不久，法国、奥国和别的欧洲列强也根据不平等条约，迫使伊朗给予它们低关税率的特权。

不平等条约给伊朗人民带来了空前的灾难。低关税率帮助了外国商品像洪水一样涌进伊朗市场。我们知道,英国正是在这时(30～40 年代)第一个完成了产业革命。英国工厂产品的倾销给伊朗经济的打击特别沉重。1828 年,英国输往伊朗的印花布是一亿一千五百万码,而到了 1834 年,就达到二亿八千六百万码了。伊朗的手工制品无论如何也竞争不过英国的机器制品。例如,在伊朗全国行销的伊斯法罕生产的布,1843 年,每匹值七卢布五十戈比到九卢布,而同时期英国的布只卖三卢布,价钱相差两倍。外国廉价商品的倾销造成了 1836～1837 年伊朗市场的严重销售危机。危机的后果是本地手工业者和中小商人大批破产,外国资本家乘机把大部分对外贸易业务掌握在自己手中。

随着外国资本掠夺的强化,国内封建剥削也大大加剧。伊朗政府为了偿付对俄战争赔款和满足统治阶级的寄生性消费,实行了十分苛重的捐税制度。捐税是交人承包的,包税者在交给国库以固定金额后,就可以任意使用暴力,从居民那里征取超过法律规定一倍到两倍的税款。这些包税者不是别人,正是各省的统治者和他们的代理人。

随着对外贸易和国内贸易的发展,封建主日益加强了对农民的剥削。现在,他们比过去任何时候都需要更多的金钱,用来购买进口的奢侈品。为了钱,他们便把农产品(如粮食、棉花等)的大量出口看作是"生财之道";而为了尽可能多地获得供出口的农产品,封建主便强迫农民服劳役,这就促使早已为实物地租和货币地租所代替的劳役地租"回光返照"。农民的苦难更深重了。

农民和手工业者为了交租纳税,被迫向高利贷者借债,于是高利贷的毒蛇又把他们紧紧地缠住了。19 世纪 30 年代末到过伊朗的一位外国旅行家写道:"肯定说,在这个国家里,十个农民中没有两个是不欠债的。"

在这个时期,人祸与天灾交结在一起,构成了一幅悲惨的图景。年复一年地发生饥荒和各种疫病,吞噬了许多伊朗人民的生命,以致 19 世纪前 50 年间,伊朗的人口减少了几百万人。当时,整个整个的农村杳无人烟。1840 年夏天,有一个俄国旅行家曾经到过伊朗,他说,从伊斯法罕到哈马丹,不久以前还是繁荣的乡村,现在已经十室九空了。

三、巴布和巴布教派

老百姓再不能照旧生活下去了。19 世纪 40 年代初,伊朗城乡到处都发生了贫民暴动。在城市,暴动具有特别忿激的性质。因为正是在这里,成千上万的手工业者和中小商人陷于破产,走投无路。伊斯兰教低级阿訇在这些发动中起着积极的作用。由于处境的基本相同和受人民群众不满情绪的影响,加上当时低级阿訇又差不多是人民群众中唯一的知识阶层,因此,低级阿訇的代表人物很快便成了人民运动的思想家,并使运动带有宗教的色彩。由于斗争的对象是勾结外国侵略者的封建反动势力,所以,起义者所倡导的宗教思想也必然是与官方宗教——十叶派相对立的。

起来领导人民运动的新的宗教派别叫作巴布教派。它创于 19 世纪 40 年代,创始者是年轻的塞伊德・阿里・穆罕默德。

塞伊德・阿里・穆罕默德,1820 年生于设拉子一个棉布商人的家庭里,成年以后曾外出经商五年。1844 年,他自称"巴布"。阿拉伯语中巴布的意思是"门"。据说,人们所渴望的伊斯兰教救世主的意志,将通过此门而传达给人民。关于伊斯兰教救世主——第十二世教长马赫底,人们世代相传,说是他已近千年不见，只有当人世间充满不幸和灾难的时刻，他才会降临大地。因此，这种救世主思想并不是巴布独创的。不论是官方的十叶派，还是伊斯兰教其他派别，都承认马赫底将会降临。但是，巴布所宣传的救世主思想却具有战斗性。他预告，救世主的降临不是在遥远的未来，而是近在眼前；不是一般地降临世上，而恰恰是降临伊朗。巴布教导说，当马赫底到来的时候，“正义的王国”就会跟着建立起来。这里没有任何封建专横，所有的人——男人和女人，大人和小孩，都将是平等的，并将共同过着愉快而幸福的生活。在马赫底到来之前，他的使命是给人们揭示真理，号召人们做好准备，去迎接那即将到来的新生活。

由此看来，巴布的宣传不仅具有宗教性质，而且更重要的是它具有社会政治性质。巴布的信徒很快地增加起来，统治阶级开始感到不安，并打算镇压巴布教徒运动。1847 年，巴布被捕了，起初囚禁在马库要塞，后来转移到契利克要塞，在监狱中，他写了一本叫《默示录》的书，这本被巴布教徒奉为圣经的“新的《古兰经》”，集中地阐明了巴布学说的主要思想。巴布认为，人类社会是依次更迭的，一个时代一定会被另一个时代所代替，每一个时代都有自己特殊的制度和法律，制定这些特殊制度和法律的不是普通的人，而是主宰安拉①的使者——人类的先知。新先知授给人们的指示就是新圣经。过去，摩西和他的《旧约书》②耶稣和他的《福音书》③，穆罕默德和他的《古兰经》④，都是依次出现和依次更替的先知和圣经。现在，穆罕默德的时代已经过去了，《古兰经》也陈旧了，《默示录》正好代替《古兰经》而成为新的圣经。这时，巴布已经自称是再世的马赫底了。于是，他在《默示录》中进一步宣告，巴布教徒公正的国王即将降临，“正义的王国”即将建立；在那个王国中，不信奉《默示录》的人的财产将被没收，并被分配给巴布的信徒。《默示录》表达了人民群众幻想平等和消灭封建压迫的渴望，但它更多地反映了伊朗商人的利益。例如，巴布称经商是光荣的事业，答应在“正义的王国”里，实现贸易自由、统一币制、举办良好邮政和严守商业通讯秘密等等；巴布在反对当局强力征税的同时，认为偿还债款是人们应尽的义务，索取债款是天经地义的事情。

为了实现自己的社会理想，巴布和他的信徒不是采取革命斗争的手段，而是采取道德感化的手段。他们天真地希望统治者转信新的宗教，但是，他们很快就失望了。统治者的严厉镇压给他们以痛苦的教训，而人民群众不满情绪的日益增长，并自发地、越来越多地团结在巴布教徒周围，又使他们增添了勇气和力量。革命形势推动了巴布教徒转向人民群众宣传教义。由于有了人民群众的广泛支持和参加，巴布教徒运动的面貌也就焕然一新了。

四、起义的酝酿和爆发

这时，在巴布教徒中间，出现了一些比较接近人民的先进人物，他们提出了更加激进的纲领，远远地走在自己导师的前面去了。在马赞得朗，出身于农民家庭的巴尔福鲁什的阿訇穆罕默德·阿里成为运动的领导者。他勇敢地号召人们拒绝给封建统治者交税服役，并宣布，在即将到来的“正义的

---

① 安拉，阿拉伯语的音译，即真主之意。伊斯兰教认为安拉是万物的主宰。
② 摩西是《圣经》中所说犹太民族的古代领袖。《旧约书》中记述他的事迹。
③ 耶稣是基督教信奉的救世主。《福音书》是《新约书》的头四卷，记述耶稣的言行。
④ 穆罕默德是伊斯兰教的创始者。《古兰经》相传是他在传教过程中提示的教义和教律。

王国”里，过去高高在上的封建主将降为平民，而平民则将成为国家的主人。穆罕默德·阿里认为，私有制是靠剥削别人财物而建立起来的，因此必须废除。一切财产都要归公，每人只能领到其中一份。这些观点显然是空想的，但它们反映了苦难深重的城乡劳动者的渴望。在呼罗珊，波什鲁耶村的阿訇胡赛因宣传了类似的观点。在喀斯文，一个名叫查玲·塔什的女传道者受到了群众的热烈爱戴，人们都用“库拉图兰”(意为“清澈的眼睛”)这一亲切而悦耳的别名称呼她。年轻美丽的库拉图兰具有诗人的天才和战士的勇敢，为了巴布主义的理想，她离开了家园，四处奔波，号召人们为正义和幸福而斗争。

1848 年夏天，在穆罕默德·阿里和库拉图兰率领下，大批巴布教徒来到了沙赫鲁德市以东的别达什特村，进行了较大规模的传教活动。在这里，巴布教徒集中宣传了废除封建特权、反对纳税、废除私有制、财产公有的新纲领。这是巴布教徒运动发展的新阶段。巴布对商人利益的关心已经退到了次要地位，运动更多地反映了城乡贫民的正义呼声。这时，对统治阶级采取道德感化的手段也被抛弃了，巴布教徒的领导者发出了进行公开起义的号召。

别达什特村的传教活动唤醒了四乡农民，吓坏了官厅，政府赶忙派出军队，将巴布教徒驱散，并逮捕了库拉图兰等一些人。但是，巴布教徒并不灰心丧志，逃脱了魔爪的穆罕默德·阿里重新聚集弟子，离开别达什特村，来到了马赞得朗的巴尔福鲁什市(现在的巴波尔)，照旧传教。不久，胡赛因也率领了大批巴布教徒来到了巴尔福鲁什，并和穆罕默德·阿里联合起来，这样，巴尔福鲁什便成了巴布教徒活动的重要中心。

1848 年 9 月初，国王穆罕默德(与上面提到的伊斯兰教创始人穆罕默德是两个人)逝世，统治阶级内部争权夺利的斗争闹得不可开交。同时，在呼罗珊、伊斯法罕、基尔曼、设拉子和伊斯得等省市纷纷爆发城市居民和农民的起义，一时弄得各地封建统治者惊慌失措。马赞得朗的州长吓得跑到首都德黑兰去了。这种局势大大便利了巴布教徒的活动。

10 月间，聚集在巴尔福鲁什市的 700 名巴布教徒开始武装起义，在击溃了当地汗的驻军之后，起义者胜利地抵达巴尔福鲁什东南 20 公里的希赫·塔别尔西陵墓，建立起根据地。

塞克·塔别尔西陵墓

五、希赫·塔别尔西陵墓的战斗

按照伊朗的古老传统，希赫·塔别尔西陵墓是公认的神圣不可侵犯的禁地，即使里面藏有犯人，当局也不能加以逮捕。起义者到达陵墓地区以后，便决定在这里长期坚持下来，以便实现自己的社会理想。他们在打退了敌人的首批进犯、巩固了阵地以后，随即兴建堡垒和房舍，并四处向附近农民宣传。不久，起义队伍便增加到2000人。新参加起义的大都是备受压迫的农民和手工业者，他们有的来自附近农村，有的则自邻近各省远道而来。四乡农民随身赶来了牲畜，运来了粮食和饲料。手工业者发挥了自己的专长，他们生产武器和军需品，制造劳动工具和缝制衣服。一时，肃穆清静的希赫·塔别尔西陵墓地区变成了热闹异常的劳动者大家庭。当时的人们可以看见，在巨大的八角形堡垒里面，筑起了一座座木头房子，它们静悄悄地隐没在树林丛中。

在这块起义者的土地上，传扬着许多美丽动人的事迹。为了追求自由、平等和幸福，巴布教徒在自己的实际生活中废除了私有制度，实行了财产公有。粮食和其他物资都交归公共仓库，由专门选派的人员负责分配。吃的是大锅饭，妇女们再不用围着自己家里的炉灶团团转。这里有专管伙食的炊事员，吃饭时，按钵子给食，大家兄弟般地围圆圈坐下。就这样，巴布教徒当时理想的"正义的王国"俨然在地上建立起来了。但是由于封建统治者的镇压，巴布教徒的这个"正义的王国"不过如昙花一现，很快地从地面上消失了。

虽然这个"正义的王国"是不能持久的，但是，巴布教徒朴素的原始共产主义思想，同当时伊朗上层社会的欺诈和贪婪相比，却显得多么高尚和可贵！巴布教徒的公有制思想，一直成为伊朗人民宝贵的精神财富。

结集在希赫·塔别尔西陵墓地区的巴布教徒的举动，使德黑兰宫廷大为震惊。新国王纳歇尔丁的首相密尔扎·达吉汗便命令当地封建汗的军队去进行镇压。这位首相低估了人民的力量，满以为地方军队就足够镇压起义。但是，他的如意算盘打错了，马赞得朗诸汗的军队经不得起义者的夜袭，一再吃败仗。住在城里或自己领地上的封建主一个个丧魂落魄，赶忙收拾细软，四散逃命。

1848年底，国王不得不派他的叔叔密尔扎·马赫底·古里率领2000名王军，从德黑兰出发去讨伐巴布教徒。但是，起义者又来一次夜袭，把这位王叔的军队也打得落花流水。

起义者的胜利使敌人沮丧，使巴布教徒运动在全国各地扩展开来。甚至在首都德黑兰，巴布教徒的宣传活动也日益加强。1849年2月达吉汗首相怀着十分恐惧的心情，告诉驻德黑兰的俄国公使朵尔哥鲁基说，据他看，这时伊朗全境的巴布教徒已有10万余人。而这位被1848年欧洲革命吓破了胆的俄国公使，更进一步说，巴布教徒是"用武力传播共产主义"。其实巴布教徒所传播的不过是原始共产主义思想。反动派竟害怕到如此田地！

反动派越是恐惧就越是疯狂。国王决定加派军队，妄想赶快把希赫·塔别尔西陵墓的起义镇压下去，于是7000名王军便被加派到了起义地点。他们先是用冲击的办法，想一举攻占起义者的阵地，但他们失败了。于是王军便封锁了巴布教徒据守的堡垒，并用大炮疯狂地轰击。十叶派的教长也向他们认为是"异端"的巴布教徒宣布"圣战"。

在强大的反动势力面前，起义者一点也不气馁，他们顽强地战斗着，誓死为保卫堡垒而流血牺牲。缺少枪支,难不倒真正的战士。起义者高举自制的马刀、矛和短剑,以密集的队形向敌人冲锋,这种威武神勇的精神,使王军大惊失色。

但是,这时形势对起义者非常不利,起义者由于被包围而陷入孤立无援的境地,粮食吃完了,弹药用尽了,激战和饥饿使起义者的伤亡人数不断增加,英勇的胡赛因也在一次出击中壮烈牺牲。这时,一方面是起义者的力量在不断削弱,另一方面是王军的力量在不断增强。堡垒的保卫者已经不足250人了,而包围堡垒的王军却达1万多人,力量对比是这样悬殊,平均每个起义战士要抵抗四十个以上的敌人。但是,堡垒的最后一批保卫者并没有被强大的敌人和难堪的困难吓倒,他们不怕死,不投降,决心与堡垒共存亡。这时,反动派也清醒地估计到,他们如果用武力强占堡垒,必然要付出惨重的代价。

反动派是阴险狡猾和诡计多端的。1849年5月初,王军指挥官密尔扎・马赫底・古里布下了一场漫天的大骗局,他恬不知耻地当着《古兰经》发誓许愿:如果起义者放下武器、离开堡垒的话,就可以保全生命和自由。起义者信以为真,便停止了抵抗。但是,当他们放下武器,走出堡垒时,背信弃义的屠杀便开始了。巴布教徒光荣的领袖穆罕默德・阿里被戴上镣铐,押解到巴尔福鲁什,经过残酷的刑讯以后,被当众杀害。反动派不仅屠杀了堡垒的所有保卫者,而且把起义者的堡垒拆除净尽。这一方面表明反动派对人民的刻骨仇恨;另方面也表明反动派内心的恐惧,他们生怕希赫・塔别尔西陵墓地区的起义者的英勇事迹会成为日后爆发起义的火种。但是这是徒劳的。起义者的壮烈业绩鼓舞着伊朗人民继续战斗。

事情正是如此。当希赫・塔别尔西陵墓的起义被镇压下去以后,巴布教徒在伊朗其他省市的活动不但没有停止,规模反而更大。这时囚禁狱中的巴布仍然和他的信徒保持着联系,他号召弟子为建立"正义的王国"而斗争。这个号召得到了人民的响应。在巴布的囚禁地——契利克要塞,有许多来自伊朗各省,甚至来自土耳其和印度的参拜者。俄国公使朵尔哥鲁基在他的一个报告中说:"在德黑兰,到处都是这种危险教派信徒,他们是不承认民事法规的,宣传说凡不信巴布学说人们的财产将被分与他人。"为了替希赫・塔别尔西陵墓的死难者报仇,巴布教徒的秘密组织曾经打算刺杀国王、首相和一些高级阿訇,夺取政权。但是,这个秘密组织不幸被政府破获了,40名秘密组织的成员被捕。达吉汗想尽办法胁迫他们当众咒骂巴布,但是,达吉汗并没有收到自己设想的效果,七名被捕的巴布教徒义正词严地拒绝了这一无理要求,他们坚决表明自己忠于巴布学说,慷慨就义。

六、津章的起义

血腥的镇压只能激起人民更大的愤怒,巴布教徒在津章城的起义便是对这次镇压的最有力的回答。津章的阿訇穆罕默德・阿里(与巴尔福鲁什的阿訇穆罕默德・阿里是两个人)领导和组织了这次起义。津章的起义是酝酿已久的。早在1847年,这里已有数千农民成为巴布的信徒,到了1850年春天,这里的巴布教徒便达到15000人。津章的阿訇穆罕默德・阿里享有很高的威信,他的指示不仅是巴布教徒而且是许多津章居民必须切实奉行的。巴布教徒早就公开准备起义,他们储存了许多弹药和军用品。

1850年5月,一个巴布教徒被当局逮捕的事件成了起义的导火线。起义的巴布教徒奋起攻占了城中的要塞,津章城于是被切成两半:巴布教徒占领东边,反动派占领西边。起义的手工业者、贫民和四乡的农民第一次成了东半部城市的主人。

为了保卫胜利果实,起义者当街修起了防御工事,严密地监视着近在眼前的敌人。津章的妇女和少年也同成年男子一样参加了保卫工事的战斗。其中特别突出的是领导守卫一座工事的妇女指挥员,她采用了神奇的伊朗英雄鲁斯腾・阿里的名字。她那勇敢善战、机智顽强的大无畏精神,使敌人恐怖失色。

津章的起义者也同希赫・塔别尔西的起义者一样,宣布自己是在建立一个"正义的王国",在这个新社会里,人人平等,财产公有。

这一年,起义的火炬在国内一些地区同时燃烧起来。这年年初,塞伊德・雅西・达拉比在伊斯得领导了巴布教徒起义,但是不久便被镇压下去。6月,巴布教徒又在尼里士发动了大规模的起义。面对着到处爆发的起义,统治者确实慌了手脚,他们决定杀害巴布,妄想以此阻挡人民起义的浪潮。关于这一点,达吉汗在上国王的报告中曾这样写道:巴布活一天,他的信徒的起义就一天不停,且能变成全国范围的人民革命,结果将推翻卡札尔王朝。不久,巴布便从契利克要塞被押解到伊朗的陪都大不里士。在这里,巴布遭到了杀害。

从巴布的死难中,反动派并没有占到什么便宜,人民的愤怒像喷发的火山,气势冲天。津章的起义者继续顽强地战斗着,刽子手的阴谋落空了。于是国王调动了配有炮队的三万大军,开到了津章城。炮口朝着起义者占领的东城,疯狂地轰击,至于炮击的对象是不是军事目标,反动派是不加考虑的。国王的将官下令把起义者占领的东城轰成平地,并屠杀东城的男女老幼。据伊朗的历史家记载,当王军冲入起义者控制的城市以后,他们"就如饿狼一样残杀儿童和妇女"。但是,残杀并没有吓倒巴布教徒,当起义者的领袖穆罕默德・阿里在一次战斗中受伤牺牲,剩下的守城者——男人、妇女和少年再次宣誓与城市共存亡。这次起义坚持了好几个月,一直到1850年12月底才被镇压下去。对于最后坚守阵地的巴布教徒,统治者又玩弄像希赫・塔别尔西陵墓战斗中那样的无耻伎俩,骗使起义者放下武器,然后把他们杀死。津章的起义失败了,但反动派也尝到了苦头:在长期围攻中,国王损失了8000名士兵。

1851年初,津章的巴布教徒准备再度起义,但是,由于第一次起义的失败,挫伤了元气,起义很快就被镇压下去。

七、两次尼里士起义

1850年年初伊斯得的起义失败后,巴布教派的又一领袖塞伊德・雅西・达拉比率领信徒数百人于同年6月来到了尼里士。尼里士的人民对于贪赃枉法的州长早已经十分痛恨。塞伊德・雅西・达拉比和他的信徒在清真寺传教,好几千名城乡居民都团结在他的周围。巴布教徒在得到人民群众的支持之后,立即发动起义,很快攻占了城外的一座堡垒。

政府从设拉子派来了军队,进行"围剿"。王军包围了起义者的堡垒,开炮轰击,起义者伤亡很重。困守堡垒的巴布教徒大都是手无寸铁的农民,他们缺乏战斗准备,加上王军的将官依旧玩弄希赫・塔别尔西陵墓的欺骗手法,雅西・达拉比同样上了当。当他放下武器走出堡垒时,反动派乘机攻入堡垒,将堡垒中的巴布教徒全部杀死,雅西·达拉比也同时牺牲。至此,第一次尼里士起义失败了。

大规模的迫害开始了。尼里士的统治者百般迫害同情和帮助过巴布教徒的居民。四乡农民纷纷逃入尼里士附近山中。政府的迫害激起了第二次尼里士起义。在巴布教徒的领导下,起义者利用山地作战的有利形势,同王军和当地封建汗的部队长期周旋。他们常常出其不意地发动夜袭,把讨伐军打得抱头鼠窜,他们甚至夺取了敌人手中的大炮,装备自己,轰击敌人。在一次夜袭中,巴布教徒神出鬼没地潜入尼里士城,杀死那个坏蛋州长。

起义者坚守着自己的山地工事。政府的讨伐军中有很多人同情起义者,他们不愿意攻打巴布教徒,于是出现了两军长期对峙的局面。反动派无计可施。最后,国王决定增派一些山地部落的军队去进攻巴布教徒。围攻巴布教徒的部队超过 1 万人。起义者被包围了,他们同四乡的联系割绝了,粮尽援绝,情况危急,但他们并不屈服,在强大的敌人面前,起义者发动了白刃战,决心为抵抗强敌流尽最后一滴血。但是,由于众寡不敌,第二次尼里士起义最后失败了。

反动派用最残酷的手段来"处置"第二次尼里士起义者。巴布教徒有的被活活烧死,有的被装进炮口当作"活炮弹"对空射击;许多妇孺被卖为奴,许多俘虏被严刑拷打,折磨致死。反动派还想出了一个集体屠杀的法子,他们把成批巴布教徒,其中包括妇女和小孩赶入山洞,然后放火把全洞的人活活烧死在里面。

八、起义的尾声

当第二次尼里士起义被残酷镇压下去以后,巴布教徒运动便开始丧失了自己的群众基础。手工业者和农民逐渐脱离了巴布教徒。这种情况主要是由下面的因素决定的:第一,巴布教徒的领导者提不出足以进一步发动广大人民的革命纲领,首先是解决农民土地问题的革命纲领。第二,"贝哈派"的叛卖活动也是一个重要原因。"贝哈派"以其首领贝哈·乌拉而得名。贝哈·乌拉原是国王大臣的儿子,他加入了巴布教徒运动成为巴布门徒之后,竭力反对巴布教徒的革命斗争方法,他要起义者放下武器,宣扬"宁人杀我,毋我杀人",并无耻地宣称,只有和平宣传才是斗争武器。贝哈派坚决维护封建统治和私有财产制度,同时还标榜不应该爱祖国而应该爱全世界的反动思想,以掩盖其反对民族独立斗争运动的实质。贝哈派代表当时正在大量兴起的买办商人的利益,起了外国资本代理人的作用。

1852 年春天,巴布教徒还准备在伊朗各地发动起义,由于没有获得人民群众的广泛支持,因此,地方当局很快就把他们镇压下去。随着运动失去手工业者和农民的有力支持,巴布教徒——主要是些出身于低级阿訇和商人的传道者,转而采取暗杀手段。但是,个人恐怖与推翻封建统治的正义斗争没有丝毫共同之处。事实也正是如此。当 8 月间巴布教徒的密谋者在德黑兰谋杀国王未成(国王只受了轻伤)以后,屠杀变本加厉,许多巴布教徒被处死(包括库拉图兰),甚至牵连到许多同情巴布教徒的人。

九、起义的性质和失败原因

巴布教起义虽然失败了,但它却给伊朗封建统治以沉重的打击。由于以国王为首的各级封建统治者同时是外国资本的代理人，因此，起义也在客观上打击了外国侵略者。

值得注意的是，当伊朗爆发巴布教徒起义以后，中国和印度也先后爆发了大规模的人民起义，这就是著名的太平天国农民战争和印度民族大起义。历史把中、伊、印三国的人民起义安插在十九世纪中期，决不是偶然的，它们是外国殖民主义侵略和本国封建主义压迫加强的形势下的必然产物。正是这些人民起义，构成了近代亚洲人民反封建反殖民主义斗争第一次高潮的主要内容。伊朗巴布教徒起义在这次高潮中占有光辉的地位。

巴布教徒起义具有反封建反殖民主义的性质，还可以从起义的基本队伍的组成情况得到证明。手工业者、城市贫民和城郊农民是起义的主力。参加起义的还有低级阿訇和中小商人阶层，正是在这些人当中产生起义的领导者和思想家。虽然，巴布教徒运动一开始就包含着两种派别：一派代表人民群众（手工业者、城市贫民和农民）的利益，一派反映商人阶层的利益。但是，这两派所代表的群众同是封建压迫和殖民掠夺下的受害者，所以，他们能够暂时团结起来，进行斗争。

巴布教徒起义失败的原因是多方面的。除了敌人的强大以外，还可以指出如下各点：

首先，起义者缺乏应有的组织性。全国各地先后爆发的起义虽然一时声势浩大，但都属地方性质。马赞得朗、津章、尼里士以及其他地方的起义者都没有进行共同的发动和必要的联合，起义者分兵作战，容易被反动派各个击破。

第二，起义缺乏农民的广泛支持。虽然城郊农民积极支持和参加了起义，但最广大的农村并没有发动起来。因此，当起义者被包围时，他们就孤立无援了。

第三，起义者没有提出反对外国侵略者的明确方向，这就在一定程度上促使部分巴布教徒蜕变为贝哈派。贝哈派从思想上瓦解巴布教徒运动，从这个意义上说，它比武装的敌人更有害。

第四，起义者在战略上犯了严重错误。他们停留在消极的防守，没有实行积极的进攻，处处陷于被动。

第五，所有以上的原因，都归结为运动缺乏一个先进的领导阶级。当时，在伊朗无论是资产阶级还是无产阶级都没有形成。

巴布教徒的一再起义，曾经迫使统治阶级中一部分较有远见的人物实行一些自上而下的改革。当时，首相密尔扎·达吉汗就是这部分统治阶级的代表人物。在达吉汗的三年（1848～1851）首相任期内，实行了一系列的改革，主要是军事改革和财政改革。在军事方面，他严格军纪，建立武器和军需品工场，并打算扩大和统一军队编制。在财政方面，他禁止贪污舞弊和买卖官职，实行裁员减薪以节约开支。同时，达吉汗还剥夺了部分王子和大臣的土地赏赐，改发少量生活津贴，撤除敌视首相的高级阿訇，没收其供养田。改革的目的显然是为了加强国家的军事和财政实力，借以巩固中央政权，巩固封建地主阶级业已动摇的统治地位，利于镇压人民起义和抵抗外国列强的压迫。达吉汗的改革遭到封建贵族、高级阿訇和外国列强（特别是英国）的破坏，他们终于把达吉汗从首相的位置上赶了下来。达吉汗本人并在 1852 年 1 月被国王处死。

巴布教徒起义的失败和达吉汗改革的破产，宣示着伊朗反动的封建统治和殖民压迫的加强，伊朗人民还需要迎接更艰巨的争取自身解放的斗争。

世界通史·近代部分(上册)(节选)*

张芝联　程秋原主编

欧洲商品的涌入和商品货币经济的活跃，开始冲击伊朗的封建经济基础，破坏农业与家庭手工业相结合的经济。商品经济的发展也破坏了固有土地关系，公社瓦解，新地主阶层扩大，农民失去耕种原有土地的权利。地主阶级要求以货币地租代替实物地租，加重对农民的剥削。国王、总督、省长、高级阿訇公开卖官鬻爵，以获取大量金钱。买得官爵的人疯狂地加紧掠夺农民。贵族和官吏需要现金，把采邑出卖给商人高利贷者，扩大了新地主阶层。新地主增加地租和劳役，使农民负担日重，生活每况愈下。手工业者也在外来商品竞争下破产，大批失业。外国资本的侵入加剧了伊朗的阶级矛盾。

外国势力主要通过国王、大臣以及地方统治者进行掠夺，农民与手工业者痛恨直接榨取他们的本国统治阶级亦即外国势力的代理人。下级阿訇和中小商人，生命财产没有保障，也对统治集团心怀不满。总督省长的作威作福，贿赂公行，审理民事案件的伊斯兰教会的贪污受贿，国内的关卡林立和封建集团的内战，都使广大人民非常愤慨，要求变革。

下级阿訇的生活状况和中小商人手工业者相近。其中有些人和广大人民经常来往，能在很大程度上代表下层群众的思想和要求。他们痛恨封建上层腐败暴虐，常能站在斗争的前列。从 1848～1852 年，掀起了反对封建压迫和殖民侵略的巴布教起义。

巴布教徒起义

巴布教的创始人赛义德阿·阿里·穆罕默德出身于小商人家庭，后来成为谢伊克教派①的信徒和首领。1844 年，他宣称自己为“巴布”。巴布之意为“门”，意谓人们所渴望的救世主的旨意，通过此门传达于人民。

1847 年，阿里·穆罕默德写成《默示录》，以后成为巴布教的圣经。巴布认为人类社会各个时代依次递嬗发展，后来的一定超过以前的时代。每个时代皆有其特殊制度与法律，旧制度与法律应随旧时代的结束而废除，代之以新制度与法律。但它不能由人们自己制定，必须由“主”派下来的“先

* 原载张芝联、程秋原主编：《世界通史·近代部分》上册，人民出版社 1962 年版。

① 谢伊克教派，伊斯兰教在伊朗的新派别，相信救世主即将降临，建立正义王国，消灭人间不平。

知”制定。先知给人们的指示就是代替旧圣经的新圣经。巴布宣称他是受主委托而降临的先知,《默示录》就是新圣经。巴布主张,摩西及其《旧约书》、耶稣及其《福音》、穆罕默德及其《古兰经》都应让位于巴布和《默示录》,一切制度和法律也应按《默示录》重新制定。他认为世俗官吏和高级阿訇不愿抛弃旧制度,是世界充满不平和倾轧的原因。

巴布宣传朦胧的幻想世界,没有压迫,人人平等,过着幸福的生活。他并且宣布,凡居住巴布教圣地者必须信奉《默示录》。又发出保障人身自由和关于私有权、继承方式等指示,提出很多符合商人利益的要求,如负债必还,严守商业通信秘密,用法律规定借贷利息,改良邮递,统一币制等。

巴布原想在宫廷、大臣和地方长官中宣传他的学说,但遭到反对。1847 年,国王下令逮捕并囚禁巴布。巴布教徒受到统治阶级迫害后,转而向广大人民群众宣传,影响迅速扩大。许多手工业者、小商人、农民和下级阿訇成为巴布教的信徒。1848 年 9 月,巴布教徒利用国王死后封建统治阶级内部纷争的混乱局势,首先在伊朗北部的马赞德兰省举行武装起义。塞克一塔别尔西陵墓也有两万多人举行大规模起义。他们筑起有十二座塔楼的城堡,在群众中平分财产,实行共餐制。德黑兰卡札尔王朝派兵镇压,为起义者所大败。后来又用欺骗手段使起义者放下武器,随即背弃诺言,实行屠杀。但巴布教起义在全国各地继续扩大,到 1849 年 2 月,全国已有教徒十余万人。

1850 年 5 月 8 日,巴布教徒又在里海西南的赞詹发动起义。起义者在城内修筑工事和街垒,设立铸造厂制造大炮和火药。他们和官军展开顽强战斗,连妇女也参加保卫街垒的斗争。女巴布教徒鲁斯腾一阿里指挥武装别动队,挺身防守最危险的地点,英勇杀敌。最后官军用大炮野蛮地把赞詹城轰平,起义在 1850 年 12 月被残酷镇压。长期围攻战使官军损失 8000 人。巴布教徒奋战到底,城破时战斗到最后一人。

与赞詹起义同时,巴布教徒在伊朗西南尼里兹也举行了起义。在狱中的巴布还和人民保持着联系,号召他们为建立神圣的正义王国而斗争。首相弥尔札・塔吉汗上奏国王说:“巴布一日不死,他的信徒的起义就一天不停,而且会变为全国人民的革命,结果将推翻卡札尔王朝。”伊朗国王听从其说,下令于 1850 年 7 月 19 日在大不里斯杀害巴布。许多巴布教信徒也都遭到残杀。

巴布遇害和赞詹起义失败后,在尼里兹起义的巴布教徒继续坚持斗争,一直到 1851 年。从此大规模的斗争基本结束,幸免屠戮的巴布教徒转入隐蔽活动。1852 年 8 月,巴布教派在德黑兰谋刺国王,未获成功。首都数百巴布教徒遭到残酷屠杀。

手工业者和一部分农民是巴布教起义的主要群众,也有很多小商人和下级阿訇参加。起义组织不够严密,各省之间缺乏联系。起义者没有在战略上大胆进攻,夺取个别城市后坐受包围。起义的领导者主要是下级阿訇和商人,没有提出要求土地的纲领口号,因而不可能广泛发动农民,终以势孤而败。但巴布教起义仍然是一次反封建反殖民主义的伟大起义。起义虽在宗教旗帜下发动,主要斗争锋芒却指向封建王朝。由于外国资本主义入侵破坏伊朗经济,农民和手工业者贫困破产,所以巴布教起义提出社会经济方面的要求,也具有反抗外国殖民者、争取民族独立的性质。起义震撼了伊朗封建制度,打击了外国殖民者,是当时席卷亚洲的民族独立运动的一个重要方面。

弥尔扎·塔吉汗改革的失败和英国加紧对伊朗的侵略

巴布教起义失败后，以首相弥尔扎·塔吉汗为首的一部分上层代表人物进行了一些改革，包括开办军事学校，改组军队，削减宫内的侍役和官吏，裁减王族的俸田和伊斯兰教会的供养田等。在对外方面，则设法利用英俄之间的矛盾，以提高伊朗的地位。这些改革的目的在于加强国王政权和巩固封建统治，但它触及封建贵族、高级阿訇和殖民各国的利益，因此遭到他们强烈的反对与干涉。1851年11月，国王宣布解除弥尔扎·塔吉汗首相职务，撤销他的一切官衔。1852年1月，塔吉汗被处死刑。

19世纪50年代以后，资本主义各国争夺殖民地的斗争愈益尖锐，英俄两国在伊朗的矛盾也随之加剧。英国力求夺取赫拉特，因为赫拉特不仅为中亚的重要战略基地，而且是通往阿富汗和印度的要道。1856年10月，伊朗政府为防止赫拉特落入英国支持下的阿富汗统治者之手，首先出兵占领。于是英国立即向伊朗宣战，派军侵入伊朗。1857年3月4日，伊朗被迫在巴黎与英国签订条约，同意从赫拉特和阿富汗撤军，永远放弃对赫拉特以及阿富汗其他领土的要求。英伊条约签订后，英国在伊朗的势力日益加强。

伊　朗*

[苏]敦尼克等主编

19世纪伊朗社会政治思想发展史具有一系列极重要的崭新特点。这些特点首先是与资本主义列强对这个国家进行的扩张有关的。

西方资产阶级思想家(费里、拉卜日、戈比诺、罗德斯以及其他一些人)提出了一种臭名远扬的论调,说什么伊朗各族人民是"软弱的"并且"无能"使自己独立生存,因而便企图把欧洲列强的扩张说成是对全人类有利的福音。这种断言只不过是一套政治手腕,其背后隐藏了确立欧洲资本主义列强对伊朗的无限统治的计划。

外国资本的渗入使伊朗社会经济和政治的发展受到了深刻的影响,这首先表现在适应国际资本主义市场的需要而实行的农业单一化、地方工业受到的极大限制和局部破坏等方面。由于外国资本破坏了伊朗在国内生产和交换上原有的统一,便促使封建的、有些地方是半封建的、半宗法性的生产关系保存下来。绝对的封建君主专制及其占统治地位的思想体系——伊斯兰教仍然是伊朗政治制度的体现。结果伊朗资本主义发展的道路在实际上就被堵塞了。

在这些条件下,伊朗进步社会政治思想的内容乃是反对封建官僚君主专制(它是封建制度大量缺陷的总汇)的斗争。新兴的资产阶级作为新的社会关系的代表者领导了反对腐朽封建君主制度和外国资本的斗争。

19世纪中期,由于农民和城市贫民的强烈不满,人民群众反对封建主义和外国资本的斗争加强了。在这方面,1848～1852年间农民群众和城市群众所发起的运动,即伊朗历史上著名的巴布运动是有代表意义的。这个运动采取了封建时代所特有的宗教形式。领导这一运动的是新兴商业资产阶级的代表人物。

他们宣称《古兰经》和伊斯兰教法典(伊斯兰教法令)是封建主进行绝对统治和专横的根据。他们认为古兰经和伊斯兰教法典已经过时,因而要求用新的法典去代替它们。根据他们的学说,这些法典将由新的先知来加以宣布。这个运动的领导人之一是赛义德·阿里－穆罕默德·设拉子(1820～1850)。他的绰号叫"巴布",即"门"的意思(指新的教义通过他传给人们),因而其教义也就称为巴布主义。在巴布的著作"默示录"(1847)中阐明了巴布主义的原理。在这本书的作者看来,本书应该代替古兰经。根据巴布的学说,伊斯兰教的时代结束了,巴布主义的时代开始了。

旨在反对伊朗封建统治者的专制制度的巴布学说是符合伊朗商业资产阶级的利益的,受压迫的

* 原载[苏]敦尼克等主编:《哲学史》,三联书店1964年版。

劳动群众——农民和手工业者——的思想家们把巴布主义变成了强有力的反封建斗争的武器和旗帜。这派中最著名的思想家之一就是莫拉·穆罕默德一阿里·巴尔弗鲁希。和巴布的观点相反,他宣称人们在经济上和政治上是完全平等的,私有制必须废除。根据他的学说,所有的人应该平等地享有一切财富。[①] 在要求彻底变革社会制度时,他号召人们要进行革命斗争。[②] 因此,巴布运动是民主的、反封建的运动,在客观上也具有反对外国资本奴役伊朗的倾向。但是,像封建时代的一切农民运动一样,农民群众反对社会压迫和民族压迫的斗争并没取得胜利。

伊朗反动封建贵族和积极引来外国资本的大买办镇压了巴布起义。在这个时期,比哈主义——伊朗买办的世界主义思想体系得到了广泛的传播。比哈主义的创始人是米尔扎·侯赛因·阿里(比哈乌拉)。根据比哈主义,宗教应该是强有力的,是包罗万象的,是能够符合时代要求的。比哈主义者反对伊斯兰教中的有关限制同外国资本进行贸易和联系的法令;他们把高利贷合法化了。比哈主义以一种"宽容异教"的方式来表现其世界主义的本质,同时承认所有民族具有统一的万能的真主,这个真主似乎是寓于每个人之中。比哈主义力图用自己关于统一真主的学说消除伊斯兰教把人划分为"信徒"和"非信徒"的做法。

比哈主义者只把个别人的心理特性的差别看作是社会成员之间的主要差别,并把社会矛盾归结为人们心理特性之间的斗争。比哈主义者在否认阶级斗争时,企图只用人的积极性和个人的才能去解释私有制的存在。

① 参见伊万诺夫:《伊朗的巴布起义》,莫斯科 1939 年俄文版,第 90 页。
② 参见伊万诺夫:《伊朗的巴布起义》,莫斯科 1939 年俄文版,第 86 页。

1848～1852 年伊朗巴布教徒起义*

张友伦

伊朗巴布教徒起义、中国太平天国革命和印度民族大起义是 19 世纪中期亚洲的三大革命运动。这三次革命几乎发生在同一个时候，构成了亚洲民族独立运动的第一次高涨，而在此以前亚洲国家的反殖民反封建斗争还是分散的，此起彼伏的，没有具备这样大的规模。

亚洲民族独立运动第一次高涨的出现是和这些国家内部阶级矛盾的尖锐化分不开的，同时英、法等国的殖民掠夺把亚洲国家推向民族危机的边缘，大大加深了这些国家的矛盾，终于导致了革命的爆发。伊朗巴布教徒起义正是在这种情况下发生的。

一

起义前，伊朗是一个经济落后的国家，封建生产关系仍然占主导地位，军事采邑制是土地占有的基本形式。国王（沙）在名义上是全国土地的最高所有者。大封建主、部落酋长（汗）和伊斯兰教会都从国王手里取得对所辖城市、土地的占有权。世俗封建主（汗）在战时有向国王提供军队的义务。国王的军队主要由诸汗的亲兵和地方军队组成。直接由王室占领的土地叫作赫里斯，赫里斯的全部收入归国王。地方封建主（汗）的土地收入大部分为他们自己据有，国家只在这些土地上征课马里亚特（土地税，相当于收成的 1/10 到 1/3）。伊斯兰教会土地叫作瓦库夫。瓦库夫实际上控制在少数上层教士（阿訇）手中。这些人也是伊朗的大封建主，而且还享有世俗封建主享受不到的特权，例如一部分瓦库夫持有者可以不向国家缴纳马里亚特。

除了军事采邑制的土地占有形式以外，还有：新地主的私有土地——阿尔巴比或米里克；农民土地——胡拉塔里克；村社土地——乌米蒙。不过这三种土地为数都很小，不是当时伊朗的主要土地占有形式。

伊朗是一个农业、畜牧业国家，主要生产者是农民和牧民。大多数农民都没有土地，不得不在地主土地上耕种。他们按中世纪的五分制（土地、水、种子、人力、耕畜）缴纳地租。农民通常都使用地主的水、耕畜和种子，因此只能得到收成的 1/5。然而他们的负担还不止于此，他们尚须从这点微薄的收入中拿出相当大的部分来支付名目繁多的苛捐杂税：毛、油，鸡、蛋等实物贡赋，人头税，蜂房捐，

* 原载《历史教学》1964 年第 9 期。

织布、缫丝等捐税，甚至连汗、官吏及其侍从的过境费也要由农民负担。此外，还有赠献礼品和战争时期的非常税。赋税通常由村长和汗的税吏征收，这些人利用权势从中渔利，农民经常遭到他们的敲诈勒索。有些赋税由包税人承揽，包税人可以任意增大税额。封建社会上层的层层盘剥使农民陷入走投无路的境地，不得不饮鸩止渴，"求救"于高利贷者。当时在农村中的高利贷大致有两种形式：一种是高利贷款，利息率达到 100%；一种是卖青，卖青的条件更为苛刻，卖主往往得不到实价的一半。1848 年，在大不里士的俄国商人曾作了一则商情报道："要是现在购买大批棉花，每个卢布可以赚 20%、30%甚至 40%，而如果付出定金或是预付棉农一半现金，还可能把赚项增加到 50%至 60%以上。"[①]可见，伊朗农民的处境是极端困苦的。

伊朗牧民的命运也是同样悲惨的。他们每年用牲畜和畜产品向部落会长缴纳沉重的赋税，并替他们放牧，而自己却处于贫困交集的境遇。

手工业者的境遇更是每况愈下。19 世纪初，伊朗的手工业已经有了相当发展。伊斯发罕、法沙、伊斯得、布鲁儿尔得等地的棉纺业和丝织业都比较发达，产品不仅供应全国各地而且运销国外。伊朗的蚕丝年输出总值会达六百万卢布。[②] 米安勒的地毯更是驰名世界。当时伊朗的家庭手工业虽然仍占主导地位，但已出现分散的小手工工场。从 19 世纪 30 年代起，欧洲资本主义国家尤其英国的商品大量输入伊朗，英国纺织品几乎占伊朗全部进口总值的 90%。1833 年，运到大不里士的欧洲商品总值达 1500 卢布，1836 年增至 4000 万卢布。[③] 外国资本家依靠其先进技术和在伊朗取得的贸易特许权，它的商品价格比伊朗同类商品价格一般低二三倍。廉价外货的充斥使伊朗手工业品滞销，造成大批家庭手工业者的破产，手工业工场倒闭，大批手工业者失业。

伊朗小商人的境况也日益困难。1836～1837 年经济危机发生以前，外国资本通过伊朗商人推销进口商品，而在此之后，就排斥了他们，直接经营这项交易。英俄等国在 30 年代末和 40 年代直接在伊朗开设商行，控制伊朗的对外贸易。例如，95%的英国进口纺织品都是经过这些商行销售到伊朗各地的。伊朗的中小商人经不起外商的排挤，纷纷破产。同时国内的封建割据局面又给他们带来巨大的困难。各州、省之间关卡林立、税目繁多，从列什特到布什尔就要经过 14 道关卡。加之各汗军队还要经常拦路行劫，他们不仅抢夺居民的粮食，而且也劫取满载商品的驼马。

此外，伊朗还遭到了英法俄等殖民者的侵略。1804～1813 年、1826～1828 年，先后发生两次伊俄战争；1838～1841 年又发生伊英冲突。每次事件都以伊朗的失败而告终，结果签订了一系列不平等条约。其中以 1828 年 2 月 10 日土库曼条约最为苛刻。条约规定埃里温汗国、纳希切凡汗国、奥尔都巴德行政区割让给俄国；伊朗赔偿俄国 500 万金土曼（2000 万卢布），并不得在里海拥有舰队；俄国有权在伊朗各大城市设立领事馆，享受治外法权。除此以外，还签订了一个伊俄通商协定，规定俄国商人有权在伊朗境内自由贸易；俄国入口商品关税率为商品价格的 5%，并且豁免俄国商品在内地的关卡税。[④] 1841 年，英国也和伊朗签订了同样的通商条约。四年后，伊朗政府把这些权利又让与法国。正是这些不平等条约加强了殖民主义者对伊朗的掠夺。

殖民主义者的直接掠夺和经济侵略以及商品货币经济的发展，打击了伊朗封建社会的经济基

① 伊凡诺夫：《伊朗巴布教徒起义》，莫斯科—列宁格勒 1939 年版，第 53 页。
② 参见伊凡诺夫：《伊朗史纲》，三联书店 1958 年版，第 130 页。
③ 古柏尔等：《殖民地・附属国新历史》上卷第 2 册，读书出版社 1947 年版，第 136 页。
④ 参见古柏尔等：《殖民地・附属国新历史》上卷第 2 册，第 131 页；《伊朗巴布教徒起义》，第 43 页。

础。许多封建主为满足日益增长的需求，大量出卖土地。如1845～1846年间，封建主阿卜杜拉、阿赫美德以200土曼的价钱出卖半个厄蒙比村；以50土曼的价钱出卖谢班村。[①] 私有土地数量因而迅速增长，引起了伊朗社会土地关系的变化。王室的支柱——汗的力量相应削弱。巨额赔款和王室的浩大开支使伊朗财政濒于破产。因此国家经常用预征捐税的办法来弥补亏空。伊朗人民的负担更加沉重，陷于极端贫困的境地。而总督、省长的作福作威，贿赂公行，审理民案的伊斯兰教会的贪污受贿，国内关卡林立，封建集团的内战，都使广大人民不满。伊朗的革命已处于一触即发之势。19世纪中期的巴布教徒起义，就是在这种情况下发生的。

巴布教徒起义发生在19世纪中叶，为什么还带有宗教色彩呢？这除了由于当时伊朗社会经济发展的落后以外，还和伊斯兰教与世俗政权的紧密结合是分不开的。伊斯兰教十叶派在伊朗社会的各方面都有很大影响。十叶派长老有依据《古兰经》解释法律的权利。国民教育和民事诉讼也全部掌握在十叶派手中，甚至乡间传教士——毛拉实际上也握有村里的司法权。正如恩格斯所指出的，由于神学控制了社会政治生活的一切领域，因此“一般针对封建制度发出的一切攻击必然首先就是对教会的攻击，而一切革命的社会政治理论大体上必然是神学异端。为要触犯当时的社会制度，就必须从制度身上剥去那一层神圣外衣”[②]。

二

巴布教运动始于19世纪40年代初。它的创始人是阿里·穆罕默德(1820～1850)。阿里·穆罕默德生于设拉子的一个布商家里，18岁迁居本德布什尔，在那里经商五年，并着手研究十叶派、神秘派和印度华哈弼教派的学说。他受后两个教派的影响较深，在后来创立巴布教派时吸收了二者的主要观点。华哈弼教派运动是30年代印度人民反殖民、反封建斗争的一种形式。它的目标是驱逐英国人、推翻封建王公，打垮亵渎“圣教”、“先知”的上层教士。这个运动在印度北部和孟加拉省发展为长期的武装斗争。神秘派是伊朗的异端，反映了中下层教士对十叶派长老统治的不满心情。神秘派也就是苏斐派，是早出现于伊拉克(9世纪)，曾反映过城乡小生产者对封建主、高利贷者的不满。神秘派教徒认为，罪恶的起因是私有财产和一切财富。11世纪以后，神秘派的上层背弃了教义，投靠统治阶段，不过在下层教士当中还保存了这种反封建统治的传统。[③] 在30和40年代，神秘派开始宣传十二世教长马赫迪即将降世的说法：认为他已有千年不在人间，现在尘世已充满压迫和苦难，恐怖审判日就要到来，那时，十二世教长会降临人世，拯救人民，建立理想的幸福国。

1844年，阿里·穆罕默德自称“巴布”。伊朗文巴布是门槛之意，即是说人们通过他可以得到上帝的启示，巴布是十二世教长降世以前沟通他和人们的使者。按照巴布教的说法，“上帝是永存的和不能接近的……人们除了通过指定的中介是不能接近他的。所以转化成先知的最初的意旨并不是上帝。这种最初的意旨，通过巴布说出来，也将通过‘上帝要在他身上显灵的那个人’说出来；而在他

① 参见《伊朗巴布教徒起义》，第50页。

② 《马克思恩格斯全集》第7卷，人民出版社1959年版，第401页。

③ 参见纳忠：《伊朗巴布农民运动及“巴哈主义”的批判》，载《云南大学学报》1956年第1期。

以后，再传到别人身上，因为这种显灵是永不休止的”[①]。就在这年，巴布周围形成一个团体——“团结会社”。“会社”的成员有巴布和他的 19 个门徒，是这次运动的领导者。

巴布教最初的教义主要反映在巴布的著作里。巴布的著作有《默示录》、《两圣地之间》、《诗集》、《约瑟章注释》等[②]。其中最主要的著作是《默示录》。巴布教的教义：人类社会可分为若干时期，每一时期都比前一时期更加进步，都有该时期的先知和圣经，人们可以从这里得到启示。从而能够了解各个时期的秩序。现在距穆罕默德逝世已经非常久远，伊朗面临着一个新时期，新时期的先知和圣经就是巴布和他带到人世的《默示录》。这样，巴布就否定了《古兰经》、教典、语录的权威性，触动了封建阶级的思想统治工具。接着，巴布对现存社会进行了谴责。他指出，高级教士——乌列马和官吏的统治使伊朗陷入灾难的深渊，恐怖审判日就要到来。他号召人们“不要为害他人，应当造福于人”。巴布还一般地提出了平等思想，认为，未来的理想国是一个平等、公道的社会，甚至曾主张用公共基金供养贫困人民，没收非巴布教徒的财产。这些观点在一定程度上反映了农民和城市贫民的要求。但是，巴布的学说更多地反映了商人的利益。他在根本上是反对取消私有财产，取消债务的。巴布在《默示录》第三部分第七章写道，债务人应该偿清自己的欠款，又在另一地方指出，只要取得双方同意，牟取利息是合法的。[③]《默示录》还规定禁止检查商业信函，允许外国商人和异教徒商人和手工业者留居巴布国家。巴布的教义也带有狭隘的宗派性，除商人、手工业者以外，一切非巴布教徒都将被逐出巴布国家。巴布宣布，他的学说将在全世界取得胜利，不过这是要分阶段实现的。首先建立起的巴布教圣国只包括伊朗五个省：南阿塞拜疆，马赞德朗、法斯、呼罗珊、伊朗属伊拉克。[④]

综上所述，可以看出，初期的巴布教教义还是比较保守的，同时巴布和他的门徒都对统治阶级抱有幻想，在这些人中间宣传教义。如巴布教徒毛拉·胡赛因在伊斯发罕向总督曼努契赫和十叶派教士穆罕默德说教，又在德黑兰劝说沙王和首相皈依，结果遭到放逐。伊朗的统治阶级一开始就把巴布教视为异端，采取敌视的态度。1845 年，设拉子封建主胡赛因汗命令逮捕巴布教徒，并于 8 月派遣一队骑兵到本得布什尔捉拿巴布。9 月，在设拉子对巴布进行了第一次宗教审讯，企图迫使巴布放弃自己的学说，但是没有达到目的。于是设拉子的政教当局就宣布巴布是疯子，企图用这个办法来削弱巴布教的影响，但结果却适得其反，信巴布教者日众。1846 年，巴布在门徒的援助下逃到伊斯发罕，直到 1847 年再次被捕，囚于离俄境不远的马卡要塞(以后又移禁于契列克要塞)。巴布在监狱中写成了《默示录》的未完部分，并和门徒保持不断的联系。

统治阶级的镇压使得巴布教徒改变了态度，开始面向人民，1848 年秋巴布教徒的毕达斯村会议，开始了这种转变。会议对巴布教教义作了新的急进的解释。会议领导人曾宣布在新秩序未建立前，应当废除一切赋税和劳役。他们正式表示反对私有财产，认为，私有制是对他人权利的剥夺，谁占有一种东西，就剥夺了别人享用这种东西的权利，一切财产都只能属于上帝和他的使者。穆罕默德·阿里说，在理想王国实现的时候，“迄今的一切上层和显贵人物要成为下层人物，而迄今的一切下层人物要成为上层人物”[⑤]。毕达斯村会议没有像巴布那样，提出专门保护商人利益的措施。这

---

① P. 西克斯：《波斯史》第 2 卷，伦敦 1951 年版，第 344 页。

② 参见纳忠：《伊朗巴布农民运动及“巴哈主义”的批判》，载《云南大学学报》1956 年第 1 期。

③ 参见《伊朗巴布教徒起义》，第 73 页。

④ 参见古柏尔等：《殖民地·附属国新历史》上卷第 2 册，第 139 页。

⑤ 伊凡诺夫：《伊朗巴布教徒起义》，莫斯科—列宁格勒 1939 年版，第 82 页。

些新的解释在更大程度上反映了农民和手工业者的观点，为起义做好了思想准备。

毕达斯村会议结束后，巴布教徒到各地宣传教义：女教师库拉爱因到鲁诺尔进行活动，但很快被当地政府逮捕起来；穆罕默德·阿里和一批门徒到达巴布尔弗鲁什；胡赛因先在纳沙浦尔集合一些农民和城市贫民，然后转移到马赞德兰，并在那里成立一支约230人的武装队伍。在其他地区也有巴布教徒在进行活动。起义迫在眉睫。

1848年9月，穆罕默德王死去，新王纳斯雷丁即位，政府内部非常紊乱。在呼罗珊、伊斯发罕、设拉子等地都有起义事件发生，巴布教徒利用了这一有利形势于10月举行了武装起义。

最先爆发起义的地区是马赞德兰。起义领袖是巴布十九门徒中的胡赛因和穆罕默德·阿里。他们各率领一支起义队伍到达距巴尔弗鲁什城约20公里的塞克一塔别尔西陵墓，并在这里驻扎下来。巴布教徒一方面要建立防务，在陵墓周围修筑十二座城堡；一方面着手实现"巴布教圣国"的理想。他们首先废除了私有制，在人民群众中平分财产，起义领袖胡赛因曾宣布："现在一切财产都是真主的产业，你们只可共同使用和平均分配这些财产，将彼此间的差别予以根除。"①巴布教徒还实行了共餐制。密尔扎·扎尼曾对此作过描述："他们推定厨师做饭，每两人配给一盆食物，他们围坐在一起，兄弟般和极端愉快地过着生活，不知贫穷和悲痛。"②但是，平等、自由的生活很快就遭到反动势力的侵扰。巴布教徒被迫拿起武器，进行坚决的斗争。

马赞德兰地方武装穆斯塔法汗上校的军队首先进攻起义者。他的兄弟阿加·阿卜杜拉率领二百士兵在阿弗拉村与起义者战斗，被击败身死。穆斯塔法汗所率全军闻风溃散。1848年11月，由王叔密尔扎·马赫底·库里率领的2000人（后增至7000人）正规军开到马赞德兰，加强了对塞克——塔别尔西的包围。

与此同时，起义者也加紧打击敌人。胡赛因和穆罕默德·阿里亲自组织夜袭。1849年1月，在一次夜袭中，起义者烧死两个亲王，总督密尔扎·马赫底·库里狼狈地逃窜。王军接连遭到挫败之后，2月中旬又增派援军，同时，马赞德兰的教长也向起义者宣布"圣战"，并纠合了一批十叶派教徒参加对起义者的包围，双方相持到5月。马赫底·库里汗看到利用武力进攻无法击败起义者，便开始玩弄欺骗的伎俩企图解除起义者的武装，以达到一举消灭起义者的目的。由于起义者没有认清统治阶级的真正面目，轻信了敌人的"诺言"，密尔札·马赫底·库里汗答应保留他们的生命与自由，停止抵抗，使起义遭到失败。马赫底·库里汗背信弃义，将起义者全部杀掉。穆罕默德·阿里和其余起义领袖也惨遭毒手。

在塞克——塔别尔西起义的同时，1849年初，在伊斯得、伊斯发罕、设拉子、基尔曼等地都有起义发生。但这些起义并未和塞克——塔别尔西的起义发生联系，最后被各个击破。

马赞德兰起义虽然失败，但巴布教徒的斗争并未停止，接着，他们在赞詹和尼里兹又重新展开了武装斗争，在那里建立起自己的"正义王国"，声势相当浩大。统治阶级在起义者的打击下，采取了最恶毒的手法，他们于1850年7月19日，在大不里士杀害了巴布和许多巴布教徒，以为这样就可吓倒起义者，动摇起义者的斗志。但是，恰好相反，巴布的死难并未动摇起义者的斗争决心，更加深了他们对封建王朝的仇恨。起义在继续高涨。

① 伊凡诺夫：《伊朗巴布教徒起义》，第90页。

② 伊凡诺夫：《伊朗巴布教徒起义》，第90页。

赞詹起义发生在 1850 年 5 月 8 日。起义人数近 3000 人。他们占据了城市东部和德黑兰、勒什特、哈马丹三座城门。国王军队退到西部和大不里士门。赞詹的低级教士、小商人、手工业者都参加了起义。铁匠卡节姆、面包师哈只·阿卜杜拉都是巴布门徒毛拉·穆罕默德·阿里的助手。起义者建立了 50 个街垒,妇女、儿童也都参加了战斗。女教徒鲁斯腾·阿里受命为一支武装分遣队的领导人。她英勇作战,奋不顾身,经常出没于枪林弹雨之中。最后国王调集 3 万大军,围城七月,用大炮进行疯狂轰击,到 1850 年 12 月底,起义地区几被夷为平地,毛拉穆罕默德·阿里战死,城破时,起义者只剩下 100 人,而这一百人也均惨遭杀害。

在尼里兹起义的巴布教徒约有二千人。他们固守在离城不远的一个旧堡里。起义领袖是雅西·达拉比。这里的巴布教徒也受了敌人的欺骗,和敌人举行会谈。结果敌人乘虚攻入要塞,将巴布教徒杀戮殆尽。

王军的暴行激起了四乡农民的愤怒。不久后,在尼里兹城郊又发生了第二次起义,起义者驻扎在山里,不时突袭城市,并曾潜入市内,杀死州长。最后国王调动 1 万多军队,才于 1851 年镇压了这次起义。这次起义失败后,巴布教徒的大规模斗争基本结束,从此巴布教徒转入隐蔽活动。1852 年 8 月,巴布教徒谋杀国王未遂,又有数百教徒遭到残酷屠杀。

三

1848～1852 年巴布教起义是伊朗历史上的一次反封建反外国殖民势力的伟大起义。这次起义的主要群众是手工业者和一部分农民,也有小商人和低级阿訇参加。起义失败的原因主要是:第一,由于当时伊朗历史发展条件的限制,无论是资产阶级还是无产阶级都没有形成,起义的领导者主要是低级阿訇和商人,缺乏一个先进阶级的领导。第二,起义者没有提出明确的土地纲领,只是实行简单的平均主义措施,不能够满足农民的土地要求,因此,不能把广大农民都发动起来。起义者被包围时,就完全陷于孤立无援的地位。第三,起义缺乏严密的组织,在战略上也犯了错误。各地先后发生的起义虽然一时声势浩大,但都是分散的,没有联系起来。并且在起义发动后没有积极地组织进攻,一开始就采取消极的守势,只夺取个别城市,坐受围攻,处处陷于被动,结果被敌人各个击破而陷于失败。第四,起义参加者的成分也是复杂的,一小撮统治阶级人物也混入了起义队伍,从内部破坏起义。他们散布"忍让"、"爱天下人"的思想来动摇军心,从思想上瓦解巴布教运动,为害极大。

巴布教徒起义的主要斗争锋芒指向封建王朝,斗争持续达四年之久,在历次战斗中都给王军以重创。伊朗王朝为镇压起义,军事开支激增,财政状况更加恶化,动摇了王朝的封建统治。

伊朗巴布教徒起义时,正是反对英、法、美、德、俄等殖民主义国家的侵略的民族独立运动席卷亚洲各国的时期。由于各个国家的处境不同,运动的具体表现形式也不一致。伊朗在 19 世纪中叶还没有完全沦为半殖民地,殖民侵略主要通过伊朗封建王朝来实现,以国王为首的封建统治者同时是外国侵略势力的代理人。巴布教起义打击了直接压榨伊朗人民的封建统治者,在客观上也就打击了外国殖民侵略者。因此这次起义也具有反殖民侵略的性质,它是当时亚洲第一次民族独立运动的一个重要部分。

伊朗巴布教徒起义*

北京师范大学历史系近代史组编

19 世纪前半期的伊朗社会

19 世纪前半期伊朗处于卡扎尔王朝统治下，是一个多民族的封建国家，在政治上陷入严重的封建割据状态。

封建军事采邑制度是伊朗土地所有制的主要形式，有些地区还保存农村公社的残余。国王、教俗贵族、游牧贵族等几乎垄断全部土地。广大农民对封建主保持着封建依附关系，必须把收成的五分之四交给地主，并缴纳名目繁多的苛捐杂税或服无偿徭役，生活极端贫困。部分农民除从事农业外，也从事织布、丝织、地毯等手工业。城市中的手工业也很发达，手工业者被组织在封建性的行会里，既接受国家或封建主的订货，也直接为市场生产。18 世纪末 19 世纪初，在伊朗还出现了一些简陋的手工工场。有些织工用手工工场主的材料和织机在家中织布；也有些则聚集在工场里作工。在封建专制的统治下，手工业者和商人都必须向封建统治者缴纳各种捐税，政治上处于无权地位，生命和财产安全也毫无保障。由于封建割据，关卡林立和封建主对商业的垄断，使国内的工商业发展受到严重的阻碍。

伊朗的政治制度是封建君主专制。国王是最大的封建地主，有至高无上的权力。国王之下，由首相和大臣组成枢密院，管理国家日常事务。全国分为 30 个省和州，省设总督，州设州长，都由王亲国戚充任。这些总督和州长拥有很大的财权和兵权，实际上成了独立的王国。游牧部落的酋长是本部落的统治者，俨如世袭的封建君主，甚至名义上也不承认国王的政权。

伊斯兰教十叶派（伊斯兰教两个主要派别之一）是伊朗封建统治的精神支柱。十叶派的高级阿訇本身也是大地主，他们按照封建统治阶级的利益解释《可兰经》。刑事案件由世俗法院审讯。有关财产继承、婚姻、买卖交易等民事案件，都由高级阿訇控制的教典法院审理，他们往往滥用职权进行敲诈勒索，鱼肉人民。

封建生产关系严重阻碍了社会生产力的发展，使伊朗长期处于落后状态。

18 世纪末 19 世纪初，在欧洲列强日益追求扩大商品销售市场和原料产地的条件下，伊朗逐渐成为英、法、俄等国争夺的对象。沙皇俄国利用毗邻伊朗的有利条件，不断对伊朗发动侵略战争。在

* 原载北京师范大学历史系近代史组编：《世界近代史》中册，人民教育出版社 1974 年版。

1804～1813 年和 1826～1828 年的两次战争中，就侵占了格鲁吉亚、北高加索、北阿塞尔拜疆等大片土地，勒索了 2000 万卢布的赔款，还获得了领事裁判权和各种政治经济特权。英国为抵制俄国的影响，巩固自己在伊朗的势力，从 1800～1841 年间，先后四次强迫伊朗签订不平等条约。英国殖民者不仅获得了领事裁判权，英国商品只抽 5%关税，豁免国内关卡各税等特权，并在大不里士、德黑兰等地设立商业代办处。随后，法、美、奥等国援例同伊朗签订类似条约。这一系列不平等条约的签订，使伊朗开始走上半殖民地的道路。

不平等条约给伊朗人民带来空前的灾难。外国的廉价商品，特别是英国的商品，潮水般地涌入伊朗，沉重地打击了伊朗本国的手工业。1828 年，英国输往伊朗的印花布为 1.15 亿码，到 1834 年时就增到 2.86 亿码。当时，英国纺织品几乎占伊朗全部进口总值的 90%。1833 年，运到大不里士的欧洲商品总值为 1500 万卢布，1836 年增至 4000 万卢布。伊朗的手工业制品无力和西方资本主义国家的商品相竞争，处于奄奄待毙的状态。

外国廉价商品的倾销和商品货币经济的发展，冲击了伊朗封建经济的基础，破坏了农业与家庭手工业相结合的自然经济。封建统治阶级为了偿付战争赔款和满足日益奢侈的生活，大大加强了对劳动群众的剥削。封建主不仅要求农民缴纳货币地租，而且把采邑出卖给商人和高利贷者，出现了与世界市场紧密相关的新地主阶层。封建军事采邑制度开始瓦解。

封建剥削的加强，使广大农民的处境每况愈下。手工业者在外国商品竞争下，也纷纷破产。中小商人生命财产没有保障，也对封建主和殖民者不满。同中小商人手工业者的生活、社会地位相近的下级阿訇生活处境日益困难，他们也越来越痛恨外来势力与封建统治集团的腐败和暴政。

西方殖民者的入侵和封建统治集团的腐败，使伊朗人民处于水深火热之中。19 世纪上半期，人祸与天灾交织在一起，饥荒、鼠疫、霍乱等接踵而来，吞噬了成千上万伊朗人民的生命，整个整个的农村成了杳无人烟的废墟。半个世纪中，伊朗人口减少了几百万人，南阿塞拜疆地区的人口减少了一半。国内阶级矛盾空前激化了，在巴布教徒起义前，津章、伊斯法罕、大不里士、伊斯特等地接连发生了骚动。1848 年爆发了巴布教徒大起义。

巴布教徒起义

巴布教的创始人赛义德·阿里·穆罕默德(1820～1848)出生于设拉子棉布商人家庭。1844 年他自称为"巴布"，并创立巴布教。巴布在阿拉伯语中是"门"的意思，即人们所渴望的"救世主"马赫迪的意志将通过此"门"传达给人民，他本人就是真主与人民的中介人。

1847 年，阿里·穆罕默德写了一本《默示录》，成了巴布教的圣经。这本书集中说明了巴布教的主张。巴布认为：人类社会是依次更迭向前发展的，后一个时代要超过前一个时代；每次更迭总是伴随着产生新的制度和法律。但它不能由人们自己制定，必须由"真主"派下来的"先知"制定。巴布宣称他是"真主"委派降临人世的"先知"，《默示录》应代替穆罕默德的《可兰经》。一切现存的制度和法律都应按《默示录》重新制定，必须消除人间不平，建立人人平等的"正义王国"。巴布还具体地提出了保护私有财产、保障人身自由、用法律规定借贷利息、欠债必还、严守商业通信秘密、改良邮政、统一币制等要求。巴布的主张反映了广大人民群众不满现状，要求变革社会的愿望，但主要是代表中小商人和新兴地主的利益。巴布和他的信徒不主张采取革命斗争的手段，而是幻想通过向封建统治者进行宣传和感化来实现变革。统治阶级不仅不听他这套宣传，而且禁止巴布教，迫害巴布教徒。1847 年，巴布被捕入狱。

巴布教徒遭到统治者的镇压后，开始转向人民群众宣传教义，并得到手工业者、小商人、农民和低级阿訇的广泛支持。在人民群众的推动下，巴布教中出现了一些比较接近人民群众的领导人物，如穆罕默德·阿里·巴尔福鲁什、女巴布教徒查玲·塔什等。他们提出了更为激进的纲领，要求废除封建特权、反对纳税、废除私有制、财产公有和男女平等。他们甚至向巴布教徒发出举行武装起义的号召。

1848 年 9 月，伊朗国王病死，封建统治集团内部争权夺利，互相倾轧。伊朗北部呼罗珊、伊斯法罕、设拉子等省市的城市居民和农民纷纷发难。10 月，聚集在巴尔福什市(今巴博勒市)的 700 名巴布教徒举行了武装起义。在打败了当地的封建武装后，起义者聚集到城市东南 20 公里的塞克·塔别尔西陵墓，建立了领导起义的据点。周围附近的农民和手工业者纷纷来到陵墓，起义队伍迅速增加到两千人。起义者在这里修筑城堡，挖掘壕沟，并按自己的理想建立"正义的王国"。他们废除了私有制度，一切财物归公共仓库，有专人保管和分配，实行共餐制。

起义爆发后，统治阶级大为震惊。新国王派他的叔叔率领 2000 名王军前去镇压，但被起义军打得落花流水。随后，国王又纠集了 1 万多名军队，配有大炮，加紧围攻起义军。这时，十叶教派的教长也宣布向巴布教徒进行"圣战"，反革命气焰，十分嚣张。当时，尽管力量对比悬殊，起义者为了实现自己的理想，誓死保卫基地，与敌人进行顽强的战斗。他们用自制的武器——马刀、长矛和短剑，与敌人展开白刃战，一再打退敌人的进攻。到 1849 年 5 月，被围困的起义者剩下不足 250 人，但他们坚持战斗，王军仍未能占领堡垒。后来王军假惺惺地许愿：如果起义者放下武器，可以保全生命和自由。起义者由于缺乏经验，轻信了这个骗局，停止了抵抗，当他们走出堡垒时，反动派背信弃义的把他们全部杀害了。

反动派的残酷镇压不能阻挡巴布教运动的发展。到 1849 年，全国已有巴布教徒 10 多万人，俄国驻德黑兰公使忧心忡忡地说："在德黑兰到处都是这种危险教派的信徒。"首都德黑兰的巴布教徒曾密谋刺杀国王、首相和高级阿訇，准备夺取政权。但是，这个秘密组织不幸被反动政府破获，有四十名教徒被捕，惨遭杀害。

1850 年 5 月 8 日，巴布教徒又在里海西南的津章发动起义。起义者打开了牢房，营救出了被捕者，并且占领了城市的东半部，建立起"正义的王国"，宣布人人平等，实行财产公有。还修筑了防御工事和街垒，设立铸造厂，制造大炮和火药，准备长期斗争。这时国王调动了 3 万大军，围攻津章城。几千名起义者英勇顽强地进行了反击。许多妇女、少年和自己的丈夫、父兄在一起浴血奋战，坚持了半年多，消灭了 8000 多名反动军队，到 1850 年 12 月底起义才被镇压下去。

与津章起义的同时，巴布教徒在亚兹德、尼里兹等城市也举行了起义。当时，被囚禁在狱中的巴布和教徒们还保持着联系，他号召人们为建立"正义的王国"而誓死斗争。起义的不断发展，引起统治者一片恐慌，首相在上奏国王时说："巴布一日不死，他的信徒的起义就一天不停，而且会变为全国人民的革命，结果将推翻卡扎尔王朝。"不久，国王即下令将巴布杀害了。尼里兹的起义到 1851 年才告失败。

巴布遇害和津章、尼里兹起义的失败后，巴布教的大规模群众性斗争进入了低潮，一些巴布教徒的上层建筑人物走上了密谋暗杀的恐怖道路。1852 年 8 月，他们在德黑兰谋刺国王未遂，数百名教徒遭到残酷屠杀。

起义失败原因和伊朗封建主的反攻倒算

伊朗巴布教徒起义的主要群众，是手工业者、城市贫民和一部分农民，还有不少商人和低级阿訇参加。起义领导权掌握在商人和低级阿訇手里。巴布教以朦胧的“正义王国”的口号来团结群众，始终没有明确地提出反对外国侵略者和解决土地问题的纲领，这就不能广泛的把广大农民发动起来。当革命斗争受到挫折时，巴布教内部出现了以贝哈·乌拉为首的贝哈派，他们竭力反对武装斗争，要起义者放下武器，宣扬“宁人杀我，毋我杀人”的反动口号，甚至公然要求信徒们服从国王、封建主和阿訇的命令，说他们是“神圣正义的化身”。贝哈派代表当时正在兴起的买办商人的利益，他们的叛变活动从内部打击和瓦解了起义队伍。

巴布教徒在全国各地先后举行的起义，其声势虽然不小，但都属地方性质，各地起义者之间缺乏联系，各自为战，易于被反动派各个击破。起义者在战略上也犯了严重错误，他们没有采取积极进攻和灵活机动的游击战，而是停留在消极的防守，致使起义处于被动挨打的地位。起义者由于缺乏斗争经验，一再轻信封建主的伪善诺言，自动放下武器，结果惨遭屠杀。

巴布教徒起义失败后，封建统治阶级对巴布教徒进行了疯狂的血腥报复。封建主用各种凶残的手段屠杀被俘的巴布教徒，有的被绑在炮口上轰死，有的被成批赶入山洞，然后放火把人活活烧死。国王下令把判处死刑的巴布教徒分配给大臣、宫廷侍臣和高级阿訇等封建显贵，由他们任意处置，这些教徒都被凌迟处死。还有许多妇孺被遣往外地，卖作奴隶。这种暴行不仅暴露了封建统治阶级野蛮凶残的阶级本性，而且说明阶级斗争是你死我活的、不可调和的，革命人民决不可幻想剥削阶级会放下屠刀，立地成佛。

巴布教徒起义是在宗教旗帜下发动的一次反封建反殖民主义的起义。斗争的锋芒指向卡扎尔封建王朝。当时这个封建王朝实际上是欧洲列强的代理人，所以起义在客观上也具有反抗外国殖民压迫的性质，是 19 世纪中期前后亚洲人民反封建反外国殖民压迫的伟大斗争的一个组成部分。

巴布派和比哈派*

[法]昂里·马塞著,王怀德　周祯祥译

纯系阿拉伯宗教学说的瓦哈比派,其宗旨在于使伊斯兰教回到它的本源,而纯系伊朗宗教学说的巴布派以及由它派生出来的比哈派,则把继续发展伊斯兰教作为自己的任务。瓦哈比教派局限于阿拉伯半岛的范围内。实质上已是一种新宗教的比哈派,以惊人的速度从亚洲传到了美洲。

从巴布派开始产生之时起,伊朗政府就非常了解这一宗教学说的实质,并使用各种方法力求消灭之。起初,巴布教派与路德派新教有某些相似之处。它是反对官方僧侣风尚的清教徒式的起义。无怪乎伊朗僧侣的代表毛拉要防备巴布教徒,把他们称为无政府主义者。

众所周知,马赫迪观念(期待"隐遁伊玛目"的返世)在十叶派教义中具有重要的意义。巴布派的创始人密尔扎·阿里·穆罕默德(1819 年生于设拉子)正是以上述这一思想为出发点的。前往十叶派圣地卡尔巴拉朝觐之行,给他提供了与一个十叶派的赛希特教派成员建立联系的机会,赛希特派特别尊奉"隐遁伊玛目",并直接与艾赫巴里派(十叶派的圣训派)相对抗。密尔扎·阿里·穆罕默德回到设拉子以后,在赛希特派的影响下,开始教训和揭露官方的僧侣们。在这一宗教学说的影响下,他于 1844 年(伊斯兰教纪元 1260 年,即第十二世伊玛目秘密隐遁后一千年)宣布自己为巴布(意为重新打开通往认识神主真理之"门")。这一尊号并不是新出现的:伊斯玛仪派、德鲁兹派和努赛尔特派都曾经将这一封号授予他们最高的宗教领导人。巴布把自己的著作也归入布道演说之列,其中包括对《古兰经》所作的譬喻式的解释(这一点很像伊斯玛仪派)①。他把那些对僧侣们过分的严峻态度感到厌倦,幻想自由平等,期待马赫迪到来的人们都迅速地团结在自己的周围。运动的规模发展得如此之大,致使巴布被关进监狱。在此前不久,他使德黑兰僧侣们的著名代表人物之一皈依了自己的信仰,此人原是专门来设拉子劝说巴布放弃其宗教学说的。他的信徒们展开了积极的宣传。其中有一名妇女叫泽尔琳·塔吉("赫丽佐斯捷凡"),外号叫库尔拉特·艾恩(意为"悦目"),她的智慧只能同她的美貌相比;人们把她看作伊朗妇女运动的先驱。他们进行宣传,迫使政府采取严酷的措施。当时在巴布派中出现了第一批殉教圣徒,在戈宾诺②的著作中可以读到关于他们在马赞德兰各要塞进行英勇抵抗的故事。这样一来,巴布派就从当初在宗教方面的活动转向政治方面。为了制止日益扩展的运动,就需先使其失去领导。于是就判决枪毙巴布。第一次齐射(指派基督教徒士兵为

* 原载[法]昂里·马塞:《伊斯兰教简史》,王怀德、周祯祥译,商务印书馆 1978 年版。

① 巴布著有《默示录》,他认为此书应替代业已陈旧了的《古兰经》。

② 戈宾诺若瑟夫·阿尔蒂尔(今译为"约瑟夫·阿瑟·戈宾诺"——编者注)(1816～1882),法国反动的社会学家,反科学的种族理论的创立人之一。在他的作品中有关于中亚和伊朗宗教史方面的著作。

行刑队)只是打断了吊着他的绳索。如果他有足够的勇气,藏进观看处决他的人群中去,真不知将要发生什么样的事情呢。但丧失理智的巴布,朝士兵方面奔去,结果被马刀砍死(1850 年)。

巴布之死并未使巴布派灰心丧气,相反地却给他们增添了勇气。1852 年,有三名巴布派人谋杀国王未遂,只使他受了伤。随后出现了骇人听闻的镇压,关于镇压的详情可以在戈宾诺和尼科勒的著作中看到。在余下的人们中,不幸的库尔拉特·艾恩被绞死,并以火焚尸。

巴布究竟进行了什么危险的革新呢?他的学说确实导致了宗教和社会革命。他用自己创作的古兰经[①]偷换了穆罕默德的《古兰经》,照他自己的话说,他的《古兰经》是在天启中降给他的。传统的《古兰经》赋予宗教仪式上的清洁以很大的意义,而巴布则认为,一切被造物都是洁净的,清洁主要建立在自戒之上。至于巴布的社会改革,其中主要的是:离婚几乎完全被废除,对妇女及其权利的尊重大大提高。生活应当遵循的不是宗教法的表面意义,而是它的精神——这是类似基督教对待犹太教的一种论点。但巴布也与伊斯玛仪派和胡鲁菲派一样,往这种十分合理的思想上加进了算术上的某些配合:安拉借助七种表征创造了世界;"十九"这个数字应被看作是神圣的,因为它代表"瓦希德"——"独一的"(神)一词的字母数值。

巴布死后,他的一个门弟子密尔扎·叶海亚,外号叫"索布赫·埃捷尔"("永恒的曙光"),主持了这个教派。他同自己的信徒一起躲藏在巴格达。但是,土耳其政府开始时指定君士坦丁堡为他的驻在地,以后又指定亚德里雅纳堡。就在这时,即 1863 年,发生了分裂:索布赫·埃捷尔的异父异母兄弟密尔扎·侯赛因,外号叫比"哈乌拉"("神的光辉")的人宣布,他通过类似伊斯玛仪派学说中提到的那种突变法,成了巴布宣布即将到来的那个人物——仿佛是一个"安慰者"。

索布赫·埃捷尔(卒于 1912 年)的追随者,即仍然忠于巴布学说的埃捷尔派,慢慢地消逝了。至于比哈乌拉一伙人,即比哈派,他们则在伊朗和伊朗以外继续进行积极的宣传。使这些派别发生分离的差异究竟是什么呢?

巴布派与十叶派相比,在宗教宽容方面前进了一步,但它依然是纯穆斯林的,尤其是伊朗的。比哈乌拉却打算建立世界范围内的世界主义宗教,他那渴望创立国际语的意图便由此产生。

他表示不想消灭此前的各种宗教,而是要把它们统一于某种理想的宗教学说之中。其实,一切宗教都是好的,只是需要它们放弃不必要的信条和仪式,那时它们就将是可以和解的。先知们并不是一个取代一个(像伊斯兰教所说的那样),因为他们宣布的原理都是一样的,他们都是人和最高精神之间的中介人,而这种最高精神只有根据其表征才能认识。主要的是爱真主,因为爱是进步的条件,是宇宙的规律。

至于比哈派教义的外部表现,他们则没有特殊的仪式,因为他们认为,宗教不应表现在典礼仪式上,而应表现于人的一切行动之中。他们不承认任何神圣的教阶制度。在社会上,一切人,不管是男人还是女人,都享有平等的权利;战争应当绝迹,一切争端都应用仲裁的方法加以调解。

一句话,与其说这是一种宗教,还不如说是一种道德,不过是一种带有神秘主义倾向的道德。比哈乌拉的儿子和继承人阿拔斯一埃芬迪领导这个教派时,在更大的程度上遵循着西方的和唯理论的思想。

① 指巴布的《默示录》。

以色列地理(节选)*

[以]耶胡达·卡尔蒙著,北京大学地理系经济地理教研室译

近代出现的圣地有海法的巴海教①庙宇,以及在阿克拉清真寺附近巴海教创始人的继承人巴华拉的墓地。

巴孛陵殿

* 原载[以]耶胡达·卡尔蒙:《以色列地理》,北京大学地理系经济地理教研室译,北京出版社1979年版。

① 巴海教,19世纪中叶由伊朗穆斯林异端派创立的教派,全世界都有它的信徒,特别是在美洲较多。

巴布教徒起义*

王荣棠等主编

巴布教的创始人赛义德·阿里·穆罕默德，一八二〇年生于设拉子的一个棉布商人的家庭。成年以后，在班达布什尔经商五年之久。后来，他到卡巴拉与纳哲夫朝圣，在那里成了谢伊克教派的信徒和首领。谢伊克教派是伊斯兰教在伊朗的新派别，宣称已近千年不见的伊斯兰教救世主——第十二世教长马赫迪即将降临，消灭人间不平，建立正义王国。一八四四年，赛义德·阿里·穆罕默德自称"巴布"。巴布在阿拉伯语中是"门"的意思。是说救世主马赫迪的意志将通过此门传达于人民。巴布教就这样产生了。

一八四七年，巴布自称马赫迪，并仿照可兰经写成一本"默示录"。此书宣称：人类社会是一个时代一个时代依次前进的，每一个时代都有它特殊的制度和法律。旧的制度与法律应随旧时代的结束而结束，代之以新的制度与法律。但这个新的制度与法律不是由一般人们来制定的，而是由"主"派下来的"先知"制定的。先知给人们的指示就是代替旧圣经的新圣经。巴布宣称他就是受主委托而降临的先知，"默示录"就是新圣经。巴布广泛宣讲"默示录"，主张建立一个没有压迫，人人过平等、幸福生活的"正义王国"，提出了一些符合商人、手工业者利益的要求，如保障人身自由，保护私有财产，负债必须偿还，严守商业通讯秘密，用法律规定借贷利息，改良邮电，统一币制等。"默示录"既反映了手工业者、城市贫民和农民反封建的思想，也反映了商人反封建割据、反外国资本入侵和发展商业的要求。

巴布的传教活动，开始主要是在宫廷、大臣和地方长官中进行的。他企图依靠封建王公和大臣们来实现他的理想世界。但是国王和廷臣们不但不接受他们的教义，而且把巴布本人也抓起来。起初被囚禁在马库要塞，后又囚禁在契利克要塞。广大巴布教信徒也被就地缉拿查办。巴布教产生以后的初期活动，就这样很快地失败了。

巴布教徒从失败中醒悟过来，他们开始走到对封建制不满，并自发地团结在他们周围的城乡贫民群众之中，宣传教义。一八四八年年中，一些接近人民的教徒——出自农家的毛拉穆罕默德·阿里·巴尔福鲁什、著名的女宣教者静观等，聚集于沙赫鲁德市以东的别达什特镇，向镇内外的贫民与农民，广泛开展传教活动。他们宣称：新先知即将降临，旧的法律与制度、可兰经与教典都已失效，所以现在人民已没有必要向统治者缴纳捐税和服役的义务；这些高高在上的统治者，在即将到来的新社会，将失去他们的特权和权利，降为平民。他们还宣布废除封建特权和私有制，一切财产归大家所有，每人只得其中的一份。此外，他们还提出男女平等和其他一些民主要求。这是巴布教徒运动发

* 原载王荣棠等主编：《世界近代史》（修订本上），吉林人民出版社 1980 年版。

展的一个新阶段。

别达什特村的宣教活动，唤醒了四乡农民，吓坏了政府官吏。政府调来武装部队将教徒驱散。巴布教徒从别达什特奔赴各地，进行传教活动。毛拉穆罕默德·阿里·别什鲁伊率领信徒们到马赞德兰省的巴尔福鲁什传教。一八四八年九月，伊朗国王死了，德黑兰和各省官厅发生了混乱。呼罗珊、伊斯发罕、基尔曼、设拉子和伊斯德都发生起义，驱逐了州长。巴布教徒决定利用这个机会，来实现自己的理想。聚集到马赞德兰省的巴尔福鲁什市的七百名巴布教徒，于十月中，公开举行武装起义。在击溃了当地汗的驻军之后，起义者胜利地转移到巴尔福鲁什东南二十公里的塞克·塔别尔西陵墓附近的森林里。

按照古老的传统，塞克·塔别尔西陵墓是不可侵犯的圣地，即使里面藏有犯人，也不能加以逮捕。起义者到这里之后，便用砖在陵墓附近筑起堡垒，并向附近农民开展传教活动。不久，参加起义的教徒很快增加到二千人。四周农民为了支援起义送来粮食、牲畜和其他材料，手工业者帮助制造武器。巴布教徒聚居在一起，实行资财公有和共餐制。

政府对日趋发展的起义十分恐惧，立即组织军队进行镇压。但由于巴布教徒得到周围农民的支持，出其不意地进行夜袭，结果把来犯的政府军队打得狼狈而逃。一八四八年底，国王派他的叔叔率领二千精兵再次进犯。巴布教徒又来了一次夜间奇袭，大败王军。

武装斗争的胜利，不仅巩固了起义的根据地，而且使信徒日益增多。据官方估计，伊朗全境巴布教徒已达十余万人。这使封建王朝深感恐惧，增派了七千多军队(后增到一万余人)包围了塞克·塔别尔西陵墓，并用大炮进行袭击。这时，起义者虽不足二百五十人，但他们不断打退王军的进攻。后来，终因力量悬殊太大，根据地又被敌军团团包围，并切断了和周围农村的一切联系，粮秣耗尽，起义者没有饭吃，处境十分困难。一八四九年五月，国王的叔叔面对可兰经宣誓：只要起义者放下武器，就保留他们的生命与自由。巴布教徒信以为真，放下了武器。王军立即撕下伪装，凶相毕露，将起义者全部杀掉，堡垒被全部摧毁。塞克·塔别尔西陵墓的战斗失败了。

反动派的残酷镇压，激起巴布教徒的更大愤怒。一八五〇年初，伊斯德巴布教徒举行起义。二月，德黑兰巴布教徒组成秘密组织，准备刺杀国王和大臣，然后夺取政权。不幸被政府当局破获，有四十人被捕，其中有七名教徒因拒绝当众咒骂巴布和背叛巴布学说，被当众处死。五月，巴布教徒又在津章举行起义。津章的起义是酝酿很久的。早在一八四七年这里就有数千农民成为巴布教徒。到一八五〇年春，这里的巴布教徒达到一万五千人。一八五〇年五月，政府当局无理逮捕一名巴布教徒，成为爆发起义的导火线。起义者在阿訇穆罕默德·阿里领导下，攻占了该城东半部的要塞。参加起义的手工业者、贫民和四乡农民第一次成了东半部城市的主人。为了保卫胜利果实，起义者在街道上修起了防御工事。津章的妇女和儿童也同成年男子一样参加了保卫工事的战斗。其中有一位女巴布教徒，采用神奇的伊朗英雄鲁斯腾·阿里的名字，英勇地指挥街垒战。津章起义者一边战斗，一边宣布建立"正义的王国"，实行财产公有，人人平等。为了镇压这次起义，国王调来三万大军，并用大炮对着起义者占领的东城，进行疯狂的轰击。起义者不断出击敌人，坚持战斗，打死王军八千多人。直到十二月底，起义才被镇压下去。一八五一年春，津章巴布教徒再度起义，然而由于第一次起义的失败，挫伤了元气，起义很快就失败了。

在第一次津章起义爆发不久，六月，尼里兹数百名巴布教徒在塞伊德·雅西·达拉比领导下发动起义，很快攻占了城外的一座堡垒。政府从设拉子调来援军进行围剿。达拉比同塞克·塔别尔西陵墓的战士们一样，由于轻信敌人的许诺，放下武器走出堡垒，结果反动派又将他们全部杀害。

为了制止巴布教徒起义的蔓延，一八五〇年七月，伊朗国王决定将早被监禁的巴布杀掉。他们以为巴布一死，巴布教徒起义就会停止。但是，恰恰相反，巴布教徒的反抗斗争更加猛烈，在尼里兹他们又举行了第二次起义。巴布教徒抛弃了自己的家园，转移到尼里兹附近山中，筑起防御工事，英勇抗击政府军队的进攻。他们还经常在夜间从山上下来，出其不意地袭击政府军队，把夺来的火炮运到山中，用来还击政府军。有一次夜袭，巴布教徒竟冲入尼里兹，杀死了州长。起义者在山林里坚持抗战历时很久。政府虽然把围攻的部队增加一万多人，也无法取胜。起义者面对强敌，不屈服、不动摇。后来由于四面被围，粮尽援绝，很多人阵亡，其余的被俘。政府军开始了大屠杀。有的被活活烧死，有的被绑在炮口轰死，有的被卖为奴隶，有的被送到设拉子严刑拷打致死，其余的巴布教徒，其中包括许多妇女和儿童，被赶入山洞中，然后放火全部烧死。

塞克·塔别尔西陵墓、津章和尼里兹战斗失败以后，大规模的武装斗争就终止了。一八五二年春，巴尔福鲁什、津章和阿塞尔拜疆的巴布教徒还发动了起义，由于失去广大群众的支持，很快就被政府军队镇压下去。此后，巴布教徒转而采用恐怖手段。一八五二年八月，发生了谋杀国王的事件。国王只受了轻微的枪伤。政府以此为借口，进行了大规模的逮捕。对被捕者进行残酷的折磨，有的脚上用钉子钉上马掌，有的先用刀割，然后往伤口里插上燃烧着的蜡烛，国王下令将判处死刑的巴布教徒分配给宫廷侍臣和各部长，让他们任意处死。

巴布教徒起义是一次伟大的反封建反殖民主义的斗争。虽然这次起义锋芒直接指向卡扎尔王朝，但这个封建朝廷也是西方列强侵略和掠夺伊朗人民的代理人，所以这次起义也具有反殖民主义、争取民族独立的革命性质。

参加起义的主力是贫苦农民、破产的手工业者以及其他城市贫民。低级阿訇和中小商人领导了这次起义。这些低级阿訇和中小商人由于其阶级的局限性，不能提出进一步发动广大群众的革命纲领，首先是没有提出解决农民土地问题的革命纲领，因而不能发动全国农民都参加起义。后因逐渐失去农民和手工业者的支持，走向了少数人的恐怖行动。

巴布教徒起义是打着宗教的旗号，以教派的形式出现的。而参加巴布教的人，从阶级成分上看又非常复杂，不可能有一个统一的纲领和领导指挥系统，从而使各地起义处于孤军奋战，互不支援的状态。特别是起义在高潮期间，混进了国王大臣的儿子贝哈·乌拉等一些坏人。贝哈·乌拉加入巴布教之后，竭力反对武装斗争，鼓吹放下武器，宣扬“宁人杀我，毋我杀人”的投降主义，使起义队伍思想涣散，造成了极大混乱。这次起义没有提出反对殖民侵略者的纲领和口号，在作战中没有主动进攻而采取固守孤立据点的方针，也促成了起义的失败。

巴布教徒起义沉重地打击了伊朗封建统治阶级，并使外国侵略者恐慌。俄国驻德黑兰公使杜尔哥鲁基当时向俄国外交大臣报告说：“在德黑兰到处都是这种危险教派信徒，他们是不承认民事法规的，宣传说凡不信巴布学说，人们的财产将被分与他人。”在巴布教起义的打击下，伊朗统治阶级不得不自上而下地实行一些改革。首相弥尔扎·达吉汗在他执政的三年（一八四八～一八五一年）中，首先着手改革军队，严禁军官的无纪律现象，严禁克扣士兵的薪饷。削减诸汗对农民的剥削，规定农民应缴诸汗的贡赋的数额。注意整顿国家财政，禁止盗窃国家资财、卖官鬻爵、受贿贪污等恶习。对一些不做工作的官员实行裁减，留用者也减薪一半。剥夺了给部分王子和大臣的土地赏赐，改发少量生活津贴。此外，他还采取措施，奖励发展国内工业和商业；兴修水利以发展农业；发展伊朗教育，建立大学，发刊报纸。这些措施的推行，不仅缓和了国内矛盾，巩固了封建统治；而且使军事和财政实力大有改变，财政赤字消失。但是，弥尔扎·达吉汗改革，遭到了宫廷贵族、高级阿訇和外国列强的反对，不久被赶下了首相宝座，一八五二年一月，被国王处死。

巴布教徒起义不仅推动了伊朗社会前进，而且也有力地打击了欧洲列强侵略势力，支援了亚洲各国人民的革命斗争。

巴布教徒起义给伊朗人民和亚洲各国人民留下了宝贵的斗争经验，鼓励了伊朗人民和亚洲人民不断开展新的争取自身解放的斗争。

伊斯兰教派历史概要*

[苏]叶·亚·别利亚耶夫著,王怀德译

巴布派

作为封建社会中占统治地位的一种意识形态于中世纪在中近东各国出现的伊斯兰教,在资本主义时代必不可免地要发生本质上的变化。这是由于历史规律的作用。根据这种规律,基础的变化必然引起上层建筑,其中包括宗教方面的变化。

当资本主义在先进国家胜利和确立时期,伊斯兰教传播的东方各国仍停留在经济和文化上的落后状态;封建关系在这些国家仍占优势。因此,封建主义形态的伊斯兰教在那里依然是占统治地位的意识形态。这些国家的资产阶级刚刚产生,它的活动主要在商业和放高利贷方面。但这一年轻的商业资产阶级远在十九世纪上半叶就试图开展斗争,反对封建主义制度,反对东方各国商人无力与之竞争的外国资本。东方商业资产阶级在它开始反对封建制度的斗争时,试图以自己的思想意识对抗封建形态的伊斯兰教。

十九世纪四十年代在伊朗形成的巴布派在这方面最为典型。设拉子商人阿里一穆罕默德是该派教义的传播人。这位新的宗教师在思想方面的直接前驱是此前不久在伊朗产生的十叶派的赛希派信徒。这个教派的成员——赛希派信徒试图对十叶派进行改革,他们批评十叶派的"圣训集",即哈巴尔或艾赫巴尔。他们反对盲目信仰这种在许多地方自相矛盾的"圣训集"。同时,他们试图往复杂的十叶派烦琐神学体系中加进某些十分温和的唯理论的成份。十叶派思想是伊朗封建社会占统治地位的思想,对这种思想进行改革的软弱的尝试反映了一种新思想的萌芽,这种新思想的体现者就是伊朗商人。

十叶派的伊玛目说是十叶派的主要信条之一,赛希派对此作了十分重要的补充,基于他们对十叶派伊玛目实体和埋性特点所形成的观念,他们断言,在十叶派信徒中可能出现一个居于信徒与最高领导人——"隐遁伊玛目"之间的中介人。

设拉子一位商人的儿子,巴布派的创始人阿里一穆罕默德利用了赛希派教义中这重要的一点。这位年轻时就把宗教问题的研究和禁欲主义同从事商业结合起来的新宗教师,这时自称"巴布",意思是"门"(新的教义要通过它方达于人)。由此产生出这一宗教学说——巴布教派的名称。巴布派

* 原载[苏联]叶·亚·别利亚耶夫:《伊斯兰教派历史概要》,王怀德译,宁夏人民出版社 1980 年版。

教义的基础在巴布所著《默示录》(《别扬》)中得到论述。照作者的意见,这本书应该取代《古兰经》。

巴布鼓吹说,伊斯兰教的时代结束了,巴布教派统治的新纪元已经到来,根据该派教义,此前存在的国家和社会都应该进行改造。巴布不是一个革命者,他看不到劳动人民群众有改造社会和建立新国家的力量,巴布把自己的一切希望都寄托在伊朗国王身上,照他的意见,国王应当结束不公正的封建主统治者和贪得无厌的穆斯林宗教界的强权势力,根据巴布派的药方建立一个理想的国家。在巴布所描述的这个未来的国家里,是没有外国人的地位的:这些为伊朗人所憎恨的破坏者,将永远被驱逐出去。在这个巴布派乌托邦式的国家里,商业和一切交易都完全自由,商人应处于特权地位;利息的征收(《古兰经》禁止高利贷盘剥)不受任何限制。商业运转不管是在伊朗国内还是国外,都可以畅通无阻。但却不赞成普通人进行旅行和变更住所。这一规定的用意是十分清楚的:因为到别国去旅行要把硬币带出去,这可能落入那里商人的腰包。禁止海上旅行;但商人的商务往来和教徒到"圣地"去朝觐则属例外。废除了教徒必须于规定时间内在举行宗教仪式的建筑物内进行的聚礼集会和宗教仪式的履行;每个人都可以在他正常业务活动之余自己感到方便的地方进行礼拜。此外,还废除了限制穿丝绸衣裳和戴贵重金属装饰品的一切规定。显然,这类规定的废除是农民和手工业者完全不感兴趣的。巴布的教义对这样一些特殊的小事也作了规定,例如,它规定每个受委托者都有义务将他人托他带的信件和便条送到指定的地点,无论在任何情况下都不能将其撕毁。如果注意到当时伊朗还没有邮政,而要获得巨额利润又往往直接取决于信函的往来,那么是谁首先关心及时地收到信件就不言自明了。

巴布的教义反映了伊朗社会新成长阶级商业资产阶级的利益,它反对封建主拥有的无限权力和不受限制的统治。因此,还在这位创始人在世的时候(他于1850年夏在大不里士被国王执政当局处死),巴布派教义就已经不仅为城市劳动人民群众而且也为农村劳动人民群众所接受,吸引他们的是该派教义具有反对派的特性。被压迫群众过着暗无天日的贫困生活,又经常遭受封建主和国王行政当局的暴虐和专横,于是便把巴布派教义(他们并不了解也不愿了解它在神学上的精微之处)当作强大的反封建斗争的武器和旗帜。人民起义的浪潮遍及伊朗全国。为了镇压其中规模最大的几处起义(在马赞德兰、曾姜、尼里兹),国王政府不得不派出相当多的武装力量,其中包括炮兵。但是,伊朗军事指挥部之所以能够击败起义部队的英勇抵抗,与其说是靠武装力量,不如说是靠实行大赦的谎言。在被国王军队包围的各个据点里,饥饿耗尽了起义者的精力,这也对执政当局有利。

伊朗封建主利用1852年三名巴布派信徒谋杀国王未遂案,屠杀了尚活在世的巴布派运动最积极的参加者。这些血腥的恐怖行动是伊朗巴布派运动史上最后的事件。

巴哈派

反封建起义的被镇压,国王当局与十叶派教长们在1852年谋杀国王纳西尔厄丁未遂案发生后对巴布派的残酷迫害,致使在伊朗完全不可能再公开宣传巴布派教义。剩下的遍布伊朗全国各地的巴布派各教团,只能作为不大的教徒秘密协会而存在。

在巴布的弟子和最虔诚的信徒中早已开始的争夺巴布派各宗教团体领导职位的斗争,在巴布被处死后迅速尖锐化起来。谋杀国王案发生后,差不多所有争当领导的人都被国王的刽子手们杀害。

巴布派在伊朗失去了它的社会意义和政治意义，但这并不是巴布及其战友之死引起的，而是封建主镇压人民群众起义的结果。

产生巴布派的伊朗商界，被人民群众大规模的反封建斗争吓破了胆，人民群众力求利用远非革命的巴布的学说来为自己的阶级利益服务。巴布学说是绝不号召推翻当时存在的君主制度的，巴布派起义的参加者就对它加以改造，把它变成阶级斗争的工具，用来反对政治和社会压迫，反对私人占有制。这样一种思想不仅与封建主的阶级利益根本相抵触，而且同商人们的阶级利益根本相抵触，甚至构成对他们利益的威胁。因此，在镇压巴布派起义并杀害其领导人以后，商人们就很需要这样一种新的学说，这种学说能使已经产生的资产阶级所有制神圣化，并能促进阶级和平的建立。这种新的宗教学说就是巴哈派教义。

这一学说的创始人是密尔扎·侯赛因·阿里，他冒充巴布的亲信弟子和宗教上的继承人，说他是巴布事业的继承者。在 1852 年巴布派遭受迫害时，国王的警察怀疑密尔扎·侯赛因·阿里同巴布派有联系，也可能怀疑他是巴布派运动的参加者或同情者，因而将他逮捕入狱。但是，由于他那些属于伊朗官僚上层亲属们的辩护，并且根据俄国驻德黑兰大使馆的请求，他被释放出来，并允许他通行无阻地从伊朗去当时土耳其人统治下的巴格达。在巴格达这座大城市里，他遇到了自己的弟弟叶海亚，后者是巴布派运动的参加者，他摆脱国王当局的迫害，早些时候从伊朗跑到这里。

侯赛因·阿里企图成为由伊朗逃到巴格达的巴布派信徒的领导人，但遭到这些人，其中包括叶海亚的反对。侯赛因·阿里不得已而去库尔德斯坦，在苏莱曼尼亚郊区住了约两年的时间。在他不在巴格达这段时间里，巴格达的巴布派中间出现了如此严重的分歧，以致使他能够指望在他们中间找到一些拥护自己的人。侯赛因·阿里返回巴格达以后，很快就与同样想取得领导地位的弟弟展开了激烈的斗争。

土耳其当局终止了巴格达巴布派团体内部的斗争，命令他们兄弟俩迁到伊斯坦布尔(君士坦丁堡)居住。侯赛因·阿里和他弟弟向奥斯曼帝国首都的迁移，是伊朗驻伊斯坦布尔公使进行外交活动的结果。这位外交代表受本国政府委托，请求奥斯曼帝国政府让侯赛因·阿里和他弟弟离开伊拉克，因为在伊拉克有许多十叶派信徒，这两位传教士可能对他们产生对伊朗政府不良的甚至危险的影响。有些资料表明，伊拉克十叶派教界的代表向德黑兰发出了对俩兄弟的控诉书，并请求把他们驱逐出伊拉克。伊拉克和土耳其当局认为，这两位煽动骚乱的教师在土耳其首都处于警察和宗教界的经常监督之下，将被迫放弃自己的活动。

侯赛因·阿里在自己的家人和少数同伴的陪同下离开巴格达以后，又在这个城市的郊区停了几天，住在一个熟人的花园里。他在这里宣布自己是“真主的显身”。这种说法取自巴布的《默示录》；该书预言要有新的先知出现，其使命是进一步发展巴布派教义。对这位先知来说，巴布只是他的前辈、先驱者。巴布在他的《默示录》中阐述了自己的学说。该书共有十一章，计划还有八章，将由“真主的显身”来撰写，这样全书总共将达十九章。巴布派认为这一数字是神圣的。

侯赛因·阿里自命为巴哈乌拉(意为“神的光辉”)，创立了用来代替巴布派教义的新教义。后来巴哈乌拉就冒充自己是真主的化身。

巴哈乌拉于 1863 年来到伊斯坦布尔，在这里居住的时间不超过四个月。这一短时期过后，土耳其当局怕他在人口众多的土耳其首都获得过高的声望和大量的信徒，于是又把他和他的弟弟迁到亚德里雅那堡(埃迪尔内)。但是，巴哈乌拉在其新居住地展开了积极的活动，公开传播新的教义。

他的弟弟叶海亚自命索布赫·埃捷尔(意为“永恒的曙光”),既不承认巴哈乌拉是新教的创始者,也不承认他是圣人。叶海亚自称是巴布“学说的保护人”,是人数急速减少的巴布派的首领。巴布派声称,巴哈乌拉的奢望是没有根据的,因为按照他们的计算,两次显灵——巴布和“真主的显身”之间的间隔时间应是1511年或2001年。这个数字是通过计算“神圣的”词语“吉亚斯”(“拯救”)和“穆斯塔加斯”(“拯救的实施人”)二字字母的数值得出的。

1868年,遵照土耳其政府的特令,巴哈乌拉被送往巴勒斯坦的阿克城,他的弟弟索布赫·埃捷尔被送到塞浦路斯岛的法马古斯塔。

巴哈乌拉在阿克城继续广为宣传自己的学说,往各个不同的巴布派宗教团体发出专门的书翰——教旨。十九世纪七十年代初,他在这里写成了他的主要著作《基塔别·阿克杰斯》,意为“至圣书”。[①] 按作者的意思,这部共有四百七十二节的作品将取代《古兰经》和《默示录》。1892年巴哈乌拉死于阿克城。

根据名为巴哈教派的巴哈乌拉的教义,所有的人,不分种族、民族和社会地位如何,大家都是兄弟。自然,兄弟之间应有真诚相爱和相互信任的情感。巴哈乌拉在他的《至圣书》中训导人们说:“你们不要相互作对和相互残杀。”(第168节)因此,各国人民之间不应有战争,也不容各国国内有阶级斗争。巴哈派对其他一切宗教和教派的信徒必须抱绝对宽容的态度。规定巴哈派信徒要“在同其他宗教的交往中”生活(第178节)。有关穆斯林“圣战”(志哈德、阿扎瓦特)的教义被废除。各个人的教属不同不应成为相互为敌和疏远的根源,不应成为在和平与安宁的生活中进行友好交往的障碍。人们的愿望和意志首先应当合乎那善良而宽容的真主及其在尘世的化身——巴哈乌拉的需要。

巴哈派的基本论点在《至圣书》中得到叙述,并在巴哈乌拉及其继承人经常对其信徒进行训导的数十份教旨中得到了发展。不能不承认,巴哈派的基本论点在一段时期里对许多劳动者具有很大的吸引力,因为这些人惨遭社会压迫,而这种社会压迫又引起粗暴和野蛮的仇恨和偏执。巴布派起义失败后,人民群众的革命积极性出现低落,这时直接形成了对接受巴哈派普遍和平、幸福生活和勿抗恶等教义的特别有利的条件。巴哈派的思想家利用这一时机,力图使劳动人民失去继续斗争的意志。巴哈派把失望的人们引上社会和政治幻想的不可靠的道路,答应不用斗争和牺牲而通过和平的手段来建立“正义的王国”。

这种教义完全符合资产阶级的利益,因为资产阶级力图用勿抗恶的号召,用关于普遍和平的多情善感和温和语言,来驱除他们所惧怕的阶级斗争的幽灵。巴哈派关于人们不分民族、社会地位和宗教信仰如何,四海之内皆兄弟的教义,也完全符合外国殖民者以及随之而来的帝国主义者的利益和目的。

外国资本向伊朗和东方其他伊斯兰教传播国家的渗入,欧美托拉斯和垄断组织经济和政治统治在这些国家的建立,都不可能遇到那些被教导说对待外国资本家要像对待朋友和亲兄弟一样的人们的反抗。巴哈派教义首先成了伊朗买办资产阶级的思想体系,因为这个阶级是外国资本的代理人,外国资本在东方各殖民地和半殖民地国家影响和统治的确立,对它有着利害关系。

巴哈派的资产阶级实质在《至圣书》和许多教旨的各个部分的规定中都可以看出。例如,穆斯林

① 有俄译本:《基塔别·阿克杰斯,现代巴布派的〈至圣书〉》,原文、译文、A. T. 图曼斯基所写的引言和附录,圣彼得堡1899年版。

那种复杂的、令人厌倦的宗教仪式被废除,因为它是资产阶级社会所不需要的,甚至是有害的(因为它诱使资本家离开自己的"事业",劳动者离开自己的工作)。每天早上、中午和晚上礼拜三次就完全够了(第 13 节)。并且规定可以单独进行礼拜;废除在清真寺的礼拜(第 31 节),目的是使巴哈派信徒摆脱教长们的影响。在旅途中(需要旅行的多半是从事商业和其他"业务"活动的人),巴哈派信徒可以将整个礼拜简化为一个磕头礼,或者只是口诵"赞美真主"就可以了(第 33 节)。

净礼的程序大大简化:规定"每天要先洗手,后洗脸"(第 60 节),如果没有水,也并不是非洗不可(第 27 节)。但是,不能责备巴哈派信徒身上不干净;规定他们"在任何情况下都要保持整洁……"(第 114 节)。每个巴哈派信徒夏季每天都必须洗脚,冬季三天洗一次。(第 37 节)一切不清洁之处都应清洗干净,即用水洗净,而且只能用净水去洗。(第 175 节)甚至禁止接近肮脏的波斯式洗澡池和发臭的哈乌兹,即指定用作浴洗的露天贮水池。(第 252~253 节)必须精心洗涤自己的衣服,使上面不留污痕、灰尘和油污(第 174、179 节),如果"谁的衣服上有污点,他的礼拜就不会上达于真主……"(第 180 节)。指甲也必须经常修剪。(第 251 节)吃东西时不准把手伸进盘子和碟子里。(第 113 节)一些巴哈派信徒认为这种禁规就是规定要使用餐刀和叉子。

巴哈派教义的重要特点是把舒适和豪华看成理所当然的事情。例如,不认为使用金银器皿是一种罪孽(第 113 节),允许穿丝绸衣服(第 385 节),允许听歌曲和音乐(第 123 节),允许使用玫瑰露和上等香水(第 181 节),允许穿十叶派伊斯兰教禁止穿的银鼠毛皮(第 23 节)。不仅允许,而且规定要建造"尽可能完善的"房屋,并要加以装饰美化。(第 68 节)自然,对所有这些规定只有富人才感兴趣;贫民和小康人家是享受不到这种舒适和豪华的,这与他们并不直接相关。

为富有进行的这种辩护表明,巴哈派教师关心的是富人的福利。他们竭力劝导人们说,私有制是不可侵犯的。例如,他们教诲说,必须把盗贼从教徒中驱逐出去或者关进监狱。如果一个盗贼第三次落网,就应当给他打上印记,在他的前额上做一个洗不掉的符号,好使今后人们知道自己在和什么样的人打交道。(第 111 节)对房屋纵火案,规定要把放火者本人用火烧死。(第 143 节)

为了私有者的利益,在巴哈派的《至圣书》中精心地制定了遗产分配办法(第 53~62 节):责成每个人都要写一份遗嘱(第 258 节);主人不在家时严禁进入他的房内(第 351 节)。对资产阶级社会中与物质利益密切相关的结婚和离婚也给予很大的注意。(第 149~160 节)巴哈派教义的创始人让人们相信,直主规定巴哈派信徒结婚的目的就是为了生育后代。一人限有两个妻子,但为了精神上的安宁,最好只要一个。(第 145 节)从这一规定中同样可以窥见资产阶级谨慎道德观的表现。要知道,多妻和多子会成为分配遗产时产生重大纠纷的起因;此外,这种情况也时常导致家庭私有财产的分散和商业企业的毁灭。

在阶级社会中,任何一种宗教都是为保护富人财产所有权和他们生活的安宁的,而为了给贫苦的人们以安慰,于是就竭力使他们相信,财产——这是微不足道的东西,因而不值得注意,而且它还会妨碍阴世"灵魂的得救"和"永世的快乐"。当然,巴哈教派也不例外。该派学说的创始人安慰无产和财产少的人们说:"人们的财产不会给自己带来什么好处。"(第 101 节)原来富人只是由于无知和缺乏理智才占有其财产的。如果他们意识到这些财富是无益的,那么"他们就会把自己的财产统统分出去"(第 102 节)。富人以及一切私有者都是不幸的和值得怜惜的,因为更加使他们感兴趣的是财富,而不是对死亡时刻和阴世报应的考虑。(第 186 节)但是,在《至圣书》的任何地方都没有规定,为了穷人的利益富人应当放弃自己的财产。

巴哈派规定，每个人都应从事一种事业，而不要白白浪费时间。（第70～71节）很多人以为这项规定是值得称赞的，甚至还使有些人在判断巴哈派的阶级性时陷入错误之中。但是必须指出，巴哈派的“从事事业”与“生产劳动”的概念根本不是一码子事。首先，按照巴哈派思想家的见解，商人、银行家、传教士、投机分子、高利贷者和类似他们的各种“事业人”，从事的都是可敬的和普遍有益的事业。至于劳动者，此项规定则责成他们为这些生意人的发财致富而劳动。

巴哈派对行乞所抱的否定态度也同上述这种观念有关。在这一宗教学说的创始人看来，“无所事事的闲人和乞丐”是“真主最痛恨的人”（第72节）。禁止对“乞丐”实行施舍（第354节），在这些乞丐中不仅有职业乞丐，而且有陷入极端贫困的劳动者。诚然，巴哈派的思想家不放弃从事慈善事业，但把它作为对颠沛流离的普通巴哈派信徒施加影响的一种手段。慈善事业要由所谓“正义馆”来从事；“正义馆”是巴哈派进行宣传的俱乐部和据点。

在对行乞进行斗争的同时，巴哈派对独居修道、苦行和其他禁欲主义的表现也持否定态度（第80～81节），并警告“黑夜和白昼的礼拜”不要过度，不要“过多地念诵”经文（第363节）。这一切都反映了资产阶级对待宗教的态度：宗教不应使财产获得者过长时间地离开他从事的“事业”，不应使劳动者过多地离开为富人进行的劳动。出于同样的原因，巴哈派比逊尼派和十叶派伊斯兰教的节日次数减少（第259～260节），斋期缩短。

巴哈派反对奴隶制，禁止奴隶买卖（第164节）。很明显，巴哈派的领导人是资本主义制度的拥护者，他们认为，以雇佣劳动和“自由”出卖劳动力为基础的生产关系是最合理的。奴隶制只保有其宗教上的形式，因为巴哈乌拉把自己的全部信徒都称为“真主的奴隶”。

巴哈派信徒应当是忠于世间现存政权的典范。巴哈乌拉向君主和总统们声明：“我们不打算在你们的王国里发号施令，而我们来此是为了统治人们的心灵”（第194节）；因此，“无论任何人都不应反对对真主的奴隶进行管理的人”（第228节）。巴哈乌拉想法令人相信，人民是一群牲畜，必须由牧人加以保护。（第288节）人们必须绝对服从执政当局的代表人物，就和畜群听从手持皮鞭和棍棒的牧人一样。不仅不允许举行反对当局的起义，而且不准对其所作所为进行批评。对“妄谈”的指摘可以作最广义的解释：“……当你在街上和广场上走动的时候，不应在人们面前乱说无聊的话。”（第257节）

每个“真主的奴隶”都要完全服从自己最高的宗教领导人和绝对服从现存的一切政权，不应奢想什么自由。巴哈派的创始人坚决谴责任何表现形式的自由，因为按照他的意见，自由“会引起难以扑灭的骚乱”（第285节）。他宣称，自由只为动物所固有，而人应当服从现行的法律（第286节），对巴哈派信徒来说，“自由”就是“奉守他的诏令”（第290节）。总之，只有“巴哈乌拉满意”的人才有希望得到“拯救”。（第79节）

这种使自己的信徒完全处于被动状态的教义，在人民群众中不可能得到传播。在“亚洲觉醒”时期，在俄国一九〇五年资产阶级民主革命的直接影响下，东方各国的民族资产阶级开始进入反对本国封建主义和帝国主义的斗争。这一斗争得到东方人民群众的支持。在这种社会政治形势下，巴哈派的信徒只是伊朗的一些买办和伊朗及其邻国某些城市中一少部分城市小资产阶级。

出于分化和镇压中近东各国资产阶级民主革命的目的，美国、德国和英国帝国主义资产阶级的代表人物加入了巴哈派的阵营。中亚沙俄殖民行政当局也对当地的巴哈派加以庇护。

在巴哈乌拉的后继人时期，巴哈派学说在美国和西欧得到传播。这个后继人就是他的儿子阿拔斯·埃芬迪(1844～1921),此人自称阿布杜尔巴哈,意为"(真主)光辉的奴隶(或仆人)"。他宣布自己是救世主和真主的儿子;他的府邸仍在阿克城。在阿布杜尔巴哈时期,巴哈派教义的世界主义与和平主义倾向得到进一步发展。阿布杜尔巴哈在其信函、公开讲演和同记者的谈话中,号召放弃民族独立和国家主权的原则;筹划建立"世界议会";沉溺于消灭国界的时代将要到来的幻想之中。

巴哈派的报刊和政论不只一次地试图用巴哈派教义对抗社会主义。巴哈派的宣传者企图把它冒说成是最完善的社会政治学说;他们反对一切形式的阶级斗争,否认阶级矛盾的存在,高谈劳动和资本利益的"相同"和"一致"。

为了吹嘘自己的学说,巴哈派的报刊经常报导巴哈派在美洲和欧洲的"成就";企图以此造成一种印象,好像巴哈派的学说和组织已经具有世界意义,在全世界得到传播。出于宣传的目的,阿布杜尔巴哈于 1912 年进行了遍游美国的旅行,并在美国一些俱乐部和大学发表演说。

但是,美国巴哈派教徒总数始终没有超过几千人。情况表明,美国的巴哈派信徒没有同基督教断绝关系,他们继续到自己的教堂和礼拜堂进行礼拜。美国资产阶级只是将巴哈教派用来作为巩固帝国主义在中近东各国统治的工具之一。同样地,德国一些巴哈派团体的存在也是德帝国主义在前亚各国实行扩张主义政策的反映。

现在各巴哈派团体的思想体系离开伊斯兰教是如此之远,以致与这一宗教几乎没有什么共同之处了。

在中世纪,伊斯兰教的教派运动是劳动群众(主要是农民群众)积极反抗封建制度的形式之一。在近代,特别是在十九世纪,由于资本主义关系在伊斯兰教传播各国的产生,在那里出现了反映新兴资产阶级利益的教派学说。

根据穆斯林本身形成的坚定观念,伊斯兰教各大流派和各个派别的信徒都被看作穆斯林。他们本身没有邪说异端的概念,也不采取像基督教所固有的那种革除教籍的形式。

所有这些,使今日穆斯林中出现的要求在宗教问题上实现统一、停止争论和纠纷的意向容易得到实现。由丁穆斯林东方各族人民民族自觉性的提高和旨在消灭那可耻的殖民主义体系的反帝斗争的高涨,全体穆斯林的联合将是可能的。

伊斯兰教十叶派*

李鹏增

巴布派

巴布派于1844年产生于伊朗，创始人是巴布教徒起义的领袖米尔扎·阿里·穆罕默德。阿里·穆罕默德出生于设拉子的一个小商人家庭，早年曾信奉赛希特派教义。1844年，他宣称自己为"巴布"。巴布之意为"门"，意谓人们所渴望的救世主的神意，通过此门传达于人民。1847年，阿里·穆罕默德写成《默示录》，以后成为巴布派的圣典。巴布在这种圣典中宣称，旧制度与法律必将为新制度所代替。但新制度与法律不能由世人自己制定，必须由直主派下来的先知制定。巴布派宣传平等和平均分配社会财富的思想，主张商业自由，给妇女一定的自由，号召摈弃陈腐的礼拜仪式，包括每日五次礼拜。巴布宣称自己是受真主委托的先知，《默示录》就是《新圣经》。巴布主张摩西及其《旧约》、耶稣及其《新约》、穆罕默德及其《古兰经》都应让位于他的《默示录》，一切制度与法律也应按《默示录》重新制定。

巴布派的教义反映了商业资产阶级、小手工业者和农民的经济利益，触犯了封建统治者和外国资本主义的统治。1847年，国王下令逮捕巴布，并于1850年在大布里士将其处死。1848年至1852年，巴布信徒曾在伊朗许多地方发动起义，后来遭到统治阶级的残酷镇压，大部分巴布派信徒被消灭了，剩下一小部分逃往伊拉克。

比哈派

巴布教徒起义失败后，伊朗的商业资产阶级需要一种新的教义来维护自己的既得经济利益，比哈教派即是这种产物。

该派的创始人是米尔扎·侯赛因·阿里，他自称为"比哈乌拉"，意为"真主的光辉"。侯赛因·阿里自命为巴布的继承人。他在自己的教义中抛弃了巴布派教义中的民主思想，维护大资产阶级的利益。比哈乌拉宣布以他自己所著《至圣书》来代替《古兰经》和《默示录》。要求所有的人不分种族、

* 原载《世界宗教资料》1980年第4期。

民族和社会地位同为兄弟，号召对一切宗教和教派持绝对宽容的态度，穆斯林"圣战"的教义被废除，企图通过和平手段来建立"正义的王国"。

最初，比哈派思想仅流传于近东各国（土耳其、伊朗、伊拉克、叙利亚）。1868 年，侯赛因·阿里迁居巴勒斯坦的阿克城。从此，比哈派逐渐传布于全世界。比哈派的活动中心在欧洲主要有西德的斯图加特、英国的伦敦、瑞典的斯德哥尔摩；在美洲主要是在美国，中心设在芝加哥；在亚洲是印度的新德里、以色列的海法。比哈派教徒仅占十叶派信徒的 2%。其中 95%以上在伊朗，其余分布在伊拉克、约旦和以色列等地。由于比哈派远离伊斯兰教教义，许多人不把它看作是穆斯林教派。

伊朗巴布教徒起义（节选）*

李希泌　刘明编

一、公元19世纪初期的伊朗

伊朗是个具有四五千年悠久历史的文明古国。它位于亚洲西部，北接苏联、南濒波斯湾（阿拉伯湾）与阿曼湾，东邻阿富汗与巴基斯坦，西与土耳其、伊拉克接壤。

伊朗古称"波斯"，在中国古代史书上被称为"安息国"。古代波斯曾建立了一个几乎囊括整个中近东地区的大帝国。波斯帝国鼎盛时代，其版图东起印度河，西达小亚细亚和欧洲的色雷斯，北抵中亚细亚，南至埃及。从居鲁士大帝在公元前6世纪建立波斯帝国以来，波斯共经历了10个王朝。公元1935年，波斯正式改名为"伊朗"。

波斯帝国创造了古代文化的灿烂明珠——波斯文化。古代波斯在数学、医学、天文学、建筑和艺术等方面的成就，为世界科学文化的发展但以及人类的文明与进步作出了重大的贡献。

从公元7世纪到18世纪，波斯先后受到阿拉伯人、蒙古人、阿富汗人和土耳其人的侵犯和统治。18世纪初期，纳第尔汗领导波斯人推翻了异族的统治而复国。但是，伊朗本部却为很多游牧部落所占据。他们经常袭击、抢劫定居的部落，所过之地，皆成废墟。同时，伊朗各封建汗之间不断发生内乱与战争。这一切使得伊朗农田荒芜，城乡凋敝，严重阻碍了经济发展。到了19世纪初叶恺加王朝统治的时候，伊朗这个历史上曾经盛极一时的国家却变成各方面都比欧洲国家落后的封建制的农业国。

在恺加王朝统治下，伊朗全国的土地、森林和水源都掌握在以国王为首的世俗封建主与教会封建主手中。国王是国内最高的土地所有者，他把土地以及土地上和城市赋税的收入赏给诸汗。土地所有制有以下几种形式：国有的土地；各地区封建汗的汗有土地；国王赏给诸汗的土地；清真寺的土地，即庙田；属于各部落的土地，实际上这些土地，已被各部落的头人所占有了。另外，还有占比重很小的三种土地占有形式：属于地主的土地；农村公社公有的荒地和牧场；小土地所有者的土地。

在政治上，伊朗是封建君主专制政体。国王是国家最高的、有无限权力的统治者。遇到特殊重

* 原载李希泌、刘明编：《伊朗巴布教徒起义》，商务印书馆1980年版。

大的事情，国王则召集有封建贵族与十叶派[①]高级阿訇[②]参加的会议进行研究。不过事实上，很多国家大事都是国王说了算数。伊朗当时分为阿塞拜疆、呼罗珊、法尔斯和克尔曼 4 个省，下设 30 个州。省设总督，州设州长。总督与各重要州的州长，都是由国王的儿子、近亲与亲信充任。州下又划分为行政区和区，设哈基姆（统治者之意）进行治理。一般是选择当地最有权势而又忠于王室的封建汗来担任。各州的州长事实上都是独立自主的诸侯。他们有自己的大臣，有权铸铜币，自征关税、捐税和租税，处理刑事案件，甚至宣判死刑。他们表面上效忠朝廷，实则独霸一方，横征暴敛，肆意妄为。

毗邻的州、区之间为了争夺"沿边"领土、牧场、水源或城市常常发生冲突，甚至公开的军事行动。那些封建汗，特别是游牧部落的诸汗对国王或者国王派来的总督往往拒不服从，甚至在名义上也常常不承认国王的政权。恺加王朝的国王不断发兵征讨不驯顺的封建汗，造成连年内战。

伊斯兰教十叶派是伊朗的国教。在伊朗的社会政治生活中起着极其重要的作用。十叶派的阿訇有很大的势力，特别是高级阿訇，是封建王权的精神支柱。他们拥有根据《可兰经》[③]解释国家法律的权力，《可兰经》、教典和语录[④]都是处理民事案件与刑事案件的依据。高级阿訇不仅占有大量的土地（庙田），而且掌握着教权，控制着国民教育与民事诉讼，拥有审理有关宗教、财产继承、婚姻、买卖交易等案件的特权。他们同世俗封建主勾结在一起，狼狈为奸，压迫、剥削劳动人民。

十叶派中的低级阿訇，生活条件、社会地位与高级阿訇有根本的区别。他们对庙田的收入沾不到边，从民事诉讼案件中也捞不到油水，因为那些有钱的人，只找有权有势的高级阿訇行贿求情。许多低级阿訇不得不经营手工业、小商业，甚至农业来维持生活。一般地说，他们的生活地位和劳动人民比较接近，同时也是人民群众中唯一有文化知识的阶层。在和人民群众的往来中，亲眼看到封建压迫给人民带来的苦难，所以他们往往是同情人民的，并代表人民说话。

农民和手工业者是伊朗封建社会的基本生产者。农民耕种封建主的土地，必须承担各种义务和徭役。封建主按中世纪的五分制，即土地、水、种子、耕畜与人工五份来分一年的收成。农民往往不得不将一年辛勤劳动所得的 4/5 缴纳给封建汗。除此而外，农民还要向封建汗缴纳鸡、鸡蛋、食油、羊毛、燃料等实物贡税。对于过境的官员、汗、军队，农民要送往迎来，无偿地供应他们所需用的一切。此外农民还要缴纳教会的什一税[⑤]、战时非常税、牲畜税等等。农民在表面上是自由人，实际上是毫无自由地被禁锢在封建主的土地上的奴隶。农民如果逃亡，封建主就千方百计地把他抓回来，加以严厉惩罚。

游牧者同样要受到游牧部落封建汗的剥削。游牧者必须将自己牲畜的 5.6％缴纳给部落头人，还要缴纳牲畜的一部分产品，并为游牧封建主放牧。但游牧者缴给诸汗的贡赋较定居农民少些，生活比定居农民好一点。

城市中的手工业者的生活也很艰难。他们还保存着中世纪的封建行会组织，每一个手工业者都要加入本行行会。他们必须拿出很多现款，或者劳动产品，向管事人或包税者缴付很重的赋税。在接受定货，或者到市场上出售产品时，还要受到商人的剥削。到 19 世纪初期，伊朗还出现了最简陋

① 十叶派，伊斯兰教两个主要神学派别之一，它的名称原意有"党派与教派"的意思，早在十六世纪初就被国王宣布为伊朗国教。

② 阿訇，又称"阿洪"，原意教师，是伊斯兰教宗教职业者的通称。

③ 《可兰经》，即《古兰经》。伊斯兰教的经典。

④ 教典和语录，是先知穆罕默德和他最亲密的追随者生平事业的传说。

⑤ 什一税，征收产品 1/10 的税。

的工场手工业(工人在大棚下集中劳动)。这些手工工场及其制成的商品大多操纵在中小商人手中。由于封建割据,连年战乱,税卡林立,使商品的运转、流通、贸易困难重重。手工工场也得不到发展,例如,从里海沿岸的腊什特(吉朗)到波斯湾上的班达布什尔,沿途就有 14 个税卡,每过一道关卡就要缴一次税。有些地区的统治者,纵容匪帮抢劫,然后坐地分赃,有的干脆派遣自己的部队冒充土匪行劫商旅。各省、州的统治者往往将有利可图的商业部门收归自己垄断,任意更改价格,重利盘剥。这些都给工商业的发展造成严重的障碍。

落后的封建生产关系,阻碍了生产力的发展,致使伊朗社会经济长期停滞不前,使整个国家处于衰弱的状态。19 世纪初期,欧洲资本主义国家到处寻找殖民地。富饶而又落后的伊朗,自然就成为他们侵略和掠夺的对象了。

1801 年,英国首先强迫伊朗签订了第一个不平等条约。根据这个条约,英国获得了商业特权;其商人可以在伊朗购买土地,建立工厂,自由出入各港口进行贸易,其商品可以免除进口税、运销伊朗各地。1808 年,法国也迫使伊朗签订了法伊通商条约。根据这个条约,法国在伊朗获得领事裁判权和其他特权。1814 年 11 月,英国又强迫伊朗签订了第二个英伊条约,这个条约使伊朗在政治上、财政上依附于英国。

俄国也不甘落后,于 1804～1813 年、1826～1828 年先后两次发动俄伊战争。伊朗在第一次俄伊战争失败后,被迫签订了古里斯坦和约,将达格斯坦、格鲁吉亚等地区割让给俄国。并规定俄国享有在里海建立海军的特权;俄国商人在伊朗境内可以自由贸易;俄国商品入口关税值百抽五,其商品在伊朗境内流通时,关卡税收一概豁免。第二次俄伊战争后,签订的土库曼恰伊条约更为苛刻。条约规定伊朗放弃在南高加索的一切权利,偿付俄国军事赔款 2000 万卢布。同时俄国获得了在伊朗的领事裁判权。俄国臣民在伊朗享有治外法权,这成为侵略者有恃无恐的护身符。战争使沙皇俄国不仅抢得了大片土地、大宗赔款,而且攫取了许多政治经济特权。

不平等条约使资本主义国家的资本和商品象洪水一样涌入伊朗市场。英国的、俄国的、法国的、奥国的……仅 1827～1834 年,英国输入的纺织品就增加了一倍半。1843 年伊朗生产的布,每匹价格为 7 卢布 50 戈比到 9 卢布,而英国进口的布每匹只卖 3 卢布,价钱相差 2 倍。外国廉价商品的倾销,造成大量的手工工场倒闭,中小商人和个体手工业者的破产与失业。

资本生义国家的资本与商品的大量涌进,不仅破坏了伊朗手工业和商业的发展,而且开始冲击着整个伊朗的封建经济基础,破坏了农业与家庭手工业相结合的经济,使农民丧失了耕种原有土地的权利。地主阶级要求以货币地租代替实物地租,逼得农民不得不忍痛卖青(出售还未收获的庄稼)。

以国王为首的统治集团,为了偿付对俄战争的巨额赔款和满足他们穷奢极欲、荒淫无耻的生活,不顾人民死活,变本加厉地增加赋税,盗窃国库,卖官鬻爵。这使低级阿訇与中小商人的生活同样朝不保夕。他们对统治集团也深怀不满。

连年灾荒、病疫蔓延,1830 年、1831 年和 1835 年在阿塞拜疆霍乱流行,人口死亡达半数以上。农民实在活不下去了,只好背井离乡,大批流入城市,同城市中大批失了业的手工者一起,汇成一股反抗封建统治、反对殖民压迫的巨大洪流。

二、巴布创立新教派

伊朗是个信奉伊斯兰教的国家。远在公元前 6 世纪阿契美尼德王朝时代，伊斯兰教未传入伊朗以前，伊朗创立了琐罗亚斯德教，中国史书上称为祆教[①]或拜火教。到公元 3 世纪，在伊朗盛行摩尼教。祆教和摩尼教的教义都曾传到了中国。

公元 7 世纪，伊斯兰教传入伊朗。逊尼派和十叶派是伊斯兰教的两个主要神学派别。这两个神学派别之间的主要分歧，在于他们对哈里发[②]的继承原则各持一见。正统的逊尼派认为前三个哈里发——艾布・伯克、奥玛尔和鄂斯曼，虽然不是先知穆罕默德[③]的家属或子嗣，但应当承认他们是穆罕默德政权的合法继承者。十叶派则只承认先知穆罕默德的堂弟与女婿阿里及其后裔才是穆罕默德的合法继承者，而艾布・伯克等三人则是穆罕默德政权的篡夺者。历史上这两个派别长期处于对立斗争中。因为征服伊朗的阿拉伯人、阿富汗人，是信仰逊尼派的，所以逊尼教派就成为占领者所建立的王朝的官方教派。而十叶派则在伊朗居民中间迅速发展起来。这样，十叶派教徒与正统的逊尼派教徒的斗争，也就往往带有伊朗居民反抗异族占领者斗争的性质。在历史上，十叶派在伊朗人民中间享有较高的威信，受到人民群众的欢迎。16 世纪初，异族统治被推翻，沙发维王朝建立。这个王朝企图利用十叶派在群众中的威信，来巩固自己的统治，于公元 1502 年，正式宣布十叶派为伊朗国教。到了恺加王朝统治时期，十叶派依然是官方的宗教。十叶派的阿訇，特别是高级阿訇，除了掌管宗教外，还干预国家的政事。在政治上、经济上都有很大的势力。他们同国王之间虽然常常发生权力上的冲突，但在残酷剥削人民、镇压革命运动方面，却总是一致的。由于十叶派已不再代表人民利益，人民也不再拥护十叶派。19 世纪，在十叶教派的一个新教派——塞希特教派中出现了一个杰出的宗教改革者，这就是巴布教派的创始人，巴布教徒起义的领导者——巴布。

巴布(1820～1851)的真实名字叫塞义德・阿里・穆罕默德。他出生在设拉子的一个棉布商人塞义德的家庭里。[④] 从小爱好神学，被送到卡巴拉，跟随有名的伊斯兰学者和塞希特教派的领袖塞义德・卡节姆・勒什特学习。由于他举止严肃，学习刻苦，得到了师友们的赞誉。

塞希特教派主要宣扬伊斯兰教救世主——第十二世教长马赫底即将降临的思想。他们说马赫底已消逝将近千年，但当人间充满不幸和灾难的时候，他还会降临人世，消灭人间不平事，建立“正义王国”。

1843 年，塞希特教派的领导者——塞义德・卡节姆去世，但未指定自己的继承人。次年，24 岁的塞义德・阿里・穆罕默德宣称自己是巴布。巴布就是“门”的意思。他说，人们所渴望的马赫底救世主，将通过此“门”把他的旨意传达给人民。所以在马赫底降临之前，巴布的使命就是向人们揭示真理。巴布所宣传的伊斯兰教救世主降临的思想，并不是他独创的。当时不论是官方的十叶派，还是其他派别，都承认救世主马赫底将会降临。但是，巴布所宣传的救世主思想却具有现实性和战斗

① 祆教，最早见于唐史记载。
② 哈里发，伊斯兰教团体中宗教的和世俗的首领。
③ 穆罕默德，伊斯兰教的创始人。
④ 巴布，一说出生于 1821 年，出生在一个食品商人的家庭里。

性。他预言：救世主的降临不是遥远的事，而是眼前就要实现的事；救世主不是降临在其他信奉伊斯兰教的国家，而是降临在伊朗，当救世主马赫底降临的时候，“正义王国”就会跟着建立起来。在“正义王国”里，无论男、女、老、幼都将是平等的，没有压迫与奴役、饥饿与痛苦，人们将友爱地共同过着幸福愉快的生活。

1844年，塞义德·阿里·穆罕默德带着信徒去麦加[①]朝圣[②]。在返回班达布什尔时，沿途宣讲新教义，受苦受难的城乡人民欢迎他的新教义，并有一大批农民、手工业者、低级阿訇跟着他，信奉他的新教派。这时，巴布和他的教徒却幻想取得国王、官吏的支持，实现其改革宗教的主张。巴布决心回设拉子，首先说服自己家乡的官吏信奉他的新教派。设拉子的总督哈山汗是个曾出使过英国而一无所成的官僚，当他听说巴布要回来传播新教义的消息，立即宣布一项新的法令：凡属宣传异端邪说的都要处以踬刑（砍足、断肢的刑罚）。巴布冒着受踬刑的危险，回到设拉子，企图说服哈山汗，但遭到以哈山汗为代表的封建势力的顽固反对。

巴布公开宣称先知穆罕默德已经完成了他的历史使命，将由他——巴布开始一个新时期。设拉子的城乡居民自发地集合起来请他宣讲新教义，并要求他把改革宗教的主张写成书。为了适应群众的要求，巴布把他的新教义编成一部难读的书——《默示录》。官厅看到巴布的信徒越来越多，影响日益扩大，深感不安，就急急忙忙地宣布巴布是个疯子，新教义都是些疯话。并派出军警卫队驱散了听讲的城乡居民，还在街头将巴布毒打一顿，然后将他赶走。

《默示录》是巴布仿照《可兰经》的形式写的，被巴布教徒奉为新的圣经。《默示录》上说，人类的社会是一个时代紧跟着另一个时代而发展的。一个时代总要被另一个新时代所代替。后一个时代一定要超过前一个时代并与它有所不同。每一个时代都应该有它的特殊制度与法律。旧的制度与法律一定要随着旧时代的结束而被废除，代之以新的制度与法律。但是，每个时代的制度与法律，不是由普通人制定的，必须是“真主”[③]通过他的使者——人类的“先知”来制定的。“真主”在每一个时代都派给人们一位新先知。“真主”通过先知向人们传达自己的指示。

巴布自称是真主派到人间的“新时代的先知”。他写的《默示录》就是传达真主意志的《新圣经》。

《默示录》除了宣传旧的教义、旧的社会制度和旧的秩序需要改革以外，另一个重要内容就是宣传要建立一个新的“正义王国”。在这个王国里，没有压迫，人人平等。国内的居民，都要信奉新圣经《默示录》，凡拒绝信奉《默示录》的，即使是外国人，也不例外地要被驱逐出“正义王国”，并没收其财产，分给巴布教徒。《默示录》还包括有关保障人身自由，保护私有财产以及保护商人利益的内容，如：经商是光荣的事业，贸易自由，偿还债款是应尽的义务，索取债款是天经地义的事情，改良邮政，统一币制，反对当局强力征税等等。

巴布在《默示录》中还明确地指出：世俗官吏和高级阿訇不愿放弃他们把持的政权，并凭借着过时的《可兰经》维护旧制度、旧法律，这便是人间充满了不公道与相互倾轧的原因。因此，必须依照《默示录》的原理，改革旧的伊斯兰教的教义、并对社会进行政治改革。他还充满信心地预言：随着时代的前进，他的新教义将传遍整个世界。

《默示录》包含着朴素的唯物主义思想。它认为时代是发展的、前进的。同时，《默示录》为人们

① 麦加，在沙特阿拉伯西部，穆罕默德诞生地，伊斯兰教徒奉之为圣地。

② 朝圣，伊斯兰教规定，凡身体健康，有经济能力的教徒，一生应去麦加朝拜一次。

③ 真主，即安拉，伊斯兰教所信仰的神的名称。中国汉语称为真主。

指出了一个尽管是十分模糊的、朦胧的、乌托邦式的“正义王国”，但是，这确实反映了当时伊朗人民对现实社会的不满，表达了人民群众憧憬未来，幻想平等和对消灭封建压迫的渴望。值得注意的是，巴布及其教徒在统治阶级中间宣传宗教改革、社会改革失败后，他们接受了教训，所以在《默示录》中指出：世俗官吏和高级阿訇的统治阻挠了社会的前进。这就为人民革命运动指明了方向。《默示录》虽然只是反映了伊朗劳动人民的一些愿望、代表的是伊朗中小商人的利益。但它仍不失为一个改革宗教，改革社会的纲领，在当时伊朗人民革命运动中具有一定进步意义。

三、巴布教徒揭竿而起

19 世纪中叶，以国王为首的世俗和宗教封建主，与国外侵略势力勾结起来，加紧了对人民的压榨。人民的不满情绪，日甚一日。在伊朗各州、市、区都发生了贫民暴动。成千上万的饥饿农民、破了产的手工业者、中小商人掀起了反抗的怒潮。1847 年，手工业者、小商人与城市贫民在津章起义，反抗该地区州长的统治，将州长驱逐出城。同一年内，伊斯法罕的城市贫民发生骚动。1848 年，在大不里士、伊斯得和其他城市都发生了城市贫民与手工业者的骚动与起义。伊朗国内正酝酿着更大的人民起义的风暴。

1847 年，国王下令在设拉子将巴布监禁起来。巴布的信徒竞相奔走营救他们的导师。一天傍晚，巴布的信徒们冒着危险，冲入监狱，砸开牢房，将巴布救出，一起逃往伊斯法罕。国王听到这个消息很生气，立即命令贴出告示，悬赏缉拿巴布，并派出鹰犬四处搜捕。不久，巴布又被抓到，押往伊朗西北角的马库要塞严密监禁起来。后来，又被转移到契利克要塞囚禁。巴布在监狱中正式宣布自己是救世主——马赫底再世。这消息从狱中传出后，巴布教徒欣喜异常，奔走相告，更加积极地从事宣传新教义的工作。封建统治集团很害怕，下令严厉查办宣传新教义的巴布教徒，到处是一片白色恐怖。统治集团对巴布教徒的严厉镇压与迫害，使巴布教徒更加认清了以国王为首的统治集团，是伊朗灾难深重的根源，是伊朗宗教改革、社会改革的障碍。

这时，人民群众自发地、越来越多地聚集在巴布教派的周围，为他们增添了斗争的勇气和力量。人民革命的形势推动巴布教派转到人民群众中间去宣传新教义，和人民的革命运动相结合。在巴布教徒中出现了一些比较接近人民群众的著名人物。如，呼罗珊波什鲁耶村的阿訇胡塞因，在喀斯文被人们亲切地称呼为“库拉图兰”(意为“清澈的眼睛”)的女传道者查玲·塔什，在马赞得朗著名的农民出身的毛拉[①]·穆罕默德·阿里·巴尔福鲁什等。他们四处奔走，勇敢地宣传新教义，发展了巴布新教义中的民主因素，提出了更为激进的纲领，号召人们起来为“正义王国”的到来而斗争，受到了人民群众的拥戴，成为人民运动的领导者。

1848 年夏季，毛拉·穆罕默德·阿里·巴尔福鲁什和查玲·塔什汇合在一起，率领大批的巴布教徒来到沙赫鲁德市以东的别达什特镇，进行大规模的宣传活动。在别达什特镇召开巴布教徒大会，一连开了好几天。穆罕默德·阿里·巴尔福鲁什号召巴布教徒说：新的先知已经降临，旧的法律、制度、《可兰经》、教典都已失效，所以人们再也不要受旧的制度与秩序的束缚了。他明确指出，

① 毛拉，原意为“先生”、“主人”，后来成为某些地区穆斯林对伊斯兰教学者的尊称。

《默示录》指示我们的自由平等的"正义王国"就要诞生，在将来的"正义王国"中，所有骑在人民头上的封建诸汗、官吏、高级阿訇都要受到真主的惩罚。他们享有的特权和权利，都将被剥夺。私人所有制侵占了别人的物权，这是世间不平等的根源，应予废除。一切财产都应归公有，每人只能有一份。在大会上，还宣布了关于男女平权与其他的一些民主要求。

在这里，巴布教徒们抨击了伊朗不平等的社会制度，宣传巴布教派关于废除封建特权、反对纳税、废除私有制、财产公有等新的民主纲领。这个新纲领更多地反映了农民、城市贫民、手工业者的正义呼声。它比起巴布初期所宣传的教义更明确、更坚决、更深刻、更具有战斗力和号召力。这标志着巴布教徒运动发展到了一个新的历史阶段。

最后，毛拉·穆罕默德·阿里向人们大声疾呼，武装起义，迎接"正义王国"的到来。

巴布教徒在别达什特的传教活动，唤醒了周围农村被奴役和贫困压得喘不过气来的农民。他们纷纷聚集到别达什特镇，来听巴布教徒宣讲新教义。这一切吓坏了地方官吏，官厅赶忙从沙赫鲁德派出武装部队，赶到别达什特，将巴布教徒及听讲的群众驱散，并逮捕了勇敢的"库拉图兰"等一些巴布教徒。

巴布教徒面对官厅气势汹汹的弹压，并没有灰心丧气，他们化整为零，分散到各地去继续传播他们的新纲领。毛拉·穆罕默德·阿里·巴尔福鲁什逃脱了反动派的追捕后，重新聚集一部分弟子，前往马赞得朗的巴尔福鲁什市(现在的巴波尔)传教。各地的农民、手工业者、小商人、低级的阿訇都纷纷信奉巴布教派。过了不久，呼罗珊的胡塞因也率领大批的巴布教徒来到巴尔福鲁什市同穆罕默德·阿里联合起来。巴尔福鲁什市成了巴布教徒活动的中心。起义的形势逐渐成熟，革命的暴风雨即将来临。

1848 年 9 月，伊朗国王穆罕默德(不是伊斯兰教创始人穆罕默德)去世，引起了封建统治阶段内部争权夺权的相互倾轧，政局混乱。新国王纳歇尔丁王定于 10 月即位。在新国王即位之前，伊朗首都德黑兰和各省大大小小的官吏都自相惊扰。呼罗珊、伊斯法罕、克尔曼、设拉子等城市的贫民、手工业者又不断发生骚动。这时，马赞得朗州的州长及其亲信，为了在新国王登基后保住其高官厚禄，也赶往德黑兰去活动。剩下的官吏都担心自己的禄位难保，惶惶不可终日。巴布教徒决定抓住这个有利的时机，揭竿起义。

1848 年 10 月，聚集在马赞得朗省巴尔福鲁什市的巴布教徒，约 700 人，在毛拉·穆罕默德·阿里的领导下，高举义旗，发动了武装起义。当地的封建汗闻讯，立即派兵前往镇压。官兵刚刚开到巴尔福鲁什市郊，举着锄头、扁担、长矛、大刀的起义军就从四面冲杀过来，官兵毫无准备，队伍顿时乱作一团。指挥官拨转马头就跑，其余官兵四散溃逃。起义军并不追赶，收拾了战利品，迅速转移到市东南约 20 公里的塞赫·塔巴尔西陵墓附近的森林里驻扎下来。

塞赫·塔巴尔西陵是伊朗的一座古圣墓。按照伊朗的古老传统，这里是神圣不可侵犯的宗教禁地，即使里面藏有犯人，政府当局也不能进去搜捕。起义的巴布教徒决定以这里为基地，来实现其"正义王国"的社会理想。

在毛拉·穆罕默德·阿里·巴尔福鲁什和毛拉·胡塞因·波什鲁耶的领导下，起义军首先派出传道者向四乡的农民进行宣传，扩大影响。巴布教徒在塔巴尔西陵起义初战告捷的消息像春风一样吹遍四乡。人们怀着希望纷纷传颂着：新的先知已经降临人间，整个人间都将沐浴着真主的甘露，自由、平等将代替奴役与镣铐；正直、纯洁、善良、幸福的生活将代替虚伪、贪婪、残暴的统治。正义将驱走邪恶,"正义王国"已从理想成为现实。四外乡村甚至其他各州的贫苦农民、失业的手工业者纷纷赶来参加起义。起义军在短时间内就发展到 2000 多人。农民和手工业者把希望寄托于"正义王国",他们随身带来了粮食、牲畜、饲料、布匹和工具。

起义的领导者把一部分人员组织起来,生产武器、弹药、军需品、缝制衣服和制造劳动工具等。同时,将有建筑技术的教徒组织起来,制造砖坯,修筑堡垒和工事,将其余的起义者编队进行军事训练。一向清静肃穆的塞赫·塔巴尔西陵墓地区立即变成了热闹异常的起义者的大家庭。欢乐的巴布教徒们,第一次享受到平等、自由的生活。清晨,起义军在毛拉·穆罕默德·阿里·巴尔福鲁什的带领下,虔诚地朝着克尔白[①]方向的晴空礼拜,祷念着:"除真主外,别无神灵,巴布是真主的使者。"

在建立"正义王国"理想的鼓舞下,巴布教徒们很快挖好了壕沟,筑起了十二座塔楼式的巨大城堡。在八角形的城堡内又盖起了一座座木头的房舍,外面用芦苇掩蔽起来。

起义者的领导人在这块自由的土地上,庄严的宣告:"正义王国"建立了。废除私有制,实行财产公有,人人平等。粮食和其他物资都归公共仓库保管,选派一些巴布教徒专管分配事宜。起义的人们每人分到一份衣服、用具和武器。大家一律吃大锅饭,按饭量的大小领饭,把饭盛在钵(bō 播)子里,然后兄弟般地一圈圈地席地而坐,实行共餐制。他们的这些做法,具体地反映了巴布教徒朴素的原始共产主义思想。

巴布教徒在塞赫·塔巴尔西陵墓的起义,使德黑兰宫廷大为震惊。新宰相密尔扎·达吉汗命令马赞得朗省地方各封建汗的军队去进行镇压,都被起义军打得大败而逃。马赞得朗州的封建诸汗和高级阿訇被起义军吓得丧魂落魄,纷纷收拾金银细软,匆匆逃往山中。他们到处散布流言蜚语,造谣中伤,诬蔑巴布教徒是抢劫居民、公产公妻、玷污圣地、无法无天的异教徒。

塔巴尔西陵墓起义的巴布教徒屡败官兵的消息,使得新国王忿怒异常。1848 年底,国王特别委派他的叔叔马赫底·古里·密尔扎,率领 2000 名精锐王军,从德黑兰出发"讨伐"起义的巴布教徒。起义军得到消息后立即做好战斗准备,乘骄横的马赫底·古里所率领的官兵尚未站稳脚跟时,就进行一次夜袭。起义军分三路冲入官军营寨,将睡梦中的官军打得七零八落、丢盔弃甲,狼狈不堪。起义军大败官兵的胜利消息,大大地鼓舞了全国各地的巴布教徒。巴布新教派的影响在全国各地日益扩大,信徒不断增加。1848 年 2 月,宰相密尔扎·达吉汗告诉驻德黑兰的俄国公使朵尔哥鲁基公爵说,据他看,伊朗全境巴布教徒已达 10 万人。更为可笑的是,这个被 1848 年欧洲革命吓破了胆的俄国公使,竟胡说什么,伊朗巴布教徒是在"以武力传播共产主义"。

马赫底·古里"讨伐"起义军惨败的消息传到首都,国王惊恐万状,立即召集御前会议,命令密尔扎·达吉汗调集部队连夜前往增援,同时邀请十叶派乌拉马选派能言善辩的阿訇同往助战。7000 名精锐的王军及一伙高级阿訇来到塞赫·塔巴尔西陵。得到了增援的王叔马赫底·古里像才打了气的皮球一样,又气势汹汹地乱蹦乱跳起来。官兵在马赫底·古里的指挥下,把起义军四面包围起来,切断了起义军与四乡的联系。

官兵倚仗人多势众,武器精良,一连几天发起无数次的攻势,妄图一举攻占起义军的堡垒,都被起义军英勇地击退了。于是,马赫底·古里一面命令疯狂地炮击起义军阵地。同时请十叶派的高级

① 克尔白,意为方形房屋,是沙特阿拉伯麦加城内"圣寺"里的一座方形石殿的名称,也称"天房"。伊斯兰教信徒将石殿中的一块黑石视为神圣,并将该殿定为所有的伊斯兰教徒礼拜的朝向。

阿訇们到士兵中间,鼓动他们向"叛逆"的巴布教徒进行"圣战",要求每一个穆斯林[①]士兵都要在"圣战"中向"真主"献出自己的虔诚。

在炮火轰击之后,官兵又发起进攻,王军的指挥官在后边督战,高级阿訇们在远处助威。尽管如此,起义军却毫不惧怕,高举着自制的长矛、大刀、短剑,冲上去,与敌人展开厮杀。他们为了保卫自己的"正义王国",不怕流血牺牲,殊死奋战。在短兵相接的白刃战中,官兵开始溃退,互相挤撞,争相逃命,督战的指挥官跑得更快,高级阿訇们已不知去向。战场上尸横遍野,起义军又一次大败官兵。

但是,反动军队长时期的围困,使起义军陷于孤立无援的境地。粮食吃完了,弹药用尽了,牲畜也被杀掉吃了,伤亡得不到补充。激战和饥饿使起义者的力量不断削弱,起义领袖胡塞因也在一次激战中壮烈牺牲了。剩下守卫城堡的起义军已不足250人,包围城堡的官兵却在不断地增加。双方力量对比悬殊,平均每个起义战士要抵抗四十个以上的敌人。

起义军的勇士们面对强暴的敌人,不怕死,不投降,决心固守城堡,与"正义王国"共存亡。反动军队尽管人数众多,面对这些起义者,仍然是无可奈何,不能前进一步。战斗一直持续了七八个月。

反动官兵很清楚,他们如果硬要用武力强占这些堡垒,必然要付出更惨重的代价。

1849年5月,诡计多端的马赫底·古里设下了卑鄙的骗局。他许诺,如果起义军放下武器离开城堡,一定保证他们的自由与生命安全。为了取信于起义军,他还伪善地在圣墓前捧着《可兰经》向起义者宣誓遵守诺言。虔诚的巴布教徒们是善良的,轻信了这个刽子手的谎言,为了保存力量,停止了抵抗。但当他们刚刚放下武器,走出城堡时,马赫底·古里立刻露出狰狞的面目,当众宣布:凭着"真主"的意志严惩"叛逆",将起义者全部杀死。起义军的领袖穆罕默德·阿里也被戴上镣铐,押送到巴尔福鲁什市,经过酷刑审讯以后,当众杀害。

这些刽子手们还下令把巴布教徒建立的所有堡垒、木房全部拆毁,不留一点痕迹,妄图将塞赫·塔巴尔西陵墓地区起义者的英勇斗争从大地上销踪灭迹,但这是徒劳的。巴布教徒在马赞得朗州的起义,在塞赫·塔巴尔西陵墓的战斗,吹响了伊朗人民反封建压迫的号角,起义者英勇斗争的精神鼓舞着伊朗人民群众继续战斗。

1850年2月,官厅在德黑兰破获了巴布教徒一个革命组织。这个组织图谋刺杀国王、宰相和一些高级阿訇,然后夺取政权。不幸事机泄露,许多教徒被捕。官厅威逼他们背叛巴布,遭到严词拒绝,一个个慷慨就义,表明了他们信仰巴布教义的忠贞不渝。

四、津章城的保卫战

塞赫·塔巴尔西陵墓的起义被镇压下去以后,巴布教徒又在伊朗其他地区发动起义,继续和反动官府进行斗争。

1850年5月8日,巴布教徒在里海西南的津章发动起义。津章是以金饰手工艺闻名的城市。津章的起义酝酿已久,早在1847年,这里就已有数千农民信奉巴布教派了。大毛拉·穆罕默德·阿里(与巴尔福鲁什市的毛拉·穆罕默德是两个人),拥护巴布的新教义,在津章地区享有很高的威信,

① 穆斯林,伊斯兰教徒的通称。

成为这一带地区巴布教徒的领袖。他的指示不仅巴布教徒虔诚地信守，就连许多津章城内的居民也十分信仰，到1850年春天，在津章城乡及其邻近的地区内，巴布教徒发展到15000多人。在他领导下，巴布教徒积极从事起义前的战斗准备：到处搜集枪枝、弹药、长矛、短剑，聚集废旧的黑铅、火药和其他军需物资，还储备了一定的粮食。

1850年5月，州长下令逮捕了一个巴布教徒，这就成了津章城巴布教徒起义的导火线。在大毛拉·穆罕默德·阿里的领导下，城乡的巴布教徒分别由铁匠卡节姆、面包师哈只[①]·阿卜杜拉率领，里应外合奋勇地攻占了城中的要塞，他们打开监狱，释放囚犯，到处抓捕诸汗、官吏。驻守的官兵仓惶退到城西固守，没被抓获的官吏和财主都从巴布教徒占领的城市东部地区逃走。于是该城被切割成两部分。双方都在街道上筑起了街垒和工事。

为了固守阵地，保卫胜利的成果，起义军的领导者大毛拉·穆罕默德·阿里委派面包师阿卜杜拉负责指挥起义队伍，防守街道营垒的工事。委派另一个最亲密的助手铁匠卡节姆挑选技术熟练的手工业者建立军械造厂，负责制造武器弹药。其余的起义者，由商人哈只·阿卜杜拉·阿里组成宣传队、后勤队，组织和发动群众。

惊魂未定的津章城西的官吏们，接二连三地接到德黑兰的命令，要求他们必须夺回被巴布教徒占领的城市东部地区。他们只好拼凑了一支队伍，向城东的起义军反扑，遭到起义军的迎头痛击。城西的官兵节节败退，眼看就守不住了，地方官吏连续写信给国王，要求增援。

5月底，国王陆续将大批的王军从德黑兰派往津章镇压起义。虽然接连不断发动进攻，但都被起义军击退。尤其是起义部队经常夜袭，弄得官兵提心吊胆，伤亡惨重。

大毛拉·穆罕默德·阿里宣称要高举塞赫·塔巴尔西陵墓起义者的旗帜，在津章建立一个像“正义王国”那样新的、幸福的、制度公平的“永恒的王国”。在这个王国中，财产公有，人人平等。旧制度下的苛捐杂税一律废除，并将财主、官吏的粮食、衣物分给贫苦的居民。起义军的大旗，在空中迎风飘扬。解脱了奴役枷锁的人们第一次做了城东的主人。津章城起义的捷报，震撼了恺加王朝。

巴布被囚禁在契利克要塞后，和他的信徒们仍然保持着密切的联系，前去参拜巴布的信徒络绎不绝，对于信仰宗教的伊朗说来，这种信徒参拜“先知”的事例，官府也不敢完全制止。前去参拜巴布的信徒不仅有来自伊朗各省的，还有来自土耳其与印度等地的。巴布在狱中号召他们前赴后继，以战斗去迎接“正义王国”的到来。在德黑兰，巴布教徒也日益增多。俄国驻伊朗公使朵尔哥鲁基于1850年2月12日写给俄国外长塞罗得的报告中说：“在德黑兰到处都是这种危险的教派信徒，他们是不承认民事法律的，他们宣传说凡不信巴布学说者的财产均将分与他人。”

1850年，除津章外，在伊斯得、尼里士也爆发了大规模的巴布教徒起义。巴布教徒起义的烽火，不断蔓延，统治阶级慌了手脚，于是决定杀害巴布，妄图以此来平息人民起义的怒潮。

1850年7月初，国王下令将巴布押解到当时伊朗的陪都大不里士，处以死刑。执行国王命令的刽子手们，将巴布押到了广场上。负责警戒的官兵，荷枪实弹，如临大敌。成千上万的居民围站在广场周围。巴布教徒们夹在群众中间凝望着他们崇敬的“先知”。戴着镣铐的巴布，依旧是那么庄重、安详。他和广场周围的人群诀别，人群中发出啜泣声。刽子手们用绳索将巴布悬吊起来，在刽子手们打响一阵排枪、起了一阵浓烟后，巴布也不知去向。官兵和刽子手们目瞪口呆，人群开始骚动，继

① 哈只，意为“朝圣者”，伊斯兰教徒朝拜过麦加的人的称号。

而发出了低声的欢呼、跳跃，老年人开始祈祷，以为发生了奇迹。原来，行刑的官兵没有打中巴布，而是打断了悬吊巴布的绳索，巴布乘机逃逸，躲藏在广场附近的平房内。刽子手们清醒过来后，立即进行大搜索，将巴布重新捕获，又押到广场处死。巴布教派的创始人，巴布教徒尊敬的导师巴布，年仅31岁，就这样被反动统治者杀害了。他们杀死巴布后，又将被囚禁的许多巴布教徒杀害了。巴布的被杀害并没有吓住巴布教徒，津章的起义军更加坚定、顽强地继续战斗着。

统治阶级的阴谋落空了，残暴的国王只得又调集了配有大炮的官军3万多人前往镇压。官兵抵达津章后，在几十门重炮的掩护下，出动上万人发动全线攻击。王军蜂拥而上，慢慢地逼近起义军的阵地，50米、30米、20米，……突然，从起义军阵地上，排枪子弹雨点般地射来，王军随即倒下一片。成千的起义军战士，在大毛拉·穆罕默德·阿里的带领下，举着自制的长矛、大刀，跃出战壕，向王军砍杀。国王的军队平日烧杀劫掠、欺压百姓，倒还威风，今天和这些保卫"正义王国"的勇士们短兵相接，一下子就被冲杀得全线溃退，丢下几百具尸体，龟缩到阵地掩体后面去了。就这样，起义军击退了王军一次又一次的进攻。

王军的指挥官恼羞成怒，咬牙切齿地发誓要把城东轰平。几十门重炮轮番轰击，数千枚炮弹落在城东的阵地上、街道上、民房上，顿时整个城东烟火冲天、弹片横飞。商人哈只·阿卜杜拉·阿里亲自率领后勤人员，冒着炮弹的轰击，一面抢救伤员，一面救火，很多巴布教徒的衣服、头发烧着了，仍然奋不顾身地与大火搏斗。阵地上起义军的伤亡尽管不断增加，弹药粮食供应愈来愈紧张，但是，前沿街垒依然在起义军手中。

10月的一个清晨，王军在炮兵的掩护下，倾巢而出，分三路向起义军阵地疯狂扑来，双方在阵地上展开了白刃战。英勇的起义军一个人要和几个敌人拼杀。左翼阵地战斗尤其激烈，骁勇的铁匠卡节姆带着几个最勇敢的战士左冲右杀。后来，他的大刀砍在一个敌指挥官的肩上，他自己也被敌人砍了致命的一刀，壮烈地牺牲了。王军已经冲进了左翼阵地，情况危险万分。幸亏女指挥员鲁斯腾·阿里率领起义军别动队及时赶到，从敌人侧面冲入，这支后备生力军，东杀、西砍，终于搅乱了敌人的队伍，杀退了王军，左翼的溃散敌军乱哄哄地四散逃命，影响了中间、右翼进攻的敌军。整个敌人进攻的阵线垮了、败退了。经过激烈的鏖战，起义军保住了阵地，起义者的旗帜依然在城东迎风飘扬。但是，由于伤亡得不到补充，城市和四乡的联系又早被王军切断，起义军的人数愈来愈少。更不幸的是起义军的领袖，大毛拉·穆罕默德·阿里在激占中受了重伤，也壮烈地牺牲了。人们悲愤填膺，可是没有眼泪。他们宣誓要与城市共存亡。人们的心中只有一个念头："不是战斗，就是死亡。"敌人又开始进攻了，但起义军仍在坚持战斗。街巷的拐角、断墙、倒塌的房屋，都成了起义军顽强战斗的街垒。王军每占据一座破房子、一条街道，都要付出巨大的代价。敌人的大炮已失去了作用，只有进行巷战。起义军战士没有弹药、武器，就从敌人手中去夺；没有水和干粮，就从敌人尸体上去找，就这样，起义军坚持和王军浴血奋战达数月之久，一直到1850年12月底，王军才占领了起义军所有的阵地，保卫津章城的巴布教徒全部英勇战死。城市被王军占领后，反动派进行了疯狂的屠戮，就连妇孺也不能幸免。国王的军队，在这次血腥镇压起义军的战斗中，也遭到惨重的损失，死了8000多人。

1851年初，巴布教徒又在津章活动起来，但由于第一次起义力量损失太大，元气未复，很快地就被官兵镇压下去了。

五、前赴后继的两次尼里士起义

1850年6月,巴布教徒的另一个领袖塞义德·雅西·达拉比率领数百名巴布信徒来到尼里士。此时,尼里士及其邻州的人民对该州的州长及当地官吏的贪污腐化、残暴专横,极为痛恨。塞义德·雅西·达拉比见到这种人民怨声载道的情况,立即抓住时机,派巴布教徒到四乡宣传巴布的教义,他自己也带领一批教徒在清真寺进行宣传活动。他们的鼓动象是在干柴堆上扔一根燃着的火柴,整个柴堆,一下子燃烧起来了。城乡内外不堪奴役压迫的农民、城市贫民都纷纷向他们靠拢,几天功夫,在他们的周围就聚集了数千群众。寒义德·雅西·达拉比在得到人民群众支持后,立即发动武装起义,并迅速地攻占了尼里士城外的一座旧堡垒。伊朗反动统治者闻讯后,立即从设拉子纠集了大批官军派往尼里士,围攻起义军占领的要塞。起义军屡次出击,均被官军挡回,伤亡很重。这次起义的巴布教徒大多数都是周围乡村的农民,没有受过什么训练,仓促起义,又缺乏战斗的准备,但他们仍然拼死战斗,固守要塞。围困要塞的官军指挥官于是又重演他们镇压马赞得朗起义军的欺骗伎俩,将起义军领袖塞义德·雅西·达拉比骗出要塞城堡,然后乘隙攻入要塞,占领了堡垒,将参加起义的巴布教徒全部杀死。塞义德·雅西·达拉比也同时被害。尼里士的第一次起义就这样被镇压了。尼里士的州长与诸封建汗,疯狂地报复那些同情和帮助过巴布教徒起义的四乡农民,对他们进行残酷的迫害。四乡的农民不堪迫害,纷纷抛弃自己的家园逃到尼里士附近的山中。巴布教徒把他们组织起来,不久又发动了第二次起义。

伊朗国王得到尼里士第二次起义爆发的消息后,异常忿怒,责令宰相立即调动官军,携带大炮,会同当地诸封建汗的部队进山讨伐起义军。在巴布教徒的领导下,起义军利用山地的有利地形,同王军和当地诸封建汗的部队长期周旋,顽强战斗。他们常常下山出其不意地夜袭官军营地,夺取或者破坏官军的大炮和武器。官军最怕起义军的夜袭,一到夜间就是提心吊胆。就是在白天,官军的"讨伐队"也常常被起义军打得落花流水,抱头鼠窜,溃不成军。一天夜里,巴布教徒神出鬼没地潜入尼里士城,杀死了那个人人切齿、罪大恶极的州长。城里那些为虎作伥的地方官吏、财主,人人自危,天一黑就不敢出门。

起义军在山地里修了很多工事,阻击官军,而官军的许多士兵同情巴布教徒,不愿意卖命去攻打起义者,但迫于国王和将领的命令,不得不应付一下。于是,官军也修筑了工事,同起义军遥遥对峙,双方各守住自己的阵地,形成长期对垒的局面。最后国王不得不增派达拉布、萨普纳特与其他地区的好战的山地部落来攻打尼里士的起义者。前后派往尼里士的"讨伐队"超过万人。起义者被包围了,整个山区和外界的联系被切断了,起义者的阵地被压缩得越来越小。最后,起义军弹尽粮绝,端起刺刀,举起长矛和官兵展开了白刃战。官军蜂拥而上,起义军虽然奋勇杀敌,可是,众寡悬殊,大多数英勇牺牲,其余的被官军俘虏。

官军对这次起义的镇压更加残酷,许多俘虏被严刑拷打,折磨致死;不少无辜的妇孺被关进山洞放火活活地烧死;还有的被贩卖为奴隶,终身受苦。

由于巴布教徒不能随着起义形势的发展,提出明确的政治纲领,因此逐渐失去了广大群众的支持。1852年春,巴布教徒又企图在巴尔福鲁什、津章与阿塞拜疆等地发动起义,由于得不到广大人民群众的拥护,不久就被官厅镇压下去了。

巴布教徒在失去群众的支持后，转而采取恐怖手段，逐渐背离了人民群众起义斗争的道路。1852 年 8 月，他们在德黑兰谋刺纳歇尔丁王。四个巴布教徒伪装成请愿者，要求伊朗国王接见，他们见到国王后连开数枪，国王当即倒地，四个请愿者当场被捕。德黑兰一时讹传国王被刺身死，实际上国王只是腿部受了轻伤。以国王为首的封建统治者对巴布教徒更加恨之入骨，致使在德黑兰的许多巴布教徒被残酷处死。紧接着，官府大肆搜捕巴布教徒，白色恐怖笼罩全国，拘捕到的巴布教徒几乎全部被杀害了。

19 世纪中叶伊朗巴布教徒起义，就其参加者来看，虽然包括农民、城市手工业者、小商人、低级阿訇等广泛阶层，但仍是农民占多数；就起义的整个情况来看，具有浓厚的农民运动的特点，如狭隘的地方性，组织性不强，宗教思想浓厚等等，其斗争的矛头又是直接指向封建统治，因此，我们可以说巴布教徒的起义基本上是伊朗近代史上的一次反封建的农民运动。

分析起义失败的主要原因：

首先在于起义的基本力量，农民、手工业者和流入城市的破产农民不能从自己的阶级当中推举出起义的领导者，起义的领袖们多由低级阿訇和中小商人中产生。而这些领导者由于阶级的局限性，在起义时，只能利用宗教形式，提出财产公有的口号及建立幸福天国的幻想等等，来组织群众。这在起义初期对贫苦的农民和手工业者具有很大吸引力和一定的号召力量。但是，随着革命形势的发展，却不能相应地提出科学的、明确的政治纲领（如土地纲领），不能提出运动各个阶段的目的和任务，更没有提出夺取全国政权的远大计划，因此就不可能持久、广泛、深入地把广大农民和手工业者发动起来投入火热的斗争，最后必然逐渐脱离群众而走上恐怖主义的道路，而恐怖暗杀活动同人民群众运动在本质上绝无共同之处。

第二，起义者缺乏应有的组织性和统一的领导。全国各地先后爆发的起义虽然一时声势浩大，但都属地方性质，例如马赞得朗、津章、伊斯得、尼里士等地的起义就是这样。基本上是各自为战，没有联合，没有具体的组织上的统一指挥，因此，比较容易被封建统治阶级各个击破，分别镇压下去。

第三，起义者由于没有夺取全国政权的远大目标，因此在战略上始终停留在消极防守地位。攻占一城一地后，即安于自守，不是采取积极的进攻行动，使自己陷于等待挨打的被动局面。其根本原因在于，当时伊朗的历史条件下，无论是资产阶级，还是无产阶级都没有形成，不可能产生革命斗争的正确领导核心。正如斯大林同志所说："农民起义只有在和工人起义结合起来，并由工人领导的时候，才可能取得胜利。"①

巴布教徒起义历时四年，蔓延数省，震撼全国。在 19 世纪中叶伊朗的历史条件下，巴布教徒提出的废除私有制，建立公有制，主张消灭封建主对土地及其他生产资料的占有制，虽然在当时不可能实现，但是它却冲击了伊朗封建制度的基础，给了伊朗封建统治以沉重的打击，为资本主义的发展开辟了道路。由于以国王为首的各级封建统治者同时又是外国资本利益的代理人，所以起义在客观上也打击了外国侵略势力。可以说，巴布教徒的起义，在伊朗人民反对封建压迫、反对外国资本奴役的民主主义斗争运动史上写下了不可磨灭的一章。

一位著名的诗人，别名"冷眼"的巴布教徒主义者曾这样说过：起义者的英勇精神，不仅在伊朗人民当中得到了同情，而且在德黑兰的欧洲侨民当中，亦同样得到了同情。的确是这样，巴布教徒的起义虽然失败了，起义者前赴后继的英勇斗争精神，却永垂史册。

① 《斯大林全集》第 13 卷，第 100 页。

伊斯兰教简史（节选）*

[巴基斯坦]赛义德·菲亚兹·马茂德著，吴云贵等译

赛义德·阿里·穆罕默德——“巴布”

纳希鲁丁当政时期，由赛义德·阿里·穆罕默德组织的所谓巴布教派运动达到了顶峰。巴布，意思是“门”。巴布本人是个神秘主义者，他宣称人类只有通过他这座门，才能达到“伊玛目”即“伊玛目马赫迪”，它将把全人类统一在伊斯兰教的旗帜之下。赛义德（即巴布）渐渐开始宣称他自己具有巨大的精神力量，最后竟宣布，他自己就是期望的救主马赫迪。后来，他的信徒甚至把他当作神灵的化身，一种为十叶极端派——十二伊玛目派所坚信的教义。在他的一本名叫《默示录》（*The Bayán*）的著作中，赛义德宣称他曾得到启示。

巴布教派和巴哈教派

巴布派遣他的信徒到各个城市，不久便发生了动乱。由于漂亮而又有才干的女诗人卡兹文的古拉·爱思的加入，这一运动的力量得到加强。她成为东方第一个女使徒，她那激励人心的歌曲和诗篇为每个人所歌。国王惊恐万状，下令逮捕巴布。巴布被逮捕下狱。他的信徒们即那些反叛国王的人们，也都受到追捕和杀害。巴布在大不里士监狱里处境极为悲惨，1850 年竟然被他的一个追随者所杀害。他的信徒们把他的死看作是一种殉道，并以此为名举行纪念活动。于是，这个运动又获得一种新的激情，正如一切宗教运动在其领袖殉教后所获得的激情一样。巴布教派再次兴起，并燃起了新的热情。国王下令对他们采取强力措施，结果连古拉·爱思也遭到逮捕并被处死。巴布的继承者巴哈乌拉，是一位富有说服力的领袖和著名的思想家，他为运动确定了新的方向。这一运动逐渐被其信徒称为巴哈教派运动。巴哈乌拉被逐出波斯，但他领导的运动又在国外传播开来。这是一种折衷主义的教义，它的更为普遍的号召力，吸引着许多国家的信徒。这一运动一直延续至今。

* 原载[巴基斯坦]赛义德·菲亚兹·马茂德：《伊斯兰教简史》，吴云贵等译，中国社会科学出版社 1981 年版。

巴哈派*

任继愈主编

［巴哈教派］ 阿拉伯文 Bahá'í 的音译，一译“比哈教派”。伊朗巴布教派起义失败后分化出来的一个新教派。因创始人侯赛因・阿里（Mírzá Ḥusayn-'Alí Núrí，1817～1892）自称“巴哈安拉”（阿拉伯文 Bahá'u'lláh 的音译，意为“安拉的光辉”），故名。主要著作《至圣书》（*Kitáb-i-Aqdas*）主张所有的人，不分种族、民族和社会地位，都是兄弟，互相真诚相爱，互相信任。要求宽容异教，废除圣战，实现“世界和平”，建立“正义王国”；取消国界，用世界语组织统一政府；取消或简化宗教仪式，强调个人对安拉的忠诚。该派强调做“安拉的奴隶”，绝对服从最高的宗教领导人和一切现存政权。分布在伊朗等地区。

* 原载任继愈主编：《宗教词典》，上海辞书出版社 1981 年版。

白哈派的“新教”运动*

张文建

白哈派，产生于十九世纪后半期，它是从巴布派中分化出来的一个新支派。

一八五二年，巴布殉难两年之后，他的一位名叫密尔扎·叶海亚的忠实信徒，被拥立为巴布教派的领袖。此人外号叫苏布赫·埃杰勒（意即“永恒的曙光”），隐居在巴格达。

一八六三年，叶海亚的一位同父异母兄弟密尔扎·侯赛因，通过玩弄一种玄虚的“突变法”，废黜掉他的哥哥，宣布自己为“白哈”，意即“真主的光辉”，说他是即将出现的“马赫迪”，是“真主旨意最完美的体现”。他的追随者被称为“白哈派”。

白哈派所进行的这一宣传，实质上是对伊斯兰教的否定。他们鼓吹建立一个囊括于一切宗教的一种“世界主义”的新教。

白哈派认为，世上一切宗教都是好的，但必须放弃其中一些“不必要的信条与仪式”。他们仍然保留巴布派的一个信仰，即他们有一位“先知”，即“白哈”，把他看作是信徒们同真主之间的“中介人”。

“白哈派”漠视宗教礼仪。他们认为，信仰不表现在礼仪上，而应体现在人的行为上。他们主张废除伊斯兰教的一切禁规，让“理智”代替伊斯兰法律的裁决。

鉴于白哈派教义中存在着一种否定伊斯兰教的倾向，因此，自其产生以来，便在穆斯林社会受到歧视与限制。后来，密尔扎·侯赛因被迫流亡到以色列占领下的巴勒斯坦的古城阿卡。他在这里杜撰出一本所谓的《新圣经》，用以同《古兰经》相对抗。他在这本书中妄言：“‘白哈’不仅是真主旨意的完美体现，而且已经超过了真主本身。”他无视世界上一切现存的宗教，认为它们都有缺陷，全靠他这位“白哈”所创立的“新教”予以修补使之完善。

白哈派主张消灭一切“地区主义”和“国家主义”，他们认为，土地属于大家，全人类在土地面前一律均等。因而，白哈派的这一主张，自然受到已经崛起的世界犹太复国主义的赏识与利用。

这样，自第二次世界大战以后，白哈派就发生蜕化，已经不再是一个独立的教派，实际上它已经被纳入了美国犹太复国主义运动的轨道。美国犹太人密尔逊，被推选为他们的“精神领袖”。

现代以色列，成了白哈派的大本营。迄今，在阿卡城，仍然存在有白哈派的中心教堂。白哈派分子，每年都要从世界各地来到这个“圣地”，朝拜他们的“圣陵”。因为，他们的“先知”密尔扎·侯赛因于一八九三年病死后被埋葬在这里。

侯赛因死后，他的儿子阿巴斯·阿凡提（外号人称“白哈的奴仆”），接任为白哈派的领袖。阿凡

* 原载张文建：《宗教史话》，吉林人民出版社 1981 年版。

提，自幼接受了西方教育，具有西方人的头脑。在他的影响下，白哈派日趋“西方化”，有许多欧美人士成了它的追随者，芝加哥成为白哈派的一个传教中心。

至今，真正的白哈派信徒已为数不多，其中大部分人仍居住在伊朗和以色列，少部分人流散在欧美。

宁夏伊斯兰教派概要(节选)*

勉维霖

巴布派

巴布派在十九世纪四十年代产生于伊朗,创始人叫密尔扎·阿里·穆罕默德(一八一九～一八五〇年)。他是设拉子一个商人的儿子,青年时就开始研究宗教,把商业活动与伊斯兰教联系起来,要求商业在伊斯兰教中要占重要地位。他著有《默示录》,宣称是在天启中所降示的,以它来取代《古兰经》,自称为"巴布"(即门),就是说他的新宗教由此门而达于世人。

它的教义主张是:应当废除封建专制统治,结束宗教上层的特权势力;商业和一切交易活动应当完全自由,商人应具有优越的社会地位;要简化宗教仪式,每个人都应在业余的时间和自己方便的地方举行宗教仪式;一切被造之物都是洁净的,洁净主要建立在自戒上。信仰要着重它的精神,而不是遵循教法的表面意义。

巴布派的教义,反映了伊朗社会新兴的商业资产阶级的利益,它反对封建主的残酷统治和剥削,也为广大下层穆斯林群众所欢迎,把它当成反封建斗争的强大武器和旗帜。十九世纪五十六十年代,在巴布派的影响下,人民起义的浪潮几乎遍及伊朗全国,国王政府动用了全国强大的武装力量,才把人民的起义镇压下去。

比哈派

巴布派的起义被国王镇压了下去,密尔扎·阿里·穆罕默德也被国王处死。后来他的一个弟子密尔扎·侯赛因,宣布自己是巴布的继位人,自称比哈乌拉(真主的光辉),著有《基塔布·阿克得斯》(《至圣书》)。它的教义是想把各种宗教统一于一种学说之中,认为各种宗教都是好的,它们是人和最高神之间的媒介,只要它们放弃不必要的信条和仪式,就可以融于一体。要爱真主,因为爱是进步的条件,是宇宙的规律。所有的人,不分种族、民族和社会地位如何,都是兄弟。在社会上,一切人,

* 原载勉维霖:《宁夏伊斯兰教派概要》,宁夏人民出版社 1981 年版。

不管是男人还是女人，都应当享有平等的权利。战争应当绝迹，一切争端都应用仲裁的方法加以解决。他们不承认任何神圣的教阶制度，反对幽居修道、苦修苦练和禁欲主义，主张简化宗教仪式，缩短举办宗教功课的时间。

伊朗巴布教起义*

山东省《世界史简编》组编

卡扎尔王朝统治下的伊朗

1796 年，伊朗建立卡扎尔王朝，首府在德黑兰，伊朗的政治制度是封建君主专制。国王是最大的封建主，拥有无限权力。以首相为首的枢密院管理国家日常事务。地方分为 30 个省和州，省设总督，州设州长。总督和州长通常都是由王亲国戚充任，事实上依然存在着严重的封建割据状态，国王极少过问各省或州的内政，封建主之间的战争以及叛乱连年不断。

伊斯兰教十叶派在伊朗社会政治生活中占有重要地位。十叶派高级阿訇占有大片土地，还从事商业高利贷活动，掌握宗教最高权力，经常按照封建统治阶级的利益解释《可兰经》，成为封建王权的重要支柱。高级阿訇控制教典法院，审理裁判有关财产继承、婚姻、买卖交易等民事案件，他们从中进行敲诈勒索。刑事案件由世俗法院审理。

封建的生产关系，使伊朗长期处于落后状态，国家不统一陷于虚弱，给欧洲殖民强盗入侵提供了便利条件。

17～18 世纪，伊朗的封建王朝已同欧洲各国签订不平等条约：准许欧洲商人在伊朗享有广泛特权，如建立商站、自由贸易、免缴进口税，不受伊朗法律制裁等。19 世纪 30 年代以来，欧洲资本主义国家，特别是英国大量向伊朗输出商品，几乎占伊朗全部进口总值的 90%。1841 年，美国也强迫伊朗订立不平等条约，取得领事裁判权与最惠国待遇。19 世纪前期，沙俄为争夺高加索统治权与伊朗发生两次战争。1828 年，俄国强迫伊朗签订土库曼恰伊条约，俄国吞并格鲁吉亚、亚美尼亚、北阿塞拜疆，伊朗赔款 2000 万卢布；俄国还获得在伊朗的领事裁判权和许多经济政治特权。

不平等条约使伊朗沦为半封建半殖民地国家。欧洲商品涌入，冲击伊朗的封建经济基础，破坏农业和家庭手工业相结合的经济。商品经济发展，地主阶级要求以货币代替实物地租，加重对农民的剥削。国王、总督、省长、高级阿訇公开卖官鬻爵，以获取大量金钱，买得官爵的人又疯狂地掠夺农民。贵族和官吏需要现金，把采邑卖给商人和高利贷者，扩大了新地主阶层，他们加紧剥削农民。欧洲商品的倾销以及封建统治集团的横征暴敛，造成手工业者大批破产、失业，中小商人生命财产也没有保证，下级阿訇的生活状况和中小商人手工业者相近。其中有些人和广大人民经常来往，很大程度上代

* 原载山东省《世界史简编》组编：《世界史简编》，山东教育出版社 1981 年版。

表下层群众的思想和要求。

巴布教起义

19 世纪上半期，多年灾荒，鼠疫，霍乱流行，南阿塞拜疆地区 1/2 的人口死亡，使人民不能再忍受下去，这就掀起了 1848 到 1852 年的反封建压迫和反殖民侵略的巴布教起义。

伊朗人民的起义是在巴布教的旗帜下进行的。巴布教的创始人赛义德·阿里·穆罕默德出身于布商家庭。1844 年，他自称“巴布”（巴布是“门”的意思，人们所渴望的“救世主”马赫迪的意志通过此“门”传达于人民）。1847 年，阿里·穆罕默德撰写《默示录》，成为巴布教的《圣经》。巴布认为人类社会是一个时代胜过一个时代而依次向前发展的，各个时代有自己的制度和法律，旧制度与旧法律应随着旧时代的结束而废除，代之以新制度与新法律。但他们要由“主”派下来的“先知”制定。先知给人们的指示就是代替旧圣经的新圣经。巴布自称他是“主”委托的“先知”，《默示录》是新圣经，是代替《可兰经》的，一切制度和法律必须依照《默示录》重新制定。

巴布企图建立一个“正义王国”，消灭剥削，人人过着平等的生活。但是他主要是代表中小商人和新地主的利益，所以提出保护私有财产、保障人身自由，欠债必还、严守商业通信秘密、用法律规定贷款利息，改良邮政、统一货币等。

巴布幻想在上层中宣传他们的学说，但遭到反对。1847 年巴布被逮捕。巴布教遭到迫害后，很快出现了接近人民群众的人民派。农民出身的穆罕默德·阿里·巴尔福鲁什是巴布教人民派的领袖。他提出了更加民主的要求：把封建主降为平民，废除私有财产，平分公共财产，男女平等，人民派得到下层阿訇、农民和手工业者拥护，巴布教徒迅速增加，壮大了力量。

1848 年 9 月，巴布教徒利用国王死后封建统治集团发生内讧的机会，在伊朗北部马赞德兰省首先举行起义。两万起义者以赛克·塔别尔西陵墓为基地，修筑城堡，在群众中平分财产，实行共餐。国王派军镇压，并用谎言欺骗了没有斗争经验的起义队伍，使他们放下了武器，随后国王背信弃义进行屠杀，屠杀并没有扑灭起义的火焰，反而掀起更大规模的起义。

1849 年 2 月，全国巴布教徒增至 10 万多人。1850 年 5 月，又在津章发动起义，英勇抗击王军的进攻，直到 1850 年 12 月，王军用大炮几乎轰平了津章城，巴布教徒进行顽强抵抗，奋战到底，直到全部牺牲。

1850 年 6 月，巴布教徒也在尼里兹举行起义。尼里兹起义一直坚持到 1851 年。此后大规模的斗争结束，教徒转入隐蔽活动。在狱中巴布还和人民保持着联系，1850 年 7 月，巴布被国王处死。

巴布教起义失败后，封建统治阶级对教徒进行疯狂的屠杀和迫害，封建主用尽了中世纪最野蛮的手段和刑罚。

巴布教徒起义是一次带有浓厚宗教色彩的反封建反殖民主义的伟大起义，它在 19 世纪中期亚洲民族解放斗争高潮中占有重要地位。起义的主要斗争矛头指向封建王朝，但当时伊朗已沦为半封建半殖民地社会，封建王朝实际上是欧洲列强的代理人，因此起义在客观上也具有反抗外国殖民者，争取民族独立的性质。起义失败的原因是领导权掌握在商人和下层阿訇手中，尽管起义的动力是手工业者、城市贫民和一部分郊区农民，但没有把起义扩大到广大农村，没有提出解决土地问题的纲领口号，因此未能发动农民，更由于组织不严密，使起义之间很少联系，各自为战，易于反动派各个击破。起义者还有的轻信封建主的欺骗诺言，自动放下武器，惨遭毒手。尽管巴布教徒起义失败了，但它的反抗封建主义和打击殖民主义的伟大战争精神，给亚洲人民树立了光辉榜样。

玛莎·鲁特——使用世界语的一位和平使者*

[美]罗恩·奥洛芙·斯通

玛莎·鲁特小姐是我通过世界语而有幸结识的一位杰出的人物。

玛莎·鲁特出生于美国的一个名门家族。这个家族成员中不乏颇负声望的外交家和律师。而她本人就是享有盛名的《匹兹堡信使报》的一名记者。她心中永远怀着为世界和平、全人类的教育和男女平等而斗争的真挚感情，但是，她不知道该如何去实现自己的理想。

她父亲在一九二〇年左右逝世时，给玛莎留下了一笔数目相当可观的钱。于是她决定到南美去旅行。临行前，她去美国东北部的缅因州度周末。在这里，她认识了波士顿世界语协会主席乔治·温思罗普·李先生。在丰盛的星期日午餐席上，她高兴地对温思罗普·李说，她将去南美。李先生说："玛莎，学世界语吧！世界语将打开至今为止对你关闭着的大门。"玛莎是如此地热衷于世界和平，以至她不愿放弃任何微小的机会去实现自己的宿愿。于是她开始学习世界语。她终于成了一位老练的女世界语者。从她第一次出国去南美旅行直到她后来的四次环球旅行，她一直使用世界语。在那个时代，无疑是不具备现代的各种便利条件的，因此一个女人孤身去旅行几乎是不可能的，但玛莎敢于这样做。

莉迪娅·柴门霍夫也与我有过私交。她曾对我讲过下面的一段话：玛莎·鲁特辞去了《匹兹堡信使报》的高薪职务，她用剩下的一些钱去进行致力于世界和平的旅行，因此她自然不会有钱去购置那些时髦的衣着和去享用美味佳肴。一九二七年在但泽召开的国际世界语大会上，当她得知埃德勒欧·塞赫牧师无暇顾及吃饭时，她马上把自己的一份简单的午餐(苹果和巧克力)给牧师送去。

在玛莎·鲁特为《西方之星》撰写的一篇文章中，我得知她曾在一九二六年到过中国。一九七八年在保加利亚的瓦尔纳召开的第六十三届国际世界语大会上，南斯拉夫文科夫齐的代表娜达·默德太太给我看了一份当地世界语团体的原始记录。其中也出现了玛莎·鲁特的名字。至今我尚不知道有哪个国家玛莎·鲁特还未到过。可以说，她用世界语来促进世界和平几乎走遍了全球。

九二九年秋，玛莎·鲁特在返美的途中病倒了，她是为了回到当年乔治·温思罗普·李劝她学习世界语的那个地方去开班的。抵达檀香山后，她的病情逐渐加重，不得不留在当地进行治疗。尽管有热诚的朋友的精心照料，但几个星期后，她还是在这远离故土的地方与世长辞了。直到她生命的最后一息，她想到的仍然是世界和平和人类大同。在世界的十字路口上耸立着玛莎·鲁特的纪念碑，以表达世人对这位英勇的女战士的怀念。

---

* 原载《中国报道》1982年第5～6期。

作者附注：

《中国报道》杂志一九八一年第六期上有一篇题为《外国世界语者和中国世界语运动》的文章引起了我特别的兴趣。因为它提到了我认识的玛莎·鲁特小姐的名字。

玛莎·鲁特

世界语与巴海教*

莉迪娅由玛·鲁特小姐介绍加入了巴海教派。一九二六年四月鲁特小姐参加了在华沙为柴门霍夫建立墓碑的奠基礼。在那里,莉迪娅对她说:"我觉得世界语是未来的巴海教徒的学校。巴海教的信仰是更深厚、更进了一层的。"又过了几个月,第十八届国际世界语大会在苏格兰的爱丁堡举行。八月二日,鲁特在巴海教派的集会上作了一个报告。一九一三年阿卜杜勒·巴海在爱丁堡给世界语者作了一次讲演,也就在那里,莉迪娅第一次出席了巴海教的集会。

接着莉迪娅便开始了学习英语的艰难任务,因为当时波兰文和世界语都还没有关于巴海教的文献。

莉迪娅具有多方面的才华。她有着无比的魅力,她是天才的教师,她有卓越的翻译和写作的才能。她把显克微支的名著《你往何处去?》、波兰古典作家克拉辛斯基的《伊里蒂昂》和普鲁斯的若干小说译成了世界语。加入巴海教以后,她把自己的才能用于有关巴海教的翻译写作方面。她有许多作品发表在世界性的英语和世界语的刊物上。她把九种巴海教的著作译成了世界语,三种译成了波兰文。

我永远也忘不了我和莉迪娅的初次会见。这是在一九三七年十二月三十一日。当时我正在纽约附近我的未婚夫(现在是我的丈夫)家里度新年周末。我们去参加在纽约举行的一次巴海教集会。在进入大厅时我第一次见到了她。啊,我们大师的女儿!——一个娇小的女子——独自坐在一个角落里的长沙发上,不和那些闲聊的人群在一起。在她的脸上露着犹太人特有的那种抹不掉的抑郁的表情。

我走到那个金发的、沉默的、穿着黄绿颜色衣服的莉迪娅面前,我看到了她的两只漂亮的、蔚蓝色的但却充满着孤独感的眼睛。我理解她,因为我也是犹太人,我也是崔氏教授法的教师。我对她说:"晚安!我是罗恩·奥洛芙。请问您是谁?"通过这些世界语词句的魔力,以及世界著名的崔氏教学法所唤起的幸福感,她那抑郁的表情立即变成了微笑,甚至,当她回答我的时候,她的蓝眼睛闪耀着微笑:"我是莉迪垭·柴门霍夫。"这样我就和"世界语国的恋人"结识了。

一九三八年十一月二十八日莉迪娅回国了。由于战争的威胁,她那充满爱的心渴望在患难中与她的哥哥和姐姐在一起。在华沙她完成了《巴哈乌利亚和新时代》[①]的波兰文译本。我记得我们在格林·阿克雷时,她一有空就坐在阳台上翻译这本书。她对我说:"我要尽快地完成这本书。"她一回到故乡就写信告诉我,她哥哥情愿把打字机让给她用,因为她自己的那部没有波兰文字母。

---

* 原载《中国报道》1982年第7~8期。

① 《巴哈乌利亚和新时代》,即《巴哈欧拉与新时代》。——编者注

她写给我的，也是写给美国的最后一封信的日期是一九三八年八月十八日。她写道："连我在内现在波兰有五个巴海教徒。"她说，她打算参加九月间在利沃夫举行的波兰世界语大会，然后到荷兰去。大会和荷兰之行都没有实现，因为两天之后敌人侵入了波兰，后来虽然经过国际红十字会的努力，我也只是间接地得到关于她的消息，最初她和亲属以及其他住在华沙的犹太人都被送进了犹太居民区。一九四二年柴门霍夫一家被送入集中营。在这之前，所有华沙有职业的犹太人，包括亚当・柴门霍夫博士在内，都被枪杀了。一九四四年八月，索菲娅和莉迪娅同其他许多犹太人一起，在华沙附近的特莱布林卡屠杀犹太人的场所被焚牺牲。

直到生命的最后一息，莉迪娅仍十分英勇，不断设法维护别人的健康和安全。华沙的非犹太人世界语者在知道犹太区的人将被毁灭时，曾建议把她藏起来。她拒绝了，因为她要和家人在一起，她还说，藏匿犹太人的人会被处死，她不愿危及心爱的世界语友人的生命。她就这样地死了。

关于她的悲惨的夭折，安德烈・崔在一九四六年二月七日写给我的信里说：

"啊，我们可怜的亲爱的莉迪娅！据悉她死得很惨，上帝将如何惩处那些罪人呢？他们的罪行真是达到了空前的程度。"

莉迪娅・柴门霍夫的富于牺牲的、坚毅的、自我献身和热心服务的精神，将永远铭记在我们心中。

巴　布*

梁英明

巴布(Báb,1819～1850,赛义德·阿里·穆罕默德 Siyyid 'Alí Muḥammad 的称号),伊朗巴布教创立者,1848～1852 年伊朗巴布教徒起义的精神领袖。

1819 年 10 月 20 日(一说 1820 年 10 月 9 日),赛义德·阿里·穆罕默德出生在伊朗设拉子城内一个棉布商人家里。成年以后,他独自在班达布什尔经商 5 年。在前往伊斯兰教什叶派的圣地卡尔巴拉和纳贾夫(均在今伊拉克境内)朝觐时,他结识了谢伊克派的领袖赛义德·卡塞姆·拉什特,成为他的门徒。按照什叶派的传说,伊斯兰教第十二世伊马姆马赫迪已隐遁近一千年,他必将重返人间,消灭一切压迫和不幸,重建公正平等的世界。谢伊克派宣扬的就是人们渴望已久的这位救世主即将降临的思想。

1843 年,赛义德·卡塞姆·拉什特去世,未预先指定继承人。1844 年 5 月 23 日,赛义德·阿里·穆罕默德在谢伊克派教徒的支持下自称为"巴布"。在阿拉伯语中,巴布是"门户"的意思,也就是说,救世主马赫迪要通过他这个门户把自己的意志传达给人民。这一年,他集结了 18 名弟子,连他自己共 19 人,分派到各地传教。到 1847 年,随着教徒日渐众多,赛义德·阿里·穆罕默德进一步自称先知马赫迪本人。

巴布教开始兴起的 19 世纪上半叶,正是伊朗开始遭到西方资本主义入侵的时期,俄、英、法等列强都极力要把伊朗变为自己的殖民地。俄国通过两次俄伊战争(1804～1813 年和 1826～1828 年),不仅掠夺了大片土地和巨额赔款,而且在伊朗取得了许多政治和经济特权;俄国商品输入伊朗只缴纳 5%的关税,而豁免一切关卡杂税,俄国在伊朗有领事裁判权。继法国在 1808 年与伊朗签订通商条约,获得领事裁判权之后,英国又在 1814 年的英伊条约中规定,伊朗废除同那些与英国敌对的欧洲国家缔结的一切条约和联盟。1841 年,英国通过英伊商约也获得了领事裁判权和对英国商品只征收 5%关税的特权。外国商品的大量倾销,使伊朗的农民、手工业者和商人陷于破产。伊朗封建统治阶级为了偿付对俄战争赔款和购买进口奢侈品,加紧了对劳动人民的剥削。这一切都使人民的生活日益贫困。巴布教的教义正是反映了广大人民对封建统治者的不满和对平等幸福生活的渴望。

巴布宣传的救世主降临的思想,直接触犯了伊朗封建势力和伊斯兰教统治集团的利益。1847 年,伊朗政府把巴布和一些教徒逮捕入狱,起初监禁在马库要塞,第二年转移到契利克要塞。在狱中,巴布写了一部称为《默示录》的书。在这部被巴布教徒奉为《圣经》的《新古兰经》里,集中地阐述了巴布教的主要思想。巴布认为,人类社会的各个时代是依次更迭的,每一个时代都有它特殊的制

* 原载朱庭光主编:《外国历史名人传》(近代部分　中册),中国社会科学出版社、重庆出版社 1982 年版。

度和法律。旧的制度和法律应随旧时代的结束而废除，而代之以新的制度和法律。但是它不能由普通人自己制定，必须由真主派下来的“先知”制定。先知给人们的指示就是代替旧圣经的新圣经。巴布宣称他是受真主委托而降临的先知，《默示录》就是新圣经。巴布主张，摩西及其《旧约》，耶稣及其《福音》，穆罕默德及其《古兰经》，都应让位于巴布和他的《默示录》，一切制度和法律也应按《默示录》重新制定。巴布还认为，世俗官吏和高级阿訇不愿抛弃旧制度就是世界充满不平及倾轧的原因。

巴布的《默示录》宣扬建立平等正义的王国。人们在这个王国里将过着不受压迫的幸福生活。他宣布，凡居住在巴布教圣地的人都必须信奉《默示录》，否则就要被驱逐，财产将被没收，并分给巴布教徒。《默示录》一方面反映了广大农民对实现社会平等和消灭封建压迫的要求，一方面又反映了商人的利益。巴布认为，经商是光荣的职业。他许诺在平等正义的王国里，将实现贸易自由。为此，他提出了一些符合商人利益的主张，如负债必须偿还，严守商业通信秘密，用法律规定借贷利息，改良邮政，统一币制，以及允许圣国的人民出外经商，等等。

1848 年年中以前，巴布教徒的宣传活动主要是争取上层统治集团的同情和支持，而不是直接向群众广泛传教。巴布天真地认为，只要感化统治者，使他们信奉新的宗教，自己的社会理想就可以实现。因此，他反对采用革命的手段。但统治者对他们的回答却是禁止巴布教传播，逮捕巴布教徒。统治者的镇压引起了巴布教徒的强烈不满和反抗，促使某些人提出了更加激进的纲领。1848 年夏，在著名的巴布教徒——农民出身的巴尔福鲁什的阿訇穆罕默德·阿里和女传道者库拉图兰（意为“清澈的眼睛”）的率领下，大批巴布教徒来到巴达什特镇，举行大规模的传教活动。穆罕默德·阿里在会上提出了废除封建特权，反对赋税，废除私有制，财产公有等主张。这时，巴布教徒对商人利益的关切降到了次要地位，而更多地反映了贫苦农民的呼声。他们开始抛弃对统治者的道德感化手段，公开发出了起义的号召。

巴布教徒在巴达什特的传教活动，吸引了周围农村的农民。他们纷纷聚集到巴达什特来找传教士。局势的发展使官方大为震惊。伊朗国王立即下令军队把巴布教徒驱散，逮捕了库拉图兰等人。但是，巴布教徒没有屈服。逃出来的穆罕默德·阿里重新聚集弟子，到马赞德兰省的巴尔福鲁什镇（现在的巴波尔镇）继续传教。从此，巴尔福鲁什成为巴布教徒活动的重要中心。

1848 年 9 月，伊朗国王穆罕默德去世，统治集团内部因争夺权势而陷于混乱。在呼罗珊、伊斯法罕、基尔曼、设拉子和伊斯得等省市爆发了农民和城镇居民的暴动。于是，聚集在巴尔福鲁什的 700 名巴布教徒利用这一局势，于 10 月间发动武装起义，占领了谢赫·塔巴尔西陵墓。起义队伍迅速扩大到 2000 人。他们在这里过着集体生活，废除了财产私有制，把粮食等物资缴归公共仓库，由专人负责保管和分配，大家一起吃大锅饭。伊朗新国王纳赛尔丁派军进剿巴尔福鲁什起义者。巴布教徒坚持奋战到第二年夏天，终因寡不敌众而失败。官军采取欺骗手法，答应给放下武器的巴布教徒以自由，而当他们一走出堡垒，就被全部杀死。穆罕默德·阿里被俘后也遭杀害。1850 年 5 月，巴布教徒又在赞詹发动起义，一度占据了半个赞詹城，坚持到年底。同年 6 月，在尼里士先后爆发了两次起义，都遭官军镇压。第二次尼里士起义是巴布教徒领导下的最后一次大规模的群众斗争。此后，巴布教徒虽在 1852 年春在伊朗一些地方发动过起义，但因失去群众的广泛支持，很快地便被地方当局镇压下去了。

起义期间，被囚禁的巴布同他的信徒们保持着联系。他在狱中号召弟子们为建立“正义的王国”而斗争。伊朗各省甚至土耳其和印度的信徒都远道到囚禁巴布的契利克要塞参拜。统治集团慌了手脚，首相密尔扎·塔吉汗上书国王，要求立即把巴布处死。他对国王说：只要巴布活一天，他的信徒的起义就一天不会停息。更糟糕的是，它还能变成全国范围的人民革命，导致王朝的覆灭。伊朗国王接受首相建议，1850 年 7 月 9 日，巴布被从契利克要塞押解到大不里士的广场上当众枪决。巴布被害时年仅 31 岁。

巴布教徒起义是一次反封建的农民起义。起义的基本群众是广大贫苦农民，也有手工业者和小商人参加。由于他们身受封建势力的重重压迫和剥削，巴布宣扬的平等正义的天国理想就具有很大的吸引力。尽管巴布教徒起义不可避免地带着浓厚的宗教神秘色彩，但是广大劳动群众在斗争中实际上发展了巴布的原始教义，把它变成了反抗封建统治者而在客观上也是反对外国侵略势力的战斗纲领。由于历史条件的限制，巴布教徒起义没有坚强的领导核心和严密的组织，只能以失败告终，但它打击了伊朗封建势力的统治基础，为资本主义的发展扫清了道路。

巴布不仅用波斯文，而且用阿拉伯文写下了许多著作，其中最重要的就是《默示录》。巴布教徒认为这些著作都得自神授，因而把它们奉为巴布教经典。

巴布死后，曾被信徒们尊奉为“最高的神灵”、“神圣的完人”以至“全能的真理”等。通用的称号仍是巴布。他的遗体曾被巴布教徒秘密埋葬在伊朗达 50 年之久，到 1909 年才迁葬到巴勒斯坦的卡梅尔山附近的阿克湾岸边(今以色列境内)。

巴布最著名的弟子是侯赛因·阿里(1817～1892)，称号是巴哈乌拉(意为“真主的荣耀”)。1863 年，巴哈乌拉宣布自己是真主的使者。巴哈乌拉完全放弃巴布的平等理想、斗争精神，号召巴布教徒放下武器，服从统治者和教士。这样，巴布教(又称巴哈教)就从反抗封建压迫的武器变为维护封建统治的工具。

巴哈教派国际联盟*

北京第二外国语学院国际关系教研室编

巴哈教派国际联盟(Bahá'í International Community) 国际非政府组织，在联合国经济及社会理事会享有第Ⅱ类咨询地位。巴哈教派国际联盟在 149 个国家拥有 400 万成员。

该联盟建于 1844 年，是一个代表世界各族人民的典型，包括了几乎所有民族、各种行业和职业，代表了 1600 个以上民族群体。它由信奉巴哈教派信仰的信徒组成。巴哈教派是一个独立的世界宗教组织，由米尔扎・侯赛因・阿里(Mírzá Ḥusayn-'Alí Núrí)①建于波斯(现伊朗)。米尔扎・侯赛因・阿里被称为巴哈安拉(Bahá'u'lláh)，即安拉之光辉(Glory of God)。基于其教派的人类生而同一的基本信仰，该团体参与了联合国与人权有关的所有行动，特别致力于消除偏见和歧视，该联盟也宣扬巴哈派宗教学说，提倡男女平等、普及义务教育，使用国际辅助语言、公正解决世界经济问题，建立统一法庭和世界联邦。

该联盟有一个广泛的出版计划，包括宗教和儿童出版物、期刊《巴哈派世界》(Bahá'í World)、月刊《巴哈派新闻》(Bahá'í News)、季刊"La pensée Bahá'íe, Maailman-Kansalaìnen, Opinioni Bahá'í"和《世界秩序》(World Order)。

* 原载北京第二外国语学院国际关系教研室编:《国际知识手册》，广西人民出版 1983 年版。

① 米尔扎，波斯人加在皇族名下的尊称或冠于学者、官吏姓名前的敬称。——译者

十叶派(节选)*

世界宗教研究所伊斯兰教研究室译编

巴哈派现在主要在阿塞拜疆人中流传，信奉者还有马赞达兰人、吉兰人、波斯人，人数相当于十叶派信徒总数的8%。伊朗现行法律不承认巴哈派为正式的宗教上的少数派，虽然允许其信徒参加政府机关工作。因此很多人隐瞒所属教派。该派以九人组成的最高宗教会议为领导机关，每年召开一次会议。不干预政治是该派的基本口号之一。埃捷尔派也源于巴布教派，创始人米尔札·叶海亚是巴布派起义失败后该派信徒的实际领袖。现在该派人数很少，约占十叶派总数的0.6%，在德黑兰、克尔曼等地可以见到。

* 原载世界宗教研究所伊斯兰教研究室译编:《十叶派》，中国社会科学出版社1983年版。

峇亥教*

彭松涛主编

峇亥教者，俗称大同教，于19世纪中期创立于波斯（现在的伊朗）。

峇亥教派的先驱是巴孛（1819～1850）。

峇亥教派成立迄今，虽然只有百余年的历史，惟教务蒸蒸日上，目前信徒遍布全球的340个国家及地区；其中以印度最多，超过100万名；美国居次，接近一百万名；其次是南美的厄瓜多尔、秘鲁、玻利维亚等国。新加坡只有1000多名，人数虽少，但彼此经常接触，非常合作。

峇亥教之所以崛起，主要原因是它的教义，为信徒所信服；有的非常独特，与别的宗教不同，荦荦大者计有：

一、它认为世界上所有宗教的创始者，包括犹太教的摩西、佛教的释迦牟尼、基督教的耶稣、回教的谟罕默德等，都是上苍（唯一的真神）的使者。所以日常祈祷时，除了念峇亥教的经文外，还可以念其他宗教的经文。

二、服从当地政府，但不参与政治。

三、严禁乞讨，婉拒非峇亥教的献捐。

四、鼓励工作，它认为工作是崇拜，服务是祈祷。

五、宗教与科学必须相辅相成，它认为任何宗教信仰，若不符合科学的探求和证明，就是迷信。

峇亥教的组织系统

一、世界正义院　世界正义院设在以色列的海法。院中有九个委员，每年推选一次，负责引导世界的峇亥教团体；

二、总灵体会　总灵体会有九名委员，包括会长、副会长、秘书、财政等，负责引导整个国家的峇亥派团体，每年推选一次，所有的信徒都有资格参加；

三、地方灵体会　地方灵体会负责引导当地的城市、市镇或乡村的峇亥派团体，每隔十九日举行灵宴会一次，这是根据峇亥教所创日历，每年有十九个月，每月有十九日而举行的。

灵宴会的仪式包括祈祷、念经文、磋商教务及举行自由餐。

新加坡的总灵体会之下，共有八个地方灵体会。它们都是根据公司法令组织的。

* 原载彭松涛主编：《新加坡全国社团大观》，文献出版公司1983年版。

世界史译文集(第 2 辑)(节选)*

云南师范大学历史系世界史研究室、云南师范大学科研处编

1848 年,各地掀起了以“巴布派”著称的暴乱。“巴布派”是赛义德·阿里·穆罕默德的信徒,早在 1844 年,赛义德就声称自己是人们期待已久的马赫迪。之前,他是拉什特地区赛义德·卡兹姆的门徒。赛义德·卡兹姆又是“赛义西斯派”①——什叶派中一个极端教派的领袖。巴布派教义认为:在第十二世伊玛目及其信徒之间,存在一个中介,这就是四道相继的门——“巴布”。通过这些“巴布”,第十二世伊玛目保持与其信徒的联系。巴布派如同斯伊玛仪派一样,指望在世间建立神的王国,同样具有宣传救世主和神秘化的色彩。宗教界对巴布派运动又恨又怕,政府则视之为对社会安定的威胁。1847 年,巴布被捕入狱。穆罕默德王死于 1848 年 9 月 4 日。王储纳赛尔·艾一丁在巴赫曼·密尔扎失宠以后任阿塞拜疆总督。但此时他财库空虚无法提供进军德黑兰的费用,以行使其对王位的继承权。后来说服了商人公会,为他提供了一笔资金,他才于 10 月 20 日到达德黑兰。虽然没经过什么真正的战斗他就登上了王位,但形势之糟远远超出意料。国库空虚;暴乱遍及伊斯法罕,喀尔曼沙和呼罗珊;还有巴布派起义。巴布派起义首先发生在马赞德朗,历时七个月(1848 年 12 月到 1849 年 7 月);第二次起义发生在赞詹(1850 年 5 月到 12 月);第三次起义则在尼里士,就在这一次起义发生时,巴布被当众处死。

……

巴布派在纳赛尔·艾一丁统治初期遭到镇压后,沉寂了一段时间。1852 年,三个巴布派教徒曾试图刺杀国王未遂,事后,巴布派运动遭到进一步镇压,战斗精神被摧毁了。以后,它只是作为一个宗教教派继续存在。到 1893 年,该派内部分裂,密尔扎·侯赛因·阿里·巴哈·阿拉赫自称是神遣的新领袖。② 其追随者即众所周知的“巴哈派”。巴哈派人数很快就超过了原巴布派。

---

* 原载云南师范大学历史系世界史研究室、云南师范大学科研处编:《世界史译文集》第 2 辑,1984 年。

① 赛义西斯派,即谢赫教派。——编者注

② 此处叙述有误。密尔扎·侯赛因·阿里·巴哈·阿拉赫,即巴哈欧拉,1892 年已去世。——编者注

什么是巴布教*

奕　星

问:什么叫巴布教? 1848～1852 年伊朗巴布教起义的经过怎样?

答:巴布教是 19 世纪在伊朗伊斯兰教十叶派中产生的一个新教派。它的教义很大部分来源于谢赫教(或译为谢伊克教、赛希特教)。谢赫教产生于 17 世纪末至 18 世纪初,创始人是阿赫默德·阿赫赛,他自称谢赫(长老),所以该派被称为谢赫教。当时西方资本主义入侵,伊朗民族手工业破产,封建主之间为了争夺土地、水源和牧场而长期混战,再加残酷的封建剥削,使农民逃亡,土地荒芜,整个社会经济陷于衰败状态,阶级矛盾进一步激化。十叶派作为官方的宗教,是封建王朝专制统治的支柱,高级阿訇享有极大的特权,生活腐化,因而激起人民的不满。这种不满在十叶派内部的反映就是要求改革教义,谢赫教就是在这样的历史背景下产生的。

谢赫教与十叶派的主流派艾赫巴里派相对立,认为十叶派的圣训集《艾赫巴里》已经过时,应有符合新时代的经典取而代之。谢赫教遭到封建统治阶级和十叶派上层的反对,发展规模不大,但它作为宗教改革的开拓者,为巴布教打下了思想基础。

1844 年(伊斯兰教历 1260 年),巴布教的创始人密尔扎·阿里·穆罕默德,宣称自己为"巴布",意思是"门",即通往真理和正义道路的"门";宣传人们所渴望的救世主将通过此"门"把他的旨意传达给人民。在救世主降临之前,巴布的使命就是向人民揭示真理。

1845 年,巴布从麦加朝圣回来,在他家乡设拉子积极宣传他的新教义。1847 年,他仿照古兰经的形式写了《默示录》(音译"毕扬"),论述巴布教教义的基础,以后成为该教的经典。巴布主张以默示录代替古兰经作为新的圣经,一切法律和制度应该按默示录来重新制订,并指出官吏和高级阿訇不愿抛弃旧制度和旧法律,这是世界充满不平和倾轧的根本原因。

巴布宣布,救世主的降临不是遥远的事,而是眼前就要实现的事,救世主不是降临在其他地方,而是降临在伊朗;当救世主降临时,"正义王国"就会跟着建立起来;在这个王国里,无论男女老幼一律平等,没有压迫和奴役、饥饿和痛苦,人们将友爱地共同过着幸福和愉快的生活。巴布还主张保护私有财产,保护商人利益;废除每日五次礼拜等宗教仪式,每人可以在业余到自己方便的地方进行礼拜;没收不信巴布教的外国人的财产,并将他们驱逐出伊朗。很明显,巴布教的教义主要反映了新兴商业资产阶级的经济利益,同时也部分反映了手工业者和农民的要求,实际上是在宗教外衣下提出的反封建、反殖民主义的社会改革纲领。1847 年,国王下令逮捕了巴布,并对巴布教徒进行镇压和

* 原载《历史教学》1984 年第 3 期。

迫害，这就促使巴布教徒坚决地走上了武装斗争的道路，于1848～1852年掀起了声势浩大的全国性起义。

1848年10月，聚集在里海以南的马赞巴德兰省巴尔福鲁什市的巴布教徒，在毛拉穆罕默德·阿里的领导下，首先发动武装起义。起义者在占胜当地的政府军后，转移到该市东南约二十公里的塞克·塔别尔西陵墓。按照伊朗的古老传说，陵墓是神圣不可侵犯的禁地，即使里面藏有犯人，政府当局也不能进去搜捕。起义者以这个陵墓为基地，筑起十二座塔式城堡，宣布人人平等，财产公有，实现“正义王国”的社会理想。附近的贫苦农民和手工业者纷纷赶来参加，在短短时间内发展到两千人。起义者不断地击败前来镇压的政府军，使巴布教的影响在国内日益扩大，到1848年2月，伊朗全境巴布教徒达十万人。起义坚持了七个多月，直至1849年5月，在七千名政府军包围和炮击下，才被残酷地镇压下去。

1850年5月8日，巴布教徒在里海西南的津章(或译赞詹、赞兼)再次发动起义。一万五千名起义者，在大毛拉穆罕默德·阿里(与巴尔福鲁什市的穆罕默德·阿里是两个人)领导下，占领该城的东部，建立“正义王国”。国王害怕起义影响扩大，在大不里斯将巴布杀害。起义者进行了顽强的斗争，坚持达半年之久，到年底被镇压下去。

1850年6月，伊朗西南的尼里兹城的巴布教徒和它的支持者数千人，在赛义德·雅西·达拉比领导下，占领了城外一座旧堡垒进行起义，后来在政府军的炮轰和欺骗的情况下遭到失败。可是起义者没有屈服，又转移到该城附近的山区坚持斗争，一直到1851年底。

除了上述的三个起义中心外，巴布教徒还在伊斯法罕、伊斯得、克尔曼、设拉子以及首都德黑兰等城市发动不同程度的起义和反抗斗争。1852年8月，巴布教徒在德黑兰谋刺国王失败后，遭到残酷的镇压和屠杀。巴布教徒的起义虽然失败，但它沉重地打击了伊朗封建制度，对资本主义因素的发展起了促进作用。

巴哈教派出版有限公司*

吴仁勇主编

巴哈教派出版有限公司用德文和其他文种出版有关巴哈教派的图书和文献。该出版公司于1974年在陶努斯河畔的霍夫海姆建立，这里曾经建造了欧洲的第一座巴哈教派清真寺。从1906年起，德国的巴哈教派组织就开始出版有关巴哈教派的书籍。巴哈教派是作为一个年轻的高教会派于1844年在伊朗诞生的，现在已遍及世界各地，拥有巴哈教派的国家几乎同联合国成员国一样多。目前巴哈教派的文献已被翻译成700多种语言。世界上共有22家巴哈教派的出版社，其中19家参加了1982年法兰克福的图书博览会。

在巴哈教派的原始文献中，首推该教创始人巴哈乌拉(Bahá'u'lláh，1817～1892)的著作(巴哈乌拉在阿拉伯语中意为"真主的光辉")，其次是巴哈乌拉的全权解释人阿布杜尔·巴哈('Abdu'l-Bahá，1844～1921)的著作。阿布杜尔·巴哈曾在第一次世界大战前广游欧洲和美洲各地，在西方建立了很多巴哈教派组织。居第三位的是肖吉·埃芬迪斯(Shoghi Effendi，1896～1957)的著作和书信。他将巴哈教派奠基者在书中描述的教规付诸实践，并按此教规在世界上10万个地方建立了自诩为和平的人类模式，在那里，教徒们被要求放弃武力冲突，用忠告和诺言来消除矛盾。

巴哈教派的著作强调真主的统一、真主启示的统一和人类的统一，认为这些应该是我们时代的伟大目标和所有高教会派应完成的最终目的。巴哈教派的教义、教规和组织都为下述目标而奋斗：建立一个在精神上自由的自我实现和服从真主意志的社会，促进世界和平得到保障。

巴哈教派出版有限公司目前拥有德文书73种。

* 原载吴仁勇主编：《世界出版业·联邦德国》，中国学术出版社1984年版。

各国宗教概况（节选）*

世界宗教研究所《各国宗教概况》编写组编

巴哈派是伊朗巴布教派起义失败后的产物，现在主要在伊朗的阿塞拜疆人中流传，信奉者还有马赞达兰人、吉兰特人、波斯人，人数相当于十叶派信徒总数的8%。伊朗现行法律虽然允许巴哈派信徒参加政府机关工作，但不承认巴哈派为正式的宗教上的少数派，因此很多人隐瞒其教派属性。此教派的领导机关是由九人组成的最高宗教会议，每年召开一次。不干预政治是巴哈派的基本口号之一，由此可见巴哈教派离早先的巴布教徒起义已有多远了。埃捷尔派也来源于巴布教派，巴布派起义失败后，埃捷尔派创始人米尔札·叶海亚是残余的巴布派信徒的实际领袖。现在该派人数很少，约占十叶派总数的0.6%，在德黑兰、克尔曼等地可以见到。

……

（以色列的）巴哈派教徒约有250人。以色列海法市中著名的金顶大清真寺是巴哈派世界的中心。19世纪末至20世纪初时其中心在阿克城。虽然巴哈派是由十叶派中分出的，但其信徒不承认自己是十叶派穆斯林，他们独立于其他穆斯林教派及组织之外。世界各地的巴哈派教徒都到阿克城朝圣。在那里巴哈派的创始人米尔札·侯赛因·阿里（巴哈乌拉）创建了这一教派，写出了他要取代《古兰经》的《至圣书》。

* 原载世界宗教研究所《各国宗教概况》编写组编：《各国宗教概况》，中国社会科学出版社1984年版。

贝哈教*

[苏]康斯坦丁诺夫著，上海译文出版社译

世界主义的宗教学说，19 世纪中叶产生于波斯，反映了伊朗买办资产阶级的利益。贝哈教的名称来自它的创始人米尔扎·侯赛因·阿里(1817～1892)的绰号——贝哈乌拉("神的光辉")，他是巴布的学生之一(参见巴布派)。但是贝哈乌拉放弃了巴布派的民主因素。

贝哈教的基本原理包含在贝哈乌拉所编的"圣书"——《确信经》中(写于 1872 年左右，俄译本由图曼斯基翻译，1899 年，载《科学院丛刊》第 8 辑"历史语文部"第 3 卷第 6 期)。此书预定用来代替古兰经和巴布的《默示录》。按照《确信经》，一切人都是兄弟，而阶级斗争是不能容许的。当旨在反对英国殖民者的人民运动在反对"异教徒"的口号下展开时，贝哈乌拉却宣传容忍其他宗教。按照他的学说，"为神即真理服务的实质"在于"从事某种事业或者是手艺，或者是工业，等等"(《确信经》第 8 页)。贝哈教关于可以通过和平途径达到全世界博爱的学说，是保卫买办的利益的。贝哈乌拉的继承人阿卜杜一贝哈(1844～1921)禁止罢工，要求工人顺从。1919 年阿卜杜一贝哈用许多种文字发表了一封公开的《致持久和平中央组织的信》，信中阐述了他关于"人道世界的统一"的学说的世界主义与和平主义原理。阿卜杜一贝哈宣传贝哈乌拉的学说，否定用革命方法改造社会，提议只奉行"自愿分配财富的学说"(《致持久和平中央组织的信》，巴黎 1921 年版，第 8 页)。贝哈教徒基本上拒绝伊斯兰教所特有的东方的宗教仪式，批评穆斯林神秘主义所特有的各种形式的"通神"(参见苏非派)。

第二次世界大战以后，贝哈教徒特别加强了关于放弃国界、放弃民族独立和主权的世界主义说教，号召成立"统一的世界国家"。在殖民体系崩溃和东方各国人民民族自觉高涨的情况下，贝哈教的世界主义倾向几乎到处使贝哈教徒处于穆斯林组织之外。现时，贝哈教的文献是在伊利诺斯州(美国)和斯图加特(西德)出版。

在革命前的俄国，贝哈教对穆斯林宗派主义的发展发生过影响。贝哈教的伦理学方面曾得到列·尼·托尔斯泰的支持(参阅《托尔斯泰全集》第 79 卷，1955 年俄文版，第 120～121 页)。在苏维埃政权的最初年代里，贝哈教徒在苏联表现得相当活跃。但是在业已胜利的社会主义的条件下，贝哈教作为一个教派已逐渐瓦解。

参考书目：A. M. 阿尔沙鲁尼：《贝哈教》，莫斯科 1930 年版；Л. И. 克利莫维奇：《沙皇俄国的伊斯兰教概述》，莫斯科 1936 年版；E. A. 别利亚耶夫：《穆斯林宗派主义·历史概述》，莫斯科 1957 年版；巴伊古舍夫：《穆斯林的分裂概述·鞑靼的先知》，萨拉托夫 1908 年俄文版；《贝哈的世界信仰，贝哈乌拉和阿卜杜一贝哈选集》，H. 霍霍编，威耳梅特 1958 年英文第 2 版；阿卜杜·贝哈·伊本·贝哈乌拉：《神圣教化的秘密》，M. 盖耳译自波斯原文，威耳梅特 1957 年英文版。

* 原载[苏]康斯坦丁诺夫：《苏联哲学百科全书》，上海译文出版社译，上海译文出版社 1984 年版。

托尔斯泰夫人日记(下卷)(节选)*

[俄]托尔斯泰娅著,蔡时济等译

(1910年)1月13日有风,两度,严寒。萨莎的盲肠疼起来了;她带着玛丽娅·亚历山大罗芙娜·施密特到奥夫祥尼科沃去了。丹尼娅好了一些。我什么事也没做,这是为了保护眼睛;跟孩子们一起玩,顺便理理东西。列夫·尼古拉耶维奇骑马到森林里去转了一趟,晚上给我们读了一封从波斯寄来的谈巴比教派的信徒、并叙述他们信仰的信。① 我写了一篇谈《新露西》报的文章。

---

* 原载[俄]托尔斯泰娅:《托尔斯泰夫人日记》下卷,蔡时济等译,中国社会科学出版社1984年版。

① 这指的是Л.波里卓依迪1909年12月28日从雷什特寄来的信。托尔斯泰于1901年1月14日给他写了回信:"我衷心地感谢您给我提供了巴比教派的令人感兴趣的、重要的资料"(《托尔斯泰全集》第81卷第48页)。巴比教派是19世纪40年代在波斯出现的一个宗教的教派,人们也按照这个教派的创始人阿里-穆罕默德·巴比的名字把他的教徒叫作"巴比教派"。

宗教史（下卷）*

[苏]约·阿·克雷维列夫著，乐峰等译

19 世纪 40～50 年代初，在伊朗发生了许多事件，这些事件跟巴布派的产生，跟以它为旗帜的一系列起义有关。①

年轻的设拉子商人赛义德·阿里·穆罕默德宣称自己为巴布（意为"门"），穆斯林信徒经过这道门才能接近安拉和进入天国。② 在这之前，这位宗教改革者在什叶派的圣城卡尔巴拉居住了一段时期。在那里，他同赛希派公社的首领赛义德·卡吉姆·勒什特有联系。众所周知，赛希派认为，他们的领导人是必定要出现的第十二伊玛目的先驱。勒什特死后，他的追随者着手寻找新的首领，这位首领可以继续使人们对伊玛目的返世有所准备。一位教派活动家毛拉侯赛因正是在巴布身上看到了使他有理由认为巴布是勒什特的继承人的一切品质。不久，巴布便拥有大批拥护者，并且得到了广泛开展其运动的现实可能性。

巴布及其助手的《默示录》（运动的主要宗教文献）、大量书信和布道的神秘主义信条，对巴布运动未必能起很大的作用。这种神秘主义教条不为群众所明了，也可能不为运动的积极分子所理解。看来，巴布派运动的思想家们对许多问题不能提出肯定的看法。③ 可以举一个传说中关于真理的对话（似乎是在伊玛目阿里和他的一个亲信卡迈伊利·伊本·载德之间发生的对话）来作为例子。关于什么是真理这个问题，阿里在作了很多搪塞后回答说："……真理是神的伟大光辉没有形迹的表现"。当谈话对方表示没有明白这一定义的涵义，并请他继续解释时，他又提出了一个新的定义："排除推理性的东西，阐明已认识的东西就是真理"。接着人们又请他回答"阐明"是什么意思。阿里给真理又下了这样的定义："用相同的秘密去揭开帷幕"，"通过了解神的统一的本性达到神的统一"，

---

* 原载[苏]约·阿·克雷维列夫：《宗教史》下卷，乐峰等译，中国社会科学出版社 1984 年版。

① 参看 Мирsa－Казем－Бек. *Баб и бабиды: религиозно политические смуты в Персии в 1844—1852 годах*. СПб., 1865（米尔扎·卡泽姆·别克：《巴布和巴布教派：1844～1852 年波斯的宗教和政治骚动》，圣彼得堡，1865 年）；П. Цветков. Исламизм, т. д－ислам и его секты, асхабад, 1913, сгр. 336—319（茨维特科夫：《伊斯兰主义》第 4 卷——《伊斯兰教及其教派》，阿斯哈巴德 1913 年版，第 336～349 页）；А. М. Аршаруни. *Бабизи. Исторический очерк*, М.-Л., 1931（阿尔沙鲁尼《巴布主义》[历史概要]，莫斯科－列宁格勒 1931 年版）。

② 巴布的详细传记，载 Mírsá H. Hamadi. The Tarikh-idjadid（ванглийском переводе: *New History of Mirza Ali Muhammad the Bab*, Cambridge, 1893）[米尔沙·赫马迪：《新历史》（英译本为《米尔沙·阿里·穆罕默德·巴布的新历史》，剑桥 1893 年版）]

③ 参看 А. М. Аршаруни. *Бабизм*. стр. 48-71（阿尔沙鲁尼：《巴布主义》，第 48～71 页）。

"从永恒之晨发出的光辉和照耀着统一的神殿的光辉"就是真理。[①] 当然，这种空洞的不切合实际的条文是不可能发动群众为信仰去参加武装斗争的。但是，在其社会先决条件成熟时，群众将会了解某些崇高的宗教真理，在为这些真理而斗争时，他们就可以指望达到尘世的目的和得到来世的报应。

那些同人们的实际社会生活有关的和触及到人们社会利益的巴布主义因素，则具有重大的意义。伊斯兰教旧时代的结束和新时代的开始，使人民群众对社会生活的某些重大变革抱有希望。由于巴布派运动的胜利，必定建立新的社会制度；有了新的社会制度，就不可能有封建主剥削者的霸道、什叶派神职人员的贪暴以及外国商人和企业家对人民的掠夺。巴布派运动的口号反映了本国商业资产阶级的利益，当时放高利贷和收利息的限制也被取消了，宣布从事任何一种商业活动都有完全的自由。但这种自由只限于国内本地居民，而外国人和异教徒则应当被坚决驱逐出去；因此，伊朗的商界避免了外国的竞争，伊斯兰教从前对穿丝绸衣服和佩带任何装饰品的一切限制逐渐消除了，这也促进了商业的发展，所有这一切，都能吸引伊朗的商业资产阶级投身到运动中来。但是，运动的主要力量仍然是人民群众，他们把运动看成是同他所憎恨的封建主的权力作斗争的一种形式。

简化宗教仪式对人民群众参加巴布派运动起了一定作用。该派废除了聚礼、每天五次礼拜和其他繁琐的宗教规定。因为这些规定加重了社会底层人民本来就很沉重的生活负担。

应当指出，巴布派对改革日常生活、妇女地位和家庭制度等方面提出了一系列的进步倡议。看来，这些倡议在这里是由运动的一位女领导人扎赫列·哈努提出来的。她要求消灭妇女的不平等，废除多妻制和侮辱妇女的其他一些穆斯林习俗和规定。这些要求也同巴布派的其他许多要求一样，都是在反封建的资产阶级民主改革的范围内提出的。

1847 年，巴布遭到伊朗当局的逮捕，并被押送到德黑兰。在他被囚禁期间，1848 年在伊朗各地爆发了以巴布主义为口号的人民起义。起义者给予伊朗军队以沉重的打击。[②] 正当起义激烈进行时，1850 年夏天，巴布遭到杀害。[③] 但起义仍在继续，并发展为国内战争。巴布被处决后，毛拉穆罕默德·阿里宣布自己是他的继承人。在如火如荼的斗争中，他比巴布更有惊人的毅力。[④] 然而，到 1852 年，伊朗境内的起义便都被镇压下去了。[⑤]

运动的规模之大不仅使伊朗的封建主感到心惊胆战，而且使中小商人也感到害怕。巴布主义在一定程度上代表了这些中小商人的思想。在年轻的伊朗资产阶级中间，尤其是在那些同外国资本有密切联系的人们(买办)中间，反动情绪达到了顶点。巴布派运动的失败，使穷人和被剥削者产生了悲观失望情绪和消极思想。在这种形势下，代之而起的是另一个宗教运动——巴哈主义。

在巴布的追随者中间有一个叫叶海亚的人，先知巴布把自己的手稿和一些个人的物品从监狱里转出来交给了他，并叮嘱他将《默示录》中短缺的八章补上。叶海亚的拥护者在引证这段话时，仿佛是巴布给他指出：如果要出现一个"真主所派遣的人"作为最后的先知，那么他——叶海亚就应该抛弃《默示录》，而担负起对整个运动的领导。对上述的话应当作这样的理解，"被派遣的人"将是叶海

---

① 引自 A. M. Аршаруни. *Бабизм. cmp.* 75（阿尔沙鲁尼：《巴布主义》，第 75 页）；并参看 M. Horten, *Die Philosophie des Islam*. Manchen, 1924, S. 144-149（霍尔登：《伊斯兰教的哲学》，慕尼黑 1924 年版，第 144～149 页）。

② 参看 A. M. Аршаруни. *Бабизм.* стр. 19－41（阿尔沙鲁尼：《巴布主义》，第 19～41 页）。

③ 参看 П. Цветков. Исламизм. т. И. стр. 329－332（茨维特科夫：《伊斯兰主义》第 4 卷，第 329～332 页）。

④ 参看 A. M. Аршаруни. *Бабизм.* стр. 60－70（阿尔沙鲁尼：《巴布主义》，第 60～70 页）。

⑤ 参看同上书，第 42～47 页。

亚本人，这就足以使他把自己的名字改为索布赫·埃捷尔，意为“永恒的曙光”。[①] 他从德黑兰（因为这里对巴布派活动家进行了残酷的镇压）逃出来，转移到巴格达，以便在那里，在不受伊朗管辖而受土耳其统辖的领土上重新组织巴布公社。

但是，索布赫·埃捷尔有一位哥哥侯赛因·阿里，也因参加巴布派运动，在 1962 年的事件之后被监禁了几个月，刑满后他由于不了解情况，也逃往巴格达。他化名为巴哈乌拉，意为“神的光辉”，并宣布只有他才能充当巴布的继承人。在继承权问题上，兄弟之间开始了长时间的争夺，一直发展到互相谋杀的地步。土耳其政府认为最好是把兄弟俩都调走，先调到伊斯坦布尔，然后再调到阿德里亚堡，估计他们在逊尼派居民中间不可能开展有效的活动。索布赫·埃捷尔和巴哈乌拉之间的不断争夺，迫使土耳其当局把他俩分别迁开，前者迁到塞浦路斯，后者迁到巴勒斯坦。

巴哈乌拉的活动比他的弟弟更有成效。新的宗教运动就以他的名字来命名，叫巴哈主义。[②]

哥哥在兄弟两人斗争中取胜的原因是他所宣传的宗教思想更加符合当时的历史情况。索布赫·埃捷尔始终坚持巴布主义及其民主倾向和战斗精神。和索布赫·埃捷尔相反，巴哈乌拉采取了新的态度。这种态度使伊朗统治阶级，尤其是买办资产阶级更加感到满意。他的学说，无论是信条部分，还是伦理和社会政治纲领都反映在新的圣书《基塔别·阿克德斯》里，即反映在《至圣书》里。[③] 此外，巴哈乌拉在专门的书简（拉乌赫）中也概述了自己的学说。

如果说，巴布主义是伊朗的特有现象，那么巴哈主义却具有国际的意义。当巴哈乌拉在同其弟弟的争夺中以优胜者的姿态出现时，当巴哈派运动牢固地扎下根时，他认为时机已经成熟，可以公开宣布他同巴布主义，甚至同整个伊斯兰教分道扬镳了。巴哈乌拉在其一生的最后几十年（死于 1892 年），不仅在各个国家的穆斯林民族中间，而且在信奉基督教的各国民族中间宣传了自己的学说。

巴哈主义在世界上广泛传播的原因是，它宣布对异教徒的宽容和力求在宗教上实现混合主义。写在巴哈派清真寺入口处的口号中有这样一条：“宗教应当作为联合的基础。如果它是争执的原因，那么最好没有它。”[④]巴哈乌拉提出了建立世界宗教的任务，这种宗教跟现有的任何一种宗教都没有关系，而是在一个共同的综合体内使他们结合起来。他的儿子和继承人阿拔斯·埃芬迪给自己选了一个阿布杜尔·巴哈的名字（“真主的光辉的奴隶”），因而加强了这种混合主义和世界主义的倾向。

教义上的这种倾向必然改变对宗教仪式的态度。巴哈主义着重指出，仪式、祈祷、对日常生活的规定和宗教禁令都是次要的。[⑤] 巴哈派废除了在清真寺里聚礼的仪式，把对日常生活的规定简化为对卫生的要求。巴哈派摒弃了巴布派关于使用丝织品、各种装饰和奢侈品的禁令。这一切都是为了使宗教符合伊朗资产阶级和国际资产阶级的利益。值得注意的是，巴哈主义更加坚决主张实行巴布派所废除的穆斯林不准征收利息的规定，这样就铲除了伊斯兰教设置在资产阶级从事工商业活动道路上的最后障碍。

---

① 参看 А. М. Аршаруни. *Бабизм*. М.，1930，стр. 11（阿尔维鲁尼：《比哈主义》，莫斯科 1930 年版，第 11 页）。

② 参看 П. Цветков. *Исламизм*. т. И. стр. 350－356（茨维特科夫：《伊斯兰主义》第 4 卷，第 350～356 页）。

③ 参看现代巴布教派的《至圣书》。текст，перевод. Бдение и приложения А. Г. Туманоскло. — *Записки императорской академии наук*，серия 8，по историко филологическому отделению Л，No 6. СПб.，1899（图曼斯基的论文、译文、引言和附录，载《帝国科学院院刊》第 8 集——《历史学和语言学栏》第 3 卷第 6 期，圣彼得堡 1899 年版）。以下《至圣书》的引文均引自本版的原文。

④ 引自 А. М. Аршаруни. *Бабизм*，стр. 37（阿尔沙鲁尼：《比哈教派》，第 37 页）。

⑤ 参见同上书，第 18 页。

巴哈派的社会和政治纲领具有更加重要的意义。与巴布主义及其战斗精神以及为真正的信仰和社会的正义而斗争的号召相反，巴哈主义坚决废除圣战，并宣告公正的王国只有用和平的手段才能达到，这种新教义不仅同封建社会的阶级矛盾相冲突，而且也同资本主义社会中资产阶级和无产阶级的对抗性矛盾相冲突。巴哈主义的思想家遇到了“工人问题”。他们不回避这个问题，并表示准备着手解决它。例如，贴在巴哈派清真寺里十二条口号中有一条是这样写的：“世界经济问题应该得到解决。”①但是，这个大胆的声明在巴哈派运动的理论上和实践中却具体表现为一种庸俗的蛊惑人心的宣传，就其实质来说，这同“社会基督教”所进行的宣传没有什么两样。

对上述口号，还有一点补充：“四海之内皆兄弟，彼此一律平等，大家都享有一样的权利。”②由此可见，巴哈派宣称自己的学说跟资产阶级关于人人在形式上平等的社会学说的主要论点（忽视资产阶级社会条件下人们事实上的不平等）是一致的。巴哈主义的思想家确认，事实上的不平等也是违法的。例如，阿布杜拉·巴哈写道：“我们看到我们中间一方面是财富过剩的人，另一方面是不幸的因饥饿而濒于死亡的人；有些人拥有好几座富丽堂皇的宫殿，而另一些人则连栖身之地也没有。这种状况是不合理的，应当加以纠正。而方法则应经过仔细选择。”③但是，这里说的并不是消灭不平等，而是使不平等缓和一些。阿布杜拉·巴哈继续写道：“应该使贫困消失，使任何一个人都尽可能地享有一份与其教职和地位相适应的舒适和福利。”④在巴哈派看来，保持“教职和地位”是根据他们的观念和思想来解决“世界经济问题”的那个社会的重大特征。此外，“在创世时，上天本身也规定了一定的次序”⑤。这些次序要求在社会中，如同在军队中一样有各级将领、尉官、下级军官和士兵。⑥没有这种不平等，既不可能有军队，也不可能有人类社会。不言而喻，“将领和尉官”被召来尽义务是有利于下级军官的。所有这一切不外是资产阶级改造伊斯兰教的尝试。这种改造一直在进行，甚至在面临同伊斯兰教的信仰、仪式和社会道德传统决裂时，都没有停顿下来。

巴哈主义的资产阶级本质还表现在它否定同巴布主义的革命民主传统有任何继承性。巴哈派坚决谴责武装斗争的方法，并在事实上站到了勿用暴力抗恶的立场上去了。《至圣书》中写道：“任何人都不应该反对管理真主的奴隶的人们”（《至圣书》第 228 节）。巴哈乌拉向当局表示：“我们不打算在你们的王国里发号施令，我们到这里是为了统治人们的心灵”（《至圣书》第 194 节）。

巴哈主义没有遭到当局和统治阶级的反对，因为对他们没有造成任何危险。但是巴哈主义也没有得到人民群众的支持。因此，一般说来，它在宗教生活中始终是一种不很明显的，然而却是相当稳定的现象，巴哈主义融合到共同的资产阶级改良主义的宗教运动和组织中以后，就失去了一切独特性，与此同时，也失去了那种提出特殊口号的运动本身的吸引力。

巴哈主义是伊斯兰教适应资本主义制度的最明显的形式，是民主大众在宗教口号下反对封建主义斗争的失败的象征。在一定程度上与它相对立的是 19 世纪 80～90 年代开展起来的苏丹的马赫

---

① 参看同上书，第 23 页。
② 引自同上书，第 31 页。
③ 引自同上书，第 25 页。
④ 同上。
⑤ 同上。
⑥ 参看同上书，第 25～26 页。

迪运动。[①]

和巴哈主义不同，苏丹的马赫迪主义强调自己同伊斯兰教有不可分割的联系，强调自己忠实于"纯洁的"原始的伊斯兰教。也宣布同欧洲殖民主义者，同土耳其和埃及的同教信徒进行圣战，从巴哈主义的观点来看，这些人出卖了穆斯林信仰的理想，变成了假穆斯林。马赫迪运动的社会经济内容，首先是反对极力控制国家的欧洲资本，反对在国内发展资本主义关系。这在客观上意味着倾向于保存封建制度的条件。人民群众没有任何理由为保存封建制度而斗争。但是他们的思想很不定型，因此，关于恢复原始伊斯兰教的神圣制度的口号是不明确的，这个口号使这些思想具有与之相适应的灵活的宗教形式。

领导马赫迪运动的是苏丹的托钵僧穆罕默德·阿赫默德。[②] 1871 年，他定居在尼罗河流域的阿巴岛上，从这里派遣托钵僧到全国各地游说。反对道德败坏，反对富裕的封建主、奴隶贩子、商人和工业主所过的奢侈生活，是他们宣传的主要内容。犯了这些罪孽的不仅有欧洲殖民者，而且有土耳其和埃及的"假穆斯林"。他们背离了《古兰经》及其规定。新先知的特使以修复早期伊斯兰教为目的，号召夺回封建主的土地，平分全部动产和不动产，拒绝纳税，推翻土耳其和埃及的统治，并把欧洲殖民主义者驱逐出去。

---

① 参看 Труды института этнографии им Н. Н. Миклая АН СССР, новая серия. Т. И С Смиркоз. Восстание Махдистов в Суданею М. Л.，1950(《苏联科学院米克卢霍·马克拉伊人种学研究所论文集》新丛书第 6 卷——斯米尔诺夫：《苏丹马赫迪的起义》,莫斯科—列宁格勒 1950 年版)。

② 参看同上书，第 15～16 页。

巴哈教今昔*

沈　青

巴哈教(Bahá'í)是当代新兴的一个世界性宗教。该教得名于它的奠基者巴哈乌拉(Bahá'u'lláh,1817～1892)。在某些国外和台湾地区出版的汉文著作中,也有将它译为"博爱和拉"的。"巴哈"的原意为"荣耀"、"光辉","巴哈乌拉"具有"安拉的荣耀"或"安拉的光辉"的意思。

巴哈教由伊斯兰教脱胎而出。是十叶派的十二伊玛目支派一个"异端"派——谢赫教派衍生的巴布教派分化的结果。最初,它以巴哈教派(巴哈主义)的面目出现。在随后的发展中,逐渐发展了自身独特的教义、经典、礼仪、节日、社会与伦理主张、教会组织等等,从而形成为独立的宗教。

历史概述

巴哈教的历史,大致可以分为三个时期:

(一)巴哈教兴起前的准备时期

公元1502年以来,伊朗一直奉十叶派的十二伊玛目支派为国教。18世纪末,从该派中产生出一个"异端"教派——谢赫教派,它主张第十二世伊玛目即"马赫迪"即将降临世间,消灭一切不正义现象,建立新的公正平等社会。谢赫教派派出传道士到伊朗各地传播这一教义。1844年,出身于设拉子棉布商人家庭的赛义德·阿里·穆罕默德('Alí Muḥammad,1820～1850)当选为该派新领袖后,把谢赫教派的教义又向前推进一步。他提出,人类只有通过一座"门"(Báb,阿拉伯文,音译为"巴布")才能达到"伊玛目马赫迪",才能重新统一在伊斯兰的旗帜下,享受幸福美满的生活,而他本人就是这座"门"——巴布。就是说,人们只有追随他的教义才能享有太平盛世。他的说教很适合处于苦难中的波斯贫苦人民的精神需要,得到群众的欢迎。以巴布教派之名的新教派由此产生。

然而,十叶派内正统的高级教士都敌视巴布教派的布道活动。随着巴布派的影响日增,波斯帝国当局也大为震惊,并于1847年逮捕并监禁了巴布。巴布在各地的追随者发动了声势更为浩大的运动,甚至开展了武装起义斗争。

巴布在狱中宣称,他受到新的启示,本人就是众人期待再世的"马赫迪",他的《默示录》即安拉的

---

* 原载《世界宗教资料》1985年第2期。

新启示将取代旧的启示《古兰经》。这进一步鼓舞了不断受到当局镇压的群众起义斗争的斗志。当局畏惧他的影响的再次扩大，于 1850 年杀害了巴布。巴布受难后，各地武装起义也陆续被镇压，运动转入低潮。由于巴布追随者的成分极为复杂，在巴布教派内部引起了分化，这种分化为巴哈教派的产生准备了条件。

(二)巴哈乌拉时期

巴哈乌拉出身于伊朗显贵大臣之家，世代受到王室的爵封厚禄，他曾受过谢赫派的影响。阿里·穆罕默德传播巴布教义后，他成为巴布的最早的追随者之一。

1852 年，巴布教派运动处于低潮时，部分教派成员图谋刺杀国王纳希鲁丁(1848～1896 年在位)。巴哈乌拉因涉嫌该案而被捕，监于德黑兰。1853 年被释放后，家产被查抄，本人也被逐出伊朗。

巴哈乌拉与家属在少数忠实信徒的陪同下，行抵巴格达，并进行布道活动，逐渐成为当地巴布教派的首领。不久，他的族弟来巴格达与他争夺教派的领袖地位，巴布教派内部发生激烈冲突。奥斯曼帝国政府对巴哈教派内部的教争予以干预，并"邀请"他到君士坦丁堡。

1863 年 4 月 21 日，巴哈乌拉在被迫迁居前，于巴格达正式宣称，"从太初以来，先知们所抱的期望与目的，现在已经显现于世"，他本人即巴布所预言的安拉"应许要来的人"——受安拉之命的新使者。从此，巴布教派正式发生分裂。大部分教徒追随了他，从而形成了新的巴哈教派。

巴哈乌拉由巴格达迁居君士坦丁堡之后，伊朗境内的巴布教派信徒在其弟的指使下又到他的新居地，教争复起。奥斯曼政府不得不再次干预。巴布教徒被当局逐往地中海之西波尔岛；巴哈乌拉及其追随者逐至巴勒斯坦的阿卡并将他本人监禁起来。

他在受逐和监禁的四十年间，主要从事于写作，阐述该派教义，这为独立的巴哈教的诞生构思了蓝图。他的著述后来成为该教的神圣经典。

留居伊朗境内的巴哈教派的信徒，不时受到迫害，他们陆续迁居国外。散布于中亚、印度、缅甸、埃及和苏丹等地。1894 年，他们在美国建立了第一个巴哈教社团，开始传播巴哈乌拉的宗教主张，与此同时，他本人也给一些国家的君主或统治者寄出书信，呼吁他们倾听"福音"，"服从那万王之王的命令"，传播他的世界主义思想。他在受禁九年以后，开始与教徒接触，在和他们的言谈中。明确地强调和谐、统一的世界主义思想。这为他的巴哈社团逐步由教派立场向独立的宗教立场过渡奠定了思想基础。在他晚年时，他的信徒达几十万人。

(三)巴哈乌拉以后的时期

1891 年，巴哈乌拉指定他的长子阿布杜·巴哈('Abdu'l-Bahá，1844～1921)为他的著作和思想的阐释者，这无疑指定了巴哈社团的新领袖。

1901 年，阿布杜·巴哈因教内斗争而遭奥斯曼当局监禁。1908 年，青年土耳其派举行起义，阿布杜·巴哈受赦。1911 年至 1913 年间，他应各地巴哈社团之邀，先后访问了欧美各国并广泛传播巴哈教义，为巴哈教在欧美的发展播下了种子。

阿布杜·巴哈临终前，指定他的长女之子沙基·爱芬迪(Shoghi Effendi，1897～1957)为他的继承人、巴哈乌拉教义阐释者或"圣获"。

沙基·爱芬迪被指定为接班人后，将巴哈教的阿拉伯文和波斯文的经典译成英文，这对巴哈教在欧美的发展起了重要作用。他对巴哈教和其他地区的重要贡献是将各地的巴哈社团组成独立的地方教会——地方灵体会和地区性（或国家的）总灵体会，使之受辖于中央教会。

在阿布杜·巴哈和沙基·爱芬迪以后，即本世纪的六七十年代，巴哈教在五大洲得到了迅速发展。尤其是在美国的印第安人、非洲部族以及印度次大陆、东南亚和太平洋诸岛屿的居民中，其教徒的发展更为迅速，从而成为多民族信仰的世界性宗教。

1963 年，即该教教祖自命为新使者的一百周年时，巴哈教于英国伦敦举行了第一届世界代表大会，6200 余名代表出席了大会，选举产生了该教第一届世界正义院——万国总灵体会作为该教的中央教会。统一的、具有中央教会的巴哈教最终成立。

教义与经典

巴哈教是一神教。巴哈乌拉提出："上帝是独一无二的，宗教是一元的，人类是一体的"，这构成巴哈教教义的核心。

该教认为，神是"至高无上的"宇宙万物的造物主，他"独一"、"全知"、"万能"，他是"超自然界的"、绝对的精神实体，"大自然在本质上是在上帝的权力的掌握之中"，但又认为，"神的本身也需要一切生物的存在"，"造物主倘使没有造物，是绝对不可能的"。它既主张"上帝是永生不灭的，换句话说，他没有起源，也没有终止"；它又主张"宇宙是永久不灭的"，"正如世界的存在一样的无始无终"。

该教认为，世界各个宗教信仰的神灵，尽管名称不同，可以称之为"神"、"上帝"、"安拉"、"主"等等，其实，就是同一个神。神灵本身是统一的，只是不同宗教、不同的人赋予他不同的称谓而已。

该教认为，"一切宗教之基础相同"，"各种宗教都来自同一神圣的根源"，因此，不论信仰什么宗教、神名是什么，本质上是同一的。该教宣称，无论信仰什么宗教，它的神，也就是巴哈教信奉的神。一个已有宗教信仰的人（如犹太教或基督教徒）如再信巴哈教，勿需放弃原有信仰。它宣称"上帝所一次又一次地给予我们的，实际上，都只是一个宗教。巴哈教和其他宗教相比，只不过是更新的宗教罢了"。该教认为，凡是遵行巴哈教之教训者，即使不知巴哈教之名，亦为巴哈教徒。由于"一切宗教的基础相同"，作为巴哈教徒，对"各教的教堂庙宇，皆可入而崇拜。"

它不同于伊斯兰教的"使者封印说"，认为神通过他的先知向人类显示他的宗教教义从未中止。各不同宗教创始人都是神于不同时期向人类先后派遣的、显示其教义的"显示者"（或"圣显"）。该教承认世间的九名使者，即伊布拉欣（或亚伯拉罕）、克里希南（印度教）、摩西（犹太教）、琐罗亚斯德（琐罗亚斯德教）、释迦牟尼（佛教）、耶稣（基督教）、穆罕默德（伊斯兰教）、巴布和巴哈乌拉都是神派往人间的"圣显"。

该教主张，世界人类一源。它认为人皆系神的儿女，如果人相信神灵的同一和宗教的统一，自应承认大家都是兄弟姊妹，是同一家庭的一份子。因此，人类应统一和谐，世界应无战争、争斗，实现大同。

巴哈教也有关于天堂、地狱、灵魂、神迹、永生等说教。然而，它在具体阐述上，又与其他宗教有别。例如它在对天堂、地狱的解释上，并不作种种形象的比喻，它提出："我们对自己的精神发展有责任，如不能在精神的健康上长得坚强，我们将在另一世界中非常苦恼，这一种苦恼情况，即是所谓地狱。在另一方面，我们努力了解并顺从上帝的法则，便能在另一世界中享受幸福的生命，这种幸福的状态就是所谓天堂。”

《已答之问题》汉译本序说，巴哈教“一方面承认各教之真理皆出自一辙，以收集思广益之效，而综其大成，一方面又指示世界之趋势，以统一人类之信仰，铲除争端，促进世界和平，此诚世界之新曙光也”。它又说，巴哈教是在巴布教义基础上，“扩而大之，再熔冶各教于一炉而成”，因此，它“能副各教素来的希望，不啻集诸显圣于一人”，它主张“天下各教，自不再分门别户”，当以巴哈教为“依归”。巴哈教的折衷主义性质，被该序明白无误地表述出来。

巴哈教的经典主要是巴布、巴哈乌拉的著作，阿布杜·巴哈对其父著作的阐释，在巴哈教中也具有重要地位。其主要经典有：《亚达经》(*Kitáb-i-Aqdas*)；《意纲经》(*Kitáb-i-Íqán*)；《隐言经》(*Al-Kalimátu'l-Maknúnáh*)；《默示录》(*Bayán*)；《哈夫·瓦迪》(*Haft Wádí*)。

社会伦理主张

巴哈教和伊斯兰教一样，并不是出世的宗教。它主张教徒可以享有两世(今世和来世)幸福。它认为“离群索居的生活是没有价值的”，它“没有修道院的独居生活”，“没有僧侣，没有苦行”，主张“工作就是崇拜！服务就是祈祷！”

巴哈乌拉为该教制定的12条根本原则或教训，除涉及信仰外，其余诸原则均系该教关心俗世生活，实现其世界主义，即“新世界秩序”的社会伦理主张。其主要点是：

其一，“忠于政府” 与早年巴布教派藐视当局、从事武装反抗态度相反，巴哈教首要的社会伦理主张就是教徒应绝对忠实于政府。阿布杜·巴哈说过：“忠于政府是一种最主要的精神与社会的原则”，“为了建立较好的社会秩序与经济环境，必须拥护政府的法律与政策”。该教规定教徒不能从事任何不忠于政府的或颠覆的政治活动，也不应参加任何一个政治派系，宗教不得过问政治。

其二，“消除贫富差别” 巴哈教的奠基者面对社会上贫富不均的不合理现象，寄希望于政府的实施以解决社会经济问题。但更重要的则是通过他的说教，要教徒相信贫困优于富裕。把现实的物质生活的贫乏转化为精神的富有：“最珍贵的财富是你对我的爱。凡爱我者即拥有一切。凡不爱我者，真的，是贫苦而匮乏。”“教徒的真正财富是他心中对上帝的爱”，“在他眼里，物质的财富无多大价值，外在的贫乏也不会造成不幸”。为解决贫富不均问题，他一方面号召、鼓励教徒自动地施舍；另一方面主张“穷人们一定要努力工作自求生活，一切依靠全能的主”，“禁止穷人求乞”。

其三，建立“新世界秩序” “新世界秩序”的基本点就是实现世界大同。为此，该教主张建立世界性的政府，或国际裁判所；认为上帝创造人类，不论男女，互相配偶，互相辅佐，其责任不同，权利无别，必须“实行男女平等”；鼓励发扬各民族的传统文化，以“使人类的新的综合的文化更为丰美”；主张教徒应注重个人道德修养和友爱精神，以服务人类；认为一切战争、暗杀和流血，皆源自偏见，“人如坚执其偏见，世界则不会有和平”，该教主张“放弃”一切国家的、种族的和宗教的“偏见”；为建立“新世界秩序，必须保持世界和平，反对任何战争、流血和动乱”。

其四，主张宗教与科学并行不悖 该教认为，“上帝创造宗教与科学”，“真的宗教与真的科学是互相符合的","两者都是必需的",应使"全部信仰与科学调和"。它主张,世人应独立地寻求宗教的真理,而不应模仿先祖的信仰。只有"寻求真理",才能得出同样的结论,获取相同的真理。当世人了解了宗教的真义只有一个,即巴哈教义时,人类也就会和谐而联合一致,所以,该教提出"教徒的责任"是"研究教义"和"实践圣教"。它主张"普及教育"。认为教育的目的在于造就那些相信"全地球是一国,全人类是其公民"的男女,造就愿意贡献其爱心并服务于世界进步的人。

根据该教的社会、伦理主张,人人皆当为人类服务,"新世界秩序"建立后,也就实现了人类统一,世界大同。

礼 仪

巴哈教简化了伊斯兰教的种种礼仪,它甚至宣称巴哈教"没有礼节的约束,也没有通俗的祈祷仪式",教徒通过"自行祈求"上帝并经由"圣显"而建立与上帝的联系。从该教所履行的种种礼仪中,仍可看出它所源出的宗教的痕迹。

它和伊斯兰教一样,强调洁净在宗教生活和世俗生活中的重要性,但它没有繁缛的净礼仪式,提出"用清水浸浴,用过的水不能再用","洁净无疵的身体,也净化人的灵性",要求"保持身体、衣服和家庭的清洁"。

巴哈教认为"祈祷是义务的",集会应以祈祷开始,亦应以祈祷结束。祈祷的经文,可以是巴布、巴哈乌拉、阿布杜·巴哈的著作或书简,可以是该教的祈祷文,也可以是《圣经》、《古兰经》或其他经典的经文;祈祷可以用阿拉伯语、波斯语,也可用其他民族的语言;可以众人齐祷同诵,也可以一人吟诵,众人倾听默想。

巴哈教接受了巴布教派关于一年分为 19 个月,每月又分为 19 天的教历。该教规定,每年的第 18 个月与第 19 个月间,有 4 天(闰年五天)为欢乐日或闰日。这时,教徒可以欢宴亲友或馈赠其贫苦的亲友。

每月的第一天,教徒举行圣宴集会。圣宴集会是巴哈教的主要宗教活动之一,它每年共举行 19 次。圣宴集会一般包括三方面的内容:祈祷或诵读圣书;磋商教务;文娱余兴和简单的餐点或饮料。

巴哈教有关于斋戒的规定是:每年的第 19 个月为斋戒月,它比伊斯兰教的斋戒的天数要少,共 19 天。斋月从日出至日落,不饮不食。诵读祈祷文后进食。第 19 个月(斋月)结束的次日即为巴哈教的新年。或者说,每年公历 3 月 21 日即为巴哈教的元旦。

巴哈教共有 9 个"圣日"。除斋月结束后的元旦"灵宴节"外,在历时 12 天的"利时万节"("利时万"是巴哈乌拉流亡巴格达期间居住的一座花园,在该园中,他于 1863 年 4 月 21 日正式宣称为受命的新使者)期间有三个"灵宴节"(或称"圣日"),即节日的第 1 天(4 月 21 日)、第 9 天(4 月 29 日)和第 12 天(5 月 2 日)为"圣日"。还有三个"圣宴节"指巴布宣布受命的纪念日(5 月 23 日)、巴布的诞辰日(10 月 20 日)和巴哈乌拉的诞辰日(11 月 12 日)。此外,巴布的受难日(7 月 9 日)和巴哈乌拉的忌日(5 月 29 日),也和"圣宴节"一样,被认为是"圣日"。在这 9 个"圣日"中,不应工作,应集会并做特别祈祷。在忌日中,"勿需静坐志哀"。据该教年历,日落为一天的结束,亦为次日的开始,所以该教的"圣日"均以前一天的日落算起。

巴哈教实行一夫一妻制。婚姻条件有二：一是男女双方同意，二是双方家长同意（如健在）。巴哈教徒结婚应事先报告灵体会并由灵体会派出证婚代表；结婚日期由灵体会登记；婚礼中可以诵读祈祷文，也可不诵读；可以按各地风俗习惯款待客人。巴哈教允许其教徒与其他宗教徒结婚，但条件是应按巴哈教的婚礼仪式进行，同时，巴哈教徒也应接受配偶的宗教的婚礼仪式。

巴哈教接受新教徒并不履行任何仪式，洗礼或更换姓名。该教认为，任何人只要坚信认识了真理时，他就成了该教教徒。然而，为了表示愿“为人类服务”，作为“人群的仆役”，他仍应填写表格，上交灵体会保存。

巴哈教为教徒规定了九项必须履行的宗教职责，每日应祈祷，遵循巴哈教的斋戒，勤奋工作、应视工作为崇拜；传播上帝的事业；禁戒烟和麻醉品；遵循巴哈教的婚姻；服从政府而不参与政治活动，不得中伤他人和传播流言蜚语；遵循巴哈教的圣日。

组　织

巴哈教自称“我们宗教的特点之一”，是“没有传教士的宗教”。教徒的宗教生活完全靠“自行祈祷”。

巴哈教由成人教徒（21 岁）选举它的基层教会——地方灵体会。据该教规定，凡教徒超过 9 人的地区，均应选举 9 名灵体委员负责基层教会的教务工作。地方灵体会设主席、副主席、秘书、会计各 1 人。地方灵体会的主要任务是传播巴哈教义，照顾当地教徒的利益，增进教友间的和睦与友爱，安排定期聚会、圣宴日与纪念日以及其他聚会，关心教友的子女的教育，帮助贫弱孤寡，发展新教徒等。

地方灵体会的选举日期定于每年的 4 月 21 日举行，基层灵体会委员任期一年。

基层教会之上有总灵体会。总灵体会是地区性的或国家教会。它由各地方灵体会的代表选举产生。总灵体会的选举，按该教规定，由每年的 4 月 21 日至 5 月 2 日“年会”选举，一年一任。总灵体会亦由选举的 9 名委员组成，总灵体会的工作人员和地方灵体会相同，亦设主席、副主席、秘书和会计各 1 人。

地方灵体会和总灵体会可根据需要，设立种种委员会协助灵体会工作。灵体会产生后，其工作并不对教徒负责，而对上帝负责，在教务管理上，各委员会只对灵体会负责，地方灵体会只对总灵体会负责，总灵体会并不对选举它的“年会”负责。“年会”并不是常设机构，其任务只是选举总灵体会委员，它作为咨询性机构，其建议可送交总灵体会，总灵体会可以采纳，也可以否决。实际上，总灵体会是该地区（或该国）的教务最高权力机构。

在各地区（或各国）总灵体会之上，有国际性的“世界正义院”（或万国灵体委员会），其委员由各总灵体会的代表选举产生，任期 5 年。

“世界正义院”是巴哈教的中央教会或中央领导机构。1963 年，它的第 1 届委员会由代表选举产生，目前已是第 5 届中央教会。

除了它的中央教会（世界正义院）在巴勒斯坦（现以色列占领）的海法外，还有灵曦堂（该教规定，其教堂必须是九面形的建筑，并应附设教育、文化机构）作为世界性的崇拜上帝之所。目前世界上有五个灵曦堂分别在五大洲：亚洲——苏联的伊斯卡巴(沙俄时建造，目前已倾圮)；美洲——美国芝加哥的威尔迈特；非洲——乌干达的坎帕拉；大洋洲——澳大利亚的悉尼，欧洲——法国的法兰克福。这五座灵曦堂被称为各洲的母堂。此外，在拉丁美洲的巴拿马城亦建有一座灵曦堂。

在巴哈教中，尽管没有专职的传教士，由于它规定教徒均应传播巴哈教义，发展新教徒，实际上，教徒起到了人人皆为传教士的作用。因为该教要求每个教徒每年至少应发展一名新教徒。

巴哈教的基金主要来自教徒的奉献和捐助。据 1981 年统计，巴哈教共有全国性(或地区性)的总灵体会 132 个，巴哈教徒居地的活动中心已有 111600 个，其中，地方灵体会 26100 个，教徒总数已逾百万人。巴哈教的著作，已被译成数百种文字。它的非政府性机构——巴哈国际社团被联合国委任为经济与社会委员会的咨询机构。

1984 年 3 月，第 1 届巴哈教与伊斯兰教关系国际学术讨论会于加拿大举行。出席成员除美国、加拿大、意大利、法国等知名学者外，巴哈教研究协会执行委员会成员和巴哈教世界中心研究部(海法)主任均出席会议并提出学术报告。

巴哈教在中国

巴哈教最早经曹云祥的介绍而为中国读者所熟悉。曹曾任北洋政府驻伦敦总领事，归国后于 1922～1927 年任清华大学校长。离职以后于 1931 年在上海翻译巴哈教著作。曹因该教主张人类一体、世界大同而将其名译为“大同教”。

1933 年，曹在翻译《已答之问题》的序中说：“迩来关于大同教之译本有：《新时代之大同教》、《亚卜图博爱之箴言》与《笃信之道》三本，是书为第四本。”由于刊印时部分译稿被毁，又由孙颐庆于 1939 年补译所毁章节。1937 年廖崇真译有《大同教隐言经》。

1954 年，苏洛曼夫妇于台南创立巴哈教中心，巴哈教正式传入我国。

1965 年，曹开敏在台湾翻译了《新园》一书，以后又译有该教的《隐言经》。30 年来，巴哈教在台湾已发展有 2000 余名信徒，活动中心或地方灵体会 160 多处所。目前，在台湾设有“大同教台湾总灵体会”，总灵体会主席狄绍宇。

[主要参考资料]

笔者除根据与巴哈教地方灵体会成员、教徒的多次交往和座谈并从该教的布道会中取得必要资料外，主要参考了以下著作：

1. 'Abdu'l-Bahá, *Some Answered Questions*,《已答之问题》，曹云祥译，1975 年，台南；2. 爱斯猛博士：《新时代之大同教》，曹云祥译，1932 年，上海；3. Hooshmand Fathea'zam, *The New Garden*,《新园》，曹开敏译，1977 年，台南；4. Gloria Faizi, *The Bahá'í Faith*，1978，Wilmette；5.《大同教隐言经》，廖崇真译，1937 年；6. Canon Sell, *Bahá'ísm*；7. 其他有关资料。世界宗教研究所张新鹰同志为本文提供了部分资料，特此感谢。

波斯的巴布教徒起义*

梁守德等

波斯是一个具有四五千年历史的古国。公元前 6 世纪的波斯帝国曾盛极一时。从 7 世纪开始，阿拉伯人、蒙古人、阿富汗人和土耳其人先后侵入。18 世纪英国侵入。从 19 世纪开始，英、法、俄三国势力渗入波斯，进行激烈的角逐。法国拿破仑早就想把波斯作为远征印度的前哨基地。1808 年法国与波斯签订通商条约，获得了领事裁判权。沙皇俄国通过两次俄波战争（1804～1813，1826～1828）强迫波斯签订条约，不仅抢得了大片土地，获得了大宗赔款，而且得到了领事裁判权和其他政治经济特权。英国曾经装扮成波斯的“忠实朋友”。出钱、出枪、出军事教官，“帮助”波斯国王同沙皇打仗。同时又把舰队开进波斯湾，强迫波斯在 1841 年签订不平等条约。

欧洲列强的侵略把波斯变为半封建半殖民地国家。外国商品涌进波斯市场，破坏了波斯的封建自然经济，使大批手工业和中小商人破产。外国势力通过国王为首的封建统治阶层进行掠夺，横征暴敛，这激起了波斯广大人民群众的愤恨，加剧了民族矛盾与阶级矛盾。19 世纪上半期，饥荒与疫病接踵而至，南阿塞拜疆地区二分之一的人口死亡，劳动人民再也不能照旧生活下去了。19 世纪 40 年代初，波斯城乡到处都发生了贫民暴动。伊斯兰教下层阿訇的生活状况和中小商人、手工业者相近，生活日益恶化，他们成为人民群众反对封建统治的代言人。19 世纪中期波斯人民起义是在巴布教的旗帜下进行的。

巴布教是伊斯兰在波斯的新教派。创始人是赛义德·阿里·穆罕默德（1820～1850）。1844 年他自称“巴布”。“巴布”是门的意思，即人们所渴望的救世主的意志将通过此门传达给人民。他宣称自己是真主委派的先知，要建立一个“正义王国”，消灭剥削，使人人过着平等幸福的生活。巴布原想通过向封建统治者宣传来实现他的理想，但遭到反对，1847 年被捕入狱。巴布教徒遭到迫害后转而向广大人民群众宣传。许多手工业者、农民、小商人纷纷参加巴布教，提出了更激进的废除封建特权和私有制的要求。1848 年巴布教徒利用国王死后封建统治集团内部倾轧的机会举行武装起义。两万多起义者以塞克——塔别尔西陵墓为基地展开斗争。按照波斯古代传统，这个地区是神圣不可侵犯的，即使藏有犯人，当局也不能加以逮捕。起义者在这里修筑城壁、平分财产以实现自己的理想，国王派兵镇压，被起义者击溃。后来，国王增兵数千，用火炮轰击，起义者缺少弹药粮食，牺牲很大，剩下二百多人仍坚持战斗。政府军又用欺骗手段使起义者放下武器，然后又背信弃义进行屠杀，从而镇压了这次起义。但巴布教徒在全国各地的起义仍继续扩大，到 1849 年巴布教徒增至十余万人。

* 原载梁守德等:《民族解放运动史（1776～1945）》，北京大学出版 1985 年版。

1850年巴布教徒在赞詹发动起义，英勇抗击王军进攻，消灭王军八千多人，王军用火炮把津章城轰平才镇压了起义。与此同时，巴布教徒在尼里兹也举行了起义。1850年国王杀害巴布，巴布教徒继续坚持斗争，直到1851年尼里兹起义失败后，巴布教的大规模起义才被镇压下去。

巴布教徒起义失败的原因主要是起义的领导者是下层阿訇和商人。他们没有提出解决土地问题的纲领来广泛发动农民，没有提出反对外国侵略者的明确目标，战略上停留于消极的防御而不是实行积极的进攻。起义者缺乏统一的组织，各自为战，加上内部分裂，往往轻信封建主的伪善诺言，放下武器，结果遭到屠杀。

巴布教徒起义给了波斯封建统治以沉重打击，在客观上也打击了外国殖民者。它是当时亚洲民族解放斗争风暴的重要组成部分。

伊斯兰教各民族与国家史(节选)*

[德]布罗克尔曼著,孙颐人等译

1839 年,英国占领喀布尔和坎大哈省,为了要防止印度边境再次遭到波斯和俄国方面来的威胁。英国认为萨都采部族的沙舒贾作为埃米尔执行它的政策的一个很驯服的工具。但是 1842 年,多斯特·穆罕默德把英国军队打得一败涂地,迫使英国撤出阿富汗,承认多斯特·穆罕默德做埃米尔。

穆罕默德沙的政策尽管失败,但是他继续让俄国人在国内拥有最大的势力,让他们占领阿素拉达小岛,扩大他们在黑海的统治。穆罕默德沙还经常把总督的缺卖给出价最高的人。买到缺的人既然不知道什么时候自己的差使又会被国王出卖给别人,因此必然尽速进行敲诈勒索来捞回买缺的钱。1846 年,有一个新到任的基尔曼沙总督把全部羊群没收,卖到国外去,不管他省内马上就会发生的饥馑。

1848 年 9 月 4 日,穆罕默德沙死去,由十六岁的长子纳绥尔·丁继位。阿塞拜疆有一个卡加尔族的青年可汗叛乱,在呼罗珊找到了盟友,还得到阿富汗人的支持。纳绥尔·丁虽然得首先平乱,他的政权开始时看来还是很顺利的。这个青年的国王任命侍从军官塔基·汗为首相。塔基·汗是先王穆罕默德的大臣家里厨子的儿子。塔基不用大臣的官衔,只用陆军总司令(阿米里·尼扎姆)的称号。他努力废除行政上不可胜数的弊端,初时是成功的,不过因此树敌。太后是他有力的对头之一,到了 1851 年,为了他在军队里甚得人心,他受到了国王的疑忌。他被逐出宫廷,不久即被杀死。纳绥尔·丁的父亲的暴政种下祸根,使他现在受到了恶报。各地受害的人民纷纷起义(例如 1850 年的伊斯法罕起义),此外还加上一个很危险的宗教运动。

这个运动的创始人赛义德·阿里·穆罕默德于 1821 年 3 月 26 日生于布西尔,在这个地方学生意。但是他很小的时候,就开始研究宗教的问题。他去克伯拉朝拜圣地的时候,接触到了舍赫教派的神秘主义教义(十叶派的一个分裂派)。他回家之后,在设拉子的铁匠清真寺传教,攻击当时得势的正统十叶派,舍赫教派的头子勒什特的赛义德嘎西木死后,这一派选他做继承者。他去麦加朝拜圣地的时候,写了一系列的文章,他的门徒把这些文章当作神的启示来看。1844 年 5 月 23 日,他回到设拉子。这一天恰好是一千年前第十二代伊马木遁世的日子,第十二代派还在等待他重临世间。据他自己所述,阿里·穆罕默德回来之后,觉得自己受天命要充当人类与神意执行者伊马木之间的"门"(巴布,这一派后称巴布派)。这种门的教义是十叶派,尤其是舍赫教派所一直提倡的。但是,阿

---

* 原载[德]布罗克尔曼:《伊斯兰教各民族与国家史》,孙颐人等译,商务印书馆 1985 年版。

里·穆罕默德更进一步，后来自称为"努克塔－伊－阿拉"（最高点），或努克塔－伊－贝安（启示点），后来又自称为"嘎义木"（在世界末日从先知家族中出现的人），最后自称为神的启示的化身。从前世间出现的最后一次化身就是1270年前的穆罕默德。他初时还遵守伊斯兰教的基本教义，后来愈离愈远，对自己的神秘主义教义愈来愈有发展。他初时只要人家认为自己是伊马木麦海迪——穆罕默德曾经预言过他的降世，就像基督曾经预言过含有穆罕默德降世来做"圣灵"那样。他后来又自称为信徒们能够在他身上看到上帝的"镜子"。穆罕默德有《古兰经》，这位巴布也有他的启示录《贝安经》。上一代的伊斯兰教神秘主义曾极为广泛地玩弄数字。这就成了他迎合群众的胃口来解释当时流行的教义的方便手段。他把"十九"这个数字看得特别神圣，这是阿拉伯字瓦希德（"独一"）和伍珠德（"存在"）的数字。他因此把一年分为十九个月，一月分为十九天，任命一个由十九名社会领袖组成的委员会。他恢复拜火教的古代民族思想，主张用石棺埋葬以免尸体被泥土所污，宣布新年为主要的节日。伊斯兰教的确也是经常隆重地庆祝这个节日的。他提倡星期五早晨拜太阳。他废除妇女罩面纱的戒律，准许妇女与男人交往。他禁止研究到此时为止认为有权威的法学和哲学。他的宗教像伊斯兰教一样，也要求独霸全世界，这种统治要从波斯的五个神圣省份出现，再也不能容忍异教徒做统治者了。

1845年，巴布派遣使徒们从布西尔到设拉子。他们很快就引起政府方面的注意。8月16日，法尔斯省省长禁止这些使徒继续传教，20日派轻骑来到布西尔拘捕巴布。他被押送到设拉子之后，审问过一次，就关进监牢里。但是过了六个月，他终于脱逃，来到伊斯法罕，省长米努希尔·汗对他殷勤招待。1847年二三月间，巴布的恩主死后，他被送到阿塞拜疆的马库，在那儿又坐了三年牢。这个时候，他的门徒在波斯全国努力热烈传布他的教义，颇获成功。在卡兹温，年青、美丽、颇有诗才的库拉特·埃恩改奉这个教，首先把巴布的关于妇女问题这一方面的教义付诸实行，她不罩面纱，开始公开传教，轰动一时。她的叔叔是个受尊重的神学者，为了此事，诅咒巴布，不久之后，他在清真寺里被一个巴布教徒所杀。1848年夏天，巴布教徒在马什哈德引起骚乱。他们被逐出巴尔佛鲁什城之后，退到城南十二英里到十五英里之间的塔巴西教长的墓旁，掘壕固守。新国王纳绥尔·丁派兵来打他们。巴布教徒击退了第一次的攻势。1849年7月到8月之间，巴布教徒获得特赦的诺言，被诱投降，但是降后还是被屠杀了。在赞詹，巴布教徒在1850年几乎固守了一整年，挡住占优势的政府军队。同年7月8日，巴布本人和一个门徒在大不里士被枪决。

但是正由于这个教头的殉道，才真正鼓动了巴布教徒起来反抗。举国陷入起义的风云之中，促使前任首相垮台。8月15日，波斯沙从尼亚拉万的夏宫出猎，有几个巴布教徒在途中谋刺未遂。因此对这个教派又来了一次杀戮。8月底，库特拉·埃恩和许多其他殉道者，也一起被害。

这个教派的领袖们为了避免迫害，都退到巴格达去。他们的头子是苏卜希－埃泽尔，不过他的弟弟巴哈－阿拉这个时候就已经比他更突出。1861年到1862年之间，他著有《伊坎》一书，这本书在这个教派中甚至比创始人自己的著作传播得更广。由于巴布教徒居留在那么靠近边境的巴格达，对波斯政权似乎还是有威胁，所以波斯政权跟奥斯曼帝国政府商量把他们移到帝国的内地去。1864年夏天，他们被押送去伊斯坦布尔，12月又被押送去亚德里安诺堡。1866年到1867年之间，巴哈在那里自称是巴布所预言的下一次神的化身。由于他哥哥的那派拒绝承认他，因此发生了分裂。纠纷发展到动武的时候，奥斯曼政府只得把这两个派系隔离分离。巴哈和他的门徒被流放到亚克城。苏卜希－埃泽尔和他的门徒被流放到塞浦路斯。英国政府给了他一笔年金。1892年5月27日，巴哈死去，其子阿卜杜·巴哈成为这一派里的当然领袖。他让他这一派教义中伊斯兰教的和神秘主义的成份逐渐消失，而为一种一般的人道主义宗教所代替。他争取得一个英籍妇女劳拉·克里福德·巴尔奈信奉他的教义，把他的作品译成英文和法文进行宣传，而且替他的教派招募新教徒。到了1893年的时候，巴哈教派已经在美洲出现，不久所有大城市都有巴哈教徒，除了从其他宗教的教徒的改宗者之外，还有很多的有色人种。

世界近代史纲（节选）*

瞿季木　黄鸿剑

巴布和巴布教

巴布教的创始人赛义德·阿里·穆罕默德（1820～1850），出生于设拉子一个布商家庭，成年后经商。1844年，他自称“巴布”，创立巴布教。“巴布”是“门”的意思，表示人们所渴望的救世主的意旨通过此门传达给人民。在救世主降临之前，巴布的使命就是向人民揭示真理。

1845年，巴布从麦加朝圣回来，在家乡设拉子积极宣传他的新教义。1847年，他仿照古兰经的形式写了《默示录》（音译“毕扬”），论述巴布教教义的基础，以后成为该教的经典。巴布主张以《默示录》代替古兰经，一切法律和制度应该按《默示录》来重新制订，并指出官吏和高级阿訇不愿抛弃旧制度和旧法律，是世界充满不平和倾轧的根本原因。

巴布宣布，救世主的降临不是遥远的事，而是眼前就要实现的事；救世主不是降临在其他地方，而是降临在伊朗。当救世主降临时，“正义王国”就会跟着建立起来。在这个王国里，无论男女老幼都一律平等，没有压迫和奴役、饥饿和痛苦，人们将友爱地共同过着幸福和愉快的生活。巴布还主张保护私有财产，保护商人利益；废除每日五次礼拜等宗教仪式，每人可以在业余时间到自己方便的地方进行礼拜；没收不信巴布教的外国人的财产，并将他们驱逐出伊朗。很明显，巴布教的教义主要反映了新兴商业资产阶级的经济利益，同时也反映了手工业者和农民的要求，实际上是在宗教外衣下提出的反封建、反殖民主义的社会改革的纲领。1847年，国王下令逮捕巴布，并对巴布教徒进行镇压和迫害。这就促使巴布教徒提出了推翻封建统治和消灭私有财产等要求，坚决地走上武装斗争的道路。

巴布教徒起义

1848年10月，聚集在里海以南的马赞德兰省巴尔福鲁什市的巴布教徒，在毛拉穆罕默德·阿里的领导下，首先发动武装起义。起义者在战胜当地的政府军后，转移到该市东南约20公里的塞

* 原载瞿季木、黄鸿剑：《世界近代史纲》，南京大学出版社1985年版。

克·塔别尔西陵墓。按照伊朗的古老传统，陵墓是神圣不可侵犯的禁地，即使里面藏有犯人，政府当局也不能进去搜捕。起义者以这个陵墓为基地，筑起十二座塔式城堡，宣布人人平等，财产公有，实现正义王国的社会理想。附近的贫苦农民和手工业者纷纷赶来参加，在短短时间内发展到2000人。起义者不断地击败前来镇压的政府军，使巴布教的影响在国内日益扩大，到1849年2月，伊朗全境巴布教徒达10万多人。起义坚持了7个月，直至1849年5月，在7000名政府军包围和炮击下，才被残酷地镇压下去。

1850年5月，巴布教徒在里海西南的津章(赞兼)再次发动起义。15000名起义者在大毛拉穆罕默德·阿里(与巴尔福鲁什市的穆罕默德·阿里是两个人)领导下，占领该城的东部，建立"正义王国"。国王害怕起义影响扩大，在大不里斯将巴布杀害。起义者进行了顽强的斗争，坚持达半年之久，到年底被镇压下去。

1850年6月，伊朗西南的尼里兹城的巴布教徒和它的支持者数千人，在赛义德·雅西·达拉比领导下，占领了城外一座旧城堡进行起义，后来在政府军的炮轰和欺骗下遭到失败。可是起义者没有屈服，又转移到附近的山区坚持斗争，一直到1851年底。

除了上述的三个起义中心外，巴布教徒还在伊斯法罕、伊斯德、克尔曼、设拉子以及首都德黑兰等城市发动不同程度的起义和反抗斗争。1852年8月，巴布教徒在德黑兰谋刺国王未遂，数百人惨遭杀害。接着政府又在全国搜捕和屠杀巴布教徒。

巴布教徒起义失败的原因是多方面的。掌握起义领导权的低级阿訇和商人，始终没有提出解决土地问题的纲领来广泛发动农民，致使起义局限在城市和郊区，没有发展到农村；组织不够严密，各地起义之间缺乏联系；战略上消极防守，坐受围困。巴布的继承人是代表买办商人利益的贝哈·乌拉，他阉割巴布教教义，竭力反对武装斗争，宣扬"宁人杀我，毋我杀人"的投降主义，这就从内部瓦解了起义。

巴布教徒起义是一次反封建反殖民主义的起义。起义虽在宗教旗帜下发动，主要斗争锋芒却指向封建王朝，不仅震撼了伊朗封建制度，而且也打击了外国殖民者。它在19世纪中期亚洲民族解放斗争高潮中占有重要地位。

巴布教与巴哈教派*

[苏]托卡列夫著,魏庆征译

公元19世纪中期,波斯城市贫民和农民的愤懑,同样采取宗教形态①。其思想领袖为穆罕默德·阿里,又称"巴布"(意即"大门",引申为人与神之中介);这一运动故有"巴布派运动"之称。巴布鼓吹人人平等、友爱——无疑仅限于信道之穆斯林。巴布自称为先知的继承人,负有向世人宣布新律法的使命。巴布的教说为神秘主义观念所充斥,近似泛神论。巴布派运动曾广布于民间,后遭当权者残酷镇压;众首领惨遭杀害(1850)。然而,其余波未绝——尽管已无战斗的革命色彩。巴布往日的追随者米尔扎·侯赛因·阿里,又称"巴哈一安拉",对巴布教说作了根本的更易。诚然,他仍鼓吹人人平等、人人对土地所获均有权享用,如此等等;然而,他不承认暴力和公开斗争,鼓吹友爱、宽容、逆来顺受——似为基督教观念濡染所致。穆斯林教义和律法,经巴哈一安拉改铸,趋于平和。新说被赋予其鼓吹者之名,称为"巴哈教说"。它已与民众情绪不相契合,更盛行于知识界。于是,巴哈教说,作为伊斯兰教之业经修琢、改革和现代化之说,在西欧和美洲寻得追随者。

* 原载[苏]托卡列夫:《世界各民族历史上的宗教》,魏庆征译,中国社会科学出版社1985年版。

① 19世纪40~50年代,巴布教派(阿拉伯文 Bábí)兴起于伊朗。其创始人赛义德·阿里·穆罕默德以先知马赫迪身份公布《默示录》,声称《古兰经》已陈旧,须由安拉指派新的先知以新"圣经"取代之。巴布被处死后,其教徒仍继续传播巴布教义。嗣后,教派分裂,出现巴哈教派(阿拉伯文 Bahá'í),其创始人之称号"巴哈一安拉"(Bahá'u'lláh),意即"安拉之光辉",主要著作有《至圣书》,主张一切人,不分种族、民族和社会地位,都是兄弟,真诚相爱,要求宽容异教、废除圣战、建立"正义王国"和"统一的世界国家",但对民族独立却予以反对。19世纪末期以来,它在美、英、德等国有所传布,但已非作为宗教,而是作为社会种族主义学说。对穆斯林仪礼和崇拜,巴哈派完全予以否弃。——译者

万有神教巴赫庙*

林海音

在艾镇的第二天,梨华开车带我到附近威密特去参观巴赫庙,一个任何宗教的信徒都可以去礼拜的地方。巴赫(Bahá'í)源自波斯,是万有神教的一派,宣传全世界的宗教都归于一个的上帝观念。巴赫本人生于 1817 年,所以也不过是个百年多的新教。正因为他的主旨是万神归一,所以他主张全世界各处要建设美丽的庙宇,无论是什么教的男女信徒,都可以到此礼拜、祈祷、沉思。这个庙宇,应当是富有科学、教育、博爱意义的社会机构。因此各宗教信徒来此礼拜,是可以的;讲道或传教,却不被允许。现在全世界据说有 40 个国家有巴赫庙,美国的这个是 1953 年才建成的。

我不懂任何宗教,包括这万有神教,但是那美丽的庙宇建筑和它周围的环境,却真可爱,这个白色的庙宇不大,它的风格不同于任何庙宇,但是你会觉得它有阿拉伯、埃及、罗马、西班牙……种种的情调,这就是它的本意,因为它就是不要让人觉得它是属于某种风格,或某个宗教的。里面只有红丝绒座位,并无讲坛,外面的庭园,有花坛和喷水池。有一样事我倒很想知道,就是每年来这里的人,是观光的多?还是礼拜的多?

* 原载林海音:《作客美国》,中国友谊出版公司 1985 年版。

贝哈主义*

丁祖永等译

19世纪中期巴布教徒起义被镇压后产生于伊拉克的宗教政治思潮，后来又传播到近东、西欧和美国，在俄国也有所流传。其创始人米尔扎·侯赛因·阿里·贝哈乌拉宣扬同王权、封建主和外国资本家妥协。在现代，贝哈主义宣扬否定民族国家的思想，宣扬把科学同宗教结合起来的思想。

* 原载丁祖永等译：《苏联百科词典》，中国大百科全书出版社1986年版。

世界历史教程(节选)*

彭树智

19 世纪上半期，人民处于水深火热之中。伊朗人口减少几百万。南阿塞拜疆人死于霍乱病不下于二分之一。

“反封建的……革命反对派随时代条件之不同，或者以神秘的形式出现，或者是以公开的异教形式出现，或者是以武装起义形式出现”①，伊朗巴布教徒起义是异教形式和武装起义形式兼而有之。

巴布派创始人叫赛义德·阿里·穆罕默德。他出身于设拉子棉布商人家庭。他和他的亲信原属谢伊克教派。该派相信救世主马赫迪即将降临，并建立正义王国。1844 年，赛义德·阿里·穆罕默德自称“巴布”，创立巴布教派②。

巴布教义是在斗争过程中逐步发展的。开始，只号召人们消极等待救世主的来临，没有推翻现存封建政权的意图。巴布本人曾想把国王、大臣、州长和什叶派高级阿訇都感化过来，回报的却是教徒被逮捕、放逐、自己两次被抓。在狱中，他完成《默示录》的著作。此书阐述了巴布教派的基本教义，被其信徒视为“圣书”。《默示录》宣称旧的先知和《古兰经》的时代应该结束，让位给巴布本人及其《默示录》，预言公正王国即将通过巴布本人降临于世界，在那里将没有封建专制，外人财产将分配给巴布的信徒，并将给贸易的顺利发展以法律保护。《默示录》还提出很多符合商人利益的具体要求，如保护私产，欠款必还，严守商业通信秘密，规定高利贷利息，改良邮政，统一币制，圣国人民可以外出经商等等。这些观点在一定程度上反映商人、手工业者、城市贫民和农民的想解脱封建压迫和殖民侵略的愿望。

《默示录》的主要缺点是未提及农民对土地的要求，这便影响以后的起义不可能广泛地发动农民，使起义终以势孤力单而失败。

其实，巴布教徒的要求，并不局限于《默示录》，而在口头传播中，不断地增益。巴布教徒的另一领导人阿迦·穆罕默德·阿里，不但要求改组支持现存秩序的伊斯兰教，而且要求把祖国从国王政权的淫威下解放出来。1848 年秋，出身于农民的穆罕默德·阿里·巴尔福尔什等人在比达什特村召开会议，宣布了更激进的思想：

(一)武装推翻旧王朝统治，建立新王国，王国一切上层人物要成为下层，原下层人物要转为上层。

---

* 原载彭树智:《世界历史教程》，陕西人民出版社 1986 年版。

① 《马克思恩格斯全集》第 7 卷，第 401 页。

② 巴布在阿拉伯语中是“门”的意思，救世主马赫迪的意志将通过此门传播给人民。

(二)没收平分封建统治者的财产,剥夺他们的特权,降为平民。

(三)废除私有制,一切财产归公,每人在平等的条件下从中领取自己的一份。

(四)男女完全平等。

这一明显的反封建斗争纲领,是巴布教徒摆脱被剥削、被压迫地位的强烈愿望的产物,只是以经济平均主义为内核的朴素平等观念,固然有反封建革命性一面,而就其实质内容看,并没有超越封建主义的范畴。然而这是旧式起义所决不可免的现象,我们不能苛求于前人的。

巴布派的新教义,动员了广大劳动群众起来进行武装起义,并鼓舞他们为这些革命理想而英勇战斗。

1848 年 9 月,老王穆罕默德死去,王子纳斯雷丁即位,统治集团内部非常混乱。呼罗珊、伊斯法罕、设拉子等地都有暴动和叛乱事件发生。巴布教徒利用了这一有利形势,于同年 10 月举行武装起义。据官方估计,伊朗全境有 10 余万巴布教徒,他们先后在巴博勒、伊斯德、德黑兰、赞兼、尼里兹等地展开战斗。

在巴博勒,700 多名的起义者,击溃当地政府军后转移到塔别尔西陵墓[①],参加起义的教徒很快增加到 2000 人,他们在内部废除财产私有,并实行共餐制。平均主义、禁欲主义在早期发动并组织群众和作为军队的风纪,的确能起巨大作用,但若把它作为整个社会长期或普遍的规范准则,则必然要失败的。塔别尔西陵墓的战士,坚持 8 个月,剩下 200 名,最后全部被诱杀,包括他们的领袖巴尔福鲁什。

1850 年 5 月,赞兼起义,教徒参加者 3000 人,攻占了城市的东半部,构筑了 48 处防御工事。妇女、少年与男子并肩作战,抗击 10 倍的王军,歼灭敌人 8000 余人。12 月底,国王下令用炮火把赞兼城轰平,并把守城者以及老幼全部屠杀了。这次起义也实行财产公有和平均分配的原则,进行一次正义王国的试验。

尼里兹起义后于赞兼一个月。2000 余教徒固守在离城不远的一个旧堡垒里。领袖叫雅西・达拉比。由于起义队伍中出现叛徒,雅西・达拉比被骗出进行谈判,敌人乘虚攻入堡垒,将起义者杀戮殆尽。不久,又发生第二次起义,一度冲入尼里兹城,杀死了州长。政府调集 1 万多名军人,到 1851 年才残酷地将起义镇压下去。

在狱中的巴布和他的信徒们保持着联系。他同意信徒们为建立神圣的正义王国而发动武装斗争。伊朗首相上书国王说:巴布一日不死,起义就一天不停。国王准奏,于 1850 年 7 月 19 日,在大不里士杀害了巴布,同时殉难的还有许多他的信徒。

1851 年以后,大规模武装暴动已经结束,战斗转入地下。1852 年有一个小的反复,不久,便一蹶不振了。其原因则是巴布教派的领导权落在投降派贝哈・乌拉手中。此人的父亲是卡扎尔王朝的大臣,本人是巴布的亲信,当巴布被杀后,他继承为教主。他坚决反对用革命和武装斗争的手段,宣称只有和平宣传才是唯一武器,提出“宁人杀我,毋我杀人”的口号。他在一份呈国王的奏议中,奴颜婢膝地表白他自己和门徒是国王的忠顺臣民,甚至肉麻地吹捧国王是“神圣正义的化身”。这就在政治思想上根本地瓦解了起义运动,起了封建统治者用武力镇压所起不到的作用。

巴布教徒起义之所以失败,贝哈・乌拉的叛卖不是唯一的原因,历史上的旧式起义,往往不免鱼

① 塔别尔西,什叶派著名长老,其陵墓是不可侵犯的圣地,也是逃犯可免于逮捕的庇荫所。

龙混杂,泥沙俱下,一些阶级异己分子在革命浪潮中渗透进来,应视为时代局限的一个具体表现。这种局限性还表现在:

(一)带有宗教色彩,披上宗教外衣的下层劳动群众革命,恰恰因神学而垮台,因为宗教就其本质来说,是群众精神上的鸦片,“伊斯兰教的核心正是宿命论”。它违反社会发展规律,不符合现实生活的要求,尽管巴布教派是以异端面目出现,也难以避免最后失败的结局。

(二)有很多商人和低级阿訇参加此次起义,并成为领导阶层。他们不可能迫切地感到土地对于农民的重要性,因此绝大多数农民没有公开参加战斗的行列。

(三)起义组织不严密,各地之间缺乏联系和统一,在战略上又只争取个别堡垒和城市,进行消极防守,坐等敌人围攻,最后到达弹尽援绝的地步。

起义虽然失败,但仍不失为伊朗历史上的一次反封建、反殖民主义的伟大壮举。它给卡扎尔王朝以重创,促使统治者不得不在财政、政治、军事方面进行一些修补工作。其次,起义也给外国殖民者以冲击,同时支援了亚洲各国人民的革命斗争。

巴布派和巴哈派*

陈麟书　朱森溥

巴布教派是19世纪中叶在伊朗产生的反封建的宗教政治派别，其创始人阿里·穆罕默德自称为“巴布”，即新教义之“门”。1844年，巴布以先知马赫迪身份公布《默示录》，声称穆罕默德时代已经过去，《古兰经》已陈旧，必须以新的“圣经”《默示录》来代替，必须由安拉指派新的先知来完成拯救的任务，而“巴布”就是这样的先知。他宣传要建立一个没有封建主，没有外国资本家的新国家，这个国家没有压迫，人人平等，过着幸福生活。在他看来，新的巴布主义国家，应当表达中等阶级而首先是商人的利益；巴布教派还反对进清真寺、朝见圣地和其他伊斯兰教宗教仪式。1847年巴布被捕，1850年7月巴布受难。此后，该教多次起义，以穆罕默德·阿里·巴尔福鲁什和侯赛因·波什鲁耶组织的全国规模的起义失败后，教派分裂，出现巴哈教派。

巴哈教派产生于19世纪的巴格达，创始人侯赛因·阿里自称“巴哈安拉”，意为“安拉的光辉”，著有《至圣书》，主张所有的人，不分种族、民族和社会地位都是兄弟，互相真诚相爱，互相信任。该教要求宽容异教，废除圣战，实现“世界和平”，建立“正义王国”，取消国界，用世界语组织统一政府，取消或简化宗教仪式，强调个人对安拉的忠诚。该派强调做“安拉的奴隶”，绝对服从最高的宗教领袖和一切现存政权，该教主要分布在伊朗等地。

* 原载陈麟书、朱森溥:《世界七大宗教》，重庆出版社1986年版。

巴哈教派*

[德]赫伯特·戈特沙尔克著,阎瑞松译

巴哈教派是从正统伊斯兰教分裂出来的另一个教派。这一教派也发出了与阿赫默底亚教派相同的声音。上一世纪,一个出身显贵的波斯人侯赛因·阿里(1917～1992)以巴哈乌拉或安拉的名字登上了历史舞台。巴哈乌拉的含义是"真主的光辉"。他宣布各个宗教的启示都将通过他来实现,也就是说,他代表犹太教、基督教、伊斯兰教以及其他所有宗教的希望,他是在各个时代出现的先知中最伟大的一个。可是他承认,在以后某个时候也许会出现另一位先知。这位先知将用更好的方法向人类启迪真理。

巴哈教派给人以现代感,明显地脱离了正统伊斯兰教,因而受到正统派的激烈攻击。巴哈派要求所有的人团结起来。它认为许多宗教都起源于一个共同的核心,而且经过不同的发展道路最后将汇合成一个包罗万象的宗教。巴哈派的使命就是把理智、进步和宗教协调起来,使之相互促进。为此,最重要的是世界和平。为了实现世界和平需要统一的世界语和所有国家的联盟,这一派别认为社会问题必须按照众人的意愿一劳永逸地加以解决,妇女应作为平等的成员参与这一过程。巴哈派的领导人是个有文化的、坚强而又神圣的人。他的四周放射着神光,看上去令人肃然起敬。信徒们对他崇拜至极。

在上世纪末,美国人就已经了解巴哈派的思想,他们在芝加哥为巴哈派修建了一座壮观的清真寺和九座塔楼。另外,几乎在西方各国都有巴哈派的中心,巴哈派是一个具有人道主义的宗教团体。它的创始人自称是"救世主"。他在流放期间写了一部著作《至圣书》(*Kitáb-i-Aqdas*)。他认为自己是波斯的赛义德·阿里·穆罕默德的继承人。穆罕默德①自称"巴布"即"门",并以隐遁的伊玛目(马赫迪)再现世间。他宣传对伊斯兰教进行改革和解放妇女,并以此向什叶派的国家领导人挑战。1850 年他在大马士革被处决。②

---

* 原载[德]赫伯特·戈特沙尔克:《震撼世界的伊斯兰教》,阎瑞松译,陕西人民出版社 1987 年版。

① 赛义德·阿里·穆罕默德,伊朗伊斯兰教巴布教派的创始人。他 1847 年被捕后,该派曾多次举行起义。1850 年 7 月赛义德·阿里·穆罕默德在德黑兰(此处有误,应为大不里士。——编者注)遇难后,以穆罕默德·阿里·巴尔福鲁什和侯赛因·波什鲁耶为代表的教徒继续传播巴布教义,并发展成全国规模的武装起义。起义失败后,该教派分裂,产生了巴哈教派。——译者注

② 原文有误,应为大不里士。——编者注

伊斯兰文化圈的问题（节选）*

[日]中村元著，吴震译

在伊斯兰文化圈当中，用比较哲学这一思维方法来展开宗教运动的是巴哈教（Bahá'í Religion）①。它是从波斯的伊斯兰教中的一派什叶派的神秘主义当中产生出来的宗教运动，其开创者巴布（Báb）在1850年被害，由二祖巴哈安拉（Bahá'u'lláh）将它改变为世界性的宗教，巴哈教的名称即由他而来。这一宗教运动在伊斯兰各国及法国得到了推广，连美国也很盛行，在芝加哥设有大教堂，在美国大陆各地一般都有信徒。这一宗教倡导的学说是进步的，它以推进人类平等、世界联合、国际法庭和广泛使用世界语言等作为自己的奋斗目标，特别是主张各种宗教的基础是同一的这一思想。它认为黑天②、佛陀、琐罗亚斯德③、摩西④、基督以及穆罕默德⑤等等都体现了神灵的启示。虽然，还未曾听到过有人说巴哈教派的教徒展开了比较思想论的考察，但是，可以说巴哈教派的思想充分具备了使比较思想论成为可能的精神基础。

---

* 原载[日]中村元:《比较思想论》，吴震译，浙江人民出版社1987年版。

① 巴哈教，一译"比哈教派"。伊朗巴布教派起义失败后，由巴布的门徒侯赛因·阿里于1863年建立的一个新教派，因侯赛因·阿里自称"巴哈安拉"（阿拉伯文，意为"安拉的光辉"），故名。——译注

② 黑天，Krishna，印度教崇拜的大神之一，毗湿奴的第八个化身。——译注

③ 琐罗亚斯德，Zoroaster（约前7～前6世纪），古代波斯宗教的改革者，琐罗亚斯德教的创建人。——译注

④ 摩西（希伯莱文 mōsheh），《圣经》故事中犹太人的古代领袖，向犹太民族传授上帝律法的人。有著名的摩西"十诫"。——译注

⑤ 穆罕默德，Muḥammad（约570～632），伊斯兰教创始人。——译注

伊朗巴布教起义、印度民族大起义、中国太平天国起义*

安长春主编

西方殖民主义者侵略亚洲的历史，也是亚洲各国奋起反对殖民主义者及其走狗的斗争史。可以说，从16世纪开始的亚洲编年史，每一页都记载着亚洲人民可歌可泣的英勇斗争。这些斗争，在19世纪40～50年代以前，重要的可以略举如下：在中国，有郑成功率领义军收复神圣领土台湾的斗争，林则徐领导的禁烟运动以及鸦片战争期间东南沿海军民的反英怒潮；在印度尼西亚，有1674～1679年、1683～1719年、1825～1830年分别由杜鲁诺·佐约、苏拉巴蒂父子、蒂博尼哥罗领导的反荷大起义，还有1740年雅加达华侨英勇的反荷斗争；在印度，有1764年起坚持17年的孟加拉起义和1767年起坚持30年的旁遮普锡克教徒起义；在阿富汗，有1838～1842年取得胜利的反英战争，等等。到19世纪中期，亚洲人民反殖反封的斗争，终于形成了第一次高潮。这个高潮的主要标志，是伊朗、印度、中国这三个亚洲大国几乎同时爆发的三大革命运动，即1848～1852年的伊朗巴布教徒起义、1857～1859年的印度民族大起义、1851～1864年的中国太平天国起义。

伊朗自19世纪起日益沦为外国商品的市场，仅1834年一年，英国输入的印花布就达2.86亿万码，价格比伊朗土产棉品低2/3。英国商品的大量倾销，破坏了伊朗农业与手工业相结合的自然经济，也扼杀了脆弱的资本主义萌芽。与此同时，封建主阶级的生活更加豪奢，对农民也更加紧搜刮，仅地租一项便夺走了农民收成的4/5。此外，伊朗还接连发生饥荒、鼠疫、霍乱。19世纪上半期，南阿塞拜疆的人口，竟减少了一半。上述情况，不仅把广大农民，手工业者推上绝境，而且也引起了一般商人和伊斯兰教下级阿訇的不满。

1844～1847年间，出身布商的下级阿訇赛义德·阿里·穆罕默德(1819～1850)创立了巴布教并著作《默示录》。"巴布"在阿拉伯语中是"门"的意思，即先知的意志将通过此"门"而传达给众人。赛义德·阿里·穆罕默德自称巴布。他宣传说，伊朗将会建立起一个"正义的王国"，人民也将会过着不受压迫的平等的生活，表达了伊朗人民对封建统治者和高级阿訇的不满和对美好未来的憧憬。在巴布被捕以后，巴布教教义更加激进，例如，农民出身的下级阿訇穆罕默德·阿里·别什鲁伊便明确提出了废除封建特权、反对纳税、实行财产公有、男女平等的主张，从而把大批手工业者、农民吸引到巴布教的旗帜下。1848年9月，巴布教徒首先在北部马赞德兰省发动起义，10月，起义者在巴尔福鲁什市(今巴博勒市)东南塞克·塔别尔西陵墓建立了根据地，过着原始的共产主义生活，人数约2000多人。在它的影响下，1849年伊朗全国已有巴布教徒达10万人以上。政府慌忙调动大军镇压

* 原载安长春主编：《世界历史普及读本》，湖北人民出版社1987年版。

起义,1849 年 5 月,在 1 万多名政府军的猛攻下,塔别尔西陵墓陷落,起义者全部遭到杀害。1850 年五六月间,里海西南的漳章和伊朗西南的尼里兹等城市,又爆发了巴布教徒起义。政府加紧镇压,杀害狱中的巴布,并出动 3 万军队进攻漳章,但遭到了起义者的英勇回击,损失约 8000 人。12 月,政府军凶残地使用大炮猛轰该城,至城破时,起义者只剩下一人,漳章起义就这样被血腥镇压了。1851 年,尼里兹的巴布教徒起义也遭到失败,翌年 8 月,巴布教徒又企图在德黑兰谋刺国王,但未能成功,首都几百名教徒遭到惨不忍睹的杀害。至此,伊朗巴布教起义终于完全失败。

巴布教起义是一次以宗教为旗帜的反封建起义。由于卡扎尔王朝充当外国代理人,所以,起义客观上也具有反对殖民主义的性质。由于巴布教起义分散在少数城市中进行,未能动员广大农民参加;加之起义者往往只固守一地,消极防御,结果导致了起义的失败。

伊斯兰教的个数派（节选）*

伊斯兰教的另一支派是巴哈教派，但与德鲁兹派很不一样。它是由什叶派的一位神秘主义者于19世纪中叶前在波斯创立的，有过不平常的经历。它的创始人巴布[①]在1850年被（德黑兰）当局处决；其继承人先流亡到塞浦路斯，后流亡到阿卡。自那时起，尤其从创始人的遗体运到海法、安葬在迦密山以来，巴勒斯坦[②]便成为了巴哈教派的宗教中心。建在其壮丽花园中的巴哈寺的金色屋顶，是现代海法市最引人注目的景物。巴布的继承人巴哈安拉，把什叶派的这个半神秘的伊马姆复临派变成了世界性宗派，他被安葬在阿卡附近。他的继承人阿巴斯·埃芬迪（他在信徒中是以阿卜德·巴哈这个名字闻名的）被安葬在迦密山的大陵墓中。从社会学的观点来看，产生不足一个世纪的巴哈教派发展是引人注目的：它从起初的神秘主义和伊马姆复临论的教派变成了宣扬博爱、团结、和平、男女平等的中产阶级的教派（主要在美国和欧洲）。虽然以色列没有大量的巴哈教派的人，但是阿卡和海法的圣地仍是这一教派的主要圣地，它的行政与宗教中心——"世界正义宫"就在海法。

位于海法的世界正义院，巴哈伊的最高管理机构

* 原载《参考消息专辑》之二十七《以色列内外》，《参考消息》编辑部1987年编辑出版。

① 巴哈教派是在伊朗巴布教派起义失败后分化出来的一个新教派，因创始人侯赛因·阿里自称："巴哈安拉"，故名。而巴布派教派的创始人为赛义德·阿里·穆罕默德，因自称"巴布"（阿拉伯文音译，意为"门"），故名。——译者注

② 此处有误，应为以色列。——编者注

托尔斯泰的最后一年（节选）*

[苏]瓦·布尔加科夫著，萨石等译

五月十一日（1928）

早上，当我给列夫·尼古拉耶维奇送一封信去时，他正在读阿拉克良的小册子《巴比教派》①，他非常夸奖这本书。

我问他有没有开始读安德烈耶夫的剧本《阿那太马》。这本书是作者寄来的，正放在列夫·尼古拉耶维奇的桌子上。

"还没有，没意思！"他回答。

列夫·尼古拉耶维奇又骑马去了。

阿布里科索夫父子来了，父亲是莫斯科一家著名食品商号的代理人，儿子是列夫·尼古拉耶维奇的志同道合者，现在娶了他的远房亲戚，公爵的女儿奥鲍连斯卡娅，是离苏霍金家十五俄里的一个小庄园主。他们，尤其是儿子非常高兴能见到列夫·尼古拉耶维奇。由于客人来了，设茶点招待。

过了一些时间，列夫·尼古拉耶维奇朝我房间里望了望，他看到我，就走了进来。

"您知道阿布里科索夫父子是什么人吗？"他问，于是就简要地介绍了一下自己的客人。

"看来，小阿布里科索夫以前是您的热烈崇拜者？"

"就是现在他也是……他有节制地、平稳地向前走。当然是象一个结过婚的人所能做到的那样。"

我想起苏霍金娜讲过，阿布里科索夫结婚前住在施密特的奥夫相尼科沃村时曾帮她料理田产，而且，顺便提提，他还穿着农民的衣服在扎谢卡车站卖牛奶给在图拉避暑的人们。看来，在托尔斯泰家里，大家很喜欢阿布里科索夫。

列夫·尼古拉耶维奇在安乐椅里坐了一会儿。

"我想去休息一下。我想，只有在上帝愿意的时候，才应该工作。你还是尽量不要去想，应该说些什么，这对某人是需要的。应该按上帝的意志生活，不要去考虑后果……您还记得吗，我曾说过，

* 原载[苏]瓦·布尔加科夫：《托尔斯泰的最后一年》，萨石等，新华出版社 1987 年版。

① 这里指在梯弗里斯出版的阿拉克良的著作《巴比教派》，此书是讲 19 世纪中叶伊朗的群众性的反封建的民主运动的。此次运动为首的是巴比·阿里·穆罕默德（1820～1850），故以巴比教派为名载入史册。托尔斯泰对这次运动表现出极大的兴趣。——罗扎诺娃注（以下简称"罗注"）

如果你考虑后果，那么一定是在于个人的事，而假如不去考虑后果，那就是在于公众的事。就是应该为干公众的事而活着，小鸟、小草都是这样生活的……它们的事毫无疑问是公众的事……”

晚上喝茶时大家谈到莫斯科艺术剧院和它上演的一些新剧目。列夫·尼古拉耶维奇说屠格涅夫的《村中一月》是“毫无价值的东西”。关于奥斯特洛夫斯基的喜剧《聪明一世，糊涂一时》他说：

“这可不是奥斯特洛夫斯基的典型作品啊！他初期的作品中有些是非常好的。反映了他所熟悉的、所热爱的、所谴责的生活。他热爱艺术家所必需的东西。”

有关奇切林，他说：

“这是教授、律师……是现在所说的立宪民主党人。他对我的好感总使我感到惊奇。我觉得自己欠了他的人情，但同时又觉得与他并非志同道合。”[①]

有关自己的哥哥谢尔盖，他说：

“大概在兄弟之间常有许多共同之处。谢尔盖[②]与我相比较，完全是另一个人，尽管如此，我对他还是非常了解的。我觉得任何人彼此之间也不能像兄弟之间那样了解得这么清楚。”

五月十二日(1928)

列夫·尼古拉耶维奇读了普弗列德列尔的《论宗教和教派》[③]的俄译本。这本书是契尔特科夫给他的。他把书带来给我，请我把他划出的书中引用老子和孔夫子学说的那些地方摘录下来。

“我不怕麻烦您，因为您自己也看得出，这是非常有意思的。”列夫·尼古拉耶维奇说。

阿拉克良关于巴比教派的书他看完了，请我把它转交给布兰热，让他根据这本书编写一本有关这个有趣的教派的通俗读物。

我们骑马走了七俄里路到戈里增公爵的花园去。看守人不愿意放我们进去，但在得知列夫·尼古拉耶维奇是“米哈伊尔·谢尔盖耶维奇·苏霍金的岳父”后，就不再阻拦，并不好意思地笑了一下：

“丌头嘛，我没认出来……”

戈里增公爵独居，完全与世隔绝。是位很奇怪的老头。他怕见女人，除了一个据说是非婚生的儿子外，没有任何继承人。列夫·尼古拉耶维奇吩咐走过来的管家转达对公爵的问候，并说他本来要去拜访公爵，可现在没时间了。

---

① 奇切林·鲍里斯·尼古拉耶维奇(1828～1904)，律师，莫斯科大学国家法教授，一系列法律史和政论文章的作者。他在自己的教学和科学一政论活动中坚持俄国国家超阶级性的反动理论，保护贵族的利益。托尔斯泰与奇切林在 1856～1857 年间见过面。托尔斯泰与奇切林的来往信件保存了下来。(《托尔斯泰通信集》，莫斯科，1928)——罗注

② 谢尔盖·尼古拉耶维奇·托尔斯泰(1826～1904)，列夫·尼古拉耶维奇·托尔斯泰的哥哥。——译注

③ 《论宗教和教派》，德国神学家奥托·普弗列德列尔的著作，阐述各种宗教的实质。——罗注

巴布教起义*

叶昌纲主编

巴布教起义 1848年至1852年伊朗人民的反封建起义。巴布教是19世纪40年代兴起于伊朗的一个伊斯兰教派别，创建人是出身于小商人家庭的赛义德·阿里·穆罕默德(1820～1850)。1844年，他自称“巴布”(阿拉伯文和波斯文的译音，意为门)，意思是指“救世主通过此门到达人间”，所创教派亦称“巴布教”。1847年他著有《默示录》。巴布教宣传新的救世主将降临人间，建立公平幸福的社会制度，并认为现世的不平等是由于高级阿訇和世俗官吏不愿放弃旧制度造成的。农民、手工业者和小商人纷纷入教。伊朗国王对此极度不安，于1847年下令逮捕了巴布。在商人和下级阿訇的领导下，两万名教徒于1848年9月在马赞德兰省发动起义。至1849年初，巴布教徒发展到十万人。1850年5～6月，赞兼和尼里兹等地教徒也举起了义旗。由于起义队伍之间缺乏联系，各自孤立战斗，至1852年接连被镇压下去。阿里在1850年7月19日被伊朗国王处死。19世纪30年代后，英、法等殖民主义国家在伊朗取得许多特权，伊朗封建王朝已成为它们的走狗，因此巴布教徒起义实际上是一次反封建、反殖民主义的农民起义。

* 原载叶昌纲主编:《世界历史备览》，山西教育出版社1987年版。

伊朗巴布教起义*

棠棣等编著

伊朗巴布教起义 伊朗人民的反封建斗争。19 世纪中叶，伊朗已沦为半殖民地半封建国家。以国王为首的封建统治集团充当外国代理人。伊斯兰教什叶派是伊朗封建统治的精神支柱，它们在社会政治、经济生活中占据重要地位。在殖民者和封建主的双重压迫和剥削下，伊朗阶级矛盾和民族矛盾十分尖锐。伊朗人民在巴布教派的旗帜下掀起了反封建压迫和殖民侵略的起义。巴布教宣传新救世主将要降临，并在人间建立公平与幸福的新制度。巴布教义有很大的号召力，许多手工业者、小商人、农民和下层阿訇纷纷入教。伊朗统治者禁止其传教，还逮捕巴布。但巴布教徒毫不屈服，从 1848 年 9 月到 1850 年 9 月先后在塞克·塔利尔西陵墓、赞兼和尼里兹发动大规模起义，1852 年 8 月，巴布教徒又设计谋刺国王，均未获成功，无数人惨遭杀害。尽管起义失败，但它震撼了伊朗封建制度，打击了外国殖民者。

* 原载棠棣等编著：《文史手册》，江苏教育出版社 1987 年版。

伊朗巴布教起义*

刘明翰等主编

卡扎尔王朝统治下的伊朗

1796年,伊朗建立卡扎尔王朝,首府在德黑兰。伊朗的政治制度是封建君主专制。国王是最大的封建主,拥有无限权力,以首相为首的枢密院管理国家日常事务。地方分为30个省和州,省设总督,州设州长。总督和州长通常都是由王亲国戚充任,事实上依然存在着严重的封建割据状态,国王极少过问各省或州的内政,封建主之间的战争以及叛乱连年不断。

伊斯兰教十叶派在伊朗社会政治生活中占有重要地位。十叶派高级阿訇占有大片土地,还从事商业高利贷活动,掌握宗教最高权力,经常按照封建统治阶级的利益解释《可兰经》,成为封建王权的重要支柱。高级阿訇控制教典法院,审理裁判有关财产继承、婚姻、买卖交易等民事案件,他们从中进行敲诈勒索。刑事案件由世俗法院审理。

封建制下的伊朗长期处于不统一和虚弱落后的状态,这给欧洲殖民强盗入侵开了方便之门。

17～18世纪,伊朗的封建王朝同欧洲各国签订了不平等条约:准许欧洲商人在伊朗享有广泛特权,如建立商站、自由贸易、免交进口税、不受伊朗法律制裁等。19世纪30年代以后,欧洲资本主义国家,特别是英国大量向伊朗输出商品,几乎占伊朗全部进口总值的90%。1841年,美国也强迫伊朗订立不平等条约,取得领事裁判权与最惠国待遇。19世纪前期,沙俄为争夺高加索统治权与伊朗发生两次战争。1828年,俄国强迫伊朗签订土库曼恰伊条约。俄国吞并格鲁吉亚、亚美尼亚、北阿塞拜疆,伊朗赔款2000万卢布。俄国还获得在伊朗的领事裁判权和许多经济政治特权。

不平等条约使伊朗沦为半殖民地国家。欧洲商品涌入,冲击伊朗的封建经济基础,破坏农业和家庭手工业相结合的经济。商品经济发展,地主阶级要求以货币代替实物地租,加重对农民的剥削。国王、总督、省长、高级阿訇公开卖官鬻爵,以获取大量金钱,买得官爵的人又疯狂地掠夺农民。贵族和官吏需要现金,把采邑卖给商人和高利贷者,扩大了新地主阶层,他们加紧剥削农民。欧洲商品的倾销以及封建统治集团的横征暴敛,造成手工业者大批破产、失业,中小商人生命财产也没有保证,下级阿訇的生活状况和中小商人手工业者相近。全国广大人民处于深重的苦难之中。

* 原载刘明翰等主编:《世界史简编》,山东教育出版社1987年版。

巴布教起义

19 世纪上半期，由于多年灾荒、鼠疫、霍乱流行，南阿塞拜疆地区有二分之一的人口死亡，使人民不能再忍受下去，掀起了 1848～1852 年的反封建压迫和反殖民侵略的巴布教起义。

这场起义是在巴布教的旗帜下进行的。巴布教的创始人赛义德・阿里・穆罕默德出身于布商家庭。1844 年他自称“巴布”（“巴布”是“门”的意思，表示人们所渴望的“救世主”马赫迪的意志通过此“门”传达于人民）。1847 年，阿里・穆罕默德撰写《默示录》，成为巴布教的“圣经”。巴布认为人类社会是一个时代胜过一个时代而依次向前发展的，各个时代有自己的制度和法律，旧制度与旧法律应随着旧时代的结束而废除，代之以新制度与新法律。但他们要由“主”派下来的“先知”制定。先知给人们的指示就是代替旧圣经的新圣经。巴布自称他是“主”委托的“先知”，《默示录》是新圣经，是代替《可兰经》的，一切制度和法律必须依照《默示录》重新制定。

巴布企图建立一个“正义王国”，消灭剥削，人人过着平等的生活。但是他主要是代表中小商人和新地主的利益，所以提出保护私有财产、保障人身自由，欠债必还、严守商业通信秘密、用法律规定贷款利息，改良邮政，统一货币等。

巴布幻想在上层中宣传他的主张后能被接受，但遭到反对。1847 年巴布被逮捕。巴布教遭到迫害后，很快出现了接近人民群众的人民派。农民出身的穆罕默德・阿里・巴尔福鲁什是巴布教人民派的领袖。他提出了更加民主的要求：把封建主降为平民，废除私有财产，平分公共财产，男女平等。人民派得到下层阿訇、农民和手工业者拥护，巴布教徒迅速增加，壮大了力量。

1848 年 9 月，巴布教徒利用国王死后封建统治集团发生内讧的机会，在伊朗北部马赞德兰省首先举行起义。两万起义者以赛克・塔别尔西陵墓为基地，修筑城堡，在群众中平分财产，实行共餐。国王派军镇压，并用谎言欺骗了没有斗争经验的起义队伍，诱使他们放下武器，随后国王背信弃义进行屠杀。屠杀并没有扑灭起义的火焰，反而激起更大规模的起义。

1849 年 2 月，全国巴布教徒增至 10 万多人。1850 年 5 月，又在津章发动起义，英勇抗击王军的进攻，直到 1850 年 12 月，王军用大炮几乎轰平了津章城，巴布教徒顽强抵抗，奋战到底，最后全部牺牲。

1850 年 6 月，另一部分巴布教徒在尼里兹起义。尼里兹起义一直坚持到 1851 年。1852 年大规模斗争结束，教徒转入隐蔽活动。巴布在狱中还和人民保持着联系，1850 年 7 月被国王处死。

巴布教起义失败后，封建统治阶级对教徒进行疯狂的屠杀和迫害，封建主用尽了中世纪最野蛮的手段和刑罚。

巴布教徒起义是一次带有浓厚宗教色彩的反封建反殖民主义的伟大起义，它在 19 世纪中叶亚洲民族解放斗争高潮中占有重要地位，起义的主要斗争矛头指向封建工朝，但当时伊朗已沦为半封建半殖民地社会，封建王朝实际上是欧洲列强的代理人，因此起义在客观上也具有反抗外国殖民者，争取民族独立的性质。起义失败的原因是领导权掌握在商人和下层阿訇手中，尽管起义的动力是手工业者、城市贫民和一部分郊区农民，但没有把起义扩大到广大农村，没有提出解决土地问题的纲领口号，因此未能发动农民。更由于组织不严密，使起义各支队伍之间很少联系，各自为战，易被反动派各个击破。还有的领导人轻信封建主的欺骗诺言，自动放下武器，惨遭毒手。巴布教徒起义虽然失败了，但它的反抗封建主义和打击殖民主义的伟大战斗精神，给亚洲人民树立了光辉榜样。

巴布教派运动*

金宜久主编

巴布教派运动亦称“巴布教徒起义”，是19世纪四五十年代波斯穆斯林谋求社会改革的运动。创始人为赛义德·阿里·穆罕默德(1820～1850)，他自称“巴布”，故该派被称为“巴布教派”，但该派教徒自称为《默示录》(该派经典)信徒。

“巴布”的原意为“门”。苏非派和十叶派常用以尊称有地位的宗教人士——谢赫为“门”，指该人有能力引导穆斯林通过该门进入宗教知识之境。于17世纪末至18世纪初，在十叶派的十二伊玛目派中，由阿赫默德·阿赫沙伊(1741～1826)发起谢赫派运动，他主张信徒唯有通过伊玛目之“门”始能认识安拉。该派为巴布教派之前驱。

阿里·穆罕默德系波斯设拉子商人之子，对当时与封建统治紧密结合的伊斯兰教深为不满，企图通过宗教改革来改造社会，使之适合于新兴的商业资产阶级的发展。他曾到卡尔巴拉朝觐，颇受谢赫教派领导人赛义德·卡兹木·拉施蒂(？～1843)的影响。卡兹木死后，其门徒毛拉侯赛因(布什鲁叶人，？～1849)遵其遗训寻找即将出现的马赫迪。1844年抵达设拉子与阿里·穆罕默德相识，他钦佩阿里·穆罕默德的宗教文章，遂奉他为“通往真理之巴布”。1845年，阿里·穆罕默德公开自称“巴布”，宣布伊斯兰教的时代已结束，巴布教派统治的新纪元已到来。

巴布教派以巴布的《默示录》取代《古兰经》，宣扬他是反映真主的镜子，信徒可以通过巴布而见到真主。该派还有某些与伊斯玛仪派相近似的神秘主义教义，如说神有七种属性，即前定、注定、意定、意愿、允准、末日与启示。神利用这七种属性创造世界。视“十九”为神圣数字。该派把一年分成19个月，每月定为19天。管理社团的委员会也由19人组成。它还简化宗教仪式，规定每年只需斋戒19天(即该派的一个月)，不必在规定的时间或地点进行经常的礼拜，除葬仪外，不必举行集体仪式。净礼不属正式规定，仅属嘉许行为。该派否认伊斯兰教法和世俗法，提出一系列有关社会制度的改革主张，如承认贸易和签定合同的绝对自由；允许对赊欠货款征收利息；政府不得强迫信徒缴纳赋税；只许商人和朝觐者外出旅行或航海；取消一切刑罚，犯罪者只罚款及禁止性生活；妇女不必戴面纱，并可与陌生人交谈等。

阿里·穆罕默德把传教士派往波斯各省，企求通过和平方式，即道德感化方式，使统治者接受社会的和宗教的改革主张。巴布在信徒中的地位和威信与日俱增，波斯国王慑于该派势力，在官方十叶派教士的怂恿下，开始对该派进行镇压。巴布本人亦于1847年被捕，囚于阿塞拜疆的麦库要塞。

* 原载金宜久主编：《伊斯兰教概论》，青海人民出版社1987年版。

以后，巴布教徒又在波斯多处发生骚乱，巴布被解往大不里士，于 1850 年 7 月 9 日被处决。

巴布被捕后，侯赛因在波斯各地继续宣传其教义的同时，改变了以前企求感召统治者的方式达到改革的目的，而普遍采用暴力的手段，于各地发动武装起义。巴布教派的这一矛头针对封建统治者、外国殖民者以及与封建统治者勾结的宗教上层，它在群众中的影响日大，德黑兰和卡兹温均有著名人物参加运动。1848 年，侯赛因在比德什特召开会议，决定与政府决裂，进行武装起义，并率领一支队伍前往巴富鲁什城，被国王的军队围困在谢赫·塔巴西圣陵内。因寡不敌众，侯赛因战死，其余信徒于 1849 年 7～8 月粮尽投降，后全部被杀戮。在坎萨省首府赞詹市的巴布教徒在毛拉穆罕默德·阿里·赞詹尼领导下，也在 1849 年 5 月举行武装起义，攻占阿里麦尔丹要塞。1850 年 2 月被击溃。其他地方如德黑兰、法尔斯的内里兹也有规模不等的起义，亦于 1851 年被击败。1852 年 8 月 16 日伊朗国王纳西尔丁沙被巴布教徒刺伤，政府遂在全国范围对巴布教徒进行更大规模的镇压。巴布教徒纷纷亡命伊拉克。

巴布教徒到伊拉克后分裂为两派：一派为阿里派，由米尔扎·叶哈雅·努里（又称"苏布赫·阿扎勒"）领导，坚持原来教义，人数很少；另一派为巴哈教派，由米尔扎·侯赛因·阿里（又称"巴哈·乌拉"）领导，主张妥协，反对武装斗争，提出一种与巴布教派截然不同的教义。以后，它发展为一种独立的宗教——巴哈教（亦称"巴哈伊""大同教"）。目前，在世界各地得到传播。

巴布教起义*

胡刚等编

巴布教是一个出身布商家庭的下层阿訇,赛义德·阿里·穆罕默德创始的。1844 年,他自称"巴布","巴布"在阿拉伯语中是"门"的意思,意思是要将救世主马赫迪通过此门传给人民。他又称自己是救世主马赫迪再世。1847 年,他根据《古兰经》,撰写了《默示录》,成为巴布教的"圣经"。他指出人类社会是发展的,一个时代胜于一个时代,每个时代都有其特殊的制度和法律。新时代的制度和法律必须取代旧时代的制度和法律。但新制度和法律必须由"主"派下来的"先知"制定。先知给人们的指示就是圣经。巴布宣称自己是"主"派来的"先知",他的《默示录》就是圣经。巴布认为摩西的《旧约》、耶稣的《四福音书》,连同穆罕默德的《古兰经》统统过时了,只有《默示录》才是新的,一切制度和法律应按《默示录》重新制定。

巴布企图建立一个"正义王国",在这个王国里没有压迫和剥削,人人平等,大家过着幸福的生活。它体现了伊朗人民幻想平等的思想,要求消灭封建压迫的愿望。但《默示录》主要反映维护中小商人和新地主利益的思想。它详述了对人身和财产的保护,主张欠债必还,用法律规定贷款利息,严守商业通信和秘密,改良邮政,统一货币等。

巴布的初期活动,主要想争取国王、大臣、地方长官和大阿訇,但遭到反对。1447 年①巴布被捕,巴布教遭到迫害。之后,巴布的宣传转向人民,影响很大。巴布教出现了一些同人民联系密切的人,形成人民派。农民出身的穆罕默德·阿里·巴尔福鲁什是巴布教人民派的领袖。他提出把封建主降为平民,废除私有财产,平分公共财产,做到男女平等。这些民主要求,受到下层阿訇、农民和手工业者拥护,巴布教徒迅速增加。

1848 年 9 月,巴布教徒利用国王死后封建统治阶级内部纷争的混乱局势,首先在伊朗北部的马赞德兰举行武装起义。塞克·塔别尔西陵墓也有 2 万多人起义。他们修筑堡垒,在群众中平分财产。巴布教徒的队伍迅速扩大,到 1849 年 2 月,全国已有 10 万余教徒。德黑兰卡扎尔王朝派兵镇压塞克·塔别尔西的起义,为起义者所败。后来卡扎尔工朝又用欺骗手段使起义者放下武器,但随即背弃诺言,实行屠杀,连放下武器的起义者也无一人幸免。

1849 年 5 月 8 日,巴布教徒又在里海西南的赞詹发动起义。起义者在城内修筑工事和街垒,制造武器和火药。他们和军队激战,连妇女也参加了保卫街垒的斗争。女巴布教徒鲁斯腾·阿里指挥

* 原载胡刚等编:《世界简史》,湖南大学出版社 1988 年版。

① 此处有误,应为 1847 年。——编者注

武装别动队,防守最危险的阵地,英勇杀敌。国王调来三万军队,用大炮夷平赞詹城,起义在 1850 年 12 月被残酷镇压。

与赞詹起义同时,巴布教在伊朗西南尼里兹也举行了起义。在狱中的巴布还和人民保持着联系,号召人民为建立正义王国而斗争。国王于 1850 年 7 月 19 日在大不里斯杀害了巴布。官军用大炮轰击尼里兹城。1851 年,尼里兹的起义也失败了。从此,大规模的斗争基本结束。巴布教徒转入隐蔽活动,1852 年他们谋刺国王未成,却因为刺杀事件,首都数百名巴布教徒惨遭屠杀。

巴布教起义是一次反封建主义、殖民主义的伟大起义。起义虽在宗教旗帜下发动,主要斗争锋芒却指向封建王朝。由于外国资本主义入侵,破坏了伊朗经济,使农民和手工业者日益穷困,巴布教提出社会经济方面的要求,也具有反对殖民者、争取民族独立的性质。起义震撼了伊朗封建制度,打击了外国侵略者。它是亚洲民族运动的一个组成部分,是亚洲民族解放运动的一环。

伊斯兰教巴布教派*

洪成杓主编

伊斯兰教巴布教派创始人——巴布

巴布(1819/1820～1850)原名米尔扎·阿里·穆罕默德。他生于设拉子(今伊朗境内)布商家庭。早年曾经到卡尔巴拉和纳杰夫朝圣,结识谢赫教派(十叶派的支派)首领赛义德·卡齐姆·拉西提,1843年成为该派首领。次年自称"巴布"(意为"门"),创立巴布教派,成为巴哈教派三个中心人物之一。

巴布教派是19世纪40～50年代,伊朗伊斯兰教教派之一,因创始人米尔扎·阿里·穆罕默德自称巴布而得名。1844年5月23日,巴布得到灵感,即席草成并诵读《古兰经》中《优素福》章的诠注。以先知马赫迪身份公布《默示录》,声称穆罕默德时代已过去,《古兰经》已陈旧,必须以新的"圣经"《默示录》代替;必须由安拉指派新的先知来完成,而巴布就是这样的新先知。宣传没有压迫、人人平等、过着幸福生活的世界。同年,他凑集门人18人,连同他自己共19人,成为该教派的使徒,分驻伊朗若干省内。他受到许多人拥护。后因蒙受煽动暴乱之嫌,多次被囚禁。1847年巴布被捕后,该派活动日益发展,并多次举行起义。1850年春在德黑兰遭到当局镇压,同年7月巴布受难。后以穆罕默德·阿里·巴尔福鲁什和侯赛因·波什鲁耶为代表的教徒深入群众传播巴布教义,并发展成全国规模的武装起义。起义失败后,教派分裂,出现巴哈教派。

巴布有大量著作,兼用波斯文和阿拉伯文撰述。其中最重要的是《巴扬》。

伊斯兰教巴哈教派创立者——巴哈·安拉

巴哈·安拉(1817～1892)是伊朗人,原名侯赛因·阿里,他原是伊斯兰教什叶派信徒,后自称为不可知的真主的化身,创立巴哈教派。

巴哈教派起源于设拉子人巴布所创立的巴布教派,而后又源自伊斯兰教的什叶派。什叶派相信第12位伊玛目(穆罕默德的继承人)将重返人间,革新伊斯兰教,引导信徒。这种关于末世出现救世

* 原载洪成杓主编:《百科知识渊源词典》,黑龙江朝鲜民族出版社1988年版。

主的思想就是当时出现的谢赫教派的基本教义。他们期待卡伊姆("兴起者",即第 12 伊玛目)的早日出现。1844 年 5 月 22 日穆罕默德的后裔赛义德・阿里・穆罕默德宣称自己是众人所期待的卡伊姆,并号称"巴布"招收的弟子,巴布的教义很快就传遍波斯,引起教士和政府的强烈反对,巴布被捕处死。他早期招收的弟子巴哈・安拉由于涉及谋杀国王纳赛鲁丁一案而被捕,获释后被流放到巴格达。巴哈・安拉发挥领袖作用,使巴布教派为之一振。1863 年 4 月他向巴布教徒宣称自己是真主的使者,他的到来早经巴布预言,并公开宣布自己的使命,巴布教徒大多承认巴哈・安拉的使命,从此建立巴哈教派。

巴哈教派一译比哈教派。该教派强调要做"安拉的奴隶",绝对服从最高的宗教领导人和一切现存政权。巴哈・安拉认为,真主是不可知的,不是人所能形容,真主决定通过使者显示自己。其中有易卜拉欣(亚伯拉罕)、穆萨(摩西)、释迦牟尼、穆罕默德和巴布,他们是一体,都是真主在地上的代表,而真主是宇宙的中心。他称人是"被创造的万物中最高贵和最完善者",有永恒的灵魂,这灵魂脱离肉体后就以新的形式存在,天堂与火狱象征灵魂与真主的关系。主张所有的人,不分种族、民族和社会地位,都是兄弟,互相真诚相爱,互相信任。要求宽容异教,废除圣战,实现"世界和平",建立"正义王国",取消国界,用世界语组织统一政府,取消或简化宗教仪式,强调个人对安拉的忠诚。

世界三大宗教及其流派(节选)*

于可主编

第七节 巴布教派

巴布教派是19世纪40～50年代在伊朗出现的一个伊斯兰教的重要教派。因创始人赛义德·阿里·穆罕默德(1821～1850)自称"巴布",故名。

一、形成经过及其发展

巴布教派思想的前驱是18世纪初在伊朗产生的十叶派的支派谢赫教派。该派认为,"隐遁伊玛目"作为马赫迪重返世间的日子已经临近,在他到来之前,将出现一位作为马赫迪与穆斯林之间的中间人,为马赫迪的降临铺平道路。赛义德·阿里·穆罕默德进一步发展了此教义。他生于设拉子一个布商家庭,早年曾经到卡尔巴拉和纳杰夫朝圣,结识谢赫教派首领赛义德·卡齐姆·拉西提,成为该教派信徒。1843年被推举为该派首领。

1844年,赛义德·阿里·穆罕默德自称"巴布"(阿拉伯文意为"门"),意谓人们所渴望的马赫迪(救世主)旨意,通过此门传达于人民。他宣传没有压迫、人人平等、过幸福的生活。从此,以"巴布教派"命名的新教派诞生了,巴布本人在向伊朗统治阶级宣传其学说时遭到反对,并于1847年被捕。巴布被捕后,该教派活动日益发展。其著名信徒穆罕默德·阿里·巴尔福鲁什和胡赛因·波什鲁耶等人深入群众,在别达什特镇(今伊朗沙阿鲁德市以东)传教,宣称新先知已降临,《古兰经》与旧法典、旧制度都已失效,无需缴税和服役。宣布废除私有制,主张财产公有、人人平等。信徒颇众。由于统治阶级派兵镇压,该派于1848～1849年在马赞德兰、1850年又在赞詹和伊朗西南的尼里士等地先后举行武装起义,但均受到残酷镇压。1850年7月巴布被处死,幸免于屠戮的教徒则转入隐蔽活动。1852年,该派谋杀国王未遂,随后内部发生了分裂。1863年巴布门徒侯赛因·阿里创立了巴哈教派。

二、教义

1847年巴布仿《古兰经》写成《默示录》,作为巴布教派的教义,并以先知马赫迪的身份加以公

* 原载于可主编:《世界三大宗教及其流派》,湖南人民出版社1988年版。

布。巴布认为人类社会各个时代依次递嬗发展，未来的时代一定超过以前的时代。每个时代皆有其特殊制度与法律，旧的制度与法律应随旧时代的结束而废除，代之以新的制度与法律。但它不能由人们自己制定，必须由真主派来的先知制定。先知给人们的指示就是代替旧经典的新经典。他声称穆罕默德的时代已过去，他是受真主委托而降临的先知，《默示录》就是新经典。巴布教派主张，摩西及其《旧约书》、耶稣及其《福音书》、穆罕默德及其《古兰经》都应让位于巴布和《默示录》，一切制度和法律也应按《默示录》重新制定。他认为世俗官吏和神职人员不愿抛弃旧制度，是世界充满不平和倾轧的原因。他宣传没有压迫，人人平等，过幸福的生活。

巴布的教义反映了当时伊朗新形成的商业资产阶级的利益。巴布发出保障人身自由和关于私有权、继承方式等指示，提出很多符合商人利益的要求，如负债必还，严守商业通信秘密，用法律规定借贷利息，改良邮递，统一币制等。巴布的信徒，进一步发展巴布的社会主张，提出了“废除私有制、财产公有”的口号。

第八节　巴哈教派

巴哈教派是巴布教派起义失败后，分化出来的新教派。因创始人侯赛因·阿里(1817～1892)自称“巴哈安拉”[①]，故名。巴哈教派，亦译作“比哈教派”。

一、形成经过及其发展

巴布教派起义失败后，大批信徒遭到屠杀。幸免于难的一部分人分散到伊朗各地，组成秘密的宗教团体，另一部分人则逃到土耳其奥斯曼帝国统治下的伊拉克。叶海亚和他的异母兄弟侯赛因·阿里两人争夺伊拉克巴布教派的领导权，导致巴布教派分裂。他们争夺领导权的斗争，遭到奥斯曼当局的干预，命令他们离开巴格达。几经搬迁，最后，叶海亚被送往塞浦路斯的法马古斯塔，直到1912 年去世。侯赛因则被送到巴勒斯坦的阿克城，1892 年死于该地。

叶海亚自称“苏布艾泽尔”(意为“永恒的曙光”)，坚持巴布的教义。

侯赛因·阿里在巴格达郊区一个友人的花园里居住，于 1863 年 4 月 21 日宣称他是巴布所预言的安拉派来的新使者，自称巴哈安拉。这种说法是借用巴布的《默示录》作根据的，因为巴布曾经说过，《默示录》应有 19 章，他只写了 11 章，还有 8 章，将由安拉派来的新使者来完成。但叶海亚不承认他的说法，曾驳斥说，按巴布的教义，巴布和新使者之间的间隔时间应为巴布死后的 1511 年或 2001 年[②]。巴哈安拉还积极写作，并于 19 世纪 70 年代初完成其主要著作《至圣书》。他企图用此书取代《古兰经》和《默示录》。巴哈安拉指定其长子阿布杜·巴哈(1844～1921)为继承人。阿布杜·巴哈临终的则指定其长女之子沙基·爱芬迪(1897～1957)为继承人。现在巴哈教信徒约 70 万～80 万人，绝大部分住在伊朗，其余分布在伊拉克、约旦和以色列。美国、英国、德国、瑞典和印度也有巴哈派活动的中心。

① 阿拉伯文，意为“安拉的光辉”。

② 这个数字是通过计算“圣”语“吉亚斯”(拯救)和“穆斯塔加期”(拯救的传递人)二字字母的数值得出的。

二、教义

巴哈教派的教义不仅远离巴布教派，而且与伊斯兰教也很少有共同之处，实际上它是一种新的宗教。

该派认为，他们信奉的一神，与世界各个宗教信奉的神灵，是同一个神，只是称呼上的不同。别的宗教的神，也是巴哈教派信奉的神，因此，巴哈教派信徒，对各教的教堂庙宇，皆可入而崇拜。该教派承认神派往人间的 9 名使者是：伊布拉欣（亚伯拉罕）、克里希南（印度教）、摩西（犹太教）、琐罗亚斯德（琐罗亚斯德教）、释迦牟尼（佛教）、耶稣（基督教）、穆罕默德（伊斯兰教）、巴布和巴哈安拉。

该派认为，世界人类一源，人皆系神的儿女；主张所有的人，不分种族、民族和社会地位，都足兄弟，互相真诚相爱、互相信任。

该派要求宽容异教，废除圣战，实现“世界和平”，建立“正义王国”；取消国界，用世界语组织统一政府（近年来主张使用英语）；取消或简化宗教仪式，强调个人对安拉的忠诚。

该派强调做“安拉的奴隶”，绝对服从最高的宗教领导人和一切现存政权。

巴哈教派(节选)*

[英]肯尼迪著,董平译

1844 年(伊斯兰教历 1260 年),有位名叫密尔萨一阿里一穆罕默德(Mírzá 'Alí Muḥammad)的 25 岁的青年,声称他就是那位隐遁的伊玛目麦哈迪(Mahdi)。他自称为"巴布"(Báb),在波斯语中,"巴布"意为"门",也就是说,他自诩为人们获得真主之知识所必经的门径。换句话说,他就是介于真主这一超越存在和芸芸众生之间的媒介。人们很少了解这位巴布的早年生活。他在 1819 年 10 月 20 日出生于希拉兹①一个声称为穆罕默德之直系后裔的家庭,因而这个家族也就享有许多特权。我们暂且不谈那些归之于他的许多奇迹,实际上较为确切的情况是,他自幼丧父,由其叔父抚养成人。他的叔父曾让他在希拉兹以及波斯湾布舍尔②他所经营的商社里接受经商训练,然而这位未来的巴布却缺乏经商才能。于是,他就离开了他的叔父,并去克尔白拉③凭吊伊玛目的寝陵,在克尔白拉,他与一个被称为舍伊基斯(Shaykh)的什叶派的支派发生了联系,该派的领袖是赛义德·卡兹姆(Siyyid Káẓim)。在什叶派中,舍伊基斯派是以极为热切地企盼那位隐遁的伊玛目之再次降临而闻名的。他们的所有谈话都以这一点为中心,甚至他们的祈祷也直接以此为最终目的。毫无疑问,所有这一切都影响了他们那位充满狂热的新弟子的心灵。不久以后,密尔萨就和赛义德·卡兹姆的另一个门徒、著名的神学研究者穆拉一侯赛因一布什鲁泽(Mullá Ḥusayn Bushrúyih)结成了朋友。

数年以后,由于赛义德·卡兹姆已经去世,穆拉一侯赛因一布什鲁泽为商议该教派的掌教问题就去寻访已返回希拉兹的密尔萨。正是在这时候,密尔萨声称他就是那位人们等待了一个又一个世纪的隐遁的伊玛目转生的,而且他认为他就是那个命中注定要废除旧事物并为神圣力量之新的方式开辟道路的人。他坚持说,这一天已经到来了,人们应该从伊玛目以及国家政权的暴力统治中解放出来,应该循从着其自身良知的引导而挣脱传统的律令与迷信。自然,他的朋友穆拉一侯赛因一布什鲁泽对于他的这种也许可以恰当地称为"穆斯林新教"(Muslim Protestantism)的夸夸其谈感到极为震惊,但是,这位新的先知之雄辩口才终于驱散了他的所有疑云,并开始饶有兴趣地阅读这位巴布

* 原载[英]肯尼迪:《东方宗教与哲学》,董平译,浙江人民出版社 1988 年版。

① 希拉兹(Shíráz),在近伊朗境内。——译注

② 布舍尔(Búshihr),伊朗西南部的一个港口城市。——译注

③ 克尔白拉(Karbilá),在今伊拉克巴格达西南。伊玛目(Imám)为什叶派对其所拥戴的政教领袖的称谓,以别于逊尼派的哈里发。阿里为第一代伊玛目。侯赛因(Ḥusayn)被尊为第三代伊玛目,他是阿里与法蒂玛的次子。680 年阿术拉日(即伊斯兰教历元月十日)侯赛因与倭马亚王朝战于克尔白拉,被杀。此后该日即被什叶派定为阿术拉节,以志对他的哀悼。——译注

在过去二年中所撰写的各种著作。其中最为著名的是对《古兰经》第十二章的研究，论述了有关尤素福（Yúsuf）的历史。对于现代的研究者来说，这种新的信仰和基督教的早期形式也许是颇为接近的。正义、自由、平等这些字眼在巴布的信奉者那里也同样不离其口，然而也象早期的基督徒一样，他们根本没有意识到自由与平等的一旦实现，将会给他们带来什么样的必然结果。没过多久，这一新的信仰就开始以极快的速度传播开来，不过数月之间，这位巴布便为波斯那些不依赖伊玛目的帮助、能够“独立思考”的自由意志者所包围，也为一大群身无分文、没有土地的贫困者所包围；当他们听到他说，伊玛目与先知们本来就不应是那么优越的，在安拉的眼里他们都是平等的兄弟时，他们都被深深地打动了。如果这位巴布所说的并非如此，如果他不就是那位隐遁的伊玛目的话，那么，他们以及他们的先辈们数个世纪以来如此急切地企盼着出现的人物又是谁呢？真是妙极了！

1845 年，巴布为履行穆斯林戒律而去麦加朝圣。我们知道，他从麦加回来的时候就下定了决心，要削弱祭司的权威而确立“平等”制度。当他不在的时候，这一教派已经取得了进展，这位新的神学家的地位在较低等级的心目中正在提高。毫无疑问，统治阶级对这些政治上的敌对因素感到惊恐不安，于是就颁布了逮捕巴布的命令。当巴布从麦加回来之时，他遭到了一小队士兵的袭击，并被押解到了希拉兹。然而，国王[①]对于巴布倒并不特别仇视，他派了一位显赫的宫廷祭司去和巴布谈话，以便确切地探知他的教义究竟是什么意思。可是令国王感到吃惊的是，他的使者竟然为巴布所说服并成了他的门徒。这一事实似乎表明，这位年轻的先知之论辩才能无论如何都是极为高超的。国王显然对此感到恼怒，便下令召开穆拉会议[②]，这些穆拉并没有聆听巴布的解释就宣布巴布为宗教分裂者，并下令将他拘禁起来。巴布的门徒们也受到了惩罚，最为普通的惩罚就是为了使他们不能再四处奔波传播教义而打断他们的腿。

但是，所有这些预防手段都被证明是毫无效力的。巴布被拘禁在一幢私人住宅里头，他成功地使那些看押他的人皈依了他的信仰，并潜逃到了伊斯法罕[③]。还不仅仅如此，他的门徒也遍布于波斯各地，当局要把他们全部查获显然是极为困难的，而且对于其领袖的拘禁又在他们当中引起了新的强烈骚动。这样，事情就一直拖延了下来，直到国王去世以后，他的继任者（在祭司们的手里，他不过是一件工具而已）才为反对巴布教这一新信仰而决定采取某些强硬手段。在当局所颁布的那些激烈措施实行以前，巴布曾写信给国王，请求同意他前往德黑兰和穆拉及祭司就现有的神学问题进行公开辩论。然而，这一辩论的提议，不过是软弱的煽惑者所惯用的遁词而已。贵族穆拉及国王担心这位年轻的煽动家会在首都造成混乱，因而拒绝了这一要求，并下令将密尔萨监禁在波斯北部的马库（Mákú）要塞。

然而，这些命令的下达已经太迟了，以至于难以获得成效。巴布已将其教义差不多散布到了整个国家的每一个村庄，并且这一运动仍在有效地发展。许多知识分子也被唤起，其中有位重要人物是个属于怪僻型的女性，而她的精神状态，威宁格（Weininger）等心理学家的研究已经为我们作出了部分的解释。她以库拉特一乌尔一阿音（Qurratu'l-'Ayn，眼睛的安慰）之名而闻名，长得非常标致并且受过很好的教育，但是，她却似乎缺乏女性所应有的情感，用一位著名的德国哲学家的话来说，她

① 原文作“Sháh”，为波斯国王称号。——译注

② 穆拉（Mullá），伊斯兰教国家对于该教高僧、学者的尊称。——译注

③ 伊斯法罕（Iṣfahán），在今伊朗境内。——译注

那女性的激情已经“消融于智慧之中了”。

巴布的一个教义也想其基督教先辈那样，认为妇女应该失去其性别的特征，从闺房幽居之中走出来并获得和男子平等的权利。库拉特轻易地就被巴布的诚恳言辞所说服，她愿意帮助他，并在波斯的妇女之中从事传教工作。高比诺在他的《中亚宗教与哲学史》(*Histoire des Religions et Philosophies dansl'Asie Centrale*)一书中，曾经详细论述了巴布教派的发展，尤其是从 1848 年到 1850 年，在此期间，巴布教派受到国王军队的紧紧追击，巴布再次被逮捕并受到严密监禁。但是，他仍然能够和他的教友们保持联系，并校订或注解了他自己所撰写的阐明其宗派之教义的大部分著作。他解释说，没有任何默示是终极的，每一个不同的先知不过是代表了他所处时代的人们所能把握的真理之一部分。他相信其同胞们更为严格地依据神圣律令而生活的时代已经到来，并且详尽地谴责了祭司的腐朽。对于这些，现代的思想家也许会发现其中许多观点都是可以同意的，但是巴布教义的根本缺点是他把较低等级提升到了与上流阶级等同的水平，这就加剧了基督教曾给欧洲带来的那种混乱。他授予妇女的较高地位，也由于某些道德与身体上的因素而被证明是难以获得保证的，这些因素歌德曾在某个场合以极为坦率的措辞谈论过。

当局已决心制止巴布教派的发展，于是把巴布押送到了塔布里兹[①]。他在那里经过审讯以后，在 1850 年 7 月 9 日被判处枪决。由于穆斯林士兵害怕枪决一名完全可能是穆罕默德之家族的直系后裔，便把这一任务交给了基督徒。当巴布和他的一名弟子被绑到柱子上以后，便下达了开枪的命令。然而，据说当硝烟散去以后，人们发现那位弟子已被打死，而巴布却毫无损伤。而且，真好像有魔术似的，绑缚他的绳子已被子弹打断，这位年轻的圣人反倒获得了自由。希波里特·吉弗斯(Hippolyte Dreyfus)在他论述巴布教派的演讲中曾经认为，如果巴布当时打定主意走向已被这一奇迹般的事件所慑服的人群，并且要求他们跟着他的话，那么，谁都难以预料还会发生什么事情。但是他却犹豫不决，而这就自然被那些在场的人们视为精神软弱的表现。一位武官随即冲上前去，一剑就把年轻的圣人砍倒在地，士兵们再次把浑身流血的巴布匆忙地绑上柱子。于是，再次举枪齐发，而子弹所打穿的不过是具尸体而已。

后来有些批评家认为，当局既然已经处死了巴布教派的领袖，就不应该再为其门徒而感到不安，这一宗教运动也许会自行走向消亡的。但是，要做事后的智者当然并不困难，而毫无疑问的是，当时国王的谋士们所采取的最有效行动就是进一步对巴布教派发动讨伐。恰如同类情形中的惯例一样，当意志薄弱者背叛其立场以后，意志坚强的人总是继续保持着坚定的信念，因而这一信仰便逐渐传播到了土耳其与埃及。1852 年，曾经有人企图暗杀波斯国王。这一暴力行为追究到了一位意欲为其领袖之死而报仇的巴布教徒的头上。他曾经对他的一个朋友吐露隐秘，当波斯国王从德黑兰的宫廷里走出来的时候，他们曾对国王开枪。他们马上受到拘捕并被处死。这一偶发事件成了当局变本加厉地对巴布教派施行武力镇压的借口。在这次镇压中，许多巴布教派的教徒受到折磨并被处死，其中有一位就是巴布的女弟子库拉特－乌尔－阿音。

巴布被处死的消息已传遍波斯，他最有名气的一个门徒索布－伊－艾泽尔(Ṣubḥ-i-Azal)便被指定为巴布的继承人。但是艾泽尔的同父异母兄弟密尔萨－侯赛因－阿里(Mírzá Ḥusayn-'Alí Núrí)却是注定要对该派产生更为强大的影响并促成其发展的人物。他的父亲虽然与宫廷保持着某些有

① 塔布里兹(Tabríz)，在今伊朗西北部。——译注

力的联系，但是对政治及世俗事务却毫无兴趣，而宁肯过一种平静的生活。他埋头阅读，细致钻研，可是这种特点并没有遗传给他的孩子。在巴布开始传教之际，密尔萨一侯赛因一阿里就是最早和这位年轻的圣人发生联系的人物之一，而且在宣教活动的早期阶段，他还和其领袖一起蹲过监狱。当波斯对于巴布教派的大屠杀发展到相当程度以至招来欧洲的许多非议的时候，一些几乎是必死无疑的囚犯遭到了放逐，其中一个就是密尔萨。这些巴布教徒在奥托曼帝国[①]的严密监视下被集中安置于巴格达，而在那里形成了一块小小的居留地。一段时期以后，密尔萨就成功地证明了他比其同父异母兄弟具有更为卓越的才能，尽管巴布教派的教徒们相信所有人都是平等的。索布一伊一艾泽尔非常愿意将其作为领袖的权威转让给密尔萨。在密尔萨的领导之下，这块小小的居留地就迅速地昌盛起来。

接着，这位宗派的新任领袖就开始着手制定其教义的原则，他的目的是要从巴布的教义之中消除任何的东方性质，从而使他所起草的信仰之宣言或声明能够适用于全世界的每一个民族。他期望由巴布所传播的教义终究会遍布于五大洲，而且使全世界的居民都信奉这一种宗教。这一宏伟计划即体现在他的两部著作里，其手稿在不列颠博物馆里仍然可以看到。一本是《确信之书》(*Kitáb-Íqán*)，另一本是《法律之书》(*Kitáb-Aqdas*)。它们构成了一种"穆斯林新约"(Muslim New Testament)，而这种著作中所包含着的所有缺陷都是可以预料得到的。不过，它们不久即为其作者带来了此后永远享有的称号——"巴哈安拉"(Bahá'u'lláh，真主的光辉)。

1864 年，土耳其苏丹为谨慎起见而把巴布教徒从巴格达遣送到了君士坦丁堡，后来又遣到了亚得连堡[②]。由于现在已在欧洲而不是在亚洲，巴哈安拉便想明确地改变其宗教的方向，也就是说，他意欲抛弃其宗教的亚洲特点。这样，巴布教派就逐渐演变成了巴哈教派。但是不久就发生了宗派分裂。那些对巴哈安拉所主张的"自由"观点持怀疑态度的人，便以其被免职的同父异母兄弟索布一伊一艾泽尔为中心而组成了另一个派别；从此以后，这两个宗派互相成了死敌。他们之间的区别对于我们来说也许是无关紧要的，而对于那些有关的人是极为明显的。巴布所倡导的教义虽然倾向于使伊斯兰教获得"自由"，恰如《新约》倾向于使朱利斯·凯撒(Julius Caesar)以及奥古斯都(Augustus)时代的犹太人变成基督徒一样。不过，巴布的信仰仍然强烈地保留着穆斯林以及什叶派的特色，譬如，仍然提倡对于不信道者的圣战；而那些不信道者如仍不信道，他们必须屈服于由穆罕默德本人所强加给他们的各种限制。但是，巴哈安拉却抹煞了诸如此类的东方特征，并竭力为宗教贴上普遍性的标签，因而出现了宗派的分歧。

当这两个门派的弟子之间互相吵闹不休而使得奥托曼当局不得安宁之时，当局便对他们再次实行迁徙。索布一伊一艾泽尔及其门徒被遣送到了塞浦鲁斯岛的菲玛高斯塔(Famagusta)。巴哈安拉及其党徒则被送往圣·让·达卡(Saint Jean d'Acre)，他们于 1868 年 8 月底到达该地。初到伊始，他们就在其精力充沛的领袖的领导之下，穿井汲水，并尽其可能在周围的不毛之地上耕耘播种。一段时期以后，这块居留地就再次繁荣起来。他们曾经作过保证，他们并不企图在土耳其苏丹的领地内传播信仰。但是，当他们认为他们的事业不久应为更遥远的地方所通晓的时候，这种保证似乎并没有使他们受到约束。据记载，尽管正统的穆斯林邻邦没有非常友好地对待他们，但是，对于他们的最

① 奥托曼帝国(Ottoman)，土耳其人建立的一个帝国，极盛时其版图横跨亚、非、欧三洲，除亚洲西部外，还包括欧洲东南部、西南部及非洲北部，首都为君士坦丁堡，第一次大战后瓦解。——译注

② 亚得连堡(Adrianople)，欧洲土耳其的一个城市。——译注

为尖刻的反对，却来自于那些最为褊狭的基督教外国传教士。

巴哈安拉在1892年5月29日去世，他把权力遗交给了他的儿子阿巴斯·艾芬迪('Abbás Effendi)。巴哈安拉并没有看到他的信仰遍布于全世界的每一个国家。这一新宗教的传播是平静地进行的——数目庞大的信件、专论、宗教小册子从圣·让·达卡这块小小的居留地上寄到世界各地；而邮局确实从中获得了可观的收益。

然而，要确切地说明这一信仰之未来可能的发展却是困难的——对于我们来说，这一信仰的发展过于切近以至于难以作出预测。环绕着这一信仰主题，在英国、法国以及德国等地已出现了一些研究文献，如此看来，当巴布教派实际上已经消亡以后，巴哈教派则仍然会继续留存一段时期。

巴哈教派，或说是新巴布教派，他们竭力和已经出现于世界上的各种先知所传播的不同预言保持一致，因为他们相信，人类终究会在某个适当的时候，以某种共同的法律为其行为基础而组成为一个共同的宗教大家庭；利剑将熔铸为犁头，而包含在各种宗教典籍中的神秘真理将会对我们完全展示出来。对于他们来说，佛陀、摩西、基督、穆罕默德以及巴哈安拉都是从同一种精神当中流溢出来的，他们相继获得人的化身，每一次都把新的预言带向尘寰，而所有的预言都是以同样的永恒原则作为基础的。真主在巴哈安拉的著作中所代表的与其说是一种超越的存在(Supreme Being)，毋宁说是一种本质或无极的精神(Infinite Spirit)——完全是某种难以捉摸的东西，我们只有通过他的属性才能了解，正如当我们难以把握某些事物的本质的时候，可以通过它们的某些特性去了解它们一样。

巴哈教派认为，世界上的每一事物都体现了真主的属性，哪怕是在很细微的程度上；但是，先知却是真主之最为完美的造物，因而他们在最大程度上体现了真主。正是在某些诸如此类的基本原则上(一般说来，这些基本原则可以认为对于佛教、儒教、犹太教、基督教以及伊斯兰教都是共同的)，巴哈教派声称要诉诸整个世界，而不仅仅是某一独特的国家或大陆。他们并没有特殊的仪式；在他们看来，宗教必须在个人的日常生活中而不是在任何的特殊仪式之中得到证明。因此，他们并没有祭司的教阶制度，因为既然一切人都是平等的，那么每一个人都可以求助于全能的真主，并通过任何他认为合适的方式而对全能的真主进行崇拜。而且，也正由于一切人都是平等的，因而一切战争最后必然都要走向消亡，由此扩展到各不同民族之间的邦交则将进入·种互惠关系。任何意想不到的棘手问题都将通过仲裁而获得解决。男女应该获得同等待遇，一夫一妻制则应该坚持。这一教派的迷人之处，我们也许可以从一句波斯格言之中想象出来："如果你并不希望加入巴哈教派的话，那么你就不能和巴哈党人共饮一杯茶。"

这样，我们也许就能看出，巴哈教义与其说是某种教条的综合，倒不如说是一种生活准则，而在这一方面，它也许可以和儒学相互比较。但是，他们的这些原则却是作为伊斯兰教的一个支派而发展出来的，讽刺之神确然已经发挥了不可思议的作用。

伊马姆派的分支派别*

刘竞主编

在十二伊马姆派的历史发展过程中，也分化出了一些较小的分支派别。虽然这些小教派人数很少，然而也是历史的产物，有的还在社会生活中仍有一定地位。

1. 谢赫派。17世纪末和18世纪初，在十二伊马姆派的教士中出现一种宗教改良主义思潮，导致一个什叶派改良主义教派的出现。其创始人是阿赫麦德·阿赫萨伊，自称为教长(谢赫)，该教派因此而得名。该派宣传的教义与十二伊马姆派正宗相近，但又进一步发挥了关于"隐遁"伊马姆复临的信条。认为救世主马赫迪很快就要重返人世间了，在他降临之前首先要在穆斯林中间出现一个充当马赫迪和穆斯林之间的中介或桥梁的圣人。这个圣人将秉承救世主的意志，领导穆斯林铲除人间之不平，发扬正义，为救世主降临扫清道路。还宣传，时代不同了，什叶派的圣训"阿赫巴尔"已经过时，要有更完善的、符合时代精神的经文取代它。谢赫派的宣传遭到伊朗封建统治阶级和伊马姆派宗教上层的反对，但它为巴布教的宗教改良运动打下了基础。这一小教派现在在伊朗尚有几万人，主要在伊朗西北部的哈马丹、大不里士、卡兹文和基尔曼等地，教首为赛义德，宗教中心设在基尔曼附近的兰加尔村。另外，谢赫派教徒在伊拉克也有十几万人，分布在伊拉克南部与伊朗交界的地区；在巴林也有几千信奉者。

2. 巴布一艾泽里派。在谢赫派的影响下，阿里·穆罕默德在1844年，即第十二"隐遁"伊马姆失踪一千年之际，宣布自己是"巴布"，即通向真理和正义道路的"马赫之门"。在他撰写的《默示录》("别扬")中宣传平等和平均思想，鼓励经商，给妇女一定的权利，抵制异端信仰和外国人。巴布运动在伊朗遭到镇压之后，大部分幸存者逃到了伊拉克，求助奥斯曼帝国的庇护。由于密尔扎·侯赛因和密尔扎·叶海亚两兄弟争夺巴布教领导权，导致巴布教分裂。密尔扎·叶海亚被迫迁居伊斯坦布尔，后来又被送往塞浦路斯，继续进行巴布教的宣传。他后来更名为苏布赫·艾泽里("永恒的早晨")，他领导的这支教派则被称为"艾泽里派"。该派仍承认《默示录》，主张适应社会条件，改革宗教，否定《古兰经》，仍坚持对"隐遁"伊马姆的信仰。现在在伊朗艾泽里派的信徒有几万人，在德黑兰、设拉子、基尔曼都有其信仰者。在伊拉克也有一些艾泽里派信徒。

3. 白哈派。密尔扎·侯赛因在巴布教运动失败后，把大部分巴布教的幸存者争取到自己方面来。1863年，他在离开巴格达前夕，突然宣布他自己就是巴布曾宣布很快就会到来的马赫迪，并更名为"白哈乌拉"("真主的光辉")。他后来移居海法，在那里撰写了自己的圣书——《阿克代斯》，以

* 原载刘竞主编:《中东手册》，宁夏人民出版社1989年版。

取代伊斯兰的《古兰经》和巴布的《默示录》（“别扬”），接受了许多西方思想，反对战争，主张忍受，以和平方法达到正义和平等，摈弃了巴布教的民主改良主义成分，后来又滑向“世界主义”。现在在中东仍有几十万白哈派信徒，主要分布在伊朗一些城市，以及伊拉克、约旦和以色列。海法是它的圣地和宗教活动中心。白哈派已是世界性的小教派，其大部分信徒居住在联邦德国、英国和巴拿马等国家。

显而易见，上述几个小教派产生于十二伊马姆派，受到“隐遁”伊马姆复临信条的影响，但一个比一个离伊斯兰传统更远，如白哈派自己不称是伊斯兰性质的宗教派别。值得注意的是，它们同中东其他教派组织往往发生摩擦。如在伊朗，白哈派同什叶派曾多次发生流血冲突，所谓“排白运动”，也曾引起联合国的干预。

世界系统面临的分叉和对策(节选)*

[美]E. 拉兹洛著,李朝增等译

预测未来的方法(下)(节选)

非线性图形的观念是比较晚才出现在知识界舞台上的,尽管在西方和东方的神话和哲学中都可以发现一种把历史的发展看成是有方向但不是线性的、连续不断但又停停歇歇的、既向前跃进又突然倒退的观念的成分,但是这种观念作为历史的典型特点得到充分的承认,却不得不等到当代系统科学的出现。然而,19 世纪一位不大为人所知的先知已经预言过这种承认。

一百多年以前,巴哈教派①的教父巴哈安拉宣告说,人类的统一将经过若干充满争夺、浑沌和混乱的进化阶段才能完成。② 历史的发展始于家庭的产生和部落社会的出现,又继之以城邦和其他政治单位。在近代,这些人类社会单位已扩大成为独立的主权国家。然而,建立国家的过程现在已经结束。各国必须放弃它们对主权的要求,团结在一个既多样化又统一的世界社会里,这个世界社会只有一种语言,一种统一的信仰系统,一个联邦政府,并完全彻底地实行非军事化——同时又保留无限的多样化,世界国家是人类进化的顶点,它是经过许多动乱时期才出现的。巴哈安拉于 19 世纪下半个时期在奥斯曼帝国的阿克拉殖民地监狱里被终身监禁时著书立说的,他指出,“失望之风”正从四面八方吹来,使人类遭受四分五裂之苦的争斗有增无已;已经可以见到即将发生骚动的迹象。100 年以后,他的追随者们,即现在正在迅速成长的巴哈世界共同体的成员们,承认这种非线性的进化趋势,并承诺要努力促使世界社会早日建成——尽管坚持其主权的民族国家挑起冲突和战争,他们自己在这个教派的诞生地伊朗受到迫害。

整体的联盟(下)(节选)

主要由儒家学说和道家学说构成的中国精神传统把和谐奉为自然界和社会的最高原则。在儒家学说中,和谐是指伦理范畴内的人际关系,而在道家学说中,和谐是一种常用来定义自然界及自然

* 原载[美]拉兹洛:《世界系统面临的分叉与对策》,李朝增、闵家胤等译,社会科学文献出版社 1989 年版。

① 巴哈教派,穆斯林教派之一。——译者

② 参见《巴哈安拉宣言》,巴哈世界中心出版,海法,1967 年。

与人类的关系的美学概念。万物间的相互依存，它们的基本一致以及相互联系的轮转，都在《道德经》中有很好的表述："人法地，地法天，天法道，道法自然。"在中国人民迅速转变的意识形态中，这些成分同马克思主义以及西方思想并存。道家学说的传统概念也渗入了西方人的思想，特别是那些热衷于把东西方思想方式融为一体的知识分子的思想。

普世主义和人道主义是各大宗教和精神传统的不变成分。只需要把这些成分放在显著的位置上，使它们相互联系起来。现在来谈一谈另一种新的但并非不重要的有关宗教。

以前面提到过的 19 世纪波斯先知巴哈安拉的学说为基础的巴哈教派把整个人类看作进化过程中一个有机单位。几大宗教中的每一种宗教及它们的先知中的每一位先知都为推动这种进化起过作用。从亚伯拉罕和摩西一直到耶稣、穆罕默德和佛陀的每一种启示都重新陈述并进一步发挥那些作为人类存在的基础的精神真理。它们是人类向日益接近的最终统一境界迈进的旅程中的中途小站。达到这种境界的主要障碍是种族主义、性别歧视、贫富悬殊、放纵的民族主义、愚昧无知、缺少相互交流，以及绝非最不重要的宗教冲突。

用于心理治疗的东方故事（节选）*

[德]佩塞施基安著，明太　明谊译

一位有学问之人的理论与实践

有一位聪明的年轻人，渴望学习到知识与智慧，就离开家乡到外面去学习相面——通过对人外表的观察推断其性格的学问。他家里给他寄了许多钱，让他在埃及整整学习了6年。最后，他通过了结业考试，并取得了很好的成绩。带着自豪与快乐，他踏上了回家乡之路。在路上，每遇上一个人，他都用他所学到的知识对这个人脸上的表情进行一番观察，以便检查一下他的所学。

这天，他在路上看到一个人，从这人脸上可以发现六种性格：妒忌、嫉妒、贪婪、爱占便宜、吝啬和不管他人死活。"我的天那，多么可怕的表情啊！我可从来没见过，也从没听说过有这种人。我要拿他试试我学过的理论。"

他正在想着，那陌生人迎着他走了过来，以一种和气谦逊的姿态对他说："教长啊，天色已经很晚了，下一个村子离这儿还很远。寒舍虽又小又暗，但敝人还是全心全意地请您赏光。您能到我家作客将会使我三生有幸。"

年轻的行路人感到很惊奇，他想："真怪啊，这位陌生人口中所言和他脸上的表情多么不相符啊！"他左思右想不得头绪，竟开始怀疑他6年所学的学问是否正确。为了进一步得到证实，他接受了邀请。好客的主人为他端来了茶、咖啡、果汁、糕点和水烟袋。主人用他的热情、好客与礼貌感动了客人，使客人一直住了三天三夜。最后，年轻的学者打定主意要继续他的旅程。当他就要起身时，主人递上一个信封，说道："老爷，这是您的账单。"

"什么账单？"年轻的学者惊奇地问。

主人的脸说变就变，马上就露出了他的真面目。他严厉地皱着眉喊道："太无耻了！你认为你吃的东西都是免费的吗？"听到这话，年轻的学者才感到他又回到现实中来了。他没说二话，赶快打开了信封。账单上记着每件食物——他吃过和他没吃过的，价钱超过了他应付的100倍。他身上连这些钱的一半都没有。于是，他不得不爬下马背，把马交给主人，然后脱下旅行的衣服，用两只脚上了路。他边走边想，直到走出很远，还有人听到他自言自语地说："感谢真主，我这6年的学习不是徒劳。"

——阿布杜尔·巴哈

* 原载[德]佩塞施基安：《商人与鹦鹉及其他》，明太、明谊译，国际文化出版公司1989年版。

珍珠的价值

在一座花园里，一只公鸡发现土里埋着一颗闪光的珍珠，它以为是什么好吃的东西，就把珍珠刨出来，费力地想把它吞下喉咙。可当公鸡发现这颗闪闪发光的珍珠并不是什么好吃的谷粒时，它马上就把珍珠吐了出来。公鸡仔细地看了看珍珠——这是什么东西啊？这时珍珠对公鸡说："我是一颗珍贵的珍珠，我从一串美丽的项链上脱落下来到了这个花园里。这里只有我一颗珍珠，就是大海里像我这么美的珍珠也很少见。一个人想要找到一颗珍珠就像在大海里捞针一样难，而命运却让我来到了你的脚下。如果你能用智慧的眼光看我，你就会发现我是多么美丽而珍贵。"可公鸡却傲慢地答道："有什么了不起，如果谁给我一颗谷粒，我马上就拿你去交换。"

——帕尔温·埃特萨米

讲礼貌的毛拉

从前，有一位受人尊敬的教长。一天，教长要举行一个盛大的宴会。在这个城里，所有在宗教界有点地位的人都接到了邀请，惟独没请一位毛拉。可是，在宴会中，人们发现毛拉不请自到，还悠悠自得，就像鱼在水中一样自在。人们很奇怪，一位朋友将毛拉拉到一旁，向他问道："你在这里干吗？你没被邀请啊？"毛拉带着宽宏大量的表情说："如果主人不明白他的责任，没有请我，那我为什么不尽我的责任，做个有礼貌的好客人呢？"

人物简介

阿布杜尔·巴哈('Abdu'l-Bahá，1844～1921)：巴哈安拉的长子，是巴哈安拉所创教义的正式发言人。他与其父一起，被流放和监禁直到 1908 年。他曾用三年的时间，到埃及、欧洲和北美旅行，传播巴哈教派的教义，并与当时一些重要人物建立了接触。

阿里('Alí，600～661)：通过与法蒂玛结婚，他成为穆罕默德的女婿。由于他被杀害而导致了逊尼派和什叶派的分裂。他被认为是第一位伊玛姆(穆罕默德的信徒)。伊朗大多数穆斯林都是什叶派。

安诺斯奇万(Anowschirwan，约 530)：他被人们认为是波斯萨珊王朝最伟大的国王，并以公正而著名。在他统治时期，故事集《卡里来和笛木乃》从印度传入波斯，并被译成帕列维语。

阿维森纳(Avicena，980～1037)：他是一位贵族，是一位医生、哲学家、外交家。他写有大量的医学和哲学著作。他所著《医学科学的准则》[1]一书，对欧洲医学的发展影响很大。

巴比(Báb，1819～1850)：生于设拉子。早年受到《圣经》的启示，他声称自己是一位预言家和一位新先知的预告者。他是巴哈教派的先驱。由于他的教派的主张，他被关进监狱，并在塔布瑞兹被处死。此后，又有两万名左右巴比(巴布的信徒)被屠杀。

巴哈欧拉(Bahá'u'lláh，1817～1892)：他是巴哈教派的创立者，而巴布是此教派的先驱。他曾被流放并监禁在阿卡城的监狱中。他被流放了24年。在此期间，他写下了他的教义。在他所写的上百部著作中，他阐述了他所创立教派的基本原理。

不论故事是否是属于《圣经》中的，还是它们讲的是否与《圣经》有联系，它们都能起到阐明宗教家的观念的作用。《圣经》中的“摩西十诫”，不但能在犹太教和基督教中起作用，在伊斯兰教和巴哈教派中同样也被认为是正确的。它们已超越了宗教戒律的抽象水准——“你不可如何如何”，而进入了信徒的现实世界。在教育学的理论中，有些往往也与宗教内容有联系。下面这个故事也和穆罕默德的女婿阿里有些关系，它在一定程度上举例说明了“不可偷盗”这条戒律。它可以用来帮助那些犯了这条戒律的人，或帮助那些因违反这条准则而被排斥在他们的社会之外的人。

诚实的窃贼

一个少年，因偷东西被人抓住了。由于他很年轻，大家有些可怜他，不想看到他受到法律的严厉制裁，就将他带到一个有名望的智者那里去。大家希望看到这位智者给这位小偷指出偷东西的下场，并把他从泥潭中拉出来，改掉他的恶习。但那位智者连一句有关偷窃的话都没讲，只是和气地对那少年说，只要他答应今后永远都讲真话，就放他回家。这少年见条件很简单，就马上答应了。他回到家中，觉得如释重负。可是到了夜间，他又情不自禁地想去偷东西了。正当他悄悄地溜出后门时，一个想法突然出现在他脑海中：“如果人家在街上叫住我，问我去干什么，我该如何回答？我明天又怎样对别人说呢？如果我要遵守讲真话的诺言，那就得承认偷了东西，我也就不免要受到应得的惩罚。”由于这孩子想要讲真话，他就难以去偷窃。这种行为的发展就能使他逐步成为一个诚实正直的人。

恰当的祈祷

阿布杜尔—巴哈(巴哈教派的创立者巴哈安拉之子)有一次在旅行时，被一家人请去做客。这家的主妇准备大显身手，好让客人看看自己做菜的手艺。可不久她哭丧着脸把饭菜端了上来，她抱歉

[1] 又译为《医典》。——译注

地说她的菜烧煳了。当她烧菜时,她看着经文在祈祷,希望菜能做得非常可口。阿布杜尔·巴哈友好地笑着说:"祈祷固然很好,但下次你在厨房时,应该看着菜谱祈祷。"

这段故事描写了宗教与日常生活的紧密联系,这点,宗教信徒们显然是可以领会到的。这段故事还涉及宗教与日常生活的差别,并恰当地指出宗教的狭隘性以及与宗教教规不相符而造成的精神失调。

召唤太阳的公鸡

在庭院里,公鸡得了重病,无法在第二天清晨啼叫了。母鸡们非常恐慌,她们认为,太阳不经她们夫君的召唤是不会升起来的,太阳之所以会升起来全是公鸡的功劳。但第二天,太阳象往常一样升了起来,而公鸡的病仍未见好,哑着嗓子无法啼叫。

(波斯寓言,摘自阿布杜尔一巴哈的著作)

人与神的关系,只能通过比喻和想象来描述。即使是用数学公式去证明一种统治宇宙的精神存在,最终也只能是比喻。它们只不过是试图稍微接近一些未知与未认识的事物。

日晷上的影子

在东方有一个国家,那里的人们从来不知如何计时。有一次,他们的国王从国外带回一个日晷,这个日晷竟然改变了这个国家人民的生活。靠着这个日晷,人们学会了如何区分一天中的时间,人们就知道了遵守时间的重要性,就变得可以相互信赖,也就更加勤奋。这给人们带来了富裕,使大家生活得更好了。当国王驾崩时,臣民们不知该怎样纪念国王给国家带来的好处,最后经商议,决定给日晷盖一座辉煌的庙宇,里面再用一个黄金铸的亭子把日晷罩在里面。这样做是因为臣民们认为,日晷象征着国王的慷慨,是国家兴旺的起因。但是,当把日晷放进去后,太阳的光芒再也照不到日晷的表面上了,告诉人们时间的那一道影子再也不出现了。日晷因此成为了一个废物。这个国家的人民再也不能辨认时间了,人们也就不再遵守时间,渐渐变得不可信赖,也越来越懒惰,各行其是。最后,这个国家也就衰亡了。

这一则东方的民间故事,是用"光"来作比喻。光,对于扎拉斯图拉①的信徒来说,是真理本质的再现,体现了人类的天才。而另一种不同的比喻,是将人类天才的对立物,比作蒙在镜面上的灰尘,但在上则故事中是将其比作一座庙宇。在下一例子中,通过一种独特见解的表达,阿布杜尔一巴哈充实了人类天才闪光的概念。他将教师比作园丁,将受教育的人和孩子们比作花草树木。

---

① 扎拉斯图拉,公元前6世纪波斯拜火教的创始人。扎拉斯图拉的信徒即拜火教信徒。——译注

教师，园丁

“教师的工作就像园丁一样，他照料着各种花草树木。有的植物喜爱阳光，有的喜欢阴凉，有的喜欢生长在小溪旁，有的则喜欢生长在荒凉的山巅。有些植物在沙子中能茁壮生长，有些则非要长在肥沃的土壤。照料各种植物有其各自之方，否则就无法生长。”

（阿布杜尔—巴哈）

下一个要讲的是，要摆正灵魂与肉体之间的关系，摘自巴哈安拉的著作。

灵魂与肉体的关系

“告诉你，一个人的灵魂会升天，脱离虚弱多病的躯体和头脑而独立存在。一个病人显示出虚弱的病态，那是因为灵魂与肉体之间有了障碍，但灵魂的存在并不受任何有病的躯体影响。这就像灯光一样，虽然可用东西遮住它的光芒，但只要灯不熄灭，它就仍在发光。同样，每种疾病都折磨人的肉体，它妨碍灵魂显示出它固有的威力。可当灵魂离开肉体时，它就会显示出一种力量并产生一种影响，那是大地上任何其他力量无法与之匹敌的。每一纯真、圣洁的灵魂，都将被赋予惊人的力量，充满无限的喜悦。”

“请想想那被扣在斗下的灯吧。虽然它仍在发光，但人们却看不见它的光芒。同样，就像太阳被乌云遮盖住一样，人们看不到太阳的光芒，但太阳本身并没有变化，它仍在发出万丈光芒。可将太阳比作人的灵魂，将世间一切事物比作人的躯体。只要没有外物挡在它们之间，躯体就永远能映射着灵魂之光，从中吸取力量。但它们之间哪怕只挡上了一块面纱，灵魂之光也会变得暗淡。”

“再想想太阳完全被乌云遮蔽的时候吧。虽然大地仍有光明，可太阳再也不像以往那样明亮。不到乌云散尽，人们看不到太阳的光芒。但是太阳本身仍在发光，这并不受乌云聚散的影响。人的灵魂就像太阳，它照亮了人的躯体，它给躯体提供了营养。”

“请再想想水果吧！在它们没长成形状之前，它们隐藏在树叶下，人们不会注意它们。它们是那么渺小，当树被锯倒劈成柴后，人们谁也找不到它们了。可一旦水果长成呈现在你面前时，它们是如此地美丽诱人。有些水果确实是在它们离开果树之后才真正成熟的。”

（摘自巴哈安拉的著作）

紧要关头

“从前，有一位小伙子，他深深地爱着一位姑娘。但两人分别已很长时间，他每天都渴望同恋人见面，却始终无法实现愿望。日子一天天过去，小伙子忍受着爱情之火的煎熬，他的身体开始逐渐消瘦。多少个日日夜夜，他想着心上人，坐卧不安，心中充满了忧伤。他愿死一千次而换一次一睹恋人的倩影，可他却无法做到。医生见他一天天消瘦，却都束手无策，他们治不了相思病，就连伙伴们也不愿再劝他了。除了他的恋人来到身旁，谁也帮不上他的忙。”

“最后，他盼望的那棵结果的树消失了，他的希望之火化为灰烬。一天夜里，他感到自己再也无法活下去了，就离开了自己的住所走向市场。突然，他发现一名守夜的更夫跟随在他身后。小伙子不由自主地跑了起来，而更夫却紧追不舍。紧接着，小伙子发现，不论他跑上哪条路，都有许多更夫在紧追他。可怜的小伙子跑得精疲力尽，他从心里发出诅咒：‘这些更夫跑得这么快，一定是死神的使者伊滋瑞尔，或是一群恶魔，想要抓住我。’小伙子带着一颗被爱情之箭射中的流血的心在拼命地跑。当他跑到一座花园的高墙下时，再也找不到逃走之路了。他只好爬上了高墙，带着一死的决心，跳下了高墙。”

“当他的脚站在高墙下花园的地面上时，他突然看见了日夜思念的恋人，她手里举着一盏灯，正在花园里找她丢失的戒指。小伙子心中充满了无比的喜悦，他深深地吐出一口气，高举双手向上苍祈祷：‘主啊，祝福那些守夜的更夫吧！让他们富裕和长寿吧！这些更夫定是报喜天使加百利，指引着可怜的我，或者他们是伊斯拉菲来[①]，给可怜的人带来生机。’”

“的确，他的话是真诚的，因为他发现了这些酷似恶魔的更夫身上带有许多神秘的公正，在帷幕后面隐藏了许多幸运。这些更夫引导他从爱情的沙漠来到恋人的爱情的海洋，在黑夜里点燃了指引亲人团聚的灯光，将远方的人驱赶到这个近处的花园，指导一个痛苦的灵魂找到心灵的医生。”

“如果这个小伙子能预见未来，那么他一开始就该为更夫们祈祷，把他们看作公正的使者而不是恶魔，但由于最终的结局蒙蔽了他，所以在一开始他诅咒和抱怨那些更夫。谁要是能在开始就看到最终，能从战争中看到和平，从愤怒中看到友好，谁就能在知识的花园中畅游。”

这就是这条山谷中的旅行者的情况，但山谷中的旅游者们认为“终”和“始”是一回事；他们既看不到开始，又看不到最终，证明他们既不知“首先”也不知“最后”。

（巴哈安拉著《七条山谷》）

“旅行者从肮脏的地方到天堂般的家园去的标志据说有七个，有人称为“七条山谷”，有人称为“七座城”。他们说，旅行者除非忘却自己并完成这个旅行，否则他永远到不了融洽的海洋，喝不到无比甜美的酒。”

（巴哈安拉著《七条山谷》）

① 伊斯拉菲来，伊斯兰教的大天使。——译注

近百年来流行于印度的两种新宗教（节选）*

宫　静

众所周知，印度是现存的四种宗教即印度教、佛教、耆那教和锡克教的发源地，此外还流行着几种外来宗教，即伊斯兰教、基督教、拜火教、喇嘛教等。这些宗教创立最晚的要算锡克教，它建立于公元16世纪。研究印度的学者对以上种种宗教都比较熟悉，因此无需赘述。这里我只想将目前流行于印度的两种新宗教加以介绍。所谓新宗教是相对于早已流行的上述几种宗教而言，它们建立于19世纪末，流行于20世纪。

一是巴哈教，该教在中国大陆尚无踪迹，但在世界其他地区颇有影响，我国台湾、香港、九龙都有它的分支。巴哈教是波斯人巴哈欧拉（Bahá'u'lláh，1817～1892）创立的，他于1817年11月12日出生在波斯一个著名的贵族家庭，于1853年自称获得天启，是上帝的信使，并向世人公布上帝仅有一个；宗教的真理不是绝对而是相对的；宗教是神圣教义演进的启示，来引导人类灵性的逐渐进展。他宣扬人类同源，"世界仅有一个国家，人类是它的公民。"不久他被驱逐到伊拉克的巴格达，十年之后，他又在此城向众人宣布，他就是那位世上各种宗教①所预言要降临的应诺者。他因此又被流放到君士坦丁堡和亚得里亚堡，于1868年最终被放逐到阿柯依城，经40年的流放、监禁和折磨，于1892年去世。目前该教在世界360个国家、地区、部落和岛屿，建立了115900个中心。其信徒分布在世界各地，约有1000万。它的经典已被译成730种语言，其中汉文资料很多。在世界各大洲还建立了7座灵曦堂，包括巴拿马的巴拿马市、乌干达的坎帕拉、美国的伊利诺斯、西德的法兰克福、澳洲的悉尼、西萨摩亚群岛的阿皮亚、印度的新德里。巴哈教于1872年传入印度，现在教徒100万，1986年建成莲花庙，被誉为"21世纪的泰姬陵"，占地26.6亩，庙高34.27公尺，圣堂形如整朵莲花，由九个花瓣组成，全部镶嵌为纯白色的大理石，莲花周围衬托着九座水池，象征浮在水面上的莲花青叶。圣堂内没有偶像，一律是纯白的大理石长椅，可容纳1300人，据说，这些大理石全部是在欧洲切割后用飞机运至印度，耗资巨大。该教的训言是：人类必须统一，独立探求真理，宗教基础相同，宗教导至统一，宗教与科学一致，男女一律平等，扫除一切偏见，保障世界和平，教育必须普及，推行世界语言，设立国际裁判所等。目前巴哈教教徒人数虽然还不多，但是经济实力颇雄厚，其教义也有一定的吸引力和号召力，因此值得学者们重视。

* 原载宫静：《访印见闻——宗教信仰的现状》，载《南亚研究》1989年第2期。

① 各种宗教，应包括印度教、犹太教、拜火教、佛教、基督教、伊斯兰教，还有纪元前5000年的萨比安教。

乌干达的坎帕拉巴哈伊灵曦堂

德国的法兰克福巴哈伊灵曦堂

巴拿马的巴拿马市巴哈伊灵曦堂

西萨摩亚群岛的阿皮亚巴哈伊灵曦堂

印度的新德里巴哈伊灵曦堂

澳洲的悉尼巴哈伊灵曦堂

美国的威梅尔巴哈伊灵曦堂

大同教*

谭松球　许望桂　孔广宁　朱小平　张海主编

大同教也称“巴海大同教”，1844 年创立于伊朗。原名音译为“巴哈伊信仰”。奉巴孛为先驱，以博爱和拉为教主，其世界总灵体会设于以色列的海法，故称巴海。1949 年，大同教传入台湾。1954 年，伊朗人苏洛曼赴台设立台南巴海大同教灵体会，隶属设于日本的东北亚区总灵体会，1970 年在台完成法人登记。现在台湾全省设有 20 处地方灵体会和 1 处总灵体会。教友散居 150 余处，约 1000 人。

* 原载谭松球、许望桂、孔广宁、朱小平、张海主编：《海峡两岸交流必读》，中国检察出版社 1990 年版。

奇婚异俗(节选)*

南山月

土耳其是信奉回教的,不过自从大同教(波斯教)在土耳其建教以后,回教的势力就大不如前了。大同教的教主是亚伯,他不排斥任何别的宗教,允许教徒具有双重教徒的身份。大同教的开明作风,对回教是一种温和的威胁。过去这里有的,一个男人可以娶到三妻四妾,但是这种不平等的风俗,如今已经被扬弃,法律并且规定了一夫一妻制的原则。

* 原载南山月:《奇婚异俗》,百花文艺出版社1990年版。

台、港、澳手册(节选)*

陈国少　肖星　常工编

台湾大同教亦称“巴海大同教”。1954 年由伊朗人苏格曼赴台开设台南巴海大同教地方灵体会，隶属设于日本的东北亚区总灵会，教徒不多。

* 原载陈国少、肖星、常工编：《台、港、澳手册》，华艺出版社 1990 年版。

巴哈派*

李水海主编

巴哈派(Bahá'í)亦译为"比哈派"。19世纪伊朗伊斯兰教起义失败后分化出来的一个新教派。因创始人侯赛因·阿里(Mírzá Ḥusayn-'Alí Núrí,1817～1892)自称巴哈安拉,意为"安拉的光辉",故名。侯赛因·阿里著有《至圣书》,主张所有的人,不分种族、民族和社会地位,都是兄弟,互相真诚相爱,互相信任。该教要求对异教"宽容",废除"圣战",实现"世界和平",建立"正义王国",强调个人对安拉的忠诚,要求个人做"安拉的奴隶",绝对服从最高的宗教领袖和一切现政权。

* 原载李水海主编:《世界伦理道德辞典》,陕西人民出版社1990年版。

中华思想宝库(节选)*

吴枫主编

以尘世的富裕而自傲者啊!

你应知,财富是寻求者和被寻者之间,爱人和被殷爱者之间的极大障碍。富者——仅有些少例外——将不可能到达他亲临的天庭,也不可能进入那知足和忍让之城。幸运是那些虽富裕,却不因其财富,而阻碍他进入永生之国,或是剥夺他不朽之域的人。凭最大的圣名!这样的富人之荣光将普照天国之民,如太阳照亮世人一样!

世间之富有者啊!

你们当中的穷人是我所信托的,请你卫护我的信托者,别只顾你自己的逸乐。

情欲之子啊!

洁净你受财富的污染,坦然、安闲地向贫困之境迈进。由超然之井汲饮永生之琼浆。①

灵性之子啊!

在我的心目中,最可爱的是正义;倘若你殷望我,别远离它,也勿忽视它,这样我才能信赖你。靠它的辅助,你才能以你自己的眼睛来观察,而不是通过别人的眼;才能靠你自己的知识来明察,而不是凭靠了邻人的学识。这些应在你心中小心思考,你当知晓如何去做。诚然,正义是我赋赐你的,也是我仁爱、慈悲的表征,要把它树立在你的眼前!②

---

* 原载吴枫主编:《中华思想宝库》,吉林人民出版社 1990 年版。

① [波斯]巴哈欧拉:《隐言经》,第 46~47 页。

② [波斯]巴哈欧拉:《隐言经》,第 6 页。

巴布派与巴哈派*

张国福主编

巴布派是 19 世纪中叶在伊朗产生的反封建的宗教政治派别,创始人是阿里·穆罕默德,他自称为“巴布”,即新教义之“门”。巴布声称:穆罕默德时代已过去,须由安拉指派新的先知来完成拯救众生的任务,而这位新的先知就是巴布,《古兰经》已陈旧、过时,须以新的经典来代替,而这新的经典就是他以先知马赫迪身份公布的《默示录》。巴布宣扬要建立一个没有封建主的新国家,国家里没有压迫,人人平等,国家应把中等阶级特别是商人的利益放在首位;该派反对进清真寺祈告,参拜圣地等烦琐的宗教仪式。该派曾多次起义反对封建统治阶级,但都失败了,后分裂出巴哈教派。

巴哈派,产生于 19 世纪的巴格达,创始人是侯赛因·阿里,他自称巴哈安拉,意思是“安拉的光辉”,著有《至圣书》。该派主张取消或简化宗教仪式,强调个人对安拉的忠诚。该派主张宽容异教,废除圣战,实现世界和平,建立“正义王国”。该派主张所有信徒都要做“安拉的奴隶”,绝对服从于最高宗教领袖和现存政权。该派主张所有的人,不分种族、民族,及社会地位,均是兄弟,应真诚相爱,互相信任。

* 原载张国福主编:《青年宗教知识手册》,学苑出版社 1990 年版。

2000 年人类发展与教育变革(节选)*

[伊朗]S. 莱斯克等著,张春光等译

格兰迪(1978,35 页)认为另一些文明已经分裂,也都有了一些和人类,神和自然界打交道的经验。他说,有必要在世界不同的文明之中进行真正的对话,这样可使人类的文明走出死胡同。建立这样一个真正的对话,每一个人必须从一开始就相信通过对话可以从别人那学到一些新东西。他说:通过这种"文明"之间的对话和交流,人类才能得以幸存,并继续生活下去(见格兰迪,1977)。对于这种不同文明的互助性对话,交流是适当的,这种想法早在 1870 年就由曾被两位东方君主宣布流放的伟大思想家巴哈乌拉哈提出:拯救人类于混乱之中。他描绘了一个未来混乱景象。在其他事物中,他提出"超越西方文明"以及主张建立一种基于公正、和平、团结的世界新秩序。在这种新秩序中,西方文明中最好的东西(包括科技服务,良好的道德以及人类幸福)就会溶合于一种新的价值观内,最重要的是在本质上恢复和更新早已建立起的宗教道德观和思想意识。建立一种新型的关系概念的三个基本准则是神性的统一,宗教的统一,人类的统一。在新的文明中,物质和精神、信仰和理智、科学和宗教、东方和西方之间的矛盾一定会得到调解(见爱斯莱门特,1980;格莱明斯,1976;霍夫曼,1972)。

* 原载[伊朗]S. 莱斯克等:《2000 年人类发展与教育变革》,张春光等译,辽宁大学出版社 1990 年版。

香港主要宗教概述(节选)*

马　年

巴哈伊教　教徒约1000名。灵体会20个。

巴哈伊教由伊朗侯赛因·阿里创立于19世纪中叶。20世纪初,通过商人传到中国。1935年曾译作"大同教"。1965年,这个教派在香港曾命名为"巴海"。1980年,世界各地华籍教徒一致同意,正名为"巴哈伊教"。

巴哈伊教没有专业神职人员。凡事共同协商解决。按创始人阿里提出的原则,每一地区的成年巴哈伊教徒每年选出一个由9名男女组成的地方灵体会。现今世界各地将近有20000个灵体会。

每年以区域为基础选出的代表,参加国家年会选出的总灵体会,港澳巴哈伊教总灵体会位于九龙中间道汉口中心12楼。1985年10月为止,全世界已有148个总灵体会。每五年,总灵体会的会员参加国际大会,选出世界正义院。世界正义院是巴哈伊教的最高行政机构,教会的决策者。灵体会、总灵体会和世界正义院之间不仅有组织关系,而且在财政上也互相支援。

世界正义院与联合国的经济、社会、儿童、环境等组织有联系。在纽约、日内瓦和内罗比设有办事处。

全世界有8座巴哈伊教庙宇,分设在乌干达、印度、以色列巴拿马、美国、澳大利亚和西萨摩亚。

* 原载《世界宗教资料》1990年第2期。

一种产生中东，流行世界的新兴宗教——巴哈伊教*

陈耀庭

在19世纪的中东地区，出现了一种新兴宗教，称为"巴哈伊教"（即大同教）。经过一个多世纪以后，目前，巴哈伊教已经传播至全世界的350个国家和地区，据称已拥有300多万信徒，其经典已被译成六百种语言（注）。联合国也在1948年接受巴哈伊教为非政府组织成员，其代表常驻联合国总部，并且参与了社会经济委员会、儿童基金会和环境计划局的活动。因此，巴哈伊教被人称为是一种年轻而有活力的新兴宗教，俄国的作家列夫·托尔斯泰生前曾经接触和评价过巴哈伊教，他说："我与巴孛信徒交往多年，并对他们的教义有着浓厚的兴趣；我觉得这些教义必有个伟大的远景，因为它们摒除所有造成分歧与离异的误解，激励人类团结于同一个信仰中。"

巴哈伊教简史

据巴哈伊教文献，巴哈伊教是由巴孛创立的。巴孛的意思是门，即通往地球上的上帝之国的门的意思。巴孛原名为密尔萨·阿里·穆罕默德，生于1819年的伊朗南部城市希拉兹，原是伊斯兰教徒，自幼师习古兰经。25岁时，开始宣传真义，前后有18个信徒。巴孛宣称，一个新的时代到来了，一位最伟大的先知即将带领各宗教走向和平和团结，也就是上帝在地球上的天国。巴孛的新教义受到当时伊朗当局的反对和仇恨。因此，巴孛受到了宗教界和政府的双重压力和迫害，最后殉道于1850年的塔布列兹城的广场上，接着几年里，又有2万余名巴孛的信徒都被杀了。

巴哈欧拉接受巴孛的教义后，也遭到了宗教界和政府的排斥和监禁，并且先后被流放到了巴格达（1853）、君士坦丁堡和阿地诺堡（1863），最后到了巴勒斯坦的阿卡监狱城。

1863年，巴哈欧拉在巴格达的蕾兹万花园中宣称，他自己就是巴孛所预言过的上帝的先知，也是为各种宗教的上帝或神所允诺过的显示者。巴哈欧拉，即上帝的荣耀的意思。他生于1817年的伊朗王朝的显贵之家，原名密尔萨·胡赛因·阿里。27岁时，他放弃继承父职的机会，追随巴孛，因此，他被剥夺一切，两度下狱，并被囚禁在德黑兰的地牢中，直至被逐到巴格达。1868年，他在阿卡的监狱中，写信给各国首脑，包括英国的维多利亚女皇、法国的拿破仑三世、俄国的亚历山大二世、德

* 原载《当代宗教研究》1990年第2期。

国的威尔汉一世、奥地利的法兰西斯约瑟夫、土耳其的阿布图阿季苏丹、波斯帝国国王纳子蕊定以及天主教教皇派耳士九世，宣传巴哈伊教的教义，要他们放弃战争，追求地球上的天国。传说在放逐期间，巴哈欧拉仍不断地宣传，甚至感动了监狱长。在狱长的帮助和掩护下，巴哈欧拉完成了近百卷经典的写作，启示了全部的巴哈伊教律法。

1892 年，巴哈欧拉死后，按其遗嘱，由阿博都·巴哈为圣护。他是巴哈欧拉的长子，生于 1844 年，死于 1921 年，原名阿巴期·阿芬第·阿博都·巴哈，其意为“巴哈之仆役”或“荣耀的仆人”。他从 9 岁起就随同父亲过放逐的生活。直到 1908 年，青年土耳其党革命后释放了所有囚犯，阿博都·巴哈才获得释放。在其父巴哈欧拉死后，由他成为圣约的中心。1898 年，第一批西方人士拜访了阿博都·巴哈。1911 年和 1912 年，他又访问了欧洲、英国、美国和加拿大，并将巴哈伊信仰传播到了西方国家。1920 年，英国为奖励他在第一次世界大战时期，在巴勒斯坦所做的救灾工作，而授予他英国爵士的称号。

1921 年，阿博都·巴哈逝世时，巴哈伊教已经传播到了 33 个国家。遗嘱指定由其长孙守基阿芬第作为巴哈伊教的圣护。守基阿芬第，生于 1897 年，死于 1957 年。在他作为圣护的 36 年中，他曾写下了 15000 封信来指导和激励教友，同时与 35 个国家信徒团结在一起，将巴哈伊教传播到了两百余个国家。在守基阿芬第逝世后，1963 年，巴哈伊教的最高教务机构——世界正义院，由 56 个国家和地区的代表选举产生。院址设于以色列的海法市。世界正义院也是巴哈伊教的世界中心的所在地。

巴哈伊教的教义及其特点

根据巴哈欧拉和阿博都·巴哈的阐述，巴哈伊教的基本教义有十项内容：

人类一家；

独立寻求真理；

世界各种宗教的本质是相同的；

宗教和科学并不对立而是相辅相成的；

男女平等；

清除各种民族和宗教的偏见；

普及义务教育；

以精神方法去解决世界的经济问题；

创立世界共通的语言；

世界和平。

在社会伦理方面，巴哈伊教主张一夫一妻制，允许离婚但鼓励避免离婚；不允许喝酒、抽鸦片、吸毒、赌博、偷窃、暴力，打击或伤害他人；反对通奸、同性恋以及背后诽谤他人。

在巴哈伊教的教义中，特别引人注目的是：

1. 巴哈伊教要求信徒绝对忠诚其政府。巴哈伊经典规定信徒“显示出绝对的忠诚以服从其所居地政府的诫令”，也就是要遵守政府所订立的法律和规定，其唯一的例外就是政府要巴哈伊信徒否认其信仰。巴哈伊教特别训示其信徒不参加任何具有颠覆性的政治、社会或反抗宗教的活动，也不能成为任何政治性社团或秘密组织的会员。每一个真诚的巴哈伊信徒的宝贵愿望就是要以一种无私和爱国的方法为国家的利益服务，而不违背巴哈伊教树立的高贵情操。

2.巴哈伊教主张人类一家。创始人巴哈欧拉告诫其信徒"尔等皆为同树之果，同枝之叶"。后来的守基阿芬第又认为："人类一家的原则是巴哈欧拉教义的重点"。这个主张的含义是"重新建立整个文明世界——一个在组织系统上，所有主要的生活层面均团结一致的世界，不管是政治机构，精神滋长，贸易和财务，书籍和语言，各方面都和谐一致，但却又能长远地保存其中各个联邦政体不同国家的特征与文化。"守基阿芬第认为人类一家"代表人类演进的顶点"。

3.巴哈伊教认为各种宗教的起源是相同的，本质是一致的。巴哈欧拉认为："使上帝之信仰和宗教满富活力的主要目的是护卫和提倡人类种族的利益和团结，并促进人们间友爱的精神"，"宗教必须是人类团结、和睦和同心协力的缘由。如果宗教成了不和睦、相互敌视的原因，或导致分离和冲突，那么世界上不如没有宗教"。巴哈伊教认为世界上所有伟大宗教的起源都是神圣的。上帝是超越人类的了解能力的，只要地球上有人类，上帝就会指引人类，给人类以希望。上帝的指引是由它的使者带给人类的。巴哈伊教认为上帝的使者在人类的历史上只有：克利希那、亚伯阿罕、琐罗亚斯德、摩西、佛陀、耶稣、穆罕默德、巴孛、巴哈欧拉等。他们每一人都在一个时代建立了一个宗教和启发了一代文明。他们在当初公开宣传时，都受到过嘲笑、迫害和轻视。只是在他们逝世后，他们才受到数以万计的人的爱戴和崇拜。他们都是指引人类更接近上帝，并且帮助人类走向一个更新更进步的文明。

4.巴哈伊教的戒律，要求教徒保持身体、衣服和家庭的清洁，并且把祈祷作为教徒的义务。阿博都·巴哈称"祈祷的冲动是自然的，是从人对上帝之爱激发的"，因此，祈祷是"对上帝交谈"，而不是"加灵魂以过重负担使其耗竭而衰颓"。巴哈伊教集会常以祈祷开始，亦以祈祷结束。一个人朗诵先知著作中的某一章节巴哈伊教祷文，其余的人则恭听默想，巴哈欧拉曾启示三则祷文必须诵读。一则是二十四小时一次，一则是每天三次，一则是每天中午一次。巴哈伊教要求人人工作，认为乞讨和游惰都是罪恶。每年规定九个纪念圣日，即：三月二十一日，元旦灵宴节；四月二十一日、二十九日和五月二日，蕾兹万灵宴节；五月二十三日，巴孛宣示使命纪念日；五月二十九日，巴哈欧拉升天日；七月九日，巴孛殉教日；十月二十日，巴孛生日；十一月十二日，巴哈欧拉生日。圣日要举行集会，作特别祈祷。阿博都·巴哈认为："促进一致与和谐的最好的途径则是灵性的聚会，这种集会非常重要，是一种促进神圣坚信的磁石。"

巴哈伊教的教务系统

巴哈伊教是一个没有职业性传教士的宗教。

在守基阿芬第的时代，巴哈伊教就建立了自己独特的教务系统。

巴哈伊教的基层教务机构是"地方灵体会"。在任何一个地区，如果教友的人数达到九个或九个以上时，就可以按祈祷或慎思的选举方式来选出其中最适合的人选以负责当地的巴哈伊教务工作。地方性的教务行政机构由九名委员组成，每年改选一次。

一个国家或地区的巴哈伊教务行政工作由“总灵体会”负责。总灵体会亦由九位委员组成。总灵体会每年选举一次,负责本灵体会内教友间的团结和进修康乐活动。

巴哈伊教的最高教务行政机构为“世界正义院”,由世界各国之巴哈伊团体代表选出,共九人,选举每五年一次。九人之座次不分先后。世界正义院负责指导全世界巴哈伊教务之发展,鼓励世界各地之教友实行巴哈欧拉的教义。世界正义院全权阐述巴哈欧拉之法规,并根据需要来制定新的教规。

巴哈伊教的所有活动和决定都经过磋商达成的,不同意见由投票来表决,不允许针对个性不同而产生摩擦和冲突。守基阿芬第认为“选举的人当以祈祷和慎思后所得到的灵感来选举出品德忠贞无私和心智成熟稳健的信徒来担任管理教务工作。投票时不可受个人喜恶和偏见左右,更不能以物质上的贫富来衡量品德之高低”。

几点看法

1.巴哈伊教是在中东地区产生并且至今将其总部设于中东的一种新宗教。这种新宗教的教义与中东原有的宗教相比较,具有比较能适应时代要求的特点。

2.巴哈伊教是在19世纪中叶产生的一种新宗教,因此,它在已经有一千多年历史的各种宗教面前,特别是在中东的伊斯兰教面前,明显地处于守势。它对于其他宗教的策略同某些新宗教不同,并不是采取攻击和贬低各大宗教的办法,而是采取主张各种宗教根源和本质相同的办法,以此来求得各大宗教的容忍以及自己跻身于各大宗教的可能。

3.巴哈伊教目前在世界范围内,主要在中下层民众中流传,这是不平等的社会造成的必然结果。阶级社会的不平等现象,贫富悬殊,男女不平等都是司空见惯的事,针对这种事实上的不平等,巴哈伊教提出了人类平等的教义,当然能博得追求平等的中下层民众的同情和支持。

4.巴哈伊教是以中东文化作为其生存土壤的。1949年前曾有巴哈伊教徒到中国传布过此教,但并未产生过结果。随着新中国成立,这些教徒也都离开了中国。目前台湾省和香港地区有巴哈伊教的活动,其地或称大同教。随着改革开放,巴哈伊教的出版物亦有流进中国大陆的,但据称他们并无向中国大陆传教的打算,只是希望同中国的宗教徒友好往来。

注:见《阿博都·巴哈的巴黎片谈·前言》,台湾大同教出版社1984年版。

纯洁的巴赫伊教礼拜堂*

张皆正

宗教建筑在建筑史上占有重要的地位，尤其是19世纪之前的宗教建筑，即工业社会之前的宗教建筑。不同时代、不同地域为不同宗教服务的宗教建筑呈现着各自鲜明的特征。古希腊神庙的典雅端庄，气宇轩昂。中世纪哥特式大教堂高直、崇高，引导精神的升华。文化复兴时代大教堂的宏伟，震动人心。这些宗教建筑在一个历史阶段里都形成大量复制。因而，历史上的宗教建筑往往是因循守旧的。这也许是因为宗教本身就是信奉、崇拜超自然的神灵的社会意识形态之故。

随着现代工业技术的发展，近几十年来宗教建筑创作出现了突破。现代大师柯布西埃率先设计了著名的朗香教堂，独特的富雕塑感的造型充分体现了混凝土的可塑性，神奇的室内空间与光影显示了他的天才创造力。十二年前，我有幸欣赏了奥·尼迈耶设计的巴利利亚①大教堂，进入地下入口，通过光线幽暗的低矮通道，抬头仰望，豁然开朗。透过玻璃顶棚只见蓝天上白云飘浮，圣母展翅翱翔在空中。我仿佛进入了"天国"。菲·约翰逊设计的水晶教堂引得牧师怡然宣布：上帝喜欢水晶教堂胜过石头建造的教堂。

80年代，宗教建筑又有了新的突破。我想说的是印度的巴赫伊教礼拜堂。它出自名不见经传的伊朗青年建筑师法瑞伯兹·沙巴之手。

巴赫伊礼拜堂采用具有强烈雕塑感的莲花造型，在一层层同心圆内由外向里布置水池、台基、入口与礼拜大厅。含苞欲放的莲花由三层共27瓣莲花瓣组成了墙与顶。上面两层花瓣曲弧向内，其间巧妙地利用了天窗采光，使直径70米，可容纳1200座位的圆形礼拜堂光线充足、敞亮。下面一层花瓣向外，构成九个进入礼拜堂入口上的雨罩。礼拜堂外圈有九个舒展的水池，使这座白色建筑物俨若水面上飘浮的一朵纯洁的莲花。它的合理的使用功能，建筑与结构完美结合产生的室内空间艺术效果与完整美好的建筑造型，说明现代高技术能满足物质功能与精神功能的需求。

我十分赞赏建筑师的立意与构思。莲花在印度的美术和建筑中是常见的圣洁的装饰形象，但建筑师所赋予它的新的内涵与外延，使莲花型的礼拜堂成为巴赫伊教教徒们心目中美好神圣的象征。它是宗教建筑中又一新的杰作。它也是世界建筑之林中的一个不朽之作。

---

* 原载《世界建筑》1990年第2、3期合刊。

① 应为巴西利亚。——编者注

新德里巴赫伊教礼拜堂·印度*

设计 萨帕(F. Sahba)

萨帕先生从大约40位国际知名的建筑师中争得了这个设计任务。他本人就是巴赫伊教的信奉者。巴赫伊教义传布两百年来,已在五大洲建立了自己的活动基地。礼拜堂本身就是一个社区中心,有自己的托儿所、诊所、学校、老人之家、香客之家和图书馆等。它是宗教精神、社区精神与实际活动空间的结合,强调亲密与团结——不只是一种精神,而且必须付诸行动。每一个这种礼拜堂都必须九边九门,这是其教义的象征。

建筑师认为,印度次大陆的文脉和独特文化中,莲花被作为生活与人民"密切的精神联系"的标志和象征,它"不仅是印度所有宗教教徒们团结的象征,而且是世界上最美无瑕的花。"他说,"我要设计新的、典雅的、非外来的、令人感到熟悉和亲切的。我访问了全印度的数以百计的教堂和庙宇,不仅为建筑设计找到方向,而且发现了一种概念——这个次大陆的和睦精神。"

莲花教堂周围有步道、水池、桥和踏步。半开的莲花花瓣分为三层,由混凝土薄壳做成。第一层向外。第二层向内,与第一层的一起覆盖了外围的敞厅。第三层向内向上,大部分是连结在一起,只在顶部分开,最顶部是玻璃顶,以利防雨及采光。莲花瓣用白色混凝土,白水泥来自朝鲜。内表面未作其他饰面或粉刷,只作轻度剁斧。外表面用白大理石,希腊产,在意大利加工成所需的尺寸及形状。内部地面也用白大理石,外面的地面、步道及踏步等用红色砂岩。薄壳壳体高25米,厚仅13厘米,在寒冬也在摄氏45°中施工。整个建筑物上全是曲线,没有一根直线。

总高40.8米,直径70米,固定座席1200席,最大容量2500席。

建筑师萨帕1948年生于伊朗,1972年毕业于德黑兰大学。

(本文已参考了周卡特提供的资料)

* 原载《世界建筑》1990年第6期。原文有图,此处未录。

巴黎讲话*

[波斯]阿布杜·巴哈著,陈晓丽译

根据萨拉、拉迪·布洛姆菲尔德等人合译的英译本《阿布杜·巴哈的名言》(纽约,1924 年)由埃尔萨·玛丽亚·格罗斯曼和海尔曼·格罗斯曼译成德文。

在这本德译本之前,曾有两个德文版本。它们分别题为《仁爱与和平的福音》(斯图加特, 1914 年)和《阿布杜·巴哈于 1911 年秋在巴黎的演讲》(斯图加特,1921 年)由威廉·黑里格尔翻译出版。此后又出版了新修改的第三个版本和眼下这个未再修改的第四个版本。英译本和黑里格尔的德译本中,搞错的年代(如 1911 年写成 1912 年)在这个版本中已被改正。

巴哈出版委员会

阿布杜·巴哈在巴黎

英文版前言

有关尊敬的阿布杜·巴哈在欧洲访问的情况已经有过许多报道。他在巴黎逗留期间,每天早晨

* 原载[波斯]阿布杜·巴哈:《巴黎讲话》,陈晓丽译,国际文化出版社公司 1990 年版。

都在卡蒙大街 4 号对那些迫切想听到他的学说的人们发表简短的演说。

这些听众来自各个国家，他们有不同的信仰。他们之中有的人有学问，有的人没学问，有各种教派的成员，有有神论者和无神论者，还有唯物主义者和唯心主义者等等。

阿布杜·巴哈用波斯语演讲，然后被人译成法语。——我和我的两个女儿及女友详细地记录了他的演说。

许多朋友请求我们将这些记录译成英文发表，但我们一直拿不定主意。直到最后阿布杜·巴哈也请求我们这样做，我们才盛情难却地接受了这个请求——尽管我们对如此重要的事情感到心笨笔拙。

我们力争使我们这篇粗浅的英译本保持法语译文的原有风格。

S. L. B. ，M. E. B. ，R. E. C. B. 和 B. M. P.

1912 年 1 月于沃韦

英文修订本注：本书的前言是用姓名的开头字母署名。人们要求我在修订本上注明这些开头字母所代表的名字。现说明如下：

S. L. B. = Sara Louisa Blomfield(Sitárih)

萨拉·路易莎·布罗姆菲尔德(西塔里)

M. E. B. = Mary Esther Blomfield(Parvin)

玛丽·埃丝特·布罗姆菲尔德(帕尔温)

R. E. C. B. = Rose Ellinor Cecilia Blomfield(Núrí)

罗斯·埃利诺·塞西莉亚·布罗姆菲尔德(努里)

B. M. P. = Beatrice Marion Platt(Vardiyi)

比阿特利斯·玛丽恩·普拉特(瓦尔迪依)

(签名)萨拉，拉迪·布罗姆菲尔德

1. 对外国人和陌生人有友好和关心的义务

1911 年 10 月 16、17 日

当一个人向真主求助时，他就会发现到处充满了阳光。所有的人都是他的兄弟。如果你们同外国人在一起相处，就要避免给人留下由于传统的客套和拘泥于形式而引起的漠不关心的印象。你们不要用那样的目光看着他们，好像你们把他们当作了无用的人、窃贼或是粗野无礼的人。为了不致在同你们不欢迎的人结识时陷入危险境地，你们要谨慎从事，并认为这是必要的。

我请你们不仅要想到你们自己。对于外国人，无论他们是来自土耳其、日本、波斯、俄国、中国或是地球上任何一个国家的人，你们都要友好相待。

去帮助他们，关心他们的膳宿问题，使他们有宾至如归的感觉。去问问他们，你们还有哪些事情没为他们安排好。你们要试着使他们的生活变得更幸福些。

如果你们的最初怀疑已经得到证实，那就更要以诚相待。这种友善的态度将会帮助他们改过自新。

我们为什么要把外国人当陌生人对待呢？让你们碰到的人不用特别提醒就知道，你们实际上就是巴哈教教徒，把对各个民族善良、宽容的巴哈·安拉的学说化为行动，你们不要满足于用语言表达友谊，要让你们的心在对你们一生所遇到的所有人的亲切与和睦中放射出光芒。

啊，你们属于西方世界的人们，你们要善意对待那些处在你们中间的、来自东方世界的人们。忘掉你们在同他们的闲聊中那些使他们不习惯的客套。在东方人看来，这样的态度是冷淡的和不友好的。你们要尽量去同情他们，让他们觉得，你们内心充满了无穷无尽的爱。如果你们遇到了一个波斯人或一个其他国家的人，你们就要像对一个朋友似的同他谈话，如果他感到孤独，你们就尽力帮助他，随时向他提供热情的服务。如果他悲伤，就去安慰他；如果他贫穷，就去支援他；如果他心情忧郁，就去同情他；如果他在危难之中，就去使他精神振作起来。如果你们这样做了，那么，你们将不仅用语言，而且用行动真实地证明，你们把所有的人都看作了兄弟了。

赞同世界范围的友谊是有益的，但仅仅谈论把人类种族的联合当作一个崇高的目标，这能有什么用呢？只要这些想法没有付诸行动，它们就一钱不值。

世界上的不公平之所以继续存在，就是因为人们只是谈论他们的理想，而没有努力把理想化为行动。要是行动代替了语言，那么世界上的苦难不久将会变为幸福和安康。

一个做了好事而不说的人正是走在这条尽善尽美的道路上的。做了一点好事就夸夸其谈，加以夸张的人，其价值实在很渺小。

如果我爱你们，我一定不是没完没了地讲述我的爱——即使不说任何话，你们也会知道。与此相反，要是我不爱你们，你们也同样会知道——尽管我讲了成千上百句爱你们的话，你们也不会相信我。

有人在做好事方面作了不少姿态，这时，他们需要许多美丽动听的词汇。因为他们想更高大更完美地出现在和他们在一起的人群之中。而做了大量好事的人是极少谈及他的所作所为的。

真主的孩子们，在履行主的训诫时，做自己的事情，不要自夸。

我希望你们总能避开暴力和压迫不停地工作，直到正义降临到每个国家；希望你们保持心灵的纯洁，不要干非正义的事情。

这就是你们为靠近真主而必须做的事情，这正是我期望于你们的。

2. 正确思想的威力与价值取决于它在行动中的表现

1911年10月18日

人真实的东西是他的思想，而不是物质构成的身体。思想的力量与兽性的力量是一对伙伴。尽管人也属于动物范畴，但是他却有着超越其他一切生物的思维能力。

如果一个人在他的思想支配下不断为神圣事业而努力，那么，他将会变得像圣徒一样；反之，如果他不使自己的思想高尚起来，而是一切以“我”为核心，走下坡路，那么，他将变得越来越贪图享受，直至沦落到一种比野兽好不了多少的可怜境地。

我们可以把思想分为两个层次：

一、只属于思维世界的思想；

二、行动中表现出的思想。

有些男士们和女士们为他们的崇高思想而高兴，但是如果这种思想从未在行动中体现出来过就毫无意义。这就是说：思想的威力完全在于它在行动中的表现。哲学家很愿意自己的思想在其他人活动的进步与发展的世界中发挥作用，尽管这些哲学家们自己没有能力或不准备在他们的生活中证明他们那伟大的理想。多数哲学家属于这一类别，他们的学说高于他们的行动。这就是哲学家——精神导师——和那些纯粹哲学家之间的区别。精神导师是第一位遵循自己学说的导师。他们把他们的精神概念和理想往下贯彻到行为的世界中去。他们的神圣思想为世界所熟悉。他本人就是自己思想的体现，他与这种思想是分不开的。如果我们发现这样一位哲学家，他强调正义的意义及其伟大性，而后来却助纣为虐，怂恿一位贪婪的统治者去进行压迫和使用暴力，那么，我们便可以马上辨认出这个哲学家是属于第一个类别。因为他用神圣的思想去思维，却没有做符合神圣道德的事情。

这种情况在精神哲学家那里是不可能发生的，因为他们总是在行动中表现出他们的崇高思想。

3. 只有真主才是真正医治万灵的伟大仁慈的医生

1911 年 10 月 19 日

万灵得到的真正医治是从真主那里来的！疾病的原因有两个：一个是物质上的，一个是精神上的。如果疾病是由身体引起的，那么治愈它就需要物质疗法，如果病是由精神引起的，则需要精神疗法。

要是在治疗期间真主的祝福降临在我们身上，我们就能恢复健康。因为药物仅仅是外在的、看得见的治疗方法，通过它我们去寻找真主的治疗。在精神没有被治愈以前，对身体的医治就完全没有价值。一切都在真主的把握之中，没有真主我们就没有健康的可能。

有许多人恰恰死于他们专门研究过的疾病。例如：亚里士多德曾经从事于消化系统的研究，最后竟死于胃病。阿维森那曾是心脏病专家，却死于心脏病。真主是伟大而仁慈的医生，只有他才有真正治愈疾病的力量。

一切生灵都取决真主的安排，不管他们的智慧、权力和独立性如何伟大。

你们看地球上那些有权势的帝王们，他们拥有人们给予他们的世界上所有的权力，但一旦他们被死神召唤的时候，却不得不像他们门前的农夫一样俯首顺从。

你们再看看野兽，它们在耀武扬威的时候，却又是多么孤立无援啊！野兽中，即使是最庞大的象也不能逃脱苍蝇的骚扰，猛凶的狮子也不能摆脱蠕虫的挑衅。而造物主所创造的万物中最高形式的人仅仅为了生存也需要各种各样的东西。首先是空气，如果人被剥夺空气仅几分钟，他就会死亡。其次人还需要水、食品、衣服、热量和许多其他的东西。人被各个方面的危险和困难包围着，单靠人的物质的身体是不能承受的。当人环顾自己周围的世界时，他将发现，真主创造的一切都服从着自然规律，并一一依靠着自然规律。

只有人能用自己智慧的力量解放自己，将自己凌驾于物质的世界之上，使物质的世界受自己的支配。

要是没有真主的帮助，人就会像野兽一样丧生。但真主已经赐给他那么神奇的力量，以至他能不断向前看，而且，他除了得到其他的天赋外还能从真主无尽的恩赐中得到治疗。

啊，但是有的人不去感谢这些最宝贵的赐福，而是满不在乎地昏睡。他们不尊重真主已经给予他们的恩赐，把自己的脸背向光明，朝黑暗走去。

我最庄重的祈祷是：但愿你们不要像那些人一样，而是永远坚定地面向光明，以使你们成为生命中黑暗时期熊熊燃烧的火炬。

4. 东西方人民团结的必要性

1911 年 10 月 20 日，星期五

不论是现在还是过去，真理的精神太阳始终是从东方地平线上升起。

亚伯拉罕出现在东方。摩西在东方指引和教导着人们，耶稣也是东方人。穆罕默德被派遣到东方人民中间，巴布出自东方国家波斯，巴哈・安拉生活在东方并在东方布道。所有伟大的精神导师都出现在东方世界。尽管基督的太阳从东方升起，但它的光芒在西方却清晰可见，那里，人们能更清楚地看到它光芒四射的壮丽景象。真主教义的神圣之光在西方世界照射得更为强烈。西方世界比起神圣之光的发源地来，取得了更迅速的进步。

目前，东方需要物质上的进步，而西方则需要精神上的理想。如果西方醒悟，并能转向东方国家，同时把西方的科学知识介绍给东方人，这样做对西方是在益的。这种取长补短的交流一定要进行。东西方一定要联合来，互相帮助。这个联合将产生一种真正的文明。在这个文明中，精神的东西将在物质中表现出来并成为现实。

如果一方受到另一方欢迎的话，那么最伟大的和睦就会出现，整个世界将会成为一个整体，一种高级的完美状态便会成为现实。这就形成了一条紧密联结在一起的纽带，这个世界也将成为一面照见真主品质的闪光镜子。

我们大家，东方和西方的各民族，一定要夜以继日地、一心一意地努力争取完成这个伟大的理想，完成地球上各民族人民统一的团结。那么，每颗心就会变得年轻，每双眼睛就会睁开。每个人都会浑身充满神奇的力量，人类世界的幸福就有了保障。

我们必须为此而祈祷，愿波斯得到真主浩荡的赐福，从西方得到物质文明和技术，同时通过神的恩赐，让精神之光照耀西方。联合起来的各国人民——东方人和西方人的这种精诚的、孜孜不倦的工作一定会使这项事业获得成功，因为圣灵的力量将辅助他们。

你们应该一个原理、一个原理地研究巴哈・安拉的教义，直到心领神会。然后你们就会变成浑身是劲的光明的追随者和真主的真正有才能的神圣卫兵，在波斯、欧洲和全世界建立和传播真正的文明。

如果全人类都聚集在一个繁荣昌盛王国的统一的华盖下，人间的伊甸园便将出现。

5. 真主能理解万物，但自己却不能被人理解

1911 年 10 月 20 日，星期五，晚

在巴黎人们每天参加无数探讨政治、经济、教育、艺术、科学及其他问题的会议。

所有这些会议都是好的，但是这里举行的这个集会却是为了面向真主；是为了研究人怎样作出最好的努力去促进人类的繁荣；是为了检验人如何克服偏见和如何能在人的心中播下爱情和普遍友谊的种子。

真主赞成我们开会的动机并向我们祝福。

我们在《旧约全书》中读到，真主说："让我们按照我们的形象塑造人吧。"耶稣在《福音书》中说："我在父里，父在我里。"（《约翰福音》第十四章）。穆罕默德在《古兰经》中说："人是我的秘密，我是人的秘密。"巴哈·安拉写道，真主曾经说过："你的心就是我的家园，为了我的归来把它打扫干净。""你的精神就是我的希望，为我真主的启示准备着它吧。"

所有这些神圣的名言都向我们指出：人是按照真主的模样塑造成的，但真主的本质却是人的智慧所不能理解的，因为有限的理解对无限的秘密束手无策。真主本身就包含一切，而他自己却不能被理解。包罗万象当然要比抓住的点滴大得多，整体大于部分。

人所能理解的东西不能超越他的理解能力，因此，人内心是不可能理解真主的庄严的实质的。我们的想象力只能想象出它能够创造出来的东西。

理解能力在真主创造的各个物质王国中各不相同。矿物的、植物的和动物的王国没有能力去理解任何一种超越自己的物质。矿物不能为植物的生长力着想，树木既不懂得动物的运动力，又不理解什么是站、听或嗅。所有这些都属于自然的杰作。

人也有自然造物的部分，但是低级王国没有一个能理解人的智能中处于领先地位的东西。动物不能想象一个人的理解能力，它只知道它周围的那些凭着它动物的感觉发现的东西，而不能抽象地想象。动物不可能知道，地球是圆的，地球围绕着太阳转动，也不可能学会如何制造发报机。这些事只有人会做。人是真主创造的万物中的最高杰作，是靠真主最近的生灵。

每个高级王国对低级王国来说都是不可能理解的。那么人怎么能够理解万物的万能创造者呢？

所有存在的生灵都仰仗真主的慷慨。真主仁慈地施舍出自己的生命，就像太阳的光芒照亮了整个世界一样，真主那无穷无尽的仁慈也已洒到了他创造的万物身上。就像太阳使地球上的果实成熟，使 个生物得到了生命和温暖 样，真理的太阳也是这样照耀着所有的生灵，它使所有的生灵充满了真主的爱和理解的光辉。

人类超过真主的其他创造物的优越性还表明，人有一个装着神的意志的灵魂。而低级生灵的灵魂从它们的本质来说潜藏得更深。

因此，毫无疑问，人在真主的所有创造物中是最接近真主本性的。所以真主给人的恩赐就更丰富。

矿物王国有生存力。植物有生存力和生长力。动物除了生存力和生长力之外，还有自由活动的能力和神经感觉的能力。我们发现，人类王国中具有低级世界的一切特征和许多别的有待补充的特

性。人类是在他本身出现之前的所有一切的总和。因为他将一切包括在自身中了。

人被赋予特殊的智能，通过这种智能，他才能收到较多的神的光芒。完美的人是一面磨得光亮的镜子，这面镜子反射出真理的太阳和太阳中表露出的真主的品质。

主耶稣曾说："谁见过我，谁就见过了父亲"——真主是通过人显示出来的。

太阳离不开它在天空的位置，也不会落到镜子里来。因为太阳的升和落，来和去不符合无限的原则，而是符合有限的本质特征的。在真主显现中，在那面完美光亮的镜子里，神的品质在一种能被人理解的形式中表现出来了。

道理就是这么简单，所有人都能理解这点，我们能够懂得的东西，我们也就必须接受这些东西。

我们的父亲并不要我们为我们既不赞成也不能理解和相信的教义负责任，因为真主对他的孩子们绝对公正。

这个例子不管怎么说是那样合乎逻辑，以至于能更容易为每个准备把他的注意力转向它的人所理解。

愿你们中每个人都变成一盏光芒四射的灯，它的火焰就是真主的爱！愿你们的心燃烧着团结的火花，愿你们眼睛闪耀着真理太阳的光芒！

巴黎是一座非常美丽的城市。在当今世界中你找不到一个比它更文明、用各种各样物质成就装备得更好的城市了。但是精神之光已经很久没有照耀这座城市了，它在精神上的进步已远远落后于它的物质文明。为了唤醒它回到思想真理的现实中来，为了给它那沉睡的灵魂中吹进一缕生命气息，必须有一股最强劲的力量。为了唤醒他们，为了使他们借助这股强大的力量苏醒过来，你们必须团结所有的人。

如果处治一个小病，用药力较弱的药品就可以把它治愈。但是如果小病变成可怕的顽疾，那么神的医生就要用药力很强的药品了。有些树木在凉爽的气候中开花结果，而另一些树木则需要强烈的阳光照射才能使果实充分成熟。巴黎就是这样一棵树木，它需要靠真主至高无上的威力发出的火热的太阳去发扬精神。

我请求你们大家，你们每一个人，都要追随神的教义中的真理之光。真主会通过他的圣灵赋予你们力量，使你们有能力去克服困难，消除人之间分裂和仇恨的偏见。让你们的心充满真主那伟人的爱！让每一个人都感觉到它，因为所有的人都是真主的仆人，所有的人都分享了一分真主的恩泽，你们特别要对那些具有唯物思想和持反对观点的人们表示出极大的爱和宽容，为了共同一致，你们要用你们善良的光辉品质去争取他们。

如果你们忠于你们的事业，并坚定不移地追随真理的神圣太阳，那么这座美丽的城市将沐浴在世界博爱的光泽之中。

6. 战争的不幸原因和每个人致力于和平的义务

1911 年 10 月 21 日

我希望你们大家都幸福安康。我并不感到幸福，而是非常忧郁。班加西(利比亚)战争的消息使我感到忧虑不安。我对世界上至今还存在的人类的残暴行径感到震惊。人们怎么能够从早到晚地打仗，互相残杀，使他们的同类流血呢？究竟为什么呢？仅仅是为了赢得对一块土地的统治权！动物本身在争斗中都有一个为了进攻而提出的直接的和比较合理的理由！多么可怕呀，属于高级王国的人类竟然如此地贬低身份，为了占领一个窄长地带去击毙他们的同类，让同类蒙受苦难！

万物中最高级的人类为了最低级的物质形式——土地而争斗。土地不是属于一个民族，而是属于所有的民族。土地不是人类的家，而是人类的坟墓。这就是为了他们的、人类为之争斗的坟墓。在这个世界上再没有别的东西像这个坟墓——这个人体腐烂的地方——那么可怕了。

不管征服者多么伟大，不管他征服了多少国家，可是他从这些被蹂躏的土地上能得到什么呢？无非就是一小块地方：他的坟墓。如果为了改善一个民族的状况，传播文明（用公正的法律代替野蛮的习俗）需要更多的土地，那么通过和平的途径，必要的领土扩大就一定有可能被实现。

于是，为了满足人的野心，战争就爆发了。为了少数人的世俗利益，可怕的灾难降临在无数家园，成百上千颗男人和女人的心破碎了！

有多少寡妇在为她们的丈夫痛哭，有多少有关野蛮行径的报道被公之于世啊！有多少变成孤儿的儿童在向他们死去的父亲喊叫，多少母亲在为她们被打死的儿子哭泣！

没有什么比人类野性的大发作更撕裂人心和更可怕了。

我要求你们大家，你们每一个人，把你们心中所有的一切都凝聚在爱和和睦上。如果战争思想冒了头，就用更为强大的和平思想去抵制它。必须要用更为强烈而有力的爱的思想去消除仇恨。战争思想能摧毁一切和睦、幸福、安宁和快乐。

爱的思想能创造出同志式的情谊、和平、友谊和幸福。

当世界上的士兵抽出军刀准备断杀的时候，真主的士兵却互相握手。通过真主的怜悯，真主的怜悯又通过纯洁的心和真诚的灵魂发生作用，这样，一切人类的野蛮就会逐渐消失。你们不要以为世界和平是不可实现的理想！

真主的善良是无所不能的。

如果你们全心生意地希望同世界各民族友好，那么就要在精神上有建设性地传播你们的思想，使它成为别人的思想，使它不断扩大、发展，直到它深入每个人的心中。

不要丧失信心！要不断地努力！真诚和爱将战胜仇恨。这些天发生了多少似乎不可能发生的事啊！你们要不断地把目光转向世界的光明！你们要向所有的人展示出你们的爱，“爱是人心中的圣灵气息”。鼓起勇气吧！真主不会离开他的努力工作和祈祷的孩子们的。让你们的心充满努力的愿望，愿安宁与和谐拥抱这个争战的世界。这样，你们的努力将取得辉煌的成就，天国将同无所不包的仁爱一起在和平和幸福中出现。

今天在这个空间里有许多民族的成员，有法国、美国、英国、德国、意大利的兄弟和姐妹们，友好和谐地欢聚一堂。让这次聚会成为一个确确实实将要在世界上发生的事情的预兆吧，我们每个真主的孩子都知道，他们同是一棵树上的叶子，一座花园里的花，一个海洋里的水，一个父亲的儿女，父亲的名字就叫爱！

7. 真理的太阳

1911 年 10 月 22 日

阿布杜·巴哈说：

今天是个美好的日子，阳光明媚，世界万物都沐浴在太阳的光和热之中，真理的太阳也照耀着，它把光和热洒向人的心灵。太阳是地球上一切物质躯体的生命施舍者。如果没有它的温暖，万物的生长就会受到阻碍，它们的发展就会停止，最后便会腐烂、死亡。同样，人的心灵也需要真理的太阳，因为它能把光芒洒向人的心灵，它能发展、教育和鼓励它们。太阳能对人的躯体起什么作用，真理的太阳就能对人的心灵起什么作用。

一个人想获得高度的物质享受，但是如果没有真理之光，他的灵魂就会缺乏活力，就会饿死。另一个人不追求物质享受而处于集体阶梯的最低层，但是如果他得到了真理太阳的温暖，他的心灵就是伟大的，智慧就会闪光。

一位生活在基督界早期的希腊哲学家，他本人不是基督教徒，却具有基督教派的风范。他写道："我认为，宗教是真正文明的根基。"因为首先，正当一个民族的风习像它的智慧与天才一样形成的时候，这种文明就有了稳定的基础。

因为宗教在促进着文明，所以，它是真正的哲学，独特持久的文明就是以它为基础的。为此，这位希腊哲学家列举当时基督教徒为例，他说，基督教徒的道德要求是处于一个很高的水准之上的。这个哲学家的信条是符合真理的，因为基督教的文明是最好和最有启迪性的世界文明。基督教的教义渗透了真理太阳的神圣光辉。因此，他的信徒们要学会像兄弟一样爱所有的人，要学会无所畏惧，也不要怕死，要像爱自己一样去爱别人，要在为了人类最高度的繁荣昌盛奋斗之时忘掉自己的利益。使每个人的心都接近真主的光芒四射的真理，这就是基督教的伟大宗旨。

要是我主耶稣的信徒们带着坚定不移的忠诚去遵循这些原则，那就不需要重新传播基督教义了，也就没有必要再去唤醒他的人民了，因为一个伟大而美好的世界文明就将出现了，它就是人间天堂。

可是，与此相反，到底发生了什么呢？人类背离了真主神圣光辉的信条，冬天笼罩在人们的心里。正如人的身体的生命取决于阳光一样，要是没有真理太阳的光辉，神圣的美德也不会在人们的心灵中滋生。

真主不会让他的孩子们得不到安慰。当冬日的阴暗笼罩在人们心头的时候，真主又派遣他的使者——预言家们，带来春天的希望。真理的太阳又照耀在人间的地平线上，照亮那些睡着或醒来的人们的眼睛，使他们又看见了新的黎明曙光。紧接着，人类之树又繁花盛开，结出使人类康宁的正义之果。由于疏忽了真主的法则，人的耳朵听不见真理的声音，人的眼睛看不到圣灵之光，因此战争和暴乱、不安和苦难的阴影便使地球变成了不毛之地。我请求你们大家努力把真主的每一个孩子都引导到真理太阳的光芒之中，让真理的强而有力的光芒把黑暗驱散，让真理太阳的光所带来的慈悲的温暖把冬天的严寒融化。

8. 真理之光正照耀着东方与西方

1911年10月23日,星期一

如果一个人在某地得到生活的乐趣,那么,为了再得到更多的乐趣他还会回到那里去。如果有人发现了一个金矿,那么,为了挖到更多的金子,他还会回到那里去的。

这显示了真主给予人的内在力量和本能,以及人本身的生活欲望的威力。

西方总是从东方得到智慧之光。歌唱天国的歌首先在东方响起,但在西方,这歌声却更为有力地震动着那些聚精会神聆听者的耳朵。

西方人是坚强的,他们赖以存在的基础是岩石。他们肯定下来的事通常是不轻易忘记的。

西方就像一棵茁壮的、饱经风霜的植物:经过阳光雨露的滋润,它就会开出艳丽的花朵,结出丰硕的果实。很久以来,真理的太阳就已借助我主基督的镜子,在西方放射出他的光芒,但是由于人们的罪孽和健忘,真主的面孔被蒙上一层面纱。但是,感谢真主,现在圣灵又重新降临人世!爱、智慧和力量三个星辰又出现在神圣的地平线上,它们把欢乐给予每一个向着真主的人。巴哈·安拉已经清除了那些堵在人们心头的偏见与迷信的障碍。让我们祈求真主,使圣灵的气息再给人们带来希望和精神,再唤醒人们心中追随真主的愿望。但愿每个人的心灵和意志都振作起来!但愿每个人都为由此而得到新生而高兴!

那么,人类将在真主爱的光环中穿上新装。一个新创造的早晨降临了。到那时,最仁慈的仁慈将降临人世,每个人都会过上一种崭新的生活。

我十分郑重地命令你们,你们每一个人都要为这一崇高的目标而努力奋斗,使自己在建设新的精神文明中成为一名忠实和充满爱的工作者,真主挑选出来的人们,准备高兴地、服从地去完成他的崇高计划吧!成绩定将取得,因为神的旗帜在旗杆上高高飘扬,真主公正的太阳出现在每个人眼前的地平线上。

9. 博爱

1911年10月24日

一个印度人对阿布杜·巴哈说:

"我的生活目的是尽可能广泛地获得克里希纳关于世界的信息。"

阿布杜·巴哈说:"克里希纳的信息是爱的信息。所有的真主的预言家们都已转达了爱的信息。他们当中没有任何人认为战争与仇恨是对的。他们都同样地称颂爱与善良。"

爱是在行动中,而不是在空洞的言辞中表现出它的真实性。言辞本身不具有任何作用。

为了显示出爱的力量,必须有一个对象、一种工具和一个机缘。

显示爱有多种可能性:这就是对家庭的爱,对祖国的爱,对种族的爱,对政治的热情和出自相同兴趣的爱。所有这些都是为了证明爱的威力的方法与途径。要是没有那些方法,我们就会既看不到爱,也听不到或感觉不到爱了。所有这一切就表达不出来了。水通过某些方式显示了它的能力,如解渴或使秧苗生长等等。正如电在电灯中发挥它的作用一样,煤用另一种方式在煤气灯中证明了它的特点。如果没有煤气和电,那么世界上所有的夜晚都会漆黑一片。因此,为了表达爱,也需要一种工具,一个表白爱的动机,一个对象和一种表达方式。

我们必须设法找到一条把爱带给人类的路。

爱是没有界限,没有限制,也没有终止的。而物质的东西是有界限,有限制的和穷尽的。你们不可能用有限的方法恰当地表达出无限的爱来。

完美的爱需要一种忘我的、没有任何束缚的工具。对家庭的爱是有限的,亲族关系的纽带不是最牢固的。同一个家庭的成员经常意见不一致,甚至互相仇视。

对祖国的爱是有限的。为了爱自己的祖国而去恨所有其他的国家,这种爱不是完美的爱。同一国家的同胞也常常无法摆脱无休止的争吵。

对自己种族的爱是有限的。虽然这里呈现出一定程度的团结气氛,但这种团结是不够的。因为爱是没有界限的。

对自己种族的爱可以同时意味着对所有其他种族的恨,而且即使是同一种族的人,他们也经常互不相爱。

对政治的爱的强烈程度与对其他党派的恨一样,是联系在一起的。这种爱不但很有限,而且是动摇不定的。

由于兴趣相同而表现出来的爱是极不稳定的。同时会产生许多隔阂,这些隔阂招致了嫉妒,仇恨最终会取代爱。

几年前,土耳其和意大利还相处在一种友好的政治环境中,现在他们却互相动起武来了!

所有这些爱的纽带都是不完美的。很明显,为了适当地表达包罗万象的爱,有限的、物质的联系是不够的。

但是,对人类的伟大、无私的爱并没有被这些不完美的、半自私的联系所束缚。它是唯一完美的爱,要达到这种爱,所有的人就必须要借助于神的意志的威力。世界上还没有过什么能带来这种包罗万象的爱。

让所有的人在爱的神威中都成为爱的一分子吧!让所有的人努力使自己在真理的阳光下成长,努力使自己这种闪光的爱在每一个人身上映照出来,使他们的心变得一致,使他们永远沐浴在这种无限的爱的光芒之中吧!

你们要记住最近我在巴黎作短短逗留时在你们中间对你们讲的这些话。我郑重地告诫你们:不要让你们的心被这个世界上的物质的东西束缚住。我要你们不要自鸣得意地躺在邋遢的床上作物质的奴隶,而要起来,把自己从它的桎梏中解脱出来!

动物王国会被束缚在物质世界里,但是真主却赋予了人类自由。动物不能逃脱自然规律,与此相反,人却能控制自然规律,因为人能了解自然,并因此而能超越自然。

已经拨亮了人的智慧的圣灵的威力使人能够发现,让自然规律屈服于人的意志的方法。这一威力飞过天空,越过海洋,甚至进入天空和海洋的深处。

所有这一切都证明了,人的智慧能怎样把人从自然界中解脱出来,并揭开自然界的许多奥秘。人类已在一定程度上冲破了物质的羁绊。

如果人们只是努力去追求精神财富，并愿意使自己的心同真主的无限的爱联结在一起，圣灵则愿意为此给予人们比这更大的力量。

如果你们爱你们家庭的成员或同胞，那就用无限的、炽热的爱去爱他吧！同真主一起，并为了真主而爱吧！无论你们走到哪里，总会发现真主的品德。去爱每一个人吧！不论他是否属于你们的家庭或属于别的家庭。你们要把无限的爱的光芒倾泻在你们遇到的每一个人身上，他们可能属于你们的国家、你们的种族、你们的政党，或属于任何其他的民族、肤色或政治派别。如果你们为把世界上分散的民族聚集起来而工作的话，上天会帮助你们的。

你们会成为真主的仆人，居住在主的周围，主的神圣将辅佐你们为全人类服务。为全人类！为每一个人服务！永远不要忘记这一点！

你们不要说，某人是意大利人、法国人或英国人，而应想到，他是真主的儿子，是万能的主的仆人！是人类之一员！大家都是人！你们要忘掉国籍——大家在真主面前是一样的。

你们不要考虑自己的局限性，因为真主的帮助会与你们同在。你们要忘掉自我，因为主的帮助一定会来到你们身边的。

如果你们呼唤真主的慈悲，并等候主的援助，你们的力量将会十倍地增长。

你们看看我，我是多么软弱，但是我得到了力量，来到你们中间。一个贫穷的主的仆人，他变得能够向你们宣讲这些信息。我在你们这里不会待很久。人们不必看重本身的懦弱，因为有爱的圣灵的力量带来教导的威力。考虑自己的懦弱只能使我们丧失信心。我们必须睁开眼睛看看人世间的各种思想，并从每一种功利的思想中摆脱出来，祈求得到精神上的财富，把我们的目光盯在万能真主的永恒的、慷慨的恩赐上，它会用一个愉快仆人的欢乐去注满我们的心灵，按照主的训示：去彼此相爱吧！

10. 阿布杜·巴哈身陷囹圄

巴黎卡蒙大街4号

1911年10月25日，星期三

我很抱歉，今天早晨让你们久等了，但是在短短的时间内我必须为真主的爱的事业奔忙。

为了见到我，你们等了一个时辰，这对你们来说是微不足道的。可是，为了能拜访你们，我在监狱里等了一年又一年。

但是，感谢真主，首先是我们的心由于对真主的爱这一相同目标而已紧紧联系在一起了。难道我们还没有通过天国的赐福把我们的渴望、我们的心和精神维系在一根纽带上吗？难道我们没有祈祷，愿所有的人都和睦相处吗？难道我们没有为此而时刻相处在一起吗？

当我昨晚从德雷福斯先生的住处回到家时，我非常疲劳，但却睡不着，躺在床上沉思。

我说：啊，真主，我现在在巴黎。巴黎是什么？我是谁？我做梦也不会想到我会从黑暗的监狱中来到你们这里，尽管我并不相信那对我宣读的判决书。

我说过，阿布杜·哈米德曾下令判我终身监禁。我当时说：“这不可能，我不能永远当一个囚犯。

要是阿布杜·哈米德长生不死，这样的判决看来也许有效。不过，我肯定有一天会得到自由。那些人可以长时间地拘禁我的身体，但是阿布杜·哈米德无权束缚我的思想。他不得不使我的思想保持自由，没有人能监禁我的思想。”

是真主的威力使我从监狱中释放出来，我在这里遇到了真主的朋友们，我感谢真主。

让我们传播真主的事业吧，我曾为它承受过各种迫害。

我们能一起来到这里，这是多么伟大的特权啊！真主使我们有机会为了天国的到来而共同工作，这对我们来说是多么幸福啊！

你们高兴接待这样一个从监狱放出来的、向你们转达美好信息的客人吗？他曾以为这样的会面也许永远不可能发生！如今，我就是那个曾经在东方的一个偏远的城市被判终身监禁、后又通过真主的赐福和他神奇的力量获释来到巴黎并同你们讲话的那个客人！

从现在起，我们将永远在一起，我们的心、灵魂、思想和工作将勇往直前，直到所有的人都团结在天国的帐篷下唱着和平的歌。

11. 真主对人类最大的恩赐

1911 年 10 月 26 日，星期四

真主对人类最大的恩赐就是智力——理解知识的能力。

理解能力是一种能力，人们通过它可以去认识形形色色的生灵王国和各种各样的外在世界，以及许多神秘莫测的领域。

当人们拥有了真主的恩赐时，他自身里就包含了以前存在的万物的总和，他可以与万物世界的各个王国沟通，直至他常常用自己的科学知识预言未来。

理解能力实际上是真主慷慨赠送给人类的最有价值的才能。在真主创造的万物中，只有人类拥有这个神奇的恩赐。

所有出现在人类之前的万物都是依赖严格的自然规律联系在一起的。伟大的太阳、形形色色的星星、海洋和湖泊、山川、河流、植物、动物、大的和小的生灵——没有哪个生灵可以不顺应自然规律。

只有人才有自由，通过他的理解能力和知识，他才能控制自然规律，并使某些自然规律适合自己的需要。人类的理解能力使人有了种种发明，人类不仅能坐在快车上丈量广袤的大地，而且能乘轮船横越远海，甚至能乘潜水艇像鱼一样在水中旅行，能乘飞船像鸟一样在空中翱翔。

人类成功地用各种各样的方式利用了电力，从而有了灯和动力，使信息能从地球这一端传送到那一端，用电的方法，人们甚至能听到几千里以外的声音。

人还能用真主赐给的知识和智慧去利用太阳的光复制人和物，甚至用他们的方式试图捕捉遥远的天体。

我们看到，人能用多么多的方法使自然屈服于他们的意志啊。

但是，我们不得不心情沉痛地看到，有些人滥用了真主给予的恩赐，去违反真主“不要杀戮”的准则，去对抗耶稣“互爱”的原则！

真主给人这个权力是为了使人利用它促进文明,是为了人类的繁荣昌盛和促进人类的爱、和睦与和平。但是有人宁可把这个权力用于毁灭,而不用于建设。他们使用这个权力不公正地对待他们的同胞——耶稣已经命令过的,像爱自己一样互相爱护的同胞——压迫、仇恨、消灭他们的同胞!

我希望你们把你们的智慧用于促进人类的团结和安宁,把繁荣和文明带给人民,唤醒你们周围的爱,并带来普遍的和平。

你们要研究科学,学会更多的知识。人们一定能活到老学到老。你们要把你们的知识始终用于别人的幸福,那么战争就会在这个美丽的地球上停止。一座美丽的、和平与和睦的建筑就将建成。你们要努力,才能使你们崇高的理想在地球上就像在天国中一样实现。

12.使真理的太阳失去光泽的云

巴黎卡蒙大街4号

1911年10月27日,星期五,晨

今天天气很美,空气清新,阳光明媚,没有云雾挡住太阳的光芒。

灿烂的阳光照进城市的各个地方,要是真理的太阳也这样照耀着人的心灵就好了!

耶稣说过:“你们将看到人子驾着天上的云降临。”(《马太福音》,24,30;16,27)巴哈·安拉说:“耶稣第一次降临时,是驾着云来的。”(《约翰福音》,3,13)耶稣说过,当他通过他母亲玛利亚生下时,他是从天上——天主那儿来的。如果他声明他从天上来,那他自然不是指的蓝天,而指的是从天主国的天空中来,是从这个天空的云端上来的。正如云彩意味着太阳的障碍一样,人间的云也遮住了人们眼前神圣的耶稣的光辉。

人们曾说:“耶稣是拿撒勒人,是玛利亚所生。我们认识他,并认识他的兄弟。他会怎么想?怎么说呢?他是从真主那儿来的吗?”

耶稣的身体是拿撒勒的玛利亚生的,但他的精神却是真主给的。他的人的躯体的能力是有限的,但他精神的威力却是伟大的、无限的、不可估量的。

有些人问:“他为什么说,他是真主的儿子?”他们似乎了解耶稣的真实情况,好像知道他的人的躯体是遮盖他的神圣的云。世人只看到他的人的形式,对他怎么会是“从天而降”惊奇不已。

巴哈·安拉曾说:“就像我们眼前的天空和太阳同时被云遮住了一样,人世间的耶稣的人的属性也遮住了他真正的、神圣的本质。”

我希望你们把你们清澈的双眼转向真理的太阳而不要盯着那些世俗的东西,这样,你们的心就不会被无价值的和暂时的快乐所诱惑。让你们自己在真主力量的阳光下屈服,那么,他的光芒就不会被你们面前的偏见的云所遮挡。因此,对你们来说,太阳是永远遮不住的。

你们要吸进纯洁的空气。愿你们大家和每个人都能分享天国给予的神圣恩赐。愿世界不是遮盖你们面前真理的障碍,就像耶稣的人的躯体在他的诞生日那天向人们隐蔽了他的神圣那样。愿你们看到一幅清楚的圣灵的图画,使你们的心发出光辉,并能认出真理的太阳是如何透过所有物质的云层照射下来的,以及它的光芒如何洒满四面八方。

你们不要让身体所耗费的事情去搅混精神的神圣之光，要通过真主丰富的恩赐，同真主的孩子们一起到达永恒的天国。

这是我为你们大家所作的祈祷。

13. 宗教偏见

1911 年 10 月 27 日

巴哈・安拉教义的基础是人类的团结，他的最大愿望是，愿人人心中充满爱和亲善。

因此，正如巴哈・安拉号召人们结束战争和冲突那样，我现在希望向你们解释那些发生在人民中间的动乱的根本原因。最重要的原因就是宗教领袖和导师们错误地阐述了宗教。他们教导他们的信徒相信他们自己的宗教形式是真主满意的唯一形式，相信大慈大悲的天父诅咒持其他观点的教徒，并收回了他的恩赐和宠爱。因而在人民中间产生了排斥、藐视、争吵和仇恨。要是人们能抛开这些宗教偏见，那么，各国人民很快就会高兴地去从事和平与和睦的事业。

有一次我到了第伯利亚斯，那里的犹太人有一座寺庙。我下榻的那间屋子正好在那个寺庙的对面。于是我看见并听到拉比[①]向他的年轻信徒们讲话。他说：

“啊，犹太人，你们是真主的真正的人民！所有其他的种族和宗教统统是从魔鬼那儿来的。真主已把你们造就成亚伯拉罕的后裔并把他的恩赐倾注在你们身上。真主给你们派来摩西、雅各、约瑟和其他许多伟大的先知，这些先知们是你们种族的人。

为了你们，真主打破了法老的权力，使红海干枯。为了给你们食物，真主派遣了吗哪[②]下凡，为了给你们解除干渴，真主从岩石中给你们送来了水，你们的的确确是真主选定的民族，你们是凌驾于地球上所有种族之上的种族！因此，所有其他的种族只能引起真主的憎恶并受到他的咒骂。你们将真正统治世界、征服世界，所有的人都将成为你们的奴仆。

你们同那些不属自己宗教的人交往时，不要玷污自己，不要与这些人交朋友。”

当这位拉比结束他的演讲时，他的听众们十分高兴和满意。我简直无法向你们描绘他们的喜悦之情！

啊！像这些被引入歧途的人就是地球上仇恨和隔阂的原因。直至今天，仍然有上百万人崇拜偶像，世界上各大宗教互相欺骗。耶稣派和穆罕默德派的斗争已经进行了 1300 年。但是如果他们花费一点儿精力去克服他们之间的意见分歧和争端的话，他们之间就会出现和平和和睦的局面，世界人民也就会生活在安宁之中。

我们在《可兰经》中读到，穆罕默德对他的信徒们说：

“你们为什么不相信耶稣和福音书呢？你们为什么不愿承认摩西和先知们呢？可是，《圣经》肯定是真主的书呀。事实上，摩西是位崇高的先知，而耶稣身上充满了神圣的精神。耶稣是借助真主

---

① 拉比，犹太教内负责指引教规、教律和主持宗教仪式的人的头衔。——译注

② 吗哪，基督教《圣经》中记载的以色列人经过旷野时获得的神赐食物。——译注

的威力降临人世的。他是出自于神圣的精神，由真主赐福的贞女玛利亚所生。耶稣的母亲玛利亚是天上的一个神。她在寺庙里靠祈祷度日。她的食品是上天所赐。她的父亲扎迦利来到她面前，问她食物从何处来，玛利亚回答：'从天上来'。当然是真主使玛利亚超越了所有其他的妇女。"

这就是穆罕默德教给他的人民有关耶稣和摩西的事。他责备他们不相信那些伟大的导师，并交给他们真理和宽容的学说。穆罕默德是真主派遣到那些像野兽那样野蛮和不文明的人民中工作的。那些人对于爱、好感和同情一无所知，毫无感觉。妇女是那么被贬低和蔑视，以至于男人们可以活活地埋葬他们的女儿，他们可以随意地要奴役多少妇女就奴役多少妇女。

穆罕默德带着真主的使命被派遣到这些处于半野蛮状态的人们中来。他教导人们，崇拜偶像是错误的，应该服从耶稣、摩西和先知们。在他的影响下，这个民族变成了一个觉醒的、文明的民族。这个民族已经从当时穆罕默德发现他们的那种卑贱处境中站了起来。难道这不是一件杰作吗？不是一件值得重视、值得尊敬和值得爱的事情吗？

你们看看耶稣的《福音书》，看，那是多么神奇啊！但是，今天还有许多人不注意理解它那无法估量的美的意义，误解了它那些充满智慧的词句。

耶稣制止战争。当耶稣的门徒彼得打算保卫他的主人，砍下大祭司奴仆的一只耳朵时，耶稣对他说："收回你的剑吧。"(《约翰福音》，18，11)尽管耶稣表达了真主的命令，人们也表示信奉他的事业，可是，他们仍然无休止地争斗下去。他们发动战争，互相残杀，耶稣的劝告和教诲看来全被置之脑后。

但是你们大概不可以由于教徒们的罪行给那些大师和先知们加重负担。如果神父、教师和人们过着一种与他们所谓信奉的宗教完全相反的生活，难道这也是耶稣和其他导师的过错吗？

伊斯兰人民受到教诲，认识到耶稣来自真主，是圣灵的产物，应该受到每个人的赞赏。摩西是真主的预言家，他在他的诞生日向他被派往的地区的人们宣示圣书。

穆罕默德赞赏耶稣的高贵、庄严和摩西及先知们的伟大。要是人世间都承认穆罕默德和上天派遣的所有导师的崇高，一切争端和争吵马上就会从地球上消失，天国也将降降临人世。

信奉耶稣的伊斯兰教民也不会因此而被贬低。

耶稣是基督教徒的先知，摩西是犹太教徒的先知。为什么每一个先知的信徒不能同样去承认和尊敬别的先知呢？如果人学会互相宽容、理解和兄弟般的爱的学说，世界的统一就将成为尽善尽美的事实。

巴哈·安拉把他的生命奉献给了团结和爱的学说。就让我们抛弃一切偏见和狭隘，用全身心去努力，去求得基督教徒和穆罕默德教徒之间的谅解和团结吧！

14. 真主为人类造福

巴黎卡蒙大街 4 号

1911 年 10 月 27 日

真主独自安排万物，是万能的主宰。那么，他为什么检验他的仆人呢？

对人的检验分两种类型：

第一，根据人们自己的行为，比如某人因吃得太多而遭受消化不良的痛苦或中毒得病，甚至死亡。某人因赌博而失去钱财，或因饮酒过多而失去平衡。所有这些不幸都是由人本身造成的。因此，这是很明显的，一定程度上的痛苦灾难就是我们自己行动的结果。

第二，不幸的另一种方式是侵害了真主的一片忠诚。思想耶稣和他的使徒们所忍受的巨大的痛苦吧！

谁受的痛苦最多，谁就能获得最大的完美和成功。

谁愿为了耶稣而受苦，就必须证明他的诚挚，谁想要表达他作出巨大牺牲的愿望，事实上，只能通过行动表现出来。约伯证明了他对真主的爱的忠诚，此时，他不仅坦诚地处于极大的痛苦之中，而且他也坦诚地处于他的生命取得的成就之中。顽强地承受着各种考验和痛苦的耶稣的使徒们没有表达他们的忠诚吗？他们的忍耐不是已经最好地证明了这一点吗？

那些痛苦已经熬过去了。

当彼得的生活面临考验和充满忧虑时，该亚法却过着舒服而幸福的生活。他们俩之间究竟谁值得羡慕呢？我们似乎无疑会选中彼得的现状。因为当该亚法遭到永久的唾弃时，彼得却得到了永恒的生命。对彼得的考验确证了他的忠诚。忧虑和烦恼不是偶然侵扰我们，确切地说，它们将借助神的恩赐把我们推向自我的完美。

如果一个人过得幸福了，他大概就会忘记真主。但是如果他感到了忧愁，并被烦恼压倒，那么，他就会想起他那在天的、能把他从痛苦中拯救出来的父亲。

人不受苦，就感受不到完美。被园丁用心修剪的植物在阳光照耀下才会开出最美丽的花朵，结出最丰硕的果实。

农夫用犁耕出土地，然后，丰硕的庄稼才在那块土地上长出。一个人经过越多的磨炼，那么，从他自身表现出来的精神道德就越是伟大。一个士兵没有经历过激烈的火线战斗之前和没有受到最深的创伤之前是不会成为一个优秀指挥官的。

真主的先知们的祈祷在任何时候都是，并且永远是：噢，真主！我渴望在通往你的道路上献出我的生命，我愿为你流血，为你作出最大的牺牲。

15. 各种各样的美与和谐

1911 年 10 月 28 日

万物的创造者是一个真主。

万物的存在出自同一个真主，他是唯一的目的，按照这个目的自然界的一切才满怀希望。这个观点在耶稣的话中可以找到。当时他说："我是第一个字母，又是最后一个字母。我是开始，又是结束。"人是创造物的总和。完美的人是造物主完美思想的体现——真主的话。

你们看这个被创造的生物世界是多么千奇百怪，但是它们只有一个发源地。所有一切表现出来的差异只限于外表形式和色彩。这些五花八门的形式在整个自然界中是可以看得出来的。

看一看一座满是鲜花灌木丛和树木的美丽花园吧。每一朵花都另有一番妩媚，各有独特的美丽之处，各有自己迷人的芳香和美丽的颜色。树木也是这样，它们的高度，它们的生长期和它们的叶子都是变化多端的，它们结出来的果实也是那样的不同！尽管这些花朵、灌木丛和树木都生长在同一块土地上，同一个太阳照耀它们，同样的云为它们带来同样的雨。

人类也是这样。人类是由许多种族构成，各个种族人民的肤色也不相同，有白色、黑色、黄色、棕色和红色，但是他们都来自同一个真主，所有的人都是真主的仆人。不幸的是人类本身的差异没有产生像植物界那样的作用，在植物界中表现出来的精神更和谐。人与人之间却存在着各种各样的敌视，这就导致了世界各民族之间的战争与仇恨。

仅仅是不同的血统也足以使他们互相消灭和互相残杀了。啊，现在还是这种情况！还是让我们观察观察各种各样的美与和谐一致的美吧！让我们向植物王国学习吧！假如你们看到一座花园，里面所有植物的形状、颜色和气味都是一样的，那么，这座花园就会使你们感到一点儿也不美了，还不如说它显得单调、乏味。我们看在眼里、喜在心头的花园是里面长着一株挨一株的色彩、形状、香气各异的花朵和由于色彩的强烈对比而显得迷人妩媚的花园。我们对树木也有这样的感觉，一个长满果树的果园令人陶醉，同样，一个由许多种灌木丛组成的植物园也会令人流连忘返。正是由于五彩缤纷和形态各异才增添它们的妩媚。每一朵花，每一棵树，每一个果实，除了它们本身的美丽之外，还通过它们的对比表现其他的个性，并展示出它们自己的和所有的独特的迷人风采。

人类也应该是这样！

人类家庭内部的各种差异应该是家庭爱与和谐的因素。就像音乐，各种不同的音符在一个完美的和弦中互相发出声响，如果你们把其他种族和肤色的人当作自己人相处，就不要怀疑他们，不要把自己缩进传统形式的蜗牛壳里，而是高兴地向他们表达出你们的爱心，你们应该想象他们像各种颜色的玫瑰花一样，生长在人类美丽的花园里，你们应为能在他们中间而感到高兴。

如果你们遇到和自己意见不同的人，不要抛弃他们，因为大家都在寻求真理，通往真理的路有许多条。真理有不同的表现，但真理永远只有一个。

不要因为意见不同和思想形形色色而使你们同你们的邻人分离，或在你们的心中滋生仇恨和敌对的情绪。

相反，你们要更为勤奋地探索真理，并将所有的人变成你们的好朋友。

每个建筑都是由许多不同的石头构成，每块石头都互相依赖，要是人们从中哪怕仅仅抽出一块石头，整个建筑就将受损。如果一块石头有毛病，整个建筑就不是完美的了。

巴哈·安拉已经划了一个团结的圈子。他计划把全体人民团结起来，把他们聚集在广泛团结的、受保护的帐篷之下。这是神的慷慨的事业。我们大家必须全心全意去努力，直到团结真的来到我们中间。我们在这个范围里作出努力，我们将得到力量。你们要放弃一切以我为中心的思想，努力使自己忠实地只顺从主的意志。只有这样，我们才能成为真主王国的臣民，并找到永恒的生命。

16. 预言耶稣降临的真实意义

1911年10月30日

圣经里记载了关于耶稣降临的预言。

犹太人一直盼望着弥塞亚[①]降临并为此日夜向真主祈祷，愿真主让弥塞亚早日降临。

当耶稣降临的时候，他们却用话语伤害和杀死他："这不是我们盼望的。看，如果弥塞亚降临，征兆和奇迹就会证明，他实际上就是耶稣。我们认识征兆和事实，而这些并没有出现。弥塞亚将来自一个不熟悉的城市。他将坐在大卫的宝座上。看吧，他将佩戴着一把钢铸的宝剑和一支铁制的权杖降临！他将完成预言家的法则。他将征服东方与西方，并将使他选定的民族——犹太人——振作起来。他将同时带来一个和平的王国，在这个王国里，就连野兽也停止与人为敌。到那时，你们看吧，狼和羔羊将同饮一泉水，狮子和狍子将卧在同一个牧场上。蛇和老鼠将共享一个巢穴。真主创造的万物都生活在宁静之中。"

按照犹太人的观点耶稣基督完成不了这个事业。因为他们闭上了眼睛，看不清楚。

耶稣是拿撒勒人，拿撒勒不是一个不出名的地方，他没有佩带宝剑，手中也没有权杖。他没有坐在大卫的宝座上，他是贫穷的。他改革了摩西律法并破坏了安息日[②]。他既没有征服东方，也没有征服西方，而是亲自听命于罗马法则。他没有使犹太人振奋起来，而是提倡平等、博爱，谴责犹太教经师和法利赛人[③]。他没有带来一个和平的王国，因为他在世时，不公正和残暴的行径不断增长，而他自己就是残暴行径的牺牲品，耻辱地死在十字架上。

犹太人之所以那样想和那样说是因为他们既不懂经文又不懂经文中包含的光辉的真理。他们背熟了字母，但对理解奉献生命精神的含义一字不识。

你们听着，我要给你们指出这方面的涵义。

虽然耶稣来自一个闻名的地方——拿撒勒，但他也是来自天上。他的身体是通过玛利亚生的，但他的心灵却是来自上天。他特有的剑是他的舌头。他用它来区分好坏、真伪、可信和不可信、光明和黑暗。他的话实际上就是一把锋利的宝剑！

---

① 弥塞亚，犹太人期望中的复国救主。——译注

② 安息日，犹太教徒以星期六作为休息日。——译注

③ 法利赛人，古犹太教一个派别的成员，该派标榜墨守宗教法规，基督教圣经中称他们是言行不一的伪善者。——译注

他坐的宝座是永恒的宝座，从这里，他永远主宰着人世，它是天上的，而不是尘世的宝座，因为尘世的东西已经消逝，但是天上的东西却永远不会消逝。耶稣给摩西的律法赋予了新的意义。他实现了先知们的法则。他的话征服了东方与西方，他的王国是永恒的。他振奋了那些承认他的犹太人。他与那些出身贫寒的男人们和女人们建立起联系，使他们变得伟大并赋予他们永恒的尊严。应该一同相处的动物意味着不同教派和种族，他们过去互相对立，但现在却在仁爱和亲善的气氛中居住，并同饮耶稣这个永恒源泉中的生命之水。

一切有关耶稣降临的精神上的预言都实现了，但犹太人却仍然视而不见，充耳不闻。神圣的、真正的耶稣从他们中间穿过，却没有被他们听到，没有得到他们的爱，也没被他们看到。

读《圣经》是容易的，但是你们只有用纯洁的心灵去理解，才能领会它的真实意义。让我们祈求真主的帮助，使我们有能力理解神书。让我们为眼睛能看到、耳朵能闻到而祈祷，为渴望和平的心而祈祷。

真主的永恒的恩赐是无法估量的。真主总是选中某些人，把他内心的神圣的丰厚的赐福倾泻在他们身上，他用神圣的光芒照亮了那些灵魂，他向那些灵魂揭示了神圣的隐秘，并为他们的眼睛保持住真理镜子的清洁。他们是真主的孩子，真主的善良是不分界线的。还有你们，你们是真主的仆人，也将能成为他的孩子。真主的宝库是取之不尽用之不竭的。

圣经中宣扬的精神可以止住饥渴。向他的先知们显身的真主将一定会从他充裕的恩赐中向那些真心向他祈求的人们提供每日的面包。

17.作为真主与人之间调节力量的圣灵

巴黎卡蒙大街4号

1911年10月31日

神的真实性是不可想象的，是无限的，是永恒的，是不朽的和不可见的。

生灵世界受自然规律约束，是有穷尽的、短暂的。

对于无限的真实性不能说是上升或是下降。它超过了人的理解力，不能用适合于人世间表面领域的表达方法去描述它。

因此，人迫切需要一种独特的力量，通过他人能够得到神的真正的帮助，这种力量能使人本身和所有生命的源泉相结合。

为了把两个极端彼此联系起来，必须有一种方法。富有和贫穷，丰富和匮乏；似乎没有调节力量就不可能有这两对矛盾之间的关系。

我们可以这样说，真主和人之间必须有一个媒介，他不是别的，他就是灵圣，他把创造出来的人间不可想象的事物——神的真实性——联系起来。

我们可以拿神的真实性与太阳比较，拿圣灵与太阳的光线比较，像太阳的光线把太阳的光明和温暖带给大地，并给予万物生命一样，真主的宣言带来了来自真实的神圣太阳的圣灵的力量，它也给人的灵魂带来了光明和生命。

你们大概注意到了：太阳和大地之间需要一个媒介。

太阳既不是落到大地上，大地也不是上升到太阳那里，是太阳的光线建立了它们之间的联系，是太阳的光线带来了光明、温暖和热。

圣灵是真理太阳的光芒，这光芒以它那无穷无尽的力量给全人类带来生命和觉悟，使所有的灵魂洋溢着神的光彩，给整个世界带来真主的恩赐。要是没有太阳的温暖和太阳光芒的作用，大地就不会得到太阳的恩惠。

因此，圣灵也是人生命中的根本因素，要是没有圣灵，人就不会有理解能力，人就不可能学会科学知识，并用科学知识对物质世界发挥巨大影响。圣灵带来的觉悟给人以思想的威力，使他能有所发明创造，通过这些发明创造，他才使大自然的规律屈从于自己的意志。

这就是圣灵，他通过真主的先知们的介绍，教给人们精神道德，使人能得到永恒的生命。

所有这些恩赐都是由圣灵带给人的。所以，我们可以明白了，圣灵就是造物主和万物之间的媒介、太阳的光和热使土地肥沃，使万物复苏、生长，而圣灵则振奋人们的心灵。

耶稣的两个大弟子彼得和约翰起初是为了每天的面包而奔波的普通工匠。通过圣灵的力量他们的灵魂觉醒了，他们得到了真主耶稣永久的赐福。

18. 人类的两种天性

1911 年 11 月 1 日

今天对巴黎来说，是一个快乐的日子，人们在庆祝万圣节。你们大概会想，为什么人们要把这些人称为“圣徒”呢？这个词有一个非常明确的意义。圣徒就是过着圣洁生活的人，圣徒就是已经把自己从一切人的软弱和不完美中解脱出来的人。

人有两种人性：精神的或较高级的天性和物质的或较低级的天性。一种天性使他接近真主。而另一种天性使他只生活在尘世。人的特征就是从这两种天性中产生出来的。在他的物质的天性中表现出来的是谎言、残暴和不公正，这一切来源于他的较低级的天性。而在他的神圣天性中表现出来的则是爱、怜悯、善良、纯真和公正。所有善良的行为，每一个高贵的品质都属于人的精神天性。相反，所有不完美的和坏的行为都来源于人的物质天性。如果在一个人的内心中，人的神圣天性压倒了人的天性的话，那么，我们之中就多了一个圣徒。人可以有动力变好，也可以有动力变坏。如果变好的力量占上风并战胜了他变坏的倾向的话，那么这个人就完全可以被称为圣徒了。但是如果相反，他违背真主，并让邪恶的狂热占了上风，那他就比一头纯粹的野兽好不了多少。

圣徒是那些从物质世界中超脱出来并战胜罪恶的人。他们生活在尘世，但并不属于这个世界，因为他们的思想永远留在精神世界。他们在神圣的事业中生活，他们的行为表现了仁爱、正义和虔诚。真主使他们觉醒，他们像明亮闪耀的灯光照亮了大地上黑暗的地方。这就是真主的圣徒。使徒们，基督的弟子们，从前和其他人完全一样。他们像其他人一样受世间事物的引诱，每个人都只为自己的利益着想，关于正义他们知道得很少，人们在他们身上看不到神圣的完美。但是当他们追随基督并信仰他时，他们那些无知的见解让步了，顽固变成了正义，虚伪变成了真实，黑暗变成了光明。

如果说他们以前是世俗的，那么，现在他们变成智慧的和神圣的了。他们曾经是黑暗的儿子，现在却变成了真主的儿子——圣徒！你们要沿着他们的足迹努力，你们要把一切世俗的东西丢在脑后，努力到达精神王国。

你们要恳求真主增强你们的神圣的道德品质，成为人世间的天使或火焰的信号，并向所有的有着一颗理解的心的人揭示天国的秘密。

真主为教导和启发人而派遣他的先知们来到人间，向人解释圣灵力量的奥秘，并使人有能力反射出圣灵之光，以使他自己再将其他人引向正确的道路。神圣的书籍——《圣经》、《古兰经》和其他神圣的经典——被真主当作通向神圣品德、仁爱、正义和和平的途径上的指路牌献给大家。

因此我告诫你们：努力吧，遵循这些神赐的书籍的劝告，用这种方式安排你们的生活，忠实于那些列举出的榜样，成为真主的圣徒！

19. 物质的和精神的进步

1911年11月2日

阿布杜・巴哈说：

今天的天气多好啊、天空晴朗，阳光普照，人的心情愉快！

这样晴朗、美好的天气使人们感到欢欣鼓舞，增添力量。如果这时有人生病，他的心里也会充满康复的希望。所有这些自然现象正好迎合人的肉体部分，因为只有人的身体才能得到物质的恩赐。

当某个人在他经营的商店中，或在他的艺术方面或在自己的职业中获得了成就，这就会使他可能追求物质享受、身体的舒服和惬意，在这种情况下，他感到浑身舒适。今天，我们环顾一下四周，人是怎样给自己搞到现代的舒适和豪华的生活的呀！他们在身体和物质的方面真是来者不拒。但是你们要留神，不要把精神的需要摆在过分注意肉体需要的后面。因为物质的满足并不可能提高人的思想。世间事物的完美给人的身体带来了欢乐，但决不能使灵魂变得高尚。

无论如何，如果所有物质上的好处随时供一个人支配，让他生活在现代文明的极度的舒适中，那么这个人就将得不到神灵的最重要的赐品。

物质进步肯定是好的，是值得称赞的，但是我们不应忽视更重要的精神进步，不要不理睬在我们心目中闪耀的神的光芒。

只有这样，我们才能不仅在精神上，而且在物质上成长，才能真正前进，成为完美的人。为了传递精神生命和精神之光，所有伟大的导师在人间出现了。他们来到人间，因此真理的太阳出现了，并照亮了人的心灵，通过他们神奇的力量人们得到永恒的光芒。

当主耶稣降临的时候，他把圣灵的光倾洒给那些围绕着他的人，他的弟子们和所有得到他的光的人都变成了有觉悟的、有才智的人。

为了显示圣灵的光，巴哈・安拉诞生了，并来到了尘世。他教给人们永恒的真理，把神圣光芒的光洒向世界各国。

你们看，那时候的人是怎样无视神的光芒啊！他们还是在黑暗中继续走他们的路，我们看到的仍旧是不团结、争吵和野蛮的战争。

人利用物质进步发动战争,制造破坏工具和采取破坏手段以消灭邻国他的同类兄弟。

但是我们要努力取得精神上的收益,这是达到真正进步的唯一途径,它出自真主,是唯一神圣的途径。

我为你们之中的每一个人,为你们大家祈祷,愿圣灵的恩赐降临到你们头上。这样,你们就会真正醒悟并永远向着真主的王国向前向上发展。你们的心由于福音的感化将会变宽,你们的双眼也会睁大,那时你们将看到真主的庄严。你们的耳朵将听得见真主王国的呼唤,你们将用轻松的舌头呼唤人们去认识真主的威力和爱!

20.物质的进步与精神的发扬

1911 年 11 月 3 日

巴黎的气候开始变冷了,这么冷的天气使我不久就要离开这里,但是你们那爱的热情又在挽留我。我凭真主的意愿希望在你们中间再待些日子。自然的寒冷和炎热不会触及到人的灵魂,因为真主的爱给人以温暖。如果我们理解了这个道理,我们也就开始理解那个最近的世界的生活了。

这里,真主用他的慷慨使我们有所领略,并向我们提供了区别身体、灵魂和精神的某些论据。

我们看到,寒冷、炎热和灾祸等等仅仅触及身体,精神却丝毫没被触动。

正如我们经常看到的那些被贫穷、疾病和痛苦折磨的人一样,他们无法维持生活,但精神却无比强大。他们的身体不管忍受什么样的痛苦,他们的精神都是自由和快乐的。相反,我们经常见到那些富人,他们虽然身体强壮和健康,但他们的灵魂却已病入膏肓。

这个意思已经非常明显了,这就是说,人的精神与他们的身体是有区别的。

精神是不变的,牢不可破的。精神的进步与发扬,喜乐与忧苦,同肉体无关。

当一位朋友给我们带来了快乐或痛苦,当一种爱被证实了是真或是假,只有我们的灵魂才能感受得到。如果我们的爱人离我们远去,那是我们的心灵在忧伤,这种忧伤或心灵的痛苦会在身体中发生作用。

因此,当人们的精神接近神圣的品德时,身体就会感到愉快,如果人们的灵魂堕入罪恶之中,身体就会受到痛苦的折磨。

如果我们找到了真理、坚贞不渝、忠诚和爱,我们就是幸运的,但是如果我们遇到了谎言、背叛和虚伪,我们就是不幸的。

所有这些都是精神所特有的,而不是肉体的疾病。由此而照出:灵魂和肉体一样具有它特别的特征。如果现在身体起了变化,那么精神并不会因此而有所触动。如果你们打碎了一面阳光照耀下的镜子,那么,镜子虽然碎了,但太阳仍然照耀着。如果一个装着鸟的鸟笼被破坏了,但鸟却没受到损伤。如果一个煤油灯的灯罩破裂了,火焰依然能继续燃烧。

这些同样适用于人的精神。如果死亡摧毁了人的身体,但死亡却没有力量去摧毁人的永恒的、持久的、从生与死中解脱出来的精神。

就人死后的灵魂而言，它维护着肉体活着的时候所达到的纯洁的程度，它从身体中解脱以后便淹没在真主慈悲的海洋之中。

从此刻开始，灵魂离开身体到达天国，灵魂的发展是精神的，这个发展是在向真主靠拢。在自然的创造物中，完美的等级不断向前发展。矿物用它那矿物的完美转化为植物的完美，植物带着它的完美走进动物世界，继而又进入人的世界。这个世界充满了表面的矛盾：在每个王国中（矿物的、植物的、动物的），生命都存在着等级，虽然大地和人的生活相比显得死气沉沉，但它却是活着的，并有它独特的生命。在这个世界上各种东西在这里生存、死亡，然后重新以另一种生命的形式生存，但在精神世界中却完全是另一个样子。

灵魂不是按部就班地从一个等级发展到另一个等级，它只有通过真主大慈大悲的恩赐不断发展，不断向真主靠拢。

我郑重地祈祷，愿我们大家都能进入天堂，生活在真主周围。

21. 巴黎的精神聚会

1911 年 11 月 4 日

今天，全欧洲都听说了关于会议和集会的事。各种社会团体建立起来了。这些团体有商业的、科学的、政治的，还有许多其他性质的团体。所有这些团体都为物质目的服务，因为它们要求物质世界进步，要求宣传物质世界。但是物质世界很难摸到精神世界的命门。这些团体公然不理会神的声音，无视真主的事业，与此相反，我们这个巴黎聚会是真正的精神聚会。神的气息飘溢在我们中间，天国的光芒照进每个人的心里。真主的爱在你们当中是威力无比的，你们用干涸的灵魂接收到了带给你们巨大快乐的福音。

你们大家在这里团结一致，心连着心，欢聚一堂，这对你们洋溢着神圣的爱的灵魂和灵魂的作用以及对世界统一的渴望是有价值的。

这真是一个精神聚会！这个集会像一座美丽的充满香气的花园。神圣的太阳把它金色的光芒倾泻在这座花园里，这光芒以它的温暖渗透和振奋了每一颗盼望着的心。亲爱的、超越一切智慧的基督在你们中间，圣灵是你们的助手。

这个集会一天又一天地成长起来并聚集着力量，直到你们的精神征服整个世界。

如果你们由衷地试图成为真主赐福的通畅渠道，那么我对你们说，真主就已选定你们作为他对全世界爱的使者，作为他对人类精神物品的传递者和在大地上传播团结和和睦的工具。你们要从心底里感谢真主交给你们这种优先的权利，因为为了感谢真主这样的恩宠，一个怀满感激之情的生命是不会太长的。

你们要使你们的心超越现代，并用深信不疑的眼光看未来。现在是播种季节，种子埋进土里，但是要看到，那一天将会到来，种子将发展成美丽的大树，肥美的果实将挂满枝头。你们欢呼吧，你们高兴吧，这一天会出现的。你们要力求认识到它的威力，因为它确实是神奇的。真主已在你们头上戴了一个花冠，在你们心中放进了一颗闪光的星星。的确，它们的光芒将照亮整个世界。

22.两种光明

1911年11月5日

今天的天气阴暗混浊。在东方却是阳光灿烂,夜晚也是繁星满天,很少有云。光明总是出现在东方,再把它的光芒传到西方。

有两种光明。一种是看得见的太阳的光,靠它的帮助我们才能认识到我们周围世界的美丽,没有这种光,我们就什么也看不见。但虽然这种光明让我们看见东西,却不能给我们认识和理解世界上的不同东西的能力,因为它没有理解力和意识。这还不如说,知识力量之光赋予了学问和理解,要是没有这种光亮,我们的肉眼就会没有目标。

这种知识力量之光是光中最高级之光,因为它来源于神的光。

知识力量的光使我们有能力认识和理解创造的东西,只有神的光能使我们的眼睛看见看不见的东西,能使我们看得见多少千年之后才能看得见的真理。

这就是让先知们看见的、两千年后将发生什么事的神的光。我们现在看到,他们的观察是怎样变为现实的,这就是我们所必须追寻的光亮,它比其他任何光更伟大。

凭借这种光,摩西能看见和把握住神的显圣,并听见神在燃烧的灌木丛中对他说话的声音。①

穆罕默德是这样说这种光的:"安拉是天和地的光。"

你们要衷心地寻找这种神圣的光,你们因此而有能力去理解真理,你们因此而了解真主的隐秘,通向真主的秘密道路也因此而清楚地在你们眼前展开。

拿这种光同镜子相比,那么,镜自是怎样反映它面前所有的东西的,这种光就怎样向我们的精神眼睛显示出真主王国存在的一切东西,它使事情的真相清晰可见。借助这种闪光,所有神圣书籍的精神解释都一清二楚了。真主万能的秘密显露出来,我们变得有能力理解真主对人的意图。

我祈求,愿慈悲的真主用他壮丽的光辉照亮你们的心和灵魂。那么你们中的每一个人都将像一颗闪烁的星星一样照耀着大地上的阴暗角落。

23.西方的精神之星

1911年11月6日

阿布杜·巴哈说:你们热烈欢迎我从东方国家来到西方,在你们中间住一段时期。在东方,人们常说,西方人没有灵性。但是我却没有这种感觉。感谢真主,我看见并感到,西方人民有许多精神追求,甚至他们的精神觉察能力有时也比他们的东方兄弟强。要是东方产生的学说在西方认真推广,

① 基督教《圣经》中《出埃及记》记载,摩西牧养他岳父的群羊,一日领羊群往野外去,到了神的山——何烈山。耶和华的使者从荆棘里火焰中向摩西显现。——译注

那么现在世界就是一个醒悟的世界。

虽然过去所有精神导师都是出现在东方，但是那里还有许多人缺乏所有的灵性。就精神方面来说，他们呆滞得像一块石头，他们也不想其他事情，因为他们只是把人看作是动物的一种较高级的形式，还认为，真主的事业与他们无关。

但是人应该显示出他的好胜心。人应该总是要超越自己，总是向上，向前，直到他通过真主的慈悲到达天国。

与此相反，有些人眼睛只看着自然的进化和物质世界的发展。这些人宁可去研究他们的身体和猴子的身体相似，也不去考虑他们的精神和真主的精神的神奇的相近之处。这真是奇怪，人只是身体与低级动物相似，而他的认识能力却完全是另一个样子。

人处于不断的进步之中。他的知识范围不断扩大，他的精神活动流向许多各种各样的渠道。看，人在科学领域里取得了怎样的成就了啊，看看他们的许多发现和数不清的发明吧，还有他们对自然规律的深刻理解！

艺术世界也完全一样，时代越是前进，人类能力的这种神奇发展就越来越快。如果把以往1500年的发现、发明和在物质上取得的成就汇总起来，你们就会发觉，最近100年取得的进步要比过去1400年取得的进步大。因为人类的发展速度一个世纪比一个世纪快。

认识的力量是真主给予人的最伟大的恩赐之一。它是一种使人成为比动物更高一级造物的力量，人的认识的力量随着一个世纪又一个世纪，一年又一年地增长，而且越来越深化，而动物始终没有变化。它们现在也不比1000年之前更聪明。难道还需要更多的证据来说明人与动物的差别吗？证据已经像白天那样清楚了。

至于精神完美，精神完美是人的天赋的权利，在所有的造物中，它只属于人本身。从他的实际情况来说，人是一种精神的存在，因此，只有当他生活在精神境界之中时，他才是幸运的。所有的人都同样拥有精神要求和精神感受。我坚信，西方人民有着巨大的精神追求。

我恳切地祈求，愿东方之星把它的光芒倾泻到西方世界，而西方的人民坚强、严肃、勇敢地起来与东方兄弟站在一起。

24. 在巴黎某电台的演讲

1911年11月6日

这是一座地地道道的巴哈教教堂。每当这样的教堂或集会场地出现时，它们都在最大的程度上为自己的城市和国家的普遍发展作出了贡献。它们激发了知识和科学的发展，它们为强有力的灵性和爱而工作，这种灵性和爱就是从它们这里灌输到人身上的。

这些集会场所的兴建总是带来极大幸福。在德黑兰举行的第一届巴哈教会议就得到了极大的祝福。在一年的时间里它不断成长壮大，以至于它的成员达到了开始时的9倍。今天，在遥远的伊朗，有许多这样的会议，在这里，真主的朋友们在充满欢乐、仁爱与和谐的气氛中相聚一堂。他们教授真主的事业，教育无知的人们，在兄弟般的亲善中团结每一颗心。他们帮助穷苦贫困的人，向他们提供每天的面包。他们怜爱和照顾病人,他们是孤独的人和被抛弃的人的希望和安慰的使者。

啊,你们,你们这些巴黎人,要努力使你们的会议像上边提到的会议一样,甚至结出更丰硕的果实。

啊,真主的朋友们,如果你们信赖真主的话的话,如果你们是强大的话,如果你们信守巴哈·安拉的信条,让你们去照顾病人、扶起倒下的人、关心贫穷和需要帮助的人、保护无助的人、安慰忧愁者并从内心里喜欢人类世界的话,那么我告诉你们,在这个集会的地方不久将会得到一种神奇的收获。每个与会者将天天取得进步,精神境界不断提高。但是你们必须拥有一个牢固的基础,每一个成员必须清楚地理解你们的目标与志向。你们的目标应该是:

第一,对全人类表现出同情和善良的愿望;

第二,表示为人类服务;

第三,努力引导和唤醒处于黑暗中的人们;

第四,去亲善每个人,并对每个活着的心灵表示好感;

第五,谦恭地对待真主,并为你们能日益接近真主而坚持不懈地向真主祈求;

第六,你们的一切行为要真诚、坦率,以至于每个成员都知道,这正体现了正直、仁爱、信任、善良、高尚和无畏的品质。你们必须与所有的不是真主的东西分离而和真主的气息——真主的灵魂相通,好让世界得知,一位巴哈教徒就是一个完美的生命。

你们要努力使你们的会议达到这些目的。然后,你们就会成为真主的朋友,名副其实地非常快乐地相聚在一起。你们要互相帮助,像一个达到完美的统一的人一样。

我祈求真主,愿你们每天都得到智慧,愿主的爱越来越多地在你们身上显示出来,愿你们心中的想法变得纯净,愿你们的脸永远转向真主。愿你们都接近团结的门槛,进入天国!愿你们每一个人都变得像一把由真主的爱点燃的熊熊的火炬发出光芒!

25. 巴哈·安拉

1911 年 11 月 7 日

阿布杜·巴哈说:

我今天要给你们讲讲有关巴哈·安拉的事。

在巴布传教后的第三年,巴哈·安拉受到狂热的、信仰新学说的毛拉[①]们的控告而被捕入狱。但是第二天,政府的几位大臣和有影响的人又让人把他放了。后来他又被逮捕,祭司们判他死刑。当地总督无法决定是否执行这个判决。因为他害怕引起暴乱,祭司们聚集在门前就是刑场的清真寺内,全城居民成群结伙地等候在清真寺外。木匠们带来了他们的锯子和斧头,屠夫们拿着刀,泥瓦匠和建筑师扛着铁锹。由于恼羞成怒的毛拉们的煽动,这些人都想得到杀死他的荣誉。宗教学者在清真寺的正中。巴哈·安拉站在他们对面用他那伟大的智慧回答他们的所有问题。特别是那个最高

① 毛拉,伊斯兰教学者的尊称。——译注

职位的聪明人也变得张口结舌，因为巴哈·安拉将他的论点一一驳倒。

在这些祭司中，有两位对巴布文章中一些话的意义产生了意见分歧，他们对巴布没有把握，要求巴哈·安拉如果有可能的话为巴布辩护，这些祭司被彻底驳倒了，因为巴哈·安拉当众证实，巴布是完全有理的，对他提出的控告是出于无知。

因此，处于不利地位的祭司们给巴哈·安拉施以鞭挞脚底板的刑罚，他们愤怒异常，把他带到群众等候着的清真寺门前的法场上。

但是总督一直不敢答应祭司们把他判处死刑的要求，有人已经使这位高贵的囚犯处于危险的境地，但是这个危险处境已被人们识破，几个男人被派出去救他。他们成功地打通了清真寺的一段墙壁，通过缺口把巴哈·安拉带到一个安全的、但并不自由的地方，因为总督为推卸责任，便把他送往德黑兰。在德黑兰，人们把巴哈·安拉安置在一个隐蔽的小而暗的房间里，那里从来看不见白日的天光。一条沉重的锁链套在他的脖子上，锁链的那一头捆着五个巴比教徒。这些镣铐是用又粗又重的螺栓和螺丝锁在一起的，他的衣服就像他那已撕成碎片的非斯帽①一样破烂不堪了。在这种可怕的处境里，他被囚禁了四个月之久。

在这期间，他的朋友们没有得到进入那个房间的机会。

一个监狱的典狱官企图杀死他，但是除了使他忍受了巨大痛苦之外，毒药并没起作用。

过了一些时候，政府释放了他并把他和他的家庭流放到巴格达，他在那里待了 11 年。在这个时期，他不得不忍受着残酷的迫害，因为他一直被仇视他的敌人包围着。

他用极大的勇气和坚定的信念忍受着一切悲伤和痛苦。每当他早晨起床时，他常常不知道太阳落山时他是否还会活在世上。其间，祭司们每天来向他询问宗教和玄学的问题。

最后，土耳其总督把他流放到康斯坦丁堡，又从那里把他送到亚德里亚堡。他在这里待了 5 年之久。后来他又被送往偏僻的阿卡要塞，在那里，他被禁闭在军部并受到严密的监视。我要讲述巴哈·安拉经受过的许多考验和在监狱中遭受过的种种磨难，但是好像语言贫乏，难以描述。尽管如此，巴哈·安拉还是从监狱中给欧洲所有的统治者写了信，除了一封信外，这些信都是通过邮局寄出的。

致国王纳塞尔·丁的公开信是委托一个波斯的巴哈教徒米尔扎·巴迪·库拉撒尼转交到国王手中的。这个英勇的巴哈教徒等候在德黑兰附近，直到国王从这儿经过。因为国王曾打算路经这里到他的夏宫去。这个勇敢的使者尾随着国王到了夏宫，并在宫殿门口附近的大街上等候了许多天。因为他总是待在街边的同一个位置上，这就引起了人们的惊奇。那里的人在想，他为什么老待在那里。终于，这个消息传到了国王的耳中，他命令他的仆人把这个人带去见他。

"啊，我，国王的仆人，我要亲手交给您一封信，"巴迪说。然后他又接着说："我交给您的是巴哈·安拉的信。"

他立刻被逮捕。他们不停地追问他，迫使他说出一些他们能在日后对巴哈·安拉的迫害中用得着的消息。巴迪却一言不发。因此他惨遭毒打，尽管如此，他仍旧继续保持沉默。三天以后，他被杀害了。他们从他嘴里什么也没有得到，那些残暴的人们在他受刑时为他拍了照。②

① 非斯帽，圆锥形，顶上有缨，流行北非和近东的一种帽子。——译注

② 当巴迪接受委托给沙阿送信的时候，一个在场的人看到他容光焕发——发出圣光。——译注

国王把巴哈·安拉的信交给祭司们，让他们给他解释。几天以后，祭司们告诉国王，这封信是出自一个政治敌人之手。国王气愤地说："这不是解释。我付给你们钱，给我读信并回答我的问题，照办吧！"

致纳塞尔·丁国王的公开信的简单意思是这样的："因为现在神奇的真主显身的时候已经到来，所以我请求到德黑兰来，并回答牧师们针对我提出的问题。"

"我劝你们从你们王国的世俗的豪华中解脱出来。想想那些在你们之前的历代伟大的国王吧！他们的豪华已经过去了！"

这封信是用极美妙的风格写成的。它包含了对国王的警告并向他宣告了巴哈·安拉王国在西方世界和在东方世界的未来胜利。

国王无视这封信中的警告，仍然按照旧的方式生活，直到末日来临。

虽然巴哈·安拉身陷囹圄，但圣灵的巨大威力与他同在！

似乎没有人能像他在监狱里做到的那样，虽然忍受着各种痛苦，但却毫无怨言。

他以崇高的尊严拒绝会见总督或城市中有名望的人士。

尽管他不断受到严密监视，但他仍愿意到处奔走。他死在离阿卡大约3公里远的一间房子里。

26. 好思想必须变为行动

1911年11月8日

在全世界，人们都能听到夸奖动听的演说和赞赏高贵学者的声音。大家都说自己热爱善良，仇恨邪恶。真诚是值得赞扬的，反之，谎言是令人鄙视的。信任是美德，而虚伪是人类的耻辱。使人心得到喜悦应受到祝福，而使人忧伤则是不对的。善良和慈悲是正当的，而罪恶却是可恨的。正义是高贵的品质，而不公正是不道德的行为，人们有义务同情别人而不给他带来痛苦。无论如何必须避免嫉妒和幸灾乐祸。博学多能而不是无知，这是人的荣誉，是光明，不是黑暗！把脸朝向真主是有益的，无视真主是愚蠢的。我们的责任是引导人们向上，而不是将他们引入歧途。

可是，所有这些演说无非只是停留在口头上的话语，我们看到只有极少的话被贯彻到行为世界中去。相反，我们发觉，人们被狂热和自私所迷惑，每个人想到的只是他自己能得到什么样的利益，他们都渴求自己发财，很少注意或根本不去注意他人的幸福。他们只关心自己的安宁和舒适而丝毫不去关心他们同伴的安危。

遗憾的是多数人在走这条路。

但是巴哈教徒却不允许这样做，他们必须使自己超脱于这种状况。对他们来说，行为必须多于言词。他们必须通过他们的行动，而不是通过他们的语言，来证明他们是慈悲的。他们必须在各种场合下用行为证实他们口头上宣布过的事情。他们的行为必须证明他们的忠诚，他们的举止必须显露出神的光芒。

你们要用你们的行为向全世界大声疾呼，你们是真正的巴哈教徒。因为这就是向世界宣告的行动，是人类进步的原因。

如果我们是真正的巴哈教徒，就不需要演讲，我们的行动将继续引导世界，传播文明，促进科学进步和艺术发展。没有行动，物质世界就什么也做不成，没有行动作基础的话语也不能促进精神王国中的人的发展。被真主选中的人不是通过嘴皮子到达神圣的境地的，他们是通过每日承受工作的生命把光芒送到人间的。

你们要努力使你们每天的行为成为美好的祈祷。你们要转向真主，并不断尝试去做正义和崇高的事情。去扶助贫困者，去扶起倒下的人，去安慰有忧愁的人，去医治病人，给胆小的人鼓起勇气，解放被压迫者，为失望者带来希望，保护被遗弃的人吧！

这就是一个真正的巴哈教徒的工作，这是人们对他的期待。我们力求所有的人都这样做，那么我们就是真正的巴哈教徒，但是如果我们疏忽了，我们就不是光明的孩子了，我们就没有权利享有这个名称。

能看透所有人内心的真主知道，我们的一生所能履行我们的诺言的是多么得少啊。

27. 水与火的洗礼的真正含义

1911 年 11 月 9 日

在《约翰福音》中，基督曾说过："人若不是从水和圣灵中生的，就不能进神的国。"(《约翰福音》，3,5)牧师们把这解释为：对拯救来说洗礼是必要的。在另一本《福音书》中有这样的说法："他要用圣灵与火给你们施洗。"(《马太福音》，3,11)

因此，施洗的水与火是一种东西。这并不意味着，这里所说的"水"是物理性质的水，因为它正好与"火"相对立，并且一方破坏另一方。如果基督在《福音书》中说到"水"的时候，那他指的是，水是生命之源，因为没有水，尘世的生灵就无法生活。矿物、植物、动物和人都是依靠着水而存在的。是啊，最新的科学发明证实，就是矿物有它自己一定的生存方式，它的生存同样需要水。

水是生命的起源，当基督谈到水时，他将那永恒的生命起源的东西象征化了。

耶稣所说的给予生命的水像火一样，因为这不是别的东西，就是真主的爱，而这种爱对我们的灵魂来说意味着生命。

真主的爱之火烧毁了把我们与神的真实性隔开的薄纱，有了明亮的目光，我们将能勇往直前，奋发向上，在道德与神圣的事业道路上迈进，并成为唤醒世界的工具。

没有什么更伟大和更高兴的事比得上真主的爱了。真主的爱使病人康复，使受伤者安慰，使所有的人快乐和欣慰，人们只有通过它才能得到永恒的生命。所有宗教之本都是真主的爱，它是所有神圣教义的基础。

这就是真主的爱，它指引着亚伯拉罕、以撒和雅各，使约瑟在埃及强大起来，并给摩西勇气和忍耐力。

通过真主的爱，耶稣以他那自我牺牲和奉献的完美生命的光辉典范被派遣到人世间，他带给人们永恒生命的信息。是真主的爱给了穆罕默德力量，把阿拉伯人从野蛮的低级阶段引导到较高级的存在阶段。

巴布得到的真主的爱使他作出极大的牺牲，使他的胸膛成为上千颗子弹的目标。

最终正是巴哈·安拉将真主的爱交给了东方，这种爱如今又将他的学说的光辉传到遥远的西方，从地球的一极传到另一极。

因为你们觉察得到这种学说的力量和美，所以，我提醒你们牺牲你们的思想、言论和行动，以便将对真主之爱的理解深入到每个人的心里。

28.在“圣灵主义联盟”的讲话

巴黎圣日尔曼雅典礼堂

1911年11月9日

我想对你们的友好表示感谢，并对你们能智慧地思考表示高兴。我高兴出席像这样的一种会议。为了倾听神的信息，大家相聚在一起。如果你们能用现实的眼睛观察，你们就会看到这个地方的巨大的智慧之浪。圣灵的力量在这里是为大家而存在的。感谢真主，你们的心已被神的炽热点燃了！你们的灵魂像智慧海洋中的巨浪一样。虽然每个灵魂是一个单独的浪花，但海洋却是同一个。所有的灵魂都被真主联系在一起了。

每颗心都应焕发出团结的光，这样，所有的起源于神圣的光芒就会辉煌无比。我们不仅要只看到单独的浪花，而应看到整个海洋。我们应该把个人提高到整体的高度。智慧就像一个巨大的海洋，它的浪花就是人的灵魂。

我们从圣书中得知，新的耶路撒冷就要在大地上出现。现在清楚了，这个天国的城市不是用物质的石头和灰浆造成的，而且也不是用手建造成的天国的永恒城市。

它就是先知的象征，并意味着唤醒人类心灵的神圣教义的返归。很久以来，这神圣的先导统治着人类的生活。现在，新耶路撒冷的神圣城市终于又来到了人间。它重新出现在东方天空的下面。它的光辉从波斯的地平线上升起，照亮整个世界。这些天我们看到了神的预言实现。

耶路撒冷曾经消逝了，神圣的城市被毁坏。现在它又被重新建立起来。它曾被夷为平地，但是现在它的城墙和城垛又被恢复了，并高高耸立在它周围庄严美丽的景色之中。

当物质的成就在西方世界占上风的时候，精神的太阳正在东方升起。

我很幸运能在巴黎看到一个这样的会议。在这里，精神进步和物质进步在团结的气氛中相聚在一起。

一个人——一个真正的人——是灵魂而不是他的身体。虽然人的身体属于动物范畴，但他的灵魂却使他驾凌于其他生灵之上。你们看，太阳是怎样照亮物质世界的啊！真主的光也是如此，神圣的光将它的光辉倾泻在灵魂的世界。灵魂可以把人变成一个神圣的生命。

人能够借助通过灵魂起作用的圣灵的威力认识到事物的神圣真实性。所有伟大的艺术作品和科学成果都是这种精神威力的证明。

同样的精神给予我们永恒的生命。

谁接受过神圣智慧的洗礼，谁就能通过团结的纽带和所有的人联结在一起。通过精神的威力，东方的思维世界就能够同西方的行为王国混为一体，以至物质世界也能变得神圣。

由此可知，每个为这个最崇高的计划效力的人都是这支精神队伍中的一名士兵。

神的世界的光在同阴暗和幻觉的世界作斗争。真理太阳的光芒驱除偏见和误解带来的黑暗。

你们来自灵气！巴哈·安拉将像一个伟大的朋友那样向你们这些寻求真理的人们显身。这个学说来自神灵！在这个学说中没有一个信条不是来自神灵的。

精神不能由物质身体的物质器官感受到，除非它通过外部的符号和作品表现出来。人的身体是看得见的，灵魂是看不见的。然而操纵人的才智并且控制人的本性的是灵魂。

灵魂有两个主要的能力：正如灵魂的外部情况是通过人的眼、耳和大脑传达一样，灵魂通过大脑向肉体的手和舌头传达它的愿望和打算，它就是通过这些器官来表现自己的。灵魂中的精神是生命的真正实质。灵魂的第二个能力在观察的世界中表现出来，在这个观察世界中，充满精神的灵魂存在着，并不借助于物质身体的感知而活动。在这个观察的王国里，灵魂不用借助肉眼而能看见，不用肉体的耳朵的帮助而能听见，它的活动不以肉体的活动为转移。因此，这就清楚了：人的灵魂中的才智可以借助肉体发挥作用，这样，它是在利用普通的感官，但它也能不靠那些感官的帮助而在观察的世界中生存、活动。这毫无疑问地证实了人的灵魂的优势超过了他的身体，精神的优势超过了物质。

比如说，你们看这盏灯，灯里面的光源不是对包含着它的灯占着优势吗？不管灯的形状怎样美丽，如果没有光源，它的目的就达不到了，那它就没有生命，是个死东西了。灯需要光源，但光源不需要灯。

精神不需要身体，但身体却需要精神，否则身体就没有生命。没有身体的灵魂能生存，但是没有灵魂的身体却会死去。一个人要是失去了眼睛、耳朵、双手或双脚，只要他的灵魂仍在身体里，他依旧活着，并能体现出神的品质。相反，对一个完整的身体来说，没有灵魂是不可能活下去的。

圣灵的巨大威力在真理的神圣启示中，神的信条被圣灵的威力带到人类世界。通过圣灵的威力，永恒的生命降临到人的身上。通过圣灵的威力，神的神奇光芒从东方照耀到西方，通过同样的圣灵的威力，神的品质在人类面前显示出来了。

我们必须尽最大努力致力于摆脱世俗的东西。我们必须努力变得更有才智、更精神焕发，遵循神圣的学说，委身于团结和真正平等的事业，以慈悲为怀，向全人类倾洒出最崇高的爱。让精神之光反映在我们的行动之中，并以此来团结全人类，为此，你们咆哮的海洋风平浪静，愿所有汹涌的浪涛从生活海洋的安静与和平的表面消失。这样，人类将看到新的耶路撒冷，踏进它的寺门就会得到真主的恩赐。

我感谢真主，使我今天下午来到你们这里，我感谢你们的内在情感。

我祈求，愿你们在对神的热情中成长，愿精神的一致赢得力量，愿预言实现，愿在这个真主光芒照耀的伟大世纪中，那些圣洁的书籍中记载的一切都成为最好的福音成果。这是耶稣说过的神奇的时代，他曾经为我们祈祷："你的王国来到了，你的意志像在天上一样，也在大地上实现了。"我希望，这也是你们的期望和你们最大的渴求。

我们团结在同一个目的和希望的周围，但愿所有的人团结得像一个人一样，每一颗心都被我们的天父——真主的爱唤醒！

但愿我们所有的行为都是精神的，我们的兴趣和爱好都是为了那美好的天堂！

29.精神的发展

巴黎格鲁兹大街15号

1911年11月10日

阿布杜·巴哈说：

今天晚上我要讲的是精神的发展或叫精神的进步。

完全的静止不动在大自然里是没有的。一切事物不是取得进步就是自我消失。所有的事物不是在前进就是在倒退。没有静止不动的东西。人从他诞生的时候起，他的肉体就开始发展，直到成熟。当他到达生命的顶点时，就开始萎缩，身体的强壮和力量就会减弱，渐渐接近死亡。

就像一棵从播种到成熟的植物一样，发展然后衰退，最后死亡。鸟只能飞到一定的高度，当它飞到尽可能达到的高度时，就会重新降落到地上。

这说明，运动是一切存在所特有的。一切物质的东西都发展到某个点，然后就开始衰退。这就是统治整个自然界生灵的规律。

我们现在看看灵魂：我们看到，运动是存在的本质特征，而且没有什么有生命的东西是静止不动的。全部的造物，无论是矿物、植物或动物都不得不服从运动的规律。他们不是向前进就是往后退。但是人的灵魂不会衰退。人的灵魂唯一的运动就是日臻完美。灵魂的运动只是成长和进步。

神圣的完美是无止境的，因此灵魂的进步也是无止境的。从人出生开始，人的灵魂就已经开始前进，理解力在增长，知识在不断扩大。以后，当人的身体死亡时，他的灵魂仍然活着。所有被创造的各个不同等级的物体都是有限的，而灵魂是无限的。

宗教的信仰在于：灵魂比身体的死亡更持久。替亲爱的死者祈祷，祈求真主为了他们的进步而宽恕他们的罪恶。要是灵魂随身体沉沦，那么一切都毫无意义了。如果灵魂不能接替身体到达完美的话，那么所有这些充满了爱的奉献的祈祷又有什么用呢？

我们在圣书中读到，“所有好的作品反复出现”[①]，要是灵魂不继续存在，那么所有的一切就毫无意义了。

我们从物质世界分离出来的爱的持续存在不是通过那种肯定不是白白赋予我们的精神直感——为了你们的幸福而祈求——的推动得到说明了吗？

在精神世界中没有退步。非永生的世界是一个矛盾、对立的世界。因为运动是不可避免的，所以，一切东西不是前进就是后退，在精神王国中不可能有后退，所有运动都连结在一起奔向尽善尽美的目标。“进步”是精神在物质世界中的表现。人的智慧、判断力、知识和科学成就，因为它们是精神的体现，因而它们都参与了精神进步这个不可抗拒的规律，因此，它们必然是不朽的。

这是我对你们的希望，但愿你们不仅在精神世界中，而且也在物质世界中取得进步，发挥你们的智慧，增长知识，提高理解能力。

你们要勇往直前，永不止步，避免停顿，到达终点时，过去所有的进展都没有用了，一切都是徒劳

① 所有好的行为中蕴藏着报应。——原注

的了。我们能想象万物就没有比这个目标更崇高的目标吗?

灵魂是永恒的,是消失不了的。

唯物主义者说:"灵魂在哪里?灵魂是什么?我们看不见它,也感觉不到它。"

我们必须这样回答他们:不管矿物取得了怎样大的进步,但它却不理解植物王国。但是这种理解的缺乏并不意味着植物不存在。

同样,不管植物发展到怎样的一个高度,它都没有能力去理解动物世界。这种无知并不证明没有动物。同以上两者一样动物也在不断发展,但它既不能想象人的智力,又不能领会人的灵魂的性质。但这也不证明人类没有智力或灵魂。这只证明,每个存在的形式没有能力去理解比本身更高级的形式。

这朵花不可能意识到人这个种类的本质,但是它无知的事实并不能成为人类存在的障碍。

如果现在唯物主义者们仍不相信灵魂的存在,那么,他们的不相信并不证明没有像精神世界那样的王国存在。人拥有智力的避免走出第一步就后退、就没落。

所有肉体组织的生灵都是非永恒的。这些物质的躯体是由原子组成,当原子开始分离时,腐烂开始,然后就出现了我们所说的死亡。原子的组合构成的躯体——每一个生灵的死亡部分——只是暂时的。当把这些原子集合在一起的吸引力消失时,躯体就不会继续存在了。

灵魂则是另一种情况。灵魂同元素没有联系。灵魂不是由许多原子组成的。它是由一些不可分的东西组成,因此是永恒的。它完全独立于肉体生灵规律范围之外。它是不朽的。

自然科学的哲学体系已经说明,一种单一的元素("单一"的意思就是"不是组合的")是不可摧毁的,是永恒的。不是元素组合而成的灵魂有着单一元素的特性,因此能永远存在下去。

因为灵魂是由不可分的物质构成,所以它既不能被拆散又不能被破坏,因此,对它来说没有终止的缘由。一切活着的东西都有一种存在的标志。与之相适应,如果这些标志表达或证明的东西离开存在,这些标志就不可能由自己构成。不存在的东西实际上就没有存在的标志。精神存在的形形色色的标志永远出现在我们眼前。

如今,耶稣基督的精神,他神圣学说的影响,在我们当中是看得见的,是永恒的。我们一致认为,不存在的东西是看不到任何信号的。要写字,就得有一个人存在。不存在的人也不可能写字。书写本身对书写者的灵魂和智慧来说就是信号。圣书(永远不变的教义)证实了精神的永存。

你们想一下真主造物的目的:经过无数世纪的演化和发展,只是为了达到让人类在尘世活上几年这个微不足道的目标,这可能吗?如果这就是存在的最终目的,难道不是不可思议吗?

矿物不断发展直到溶进植物的生命中。植物生长到它的生命丧失在动物的身上。构成人类食品组成部分的动物又溶化在人的生命之中。

因此,这就说明,人是所有万物中最高级的生命,是万物的总和,是无数个生存世纪所逼进的目标。在顺利条件下,人能在这个世界上度过40年或80年,时间是多么短暂啊!

人离开了他的躯体,就停止了存在吗?人的生命状况证明了灵魂的永生。黑暗证明了光明的存在,因为如果没有光明就没有黑暗。贫穷证明了富裕的存在;否则我们怎么能衡量贫穷呢?无知证明了知识的存在;因为如果没有知识怎么能有无知存在呢?

因此,以死亡的思想为前提,也存在着永生;因为如果没有永恒的生命,也就没有衡量这个世界的生命的可能性。

如果精神不是永生的话,真主的宣言怎能经受得住那么可怕的考验呢?

为什么基督耶稣被钉死在可怕的十字架上?

为什么穆罕默德遭受了迫害?

为什么巴布奉献出最大的牺牲?为什么巴哈·安拉在监狱中度过了他的有生之年?

如果不是为了证明精神的永生,为什么必须去承受所有这些苦难呢?

耶稣受难。他为了精神的永生经受了一切考验。善于思考的人会理解不断发展法则的精神意义的,就像一切都是从低级发展到高级一样。

只有智慧低下的人才会在观察这些事情时认为,真主的伟大创造计划会突然停止扩展下去,发展可能走到一个不适当的尽头。

有些人怀疑我们能看到精神世界和观察到真主的恩赐。他们无疑就像没有理智的动物一样。他们有眼无珠,充耳不闻。这种闭目失听与其说什么也证明不了,还不如说证明了他们自己的低劣。我们在《古兰经》中就可读到有关这种低劣的话:"他们对精神来说是瞎子和聋子。"他们不利用真主的伟大恩赐——理解能力,因为只有通过这种理解力他们才能用精神的眼睛去看,用精神的耳朵去听,用神启发的心灵去理解。

唯物主义者们无法领会永恒生命的思想,并不证明永恒生命不存在。

对永恒生命的理解依赖于我们精神的诞生。

我为你们祈祷,愿你们的智慧和精神追求与日俱增;你们永远不要让唯物的思想遮住你们眼前的美好的神圣之光。

30. 阿布杜·巴哈的渴望与祈求

1911年11月15日

阿布杜·巴哈说:

你们都很欢迎我,我从心底里爱你们所有的人!

我日夜为你们祈求上天,愿你们拥有力量,愿你们都分享到巴哈·安拉的祝福并进入天堂。

我祈求,愿你们变成新的被神圣之光照亮的生命,变得像一盏发出光芒的灯,愿对真主仁爱的认识从欧洲的一端普及到另一端。

但愿这种无限的爱充满你们的心和灵魂,使你们的心中没有悲伤的余地,使你们像鸟一样怀着高兴的心情朝着神圣的光芒飞翔。

但愿你们的心像闪闪发光的镜子一样明亮纯洁,从里面折射出真理太阳的灿烂辉煌。

但愿你们为看到真主王国的信号而睁开眼睛,但愿你们倾听并完全理解上天在你们中间发出的声音。

但愿你们的灵魂得到帮助和安慰,并变得坚定、强大,以便能与巴哈·安拉的教义和谐相处。

我为你们每个人祈求,但愿你们像世界上爱的火焰一样,使每个悲伤和忧愁的真主的孩子的心都能得到你们散发出的光和热。

但愿你们像永远在天国中闪耀发光的星星。

我劝你们，为了使你们在真主的帮助下真正成为巴哈教教徒，必须用严肃认真的态度研究巴哈·安拉的教义。

31. 关于身体、灵魂和精神

巴黎卡蒙大街4号

1911年11月17日，星期五，早晨

人类自身由三部分组成：这就是身体、灵魂和精神。

人体是肉体的，或者可以说是人的动物阶段。从身体的角度观察，人属于动物范畴。人和动物的身体同样都是通过吸引力的规律由基本物质组合而成的。

人和动物同样具有感觉能力。他们受到冷、热、渴等等现象控制。但与动物不同的是，人具有理性的灵魂——人的智力。

人的智力是他身体和精神之间的媒介。

当人通过灵魂让精神启迪他的悟性时，他就包括了全部的物。因为人是万物发展的顶点，所以他超过万物。人类包含了整个低级世界。如果一个人的智慧受到灵魂的启发，那么他的闪光的才智就会使他成为一切创造物之冠。

但是如果人不向精神的恩赐敞开他的心扉，而是把他的灵魂转向物质方面，转向他存在的肉体部分，他就会从高处跌落下来，变得比动物王国的居民更渺小。在这种情况下，人往往处于一种悲伤的境地。因为如果我们从来不利用向神敞开的灵魂的精神特性，这种精神特性就会消失，就会变得无力，最终变得毫无用处。而灵魂的物质特性便独自运行，并以可怕的方式变得势如破竹，这种不幸的、被引入歧途的人也就变得比低级动物更原始、更无理、更残暴、更凶恶。如果每个人的渴望与追求都通过他的灵魂的低级一面而得到助长的话，他就会变得越来越残忍，直到他的本性中再也找不出超过非永恒的动物的地方。这些人总是企图干坏事，搞破坏，道德败坏。他们完全缺乏神的以慈悲为怀的精神，因此，灵魂的神圣特性便随之被物质的一面所控制。相反，如果灵魂的精神特性变得十分强大，以至它战胜了物质的特性，人类就会接近神圣。他的人性就会变得完美，全部神圣的品质便会在他身上显示出来。他会显示出真主的慈悲，促进人类的精神进步，因为他已变成一盏把光芒倾泻在人类前进道路上的明灯。

你们看，灵魂多像身体和精神之间的媒介啊！就像这棵树（靠近桌旁的一株小桔树）是播种和果实之间的媒介一样！当树的果实长出来并成熟的时候，我们知道，这棵树就是完美的。如果这棵树没结果，而只是无用地生长，那就毫无意义了！

如果一个灵魂内含着精神生命，它就会长出好的果实，变成一棵神圣的树。我想要你们试着明白这个道理。我希望，无法形容的真主的善良将使你们变得强大，以至于你们那同精神联系在一起的灵魂的神圣特性永远超越于物质之上，并将在这样的限度里影响感官，以至你们的灵魂逐渐接近尽善尽美的天国。但愿你们的容貌由于目不转睛地盯着那神的光芒而变得容光焕发，你们的一切思想、言行都在你们灵魂控制着的精神光辉之中闪烁！让你们的生命在这样的集会中去认识世界的完美。

有些人活着只关心这个世界的事物。他们的感官也只是活动在外在的习俗中和传统的爱好里，以至他们对所有其他存在的领域和事物的精神意义毫不关心。他们所想的和所梦寐以求的只是追逐世俗的赞誉和物质进步。感官的乐趣和舒适限制了他们的目光。他们最大的抱负是围着尘世上已有的和取得的成就转圈圈。他们不控制自己的低级趣味，他们只是吃、喝和睡觉。与动物一样，他们所想的就是使自己的身体舒适。这些需求一定要得到满足。生命是一副担子，只要我们活在地球上，我们就必须挑起这副担子。但是我们不能允许只为低级的生活琐事操心，不能让那些低级的生活琐事桎梏人的创造和追求。心灵的追求应该有一个美好的目标，精神活动应该上升到一个更高的水平。人应该在他们的灵魂中留下神圣完美的映象，并在那里为神圣精神用之不竭的赐福准备一块地方。

你们要把你们的抱负放在完成大地上的一种神圣文明之上！为使你们的生命充满神圣精神，为使你们成为世界生命之源，我为你们祈求最大的赐福。

32. 巴哈教徒必须尽心尽力为在世界上创造出更美好的环境而工作

1911 年 11 月 19 日

在这里能看到像这样的一次集会是多么令人高兴啊！这真是一次“圣人”的聚会！

我们大家都团结在一个神圣的目标下。我们没有物质的动机。我们心中的愿望就是将真主的爱带给人间。我们为人类的团结工作和祈祷，使世界上各个种族变成一个种族，所有的国家变成一个国家，使得所有的心像一颗心一样地跳动，让这所有的心共同为美好的团结和友爱努力工作。

感谢真主，我们的努力是真诚的，我们的心向着天国。我们最大的要求是在世界上树立真理。为了这一愿望，我们在互相友爱和倾慕中靠近了。我们每个人都是高尚的、无私的。并准备完全为伟大的理想而牺牲个人的抱负，我们大家所致力于的这个伟大理想就是：人之间的兄弟般的爱、和平与团结。

你们不要怀疑，真主就在我们左右，他使我们的人数天天增长，并使我们的集会得到力量和帮助。

我衷心希望你们大家为他人造福，希望你们给那些精神瞎子、精神聋子和在罪孽中死去的人以生命。

愿你们去帮助在唯物者的影响下变得消沉的人们，使他们成为真主的儿子，鼓励他们起来并庄严地表明他们的新生。这样，人类世界就会由于你们的努力而成为真主和他选中的人的王国。

感谢真主，我们在这一伟大理想之下团结起来了，我的渴望也是你们的渴望，我们在完全一致的步调中共同努力。

我们看到当今世界上残酷战争的悲剧。人们为了得到自己的利益，扩大自己的地盘，而去杀害他们的兄弟。为了这些毫无价值的野心，他们的心陷入了仇恨之中，使流血事件不断扩大。

新的战役又开始了，人们扩充军队，把更多的各式各样的大炮、武器和炸药运送出去。因此，痛苦和仇恨与日俱增。

但是，感谢真主，我们这个会议渴盼的只是和平和统一，为了在世界上开创出更美好的环境，这个会议一定要全心全意地工作。

你们，真主的仆人们，为反对压迫、仇恨和隔阂而斗争吧，使战争得以结束，使真主的和平和仁爱的信条在人与人之间得到贯彻。

工作吧！竭尽全力地工作！在人中间传播天国的事业！你们要教导自负的人，使他们恭顺地转向真主；你们要教导罪人不再犯罪并满怀高兴的心情期待着天国降临！

你们要爱你们的天父，并顺从他，你们要确信，天父会帮助你们的。真的，我告诉你们，你们一定将赢得世界。

你们要有信心、耐心和勇气，这才是开始，但你们一定能达到目的，因为真主与你们同在。

33.关于诽谤

1911年11月20日，星期一

从世界之始到今天，真主发出的每个宣言都曾遭到当时的“黑暗势力”的反对。

这个黑暗势力始终企图扑灭光明，压迫总是力求压倒正义。而“无知”则顽固地打算用脚践踏知识。这就是很久以来物质世界的表现。

在摩西时代，法老们企图阻挡摩西的光芒传播。

在耶稣时代，哈拿和该亚法煽动犹太人反对他，以色列的学者则团结一致抗拒他的势力。所有对他无所不用其极的诽谤和中伤到处流传！犹太教经师们和法利赛人合起伙来让别人相信耶稣是个骗子、背信弃义的人和亵渎神明的人。他们在整个东方世界散布中伤耶稣的流言蜚语，使他被判处耻辱的死刑。

在穆罕默德时代，那时的学者们也决心要扑灭他的影响之光，他们企图借刀剑之力阻挡他的思想传播。

尽管他们作出了许多努力，但是真理的太阳依然照耀在地平线上。无论在什么情况下，光明大军都能在世界战场中战胜黑暗势力，神的学说的光辉照耀大地。那些承认这种学说，并为真主的事业工作的人就是人类天空中闪闪发亮的星星。

今天，在我们这个时代，历史又重演了。

那些想使人相信宗教只属于他们自己的人又在竭力反对真理的太阳：他们违背真主的信条，造谣中伤，因为他们既没有证据，也没有办法。他们在攻击中把自己的脸遮盖起来，因为他们怕见光明。

我们的方法是另一种样子的。我们不攻击别人也不中伤别人。我们不希望同他们争吵。我们提出证据和理由。我们请他们驳倒我们的观点。他们对此却什么也说不出来；取而代之的是挖空心思写反对真主的使者——巴哈·安拉的文章。

你们不要被这些骂人的文章弄得不安。你们要听巴哈·安拉的话，不要理他们。你们应该高高兴兴，因为这些谎言迟早要被真理所战胜。有人会打听这些谣言，当回答他们时，信仰就得到了传播。

要是有人说:“旁边的那间屋子里有一盏不发光的灯”,听者可能对此会感到满意。但是聪明人就会走进那个房间去,来作出判断,你们看,当他发现那个灯发出明亮的光时,他就认识到了真理。

又有人宣称:“那是一个花园,花园里的树枝都断了。树上没有结果,树叶枯萎发黄。这个花园里的花木也不开花。玫瑰灌木丛枯萎得濒临死亡,你们不要进这个花园!”一个正常的人听到关于这个花园的报道时,不会立即满意,他要自己亲自看看,这个消息是否是真的。为此,他走进了花园,你们看吧,他发现花园里一切井井有条。树枝结实粗壮,枝头繁茂,鲜绿的叶子衬托着甜美的果实,花木在五彩缤纷的花朵掩映下闪耀,玫瑰花的妩媚和香气笼罩着玫瑰灌木丛。花园里的一切都充满了生机,完好无缺。当花园的美丽在这位公正的人眼前展现出来时,他感谢真主,他因为一种不应有的诽谤而来到一个如此美妙的境地。

这就是诽谤者所为的作用,他变成了使人找到真理的诱因。

我们知道,所有关于耶稣和他的使徒的谣言和反对的文章仅仅起到引导人们研究他的信条的作用。人们因此而看到了美丽,闻到了花香,这样,他们就一下子漫步在那个天国花园的玫瑰花丛和果实中间了。

因此,我告诉你们,要用你们的全部力量去传播神圣的真理,人的智力才能得到启发。这是对诽谤者的最好回答。我不打算再对这些人说任何一句关于他们的坏话,而只是对你们说,诽谤是不足挂齿的。

云雾可以遮住太阳,但是不管这些云层怎样厚密,太阳光线还是穿透了云层。没有什么东西能阻挡太阳的光芒,它从空中照耀下来,给神的花园温暖与生机。

也没有什么东西能挡住雨水从天上倾泻下来。

也没有什么东西能阻碍真主言论的实现。

当你们看到为反对真主启示而写的书籍和文章时,你们不要对此感到伤心,而要感到由衷安慰:因为真主的事业藉此而赢得的只是力量。

没有人向无果实的树扔石头,也没有人想吹灭没有亮光的灯。

你们看看过去吧!法老的诽谤发生作用了吗?他说摩西是杀人犯,杀死过一个人,理应被处决。他还说,摩西和亚伦制造不和,他们企图消灭埃及的宗教,因此该处决。这个法老的话都白说了。摩西的光芒依旧,神的法律之光洒遍世界。

法利赛人说,耶稣破坏了安息日,向摩西律法发出挑战和威胁,他破坏了寺院和神圣的城市耶路撒冷,所以他应受到钉死在十字架上的惩罚。但我们知道,所有这些造谣中伤都不能阻挡福音的传播。基督太阳照亮了天空,圣灵的气息传遍了整个大地。

我告诉你们,没有哪一种诽谤能够战胜真主的光芒。它只能导致普遍的承认。如果某一件事没有意义,谁还费力去反对它呢?

但是,一种事业越伟大,就会有在数量上不断增长的敌人越来越卖力地起来搞垮这个事业。灯越亮,阴影就越暗。对我们来说,就要按照巴哈·安拉的教导用谦恭和坚强的态度去行事。

34.没有智慧就没有真正的幸福和进步

1911年11月21日

野蛮和原始是动物的特征，但是人类应显示出仁爱和友好的特征。真主派遣他的预言家们带着这样一个目标来到人世间，就是为了在人们心中播种仁爱和友善。为了这个伟大目标，他们愿意受苦和牺牲。为了引导人们走上仁爱和和睦的道路，他们写出了所有神圣的书，可是，尽管如此，我们中间还有战争和流血的悲剧发生。

翻阅过去和现在的历史，我们看到阴暗的大地被鲜血染红。人们像野狼一样互相残杀，忘记了仁爱和忍让的原则。

现在醒悟的时代已经来到了，它带来了美好的文明和物质进步。人的聪明才智增长了，接受能力加强了，但是尽管如此，每天还要发生新的流血事件。你们看现在的土耳其—意大利战争。你们注意一下这些不幸人的遭遇！多少人在这个悲惨的时刻被杀害，多少人的家园遭毁坏，又有多少人妻离子散！从这些害怕和心灵的痛苦中得到的是什么呢？仅仅是一小块土地！

所有这些证明：仅仅物质进步本身不能提高人的地位。相反，人越是沉浸在物质进步中，他的精神就越糟。

在过去的时代，物质方面的进步不太快，血也流得少。古老的战争不会使用火炮、火器和炸药，没有手榴弹，没有鱼雷快艇，没有战舰和潜水艇。但是现在由于物质的文明，我们拥有了所有这些发明，战争也发展得越来越糟。欧洲变成了一个巨大的充满火药的武器场所，如果真主不阻止点燃它们，全世界就将受到威胁。

我要让你们清楚知道，物质进步和精神进步是两件截然不同的事物，只有当物质进步和精神进步携手并进时，真正的进步才会来临，全世界才能有最伟大的和平。要是所有的人都听从神的劝告和预言家们的教导的话，所有的心就会被神的光芒照亮，人就会真正虔诚地信奉真主，那么，我们不久就会看到大地上的和平和人世间的真主的王国。我们可以把真主的戒律与灵魂相比，把物质进步与身体相比，如果身体没有受到灵魂的指引，就不能长时间存在。我庄严地祈祷，但愿智慧不断增长，在世界上越来越多，这样，社会道德就会发扬光大，和平与和睦就会建立起来。

战争、暴力和与此有联系的野蛮是对真主的犯罪，对他们的惩罚就在他们身上，因为仁慈的真主也是公正的真主，每个人都不可避免地会得到报应。让我们力求理解最高的准则，按照他的指令去安排我们的生活。真正的幸福依靠精神的兴盛，依靠我们不断地敞开心扉去得到真主的宽容。

如果心抛弃了真主给予的恩赐，那它怎么能希望得到幸福呢？如果心没有把它的希望和信赖寄托在真主的慈悲中，那么它怎么能得到真正的安宁呢？啊，你们信任真主吧，因为真主的慈悲是永恒的！你们信赖真主的恩赐吧，因为真主的恩赐是庄严的！啊，把你们的信心寄托在万能的真主身上吧，因为真主永远正确，真主的恩宠是永恒的！真主的太阳不断放射光芒，真主慈悲的云充满了他用来滋润每一颗相信他的心的同情之水。真主那清凉的风的翅膀不断为人们那干枯的灵魂送去治疗的药方。难道宁愿做物质的奴隶而背离这么一位把他的恩惠降给我们的可爱的父亲是明智的吗？

真主已经用他无限的慈悲使我们获得了许多荣誉，他使我们成为超越物质世界的主宰，难道我们愿意作物质世界的奴隶吗？不，正相反，让我们行使我们的出生权，让我们努力地去过真主精神的儿子的生活吧。真主的壮丽的太阳又一次出现在东方，它的光辉从波斯遥远的地平线照到四面八方，并驱散了厚厚的偏见之云。人类团结的光芒已开始照亮世界。不久，人民团结与和睦的神圣的旗帜将在天空高高飘扬。是的，神圣精神的微风将吹遍有生命的整个世界。

啊，人民和民族，你们起来工作吧！你们是幸福的！你们，在人类团结的帐篷下集合吧！

35. 痛苦和忧虑

1911年11月22日

在这个世界上有两种感情影响着我们：快乐和痛苦。快乐给我们翅膀。在高兴的时候，我们的力量更有生气，我们的智力更敏锐，我们的理解能力更少被遮掩。这些使我们明显地感到，我们更容易同世界较量，更容易发现我们的能力范围。但是，当悲伤降临到我们头上时，我们就会变得软弱，力量就会离开我们，我们的理解能力就会变得含糊不清，思考力就会迟钝。生活的现实似乎夺取了我们的把握，精神的眼睛发现不了心灵的秘密，就连生命好像也离开了我们。

没有人不受这两种影响左右的，但是我们所遭到的一切忧虑和痛苦都来自物质世界，与此相反，精神世界只给人们带来欢乐。

如果我们遭受痛苦，那就是物质事物的结果，一切灾难和扰乱都来自这个欺骗的世界。

例如，一个商人若失去了他的商店，沮丧就会接踵而来。一个工人被解雇，就会面临饥饿，一个农民收成不好，他的心情就会恐惧不安。一个人自己盖的房子突然被烧毁了，他就会突然无家可归，陷入毁灭和绝望的境地。

这些例子向你们说明：考验一步一步地跟随着我们，我们所有的忧虑、痛苦、耻辱和苦恼都来自物质世界。与此相反，精神世界从来就不是悲伤的根源。一个带着他的思想生活在精神王国的人永远是快乐的。所有属于肉体的遗产的坏东西都不能触动他，只是从他生活的表面掠过，而深处是宁静和镇定的。

人类今天被痛苦、忧虑和苦恼压倒，没有人能逃脱它们。世界被眼泪弄湿了。但是，感谢真主，解救的方法就在眼前。让我们将我们的心背离物质世界而生活在精神世界中吧。精神世界本身能给人自由。我们被困难包围时，只要呼唤真主，他那伟大的仁慈就会帮助我们。

当苦恼和恶运降临到我们头上时，让我们把自己的脸转向天国，真主的安慰就会倾洒在我们身上。

当我们生病或处于困境时，让我们祈求真主的治疗，真主会听到我们的祈祷的！

当我们的思想充满这个世界的辛酸苦辣时，让我们把眼睛转向真主同情的甘甜上，真主将送来美好的安宁。即使我们当了物质世界的俘虏，我们的精神也能升天，我们会得到真正的自由。

当我们的生命接近尾声时，让我们想念那个永恒的世界，我们就会充满快乐。

你们看，你们的周围到处是物质事物的欠缺的证据，然而，快乐、振奋、和平和安慰在世界的非永恒事物中是找不到的。因此，拒绝我们到那个能找到这些宝藏的世界去寻找宝藏岂不是愚蠢吗？精神王国的大门对所有的人敞开，在这扇大门外面是一片黑暗。

你们要感谢真主，他使你们这些聚集在这里的人知道这些，因为你们能从生活的一切苦恼中得到最大的安慰。当你们的尘世生命已屈指可数时，你们知道永恒的生命在等待着你们。当物质带来的恐惧将你们置进一堆乌云中时，精神之光会照亮你们的路。真的，谁的感官被最崇高的精神唤醒，谁就会得到最好的安慰。

我曾在监狱中度过40年，在那里哪怕只是一年都令人难以忍受。在那样的监禁中，没有人能活过一年。但是感谢真主，在那整整40年里，我却幸运极了。每当我苏醒的时候，我都似乎听到了好消息。每天晚上我都沉浸在无尽的欢乐之中。智慧是我的安慰，对真主的虔诚是我最大的快乐。你们相信我在监狱中的40年有可能是另一个样子吗？

因此，智慧在真主的恩赐中是最伟大的，"永恒的生命"意思是"求助于真主"。你们每一个人都愿意每天增长智慧。你们希望在各种美好的方面都得到加强。真主的慰藉会越来越多地帮助你们。真主的圣灵在拯救你们，天国的力量正在你们中间发挥作用。

这就是我庄严的希望，我祈求真主把他的恩惠赐给你们。

36. 人类完美的情感和道德

1911年11月23日

阿布杜·巴哈说：

你们都应该很幸运，感谢真主把特权给予了你们。

这是一个纯精神的聚会。感谢真主，你们的心转向了他，你们的灵魂被天国吸引，你们有精神追求，你们的思想超越了布满尘埃的世界。

你们属于纯洁的世界，你们不满意过动物般的生活，不愿意吃、喝、睡地度过一生。你们是真正的人。你们的思想和抱负是为了实现人类的完美。你们为做好事和让别人快乐而生活。你们最大的渴望是安慰悲伤者，使弱者变得强大，给绝望的灵魂带来希望。你们的思想每时每刻都向着天国，你们的心充满了真主的爱。

因此，你们既不知道对抗，也不知道反感和仇视，因为你们爱所有的生灵，你们在每一个人身上寻找的是善良。

这是完美的人类情感和品德。如果一个人不具备这些品德，对他来说，还不如不继续存在下去。如果一盏灯不发光，还不如把它毁掉。如果一棵树不结果，还不如把它砍掉，因为它只能给大地加重负担。

的确，对一个人来说，死亡比没有品德地继续活着要好上一千倍。

我们的眼睛可以看东西，但是如果我们不用它，那它对我们又有什么用呢？我们的耳朵可以听，但是如果我们聋了，它对我们又有什么用呢？

我们的舌头可以用来赞美真主和传播福音，但如果我们是哑巴，那它将是多么无用啊！

爱所有人的真主创造了人，是为了使人传播神圣之光，并使人通过他的话语、行为和生活去启迪世界。如果有人不具备品德，他就不会比一只普通的动物更好，一只没有理智的动物仅仅是一个低级的东西。

天父给予人类不可估量的智能的礼物是为了使人类变成一盏神灯，这盏灯划破唯物者的黑夜，将善良和真理带到世界上来。如果你们用严肃的态度追随巴哈·安拉的学说，你们就能真正变成世界的灯，变成世界身体的灵魂，成为人类的安慰和帮助，变为拯救整个世界的源泉。你们要为此而全心全意地努力，遵循神赐的美好信条，并且确信，如果你们真正像耶稣指点的那样生活，天国中永恒的生命和无穷无尽的快乐就会等待着你们，神的支持会降临在你们身上，使你们日益坚强起来。

我衷心祈求，愿你们每一个人都能得到这种完美的快乐。

37. 对异族的苦难漠不关心

1911年11月24日

阿布杜·巴哈说：

刚才有人对我说，一个可怕的不幸在这个国家发生了。一列火车翻进河里，至少有20人丧生。今天，这将成为法国议会讨论的题目，国家铁道部长将就这事件发表讲话。人们将七嘴八舌地盘问他事故发生的原因及火车出轨的状况。这将引起一场激烈的争论。我吃惊并意外地发现，20人的死亡在全国引起了怎样的注意和骚动啊。与此同时，在的黎波里有成千上万的意大利人、土耳其人和阿拉伯人被杀害，可是人们对这样的事实却冷若冰霜、无动于衷。这个可怕的群众性大屠杀决不会使政府感到不安。可是这些不幸的人也属于人啊。

为什么人们对20个生灵投入了这么多注意力，寄予这么强烈的同情，而对另外的5000人却置若罔闻？他们都是人，他们都属于人类家庭，当然，他们也属于别的国家和民族。这些人是不是被杀死，这与非当事国无关。这场群众大屠杀对他们没有什么触动。这是多么不公正、多么冷酷、多么缺乏善良和真诚的感觉啊！别国的人也有妻儿母女。在那些国家里，现在几乎没有一间听不到辛酸哭声的房屋，在那些国家里，很难找到一个与野蛮战争无关的家庭。

啊，我们看看周围，人是多么残酷无情、偏执和不公正啊！相信真主并遵循他的信条是多么困难啊！

要是这些人用互相友爱、互相帮助来代替用军刀和大炮互相残杀，要是他们像一群和平、团结的鸽子那样生活，而不要像狼一样的互相厮杀，该是多么高尚和多么美好啊！

为什么人类这样残酷？这是由于他还不知道真主，要是他认识真主，就不会违背真主的信条了。要是他用脑子思索，他就不会采取这种态度了。人要是相信并理解真主预言家们的信条和教导，然后付诸行动，那么，大地的面孔就不会蒙上战争的阴影了。

人们只要掌握了正义的最基本知识，事情也就不会弄到这个地步了。

因此，我告诉你们，你们要祈求真主，并把你们的脸转向真主，那么真主就会用他无穷无尽的慈悲和怜悯帮助你们这些迷失方向的人，同你们站在一起。你们要祈求真主赠给精神智能。但愿真主教给他们宽容和慈悲。让他们睁开情感的眼睛，用精神的恩赐将他们武装起来。那么，和平和仁爱将携手穿过每个国家，那些贫穷、不幸的人将得到安宁。

让我们日日夜夜为此目的一起奋斗，使情况变得更好起来。

我为所有这些可怕的东西感到心碎，我大声疾呼，但愿我的呼声深入到其他人的心里！

不久，盲人将会睁开眼睛，死者将死而复生，正义将回来统治大地。

我恳求你们大家，用心灵祈求，但愿这一切都将实现。

38. 我们不因人数少而沮丧

1911年11月25日

当耶稣降临时，他在耶路撒冷显身。他号召人们到天国去。他邀请人们去过永恒的生活，并要求他们去实现人类的完美。引路的光从那颗闪亮的星星上发出来了。最后，耶稣为人类做出了牺牲。

他虔诚的一生都在忍受着压迫和不幸，但是人类却敌视他。

他们不承认他，嘲笑他，虐待和咒骂他。他受到非人的待遇，但是尽管如此，他却是同情、大慈大悲和爱的化身。

他爱整个人类，但人们却像对待敌人那样对待他，整个人类没有能力去估价他。他们把他的话当作耳边风，拒绝接受他仁爱的火焰的照耀。

后来人们才知道他是谁，他是神圣之光，他的话包含着永恒的生命。

他的心充满了对全世界的爱，他的善良必然要达到每个人身上。当人们开始认识到这些时，他们后悔了，他已被钉死在十字架上。

他们在他升天许多年后才知道他是谁，他升天的时候只有几个追随者。只有颇少的一小群追随者相信他的信条，信奉他的戒律。无知者们说："这个人是谁？他只有几个徒弟！"但有见识的人说："他是太阳，将会照耀在东方与西方。他是将要给予世界生命的启示。"

耶稣第一批弟子们看见过的东西就是后来为世人所认识到的东西。

因此，你们在欧洲的这些人不要因为你们仅仅是少数，或因为人们认为你们的事业不重要而感到沮丧。当只有少数几个人参加你们的聚会时，也不要失去勇气。当人们取笑并反对你们时，你们也不要感到不幸，因为耶稣使徒必须经受同样的苦难。他们曾受到诽谤和迫害，咒骂和虐待，但是他们最终胜利了，人们最后也认识到，他们的敌人是错的。

历史要是重演，你们身上也会发生类似的情况，那么，你们不要忧伤，而要充满欢乐，并感谢真主，使你们有资格像从前圣徒那样受苦。如果人们反对你们，你们要友好地对待他们。如果人们驳斥你们，你们要坚定信心。如果人们离开或回避你们，你们就要到他们那儿去亲近他们。不要使人遭受痛苦。你们要为所有的人祈祷。你们要努力在世界上发出你们的光，愿你们的旗帜高高飘扬在天空。你们的崇高生命将四处飘香。在你们心中闪耀的真理的光芒将照耀到最遥远的地方。

当你们的生活具有最伟大的意义时，世间的冷漠和嘲讽就变得毫无意义了。

所有到天国寻找真理的人都像星星一样发光。他们像挂满香甜果实的果树，像盛满名贵珍珠的海洋。

你们要相信真主的慈悲，传播神圣的真理。

39. 阿布杜·巴哈在巴黎瓦格纳牧师教堂的讲话

我被人们对我讲的友好的话语而深受感动，我希望，真正的爱和好感与日俱增。真主已经指明，爱是世界上的活生生的力量。你们大家都知道，说到有关仁爱的话题，我会感到多么高兴啊。

在各个历史时期都有真主派遣的预言家在人间宣传真理的事业。摩西带来了真理的律法，在他之后的以色列预言家们则致力于传播这个律法。

当耶稣降临时，他点燃了真理的火炬，他高举起这个火炬，照亮整个世界。在他之后，他选出的使徒出现了，他们走得更远，他们一个接一个地把他们导师的教义的光芒洒向阴暗的世界。

接着穆罕默德出现了。在他那个时代，他用他的方法把真理带到野蛮人那里。然而这总是受真主挑选出来的人的委托。

最后，当巴哈·安拉在波斯出现时，他最急切的愿望就是重新在各国点燃逐渐消失的真理之光。真主的每一个信徒都已全心全意地致力于将仁爱与团结的光芒传播到世界上。使唯物者的黑暗消失，愿智慧之光在人们心中闪耀。这样，仇恨、诽谤和屠杀就会一去不复返，代替它们的将是仁爱、和睦和和平。

真主的每个预言家都带着同一个目的出现，他们都试图把人引上美德的小径。但是我们——他们的仆人——却互相争吵。这是为什么？为什么我们不相互友爱，不共同生活在和睦中呢？

因为我们在宗教的基本原则面前闭上了眼睛。真主只有一个，他是我们大家的父亲，我们大家都浸泡在他的慈悲的海洋中，他用他那充满仁爱的关怀保护和照顾我们。

真理的辉煌的太阳同样照耀着所有的人，每个人都沉浸在神的慈悲之水中，真主的恩宠使每个孩子都得到好处。

仁爱的真主为了他的孩子们而希望和平。那么为什么他的孩子们却用战争度过他们的时光呢？

真主爱护和保佑他所有的孩子们。为什么他的孩子们却忘了这些呢？

真主把他所有的父亲般的关怀都献给了我们。我们为什么还要冷落我们的兄弟呢？

的确，当我们想到真主如何爱我们并如何为我们操心时，我们就应该使我们的生活变得像他那样高尚。

真主已为我们创造了一切，我们为什么还要违背他的愿望呢？难道因为我们是他的孩子，我们都爱同一个父亲的缘故吗？我们所看到的各方面的分歧、争端和敌对来自于人对宗教的和外表的习俗的依恋，而忘记了是它们的背景的那个简单的真理。这是宗教外部贯彻的作用，它表现出来又是那么不同，这就引起了争端和仇视，而实际往往只是同一个实际。实际就是真理，而真理是不可分的。真理是真主的向导，是世界的光明，是仁爱和慈悲。真理的这些特征也是圣灵给予人类的美德。

因此，我们每一个人都要坚持真理，在行动中得到解放！

世界上各个宗教派别都将团结起来的那一天会来临的，因为它们根本上已经成为一体了。到那时，人们将看到他们互相分裂只是外表的形式，分裂是完全没有必要的。在人子中尚有无知的人。让我们赶快教导他们。还有一些人像儿童般需要照料和教育直到长大成人。有些人是病人，我们必须给他们带来神恩，治愈他们。

要是他们无知、天真或有病，我们还是要爱他们，帮助他们，不要因为他们的不完美而对他们产生反感。

宗教的学者们被造就出来，是为给人民带来神恩，以成为民族团结的根源。如果他们成为分裂的根源，那么，还不如没有他们的好。药物是用来治疗疾病的。但是如果药物使病情更恶化，那么就不如将它抛弃。如果宗教只是引起争端的根源，那么没有它就会更好些。

每个由真主派遣到世界上来的使者都经受过可怕的磨难和痛苦，他们只是为了一个希望，那就是在人间传播真理、团结和和睦。耶稣为了给人世间作出仁爱的完美的典范，过着一种忧患、艰难、痛苦的生活。可是，我们却仍然继续以对立的精神互相对待！

仁爱是真主对人类寄予希望的基础。真主已经给我们作了示范，我们应该像他爱我们那样互相爱护。我们听到周围发生的一切不和与争端只会使人更加物质化。

世界绝大部分已沉浸在物质至上之中，圣灵的赐福之河没有引起注意。真正的、精神的感觉实在太少了，世界的进步绝大部分只是物质的。人变得像丧命的畜生一样，因为我们知道他们感觉不到什么精神的东西，他们不祈求真主，也没有宗教信仰。精神上的感觉和宗教信仰是人的财富，如果人没有这些，那他就会变成连动物都不如的自然的俘虏。

真主在哪里把人创造成最高级的生灵，人怎么还能满足于只是像动物一样的生活呢？整个生物界都受着自然规律的制约，但是人能使自然规律屈服。尽管太阳壮丽而有力量，但它还是与自然规律联系在一起，它丝毫也改变不了自己的规律。浩瀚的世界海洋没有力量改变潮汐的涨落。——除了人，没有什么能违抗自然规律。

真主把这么神奇的力量赐给了人，正是因为这样人才能掌握、改造和战胜大自然。

对人来说的自然规律就是在地上行走。可人却建造了船只，飞向了天空。人被创造出来，是在干燥的大地上生活，可是他却偏偏要活动在水上，甚至还钻入了水底。

人已学会了掌握电的能力，并按照自己的意志利用它，将它封闭在灯泡里。人的声音原本是为在短距离内说话而造就的，但是人竟然有这么大的能耐，创造出能从西方到东方通话的方法。所有这些例子都向你们说明，人如何有能力控制自然，人是怎样从自然手中夺过利剑，并向自然刺去。人过去曾被塑造成大自然的主人，而现在却变成了自然的奴隶，这是多么可悲的事实啊！对大自然表示敬畏和崇拜是多么愚蠢和幼稚啊！那时真主早已慈悲为怀地把我们塑造为大自然的主人！真主的威力到处可见，但是人却闭上眼睛不看它的存在，真理的太阳灿烂辉煌地照耀着，但是谁紧闭眼睛，谁就看不见真理太阳的壮丽。我真诚地请求真主，愿你们在他的慈悲和充满仁慈的爱中团结所有的人，愿你们快乐无比！

我急切地请求你们，把你们的祈祷和我的祈祷联系在一起，结束战争和流血，让仁爱、友谊、和平与和睦统治全世界！

我们看到经过无数年代，大地的表面已被鲜血玷污。但是现在一种更明亮的光辉已经出现，人类的知识扩大了，智慧也开始增长。世界上各个宗教派别和平相处之时一定会到来。让我们停止为表面形式的不和而进行的争吵，为了神圣的统一团结在一起，直到使全人类都知道，他们是相亲相爱的一家人！

阿布杜·巴哈在巴黎宣讲的巴哈·安拉教义的十一项原则

Ⅰ.寻求真理

Ⅱ.团结人类

Ⅲ.宗教应带来仁爱和好感(一视同仁)

Ⅳ.宗教和科学的统一

Ⅴ.克服偏见

Ⅵ.同等的生存机会

Ⅶ.法律面前人人平等

Ⅷ.广泛的和平——世界语

Ⅸ.宗教不应介入政治

Ⅹ.男女平等——教育妇女

Ⅺ.圣灵的力量

40.在巴黎的神智学会

我到巴黎后听说过许多关于神智学会的事,我还知道,它的成员是受人尊重的、有威望的人。你们有理智,会思考,有精神抱负。对我来说,在你们中间是一种极大的快乐。

让我们感谢真主今天晚上把我们召集在这里。我非常高兴,因为我看到你们都是真理的追求者。你们没有让偏见束缚住手脚。你们最大的渴望就是寻求真理。将真理和太阳比较:太阳是驱散阴影的发光体,真理也驱散了我们自负、傲慢的阴影。正如太阳给予人的身体生命一样,真理也给人的灵魂带来了生命。真理是从地平线的各个不同点上升起的太阳。

有时候,太阳从地平线中间升起,到夏天又继续向北移动,冬天向南,但是尽管它从各个不同点升起,它永远是同一个太阳。

同样,真理也只有一个,尽管它的表现可能不同。有的人的眼睛看得见。他们敬仰太阳,无论太阳从地平线的哪个点升起。当太阳离开了冬天的天空,出现在夏季的天空上时,他们也知道到哪里去重新找到它。还有些人只是敬仰太阳升起的地方,当光辉灿烂的太阳从别的地点升起时,他们仍停留在它以前升起的地方观察。啊,太阳的恩赐不会留给这些人!谁真正地敬仰太阳,谁就会懂得太阳可能在哪个地方升起,他就会直接将脸迎向真理的光辉。

我们不仅自身应该在太阳出现的地方敬仰太阳,而且我们明亮的心也应敬仰真理,不管它在地平线的哪一点升起。人不是通过个性相联,而是信奉真理,并且能够认识真理,不论它是从哪里来的。同一个真理既帮助人类前进,又给万物生命,因为它是生命之树。

巴哈·安拉在他的教义中向我们宣告了真理。我想简单地对你们说说,因为我觉得,你们是有理解能力的。

巴哈·安拉的第一条原则是：

寻求真理

人们应该放弃偏见，并与自身的傲慢决裂，使自己能毫无阻碍地去寻求真理。真理是各个宗教信仰中的一个真理，通过它，世界的统一才能实现。

所有的人都有一个共同的信仰基础，因为它只有一个，真理也不可能分裂，各民族之间存在的明显差别只不过来源于他们有关的偏见。如果人们只是寻求真理，他们就会取得一致。

巴哈·安拉的第二条原则是：

团结人类

博爱的真主把他的恩惠赐给全人类。所有的人都是真主的仆人。真主把他的善良、怜悯和恩惠倾注到他的每一个创造物上。人性的光辉来自每一个人的遗传素质。

所有的人都是同一棵树上的叶子和果实，他们都是亚当树上的分枝，他们的根源相同。同样的雨落在他们身上，同一个温暖的太阳使他们成长，同样的风使他们茁壮、挺拔。实际存在的、并带来隔阂的唯一区别就是：有需要引导的孩子们，有需要教导的无知者和需要照料和医治的病人。因此，我要说，全人类都沉浸在真主怜悯与恩惠的海洋之中。正如我们在圣书中读到的那样：在真主而前，人人平等。真主并不观察人的外形。

巴哈·安拉的第三条原则是：

宗教应带来仁爱和好感

宗教应该使所有人的心团结一致，使地球上的战争和无休止的争吵停止，唤起智慧并给每颗心带来光明和生命。如果宗教变成反感、仇恨和分裂的根源，那么没有它反而更好。从那样的宗教退出，才是真正的宗教措施。因为这很清楚，治疗手段的目的是治愈，但是如果医疗手段只能使病情恶化，难道人们还会相信它吗？不把人们引向仁爱和团结的宗教就不是宗教。以前那些神的预言家们都同样是灵魂医生，他们开出了药方为人类恢复健康。因此，一切使人生病的手段都不是出自伟大和高明的医生。

巴哈·安拉的第四条原则是：

宗教和科学的统一

我们喜欢把科学看作一只翅膀，把宗教看作另一只翅膀。鸟需要两只翅膀才能飞翔。要是只有一只翅膀就没有用了。不适应科学或与之对立的宗教的每种形式都与无知有关。因为无知是知识的对立面。

仅仅由充满偏见的习俗组成的宗教不是真理。让我们认真努力变成统一宗教和科学的工具吧！

穆罕默德的女婿阿里说："同科学协调的东西也同宗教一致。"人的智慧不能理解的东西，也不能被宗教接受。宗教同科学携手共进，对抗科学的宗教不是真理。

巴哈·安拉的第五条原则是：

宗教偏见、种族或政治派别破坏了人类的基础

世界上所有的分裂、仇恨、战争和流血事件都是由这一种或另一种偏见所引起的。

必须把整个世界看作是一个国家，把所有的民族看作是一个民族，所有的人都属于一个种族。宗教、种族和民族都只是人为分裂而成的，是人思维中的产物。但是在真主面前既没有波斯人，也没有阿拉伯人、法国人或英国人，因为真主是大家的真主，对于真主来说只有一种创造物。我们必须顺从真主，并努力跟随他，这样，我们就得抛弃偏见，为大地带来和平。

巴哈·安拉的第六条原则是：

同等的生存机会

每个人都有生存的权利，每个人都有权享受安宁和一定程度的富裕。如果一个富人想在他的城堡中享受舒适的生活，那么，穷人也应得到起码的生活资料，以至于他能生活下去。谁也不愿意饿死，每个人都应有足够的衣服。当有人不具备生存条件时，别人也没有权力过度奢侈。让我们全力争取开创更好的局面，使每个灵魂都得到帮助。

巴哈·安拉的第七条原则是：

人的同等地位——法律面前平等

必须是法律，而不是个别人占统治地位。通过法律，世界才能变成一个美丽的地方，真正的兄弟情谊才能实现。当人们体会到休戚相关的感情时，他们就找到了通往真理的路。

巴哈·安拉的第八条原则是：

世界和平

各国人民和各国政府一定要选择一个各个国家和政府的成员能团结一致地在那里开会的最高法庭，一切有争议的问题都应提交给这个法庭，它的任务就是防止战争。

巴哈·安拉的第九条原则是：

宗教不应介入政治

宗教研究精神问题，而政治则研究世界事务。宗教是管思想领域的事，而政治属于外部情况领域。

教士的任务在于教育、指导和造就人民，使他们的精神进步，对政治问题是不应过问的。

巴哈·安拉的第十条原则是：

培养和教育妇女

大地上妇女是与男人平等的。她们是宗教和团体的主要组成部分。当妇女们没具备这些最大的可能性时。她们就不能够取得这种她们有能力获得的重要性。

巴哈·安拉的第十一条原则是：

圣灵的力量能发扬精神

只有神灵的气息才能使精神发扬。不管物质世界怎么发展，不管它被装饰得如何富丽堂皇。但是如果没有灵魂，它始终是死气沉沉。因为给身体生命的是灵魂。身体本身没有实际的意义。要是没有圣灵的恩赐，物质的身体就没有动力。

以上简明扼要地阐述了巴哈·安拉的十一条原则。

简单地说，我们大家都应该是真理的追求者。让我们在每时每地寻找真理，要留神，不要离不开个性。我们看看那亮光，它总在那里照耀。我们也将同样能够认识到出现在那里的真理之光。让我们穿过荆棘享受那玫瑰的芳香，让我们去饮用那从清澈的泉眼里涌出的泉水。

我来到巴黎后结识了许多朋友，同像你们一样的巴黎人聚会，感谢真主，因为你们有头脑、无偏见并渴望得到真理。你们有爱人之心，并只要有可能就为慈善事业和实现统一而努力。这就是巴哈·安拉的特别愿望。

我为能在你们中间而感到幸运，我为你们祈祷，但愿你们得到真主的恩赐。但愿你们在这整个国家里成为传播精神文明的种子。

你们已经拥有了一个美好的物质文明，你们也一定会得到精神文明。

（布莱克先生向阿布杜·巴哈表达了他的感谢，阿布杜·巴哈回答说：）

我非常感谢您刚才表达的友好感情。我希望，这两种运动在不久的将来在整个大地上发展。那时，人类的统一将在世界的中心建立起来。

41. 第一条原则：寻求真理

巴黎卡蒙大街4号

1911年10月10日

巴哈·安拉教义的第一条原则是寻求真理。

如果有人想在寻求真理的道路上取得成就，首先必须抛弃过去遗留下来的迷信。

犹太人遗留下了迷信，佛教徒和琐罗亚斯德教徒像基督教徒那样很少摆脱这种迷信。各种宗教派别都逐渐被习俗和教条所束缚。

每种派别都自以为是真理的保护者，并认为：别的派别都是错误的。他们都自以为是正确的，其他教派是不正确的。犹太人认为只有自己拥有真理，并咒骂所有别的宗教。基督教徒认为他们的宗教是唯一正确的，其他宗教都是错误的。同样，佛教徒和穆罕默德教徒认为各个宗教都是用一道道界线把自己围起来。如果大家都互相咒骂，那么我们到哪里去寻找真理呢！因为大家互相攻击，所以他们不可能都是真理。如果大家都自以为他们的宗教是唯一正确的，那么他们在存在于其他宗教中的真理面前就是瞎子。

例如一个犹太人若受以色列教表面习俗的约束，他就认识不到，真理也可能在其他教派中，他就会认定以色列教本身能包括一切！

因此，我们应摆脱外部的宗教形式和习俗。我们必须想象，这些形式和习俗的外表似乎同样的美丽、温暖的心和神圣真理的活生生的肢体穿的是同样的外衣。如果我们想在各个教派的核心中成功地找到真理的话，我们就一定要抛掉那些流传下来的偏见。如果一个琐罗亚斯德教徒认为太阳就是真主，那他怎么能把自己同其他教联系起来呢？如果偶像的崇拜者只相信各自不同的神祇，那么，他们怎么能理解真主的统一性呢？

因此，这很清楚，为了在寻求真理的道路上取得进步，我们必须摈弃迷信。要是所有寻求真理的人都遵循这个原则，他们就有可能清楚地看见真理。

如果有五个人联合起来研究真理，那么每个人首先必须越过自己的特殊情况，取消各自事先想好的意见。为了寻求真理，我们应该从偏见和自己狭窄的、日常的想象中解脱出来。坦率而又易于接受的性格是必要的。如果我们的高脚杯里被“我”字占据，那么，它里面就没有了生命之水的位置。我们认为自己什么都正确，别人什么都不正确，这种事实是统一道路上的最大障碍。如果我们愿意追求真理，则统一是必要的，因为真理只有一个。

因此，如果我们希望认真研究真理的话，就应该马上摈弃自己私人的偏见和迷信。如果我们认不清教条、迷信、偏见和真理的区别，我们就不能达到目的。要是我们认真寻找某件东西，我们就会到处打听。我们必须在寻求真理的道路上坚持这个原则。

我们必须承认科学。一个真理不能与另一个真理矛盾。蜡烛无论在哪一盏灯里都能很好地燃烧，玫瑰不管在哪一座花园里都能美丽地开放。星星不管是在东方还是在西方都发出同样的光。要是你们没有偏见，你们就会热爱真理的太阳，不论它从地平线的哪一点升起！你们将看到：神圣的真理之光无论在耶稣基督教，还是后来在摩西教和佛教都同样闪耀。认真寻找真理的人一定会找到这个真理。这就是“寻求真理”的意义。它还意味着，我们必须愿意把一切我们以前学过的东西和可能阻碍我们寻求真理步伐的东西统统丢掉。我们决不能畏缩不前，必要的话，重新开始我们的教育。我们决不能被对任何一种宗教或对任何一个人的爱弄得眼花缭乱，不能让迷信的束缚把我们击败。一旦我们从所有这些桎梏中解放出来，带着无约束的感觉去寻求真理时，我们就能达到目的。

“寻求真理，真理将带来自由。”这样，我们就会在各个教派中看到真理，因为真理存在于各个教派中，而各个教派中的真理只是一个！

42. 第二条原则：团结人类

1911 年 11 月 11 日

昨天我讲了巴哈·安拉教义的第一条原则，“寻求真理”。丢掉所有基于迷信的东西和流传下来的、对其他宗教中的真理视而不见的偏见，对人类是多么必要啊。当人热爱一种宗教形式并依恋于它时，就决不能允许自己厌恶其他宗教，这就需要他在各种宗教中寻找真理，如果他的态度认真，就一定能取得成效。

我们在“寻求真理”原则中的第一个发现又把我们引向第二条原则，即“团结人类”的原则。所有的人都是同一个真主的仆人。一个真主统治着全世界各个民族，并给他的孩子们带来欢乐。所有的人都同属一个家庭，每一个人的头上都戴着人类的桂冠。

在造物主的眼中，他的所有的孩子都是相同的。他的善良倾注在每个人的身上，他既不宠爱这个国家，也不偏爱那个国家。他们都是他用同样的方式创造出来的。既然如此，我们为什么还要用分离线把一个种族从另一个种族里分离出来呢？为什么我们要造起偏见和迷信的围栏，给人类带来不团结和仇视呢？

人类大家庭的唯一区别就在于等级。一些无知的孩子必须受到教育，直到他们成熟为止。另外，一些人是病人，他们需要细心的体贴和照料。他们当中没有人是坏的或是凶狠的。我们不应对这些可怜的孩子们产生反感。我们必须更善良地对待他们，去教育无知的人体贴病人。

你们应该考虑到：团结对生存是必要的。分裂带来死亡，爱却是生命的真正源泉。例如：在物质世界中，一切物质都归功于它目前的统一的生存。由木材、矿物或石头组成的原料是通过吸引力的法则结合在一起的。只要这个法则停止生效一瞬间，那么这些元素就会失去组合并瓦解。由这些特别形式组成的物质也就不会存在了。吸引力的法则给这朵美丽的花的外表聚集了某些原料，但是如果吸引力从中心消失，那么花就凋谢了，作为花的存在也就结束了。

对于人类的伟大的身体也是如此。奇妙的吸引、协调和统一的法则把这个奇特的创造物集合在一起了。

正像整体那样，局部也是如此：不论是花还是人体，如果失去了吸引力法则，花就会像人一样死去。很明显，吸引力、协调和爱是生命的起源，相反，排斥、争执、仇恨和分裂导致死亡。

我们已经看到，一切给生存世界带来分裂的东西都导致死亡。同样，上面所说的法则在精神世界也起作用。

因此，真主的每个仆人都应该遵循这个爱的法则，避免任何仇恨、分裂和争执。当我们观察大自然的时候，我们就会发现，当野蛮、凶猛的动物如狮子、老虎和狼在远离文明的森林、灌木丛中生活时，温顺的动物们就会成群结队地联合起来。两只狼或两只狮子能友好相处，上千只羊羔能同处于同一个羊栏，一群赤鹿能构成一个畜群。两只山雕能在同一个地方巢居，上千只狍子能聚集在一个空间。

人类至少应算作温顺动物。但如果有人感到气愤，他就比最野蛮的动物老虎更残忍、更狠毒。

现在，巴哈·安拉已经宣告要“团结全人类”。所有的人民和民族都属于一个家庭，都是一个父亲的孩子，相互之间都应该像兄弟和姐妹一样，我希望你们努力实践并传播这个学说。

巴哈·安拉教导我们：也要爱我们的敌人，对他们要像对待朋友那样。如果所有的人都遵循这个原则，人们心中就会架起最伟大的团结和谅解的桥梁。

43. 第三条原则：宗教应带来仁爱和好感(一视同仁)

(“宗教应指引人们互相友爱和互相爱慕”，对此，在本书记录下来的许多谈话中和其他各条原则的解释中曾经深刻地强调过。)

44. 第四条原则：宗教和科学的统一

巴黎卡蒙大街 4 号

1911 年 11 月 12 日

巴布杜 · 巴哈说：

我已对你们讲了几条巴哈 · 安拉的原则，也就是关于“寻求真理”和“人类的统一”。我现在想阐明第四条原则，“承认宗教和科学的统一”。

真正的宗教和科学之间没有矛盾。如果一种宗教站在科学的对立面，那么它就是纯粹的偏见；知识的反面就是无知。

一个人怎么能将科学证明了是不可能的事情认作事实呢？相反，如果人不相信理智，那么倒不如说是把无知的偏见当作了信仰，各种宗教的真正原则都是与科学的学说一致的。

真正提倡的团结是合乎逻辑的，这个思想与科学的研究成果并不矛盾。

每个宗教都教导我们，要行善，要宽容、正直、清白、诚实和忠实于法律。所有这些都是明智和合乎逻辑的唯一道路，人类沿着这条道路才能前进。

各个教派的法则都符合理智并适用于人类，宗教是为人而创造的。同样，宗教的法则也顺应时代的发展，在这里，人也必须遵循这些原则。

宗教包括精神和实践两个主要部分。

精神部分永远不变。真主的所有宣言和他的预言家教授相同的真理，给我们同样的精神法则。他们都教同一本道德修养的书。真理中没有分裂。太阳已散发出许多光芒把人的智慧照亮，这个光芒永远是一个光芒。

宗教的实践部分跟外表形式和使用有关，同惩罚犯罪的方法有关。这是法律的物质方面，它驾驭着人的风格习惯。

在摩西时代，有 10 名罪犯被处死刑。到了耶稣时代起了变化。古老的“以眼还眼，以牙还牙”的准则变成了“去爱你们的敌人，对仇恨你们的人行善”的信条，呆板、古老的法律变成这样一种仁爱、怜悯和宽容的法律。

在过去的年代里，对偷窃行为的惩罚仅是砍去右手。在我们这个时代，这条法律似乎不适用了，在当代，一个咒骂父亲的人可以继续活着，要是在以前他就会判处死刑。因此，很明显，当实际的规定为适合时代要求而不得不改变它的应用时，精神法则永远不变。宗教的精神方面是这两部分中比较伟大和有意义的方面，它永远不变。它过去是这样，现在是这样，并且永远是这样！“现在和永远都像开始时那样。”

如今，在每个宗教精神的、不变的法律中所包含的全部道德问题从逻辑上讲是正确的。要是宗教与合乎逻辑的理智相反，那它就不再是宗教了，也许仅仅是流传下来的传统而已。宗教和科学是两只翅膀，人的精神力量乘上它们飞向高处，有了它们，人的灵魂才能取得进步。只有一只翅膀的人就不能飞行了。如果有人想试验只用宗教的翅膀飞行，那他就必然会跌进迷信的沼泽中。另一方面，他如果只用科学的翅膀飞行，也不能取得进步，而只会掉进没有希望的唯物至上的泥坑。目前，各个宗教都沉陷到偏见的习俗中了，它们既不赞成它们所代表教义的真正的基本原则，也不赞成我们时代的科学发明。许多宗教领袖认为，宗教的意义主要在于，坚持规定的教条，坚持行使礼俗和仪式。他们教导人们像他们所信仰的那样关心自己的灵魂得救。他们顽固地遵守外表形式，将它与内部的真理混淆起来。

现在，在各个教会和教派之中，形式和礼俗都是背道而驰的，甚至互相对立，由此而产生了不和、仇恨和分裂的根源。这些争执的后果使许多有教养的人认为：宗教和科学是互相矛盾的概念。宗教不需要思索能力，用不着科学来引导，两者必然是对立的。这一不幸的后果是，科学被宗教赶到一边去了，宗教成了一种盲目的、可遵守也可不遵守的某些宗教法师命令的空架子，法师们强迫别人接受他们喜爱的，甚至与科学相矛盾的教条。这是愚蠢行为，因为很明显，科学是明灯，正因为是这样，我们可以说，宗教并不与知识相矛盾。

我们相信“光明与黑暗”、“宗教与科学”的说法。但是，不与科学携手前进的宗教自然就处于迷信和无知的黑暗之中。

世界上的许多争执和不和都是由人为的对立和矛盾而引起的。要是宗教和科学一致并同步前进的话，那么，使人类种族现在遭受的仇恨和痛苦早就烟消云散了。

你们想想，是什么把人同其他创造物区别开来，是什么使人成为真主特殊的创造物的？难道不是人类的判断力和智慧吗？难道人不应在宗数研究中应用它们吗？我告诫你们：你们要把一切作为宗教向你们提供的东西，放在理智和科学的天平上仔细衡量。如果经受住了考验，那么就接受它，因为它就是真理。相反，如果它不相符，那就拒绝它，因为它就是无知。

你们看看周围，就会认识到，当今世界是如何沦落在偏见和外表形式之中！

有些人崇拜自己想象的作品，他们凭主观臆造了一个真主，并崇拜他，而他们有限智力的创造物并不可能是所有可见和不可见中的无限的、万能的造物主。另一些人则崇拜太阳、树木或石头。在很早以前，有些人崇拜海、云，甚至尘土。

而现在，人们都把他们的崇拜放在外表形式和仪式上，他们长久地争论着各自的教会习俗或特殊的风格，直到人们从各方面听到埋怨疲劳的争论和不安的声音。有的人智商低，理解力不发达，但是人们不可以由于这些人的理解能力低下而怀疑宗教的力量和影响。

一个小孩不懂统治大自然的规律，但这是由于这个小孩的智力没发展成熟。如果这个孩子长大并受过教育了，他也会理解永恒的真理。一个小孩不理解地球围绕着太阳转，但当他的智力增长以后，这个事实对他来说就非常清楚和简单了。

即使智力弱或智力不够成熟的人无法理解真理，宗教也不可能与科学是对立的。

真主已把宗教和科学在一定程度上变成了我们理解的标准。你们要注意，不要忽略这么神奇的力量。你们要把所有东西放在天平上衡量。

对于拥有理解力的人来说，宗教就像一本打开的书。但是如果一个人没有理智和理解能力，怎么能懂得真主的真实性呢？

你们要使你们整个信仰同科学保持一致，不能与之对立，因为只有一个真理。当宗教从迷信、偏见和不明智的教条中解放出来并同科学保持一致的时候，就会在世界上形成一股团结，纯洁的力量，就会扭转一切战争、不和及争执的局面，然后人类将在真主仁爱的威力下团结起来。

45. 第五条原则:克服偏见

巴黎卡蒙大街4号

1911年11月13日

所有的偏见不管是宗教的、种族的、政治的或是民族的,都必须抛弃,因为这些偏见是世界的病因。如果你们不去制止这个重病的话,它能毁灭整个人类。一切有害的、伴随着可怕的流血和苦难的战争都是由这一种或另一种偏见所引起。

令人悲伤的战争在这几天发生了,它是由人们相互之间狂热的宗教仇恨或种族和肤色的偏见而激发起来的。

只要还没有把由偏见筑起的围墙拆除,人类就不能保持和平的局面。因此,巴哈·安拉说:"这些偏见起到了破坏人类的作用。"

你们想想宗教的偏见。观察一下那些所谓虔诚信仰宗教的民族。如果他们真的崇拜真主的话,那么,他们就应顺从真主禁止他们互相残杀的法律。

要是宗教的神职人员真的崇拜仁爱的真主,致力于神圣的工作,那么他们就该教导他们的信徒遵循宗教戒律,就是说:"在仁爱和怜悯中同一切人交往。"但我们遇到的却与此相反,因为那些神职人员常常鼓动各个民族互相残杀。宗教的仇恨往往就是最凶残的仇恨。

每种宗教都教导我们应该互相友爱,在敢于谴责别人的错误之前,我们应该找出本身的缺点,不要自以为比别的同胞高明。我们必须留神,不要抬高自己,以免降低身份。

我们是谁,我们应该调整自己吗?我们怎么会知道真主面前哪一个人是最正派的呢?真主的思想不同于我们的思想。有多少人在朋友们看来像圣徒但后来却堕落成为最可耻的人了啊。你们回忆一下犹大,他开始是好的,但是你们想想他的结局。与此相反,使徒保罗在他早年的生活中是个基督的反对者,但后来却变成耶稣忠实的仆人。因此,我们怎么能自高自大低估别人呢?

让我们谦虚而无偏见地把别人的利益放在我们前面吧!我们永远不要说:"我是信教的,但他不信教。""我离真主近,但他已被真主驱除。"我们绝不可能知道最终的结局如何。因此,让我们帮助所有需要帮助的人。

让我们教育无知者,献身于儿童,直到他们成熟。如果我们发现一个深陷在痛苦与罪孽中的人,我们必须善待他,向他伸出手并帮助他,使他的双脚再踏上坚实的土地,使他重新获得力量。我们必须用仁爱和温柔引导他,把他当作朋友而不是当作敌人对待。

我们没有权利歧视我们中的任何一个人。

种族偏见其实是个错觉,是纯粹的迷信。真主把我们大家从一个种族中创造出来。一开始我们就没有区别,因为我们都是亚当的后代。一开始,各国之间并没有藩篱和边界。土地也是人们共有的,而不是另外某些人的。在真主面前各个种族没有任何差别。为什么人们却制造了这种偏见呢?我们怎能支持由于傲慢而引起的战争呢?

真主创造人,不是让他们互相残杀。所有种族、家族、教派和阶级都均等地得到了天父的宽容。

唯一的区别在于他们对真主戒律的忠诚和顺从的程度。一些人像熊熊燃烧的火炬，另一些人像空中闪耀的星星。人类的朋友是站得高的人，无论他们属于哪个民族，哪个宗教或哪种肤色，因为真主会对他们说上这些祝福的话："干得好，我忠实的仆人！"他不会天天问："你是英国人、法国人，还是波斯人？你是来自东方还是来自西方？"

唯一真正的区别是：在至高无上的爱中，有神人、凡人和舍己为人的仆人，他们带来和谐和一致，他们教育人们满怀和平和善良的愿望。另一方面还有自私的人、仇恨兄弟的人，在他们心中，偏见代替了仁爱，他们的影响引起不团结和争端。

这两种类型的人属于哪个种族或肤色？是白种人，黄种人，黑人，是东方人还是西方人，是南方人还是北方人？如果这是真主的区别，那为什么我们还要臆造别的区别。政治偏见同样有害。这是造成人子之间激烈争斗的最大原因。有些人为他们造成的不和而高兴，他们不断煽动他们的国家同另一个国家交战。这是为什么？他们想方设法使自己国家的所有不利转变为有利。他们派遣军队摧毁别人而使自己闻名于世，他们以征服别人为快乐，喜欢听这样的话："这样一个国家已经消灭了另一个国家，并将另一个国家置于本国强大而优势的统治之下。"这个以流血为代价的胜利是维持不下去的。总有一天胜利者会被战胜，而失败者会转败为胜的。你们回忆流逝而去的历史就会发现，法国不就曾经战胜过德国吗？但后来难道不是德国战胜了法国吗？

就是现在，我们也听说，法国先战胜了英国，后来又被英国打败。

这样一种辉煌的胜利只是暂时的，为什么有人还要吹捧那些人并给予那些人如此高的荣誉，以至有人准备为达到他们的目的而使人民流血呢？任何一场战争都会不可避免地带来痛苦的连锁反应。接踵而来的难道不是降临到两个国家的许许多多家庭的痛苦、忧愁和毁灭吗？因为只有一个国家遭难是不可能的。

啊，为什么有人不愿做真主顺从的孩子，为精神法则的威力作一个榜样呢？他为什么要背离神的教义而致力毁灭和战争呢？

我希望，仁爱的神圣之光在这个开明的世纪里传遍整个世界。但愿每个人都表达出他们那易受感动的心的感受。我希望真理的阳光引导着政治家们，抛弃所有偏见和迷信，用不受束缚的思想意识执行真主的政策：因为真主的政策是强大的，相反，人的政策是软弱的。真主创造了整个世界。他将他那种神圣的宽容赋予每个生灵。

我们难道不是真主的仆人吗？难道我们应当延误我们仿效先师的榜样吗？难道我们应当让真主的信条受到轻视吗？……

我祈求天国降临人世，神圣的太阳冲破一切黑暗。

46. 第六条原则：同等的生存机会

巴黎卡蒙大街 4 号

巴哈·安拉教义最重要的原则之一是每个人都有权要求每天必需的面包或生存所需要的相应的手段。

人的环境必须是这样安排的：消灭贫困，每个人都尽可能得到与他的等级和地位相应的舒适和幸福。

我们看到，我们中间的一部分人拥有大量财产，另一部分不幸的人却没有钱而挨饿；一些人拥有豪华的城堡、宫殿，而另一些人却不知在何处安身。我们看到，当一些人享受着一道道价钱昂贵、美味可口的佳肴时，另一些人却几乎找不到赖以生存的面包屑。当有些人身着丝绸、毛皮和细亚麻服装时，另一些人却穿着无法抵御严寒的单薄、褴褛和破烂不堪的衣服。

实际情况被颠倒了，这种状况必须要改变，但必须小心从事。在人们之间制造完全的平等是不可能的。

平等是人的大脑中的一个幻觉，是完全行不通的。如果平等被创造出来了，但它不可能存在下去，如果平等有可能存在下去的话，世界上的全部秩序就会遭到破坏。秩序的法则必须永远统治人类世界。当上天创造人的时候，就已经规定了这个法则。

有的人天资高，另一些人中等，还有一些人天资低。在这三类人中有的是秩序，而不是平等。聪明和愚蠢怎么能相等呢？像一支军队中按不同的军衔有将军、尉官和军士一样，人类也需要每个人有自己的责任范围。等级是调节秩序的必要保证。一支军队不能只有将军或尉官，或只有士兵而没有指挥官。如果非要那样实施的话，全军就不会有秩序，最终被瓦解。

吕库尔格国王是个哲学家，他拟订了一个伟大的计划，要使斯巴达城的臣民人人平等。这个尝试以大智大勇的精神开始了。不久，国王把他的臣民们召集起来，让他们立下了伟大的誓言。誓言中说：假如他离开这个国家，政府的政策不会改变，直到他回来之前，一直保持原样。在他的臣民向他保证遵守这个誓言后，他离开了斯巴达王国，并且永远没再回来。吕库尔格放弃了王位，因为他相信，通过财产和生活条件的均等，就可以在他的王国内实现幸福和安康。但是国王的所有自我牺牲都白费了。这个伟大的尝试失败了，过了一段时间后，一切都成了泡影。他那精心炮制的宪法毁灭了。

古老的斯巴达王国证明了这种制度的尝试是徒劳无益的，实现平等的生存条件是不可能的。在我们这个时代，所有这种尝试同样会遭到否定。

但是现在有的人特别富，另一些人又是可悲的穷，因此就需要一个审查和改善这种状况的规章制度。限制富裕就像限制贫困一样是重要的。这两个极限没有一个是好的，最值得追求的是中庸之道。如果一个资本所有人拥有大量财产是合理的，那么他的工人为得到足够生存的金钱也是合理的。如果一个穷人陷入极端的贫困，那这附近就不应该有腰缠万贯的财主。如果我们看到有人贫困到了忍饥挨饿的地步，那么可以肯定，这个地方存在着压迫。人们必须触及这个问题，要及时地改变这种给大部分人带来令人窒息的贫困状况。富人应该交出他们过多的财产，应该心肠软些，培养自己的同情心，以此来关心那些最贫困的、最可怜的人。

必须颁布有关富裕和贫困对立情况的特别法则。当政府成员为指导人民而制定计划时，应该重视真主的法则。普遍的人权应受到保护和维护。

各国政府都应该遵照真主的“给所有人平等权利”的法则。这是消除极富和极贫的唯一途径。不要在产生了这种贫富悬殊状况后，才去遵照真主的信条。

47. 第七条原则：法律面前人人平等

“真主的法则既不是意志的强加，也不是权力或愿望的威慑，而是真理、明智和公正的结果！”

法律面前人人平等，而这个法律必须是不受限制的。

惩罚的目的不是报复，而是防止犯罪。

国王必须明智而公正地治理国家。王侯、贵族和农民都有完全同等的权利要求公正对待。不允许个别人享受特权。法官不能看人处事，而必须按照法律以严肃的、不偏不倚的态度处理每一个眼前的案件。

如果有人对你犯了罪，那么你无权宽恕他，法律必须惩罚他，以防止别人不再犯同样的罪过，因为某一个人的痛苦对人民的普遍的安乐是不重要的。

如果世界的东西方各国都实行完全公正的统治，那么地球就会变成一个美丽的地方，真主的每个仆人的尊严和平等将得到承认。人类种族的团结和人的真正手足同胞的情谊这个崇高目标将会实现，真理太阳的灿烂光辉将照亮每个人的灵魂。

48. 第八条原则：广泛的和平——世界语

巴黎卡蒙大街4号

一个最高法院必须由各国的政府和人民建立，由各国和政府选举出来的成员组成。这个委员会的成员必须在团结的气氛中开会。所有国际性的争端都应提交这个法庭处理。它的事务是，通过仲裁人的判决，调停所有的争端——否则它们会变成战争的导火线。这个法庭的任务就是为了阻止战争。

达到普遍和平的重大步骤之一似乎也应引进普遍的语言。巴哈·安拉要求，人类的仆人们集合在一起，要么选出一种现有的语言。要么创造一种新语言。这些话早在40年前就在“法律篇”中发表过。“法律篇”说到多种多样语言的问题是个非常困难的问题。世界上有800多种语言。

人类种族不是像从前那样互不来往。今天，为了同所有国家保持密切的联系，人们必须会说这些国家的语言。

一种普遍适用的语言会有助于各国之间的交往。那么，人们只要掌握两种语言——母语和普遍适用的语言。后一种语言可以使人同世界上任何一个人联系。

第三种语言似乎就没什么必要了。如果人们不需要翻译就能同任何一个国家或任何一个民族的成员聊天，那是多么有好处和多么令人从容不迫啊！

在这种情况下，世界语便因为这个目的而诞生了。这是一个极妙的发明，是一件卓越的作品，但它必须完美。世界语像它本身一样，对有些人来说是很难掌握的。

人们应该召开一个由世界和东西方各国代表组成的国际会议。这个会议应该产生出一种使每个人都能学会并对各国有利的语言。到这种语言使用的时候，世界才会不断察觉到这种联络方法的必要性。语言的各不相同是人民之间反感和猜疑的最强烈的因素，由语言不通而在人民之间引起的隔阂超过其他原因所引起的隔阂。

如果每个人都讲一种语言，那么为人类服务就容易得多了！

因此，你们要重视“世界语”，因为这是贯彻巴哈・安拉最主要的信条的开端。“世界语”必须进一步改进和完善。

49. 第九条原则：宗教不应介入政治

巴黎卡蒙大街 4 号

1911 年 11 月 17 日

人们在他们的生活方式中主要受两种动机支配：“希望得到奖赏”和“害怕受到惩罚”。

每个担任政府要职的人都必须重视这个“希望”和“害怕”。他们的任务是一同商议建立法律和关心公正地应用法律。

世界的规章是针对“奖励和惩罚”这两个目的而提出和建立的。

在没有神圣信仰的大国，不存在害怕精神的惩罚，那里施行的法律是专制的、不公正的。

没有什么东西能比这两种感觉——“希望和害怕”——更好地防止压迫。它们不仅带来政治的后果也带来精神的后果。

如果执法者权衡他们判决的精神后果，追求信仰，那么他们就是行动世界中的神的中间人，“是真主在人间的代理人，为了真主的仁爱，为真主仆人的利益辩护就像为自己的利益辩护一样”。如果一个统治者知道他的责任，害怕违背真主的法则，他做出的判断就将是公正的。主要是因为他认为他的处理后果使他超出了世俗生活而且他一定会“种瓜得瓜，种豆得豆”，这种人一定能避免霸道和不公正。

如果相反，一个官员想到而且还相信，他的行动所承担的责任会使他的世俗生活随之结束，他不知道有真主的恩惠和快乐的精神王国，这样他就缺乏消除压迫和不公正的灵感和采取公正行为的动力。

如果一个统治者知道，神的法官把判决放在天平上，并知道他具进入天国的意识，那么神的善良光芒将照耀在他身上。他处理问题一定是公正的、不偏不倚的。看，大臣们受宗教启发是何等重要啊！

然而，精神的事情不与政治问题有关！在当前的世界状况中，宗教事务不应同政治混淆在一起（因为它们的利益不同）。

宗教是心灵、精神和文明的事业。

政治则包含生活里的物质方面的事情。宗教大师们不应插手政治领域。他们应致力于人民的精神教育。他们应不断向人民提出忠告并尝试为真主和人类服务。他们应努力唤起人们的精神追求，致力于扩大人类的理解和认识，改善风俗习惯，加强对正义的爱。

这才符合巴哈・安拉的教义。《福音书》中也称：“皇帝的东西给皇帝，真主的东西归真主。”

我们发现在波斯，内阁大臣中有几个信教的人堪称典范，他们尊敬真主，害怕伤害真主的法则，他们断案公正，不偏不倚。但是在这个国家也有不怕真主的总督，他们不考虑自己行为的后果，按自己的愿望行事，他们给波斯带来了极大的不安和困难。

啊，真主的朋友们，你们是公正的活榜样，但愿世界通过真主的怜悯能看到你们的行动，就像你们揭示了慈悲和公正的品德一样！

公正是没有界限的，它是一个四海皆准的品德。从低级到高级的每个阶层都应该具备这个品德。公正必须是圣洁的，每个人的权力都必须受到尊重。你们对别人的希望也是对自己的希望。这样，我们就会为公正的太阳而感到高兴，因为它是从真主的地平线上放射出光芒的。

每个人都有自己的位置，他不应放弃这个位置。一个干了不公正事情的平凡工人就像一个暴君一样应该受到谴责。只有这样，我们大家才能在公正与不公正之间作出抉择。

我希望你们每一个人都做有正义感的人，你们的思想要倾向人类的团结，永远不要伤害你们的同胞，也不要说任何人的坏话，尊重每个人的权利，把别人的利益当作自己的利益去加以保护，这样你们就会变成神圣正义的火炬，按照巴哈·安拉的教义办事。巴哈·安拉在他的生活中为了给人类世界指出神圣世界的品德，为了使你们得到认识精神的至高无上的统治的机会并使你们享受到真主的公正，他遭受了无数灾难和迫害。

因此，我祈求，真主的善良将通过他的怜悯降临到你们身上。

50. 第十条原则：男女平等——教育妇女

巴黎卡蒙大街4号

1911年11月14日

巴哈·安拉教义的第十条原则是性别的平等地位。

真主成双成对地造就了万物。在人、野兽、植物这三个王国里均分两性。它们之间完全平等。

在植物世界中有雄性植物和雌性植物。它们有同等权利，它们同样具有它们属性的美丽部分。实际上，人们也可能说，这棵结果的树胜过那棵没结果的树。

我们看到，在动物世界中雄性动物和雌性动物权利相等，每一单个的动物都分享着它们属性的优越性。

因此我们看到，大自然的两个低级王国不存在一个属性比另一个优越的问题。在人类世界中实质上却是另一回事。女性被人看不起，她们没有同男人平等的权利和特权。这种状况不是大自然造成的，而是与教育有关。在真主的创造物中是没有这种区别的。在真主面前，一种属性并不比另一种更优越。那么为什么一种属性要把另一种属性宣布为从属性的呢？为什么不给她们应得的权利和特权呢？好像真主授权她们这样做似的。如果妇女享受同男人一样的教育权利，结果表明二者同样有教养。

在某些方面，妇女超过了男人。她们比较善良、敏感，具有较强的直觉。

不能否认，目前妇女在许多方面落后于男人，但这种暂时的落后是因为缺乏教育的条件。在生存竞争中妇女比男人更有直感的才能，男人应为自己单调的生存而感谢她们。

如果母亲受过教育,那么她的孩子们也有教养。如果母亲聪明,那么她的孩子们就能被引上智慧的道路。如果母亲信教,她也会教导她的孩子们热爱真主。如果母亲有道德,她也会把她的孩子们引上正派的道路。

很明显,未来的一代与现在的母亲紧密相联。难道这不是妇女的一个重要责任吗?难道她们不需要可能的帮助,为完成这个任务把自己武装起来吗?

因此,如果被造万物中的一个如此重要的环节——妇女,在为了完成她们伟大的生活使命而要达到所希望的和必要的完美时,却得不到相应的教育,真主一定不会满意的。真主的公正要求是,两种性别的权利必须同样受到尊重,因为在上天的眼里没有一个超过另一个的说法。在真主面前,尊严与性别无关,而与心灵的纯洁和清澈有关。人的美德是所有人的共同财富!

因此,妇女应为达到进一步的完美而努力,应该在各方面与男人平等,在她们落后的所有方面取得进步,以迫使男人承认她们的同等才能和成就。

欧洲妇女已经比东方的妇女取得了更大进步,但还有许多事要做。当学生们结束学生时代时,他们要接受考试。考试成绩决定了每个学生的知识和能力。这也适用于妇女。她们的行为将证明她们的强大。光停留在口头的宣传是不必要的。

我希望,不论是东方妇女,还是她们西方的姐妹,都要迅速地进步,直到人类实现尽善尽美。

真主的财富是属于所有人的,他给进步带来力量,如果男人们早就承认了妇女的平等地位,妇女就用不着为她们的权利而斗争了。因此,巴哈·安拉的基本原则之一就是性别的平等地位。

妇女必须尽最大努力得到精神的力量,增加智慧和神圣的美德,直到她们的觉悟和追求成功地实现了人类的团结。她们必须满怀火热的激情工作,将巴哈·安拉的教义带到人民中间,使真主财富的光芒倾洒在地球上各民族人民的心灵上。

51. 第十一条原则:圣灵的力量

巴黎卡蒙大街4号

1911年11月18日

巴哈·安拉的教义指出:“人类只有借助圣灵的力量才能取得进步,因为人的力量是有限的,而神的力量是无限的。”如果我们追溯历史,就会得出结论,每个真正伟大的人,每个激励人们热爱正义、憎恨邪恶并给人类带来真正进步的人类种族的造福者都受过圣灵力量的启示。

真主的预言家们都没有经过哲学学校的毕业考试。实际上,他们往往出身低贱,在世俗的眼中,他们的外表往往是无知的,是既不会写又不会读的无足轻重的无名之辈。

使这些人比普通人、伟人并能够成为真理导师的因素就是圣灵的力量。他们对人类的影响就来自于这一力量,因而他们的影响是伟大的、有渗透力的。

不具备神的精神的最聪明的哲学家们的影响一般说是比较小的,不管他们的学识多么渊博。

例如柏拉图学派、亚里士多德学派、普林尼学派和苏格拉底学派的不平凡的智慧并没有对人起到如此强烈的影响,以至人们为了他们的学说宁肯牺牲自己的生命。与此同时,在那些无名之辈中有一些人从人类中挣脱出来，上千人愿意为了证实他们的话而成为殉教者，因为这些话受到神的精神启发！犹大、以色列（雅各之尊号）、以列亚、耶利米、以赛亚和以西结等预言家们都是平凡的人，犹如耶稣的使徒们也都是普通人一样。

彼得是耶稣的大弟子，他负责把他卖鱼的钱分成七份。他按照每日的需求领取一份，当领到第七份时，他知道这就是安息日。你们想想这件事吧，想一想他以后的地位与属于他的荣誉吧，因为圣灵通过他而完成了伟大的事业。

我们懂得，圣灵是人们生活中的动力。永远得到这种力量的人就能影响同他接触的所有的人。

没有这种精神的最伟大的哲学家们也是无能为力的，他们的灵魂没有生命，他们的心是死的。在神灵没有进入他们的灵魂之前，他们就不可能完成美好的事业，没有一种哲学制度能更好地改变一个民族的风俗和习惯。没有受到圣灵启示的学者和哲学家们往往是道德水准低的人。他们的实际行动并没有证实他们那些美丽的辞藻。

精神哲学家和其他哲学家的区别表现在他们的生活之中。精神导师通过自己的学说证明他们的信仰，他们本身就是他们建议别人作的那种人。

一个纯朴的、没有学问的、但被圣灵激励的人比一个没有这种精神、出身高贵的高贵学者更有力量。神的精神教育着谁，谁就能引导他同时代的其他人，使他们得到同样的精神。

我为你们祈祷，但愿你们能得到神的精神生活的指导，使你们成为其教育他人的种子。一个充满精神的人的生活与教养本身就已经意味着对于认识他的人的一种教育。

你们不要考虑自己的局限性，而要亲自建设荣誉王国的幸福。你们要研究耶稣对他弟子的影响，然后考虑他的弟子们在世界上的作用。这些平凡的人是借助了圣灵的力量才能传播福音的。

但愿你们都能得到真主的帮助，如果人的才智得到了真主精神的引导，那就没有什么能力会是有限制的。

地球本身不具备生命的特征。在得到阳光和雨露的滋润以前全是贫瘠和干燥的。尽管如此，地球用不着抱怨自己的局限性。

愿你们接受生活！但愿真主的慈悲和真理太阳的温暖使你们的花园欣欣向荣，愿在这个花园里许多美丽的花朵充满了芬芳和仁爱。你们要抛弃对非永恒的自我的考虑，把目光转移到永恒的光芒上来。这样，你们的灵魂才能充分地得到圣灵的力量和无穷尽的善良的祝福。

你们要随时作好这种准备，才能成为人类世界熊熊燃烧的火炬，成为北极星和硕果累累的大树，并通过慈悲的阳光和福音的无穷恩赐把一切黑暗和苦难变成光明与幸福。

这就是圣灵力量的意义，我为此为你们祈祷，但愿它慷慨地降临到你们身上。

巴黎卡蒙大街 4 号

1911 年 11 月 28 日

在这些我们彼此相遇、彼此交谈的集会上，你们都熟悉了这个使命的原则和事情的实际情况。真主已把对这个事业的认识交给了你们，但还有许多人，他们没有醒悟，他们仍沉浸在偏见之中。他们对这个伟大而光辉的事业少有所闻，他们所拥有的知识绝大部分建立在听说来的事情上。啊，可怜的灵魂，他们的知识没有建立在真理的基础上，他们信仰的基础不是巴哈·安拉的教义！人们大概已经给他们讲过真实的事情，但那些人讲的绝大部分是不清楚的。

真主赐福的事业的真正原则是我传给你们的并已逐条加以详细解释过的十一条原则。

你们必须努力地在永远服从巴哈·安拉的教义与法则的情况下生活和行动。为此，你们每个人都要认识到你们在生活中想做到的任何事，你们在言谈和行动中是追求美好祝福的人。

你们要努力使这个光辉的教义传遍大地，让精神渗入人们心中。

圣灵的气息将使你们强大，不管会有多少人反对你们，但他们绝不会占优势。

当耶稣被人戴上荆冠时，他知道地球上所有的帝王都会拜倒在他的脚下。所有世俗的王冠，如华丽的、有权威的和璀璨的王冠也得在荆冠前充满敬意地鞠躬。对此，耶稣说，这是肯定的、无可怀疑的认识，当时他说："天上地下所有的权柄都赐给我了。"(《马太福音》，28，18)

我现在对你们说：要在你们的心中、思想中记住他的话，确实，你们的光芒将照亮整个大地。你们的精神将触动事物的内核。你们应该真正地成为大地上闪耀着光辉的火炬。你们不要害怕和惊慌，因为你们的光芒将冲破深重的黑暗。这就是我告诉你们的真主的预言。起来，为真主的威力服务吧！

52. 最后一次集会

巴黎格鲁兹大街15号

1911年12月1日

当我前一段时间第一次来到巴黎的时候，我带着极大的兴趣四处张望，暗自将这座美丽的城市与一座大花园相比。

我带着爱的谨慎和各种考虑考察了这片土地。我发现这片土地对于坚定的信仰和坚强的信念是很合适的，完全有可能的，因为一颗真主的爱的种子已落在这片土地上。

真主的慈悲的云把它的雨降落在这座城市。真理的太阳温暖地照在幼小的种子上。今天，人们能在你们中间看到信仰的诞生。落入土地的种子开始发芽，你们将看到它一天天地成长。巴哈·安拉王国的祝福将带来奇迹般的收成！

你们看，我给你们带来了福音！巴黎将变成一座玫瑰的花园。各种各样美丽的花朵将在这座花园中含苞、绽放，它们的芬芳和美丽的声誉将传入所有的国家。每当我考虑未来的巴黎时，我就会看到它沐浴在圣灵的光芒之中。真的，这一天的曙光即将出现，在那一天，巴黎将得到光明。每个生灵将会看到真主的善良和慈悲。

你们不要让你们的思想停顿，而要用虔诚的眼睛去看未来，因为真主的精神确实能在你们中间起作用。

我到这里仅仅度过了几周的时间，却已看到精神的东西在成长，开始时只有少数灵魂为了光明到我这儿来，但是当我在你们中间逗留了不长一段时间后，人数增加了，而且成倍增加。这是对未来充满着希望。

当耶稣被钉在十字架上离开这个世界的时候，只有11个门徒，只有少数人追随他，因为他为真理的事业服务。因此，愿你们今天研究一下他毕生事业所取得的结果！他已经唤醒了世界并给予死亡的人类以生命。在他升天以后，他的事业逐渐发展。他的门徒的灵魂放射出更强的光芒。他们神圣生命的卓越魅力已经传遍四面八方。

感谢真主，现在巴黎正开始处于一个相似的状况。许多灵魂已朝向真主的王国，他们已被真主的团结、友爱和真诚吸引在一起了。

你们要试着做到使阿布哈的慈悲和善良围绕着巴黎，圣灵的气息始终在帮助你们，天国的光将照进你们的心扉。真主的安琪儿将从天堂带给你们力量并帮助你们。你们要全心全意地感谢真主，你们将会得到最高的优待。世界的大部分还在沉睡，而你们却已清醒了。许多人是瞎子，但你们却眼睛明亮。

在你们中间已听到了天国的召唤。感谢真主，你们已经得到了再生。你们受到了真主仁爱之火的洗礼，你们被浸在生命之海中，通过爱的精神而得到再生。

你们要感谢真主，你们已得到了这样的恩惠，永远不要怀疑真主的善良与爱，而要永远信任天国的恩赐。你们要以兄弟般的仁爱团结在一起，你们要准备彼此献身，不仅为你们尊敬的人，而且为全人类贡献自己的生命。你们要把所有人类种族看成是同一家庭中的成员，他们都是真主的孩子，如果你们这样做，你们就看不到他们之间的区别了。

我们想把人类比作一棵树。这棵树有枝杈、叶子、蓓蕾和果实。你们应把所有的人都想象成这棵树上的花朵、叶子或蓓蕾，你们应帮助他们全体，让他们认识到真主的恩赐并享受到这种恩赐。真主绝不偏爱：他爱所有的人。

人与人之间唯一真正的差别就是他们处于不同的发展阶段。一些人是不完美的，他们必须日臻完美。一些人睡着了，他们必须被唤醒。还有一些人马马虎虎，他们必须振作起来。但是，不管是谁，他们都是真主的孩子。你们要全心全意地爱所有的人。谁对谁都不应陌生，所有的人都是朋友。今晚我来这里，是向你们告别的，但请你们记在心里，如果说我们的身体相互远远地分离了，我们的精神却是永远在一起的。

我把你们所有的人都装在我心中，我不会忘记你们，我希望你们之中也不会有人忘记我。

让我们——我在东方，你们在西方——用心灵去追求世界的统一，让所有的民族成为一个民族，让整个大地变得像一个国家一样，因为真理的太阳同样地照耀着所有的人。

真主所有的预言家们都是出自爱而走向这一伟大目标的。

你们看，阿伯拉罕是怎样努力地将信仰和爱带到人间的；摩西是怎样试图通过固定的律法把人团结得像一个人一样的；耶稣是怎样为了给黑暗的世界带来爱和真理的光明至死不渝；穆罕默德是怎样将团结与和平带往他周围的不文明的各个部落中的；他们中最后一个叫巴哈·安拉的为了同样的事业，为了这唯一高尚的目的，忍受了长达40年之久的痛苦，将爱带给人子，为了世界的和平与统一，这位巴布献出了自己的生命。

因此，你们应该按照这些圣人的榜样去努力，饮用他们的泉水，让他们的光芒把你们照亮，你们要为世界树立起真主爱和怜悯的榜样。对世界来说，你们就像怜悯的云和雨，就像真理的太阳。你们就像一支神的军队，你们将真正占领心中的城市。

你们要感谢巴哈·安拉奠定了坚实的基础，他不让人们的心中有悲伤的余地，在他神圣笔下的文章中饱含着对整个世界的安慰。他的话就是真理。一切与他教义不一致的东西都是错误的。他的全部活动的主要目的就是为了摧毁分离。

巴哈·安拉的遗言是善良的雨，是真理的太阳、生命之水和圣灵。因此，为了得到他的美的全部力量，你们要打开心扉。我要为你们大家祈祷，你们将分享到这个快乐。

现在我要说："祝你们平安！"

但我这话只是对你们外部的我而不是对你们的灵魂而说的，因为我们的灵魂永远在一起。

你们可能已得到了安慰和保证，因为我已替你们日夜向阿布哈王国祈祷。因此，你们将变得一天比一天更好、更神圣、离真主更近，并越来越多地受到真主爱的光芒的照耀。

伊朗的社会经济变化和巴布教起义*

郑家馨 何芳川主编

卡扎尔王朝的腐朽统治

伊朗(波斯)的萨菲王朝在阿巴斯一世统治期间(1587～1629)达到繁荣的顶点。当时作为丝绸之路的中途站的伊朗,每年仅输往印度、土耳其和欧洲的蚕丝就达 20000 捆(每捆约 216 磅)。首都伊斯发罕人口有 50 万,成为欧亚各国商人(包括中国商人)辐辏之所。阿巴斯十分重视发展对外贸易,他不能容忍葡萄牙殖民者继续盘踞波斯湾头的霍尔木兹岛,控制欧洲和印度之间的贸易。1623 年阿巴斯的舰队与东印度公司的英国舰队联合作战,占领了霍尔木兹岛,葡萄牙人被迫退往巴斯喀特。阿巴斯把波斯湾的贸易中心转移到班达阿巴斯港。英国东印度公司以助战有功,从阿巴斯取得一些商业特权。阿巴斯也给予荷兰商人同样特权和优待,以吸引其他欧洲商人来伊朗经商。17 世纪上半叶,萨菲王朝与奥斯曼帝国是西亚两大强国。封建王朝的领土扩张,使两个穆斯林强国经常兵戎相见,在宗教上,萨菲王朝独尊十叶派教义,更与逊尼派的奥斯曼王朝势同水火。这种教派的分立对抗造成了互相削弱。到 17 世纪下半叶,萨菲王朝的经济开始趋于衰落。18 世纪初,伊朗一度被阿富汗人征服。纳狄尔汗势力崛起后,驱逐阿富汗侵略者,建立纳狄尔王朝(1736～1747)。纳狄尔汗扩疆拓土,先后侵入阿富汗、印度、中亚等地,但连年用兵,兵戈扰攘,使伊朗更加衰落。境内游牧部落接连不断蹂躏农业地区,对农业生产力造成很大破坏。在各族封建主争夺全国统治权的混战中,卡扎尔部落崛起一方,削平群雄,于 1796 年建立卡扎尔王朝,统治全伊朗。

经过多年战乱后,在卡扎尔王朝统治下的伊朗依然是一个落后衰弱的封建国家。疆域的变动使游牧部落占伊朗人口的比例加大,约占 1/3。游牧民族的封建宗法关系浓厚,社会发展水平比农业地区低下,部落头领拥有自己军队(骑兵),拥兵自重,倚仗地方政权,反对中央政权,俨如世袭封建君主,更加剧了伊朗社会的分散性、落后性。卡扎尔王朝沿袭历代王朝的封建土地所有制不作变动。尽管土地依占有形式有“官田”、“王田”、“俸田”、“供养田”、“私田”之分,但几乎所有土地都由国王、教俗贵族垄断占有,民田(小农所有制)只占极小比例。农民被束缚在各种类型的封建土地上,一般要将收成的 4/5 交给封建主,并缴纳各种苛捐杂税和服无偿劳役。

18 世纪末 19 世纪初,伊朗经济发达地区出现了简单的手工工场,有些织工使用工场主提供的

* 原载郑家馨、何芳川主编:《世界历史(近代亚非拉部分)》,北京大学出版社 1990 年版。

原料和织机为其织布;有些织工集中在工场里做工。手工工场的产品主要供应国内市场,有些产品(如地毯、布匹)也输出国外。封建割据,关卡林立,连年混战,封建主的敲诈勒索和垄断某些有利的商业,以及商人、手工业者和手工工场主的生命财产安全毫无保障,这一切严重阻碍了国内商业和手工业的发展。

伊朗的政体是封建君主专制。卡扎尔王朝国王是全国最大的封建地主,拥有无限的权力。卡扎尔家族君临天下,各省总督和重要的州长通常均由王亲国戚充任。最重要的省份如阿塞拜疆则由王储担任总督,亲自坐镇。卡扎尔家族企图以此来削弱封建地主割据势力,但收效甚微,反而形成尾大不掉,中央更难控制地方。卡扎尔王朝从一建立就是一个腐败政权。宫廷贿赂公行,所有官衔、头衔、军衔、职位、爵位都有明码标价,由国王公开出售;送礼行贿司空见惯,宫廷带头,专设收礼账房,上行下效。封建租税的大部分耗费在宫廷嫔妃、皇裔和内侍的惊人挥霍浪费上。第二代国王法特·阿里穷奢极欲,后宫佳丽 1000 人,身后留下 935 个儿孙。上千的王子王孙又各拥有大批阉臣、内侍,奢侈无度,挥霍人民血汗。法特·阿里的宠妃塔乌斯每年花在御厨佐料的钱不下 12000 杜曼,而国王(也就是国库)的正式收入(地租)为 989000 杜曼,加上年贡、罚款等约有 150 万杜曼,这样扣除下来能够用在行政机构和军队的费用上就所剩无几了。为了支付庞大的开支,更加紧对人民的巧取豪夺,人民象榨油辊下的芝麻被榨得一干二净。

伊斯兰十叶派在伊朗社会生活中占有极重要的地位。高级阿訇在国家政治生活中拥有莫大势力,经常按封建统治阶级利益解释《可兰经》,成为封建王权的重要支柱。他们占有大片土地,从事商业高利贷活动,利用审判权敲诈勒索,鱼肉人民。十叶派内教派林立。国王和世俗贵族慑于高级阿訇过分强大的权势,有时也利用不同教派(如赛希特教派)之间的矛盾来钳制高级阿訇,使教权、俗权的矛盾更加复杂。

腐朽的封建生产关系和封建主的分立主义活动,使伊朗长期处于落后分散状态,国家积弱不振,民不聊生。这一切为欧洲殖民主义侵略造成了方便条件。

伊朗沦为半殖民地国家

19 世纪初,列强在西亚争夺的主要目标是伊朗。在英、法、俄争夺欧洲和中东霸权的斗争中,濒临波斯湾的伊朗具有重要战略地位。在睥睨伊朗的列强中,伊朗国王最惧怕北邻俄国的扩张。俄国觊觎着伊朗西北各省的领土。伊朗国王为了抵御俄国咄咄逼人的扩张,执行一项以抗俄为中心的外交政策,时而同法国结盟(1807 年),时而同英国交好(1800 年、1812 年),而对这两个新兴资本主义国家的经济侵略和政治控制却漫不经心。英国利用伊朗的反俄情绪,将它作为英国的反俄工具,引向对俄作战的第一线。从 1800 年至 1841 年间英国曾先后四次(1800 年、1809 年、1814 年和 1841 年)威胁利诱伊朗签订不平等条约。英国从中获得了领事裁判权,关税协定权(输入商品值百抽 5),国内关卡税收的豁免权,在伊朗各地购买土地的权利以及在德黑兰、大不里士等地设立商业代办处的特许。英国并乘历次伊俄战争时机,巩固和扩大其在伊朗的政治势力。法国通过 1807 年条约也获得了多项不平等权利。

俄国从 18 世纪以来就对伊朗怀有领土野心。18 世纪末,俄国进军格鲁吉亚,其目的是要进一步吞并整个阿塞拜疆，占领伊朗的里海省，以打开通往印度的道路。1801 年俄国兼并了格鲁吉亚，1804 年俄军打开入侵阿塞拜疆道路，挑起对伊战争。战争持续进行了 9 年，最后俄国直下甘扎、库巴、巴库，击败王储阿巴斯·米尔扎亲自指挥的伊朗军，迫使伊朗于 1813 年签订古利斯坦条约，一下子夺去伊朗在高加索山脉以南的 12 个省，并攫得诸如干预伊朗王位继承、控制里海交通和俄商在伊朗免税等特权。这项不平等条约奠定了俄国在伊朗的特权地位，严重损害伊朗的主权和政治经济的独立。1826 年，俄国为侵占东亚美尼亚又挑起第二次伊俄战争。1827 年伊军败北，俄军渡阿拉斯河，攻入大不里士，威胁德黑兰，京畿震动。伊朗被迫于 1828 年订立土库曼彻条约。俄国又兼并了埃里温汗国和纳希撤宛汗国的全部领土，完全控制了里海；俄国在伊朗获得领事裁判权；伊朗赔款 2000 万卢布，条约还规定伊朗各州官员若不履行该项条约，应即撤职。

继俄、英迫签条约之后，法、美、奥等国援例同伊朗签订类似条约。这一系列不平等条约的签订，使伊朗丧失主权和独立地位，沦为半殖民地国家。

伊朗社会社会的变化和动荡

从 19 世纪 30、40 年代起，伊朗社会出现了新的深刻变化和剧烈动荡。不平等条约规定的低关税率(值百抽 5)为外国商品，特别是英国棉纺织品倾销伊朗，提供了极有利条件。从土库曼彻条约签订后(英国同样享有该约规定的优惠和特权)，英国输入伊朗的纺织品急遽增加，1828～1834 年间增加一倍半，从 115000000 码增至 286000000 码。英国纺织品几乎占伊朗全部进口总值的 90%。伊朗的手工纺织品竞争不过低税的英国机织品。例如原来畅销全国的伊斯发罕土布每匹值 9 卢布，而英布每匹只卖 3 卢布。伊朗手工业和家庭手工业遭到严重破坏。处于萌芽状态的资本主义手工工场纷纷倒闭，上万织工失去生计。

伊朗的进出口贸易受到外国资本控制。外国商品象潮水般涌伊朗市场，1838～1839 年伊朗爆发了销售危机，商人大批破产，外国资本停止贷款。很大一部分对外贸易落到外商手中，只服从外国资本的需要。

封建地租越加重。贵族和官员把采邑卖给商人高利贷者，由于封建私有权的发展，社会游资无法投入频频破产的手工工场和工厂，而转投土地，新的地主阶层崛兴，他们对栽培出口作物的兴趣日增。“对剩余劳动的无限制的需求”，使地租剥削率上升，地租和捐税占到收成的 2/3，甚至 4/5。农民生活每况愈下，成批地抛弃田园，流入城市，大片乡村地区荒无人烟。人祸加上天灾肆虐(旱灾、鼠疫、霍乱)，到 19 世纪上半叶，伊朗有些地区的人口已减少一半。

19 世纪盛行的包税制度使贪污贿赂、卖官鬻爵变本加厉。穆罕默德国王(1834～1848 年在位)经常把总督空缺卖给出价最高者。这些总督上任后就最大限度地敲诈勒索以捞回买官所费。1846 年通过买官上任的基尔曼沙总督竟丧心病狂把辖区内全部羊群没收，高价卖到国外，而不顾该省当时正发生饥馑。

残暴腐败的封建统治和沉重的封建剥削，压得人民群众无法忍受，被迫走上反抗的道路。19 世纪 40 年代末，反对国王和封建主的自发暴动和骚动越来越多。但是，这些以农民为主的革命斗争，得不到任何先进阶级的领导。只有伊斯兰的低级阿訇在人民运动中起了积极作用。伊朗是一个宗教色彩极其浓厚的国家，低级阿訇不仅人数很多，而且经济生活条件与下层群众接近。许多阿訇（包括自称"圣裔"的赛义德）依靠经营农业、手工业和小商贩为生，生计日蹙，对现实社会十分不满，也卷入群众不满的浪潮中。

巴布教的兴起

19世纪40年代，从各地自发的暴动、骚动日益频繁的趋势来看，一场大规模的下层群众起义的客观条件在伊朗成熟了，但可供利用的组织形式和旗帜还只有来自伊斯兰教。人民运动反对的是占统治地位的封建专制制度，而伊斯兰教的十叶派却是维护现行制度的官方宗教。因此，必须有一个能够剥掉十叶派神圣外衣的教派。当时盛行的谢赫教派宣扬一种思想，伊斯兰教救世主——哈里发阿里的第12代后裔马赫迪即将降临，给生活在水深火热之中的广大下层群众带来了希望。1843年，设拉子城赛义德家族中一个经营棉布商的23岁青年——阿里·穆罕默德，敏锐地觉察到形势的变化，他跻身谢赫教派，成为该派领袖赛义德·卡齐姆·拉西提的门徒，并在卡齐姆去世后第二年（1844年）自称巴布。他创立巴布教派，宣传"巴布"是人民与马赫迪之间的媒介（阿拉伯语"巴布"是"门"之意）。巴布教派宣传的教义与十叶派颇不相同，它迎合灾难深重的伊朗教徒盼望救世主（马赫迪）早日降临人间的愿望，宣布布赫迪降世的时间已经到来。一旦马赫迪降世，伊朗将成为"正义王国"，没有压迫，人人平等，过幸福的生活。巴布教这种具有社会政治性质的朴素教义宣传，吸引了成千上万的群众。信奉巴布教的教徒人数激增，尤以北部各省和阿塞拜疆省的南部特别盛行。

1847年2月，伊朗政府害怕巴布教影响继续扩大，逮捕阿里·穆罕默德，把他关在马库要塞。在狱中，阿里·穆罕默德写成《默示录》（《贝安经》），系统阐述巴布教的教义。他认为人类社会是依次向前发展的，一个时代胜过另一个时代，每个时代各有自己的制度和法律，随着新时代的到来，旧制度和旧法律必须让位于新制度和新法律。新的制度和法律均必须由真主派遣的先知制定。阿里·穆罕默德自称他自己就是真主派遣的新先知，他以先知马赫迪身份颁布的《默示录》，是代替《可兰经》的新经典。一切制度和法律均应按《默示录》重新制定。阿里·穆罕默德充分揭露了扎尔王朝封建统治者和十叶派高级阿訇的种种罪恶，反对住在伊朗境内的外国资本家对伊朗人的盘剥，主张把这些封建统治者和外国资本家的财产分配给巴布教徒。巴布教主没有提出废除私有制的问题，他主张要保障私有权、财产继承权和债务关系，并提出许多符合商人利益的要求，如法律规定借贷的利息，统一币制，严守商业通讯秘密，巴布并不企图推翻现存的统治机构，他幻想通过向封建统治者进行宣传和感化，来实现自己的宗教理想。

阿里·穆罕默德被捕入狱后，巴布教运动内部出现了更接近下层群众的人民派，其中著名领袖有农民出身的穆罕默德·阿里·巴尔鲁什、侯赛因·波什鲁耶、女将扎林·达吉（绰号库拉特·埃恩——"清澈的眼睛"）。1848年秋，"人民派"在别达什特举行会议，会上制定了巴布教的"民主纲领"，明确宣布：新先知已经降临，旧的法律和制度均已失效，教徒没有继续向统治者纳税服役的义务。达官显贵将失去其特权，降为平民。其后，"人民派"进一步提出废除私有制，所有私有财产归公，男女平等的主张。他们幻想依靠这种平均主义建立理想天国。

巴布教义的广泛宣传，激发了广大贫苦群众的宗教热情和政治积极性。许多农民、手工业者、小商人和低级阿訇纷纷加入巴布教派。到1849年2月,全国已有巴布教徒十多万人。

巴布教起义

伊朗政府派遣军队进入别达什特。强行驱散群众集会,逮捕巴布教徒。1848年9月4日,穆罕默德国王死去,统治集团内部为争权倾轧,叛乱迭起。巴布教徒乘机起事,在北部马赞德兰省首举义旗。10月,在穆罕默德·阿里·巴尔福鲁什领导下,2000群众以塔巴西教长陵墓为基地,掘壕自守。巴布教徒在基地内实施教义,废除私有制度,一分财物归公共仓库,实行共餐制。附近农民送来粮草、牲畜、手工业者制造武器。塔巴西的平均主义的生活方式吸引了许多农民自动加入。1848年底和1849年初,巴布教徒几次打败前来围攻的政府军。巴布教的影响日益扩大。纳绥尔·丁国王政府深为起义的巨大规模所震慑。围攻塔巴西陵墓的政府军不断增援。到1849年5月兵力已增至10000余人。起义军与外界联系被切断,粮秣耗竭,大部分人战死,饿死,最后仅剩250人。政府军在与起义者谈判中答应特赦所有放下武器的起义军,但当筋疲力尽的起义者走出堡垒时,却全遭逮捕和屠杀。

塔巴西陵墓的起义被镇压后,巴布教运动仍在各地发展。1850年5月,巴布教徒在赞詹发动起义,6月在尼里兹起义。国王害怕巴布的影响继续扩大,于同年7月下令处决巴布教主赛义德·阿里·穆罕默德。巴布遇害后,更多巴布教徒因教主殉道而参加反抗斗争。赞詹的15000名起义者在城内修筑街垒,设立兵工厂,宣布立即在赞詹建立人人平等,财产公有的“正义王国”。王军出动30000人进攻赞詹起义者。在毛拉穆罕默德·阿里指挥下,起义者英勇抗击,战斗酷烈,妇女和儿童都加入战斗。经过长期反围困战斗,起义军消灭了政府军8000人。1850年12月,王军用大炮轰平赞詹东城,不屈的起义者全部战死在血泊中。

赞詹城陷后,尼里兹的起义者继续坚持抵抗。起义领导者赛义德·雅西在指挥上仍然重犯前两地起义军的战略错误,划地自守、坐受围困。后来,从设拉子调来的王军经过一个月围攻,屠杀了全部被诱降走出堡垒的起义者。不久,以农民为主的尼里兹起义者又发动了第二次起义。起义者撤入山中,在山上建立据点,夜间潜入市内,袭击政府军。王军面对藏匿山中实行分散游击的起义者束手无策。国王调动剽悍的山地部落围剿巴布教徒。起义者弹尽粮绝。最后,10000多名王军和部落军队把起义者堵在山洞中活活烧死,把俘虏绑在炮口上轰击。

1852年,巴布教徒又在马赞德兰、赞詹和阿塞拜疆等地重新发动起义,这些起义规模较小,已处强弩之末之势。个别巴布教徒走上个人恐怖道路,1852年8月发生了谋刺国王纳绥尔·丁未遂事件。政府军借此大肆杀戮巴布教徒,库拉特·埃恩等也被害。至此,巴布教徒起义在极端恐怖的镇压下经过4年奋战,终于陷于完全失败。一些巴布教领袖流亡巴格达。

镇压巴布教徒的陆军总司令,正是企图以上层改革来挽救王朝衰落的密尔札·塔吉汗首相,但是,当他尚未把沾血的屠刀插回刀鞘时,不再受巴布教起义威胁的上层保守集团就不能容忍他的温和改革措施了。1582年塔吉汗被疑忌他的国王处死。

对巴布教起义的评价

伊朗巴布教徒起义是一次反对封建重压因外国资本入侵而加重的农民起义。虽然伊朗封建上层改革的失败证明当时能够推动伊朗历史前进的动力仍是农民阶级，但是农民阶级不具备新的生产力，不能建立新的生产关系，而当时伊朗没有任何先进的阶级能够去发动和领导农民革命。在伊朗这样一个信教极深，宗教渗透到社会生活一切方面的国家，除了宗教以外，没有任何别的思想武器和组织形式可资利用。因此，由小生产者自己发动和领导的反封建斗争，只能借助于宗教，正如马克思所指出的，这是一切东方运动的共同特征。①

但是，伊朗这场人民起义如此彻底地披上宗教外衣，而与它几乎同时发生的中国太平天国农民革命仅仅粗浅地利用了宗教(拜上帝会)。如果说，太平天国的拜上帝会只是使中国农村革命取得一个新颖的形式，那么，伊朗的农民起义却是非采取伊斯兰教的新教派形式不可。究其原因乃在于伊斯兰教的十叶派早已成为伊朗封建统治阶级维护现存封建制度的强有力的工具，它在伊朗的经济、政治、思想等方面都占有绝对统治地位，享受各种特权。教会本身就是大封建主，其供养田占全国土地的 1/3。十叶派的巍峨辉煌清真寺遍布全国。十叶派长老(高级阿訇)垄断伊斯兰经典的解释权，他们把世俗的封建制度神圣化，把一切封建剥削“合法化”。他们给整个封建阶级上层人物的头上抹上宗教的不可冒犯的光轮。在这种情况下，自然“一切针对封建制度发出的攻击必然是首先针对教会的攻击”。人民群众要打倒现存的封建剥削制度，首先就要动摇维护它的十叶派的权威，否定其合法地位，创立一种较为接近伊斯兰教原始形式的教派来取代它。这个新教派必须利用伊斯兰教众多教派中的一支，而不能利用其他宗教，如中国太平军所利用的基督教。巴布教正是适应这种需要而产生的一个新教派。它把下层群众朴素的平等要求、反剥削的愿望——这些反封建的内容，用神学的词句、宗教的外衣包裹起来，与十叶派相对抗；它以更为“正统”的形式剥夺十叶派的神圣地位，取而代之。在一个几乎所有群众都是虔诚的伊斯兰教徒的社会里，这种更为“正统”又较为朴素的形式，却反倒成为普通群众最易于接受的形式。这就是为什么巴布教如此迅速被十万以上群众所接受，并成为起义的组织形式和旗帜，而在起义被镇压后变换形式仍历久不衰的原因。

在伊朗，占主导地位的个体自给性经济的农民闭塞落后，土地辽阔，交通极端不便，国土被无数游牧和半游牧的部落分割得七零八落。这些特点决定了巴布教徒的反抗斗争不可能形成全国的统一的运动，而只可能在象巴赞德兰、赞詹、尼里兹、阿塞拜疆等较为偏僻的地区分散进行，相互之间没有什么联系。这种各自为战的致命弱点，又加上战略上不敢大胆进攻，仅仅夺取个别城市和据点，消极防守，坐受围攻，迫不及待地实现幻想中的“正义王国”，因而失去同广大农村的广泛联系，使粮食弹药的补充成为严重问题。小生产者的个体生产地位所形成的阶级特点(弱点)，在小生产者未得到先进阶级领导以前，是其本身所无法克服的。因此，“地方和各省的分裂状态以及地方的狭隘性毁坏了运动”应该说也是巴布教徒起义失败的原因之一。巴布教徒起义的失败在亚洲近代历史上再次启

① 马克思在论述中国太平天国运动时曾说过，运动一开始就带着宗教色彩，但这是一切东方运动的共同特征。见《马克思恩格斯全集》第 15 卷、第 545 页。

示人们:小生产者(农民和手工业者)虽是民主革命的主力军,但不可能领导反封、反殖的起义取得胜利。

巴布教起义是伊朗近代史上第一次大规模起义。它是伊朗百年来民主革命的先驱,它开辟了伊朗人民斗争的新道路——人民武装斗争的道路;它鼓舞了灾难深重的伊朗被压迫人民敢于起来组织武装队伍,反抗封建统治者和外国侵略者。它对后来伊朗1905年革命有着深远的影响。在以后几十年中伊朗的农民起义、民族运动往往以巴布运动为先导。1863年巴布门徒侯赛因·阿里建立巴哈教派,影响至今。

巴布教起义在客观上具有反抗外国侵略者,争取民族解放的性质。这次起义既震撼了伊朗封建制度,也打击了外国侵略者,它构成当时席卷亚洲的民族独立运动的一个重要组成部分。

巴布教派运动*

罗竹风　米寿江主编

巴布是阿拉伯语"门"的意思,后被引申为先知马赫迪的思想传达给信徒的门户。巴布教派创立于 19 世纪中叶的波斯,因其创始人赛义德·阿里·穆罕默德自称"巴布"而得名。1844 年,巴布以先知马赫迪的身份,仿照《古兰经》写了一本《默示录》阐述巴布教派的政治主张和社会主张,声称先知穆罕默德的时代已经过去,《古兰经》及各种经典业已过时,现在是新先知马赫迪降世的时代,马赫迪将在人间建立新制度、新教义。巴布教派以《默示录》为经典,主张取消教法中关于斋戒、婚姻、继承权等有关规定;取消公共礼拜殿和呆板的礼拜仪式,认为每人都可在其方便的时候做礼拜。严禁饮酒和乞讨,也禁止向乞讨者施舍。允许离婚和再婚,允许妇女不戴面纱,并可与陌生人交谈,该派视 19 为神性和圣性统一的数字,是安拉的本体。他们将一年分为 19 个月,每个月分为 19 天,每天都以安拉的德性命名。

起先,该派派人在波斯各省传播教义,企图通过和平方式,即道德感化方式,使统治者接受其社会的和宗教的改革主张。可是,却遭到了统治者的镇压,巴布本人也于 1847 年被捕,三年后被处决。巴布的被捕和被处决,使该派转向采取暴力手段来达到改革的目的。他们在各地发动武装起义,矛头针对封建统治者和外国殖民者。巴布派的武装起义得到波斯人民群众的支持,发展很快,但终因敌人过于强大,最后被国王军队镇压。起义失败后,巴布派教徒逃到伊拉克并分裂成两派,一派为阿里派,坚持原来的教义,另一派为巴哈派,主张妥协,反对武装斗争,提出一种与巴布派截然不同的教义。

* 原载罗竹风、米寿江主编:《宗教通史简编》,华东师范大学出版社,1990 年版。

积极家庭心理治疗理论介绍(节选)*

[德]诺斯拉特·佩塞施基安著,李舜伟等译

只用一只翅膀是飞不起来的,一个人企图只依靠宗教这只翅膀飞翔,他将很快地坠进迷信的泥潭。另外,企图只依靠科学这只翅膀飞翔,他也不会有何进展,而将坠进唯物主义绝望的泥潭。

——阿布杜·巴哈

恰当的祈祷

阿布杜·巴哈——巴哈教派创始人巴哈·乌拉之子——在一次旅行中被一个人家邀请去吃饭。这家的主妇很想显示她高超的烹饪技术。可是她把饭菜端上来时,却抱歉地说饭菜烧煳了。原来,她边做饭边读祈祷文,希望这顿饭做得特别地出色。阿布杜·巴哈友善地微笑说:"你祈祷是对的。下一次你在厨房里做饭时,还是祈求食谱保佑吧。"

这个故事说明宗教与日常生活紧密地结合在一起。虔诚的教徒对这一点是很清楚的。它也说明了宗教不同于日常生活事务。同时,适当地指出宗教的狭隘性,以及与教会伦理道德冲突而产生的精神障碍。

家庭的平衡

家庭作为人类的单位,必须学会那些神圣不可侵犯的法规和各种美德。应该永远保持家庭的团结,也必须永远保持每个家庭成员的权利。儿子的权利,父亲的权利,母亲的权利,没有一种权利能被取消,也没有一种权利可以随意行使。就像儿子对他父亲有一定的义务一样,父亲对他的父亲及他的儿子也有一定的义务。母亲、姐妹和其他家庭成员都有她们自己的权利。只有考虑到所有的这些权利和义务,家庭才会继续存在下去。

——阿布杜·巴哈

家庭或医院

我们发现有两种疾病。一种是心理上的神经官能症,应该用心理上的暗示治疗;另一种是肉体上的疾病,应该用医药进行治疗。

——阿布杜·巴哈

* 原载[德]诺斯拉特·佩塞施基安:《积极家庭心理治疗》,李舜伟等译,国际文化出版公司1990年版。

种子的秘密

一粒种子长成了大树。表面看，种子消失了，但正是它的牺牲换来了枝繁叶茂、果实累累的大树。如果没有种子的这种自我牺牲，也就不会有大树的繁花硕果。

——阿布杜·巴哈

大同教*

燕中人

一、基本教义

依该教之主张，分述如下：

(一)上帝

大同教以为上帝就本质言之，乃不可知者，然经由其圣使而使上帝之道为可知。上帝乃独一之存在，彼有无数不同之称号，于各时代中，上帝选定某一人，将其福音传给先知或使者，此特定之人，称为“上帝之显示者”如亚伯拉罕、摩西、克利希那(印度教之显示者)、佛陀、索罗斯德(拜火教的显示者)、耶稣、默罕默德等等。

(二)博爱和拉

大同教以博爱和拉乃此时代之“上帝之显示者”，其教训如下：

1. 独立寻求真理，脱离迷信与传统之束缚。
2. 人类同属一体，此乃大同教最基本之教义。
3. 举世之宗教，皆来自同一神圣之源头，其基础皆相同。
4. 消除一切宗教、种族、阶级或国家之偏见。
5. 宗教与科学应和谐。
6. 男女之地位乃完全平等。
7. 教育须普及。
8. 推行世界共同之辅助语言。
9. 消除贫富之极度不均。
10. 排解国际间之纠纷，设立国际仲裁机构。
11. 工作即崇拜上帝之实际表现。
12. 以正义、公道为维护人群社会幸福之准绳。
13. 以建立世界之永久和平为人类最高之目标。

---

* 原载燕中人：《中国文化大博览》中，南海出版公司 1990 年版。

(三)灵魂永恒不朽

1.灵魂乃人类之本质,且为永恒不朽、不断演进者。

2.人类于此物质世界之所作所为,将影响其于永恒不朽之灵魂世界之境况。

3.天堂与地狱实非灵魂之居所,乃灵魂之境界,天堂乃经由爱以接近、顺从上帝之境界,地狱则为远离上帝、背弃圣道之境界。

(四)伦理与道德行为

1.大同教徒最高之伦理与道德行为准则,乃身心诚恳、纯洁、谦虚、正义、人道、同情、仁慈、宽恕、贞节、忠实,凡此皆日常生活行为之规范。

2.服务人群亦崇敬上帝之表现。

3.切勿有恶意伤人、论人是非、诽谤他人。

4.须忠心服从政府。

5.大同教友当努力争促进人类之福祉而努力,然不宜卷入政治派系之纷争。

(五)大同教信徒应遵守之教规

1.日行祈祷。

2.一年一度之斋戒。

3.一夫一妻制。

4.大同教徒之婚姻须经双方父母同意。

5.一般言之,不赞成离婚,然经一年以上之考虑者,而至终仍难以和谐相处,亦能同意离婚。

6.废除蓄奴,禁苦行、化缘乞食、出家及赎罪受洗、圣餐、坚振[①]等宗教仪式。

7.除医药外,戒除酒精及麻醉品等。

8.不赌博。

9.人人从事职业,不可游手好闲。

10.若法律能允准不火葬,则尽量不火葬。

11.有义务使儿童们均受教育。

二、圣哲

(一)巴孛

巴孛乃大同教之先锋,“巴孛”阿拉伯文意即“门”,公元一八一九年十月二十日,生于伊朗希拉兹城,公元一八四四年自称上帝之圣使,且为另一更伟大显示者之先锋,且云此伟大显示者之来临将开创一新时代,职是之故,巴孛与其信徒们皆受回教教士之迫害,巴孛且终生遭放逐,卒于公元一八五〇年公开殉教,约有二万名信徒亦为其道而牺牲。

---

① 坚振,又称坚振圣事(Confirmation)或坚振礼、坚信礼、按手礼,是基督宗教的礼仪,象征人通过洗礼与上主建立的关系获得巩固。现时只有罗马天主教会、东正教、圣公会等持守。——编者注

(二)博爱和拉

博爱和拉乃大同教之创教者。“博爱和拉”阿拉伯文意即“上帝之荣耀”。公元一八一七年十一月十二日生于伊朗之德黑兰，当其闻巴孛之宣示后，即以巴孛为上帝之圣使，且成为巴孛最坚定之追随者，公元一八五二年，以此被关于德黑兰之地牢，于牢中首次得巴孛所预言“上帝之伟大圣使”之启示，由牢狱释放后，遂开始其终生放逐之生涯，历巴格达、君士坦丁、亚地拿波等地，卒被驱于土耳其之亚格城，而居此终身。

(三)亚卜图博爱

亚卜图博爱(公元一八四四年至一九二一年)乃博爱和拉之长子，“亚卜图博爱”阿拉伯文意即“光荣之仆”，博爱和拉于其书面遗嘱及圣约内，尝定亚卜图博爱为圣约之中心，全信徒之导师。亚卜图博爱一生分担博爱和拉所受之迫害、监禁、放逐之苦，迨公元一九〇八年始脱离监禁生涯。自是之后，遍历埃及、欧洲地等传教。公元一九一二年于美国留八个月，其于社会各阶层如教士、大学生、和平团体、科学团体、哲学家等多次发表演说，甚得赞誉，亚卜图博爱被视为博爱和拉教义中完美之模范。

三、经典

大同教经典，由博爱和拉、巴孛、及亚卜图博爱写出。沙基爱芬迪亦有许多解释经典之著作。

(一)博爱和拉所写者

博爱和拉所写经典，多达百卷以上，如亚达经(至圣书)、意纲经(决疑书)、隐言经等，其他著作亦多编成总集，如博爱和拉文集。又写有祈祷文。

(二)巴孛所写者

巴孛所写之经典，主要为波斯文之巴洋经(述博爱和拉即将降世之预言)及约瑟书。其他多已散佚。

(三)亚卜图博爱所写者

亚卜图博爱所写有遗嘱及圣约，神圣文化之奥秘等。其书翰与在欧美旅行时之演讲稿则有巴黎谈话、世界团结之基础、已答之问题、人之实质、神圣生活之艺术、及神圣计划书简等。

四、组织

(一)无职业传教士制度。

(二)教务由选举出之地点、国家、国际组织主持，选举采民主制度，然无竞举活动及提名。

(三)大同教最基层之教务组织，乃由九人组成之地方灵体会，每年四月廿一日定期在各城市、乡镇或行政地区选出。各该区必须居住有九位或九位以上之成年教友。

(四)大同教全国性之教务管理机构，乃总灵体会，然因地理或政治因素自成一格之地区，例如阿拉斯加、夏威夷等，则自行单独设置，总灵体会每年由每一位教友从其所在之地选出代表，由该代表在开全国代表会时选出九位教友组成。其代表则按照每一地区之教友人数比例选出者。

(五)大同教之最高教务行政组织乃世界正义院，由各国的总灵体会在全球教友中选出九人组成，任期均为五年，赋有合法解释大同教经典之权利。

(六)由博爱和拉、亚卜图博爱和沙基爱芬迪指定来协助护持教务，传播教义者，谓圣辅。

由正义院任命之，协助圣辅，在世界各洲推动教务者谓洲际圣导委员会，洲际圣导委员会在与圣辅协商下，又可设置圣导助理委员会以协助之，其成员由圣导会任命。

(七)大同教仅接受教友之捐献，且完全出于志愿。

五、教历

大同教历以阳历为基础，共十九个月份，每月为十九天。大同教之新年为阳历三月廿一日(阿拉伯文意译谓“荣日”)。大同教历以日落为一天之始，亦为一天之结束。教历之年、月、日皆以上帝之象征为命名，如荣月、华月、美月、耀月等等。

六、圣日

(一)灵宴日——每个大同教月之第一日称之，大同教友于该日聚会以便共同祈祷，沟通教友间之情谊。

(二)新年元旦——三月廿一日。

(三)利时万节——四月廿一日至五月二日。博爱和拉于公元一八六三年四月廿一日于利时万花园内宣示自己即巴孛预言“所应许欲来者”，利时万节间之四月廿一日、四月廿九日与五月二日为应予纪念之圣日。

(四)巴孛之宣示日——五月廿二日，巴孛于公元一八四四年是日首次向其第一位门徒宣示其神圣使命。

(五)博爱和拉升天日——五月廿九日，博爱和拉于公元一八九二年是日于圣地巴基逝世。

(六)巴孛之殉道日——七月九日，巴孛于公元一八五〇年于伊朗之塔孛利城，被公开枪决而殉道。

(七)巴勃诞辰——十月廿日，巴孛于公元一八一九年是日生于伊朗之希拉兹城。

(八)博爱和拉诞辰——十一月十二日，博爱和拉于公元一八一七年诞生于伊朗之德黑兰。

(九)亚卜图博爱逝世纪念日——十一午廿八日，亚卜图博爱于公元一九二一年以色列海法城逝世。

七、灵曦堂

灵曦堂为大同教崇拜上帝之所，亦为各种公共福利机构之所在。灵曦堂之建筑为统一之象征，皆为九边形，每边有一门。该门皆敞开通往一美丽圆屋顶下之中央大厅。堂旁设有九所福利机构，如孤儿院、医院、养老院、学校等等。不论任何宗教、阶级、肤色、国族之人，凡于灵曦堂内皆受欢迎，所有宗教之圣书皆可于堂内宣读，于堂中人皆同属一家，崇拜同一上帝，目前世界上共有五所灵曦堂，即德国之法兰克福特、澳洲之雪梨、非洲乌干达之堪培拉、美国伊利诺州之威尔麦特及中美洲巴拿马之巴拿马市等处。

八、传教工作

（一）大同教信徒所需具备之条件

任何能接受大同教教义，承认博爱和拉、巴孛等为上帝之圣使，且能接受大同教经典与其教务行政系统者，皆可成为大同教徒。教友登记之唯一手续乃填写教友卡，该卡置于地方灵体会。生长于大同教家庭之儿童，当由其自己决定是否信教，父母不得勉强之。及儿童十五岁，始有登记为青年教友之资格。及廿一岁方有选举权。

（二）大同教之发扬

大同教既无职业传教士之组织，传教工作皆由教友志愿担任。通常由地方灵体会举办集会，个别之教友利用之，以“炉边谈话”之方式自由聚集，以研讨经典。志愿担任传教工作之教友们称为“拓荒者”，到世界各地传播教义。彼等常牺牲自己之工作、家庭、享受而事从传教工作，亦常遭遇种种困难。

马克思主义、巴哈伊教和一般进化论*

闵家胤

巴哈伊教的先驱者巴孛于 1819 年诞生在伊朗的希拉兹城。巴孛所预言的"神应许的显示者"，亦是巴哈伊教的创始人巴哈欧拉于 1817 年诞生在伊朗的另一城市。按照巴哈伊教的教义，他们同历史上那些伟大宗教的创始人克里希那、摩西、所罗亚斯德、释迦牟尼、耶稣基督、穆罕默德一样是上帝的使者，代表上帝在地球上宣示了这一新的宗教。若以科学的态度分析他们宣示的教义，可以判断他们也是批判性地考察过历史上那些主要宗教(特别是伊斯兰教)的种种弊端，并决心剔除这些弊端而创立一种适应现代生活和未来社会的新型宗教。在这个意义上可以说他们是现代的伟大的宗教改革家，1844 年 5 月 23 日巴孛向他的门徒公开宣示他自己就是他们寻找的"伊斯兰所应许要来的人"，是即为巴哈伊教教历新纪元的起点。随后，他两度入狱，并于 1850 年 7 月 9 日(31 岁)在 750 名行刑士兵的攒射下殉教。巴孛的继承人巴哈欧拉于 1863 年 4 月 21 日在巴格达的蕾兹万花园宣示自己的创教使命。他度过了 40 年辗转各地监禁、流放的苦难生活，启示了一百多部经典，高举宗教同源和人类一家的旗帜，阐释一种新的人类理想和世界秩序。巴哈欧拉的信徒被称为巴哈伊。在初期曾有数万名巴哈伊被屠杀，但这一新的信仰终究保有其生机而扩散成一种世界性的新宗教——1963 年在伦敦举行了有 6200 人参加的国际巴哈伊大聚会就是证明。目前巴哈伊教徒已遍布 340 个国家和地区，其经典被译成 700 多种语言文字，在五大洲都兴建有它的独具特色的壮丽的灵曦堂。

一般进化论是由著名系统哲学家、罗马俱乐部成员欧文·拉兹洛创立并领导的国际一般进化论研究小组目前正在紧张探讨的一种新的科学理论。其宏大的抱负是要综合最近一个半世纪，即从 1848 年马克思和恩格斯创立马克思主义，1844 年巴孛和巴哈欧拉创建巴哈依教和 1859 年达尔文提出生物进化论到现在——科学新的伟大发现，特别是系统科学新兴的十几个分支的成就，寻找贯穿在宇宙进化、生物进化、社会进化和心灵进化中的一般规律，从而给人类指出避免种种全球性危机和进化到全球整合系统的某些途径。

如果我们将马克思主义的社会理论和社会理想、巴哈依教教义和一般进化论摆到一起作比较研究，将发现它们有许多共同点；即使是那些相异之处也决不是水火不相容的。本文正是旨在作这样的尝试。

* 原载《国外社会科学》1991 年第 4 期。

共同的目标

马克思主义的终极目标是要消灭一切阶级并过渡到一个无阶级的社会，即共产主义社会。这个社会的主要特点是消灭了生产资料的私有制，代之以公有制，消灭阶级，消灭剥削；民族融合，国家消亡，实行国际主义；工农差别、城乡差别、体力和脑力劳动的差别缩小，甚至消失；实行共产主义的道德和“各尽所能，按需分配”的分配原则。

巴哈伊信仰认为上帝是独一无二的，各种宗教都来自这一神圣的根源，是同一宗教演进的步骤。它们共同的目的是促进人类的爱与团结，而不是造成仇恨和分裂。所有的人都是上帝的子民，他们犹如一树的枝叶，一洋的水滴。巴哈伊教徒要爱上帝，爱全人类，为全人类服务。勤奋地做好本职工作就是这种爱的最好体现，就是最好的祀祷。“地球乃一国，万众皆其民”——巴哈伊教预言并追求一种新的世界秩序。它的实现并不要求消除种族、国家、民族、阶级、宗教的差别，而是要求抛弃一切种族、国家、民族、阶级、宗教的偏见，在异中求同。它不是一花独放的园地，而是百花盛开的花坛。在这种新的世界秩序之下，四海一家，世界和平，所有的人都象亲兄弟一样；男女平等，教育普及，人类使用一种世界语言；劳资双方的权益均受到保护，消灭了巨富与赤贫；物质文明和精神文明均衡发展，道德水平普遍提高。这种新的世界秩序类似中国儒家理想的大同世界，所以在汉字文化圈中将巴哈伊教命名为大同教，或世界大同教，是再恰当不过的。

一般进化论认为，我们的宇宙进化起源于一次大爆炸。宇宙进化过程遵循一条简单的基本规律、能量不可逆地从辐射输送给物质。地球上物质和生命的进化过程就是由来自太阳的辐射能推动的。随着能量越来越多地聚集到物质—能量系统中，这些系统就越来越远离热力学平衡，其结构就变得越来越复杂。在能量流作用下的非平衡态系统是靠催化循环圈维持的，由一个层次上的催化循环圈联锁而形成更高层次上更高级的循环圈，组织性就在同一层次系统的会聚过程中达到新的高度。进化就这样沿着基本粒子——原子——分子——有机大分子——原生细胞——原核细胞——真核细胞——原生动物——后生动物——人——家庭——村镇——民族——国家的层次阶梯上升。现在世界上已有180多个民族国家，它们进化的下一步骤是组成区域性的经济共同体，再由这些共同体联锁和会聚以形成全球系统，在保持分化性的基础上寻求统一，以便解决共同面临的种种危机，保证人类有一个和平、友好、繁荣、幸福的未来，那也就是世界大同实现的时代。

由此可见，马克思主义、巴哈伊教和一般进化论的目标都是要实现世界大同，尽管在内容和途径方面有些差异。

相容的教义

行文至此有人会问：马克思主义精髓是阶级斗争和无产阶级专政，而巴哈伊教义突出的一点是人类之爱和人类的团结，二者之间是否矛盾呢？

首先，请注意阶级斗争和无产阶级专政都是历史现象，而不是永恒现象；都是无产阶级求解放的手段，而不是终极目的。无产阶级的最终目的是实现没有阶级，没有阶级斗争，当然也没有什么“无产阶级专政”的大同社会。因此我们可以说马克思主义理论最终同巴哈伊教教义是一致的。其次，按照马克思的论述，无产阶级只有首先解放全人类，然后才能解放它自己，因此无产阶级有最广阔的胸怀，它是为人类的幸福而斗争，这同巴哈伊教教义的精神也是一致的。

从巴哈伊教方面看，它的创始人对历史上宗教干预政治，政教不分，政教合一造成的弊端和祸害深恶痛绝。他们对宗教和政治作了正确的区分：“宗教是管理精神方面的事务，政治是管理世俗方面的事务。宗教是从灵性方面进行，但政治的范围是在处理一切外在的事务。”他们明确规定“宗教不应干涉政治”，“服从当地政府”是巴哈依教的一条重要教义。巴哈欧拉写道：“每一位他的信徒对其所在地之政府表现他们的忠诚及服从是毫无疑问的责任。”这是巴哈伊信徒神圣的义务。不忠于一个公正的政府，就象是不忠于上帝。

相反，他们会全心全意地协助政府完成任何有利于人群的公益事业。例如，近年来印度政府就把大宗款项交给该国的巴哈伊组织，让他们去完成救济穷人，发展乡村教育事业，扫除文盲和消灭疾病的任务，因为在巴哈伊信徒身上不会发生贪污或大肆挥霍之类的坏事。

或许有人还会发出疑问：巴哈伊是一种宗教信仰，马克思主义是一种科学的世界观，一般进化论是一种新型的科学，它们能相容吗？例如，作为一种宗教，巴哈伊信仰上帝和神差遣的先知，相信灵魂不灭，这些能见容于马克思主义和一般进化论吗？答案仍然是肯定的。

首先，在巴哈伊教教义中迷信的成分已被减少到最低限度，科学的成分被增加到最大限度。尽箭巴哈伊是一种宗教信仰，但它非常明确地反对盲目接受任何现成的教条和信仰，反对任何形式的宗教狂热和偏执，要求每一个信徒要“独立探求真理”，这正是真正的科学精神。其次，巴哈伊教的另一条教义强调宗教与科学的一致和二者平行的、和谐的发展。在巴哈伊教的经典中写道：“宗教和科学为两个翅膀，借着这两个翅膀，人的智慧可以腾上高空，人的心灵可以进步。用一翼飞翔，是不可能的事！假若人要勉强仅用宗教的一翼去飞，他就会坠入迷信的深渊中。同时在另一方面，如果仅用科学的一翼去飞，他不仅不会有进步，反会跌落在物质主义的污泥中。”“科学给我们准备了工具，宗教则告诉我们如何去使用它。……世界目前的困难即在于此：科学给人类制造工具，人却用作武器，因为没有宗教来教他们如何去适当地运用这些工具。”

其次，信仰上帝，相信有天堂、人间和地狱三界，这是所有宗教的基本内容，舍此就不是有神论，不是宗教了。同基督教、佛教、伊斯兰教等世界性的宗教相比，巴哈伊教在这方面的内容非常之少。既然前面那些世界性大宗教都能在马克思主义的国度里合法存在，那么巴哈伊教有什么不可见容的呢？值得注意的是，在巴哈伊教的经典中常常把上帝比喻成太阳，然后说人们见不到太阳，但看得到太阳投射到地球上的光芒；见不到上帝，但听得到上帝派遣到地球上来的先知的教诲。而为马克思主义和一般系统论所接受的当代自然科学已证明宇宙起源于一次大爆炸，在我们这个恒星系统里的太阳主宰地球上的进化过程和一切生灵。这难道不是同巴哈伊教对上帝所作的比喻相当吻合吗？

再次，灵魂不灭也是所有宗教的又一基本内容。这在某种意义上已为当代科学证实。包含在生物细胞 DNA 大分子中的生物遗传信息，由于它决定生物的构造，控制生命过程，能代代相传，是无形的和不朽的，因此在笔者看来它正是各种宗教一直在猜测和谈论的“灵魂”。而巴哈伊教也在一定程度上采纳了这样的观点：在其经典《释放太阳》讲灵魂永恒的一节里它引康普顿博士的话说：“生物学上说，无论是一颗苹果种子或是人类的细胞胚，生命是实质延续和永恒的……我们不是也能合乎逻辑地说意识、心和魂之延续可假设来自细胞胚本质的延续性吗?"一般进化论则沿着这个方向走得更远。E.拉兹洛已完成一本新作《进化,超越偶然性和设计》。其主题是论证精神同物质和能量一样是守恒的,宇宙的进化过程既不是偶然性单独在发挥作用,也不是事先设计好的,宇宙的本原是场,具体地说,是具有全息记忆能力的能量场——Ψ场;它包含巨大的能量,其深广如海洋,而可见的物质宇宙仅仅是浮现在Ψ场上的岛屿。由此可见,"灵魂不灭"的教义绝非绝对荒谬绝伦和绝对不可能被证实。

到此我可以说,在巴哈伊教的教义里我们没有找到同马克思主义和一般进化论水火不相容的成分。

可资借鉴的管理体制

历史上的许多宗教,其内容等级森严,被称为"教皇"之类的教长君临教徒和苍生,手中握有很大的权力,往下又有按"教阶"(hierachy)高低排列的大主教、红衣主教、主教、牧师等等。结果往往因教士对教义有不同的解释而造成分裂,形成对立的派系,甚至演成流血战争。更有一班南郭先生混杂其间,假借宗教谋取社会地位和安迎的生活,甚至骄奢淫逸,无恶不作。有鉴于此,巴哈伊教便不设职业性的传教士,所有巴哈伊信仰的信徒都以巴哈伊朋友相称,没有高低贵贱的等差。每个教友均须自行探求真理,而经典的解释权只在巴哈欧拉自己,及他授权的阿博都·巴哈和其后授权的守基阿芬第——到此为止。

巴哈伊教的管理体制有地方灵体会、总灵体会和世界正义院三级,上通圣灵。它们之间不存在集中控制和强迫命令的等级关系。在巴哈伊教经典中把四者的关系比喻成一块田野上的河流、干渠、支渠和毛渠的关系。通过精神的灌溉网络,"上帝的圣灵流注于分布在全世界的巴哈伊教教友们。"各级灵体会都是在每年四月二十一日推选出九个教友来组织下一年的活动,不允许有推荐、拉票和竞选的事发生。灵体会处理事务的唯一方式是开会磋商,在这种时候,要求每个人要独立、真诚、坦率地发表自己的意见,不允许任何形式的迁就和强加,但也不应固执己见,必要时按表决的多数作决定。

值得注意的是,巴哈伊教的这套管理体制和方法暗合于一般进化论的新近研究出来的未来的全球共同体的结构和管理方式。

1989年10月中国社会科学院哲学研究所和文献情报中心为E.拉兹洛举办主题为"世界系统面临的分叉和选择"的高级研讨班。在拉兹洛的讲稿中,他引入了一个新的英文词"holarchy"系统,据他说这个词是前不久他同几位系统学家在纽约进行学术讨论时创造出来的。笔者看出这个新词虽然是从"hierarchy"系统衍生出来的,但如何理解这两种系统的差别,相应的在汉语中怎样正确地翻译,都必须向拉兹洛本人请教。在他作了详细解释之后,我们知道"hierarchy"系统应当翻成"多层次命令系统","holarchy"系统应翻成"多层次参与系统"。前一种系统的典型是军队,其特点是只有从上向下的信息流,后一种系统的典型是生态系统,其特点是没有集中控制的中心,内部有各个方向的双向信息流。目前世界有180多个民族国家,它们正在进化出区域共同体(最典型的是欧共体),并在下一步进化出全球共同体。在拉兹洛看来,未来的全球共同体应当是一个多层次参与系统,而不是一个压制性的超级世界政府。在这种多层次参与系统中，个人、组织、国家和国家共同体依然保持自己的特点和分化性，在积极的参与中发挥各自的创造性，在各个方向的充分的交流活动中继续进化。这样看来，由一般进化论从系统科学的角度发现和提出的未来世界系统的结构和管理方式不是同巴哈伊教的组织原则相当接近吗？

结 语

巴哈伊教的创始人巴孛和巴哈欧拉是马克思和恩格斯的同龄人。他们远在东方的穷乡僻壤，在流放和监禁的痛苦生活中，竟然通过天启和沉思默想同样发现了一个同共产主义社会非常相近的新的世界秩序，这是令人惊奇的。更令人惊奇的是，这种新的世界秩序在过了 150 年之后竟然为科学的最新发展重新发现和证实！——正如 E. 拉兹洛在《人类内在的限度》一书中所说："把系统理论应用于历史，为人类社会的分析提供新的工具……很显然地，它的主要大纲却在 19 世纪时就被波斯的一位先知预言了，他的影响力直到现在才开始为人觉察到。"

另一方面，同样令人惊异的是，直到前不久我们对巴哈伊教和它在世界范围内的进展还没有给予注意。笔者最近在巴黎访问了法国巴哈伊总灵体会，看到那里悬挂一幅标志出巴哈伊教在世界各国发展状况的示意图，发现唯有苏联和中国是连在一起的一片大空白。这显然是不正常的。好在由某些特殊的历史原因造成的不正常情况现在已开始改变，在苏联已成立起一些巴哈伊团体，在中国已有一些人开始学习和了解巴哈伊教，并尝试开展某些活动。

如果我们把这个问题放在世界历史的大背景上来看，就能获得更明晰的认识。

马克思主义和一般进化论都承认，近代科学和技术的发展造成了强大的生产力，在它的推动下世界历史，或我们星球上的进化过程，获得了前所未有的高速度。目前，殖民主义体系已成为历史的陈迹，民族国家遍及天涯海角，区域共同体正一个个涌现出来，它们的会聚将产生出全球整合系统。另一方面，科技发达和经济高速增长也造成了人口爆炸、粮食短缺、能源危机、森林破坏、饮水不足、环境污染等严重问题。冷战虽然结束了，但是种族歧视、狭隘民族主义情绪、宗教狂热和意识形态偏见依然存在，并不时爆发成危及全球的热战。更可悲的是物质主义和金钱万能之风愈刮愈烈，结果产生出精神颓废、道德败坏、缺乏理想的一代，更谈不到什么全球意识，相反，吸毒和艾滋病却在他们当中迅速蔓延。这些负面的因素正会合成一股衰败的趋势，驱赶着这个世界盲目地奔向它的灾变分叉点；即使最后没有导致人类的毁灭，至少也要大大延缓它进化的进程。

所以世界历史正处在一个人类两种命运大搏斗的重要阶段。在这种情况下，继续相信科技万能，盲目地片面追求物质文明建设和忽视精神文明建设，显然是极其危险的，结果必将毁灭人类社会和造成历史的大倒退。为使这个失去平衡的世界恢复平衡，为使人类社会能够抗拒衰败的趋势并继续朝上升的方向进化，宗教、哲学、科学、政治、艺术、教育等领域内一切健康因素和进步趋势必须结成整体的联盟，共同奋斗。

从世界历史的这种大背景来看，马克思主义、巴哈伊教和一般进化论应当是携手并进和同盟军便是毫无疑问的了。

澳门史纲要(节选)*

黄鸿钊

巴哈伊是阿拉伯文 Bahá'í 的音译,因其创始人侯赛因·阿里(1817～1892)自称巴哈安拉(阿拉伯文 Bahá'u'lláh 的音译,意为"安拉的光辉"),故得名。阿里的主要著作为《至圣书》。巴哈伊教的基层单位是灵体会。该教 1953 年传入澳门,目前有信徒 100 人左右。入教不举行特别仪式,只要当众宣布自己信仰该教,并在登记卡片上签名,就算完成入会手续了。

* 原载黄鸿利:《澳门史纲要》,福建人民出版社 1991 年版。

时代潮——中国学雷锋活动30年简史(节选)*

刘巨才　王绍华等

马龙古在第三封信上这样写道：

“梁家俊朋友：您好！我听到您的病情，我希望我能帮您一点。我小时，学过这两个人的话，第一个是巴哈欧拉，他说：‘地球乃一国，万众皆其民’。第二个是阿博都巴哈，他说：‘照顾病人是最崇高的职责之一，穷毕生精力，以最慈善的心怀帮助痛苦的灵魂，是朋友应尽的义务’。我帮给您50元，我希望您的病早日康复。”

* 原载刘巨才、王绍华等：《时代潮中国学雷锋活动30年简史》，红旗出版社1991年版。

伊朗巴布教派*

任厚奎主编

该教派的思想主要表现在其领袖阿里·穆罕默德于1847年所写的《默示录》中。他领导波斯的巴布教徒于1848～1852年举行了声势浩大的反对殖民者和封建统治者的武装起义。阿里自称“巴布”(即门,人类通向伊玛目的门),自认为是马赫迪。《默示录》被宣布为新“圣经”。巴布允诺在人间建立“正义的王国”,在那里经商是光荣之事,主张实行贸易自由,统一币制,保证商业通讯自由并号召人们拒绝向封建统治者交税服役。在未来的正义王国里,平民是国家的主人。该书反映了广大民众幻想自由平等、消灭封建压迫的美好愿望。巴布教徒的现实生活中废除了私有制度,实行财产公有,粮食、物资交归公库及吃大锅饭。在起义过程中,有人提出了废除封建特权和私有制,财产公有、人人平等的新纲领,当然这是一种“乌托邦”的幻想。虽然起义及其“正义王国”很快消失,但这份珍贵的遗产一直成为伊朗人民的精神财富。

在哲学上宣传泛神论观点,认为一切存在的东西就是安拉自身,真主在存在的事物中。安拉有命运、前定、意志、意愿、允许、寿限及默示等七个神圣词语表达的特征。安拉通过一系列活动把人引向他,安拉和人类相互向往、相互同情,因此,人的本性是善的。巴布教派尊重人身自由,废除妇女面纱,提倡宗教改革。

---

* 原载任厚奎主编:《东方哲学概论》,四川大学出版社1991年版。

伊朗巴布教徒运动*

陈启能主编

伊朗巴布教徒起义(1848～1852)沉重打击了伊朗反动的封建统治,迫使统治阶级进行改革,成为伊朗近代史上民族民主运动的先驱。它同我国的太平天国革命、印度的反英民族大起义一起,构成近代亚洲民族运动的第一个高潮。我国史学界极为重视巴布教派运动的意义,先后撰写发表了几篇论文,对巴布教徒起义的社会背景、起义过程、失败原因作了介绍和分析。纳忠的《伊朗巴布农民运动及对"巴哈主义"的批判》(《云南大学学报》,1956 年第 1 期)是论述巴布教徒起义的第一篇学术论文。接着许永璋的《试论 1848～1852 年伊朗巴布教徒起义》(《郑州大学学报》,1963 年第 1 期)和张友伦的《1848～1852 年伊朗巴布教徒起义》(《历史教学》,1964 年第 9 期)相继问世。这几篇文章以纳忠的文章介绍情况最为详尽,所据资料(阿拉伯文、俄文等)较为充分,分析也有深度。此外,张桂枢为《外国历史小丛书》撰写了《伊朗巴布教徒起义》(商务印书馆:北京,1982 年版)。

关于巴布教徒起义的性质和动力,各家说法并不十分一致。许永璋认为它是下层人民的反封建起义,客观上具有反对外国资本奴役的性质。张友伦、张桂枢则相对地突出了巴布教徒运动的反殖民主义方面,指出它是一次反封建反殖民势力的伟大起义。至于起义的动力,张桂枢认为破产的手工业者、城市贫民和城郊农民是起义的主力。张友伦的观点与此相近,他指出起义的主要群众是手工业和一部分贫民。王启民、王春良在《亚洲各国近代史讲义》(山东人民出版社,1959 年版)一书中持类似观点。他们强调指出,"绝大多数农民群众没有公开参加起义"①。许永璋不同意上述观点,认为起义的基本动力是农民、手工业者和城市贫民。纳忠的观点与此类似,他强调巴布教徒运动以农民为基本力量。

巴布教徒运动的分期,研究者都同意以 1848 年夏别达什特村会议为界,将运动分为前后两个阶段。许永璋指出,别达什特村会议发展了巴布学说中的民主因素,提出的几乎都是反映农民、手工业者和城市贫民利益的主张,抛弃了初期那些与农民、手工业者利益相矛盾的商人和高利贷者的要求,张友伦认为别达什特村会议使巴布教徒抛弃对统治阶级的幻想,开始面向人民群众,对巴布教义作新的激进的解释。纳忠指出,别达什特纲领抛弃了与农民、手工业者利益相矛盾的一切论纲,特别是以财富为分配和没收财产的标准的论纲,比较彻底地反映劳苦大众企望幸福王国的幻想和希望消灭封建统治的愿望。

---

* 原载陈启能主编:《建国以来世界史研究概述》,社会科学文献出版社 1991 年版。

① 王启民、王春良:《亚洲各国近代史讲义》,山东人民出版社 1959 年版,第 203 页。

关于起义失败的原因，论者的观点因论述侧重面不同而有所差别，有相同的地方，也有相互补充的方面。起义者在战略策略上犯了错误，是论者的一个共同认识。起义者没有实行积极的进攻，而是停留在消极防守上，结果被动挨打。农民运动的自发性、分散性、地方性，缺乏严密的组织和坚强领导，尽管一时声势浩大，最终却为反动派各个击破。论者把此归结为历史发展条件的限制，农民阶级的局限性，没有先进阶级的领导。许水璋把未摆脱中世纪人民采用的落后方式作为运动的一个突出缺点。缺乏鲜明的土地纲领也是大多数论者提到的一个原因。张友伦认为只实行简单的平均主义措施不能满足农民的土地要求，不能把广大农民都发动起来。纳忠进一步指出，平均一切社会财富、实行消灭私有制度的思想虽足以暂时鼓舞贫苦群众的革命情绪，但它没有实现的基础和条件。这种乌托邦思想同农民阶级的小私有制的现实相矛盾，得不到农民自始至终的支持。纳忠和张友伦还强调起义者成分的复杂。纳忠认为商人代表为环境所迫参加起义具有很大的两面性。张发伦则指出一部分统治阶级人物混入起义队伍，散布“忍让”、“爱天下”的思想，从内部破坏起义。纳忠在失败的原因中还提到宗教的狭隘性。巴布教派认为只有自己才是真理，只有巴布这一道“门”才能把人们引到“幸福王国”。这是非常狭隘的宗派主义，没有将被压迫阶级都团结在一起，更没有将什叶派以外的人民——基督教、犹太教的贫苦大众团结在一起，而这些人在巴布运动的中心西北各省为数很多。张桂枢还把起义者未提出反对外国侵略者的明确方向作为失败的主要原因之一。

巴布教派运动被镇压以后，一部分教徒蜕变为巴哈派。纳忠认为巴哈派教义日益符合外国资本家和大商人阶层的要求，是满足伊朗、土耳其封建统治者愿望的意识形态。巴哈派在 19 世纪 70 年代以后宣传“世界一家”，宣布每一种爱国思想都是民族的偏见，人类自私的表现。这表明它已成为配合美英帝国主义扩张的意识形态。

伊斯兰教篇（节选）*

张铁男主编

巴布派　伊斯兰教教派之一。因创始人赛义德·阿里·穆罕默德自称“巴布”而得名。“巴布”是阿拉伯语“门”的意思，即经过此门的人可以得到所期待的救世主（马赫迪）的指点。巴布派于19世纪40至50年代兴起于伊朗。1847年，赛义德·阿里·穆罕默德以先知马赫迪身份公布《默示录》，声称《古兰经》已陈旧，须由安拉指派新的先知以新“圣经”取代之。这位新先知，即是赛义德·阿里·穆罕默德本人。

巴布派学说在《默示录》里全部阐述。该学说具有什叶派“马赫迪”转世思想的色彩，并吸取了什叶派伊斯玛仪支派的学说。他认为，真主是独一的，曾给人类派遣一系列的先知，通过先知把自己的默示带给人类；先知是真主最完善的表现，和真主的本原保持经常的联系，是真主的精灵。他认为每个时代都有自己的新先知、新经典、新教律，因而否认宗教制度和法律一成不变。他声称自己就是反映真主的镜子，是“巴布”，穆斯林可以通过他这个“巴布”认识真主。巴布教派视“7”和“19”这两个数字为神圣，强调一切信仰和制度都尊重这两个数字。如认为真主有7种德性，以此主宰世界；规定一年有19个月，每月有19天，信徒每年斋戒19天，每年诵读19段《默示录》等。在宗教仪式上，认为不必在规定的时间或地点进行经常性的礼拜，除葬礼外，不举行集体仪式等。除此之外，还提出了一系列改革社会制度的主张，让人们感觉到了 种没有封建压迫、人人 律平等和幸福的社会制度。

赛义德·阿里·穆罕默德向各地派传教士广为宣传他的《默示录》，该派活动日益发展，并多次举行起义，其矛头直指封建统治者、外国殖民地以及与封建统治者勾结的宗教上层，因此受到波斯国王的镇压。1850年巴布被处死。巴布死后其教徒仍继续传播巴布教义。后分裂为两派：一派坚持原教义，人数很少；另一派为巴哈教派，主张妥协，提出了与巴布派截然不同的教义，在伊朗境外得到传播。

白哈派　19世纪中叶从波斯伊斯兰教巴布派中分化出来的派别。因创始人密尔扎·侯赛因·阿里自称白哈乌拉（意为“安拉的光辉”）而得名。该派教义主要以白哈乌拉的《至圣书》为依据。认为安拉是超越物质的不可知的实体，通往安拉的每条道路都是敞开的。安拉以其不可知的本质使自身得以出现并创造出他以外的一切。安拉表现的特殊形式就是先知的特征。他们主张人类统一，大家都是兄弟，必须真诚相爱，互相信任；主张取消国界，使用一种世界语言，组织统一的议会和政府；强调信徒要绝对服从最高的宗教领导人和现行政权。他们简化宗教礼仪，规定每天只要早、午、

* 原载张铁男主编：《宗教知识小百科》，长春出版社1991年版。

晚举行3次简短的礼拜,可用不同的语言念诵由白哈乌拉所写的经文。信徒可以单独举行礼拜,而不必在清真寺进行。旅途中只要口诵"赞美安拉"即可。规定净化的程序简化为每天先洗手,后洗脸,如果没有水,也可不洗。该派以巴布规定的每19天为一个月的历法。信徒每月集会一次,举行公共的仪式,包括念诵祈祷文和经文。所念经文可以是《圣经》、《古兰经》或其他宗教经书的某些章节。并减少宗教节日,缩短斋期。在日常生活中,该派允许过舒适、豪华的生活,对行乞、独居修道和苦行及其他禁欲主义的表现持否定态度,认为无所事事和乞丐是安拉最痛恨的人。

该派主要分布在波斯,美国和德国等也有其信徒。20世纪50年代以来,该派在非洲特别是乌干达,有一定程度的发展。

大同教*

王作安主编

大同教的国际通用名称是“巴哈伊教”，是从伊斯兰教巴布教派脱胎分化而成的一个新兴宗教。19 世纪中叶由伊朗贵族巴哈乌拉创立，本世纪前期正式形成独立宗教，在世界范围内获得迅速发展。1931 年，原清华大学校长曹云祥在上海翻译该教著作，因该教主张人类一体、世界大同，便将其名译为“大同教”。1954 年，外来的苏洛曼夫妇在台南建立第一个巴哈伊教中心，该教传入台湾。随后，不少巴哈伊教著作在马来西亚和台湾（地区）被译成中文出版，华人信徒有所增加。

巴哈伊教没有神职人员，教徒“自行祈祷”。教义主要有人类同宗、宗教同源、扫除种族偏见、自由独立探求真理、普及教育、男女平等、宗教与科学一致、谋求社会经济平等、保障世界和平等。其总部称“世界正义院”，设于海法。下设地区和国家级的“总灵体会”，再下面为地方灵体会，负责成员由教徒选举产生。台湾（地区）设有“大同教台湾总灵体会”。1987 年底，有地方灵体会 21 个。该教传教场所称中心，台湾有台北、台中、台南、高雄、屏东、花莲 6 个中心；教徒活动点 150 余处，教徒 2310 人。

巴哈伊教的特点是要求信徒绝对服从政府，不得参与政府事务，而宣传教义是每个人的义务。因此，该教在台湾未与当局发生过摩擦；但由于信徒很少，在社会上也没有明显影响。1988 年 11 月，该教总传导委员会曾在台北举行研习会。

* 原载王作安主编：《宗教工作基础知识》，中国旅游出版社 1991 年版。

一种可传播的疾病(节选)*

莫纳·格里塞

宗教团体早就在从事他们社区成员精神方面和身体方面的活动。他们将社会问题视为一个有机的整体,而不是光解决个别的问题。WLGI广播电台是家巴哈伊教在南加里弗尼亚的广播电台。这家电台不播任何广告,只播有关发展以及主要是个人转变的节目。它的节目包括文学和健康、妇女儿童、音乐和娱乐等节目。所有节目都属于一种承认个人独特性格,尤其是它的听众的性格的世界观。它的听众主要是生活在农村的黑人和穷人。这些人认为这个广播电台是属于他们自己社区的。在世界各地的巴哈伊广播电台也是如此。电台的工作人员来自社区,很多人是文盲,但他们都受过播音训练。

同其他社区不同的是巴哈伊社区在同社会弊病做斗争时从教徒们的支持以及巴哈伊教的行使人巴哈乌拉所倡导的原则和道德价值观吸取力量。巴哈乌拉发展了人类与社会相互作用的模式。

在发展中国家,全国性的和基层的教育有很多是值得美国学习的。在非洲就有一个全国性与社会弊端做斗争的榜样。最近我有幸在喀麦隆参加政府发起,联合国资助的父母责任计划的工作。考虑到这个国家的社会情况,政府认识到现代化和它的许多的副作用使传统的价值被破坏,结果又破坏了像家庭这样的社会结构。酒精中毒、爱滋病、性病、妓女、犯罪行为、离婚等等都增加了。为了同这一切作斗争,政府发起了一场叫作父母责任运动,教育成年人应对儿童负责任,不仅是为儿童提供充足的住房,使他们能上学,身体健康,而且还要为他们提供道德的榜样。

一项由联合国促进妇女发展机构发起的,由世界各地的巴哈伊国际社区来完成的计划的中心是利用传统的宣传工具在社区中引起对男子和女子作用的讨论,并且让他们自己决定如果有变革的话,他们希望的是什么变革,然后将他们的希望的变革制定进计划中去。在执行计划时令预算方案得到充分的重视,社区都依靠自己的力量来完成变革,这样就可以避免许多会影响计划发展的一系列互相关联的事情。

* 原载中国妇女出版社编:《中美妇女问题研讨会论文集》,中国妇女出版社1991年版。

对外交流大百科(节选)*

蒋宝德　李鑫生主编

巴布派　近代伊朗伊斯兰教重要派别,因创始人赛义德·阿里·穆罕默德(1821～1850)于1844年自称"巴布",故名。"巴布"阿拉伯文意为"门",即人们渴望马赫迪(救世主)的旨意,通过此门传达了人民。1847年巴布仿《古兰经》写《默示录》,并以先知马赫迪身份公布,声称穆罕默德时代已过去,《古兰经》已陈旧,必须以新的"圣经"《默示录》代替;必须由安拉指派新的先知来完成,而"巴布"就是这样的新先知。宣传没有压迫、人人平等,过着幸福生活的世界,巴布在向伊朗统治阶级宣传其学说时遭到反对。于1847年被捕,1850年7月被处决,巴布被捕后,该派活动日益发展,其信徒进一步发展巴布的社会主张,提出"废除私有制、财产公有化的"口号,多次举行武装起义,均被残酷镇压下去。1852年该派刺杀国王未遂,随后内部发生分裂,1863年门徒侯赛因·阿里创立了巴哈教派。

巴哈派　伊朗巴布教派起义失败后分化出的一个新教派。因创始人侯赛因·阿里自称巴哈安拉(意为"安拉的光辉"),故名。巴布教派起义失败幸免于难的部分人,逃至土耳其奥斯曼帝国的伊拉克,侯赛因·阿里与其异母兄弟叶海亚,在伊拉克争夺领导权,不仅导致教派分裂,而且遭奥斯曼当局干预,叶海亚被送往塞浦路斯,坚持巴布教义,1912年去世。侯赛因则被送往巴勒斯坦的阿克城,1892年死于该地。侯赛因于19世纪70年代完成主要著作《至圣书》,企图以此来取代《古兰经》和《默示录》。其不仅远离巴布教派,而且与伊斯兰教也很少共同之处,实际是一种新兴宗教,认为其信奉的一神,与世界各个宗教崇奉的神灵,是同一个神,只是称呼不同而已。各教的教堂、庙宇、其信徒皆可入而崇拜,因为他们认为世界人类一源,皆系神的儿女;主张所有的人,不分种族、民族和社会地位,皆为兄弟,应互相真诚相爱,互相信任。要求宽容异教,废除圣战,实现"世界和平",建立"正义王国";取消国界。用世界语组织统一政府,取消或简化宗教仪式,强调个人对安拉的忠诚,做"安拉的奴隶",绝对服从最高的宗教领导和一切现存政权。现在该派信徒约数百万人,总部设于海法。美国、英国、德国、瑞典和印度等很多地方有活动中心,香港、澳门和台湾亦有其信徒。

* 原载蒋宝德、李鑫生主编:《对外交流大百科》,华艺出版社1991年版。

南希外传（节选）*

[美]基蒂·凯利著，张兵一等译

里根仍继续同南希约会，但又并不仅限于她一个人，而且，对她的态度也绝非始终如一的。然而，她还是从不放过任何一个机会。她在公开场合下从来不离开他左右。“我记得那次在贝弗利·威尔希尔旅馆的庆祝会上见到他们的背景。”原帕拉蒙特制片厂女演员玛丽·辛克莱说，“我以前在夏季剧团中认识南希的。我向她喊道：‘过来我们聊聊。’她回答说：‘什么？要我离开这个高大、迷人、了不起的男人吗？’她不肯挪动一步，不愿过来向我问好，只是站在那儿，两只闪烁着光彩的大眼睛仰望着罗纳德·里根，目不斜视，仿佛怕他会突然从地面消失一样。”

他们在公共场合露面时，常常约琼·阿利森和迪克·鲍威尔一同前往。琼·阿利森说：“我记得我曾对南希说：‘你必须嫁给罗尼，因为他同理查德一样迷人。’她回答说：‘我同意，但是我想还是等他向我提出来时再嫁给他，那才是礼貌之举。’”

然而，这位41岁的男演员一直没有向她提出来，因为当时他深深地爱上了一个名叫克里斯廷·拉森的女演员。这个人虽然来自威斯康星州，但其外貌却酷似他偏爱的那种身高体壮、妩媚动人的玫瑰花女王似的人物。1951年，是克里斯廷·拉森，而不是南希·戴维斯，得到了罗纳德·里根的求婚和一只作为订婚礼物的钻石手表。那位26岁的女演员决定收下手表，但拒绝了求婚。

“克里斯廷并不那么爱罗纳德·里根，”同拉森一起参加宗教聚会的吉姆·刘易斯说，“我认为她的真正目标是加里·库珀。那时我很了解她；我是她的邻居和朋友，又都是巴哈教派的信徒。她几年前去世了。”

“她很可爱，”剧作者怀特黑德说，“我同里根一样也想娶她为妻。她喜爱美术、音乐、戏剧，积极参加巴哈教派的宗教活动。她对政治丝毫不感兴趣，这对罗尼来说是不幸的，也是他们之所以不可能结合的原因之一。他身为电影演员工会的主席，从事大量的政治活动，这使他成为像克里斯廷那样虔诚的巴哈教徒难以接受的对象。按照我们的信仰，你不能从事政治，因为投身政治就必须选择立场，而我们的信仰不允许这样做，但克里斯廷曾经对我说过，她向他讲过巴哈教派的教义，他深受感动。”

“他成为美国总统后，之所以会发生公开声明呼吁伊朗停止处决巴哈教徒，我认为原因就在于此。我深信，是克里斯廷影响过他。”

“我想她甚至带他去过一个巴哈教徒的家庭。”吉姆·刘易斯说。

---

* 原载[美]基蒂·凯利：《南希外传》，张兵一等译，世界知识出版社1991年版。

里根的母亲内莉一辈子天天讲道、祈祷（“祖母是一位真正的虔诚信徒”，她孙女莫林曾说），也要求儿子每星期天上主日学校，然后到教堂，再到基督教成人班做好事，每星期三晚上必须参加祷告会，所以里根对克里斯廷·拉森的宗教虔诚是能够接受的。作为巴哈教教徒，她相信在上帝众多的使者中巴哈安拉是最新的一位，这些使者包括亚伯拉罕、摩西、佛陀、琐罗亚斯德、耶稣和穆罕默德。巴哈教教义最根本的目的之一，是在一个统一而具有开明精神的新的世界秩序的框架中建立世界和平。

克里斯廷·拉森住在北贝弗利峡谷，而南希·戴维斯住在南贝弗利峡谷，两者相距不过数英里，这给当时同时与这两个女人约会的里根提供了地利之便。

什么是巴布教派？*

戴康生

什么是巴布教派？

19 世纪中叶，伊朗在卡加王朝统治下已沦为半殖民地。俄、英、法等国为争夺伊朗，发动侵略战争，并先后强迫伊朗与之订立不平等条约。外国资本的涌入，剧烈地冲击伊朗的封建经济基础。大量农民与手工业者贫困破产，进一步加深了国内阶级矛盾，社会危机一触即发。1848～1851 年爆发了一场声势浩大的人民大众反对封建专制主义与殖民主义，谋求社会变革的伟大起义。它以教派运动的形式出现，这个新教派就是巴布教派。创始人阿里·穆罕默德(1820～1850)是设拉子小商人之子。他对当时社会深感不满，力图通过宗教改革来改造社会。他早年是十二伊玛目派中的谢赫派信徒，该派主张隐遁的伊玛目(马赫迪)即将作为救世主再临，信徒通过伊玛目的“门”始能认识真主，在人间建立正义王国。1844 年，阿里·穆罕默德公开宣称自己是“巴布”(即“门”之义)和新时代的“先知”。他认为人类社会是依次递嬗发展，后来的一定要超过以前的时代，旧制度与旧法律应随新时代的出现而废除。他申明现在是巴布教派的新纪元，伊斯兰教时代已结束，并提出用他写的《默示录》取代《古兰经》及其他宗教经典，一切制度和法律应按《默示录》重新制定。该派在否认伊斯兰教法和世俗法基础上，提出一系列有关社会改革的主张，要求保障人身自由和私有权，解放妇女，承认贸易与签订合同的自由，用法律规定借贷利息，统一币制，取消刑罚，改良邮递，不得强行纳税等，反映了下层群众、下级阿訇及中小商人、手工业者的思想与意愿，在较大程度上适应了新兴商业资产阶级的要求。在宗教上，该派的许多教义思想接近十叶派的十二伊玛目派和伊斯玛仪派的神秘主义。宗教礼仪简化，不强调在规定时间和地点进行经常的集体礼拜，对妇女的限制也较少。1847 年巴布被捕。广大教徒在遭迫害的情况下，1848 年 9 月在马赞德兰省举行武装起义，随后在全国各地继续扩大。卡加王朝统治者派兵镇压，1850 年巴布遇害，许多巴布派教徒惨遭杀戮。此后斗争转入隐蔽，1852 年巴布教徒在德黑兰谋杀国王未遂，致使该派遭更大规模镇压，幸免者纷纷逃亡国外。后来巴布教派内部分裂为两派：由米尔札·叶哈雅·努里领导的阿里派，坚持原教义，但人数不多；由米尔札·侯赛因·阿里(又称巴哈乌拉)领导的巴哈教派，反对武装斗争，渐渐发展为另一种独立的宗教——巴哈教，在伊朗境外得到较快的传播与发展。

* 原载中国社会科学院世界宗教研究所伊斯兰教研究室编：《伊斯兰教文化面面观》，齐鲁书社 1991 年版。

巴哈教[*]

[美]霍普夫著,张云钢等译

上帝的所有先知都讲同样的信条

——巴哈安拉(Bahá'u'lláh)

巴哈教开始是伊斯兰教的一派,由于它的发展已经与伊斯兰教相距甚远,故被认为是一种独立的宗教。巴哈教的中心主旨是:世界上所有的宗教都同出一源,所有宗教的真理都是统一的,所有先知都从唯一的上帝那里得到部分启示。巴哈教进一步认为,宗教必须与科学和教育相协调,以产生和平的世界秩序,所有种族和性别都有平等的机会。由于强调了这些观点和立场,使巴哈教在很多国家吸引了不少信徒。

巴哈教派的产生与发展

主要居住在波斯的伊斯兰教什叶派,历来都认为阿里有 12 位嫡系子孙,阿里是穆罕默德的女婿和法定继承人。这 12 位阿訇被称为"大门"(gates),通过他们,信徒们就能获得真理。第十二位继承人在 9 世纪消失了,什叶派相信总有一天他将作为救世主重新出现。

1844 年,一位名叫米尔扎·阿里·穆罕默德(Mírzá 'Alí Muḥammad)的什叶派穆斯林声称他就是人们所期望的第十二位阿訇,他自称为巴布·乌布·丁(Báb'l-Dín),意即信仰之门。由于主张纯洁宗教和社会改革,例如提高妇女地位等,巴布在自己周围聚集了一批信徒,他们自称为巴比斯(Bábís)。这一宗教运动并没有能生存多长时间,便被波斯的宗教和政治力量粉碎了。1850 年,巴布受到公开审判,判处死刑,他的信徒们或被监禁,或被杀害。在死前,巴布曾预言他已经为后人指出了一种建立普遍性宗教的方法。巴布的尸体被他的一些信徒救了出来并保存了许多年。最后转移到巴勒斯坦的海法城[①]并安葬在那里。

---

* 原载[美]霍普夫:《世界宗教》,张云钢等译,知识出版社 1991 年版。

① 海法城,今属以色列。——编者注

曾遭到监禁的巴布的一位信徒,名叫米尔扎·侯赛因·阿里(Mírzá Ḥusayn 'Alí),出生在波斯的一个高贵的家庭。正因为他的家庭,他才没有与巴布一起被处死,但被监禁在德黑兰。1852年,巴布的另一名信徒企图暗杀伊朗国王,因而使这一教派受到进一步的迫害。米尔扎·阿里被驱逐到巴格达,在那里度过了10年。在监禁和流放期间,米尔扎意识到自己就是巴布所预言的人。1863年,米尔扎和残余的巴比斯们被逐出巴格达,移往君士坦丁堡,在即将离开巴格达的前夕,他向巴比斯们宣布,他就是巴布所预言的人。这一启示是在巴格达附近的瑞德温(Riḍván)作出的,巴哈教至今每年都在这里盛宴纪念。米尔扎被称为巴哈安拉(Bahá'u'lláh)(意即上帝的光荣),那些信仰他、遵循他学说的巴比斯们就成为巴哈教徒。

这以后,巴哈安拉和巴哈教徒不断受到迫害,被迫从中东的一个首都移往另一个首都。从君士坦丁堡移往亚德里亚堡(Adrianople),最后被驱逐到土耳其在巴勒斯坦的监狱之城阿卡('Akká)。起先,巴哈安拉和他的80名信徒在一个军营中监禁了两年,饱受饥饿和疾病之苦。后来,他们被转移到另一处条件稍好的地方。最后,巴哈安拉终于获得了较多的自由,但仍然作为土耳其政府的一名囚徒在阿卡度过了余生。尽管在阿卡的岁月中受到监禁,但他仍能派遣传教士,能够会见客人,从而传播他的团结和世界和平的教义。在这期间,他写了不少书信和著作。他给教皇和世界各国首脑写信,宣传他的使命,号召他们进一步努力实现世界和平。他的著作有《至圣之书》(*The Most Holy Book*)、《必然性书》(*The Book of Certitude*),以及《深藏的诺言》(*The Hidden Words*)。他于1892年死于阿卡,享年75岁。

巴哈安拉死后,这一教派的领导权便转移到了他儿子肩上,他名叫阿巴斯·艾芬迪('Abbás Effendí),人们将他称为阿卜杜拉·巴哈('Abdu'l-Bahá)(意即巴哈的仆人)。阿卜杜拉·巴哈继承了父亲的写作计划。1908年他被土耳其政府释放,此后,他游历欧洲和北美,宣传巴哈教义,在许多国家建立巴哈教会。由于他为世界和平所做的努力,1920年,英国授给他大英帝国骑士称号。1921年,阿卜杜拉·巴哈去世,领导权又移交给他的孙子苏格黑·艾芬迪(Shoghi Effendi),苏格黑继续在不少国家建立地区的和国家的教会,他于1957年逝世。这时,巴哈教不再由巴哈安拉的嫡系子孙领导,而是由全世界巴哈教徒所选举的领导机构行使领导权。

巴哈教派教义

虽然巴哈教派起源于伊斯兰教的什叶派,但不久就变得与什叶派迥然不同。巴哈教派并不像伊斯兰教那样崇敬《古兰经》。《古兰经》的大部分被修改,被比喻性解释,或仅被看成为某种象征。巴哈教派摒弃了对天使和魔鬼的精神信仰,把天堂和地狱视为某种象征性的东西。《古兰经》与基督教和犹太教的《圣经》,以及其他宗教的经典一样,都是巴哈教派信仰的源泉。对待《古兰经》的这种态度,使巴哈教派在穆斯林中不得人心,因而使它在其诞生地伊朗遭到驱逐。

巴哈教派的基本教义是:所有宗教都同出一源。在早期的各个时代,上帝通过先知传授真理。摩西、琐罗亚斯德、耶稣、穆罕默德、黑天(Krishna)、释迦牟尼、巴哈安拉都是上帝的先知,他们都代表了上帝给予他们那个时代的部分真理。但是,巴哈安拉作为最后的和最伟大的先知,从上帝那里获得了终极真理。巴哈安拉最伟大的真理是:人类种族是一个整体。所有人类,所有种族,无论男女，以及所有的宗教真理，都是唯一的上帝的创造。

巴哈安拉说：

知识之树的全部光荣之果是这样一句崇高的话：你们所有的果实同出一树，同出一枝。不要只爱自己的国家、只有爱自己的同类才无上光荣。[①]

按照巴哈安拉著作中关于宗教真理的基本观点，阿卜杜拉·巴哈离开阿卡时，向全世界宣布了巴哈教派的下列教义：

①全人类是一个整体。这是巴哈教派的关键原则和信仰的基本教义，是巴哈教派的基本原则，也是其学说和实践活动的基础。

②独立地寻求真理，不受迷信和传统的束缚。任何人要成为巴哈教徒，都必须寻求上帝的真理，而不依赖于先知和以往的传统。"从迷信和模拟中解放出来，他就能用整体的眼光观察到上帝的表现形式，就能以善良的态度思考一切事物……"[②]这是巴哈教派的基本教义之一。

③所有宗教都具有基本的统一性。从全人类是一个整体的教义出发，巴哈教派认为所有宗教的基本思想是相同的。这并不是说世界各种宗教之间不存在差别，巴哈教仅认为所有宗教的基本思想是相同的，因此应求大同，存小异。巴哈安拉与一位客人的谈话中这样讲：

所有的民族在信仰上应一致，所有人皆兄弟。人类的联系和团结应加强，宗教之间的冲突应停止，废除一切种族歧视……冲突、杀戮、倾轧必须停止，所有人都同出一源，亲如一家……[③]。

④所有的偏见，不论是宗教的、种族的，还是阶级的、民族的，都应受到谴责。在巴黎的一次演说中，艾卜杜尔·巴哈说：

宗教应团结所有的人，从地球上消灭一切战争和纠纷的根源，应当产生一种精神，给每个灵魂带来光明和生机。如果宗教成为憎恨、仇视和分裂的根源，那么，没有它会更好些。……不产生爱和团结的宗教就不是宗教。[④]

⑤必须协调宗教与科学。巴哈教派产生在19世纪，现存宗教与新兴科学之间发生了尖锐冲突。这两种力量应当协调起来。穆罕默德的女婿阿里说：

与科学一致的东西也与宗教相一致，有知识的人不明白的东西，宗教也不应该接受。宗教与科学携手并进，与科学相悖的任何宗教都不是真理。[⑤]

⑥男女平等。巴哈教是世界宗教中唯一的从诞生之始就主张男女平等的宗教。

人类像鸟一样有两个翅膀——一个是男人，另一个是女人。如果两个翅膀不强健，没有共同的力量推动，鸟就不能飞上天空。根据这一时代的精神，妇女必须推进和履行她们在社会生活各部门的使命，实现男女平等。[⑥]

⑦普及强迫教育。尽管巴哈安拉和阿卜杜拉·巴哈都没有机会受正规教育，但他们都宣传普及教育是世界和平和稳定的必要条件。

---

① J. E. 爱斯莱蒙特(Esslemont)：《巴哈安拉与新时代》，第59页。
② 巴哈安拉：《智慧之言》(*Words of Wisdom*)。
③ 爱斯莱蒙特：《巴哈安拉与新时代》，第126页。
④ 爱斯莱蒙特：《巴哈安拉与新时代》，第165页。
⑤ 艾卜杜尔·巴哈：《艾卜杜尔·巴哈的智慧》。
⑥ 阿卜杜拉·巴哈。引自爱斯莱蒙特：《巴哈安拉与新时代》，第154页。

⑧除普及教育外，巴哈教还认为必须有一种世界性的语言。巴哈安拉说：

我们要求最高法院，要么选择一种现存语言，要么创造一种新语言，运用在公共的著作里，在全世界的所有学校里教给学生，这样，整个世界就将会变成同一国家。① 阿卜杜拉·巴哈主张采用世界语作为这种普遍性语言。

⑨消灭极端富裕和贫穷。由于出身于较高社会阶层的家庭，生命的大部分时间又在监狱里度过，因此，巴哈安拉实际上经受了世界上的极端富裕和贫穷。他认为这两种极端都是有害的、不正常的，应当消除。然而，对如何改变这种状况，他并没有作出详细的计划。但是，他建议全世界的富人们应当敞开心怀，捐助穷人。他主张世界各国政府颁布法律，以防止贫富两极分化。

⑩应当成立一个世界性法庭，裁决国家之间的纠纷。在国际联盟(League of Nations)成立前40年，巴哈安拉在阿卡狱中就呼吁建立这样的组织。然而，第一次世界大战后成立的国际联盟，阿卜杜拉·巴哈认为太软弱无力，没有多少作用。

⑪从服务精神来看，应将劳动提高到信仰的高度。根据巴哈教教义，一个良好的社会是每个人都从事一定工作的社会，不存在游手好闲者和无所事事者。

“每个人都愉快地从事某种职业——艺术、商业等等，我们创造了——你们的职业——同信仰唯一真实的上帝是一致的。②

因此，巴哈安拉与加尔文和古犹太人法里西斯(Pharisees)一样，认为劳动具有宗教的职能。

⑫正义应当成为人类社会和宗教的最高原则，以保护全体人民和国家。

⑬最后，巴哈教派教义的终点是：人类的最终目的是建立持久而普遍的和平。③

与伊斯兰教和其他西方宗教不一样，巴哈教认为天堂地狱不是某种地方，而是灵魂的状态。人类真实存在的灵魂是永恒的、不断进步的。灵魂接近了上帝或上帝的目的，那就是天堂；灵魂远离了上帝，就是地狱。因此，其他宗教所描述的天堂和地狱，与其说是真实存在，不如说只是一种象征。巴哈教所说的人类是一个整体，不仅是指人类在现世生活中的整体性，而且也指活着的人和死去的人之间的统一性。因此，生者与死者之间有可能存在着联系。阿卜杜拉·巴哈认为，这就是先知和圣人具有特殊力量的原因，因为他们了解另一个世界，并与之相联系。

根据巴哈教的信仰，上帝是唯一和全部的实体，那么，就不存在确定的邪恶。如果上帝是唯一的和无所不在的，那么，宇宙中就不会有撒旦存在。就像没有光的地方就是黑暗一样，没有善良的地方就是邪恶。阿卜杜拉·巴哈说：

“创世时没有邪恶，全部都是善。存在于一些人身上的某些受到谴责的特点和性质，实际上并非如此。④

巴哈教的宗教活动

巴哈教徒的日常生活必须遵守很多规定。事实上，一个巴哈教徒的全部宗教生活，从整体上看

① 巴哈安拉：《伊歇拉魁特碑文》(*Tablet of Ishráqat*)。

② 巴哈安拉：《幸福消息》(*Glad Tidings*)。

③ 十三原则资料由伊利诺伊州国家巴哈教派总部公共资料部提供。

④ 阿卜杜拉·巴哈：《对一些问题的问答》(*Some Answered Questions*)，第250页。

是祈祷。一个人的工作、思想及行为都必须符合祈祷的精神。这是巴哈教徒生活最重要的特点之一。巴哈安拉在《凯特比·艾克达斯》(*Kitáb-i-Aqdas*)中强调了这一点。

> 每天早晚背诵上帝的话。忽视这一点的人,就违背了与上帝的誓约和协定。今天,背离了这一点的人,就已经背离了上帝。①

尽管在日常的礼拜中有许多正常的祈祷,但巴哈安拉还确立了三个规定的祈祷。巴哈教徒可以任选一个作为反省的一个部分。

巴哈教在他们历法的 19 个月中斋戒一个月。在阿拉月('Ala'),即从公历 3 月 1 日开始,巴哈教斋戒 19 天,但并不要求完全斋戒,即粒米不沾,仅是白天不进食。由于斋戒是在每年早春时节举行,因此,仅是从上午 6 时至下午 6 时不吃喝。阿卜杜拉·巴哈说:

> 斋戒是一种象征。斋戒的意义在于戒除欲望。身体的斋戒是一种象征,一种提示,要人们戒除身体的欲望。他必须戒除自我的爱好和情欲。但是,仅仅是身体的斋戒,还不能对精神发生影响。这仅只是一种象征。一种提示。否则就毫无意义。②

巴哈教信徒还在一年内的其他时间,举行盛宴庆祝巴哈教历史中的各种事件。包括 3 月 21 日的新年,4 月 21 日至 5 月 2 日的瑞德温节(Riḍván)。以纪念巴哈安拉声称自己就是人们所期望的人这一历史事件。

巴哈教的婚姻是一夫一妻制占统治地位。巴哈教徒必须在双方父母同意后才能结婚。巴哈安拉说:

> 毫无疑问,《巴安书》(*Al-Bayán* 巴布启示录)中严格规定,结婚必须双方同意(新郎和新娘),就像我们希望带给人民爱、友谊和团结一样,我们认为结婚也应得到父母的同意,这样就可以避免敌意和仇视。③

夫妻双方只有在极不相容的情况下才允许离婚。离婚前,夫妻必须等够一年时间,以重新恢复爱情。如果不能恢复,才可以离婚。如果已经有了小孩,他们有责任为孩子提供最好的教育。巴哈教禁止饮酒和吸毒。

巴哈教的礼拜形式与其他许多宗教不一样。礼拜的基本单位是地方精神会(Local Spiritual Assembly)。这一组织的集会或在其成员家中举行,或在其他建筑物中举行,不像其他宗教一样有专门的建筑物。它也没有专门领导礼拜活动的神职人员。巴哈教徒的礼拜很简朴,没有典礼,只有最少的形式。一位受尊敬的人朗读巴哈安拉的作品和其他世界性宗教的经典。其余的活动就是个人礼拜和诵读。巴哈教团体的礼拜十分简单,它反对基督教和其他宗教的两种基本活动:布道和捐赠。尽管巴哈教徒必须捐赠以维持他们的宗教,但他们拒绝接受非巴哈教徒的馈赠。④

巴哈教的组织有三级。最基本的是地方精神会(Local Spiritual Assembly),每一个团体都由一个 9 人或 9 人以上的巴哈教徒组成的管理机构进行管理,处理日常事务,这个机构每年 4 月 21 日由选举产生。1968 年,全世界有 6828 个这种组织。第二级管理机构是国家精神会(National Spiritual

---

① 巴哈安拉:《凯特比·艾克达斯》。

② 引自爱斯莱蒙特:《巴哈安拉与新时代》,第 189 页。

③ 巴哈安拉:《凯特比·艾克达斯》。

④ 以色列导游在引导旅游者到哈依发(Haifa)的巴布神殿时告诉旅游者,与以色列的其他圣地不一样,巴哈神殿既不出售纪念品和圣物,也不接受捐赠。

Assembly),也由 9 人组成,每年由全国代表大会的代表选举产生。1968 年,这种全国代表大会共有 83 个。巴哈教的最高层是世界法庭(Universal House of Justice),它的领导机构也是 9 人,由全世界全国代表大会的成员选举产生。代表任期 5 年。

虽然巴哈教没有地方性的礼拜建筑物,但却在各地建造了一些辉煌的庙宇,并计划在各大洲都建造一个。这种庙宇在德国的法兰克福、澳大利亚的悉尼、乌干达的坎帕拉、美国伊利诺伊州的威尔米特(Wilmette)已经建成。每个庙宇都体现不同的建筑风格,但所有庙宇都是九面的,上部建有拱顶。"九"这个数字是巴哈教的象征,因为这是数字单位中最大的数,代表了世界范围的团结,而这正是巴哈教所追求的。除了这些庙宇外,世界巴哈教的中心是位于以色列,靠近阿卡·哈依发的卡尔麦尔山(Mt. Carmel),巴哈安拉在这里度过了生命的最后岁月。在花园的中心,耸立着巴布的金色圆顶圣殿和档案馆。

和其他宗教一样,巴哈教有自己的历法和宗教节日。历法为阳历,每年 19 个月,每月 19 天。为凑足 365 天,在每年的最后一个月加上 4 天(闰年加 5 天),新年设在春天开始的那一天,3 月 21 日。和犹太历法相同,日落时为一天之始。

尽管没有确切的统计资料,但据估计,全世界大约有 500 万巴哈教徒。这个教派人数虽少,却正处在发展之中。

巴布教和巴布教徒起义是怎么回事？巴哈教与巴布教有什么关系？[*]

范桥主编

巴布教产生于19世纪中期的伊朗，有其宗教的和社会的原因。16世纪初以来，伊朗一直信奉十叶派的十二伊玛目支派为国教。18世纪末，从该派中产生了谢赫教派，它特别尊奉"隐遁伊玛目"，宣传马赫迪即将降临世界，消灭一切不正义现象，建立公正平等社会。谢赫教派与十叶派的圣训派（艾赫巴里派）直接相对抗。当时伊朗恺加王朝（1796～1925）实行腐朽统治，西方殖民列强又给人民带来灾难。因而广大下层人民同以国王为首的封建统治阶级之间本来就已存在的尖锐阶级矛盾和宗教分歧，随着外国资本主义的入侵而更为加深了。

巴布教的创始人赛义德·阿里·穆罕默德，1820年10月20日出生于设拉子一个布商家庭。他在去卡尔巴拉朝圣时，结识谢赫教派的首领赛义德·卡齐姆·拉西提，信奉了该派。1843年，拉西提去世后，他成为该派宗教首领。1844年5月23日，他得到"灵感"，即席草成并诵读了《古兰经》中《优素福》章的诠注。而这一天据传恰是一千年前第12代伊玛目"隐遁"的日子，于是他大大增强自信，觉得自己受天命要充当人类与神意执行者伊玛目马赫迪之间的"门"，因而宣布自己为"巴布"（Báb，门）。意思是说人们渴望的救世主的旨意，将通过此"门"传达给人民。这一称号并非他杜撰，伊斯玛仪派、德鲁兹派等都曾将这一称号给予自己的最高宗教领袖。巴布认为在马赫迪降临前，他的使命在于揭示真理，帮助人们做好准备，去迎接那即将到来新生活。为了迎合群众心理，他赋予"19"这个数字以神秘主义含义（19代表"瓦希德"——"独一的"一词的字母数值），将一年分为19个月，每月19天。巴布还凑集门徒18人，连同自己，正好符合神圣的"19"之数。他们成为该教派的使徒，分驻伊朗的若干省内。巴布派宣传平等，主张平均分配社会财富，提倡商业自由，并大大提高妇女地位，号召摈弃陈腐的礼拜仪式，教义符合处于苦难中的伊朗人民的精神需要，信徒增加很快。以巴布教命名的新教派由此产生。巴布学说的宣传运动，不仅是一种宗教改革，而且是一种社会革命，由此引起当局不安。1847年巴布遭囚禁。其间，他完成了主要著作《默示录》。宣称人类社会依次更迭，每一时代都有自己特殊的制度和法律，它由真主的使者先知来制定。现在，摩西及其《旧约》、耶稣及其《新约》、穆罕默德及其《古兰经》都应让位于他及其《默示录》，一切制度与法律也应按《默示录》重新制定。在狱中，巴布与其信徒保持着联系。在巴布教被禁止传播后，他毅然把宣传口径升级，放弃"巴布"称号，转而自命为众所期待的救世主马赫迪再世，这给了教徒以新的鼓舞。1848年

* 原载范桥主编：《世界四大宗教三百题》，中国广播电视出版社1991年版。

夏,巴布教徒聚集在沙赫鲁德市以东的别达什特镇,进行大规模传教活动,并公开号召武装起义,最后为政府军驱散。1848 年 10 月,聚集于马赞德兰省巴尔福鲁什市的巴布教徒乘国王去世、政局混乱之机揭竿而起,多次击溃前来讨伐之敌,并在那儿实现教义中关于平等的主张,宣布所有财产公有,委派专人管理分配事宜,还实行共餐制。最后,反动政府除利用高级阿訇大肆煽动,向巴布教这一“异端”进行圣战外,还玩弄阴谋。1849 年 5 月初,政府军指《古兰经》起誓,只要起义军放下武器,就可保全生命和自由。但当起义者停止抵抗后,却遭到了血腥屠杀。1850 年,巴布教徒又在赞兼城和尼里兹等地起义。面对方兴未艾的反抗斗争,当局畏惧巴布的影响进一步扩大。遂于 7 月 9 日在色拉子将他处死。但教徒把巴布的死看作殉道,愈战愈勇。王军付出了惨重代价,才在年底镇压了赞兼起义。在两次尼里兹起义均告失败后,巴布教徒们转而采用恐怖手段,1852 年 8 月,他们刺伤了国王。统治者以此为借口,实行白色恐怖,轰轰烈烈的巴布教徒起义方告结束。

起义失败后,巴布教内部分化,为巴哈教(一译比哈教)的产生准备了条件。巴布早期招收的弟子、出身于伊朗显贵大臣之家的密尔扎·侯赛因·阿里(1817～1892)1863 年 4 月 21 日在巴格达流亡地的利时万花园自称“巴哈乌拉”[(Bahá'u'lláh,)真主的光辉],宣称自己是巴布曾预言的真主允许要来的人——受真主之命的新使者。他不断向波斯、土耳其、俄国、普鲁士、奥地利、英国的君主以及教皇、基督教和伊斯兰教神职人员发出信函,公开宣布自己的使命。巴布教徒大多承认他的使命,从此,在巴布教派的基础上产生了巴哈教派。它脱胎于巴布教,并“扩而大之,再熔冶各教于一炉”而成为近代一个新兴的世界性宗教。巴哈教的圣书包括巴布、巴哈乌拉的著作以及阿卜杜·巴哈和沙基·爱芬迪对巴哈乌拉著作的注释和发挥。教义认为真主是不可知的,他通过在不同时期先后向人类派遣不同的使者(这些使者成为不同宗教的创始人)显示自己,他们包括易卜拉欣(亚伯拉罕)、克里希南(印度教)、穆西(犹太教)、琐罗亚斯德(琐罗亚斯德教)、释迦牟尼、耶稣、穆罕默德、巴布和巴哈乌拉等九位,他们是一体,都是真主在地上的代表。真主是宇宙的中心,人是“被创造的万物中最高贵和最完善者”,有永恒的灵魂。这些灵魂在脱离肉体后就以新的形式存在,天堂与火狱就象征了灵魂与真主的关系。巴哈教派认为世上一切宗教都是好的,但都有缺陷,所以不打算消灭以前的各种宗教,而是要把它们统一于理想的宗教学说之中,主张万教归一,企图建立世界主义宗教。它认为世界各个宗教信仰的神灵,名称不同,实际同一,故一个人无论信仰什么宗教,他的神,也就是巴哈教信奉的神。一个已有宗教信仰的人,如再信巴哈教,勿需放弃原有信仰。巴哈教徒对“各教的教堂庙宇,皆可入而崇拜”。巴哈教还主张世界人类一源,天下所有的人,不分种族、民族和社会地位,皆为兄弟,男女之间也应平等。巴哈教最大的特点是要求宽容异教,废除圣战,实现世界和平,消除贫富差别,建立正义王国,并取消国界,用共同语言组织统一的政府,实现大同。它强调个人对真主的忠诚,要求“做真正的奴隶”,绝对服从最高宗教领导人“万王之王的命令”和忠于一切现存政府。它还主张宗教与科学并行不悖。

在巴哈乌拉去世时,教派已由波斯、奥斯曼帝国传到高加索、土耳其斯坦、印度、缅甸、埃及和苏丹。在他长子、从小接受西方教育的阿卜杜·巴哈(意为“巴哈的奴仆”,原名阿巴斯·阿凡提,1844～1921)为教主期间,这一派教义中伊斯兰教的和神秘主义的成分进一步被消除。他们认为,宗教不应表现在礼仪上而应体现于人的行动中,所以宗教仪式被大量取消和简化,巴哈教成为了一种强调社会伦理、强调人道主义的宗教。他们还将教义通过英籍教徒(妇女劳拉·克里福德·巴尔奈)译成英文和法文进行宣传,广泛招募教徒。到 1894 年,他们在美国建立了第一个巴哈教社团。阿卜杜·巴哈临终前指定他长女之子沙基·爱芬迪(1897～1957)为继承人。后者将各地的巴哈社团组成独立的地方教会——地方灵体会和地区性总灵体会,并使之受辖于中央教会。1963 年,巴哈教徒在伦敦举行了第一届世界代表大会,选举了该教第一届世界正义院——万国总灵体会作为中央教会。这样,统一的、具有中央教会的巴哈教最终形成。本世纪 60、70 年代,巴哈教在五大洲发展迅速,尤其是在美国的印第安人、非洲部族以及印度次大陆、东南亚和太平洋诸岛的居民中信徒更多。1981 年时,它共有全国(或地区)性总灵体会 132 个,活动中心 111600 个,其中地方灵体会 26100 个,教徒总数已逾百万,该教要求每个教徒每年至少应发展一名新教徒。

曾任清华大学校长(1922～1927)的曹云祥最早(本世纪 30 年代初)在中国介绍巴哈教,称之为"大同教"。1954 年,巴哈教中心创立于台南,为该教正式传入我国之始。目前,巴哈教在台湾的信徒约两千余名,地方性灵体会 160 多处,并设有"大同教台湾总灵体会"。

巴哈教义中存有否定伊斯兰教的倾向,所以自产生来就在穆斯林社会受到歧视与限制。但在当代却受到犹太复国主义的赏识与利用。以色列成了巴哈教的大本营,世界各地的巴哈教徒每年都要来到安葬巴哈乌拉的圣地阿卡城朝拜。

传统与高技的结合*

——法瑞伯兹沙巴先生一席话

张皆正

加拿大著名建筑师法瑞伯兹·沙巴先生(Mr. Fariborz Sahba)1948 年生于伊朗,1972 年毕业于德黑兰大学建筑精美美术系,获硕士学位。大学毕业后在伊朗曾负责设计过伊朗德黑兰手工艺术与美术中心、黑海边的 Karya Kenar 周末城、Mahsharh 新城、Sanandaj 美术学校与 Pahlavi 文化中心。1974 年沙巴先生在以色列海法城设计了巴哈伊世界中心的世界正义院(即巴哈伊行政机构所在地),1975 年设计了"大理石宫"内的 Negárstán 文化中心(伊朗最宏伟的文化中心)。1976 年在印度新德里巴哈伊神庙设计竞赛中击败群雄而夺标。1986 年神庙建成,其声誉大振,该建筑被誉为印度二十世纪的"泰姬玛哈陵"。去年 11 月 25 日沙巴先生来沪访问,在上海市民用建筑设计院作报告,介绍巴哈伊神庙(又称荷花宫殿),会前笔者采访了沙巴先生……

▲(笔者)先生是第一次来中国吗?对中国有何印象?

●(沙巴先生)我是首次来中国,是应建设部邀请前来访问的。过去我到过东南亚、日本。大约 20 年前我设计了伊朗驻中国大使馆,当时的施工图是由中国方面完成的,来上海前我去过北京、天津与济南,都受到了中国方面的热情、友好接待,我很感动。

▲我在三年前从海外建筑杂志上看到巴哈伊神庙,并认识了沙巴先生,我很喜欢这个建筑,认为它不愧为八十年代世界最佳建筑之一,因而我把这个完美的建筑介绍给了中国建筑师,《世界建筑》1989 年第 5 期刊登了我的文章。

●十分感谢你的介绍。我的荷花宫殿建成后获得很好的反响,也得到了一些奖励。1987 年获得美国建筑协会附属协会"宗教、美术与建筑及多教论坛优秀建筑"最佳荣誉奖,1987 年还获得英国建筑工程师构造机构特别奖赏,1988 年获得北美洲灯光装饰学会的 Paul Waterbury 室外灯光设计特别奖。

▲神庙为何选用荷花形象,请谈一下你的构思。

●这要从巴哈伊教谈起,巴哈伊教是世界宗教中的一种,它起始于 150 年前的伊朗,它不反对异教,而是主张不同宗教合一,人类要团结应是一个统一的整体。巴哈伊神庙是教徒的祈祷场所,它应体现教的宗旨。我考察了印度与印度的传统建筑,荷花在印度人心目中是十分美好的形象,荷花在印度建筑中的运用也很多。在当今世界上,我发现地方民族传统往往被西方的

* 原载《时代建筑》1992 年第 3 期。

高楼大厦所吞没，一些国家的民族风格正在丧失。因此我产生了选用印度人喜爱的荷花形象建造神庙的构思……有人问过我这个建筑与悉尼歌剧院有什么两样，我认为这截然不同，因为荷花宫殿是传统建筑与现代高科技的结合，就结构而言，它才是真正的薄壳结构，并非矫揉造作。

▲高技术体现在何处呢?

●结构设计是很先进的，神庙直径近75m，总高度近40m，壳体厚度仅70mm。在建筑构造上为了解决当地温差变化大理石与壳体之间必须有可伸缩的余地。为此，设计上将大理石与壳体之间脱开50mm，大理石是通过不锈钢架与壳体连结，每块大理石均能三向伸缩，其缝隙嵌以弹性密封膏。

▲听说神庙从设计到建成花了十年，这是为什么?

●神庙的建设很难、很难。因为一切都用传统方式进行，开土方就花了二年，现浇钢筋混凝土壳体的模板支撑很复杂，70mm厚的壳体要浇筑#400混凝土，都是采用人工一点一点地连续浇筑，半弧形的荷花花瓣上的大理石每块大小不一，都经过精密计算，它采用40mm厚的希腊大理石在意大利加工成型，编号分运、组装、拼贴等等都需要很长的工期。

▲这座神庙花了多少投资呢?

●神庙由巴哈伊世界国际团体出资建造，原计划投资1200万美元，到建成时还节省了150万美元。

▲谢谢你的介绍。

教育发展的趋势：1990年到2000年（节选）*

[伊朗]S. 拉塞克　[罗马尼亚]G. 维迪努著，马胜利等译

西方关于人与人之间关系的观念和"征服者"的伦理一样，是建立在竞争和统治的基础之上的。五个世纪以来，这种观念一直使西方社会在弱肉强食的个人主义和视民如蚁的专制主义之间摇摆，并且使西方与世界其他地区之间建立起主人与奴仆的关系。这种关系是以灭绝印地安种族、恢复旧奴隶制度和流放为开端的。

西方关于人与神之间关系的观念使人及其历史的超验性方面遭到否认，导致了"上帝的死亡"，并必然发展到人的死亡。在经济上，这种观念把人仅仅看作劳动力和消费者。在政治上，这种观念使人受到种种奴役。而这些奴役的产生是由于撇开了人类本身的目的性，把生产和消费量的增加作为最高行动目标[加罗迪，(1987 年，第 341～343 页)]。

罗杰·加罗迪提醒人们，其他文明曾设计和经历过其他类型的关于同自然、同人和同神的关系。他强调，世界上各种文化之间的对话对于使我们走出困境很有必要。为建立一种真正的对话，每个人从一开始就应该坚信：别人有些东西值得学习。"通过各种文明之间的对话，人类将能够生存下来和生活下去。"[加罗迪，1977]。

有必要指出，这种通过各种文明"相互受益"把世界从混乱中挽救出来的思想最早是在 1870 年由一个被亚洲大陆两大帝国决定流放的东方思想家巴哈乌拉(Bahá'u'lláh)提出①。他预感到，我们时代的混乱是由"西方文明泛滥"等因素造成的，并建议建立一种以正义、和平、统一的三种价值观为基础的世界新秩序。在这种新秩序里，西方文明的精华(如造福人类的科学)将被纳入一种价值观体系。这个体系中最主要的伦理和精神价值观实际上只不过是经过复兴和再生的以往各大宗教的精髓。神的统一、宗教的统一、人类的统一，在这三项原则之上可以树立起关于人与人和人与神之间关系的新观念。在新文明中，应该使物质与精神、信仰与理性、科学与宗教、东方与西方相互调和。

---

* 原载[伊朗]S. 拉塞克、[罗马尼亚]G. 维迪努：《教育发展的趋势：1990 年到 2000 年》，马胜利等译，五南图书出版有限公司 1992 年版。

① 关于巴哈乌拉，可参阅埃斯莱蒙(Esslemont)博士(1980 年)；霍夫曼(D. Hoffman)，《文明的复兴》，译自英文，布鲁塞尔，巴埃出版社，第 2 版，1972 年；哈彻(W. S. Hatcher)和道格拉斯·马丁(J. Douglas Martin)1984 年。还可见《巴哈乌拉文选》，布鲁塞尔，第 2 版，1979 年；以及《巴哈乌拉对各国国王和领导人的宣言》，布鲁塞尔，巴埃出版社，1967 年。

巴布派　巴哈派*

许华应主编

巴布派　是 19 世纪 40～50 年代形成的伊朗斯兰教派之一。因创始人阿里·穆罕默德自称“巴布”而得名。

巴布派的前身是 19 世纪初在伊朗产生的十叶派中的赛希派。这个教派的成员试图对十叶派进行改革，他们批评十叶派的“圣训集”，反对盲目信仰这种在许多地方自相矛盾的“圣训集”。同时，他们试图在复杂的十叶派烦琐神学体系中加进某些十分温和的唯理论成份。

十叶派的伊玛目说是十叶派的主要信条之一，赛希派对此作了十分重要的补充，他们断言，在十叶派信徒中可能出现一个居于信徒与最高领导人——“隐遁伊玛目”之间的中介人。

巴布派教义的基础在巴布所著《默示录》(《别扬》)中得到论述。照作者的意见，这本书应该取代《古兰经》。

巴布宣传说伊斯兰教的时代结束了，巴布教派统治的新纪元已经到来，此前存在的国家和社会都应该进行改造。巴布把一切希望都寄托在伊朗国王身上，照他的意见，国王应该结束不公正的封建统治者和贪得无厌的穆斯林宗教界的强权势力，根据巴布的药方建立一个理想的国家。在这个巴布派的国家里，商业和一切交易都完全自由，商人应处于特权地位。利息的征收(《古兰经》禁止高利贷盘剥)不受任何限制。商业经营不管是伊朗国内还是国外，都可以畅通无阻。废除教徒必须于规定时间内在举行宗教仪式的建筑物内进行聚礼集合和宗教仪式，每个人都可以在他正常业务活动之余自己感到方便的地方进行礼拜。此外，还废除了限制穿丝绸衣裳和戴贵重金属装饰品的一切规定。还规定每个委托者都有义务将他人托他带的信件和便条送到指定的地点，无论在任何情况下都不能将其撤销。

巴布的教义反映了伊朗社会新成长的商业资产阶级的利益，它反对封建主拥有的无限权力和不受限制的统治。因此，还在这位创始人在世的时候(他于 1850 年夏在大不里士被国王处死)，巴布派教义就已经不仅为城市劳动人民群众而且也为农民劳动人民群众所接受，吸引他们的是该派教义具有反压迫的特性。被压迫群众过着贫困的生活，又经常遭受封建主和国王行政当局的暴虐和专横，于是便把巴布教义当作强大的反封建斗争的武器。当时人民起义的浪潮遍及伊朗全国。

为了镇压其中规模最大的几处起义，国王不得不派出相当多的武装力量，其中包括炮兵。伊朗封建主利用 1852 年三名巴布派信徒谋杀国王未遂案，屠杀了大批巴布派运动最积极的参加者。国

* 原载许华应:《世界三大宗教文化博览:伊斯兰教文化》，长春出版社 1992 年版。

王对巴布派的残酷迫害，致使该派在伊朗完全不可能再公开宣传教义。

人民群众力求利用巴布的学说来为自己的阶级利益服务。巴布学说是绝不号召推翻当时存在的君主制度的，巴布派起义的参加者就对它加以改造，把它变成阶级斗争的工具，用来反对政治和社会压迫，反对私人占有制。这样一种思想不仅与封建主的阶级利益根本相抵触，而且同商人们的阶级利益根本相抵触，甚至构成对他们利益的威胁。因此，在镇压巴布派起义并杀害领导人以后，商人们就很需要这样一种新的学说，这种学说能使已经产生的资产阶级所有制神圣化，并能促进资产阶级和平的建立。这种新的宗教学说就是巴哈派教义。

巴哈派　巴哈派学说的创始人是密尔扎·侯赛因·阿里。他自命为巴哈乌拉（意为“神的光辉”）创立了用来代替巴布教派的新教义。后来巴哈乌拉就冒充自己是真主的化身。巴哈乌拉的主要著作为《基塔别·阿克杰斯》，意为《至圣书》。按作者的意思，这部共有 472 节的作品将取代《古兰经》和《默示录》。1892 年巴哈乌拉死于阿克城。

巴哈教派主张所有的人，不分种族、民族和社会地位如何，大家都是兄弟。自然，兄弟之间应有真诚相爱和相互信任的情感。巴哈乌拉在他的《至圣书》中训导人们说：“你们不要相互作对和相互残杀”（第 168 节）。巴哈派对其他一切宗教和教派的信徒必须抱绝对宽容的态度。规定巴哈派信徒要“在同其他宗教的交往中”生活，废除穆斯林“圣战”的教义。个人的教属不同不应成为相互为敌的疏远的根源，不应成为在和平与安宁的生活中进行友好交往的障碍。人们的愿望和意志首先应当合乎那些善良而宽容的真主及其在尘世的化身——巴哈乌拉的需要。

巴哈派的教义完全符合资产阶级的利益，在《至圣书》和许多教旨的各个部分的规定中都可以看出。例如：穆斯林那种复杂的、令人厌倦的宗教仪式被废除，因为它是资产阶级社会所不需要的，甚至是有害的（因为它诱使资产阶级离开自己的事业，劳动者离开自己的工作）。每天早上、中午和晚上礼拜三次就完全够了。并且规定可以单独进行礼拜，废除在清真寺中的礼拜，目的是使巴哈派信徒摆脱教长们的影响。在旅途中，巴哈派信徒可以将整个礼拜简化为一个磕头礼，或者只是口诵“赞美真主”就可以了。

巴哈派教义的重要特点是把舒适和豪华看成理所当然的事情。例如：不认为使用金银器皿是一种罪孽，允许穿丝绸衣服，允许听歌曲和音乐，允许使用玫瑰露和上等香水，允许穿十叶派伊斯兰教禁止穿的银鼠毛皮。不仅允许，而且规定要建造“尽可能完善的”房屋，并要加以装饰美化。这表明，巴哈派关心的是富人的福利。他们竭力劝导人们说，私有制是不可侵犯的。

为了给贫穷的人以安慰，巴哈派教义说：“人们的财产不会给自己带来什么好处。”富人只是由于无知和缺乏理智才占有其财产的。如果他们意识到这些财富是无益的，那么“他们就会把自己的财产统统分出去”。富人以及一切私有者都是不幸的和值得怜惜的，因为更加使他们感到兴趣的是财富，而不是对死亡时刻和阴世报应的考虑。但是，在《至圣书》中的任何地方都没有规定，为了穷人的利益富人应当放弃自己的财产。

巴哈派信徒应当是忠于世间现存政权的典范。巴哈乌拉向君主和总统们声明：“我们不打算在你们的王国里发号施令，而我们来此是为了统治人们的心灵。”

这种使自己的信徒完全处于被动状态的教义，在人民群众中不可能得到传播，巴哈派的信徒只是伊朗的一些买办和伊朗及其邻国某些城市中一少部分城市小资产阶级。美国、德国和英国资产阶级的一些代表人物出于自己的目的加入了巴哈派，中亚沙俄殖民当局也对当地的巴哈派加以庇护。后来巴哈乌拉去世后，他的儿子阿巴斯·埃芬迪，自称阿布杜尔巴哈（意为“真主光辉的奴隶”），宣布自己是真主的儿子。他在其信函、公开讲演和同记者的谈话中，号称放弃民族独立和国家主权的原则，筹划建立“世界议会”。（王忠民）

巴哈伊教*

《台港澳大辞典》编委会编

1844 年诞生于波斯(伊朗),是一个世界性独立之宗教。1947 年,该教传入台湾(地区),1970 年在台湾以“财团法人”名义完成登记。该教基本教义有:宇宙间有一超自然之造物主;人类一家,当保持各自文化特色,像兄弟般团结;各主要宗教之本质同源;个人需独立寻求真理;宗教与科学应携手并进;普及义务教育;创立世界共通语言;借各国共同福利以建立世界和平。该教提倡“工作就是崇拜,服务就是祈祷”。该教规定:凡设有“地方灵体会”的地方,每年从当地选出 9 位委员。台湾每年 4 月 21 日到 5 月 2 日间选出“台湾总灵体会”的 9 位委员,其职权为处理辖区所有教务。目前,台湾设有 39 处“地方灵体会”及 1 个“总灵体会”,教友居住地区有 203 余处。

* 原载《台港澳大辞典》编委会编:《台港澳大辞典》,中国广播电视出版社 1992 年版。

语言表达艺术经典金库(节选)*

吴丽燕主编

生命之子啊！爱我，使我能爱你！如果你不爱我，我的爱便无法传达到你，懂得吧，我的仆人！生命之子啊！你的乐园是我的爱，你的天家是与我重聚会合，进来吧，别再迟延了！这些是在我们的天国里，在我们崇高的领域里，为你注定了的。

——[波斯]巴哈欧拉:《隐言经》

每个人在别人身上见到上帝之美反映于其灵魂，见到彼此相同之点，他们在爱中互相感召。爱使全人类成为一海之波，成为一天之星，成为一树之果。爱带来真实一致的了解，真正统一的基础。爱是无限的，无际的，无穷的！物质的事物是有限的，有涯的，有尽的……很明显地，有限的物质关系不足以适当地表达宇宙无穷之爱。对人类伟大无私的爱，是不含有这不完善、半自私的意念，它是唯一完美的全人类的爱，但仅能通过圣灵之力而促成。

——[波斯]巴哈欧拉:《道德与伦理的训示》

* 原载吴丽燕主编:《语言表达艺术经典金库》，北京广播学院出版社 1992 年版。

大同教总灵体会*

福建省亚洲问题研究所编

大同教于1944年创于伊朗(波斯),原名为"巴哈伊信仰",亦名"巴海大同教"。曾在中国大陆活动,1947年传入台湾。1954年伊朗人苏洛曼赴台设立台南巴海大同教地方灵体会。总灵体会于1970年完成财团法人登记。

该教是一世界性的独立宗教,最高教务机构为"世界正义院",台湾(地区)总灵体会隶属于设在日本的东北区总灵体会。全省设有地方灵体会20处,教徒散居地150多处,人员不多。岛内各地方灵体会每年派出代表参加年会,选出9名总灵体会委员,处理全岛教务。此外,另设有董事等职务。

其基本教义主张人类团结,各主要宗教本质同源,宗教与科学并进,建立世界和平,效忠"政府"并遵守当地法律等。信徒的原则为"工作就是崇拜,服务就是祈祷"。

与海外大同教界有千丝万缕的关系。每年参加国民党的"双十节"大会与游行。1985年10月。"立法院"副院长刘阔才为该会颁授第6届"巴哈伊服务人群奖"。次年4月,该会向时任"副总统"的李登辉呈递"世界正义院"的文告《世界和平的承诺》。

董事,郑大荣等。

* 原载福建省亚洲问题研究所编:《台湾政党与社团概览》,鹭江出版社1992年版。

巴布派运动及巴哈派[*]

王怀德　郭宝华

19世纪40年代,伊朗兴起了革新伊斯兰教,反对封建专制统治和外国控制的巴布派运动。如果说阿拉伯半岛的瓦哈比派运动是要把脱离了伊斯兰原旨教义的信仰及礼仪恢复到早期状态的话,巴布派的学说却大相径庭,它要将伊斯兰教的正统教义按照自己的意愿进行某些革新和发展。因此被正统穆斯林视为异端。然而,正如一位穆斯林学者所说,这毕竟是一种觉醒,它对宗教思想产生了广泛的影响。

19世纪前半叶的伊朗社会动荡不安,人民生活困苦,而封建主及什叶派领袖却拥有大量土地,并依靠他们手中的政治和宗教权力对广大人民进行残酷的经济剥削和政治压迫;另外,欧洲殖民主义的侵略,使伊朗逐渐沦为半殖民地,民族资本(主要是商业)的发展受到限制,阶级与民族矛盾的日趋激化。巴布派运动是要求变革现实的一种体现。

该派创始人密尔扎·阿里·穆罕默德(1819～1850),生于波斯的设拉子,幼年丧父,由其经商的舅父米尔扎·赛义德抚养。他学习过阿拉伯语和波斯语,并跟随舅父学做生意。他从小受伊斯兰神秘主义影响,重精神修炼,甚至不顾烈日在屋顶上全神贯注地赞主、画符。过度的苦修,曾使他神志茫然,身体虚弱。舅父担心他的健康,决定叫他去什叶派圣地卡尔巴拉朝拜,以改变环境,使其恢复常态。然而,这次旅行成了他生活中的一个转折点。在那里他遇到了伊朗前不久出现的谢赫派领袖卡基姆·拉什提·杰拉尼,思想上受到了影响和启发。该派对当时在伊朗得势的正统什叶派不满,试图对它进行改革,他们批评什叶派的"圣训集"(艾赫巴尔)在许多地方自相矛盾,还对什叶派的主要信条之一"伊玛目"说作了重要补充。基于对什叶派伊玛目实体和理性特点所形成的观念,他们断言,在什叶派信徒中可能出现一个属于信徒与最高领袖——"隐遁伊玛目"之间的一个中介。阿里·穆罕默德回到设拉子后,开始传播谢赫派教义。据说,他还被指定为谢赫派教长的继承人。

1844年(伊斯兰教历1260年)5月23日,即第十二世伊玛目隐遁1000年之际,阿里·穆罕默德宣布自己为人类与神的意志执行者伊玛目之间的中介——"巴布",其意为"门",即通达真主之门。由此产生出一个新的宗教派别——巴布派。后来他又自称"努格达"——"点",即最高点或启示点,又改称"哈里格·哈克",即真理的创造者。他宣称自己是真主的化身,受命来改革被乌里玛们曲解和败坏了的东西。

巴布学说的基础体现在他本人所著的《默示录》(白亚尼)中,信徒视该书犹如《古兰经》一样神

* 原载王怀德、郭宝华:《伊斯兰教史》,宁夏人民出版社1992年版。

圣，说它是天启的产物。他声称，穆罕默德的先知地位在1844年已经结束，他本人被派往人间执行神交给的使命。天启并没有因《古兰经》所说的"封印先知穆罕默德"的去世而告终，每个先知都有时间性；只有在所有先知出现后，真主才毁灭世界；在他之后还要出现先知，即"受约人"或"真主的化身"。他要像伊斯兰教废除基督教法一样，废除伊斯兰法，用《默示录》取代《古兰经》；对伊斯兰法所规定的礼拜、斋戒、婚姻、遗产继承及死亡、复活、天园、火狱等等都作了新的解释。

巴布主张，此前存在的国家和社会都应改造，但他把希望寄托在伊朗国王身上。认为国王应结束不公正的封建统治者和贪得无厌的穆斯林教长们的强权势力，建立一个没有外国人的地位的国家；商业和一切交易都完全自由，利息的征收不受任何限制；废除出殡以外的聚礼，每个人都可以在其正常业务活动之余自己感到方便的地方进行礼拜；废除限制穿丝绸衣裳和戴贵重金属饰品的一切规定以及妇女戴面纱的戒律，允许女人与男人交往；在刑罚方面，注重罚款，取消死刑。"19"这个数字被看作是神圣的，因为它代表了瓦希德（wáhid）——"独一的神"相同的数值。① 历史上伊斯兰神秘主义者曾极为广泛地玩弄数字，这就形成了他迎合群众胃口来解释当时流行教义的方便手段。他取消伊斯兰历法，变一年为19个月，每月为19天。最后一个月称艾阿俩目，定为斋月，因该月气候凉爽，利于斋戒。他还成立了一个由19名社会领袖组成的委员会。

巴布上述主张基本上反映了伊朗社会中正在萌芽的商业资产阶级的利益。他反对封建主拥有的无限权力和不受限制的统治，使那些对乌里玛们过分严峻的态度感到厌倦、不满现行秩序、幻想自由平等、期待救世主到来的人们皈依了他，但却遭到伊朗国王的拒绝。

1845年巴布派四处传教，运动发展迅速，这引起了当局和乌里玛们的注意，于是下令禁止其传教活动，并逮捕了运动倡导者巴布。6个月后，巴布逃出监狱，来到伊斯法罕省。1847年又重新被捕，押到阿塞拜疆的马库。但其信徒的传教活动却有增无减，穆罕默德·阿里·里尔福鲁什和侯赛因·波什鲁耶等深入群众布道，宣称新先知已经降临，《古兰经》与旧法典、旧制度都已失效，无需交税和服役；宣布废除私有制，主张财产公有，人人平等。许多遭受封建主残酷压迫的穷苦人纷纷加入巴布派。加兹温著名女诗人库拉·艾因改奉该教后，首先把巴布关于妇女问题的教义付诸实行，她不戴面纱，公开传教，轰动一时，还用她那优美的诗歌艺术开创了巴布派文学。

自1848年起，巴布派以反对异教徒统治为口号，在马赞德兰、赞詹、尼里兹等地发动了反封建和外国资本控制的大规模武装起义。这样一来，巴布派从当初的宗教活动转向政治斗争。这使政府感到局势严重，于是派出相当多的兵力去镇压各地的起义。虽然巴布派教徒英勇抵抗，但到1850年起义被残酷镇压下去。为了制止事态继续发展，约于同年七八月间，政府在大不里士处决了巴布。

巴布之死没有使信徒灰心，相反更加激起对当局的仇恨，他们转而采取了恐怖手段。1852年8月中旬，国王纳希尔·丁从尼亚拉的夏宫出猎，三名巴布派教徒对其谋刺未遂。随后国王对巴布派教徒实行大逮捕和大屠杀，许多人残遭杀害，女诗人库拉·艾因被绞死焚尸。幸存的巴布派信徒或逃到国外，或组成秘密的小团体。声势浩大的巴布派运动平息了下来。

巴布死后，他的一个忠实门徒密尔扎·叶海亚主持这个教派。据说，这是巴布生前的决定。为了躲避伊朗当局的迫害，叶海亚和一些信徒逃到奥斯曼帝国统治下的巴格达。在那里，巴布派内部为争夺领导权展开了激烈的斗争，对叶海亚威胁最大的是他的兄弟密尔扎·侯赛因·阿里。后者出

① 阿拉伯人过去以字母代替数字；瓦希德是由代表6、1、8、4的四个字母构成，其数字之和为19。

于私欲而归信巴布派，刺杀国王未遂事件发生后，涉嫌被捕入狱，经奥斯曼政府说情被流放到巴格达。1864年土耳其当局又应伊朗的要求将他们转移到伊斯坦布尔，年底被押送到亚德里雅纳堡。这时，密尔扎·侯赛因·阿里利用教派的困难处境进行了积极的活动，公开声称自己是巴布在《默示录》中所预言的"真主的显身"，自命为"巴哈·乌拉"（意为真主的光辉），还制定了代替巴布派教义的新教义。他的这一举动遭到其兄长和部分信徒的强烈反对。密尔扎·叶海亚自称是巴布学说的保护人，是巴布派的合法首领。巴布派发生了分裂：巴哈·乌拉的追随者被称为巴哈派，继续忠于叶海亚的仍沿用巴布派的称号。两派矛盾日益加剧，以致发生武斗，奥斯曼政府只好将他们分开，巴哈及其信徒被遣送到巴勒斯坦的阿克，叶海亚及其信徒被遣送到塞浦路斯。

巴哈在阿克继续广为宣传自己的学说，向各地的巴布派团体发出专门的宣传品。19世纪70年代，他在这里写成其主要著作《基塔布·艾哥达斯》（*Kitáb-i-Aqdas*），意为《至圣书》，充分表达了他的各种主张。他宣称这部作品是天启圣书，将取代《古兰经》和《默示录》。

巴哈认为，所有的人，不分种族、民族和社会地位高低，大家都是兄弟，应真诚相爱，相互信任；他宽容异教和异教徒，废除伊斯兰教关于"圣战"的教义，主张通过"和平手段"建立"正义王国"；信徒要完全服从其最高宗教领袖和绝对服从现存政权。

巴哈派主张简化宗教礼仪，甚至主张废除清真寺的聚礼，认为每日早、午、晚朝向阿克礼拜三次就够了，旅途中还可将整个礼拜仪式简化为一个叩头礼，或只口诵"赞美真主"即可。净礼程序也大为简化，如果没有水，也可以不洗。

在日常生活中，他认为追求舒适和豪华是理所当然的事，不认为使用金银器皿是一种罪孽；允许穿丝绸等贵重服装，允许使用玫瑰露和上等香水，允许听音乐，反对独居修道、苦行及其他禁欲主义的表现。

巴哈认为私有财产不可侵犯，对偷盗者，初犯时要驱逐出教门，或关进监狱；但第三次落网者，要在偷盗者脸上打上标志。故意纵火者，要用火烧死；故意杀人者要偿命。

巴哈的主张对许多劳动者具有相当大的吸引力，因为这些人残遭社会压迫，巴布派起义失败后，人民群众的革命积极性出现低落，他们渴望平等和正义，容易接受巴哈派关于普遍和平、幸福生活和勿抗恶等教义。然而，他的教义更加符合伊朗成长中的资产阶级以及外国殖民者的利益，因而得到国内商人、买办资产阶级的支持和西方殖民主义者的赏识。

1892年巴哈死亡（据说是被其兄的支持者投毒所致），由其子阿拔斯·埃芬迪（1844～1921）继位。此人自称阿布杜·巴哈（意为"真主光辉的奴仆"），宣布自己是救世主和真主的儿子。在阿拔斯·埃芬迪时期，巴哈派教义的世界主义与和平主义倾向进一步发展，他主张取消国界，筹建"世界议会"，推行世界语，组织统一政府。巴哈派的学说在美国和西欧得到传播，且获得了少量信徒。但其思想体系与伊斯兰教已几乎毫无共同之处。

无暴力社会[*]

——留给下一代的礼物

[加拿大]H. B. 达内什著，张武军译

我们生活在一个错综复杂的世界，许多国家经常制定庞大的计划企图解决战争、疾病、贫穷、污染等问题，但这些问题依然存在。暴力就是其中之一，它似乎在社会的各个方面呈上升趋势，威胁着个人、家庭和社会整体的整合。

我对暴力问题感兴趣开始于对精神病学的研究。在处理自杀者、青少年犯罪者、被人遗弃者、穷人、老年人等问题时，我发现不少人在错误指导的、不健康的愤怒压力下忍受着痛苦。查阅精神病学文献，我发现愤怒要么几乎没有被人讨论过，要么人们在探讨时，把它与敌视、侵犯、暴力等混为一谈。

人类暴力，一般而言，有三种形式：对自我的暴力、对他人的暴力和对客观对象的暴力。一些暴力形式不易被人认识，如：尖端战争工具的发展，这些战争工具的问世是世界上一些最伟大的科学家、政治家和教育家努力的结果，这一事实清楚地说明了这类暴力的精致性。又如：在最发达国家，巨富与赤贫共存，少部分人过着奢侈的生活，很大一部分人处于困苦之中，初看起来，承认这一事实是暴力的表现形式，难以让人接受。

我对暴力及防止暴力感兴趣的第二个原因是，我接受了巴哈教派的信仰。巴哈·安拉[①]最为重要的教旨是"人类一家"。巴哈信仰努力在个人和家庭层次上创造爱，在共同体层次上创造团结，在国际人类关系领域上创造和平，在一个团结的世界中没有暴力的位置。认识暴力的性质和防止暴力手段是巴哈特别感兴趣的话题。

在这篇文章中，我将描述巴哈学说、人性、生活的目标和巴哈共同体的作用，它们对创造团结的氛围、对防止和消灭暴力有重要影响。

一、暴力和个人

暴力的原因是多种多样的。人的思想和态度能深深地影响行为，善恶问题、对生活目标的认识、处理威胁和机会的方式影响我们如何看待自己，有关死亡、永恒的态度也是影响存在于社会中的暴

* 原载《国外社会科学》1993年第3期。

① 巴哈·安拉，巴哈教派的创始人米尔扎·侯赛因·阿里，被通称为"巴哈·安拉"，意为"真主的光辉"。——译者

力的重要因素。每个人都有责任检查一下自己的信仰、态度和行为如何影响自己的生活和周围他人的生活。

许多人提出了各自不同的人性观。F. 沃森在《人的观念》一书中分析了人性的主要观点，提出了人的三个模式，即作为动物的人，作为机器的人和作为自由主体的人；社会达尔文主义者认为人是动物，人类社会是一个以最适者生存为统治规律的群体；弗洛伊德认为，人是受生死和爱恨两种本能支配的；有的学者认为暴力行为通过社会化实践由学习形成，有的学者则认为暴力是本能和教育两种力量的产物；还有的认为人本质上是有罪的，等等。巴哈学说认为，人具有精神本性和肉体本性。虚伪、残酷、侵犯他人权利等是人的低层本性即肉体本性的产物；爱、同情、友善、诚实、正义等是高层次本性即精神本性的产物。个人要获得这些精神本性，就要接受神圣的精神启示和指导。如果个人接受这种精神启发和指导，那么他的崇高的精神本性将显示出来；如果个人没有发展自己的精神本性，那么他的肉体本性就会占上风，他就会变得残酷、野蛮，只有精神教育才能让个人意识到他的崇高性。

我们总是用善恶两分的观点来看待这个世界和我们本身，从恶中区别出善。为了达到这一目标，许多人认为暴力是必要的，暴力至少在防止恶的方面是合法的。这种宇宙两分的观点和善恶共存的信念遭到了巴哈信仰的有力挑战，阿布杜·巴哈认为，整个宇宙及其内在本性是善的，恶是不存在的。恶是由于错误的或不适当的教育，误用了人的内在本性而产生的。人性是善的这一观点有助于个人认识到并保持他的崇高性。

不少人难以认识生活的目标。一些人把追求权力、财富、名誉、安逸当作生活目标；另一些人把追求快乐当作生活目标，似乎快乐是一种可以购买和拥有的商品。巴哈信仰认为，个人一生的基本目标是认识神并崇拜他，但须通过摩西、耶稣、穆罕默德等神的使者才能认识神。巴哈·安拉是最近出现的神所应许的显示者，他所提供的精神指导最符合人类发展现阶段的人性，因而他的学说是这一时期个人认识神的意志的唯一方式。巴哈·安拉学说的主要内容是：人类一家，建立以爱、团结、和平为特征，宗教与科学和平共处，男女平等，破除偏见和迷信的世界文明。

巴哈信仰认为，个人不应追求救赎，而应致力于培养人类一家的意识，担当起建设人类文明的重任，这样也就达到了人生的基本目标——认识并崇拜神。人类一家的建立是极其艰难的，不仅要求巴哈信仰者的卓绝努力，而且要求建立一个新的世界秩序，用人类的聪明才智来建设一个和谐、整合的人类整体。在此，个人的目标与共同体的目标是一致的。

在人的一生中，经常会碰到各种生活上的挑战或威胁，如肉体上的伤害、被人抛弃、生活目标和意义的丧失、挫折、贫穷等。我们的反应通常是恐惧和愤怒，不少人会因此而焦虑万分，导致孤僻、冷漠，乃至发生侵犯和暴力。实际上，只要我们正确地对待生活上的威胁，用积极的方法去解决，就能把生活威胁转化为生活机遇。一方面，我们必须应付生活中的困难，另一方面，生活也给我们提供了机遇，即成长和创造的机遇。成长的规律适用于生活的物质方面和精神方面，爱和鼓励是成长和创造的动力，没有这些，小孩的成长是不健康的，这种人长大以后将发现自己无力面对生活的责任，这反过来进一步致使他无法应付生活中的种种困难，从而陷入恶性循环。总之，暴力的根源在于我们处理生活中困难和挑战的错误方法和把握机遇不适当的方式。

在许多社会中，人们不敢谈论死亡，科学家也只是最近才开始把它当作科学研究的对象。人们常常把死亡等同于无，既然生活的结局是无，那就什么事都可以干 。暴力就来自对无的恐惧和生活无意义感。因此,树立人类心灵的永恒信念就可以取消或减少暴力。巴哈学说对此有详细的论述。

生活像通常所理解的,是一次以怀孕开始、死亡结束的“旅行”。如果个人认为死亡是一次没有回程之旅行的结束,他就会处于极度焦虑、恐惧之中。如果人能够理解人的精神实在性,人死后人的精神是不会消失的、能在他人的生活领域中继续存在,他就会感到快乐、安宁、确信,他会把握住自己的一生,从而有所贡献。巴哈信仰认为,死亡只是进入精神世界,当人的心灵与肉体分离后,心灵能继续生长和发展,存在不可能变成非存在,对人来说没有死亡,人是永恒的。非存在和完全消失的不可能性原则适用于人的肉体实在和精神实在。巴哈信仰有关死亡和永恒的观点给个人以鼓舞和希望,从而使个人破除对死亡的恐惧,实现自己的生活目标。

二、暴力与共同体

巴哈共同体是没有暴力的社会的原型。它的重要特征是团结,这种团结包括:巴哈成员之间爱与和谐的发展与维护,组织之间的和谐与合作,组织和成员之间的和谐与合作。阿布杜·巴哈认为:没有比爱的力量更伟大的力量。爱首先从神流向人,接着从人流向神,然后是神的自身之爱,最后是人对人的爱。共同体个人之间真正的爱是真正团结的基础。

巴哈·安拉认为,家庭是人类社会的基础。家庭对个人及其性格发展有十分重要的影响。在巴哈共同体中,个人、家庭都摆脱了分离和疏远,又能维护他们的个性和隐私。巴哈共同体的生活年历是这样的:一年始于春天的第一日,一年 19 个月,每月 19 天,每月的第一天,巴哈都要参加“巴哈节”。这一节日是为了增加个人、共同体、巴哈组织之间亲密的合作关系,扩大个人的交往领域。“祈祷”和“评议”是巴哈节的两个重要活动,后者是在团结、坦率和自由的环境下求真,鼓励、帮助每一个参加者更加成熟、人与人之间真诚以待。“鼓励”是巴哈共同体生活中的另一重要活动。人生来就是高贵的,他的内在高贵性应该得到鼓励。

巴哈·安拉认为,人类整体的生长、发展阶段类似于个人的生长、发展阶段。人类总体上还处于童年期,正在向青年期发展。青年期是剧变和混乱时期,青年人需要一个合适的环境以度过这一时期,如果没有这样的环境,青年人的完善将受到威胁,他为情绪所控,在孤军奋战中,得不到正确指导,易导致冷漠和暴力。人类也正处于青春时期,逐渐认识到无法独自指导自身的发展,意识到在目前的困惑中,思维、生活方式、态度、信仰和人性意识的总体变化必须先于任何方式的改良。

在巴哈共同体中,个人认识到是他们组成了人类有机体的不同部分,人与人之间如果没有和谐和合作,这个共同体将枯萎直至死亡,因而,在这种情况下,各种偏见被消除了,共同体中的一切人,男人和女人、老年人和年轻人、富人和穷人、受教育者和文盲,不同种族、民族、宗教背景的人都有平等的机会成长和发展。人际之间、个人与共同体之间是合作关系。一个人越成熟,他就越有能力进行合作。在一个合作的共同体中,个人获得了安全感,他将接受来自共同体其他成员的爱和鼓励,来自组织的关心和指导。安全感的获得使得个人可自由地运用自己的才能为他本人的发展和社会的发展而努力工作。

自由和平等只有当共同体是公正的才能获得。巴哈·安拉说:“公正的目标是团结出现在人们中间”。巴哈信仰的管理部门分别由地方、民族、世界公正院组成,公正院的职责是保证人类社会公正的法律的实施。

权力一旦集中在个人手中，不论是以民主方式掌握权力，还是以独裁方式掌握权力，就有很多危险。由于人类事务的复杂性或个人的不当，容易无意地误用权力。不少国家的领导人和经济决策者，宗教、学术、劳工、慈善机构的领导人都陷入了这一危险之中。第二类是滥用权力。权力的滥用是破坏性的，结果是导致暴力，本世纪有许多这类例子。现代交流、传播方式和现代生活的复杂性都要求人们以团体方式生活和工作，并且这种趋势有增无减。在一个团体中，个人通常乐于接受建议，因而更易被操纵，这个团体的领导人运用团体动力学原理可以很容易地误用和滥用权力。

在巴哈信仰中，情况就不同了，权力、权威表现在组织中，这些组织的成员，不论是被选举的还是任命的，都没有作为个人的权威或权力，个人的最高荣誉表现在服务和谦虚上，因而，骄傲、自满、自大、自私自利没有地位和价值。权力、权威掌握在巴哈信仰的组织中，获得了其在创造无暴力的社会过程中的唯一重要性。这些组织按照巴哈·安拉的学说即“人类一家”、“全人类团结”行使职权。不象民主选举制度那样，被选举人要对选民的愿望、要求负责，巴哈管理机构的被选举人只要求他在各项事务中求真，为世界的团结和和平事业服务，这大大有助于建设无暴力的社会。

三、暴力的防止

前两部分讨论了一些概念和理论问题，这一部分主要讨论防止暴力的具体手段。

暴力的防止要求多方面配合，要求个人、家庭和社会相互合作。家庭是人类下一代获得最早和最重要教育的地方，父母、教育工作者密切注意儿童道德、精神发展，可以在减少、消灭社会上的暴力方面起重要作用。爱、激励、信仰这些在家庭环境中最初学到和体验过的因素也可以减少恐惧、愤怒和焦虑。

每一个人最终由自己铸成自己的生活。在此过程中，他受到天赋、遗传因素和周围环境的巨大影响。小孩出生后，即与父母、特别是母亲发生面对面的相互作用，这种关系一直贯穿在他的一生中。其中，权力和爱是两个最重要的方面。

父母与子女关系中，权力首先在父母手中，权力倾向型的父母要求孩子服从自己，不让孩子有任何情绪流露，压制孩子的意志，当他渐渐长大，就不满父母的过分强制，双方发生争执，导致孩子离家出走。这些孩子烦恼、恐惧、愤怒，开始抽烟、喝酒、吸毒、偷盗。另一些父母，为孩子提供舒适的房子、良好教育、充分的物质条件，但没有提供最为重要的东西，即发展、创造、自我完善的机会和生活的意义与目标。几十年前，北美开始出现一些溺爱型核心家庭。父母满足孩子的一切需求，让孩子“自然”成长，父母放弃权利。渐渐地，孩子无法容忍痛苦、不适，如果他们的要求得不到满足，就发怒乃至做出暴力行为。这几种类型的父母都滥用了人类关系中的权利。

爱是人类关系中寻求最多又是误解最多的一种力量。阿布杜·巴哈描述过四种爱的类型，他特别重视人对人的爱。这种爱假如是通过对神的崇拜和爱而建立起来的，那她将是永恒的。爱不仅仅是相互吸引、满足需要，爱的发展还需有生活的意义感，爱的核心是对神的崇拜和爱。生活的意义感应与人的真实本性和精神本性相一致。外表的漂亮、性快乐、物质享受和社会中的权力和地位都是要终结的。爱如果没有摆脱物质生活的限制，就没有充分发挥她的力量。

人类关系中的权力和爱的健康发展可以减少暴力，除此之外，还有其他一些重要因素也能减少暴力。激励就是其中之一。

激励是成长和创造的动力。当我们教育孩子人是高贵的、人是有精神性的存在、生活要有目标时，激励具有特别重要的作用。激励在本质上是自我完成的，要力求避免无端指责、批评孩子。给予激励需要勇气，增强勇气需要激励，两者是相互的。

另一个减少恐惧、焦虑，减少暴力发生的因素是对生活目标和生活过程要有一个正确的认识。许多成年人不愿与孩子讨论这些问题，要么认为孩子不懂这些艰深的问题，要么认为如何讨论诸如疾病、痛苦、死亡问题，孩子会害怕的。这些想法都是不切实际的。只要我们用适当的方式与孩子讨论这些问题，他们会懂得。如，可以用这种方式告诉孩子生死是怎么回事：我们一开始生活在子宫世界，因为子宫是适合我们生长并为来到这个世界做好准备的最好地方。同样，这个世界是我们为到下一个世界生活做好准备的最好地方。如果我们在这个世界成长、发育良好，那么，当我们死后，就会出生在另一个世界，我们的精神是健康的，我们将通过许多神的世界继续生存。

孩子们对这些描述的反应是积极的，根据他们的认识程度，他们以一种有意义和实在的方式把生活目的及其过程概念化。这儿没有虚假的东西，也没有避免生活中的主要问题。

在精神生活的发展中，重要的是以保养身体、心灵、情感的方式保养精神实在。不保养自己的精神实在，我们的生活就会变得无意义、无目的，没有创造性，我们努力认识生活的目的和生活过程，过一种与此两者有关的和谐生活，就能保养我们的精神实在。但我们也必须牢记这一精神原则，即我们是由神创造的，其目的是认识并崇拜创造我们的神。这样一种生活方式就可以整合进以建立人类团结、防止暴力为最终止标的巴哈信仰及其组织框架中。并且，这些目标的实现依赖于对巴哈信仰的本质及其在个人、共同体生活中的地位更全面的认识。

信仰是一种有深厚根源的人类自然本性，是和谐、非暴力生活的重要组成部分。信仰与信任感密切相关，信任感反过来有助于人感觉安全，安全感是由信仰而非权力获得的。

有信仰是健康的、正常的。缺乏信仰，就会变得怀疑、竞争、疏远、妒忌、怀疑他人的动机和自己的高贵性及人类的高贵性。他们认为生活是以空无结束的，只根据人的肉体存在、感觉、欲望来理解人的本质。结果，这些没有信仰的人追求自我满足感，把生活看作一场永恒的斗争，它以死亡、空无而结束。这种生活充满恐惧、焦虑、缺乏对神的信仰。

信任、信仰植根于我们的生活经验特别是儿童时期的经验。有五种获得信仰的方式：1. 由孩儿时期经验发展而来；2. 知识，能减少恐惧，增加信任感；3. 实践，能增加人的自信心；4. 生活意义感的获得，能大大促进信仰的发展；5. 对神的信仰，这是真正的信仰。

在巴哈信仰中，崇拜概念是很宽泛的，不仅包括祈祷、沉思，而且包括为他人服务，艺术与知识的获得，参与共同体生活。为了达到这些目标，我们必须信任自己。但愤怒会大大削弱人的自信。愤怒是由对威胁的反应而引起的正常情感，侵犯、暴力是当我们极度焦虑、恐惧、不满或受挫时表现的一种行为方式。我们应先找到愤怒的原因，然后寻找消除愤怒方法，避免将愤怒转化成侵犯性、破坏性的行为。

人类目前正处于“青年期”的痛苦之中。童年、青年期的一个主要特征是竞争，它植根于不安全感和自我怀疑，这些反过来折磨个人，烦扰社会。竞争的主要手段是自己与他人比较，结果是导致不满足、导致平庸乃至导致侵犯和暴力。处于类似个人青年期的社会常把竞争当作成功的主要因素。

当个人或社会度过青年期，竞争就逐渐让位于合作。合作的态度有利于团结和消除暴力。合作的个人不与他人相比较，他努力奋斗，与自身竞争。巴哈共同体强调和睦、合作、激励、协商，把人类社会从童年期、青年期推进到成年期，为每个人的发展和提高提供机会。由于我们生活在这样一个竞争的社会中，许多家庭无意识地鼓励他们的孩子去竞争。竞争在一个人的生活早期是正常的，尽管如此，我们应积极地鼓励、训练青少年参与合作。只有这样，他们才能在成年期具有很高的合作能力。

现有的一切人的共同体都在不同程度上助长了暴力和破坏性。为了防止暴力，政治、经济、教育、宗教体系应像个人那样在它们的前提和方式有一个基本的变化，这些变化的中心点是认识到人的共同体是一个有机实体，所有的人都是它的组成部分，伤害一个人也就是伤害了所有人。一旦适合人类一家的组织广泛地建立起来，人类一家的思想广泛地普及开来，人类的团结就一定能变成现实。只有到那个时候，孩子们才能在没有暴力的社会中健康成长。

（根据加拿大巴哈出版社 1992 年出版的英文版《无暴力社会》一书编译）

伊斯兰世界联盟的组织原则（节选）*

杨发仁主编

伊斯兰世界联盟同巴哈教派也进行了积极的斗争。例如，1975 年联盟秘书长（当时的穆罕默德·萨列赫·卡扎兹）支持了阿拉伯各国关于禁止该教派在阿拉伯开展活动的决定。由于该教派同以色列保持联系并接收他们的物质援助而被列入黑名单。阿拉伯各国联盟支持了伊斯兰会议组织（1974 年 4 月）所作的关于禁止巴哈教派在伊斯兰国家进行活动并关闭其活动中心，不得在“伊斯兰世界”发行出版物的决议。虽然如此，巴哈教派仍然在伊朗和其他一些亚洲国家活动，尽管有时在那里遭到当局的迫害，甚至受到伊斯兰宗教领导包括伊斯兰世界联盟领导的攻击。

联盟很关注巴哈教派的活动及其采取的一系列措施。例如，伊斯兰世界联盟的中央出版部门“世界穆斯林新闻社”1978 年 5 月 1 日报道说：“数百名巴哈教信徒从被占领的巴勒斯坦各个角落来到海法市参加自己的第 4 届国际代表会议。”伊斯兰世界联盟代表会议的决定和文件不只一次地号召同“危险的反伊斯兰潮流——犹太复国主义、帝国主义、阿赫默底和巴哈教派的学说作斗争”。

联盟非常重视对居住在美国和欧洲伊斯兰团体的反巴哈派的宣传。起因是巴哈派的学说在西方国家受到欢迎，这些国家不少青年知识分子纷纷加入了巴哈派组织。根据地方伊斯兰团体和阿卜杜勒·阿齐兹国王（沙特阿拉伯）宗教大学的倡议，1978 年原伊斯兰世界联盟秘书长助理穆罕默德·萨法德·阿美尼在芝加哥（美国）召开的发展伊斯兰社会问题的全体代表会议上发言指出“穆斯林面临的危险是巴哈派和阿赫默底亚派的文化和思想的进攻”。据他所见，消除这种危险只能通过加强同当地伊斯兰团体的联系，详尽地研究摆在他们面前的问题，给予全面的物质和精神援助；包括在必要时建立伊斯兰中心、宗教学校，向穆斯林提供必要的书籍。

* 原载杨发仁主编：《“双泛”研究译丛》第 3 辑，新疆社会科学院 1993 年版。

我们的家园——地球[*]

——为生存而结为伙伴关系(节选)

施里达斯·达夫尔著,夏堃堡等译

在亚洲的传统里,人们通常在自然中注入宗教意义。佛教和印度教认为伤害生灵是造孽的。耆那教严格恪守连最小的昆虫都不能伤害的信条。在西方,尽管没有这方面的宗教基础,但对狗、猫和马有时也像神灵一样来对待。今天,阿西西(Assisi)的圣法朗西斯(St. Francis)的传统显然存在于那些阻止对动物施以暴虐、保护野生动物和反对将动物用做科学试验的团体中。素食主义在很大程度上也是通过这种道德准则的推动才传播开来。

概括起来,世界上各种宗教也正在放弃那种把自然当作人类的附庸的看法。人类的道德职责是征服环境,并且承认人类是自然中的一个组成部分。这正是坎特过去所追求的。1990 年举行了北美宗教和生态会议,同时,在莫斯科举办了全球的议会和宗教领袖环球论坛。所有这些表明了个人主义正在转向互相依赖。这种变化促进了人同自然之间的关系和人与人之间的关系的转变过程。

这种转变过程被英国圣公会红衣主教罗伯特·朗西(Robert Runcie),即现在的朗西勋爵在世界野生生物基金会和英国教会理事 1989 年在坎特伯雷大教堂共同举办的基督教和生态会议的讲话中提到的。这次会议使世界七大宗教的代表聚集在一起,他们是巴哈教(Bahá'ísm)、佛教、基督教、印度教、伊斯兰教、犹太教和锡克教(Sikhism)。正如大卫·戈斯林在《使地球持续存在》一书中回忆的,朗西博士在会上提到了其起源超越某种特定信仰的信条。他说:

那种认为自然的存在并不仅仅为了人类的利益的信念……已经变得十分普遍。因为它从人的精神深处找到了它的真实渊源。我认为应当把它称为宗教信仰。但它又不属于某一特定的宗教信仰,而那些不承认宗教的人士所拥有的信念。

* 原载施里达斯·达夫尔:《我们的家园——地球——为生存而结为伙伴关系》,夏堃堡等译,中国环境科学出版社 1993 年版。

巴哈依教*

《港澳大百科全书》编委会编

19世纪中叶发源于伊朗，至20世纪初，波斯商人到中国通商时，路经香港，才有教徒定居。1935年，该教译名为“大同教”。1965年，该教会在香港以“巴海”为名；至1980年，才由世界各地华籍教徒统一正名为“巴哈伊”教。每年3月2日至3月20日为斋戒期，3月26日为圣约日，11月28日为阿博都巴哈升天纪念日，4月21日为蕾兹万圣日。

* 原载《港澳大百科全书》编委会编：《港澳大百科全书》，花城出版社1993年版。

抽象绘画*

[美]阿尔逊·波里布尼著,王端亭译

围绕着托贝这个奇特的美国人,他的创作和生活有许多神话。据说为了他的"白色的书写",他在远东寻找模型,但是这些画是他在去中国旅行之前作的。城市的拥挤的人群和他的作品的结构之间能够画出等号。但是他的线条的网罗,这些"符号的微观世界"可能意味着一个大城市的人群从恐吓中解放出来。托贝,这个巴海教(印度秘密宗教——译者)的教徒是这样描写他的神秘和未知的感觉的:"我的作品是内心的沉思。"每一痕迹、每一根线条表现生存空间的不同瞬间。他的手响应着灵魂的最深层次、最微弱的颤动。这是心理物理学的动力的勃动,是一切生命的基本来源——宇宙的,也是人类的。重要的问题是如何来传递这些包容一切的节奏。这是指示深度和光的频率。这个"默想"的网络联系着时空,使它和每样事物相和谐。

巴哈伊画家马克·托贝

* 原载[美]阿尔逊·波里布尼:《抽象绘画》,王端亭译,江苏美术出版社 1993 年版。

昨与今[*]

——战后世界的变迁(节选)

[美]塔德·舒尔茨著,中国军事科学院外国军事研究部译

公开处决和人权组织委婉地称之为法外处决的秘密处决,是又一种残酷的刑罚。通常,光处决还不够。在伊朗,1979 年至 1986 年,7000 多人(联合国人权委员会提供的数字)在宗教激进主义革命中被处决。据说,当局规定,被处死的巴哈派教徒的亲属必须先支付用来处决其亲人的子弹费,然后才可以收尸。

……

伊朗和伊拉克完全处于专制统治下,这两个国家都对政治或宗教反对派毫无怜悯之心。自 1979 年的伊斯兰革命以来,伊朗处决了数千人。据美国国务院的一份报告说,在监狱里,"严刑拷打司空见惯,不人道的行为各种各样,如模拟处决;打囚犯脚板,直到他们无法行走"。巴哈信徒是伊朗最大的非穆斯林宗教少数派,伊朗革命爆发时有约 35 万人口。他们成了当权的原教旨主义者仇视的特殊对象。1983 年,巴哈派信徒的一切宗教活动都受到法律的正式禁止,他们的信仰成了罪行。据美国国务院估计,自伊朗革命以来,近 200 名巴哈派信徒"被迫害致死"。据美国国务院称,在伊拉克,"对付政府心目中的政治和军事反对派,惯用的方法是将他们处死"。

* 原载[美]塔德·舒尔茨:《昨与今——战后世界的变迁》,中国军事科学院外国军事研究部译,东方出版社 1993 年版。

巴布教派运动*

刘复之主编

巴布教派运动 19世纪中叶伊朗巴布教派谋求社会改革的运动。巴布教派创始人赛义德·阿里·穆罕默德自称“巴布”，故得名巴布教派。“巴布”是阿拉伯语“门”的意思，即经过此门的人可以得到所期待的救世主（马赫迪）的指点。1847年他自称“先知的马赫迪”，并仿照《古兰经》写了一本名为《白彦》（意为宣言）的书，阐述巴布教派的政治思想和社会主张，被该派信徒视为与《古兰经》一样尊贵的经典。巴布教派认为，先知穆罕默德的时代已经过去，《古兰经》及各种经典业已过时，现在是新先知马赫迪降世的时代，马赫迪将在人间建立新制度、新教义。他们主张所有的人包括妇女都应是平等的；宣布保证人身自由权、私有权、继承权等具体措施；承认贸易和互订合同的绝对自由；废除一切刑罚，保障人身自由；废除私有制度，实行财产公有，废除苛捐和劳役，减轻人民负担；妇女不必戴面纱并可与陌生人交谈等。除此之外，他们还主张取消公共礼拜殿和呆板的礼拜仪式，每人都可在其方便的时候做礼拜。这些主张吸引了广大教徒，巴布派迅即发展。波斯王国惧怕该派势力的发展，开始进行镇压。1847年赛义德·阿里·穆罕默德被捕，1850年被处死。在此期间，该派活动日益发展，并多次举行起义。穆罕默德·阿里·巴尔福鲁什、侯赛因·波什鲁耶等人，继续深入群众，传播巴布教义，他们发动了全国规模的武装起义。其矛头直指封建统治者、外国殖民者以及与封建统治者勾结的宗教上层。在国王军队的围困下，终因寡不敌众，各起义队伍先后于1849至1852年遭到镇压，巴布教徒纷纷逃到国外，随后分裂成两派：一派坚持原教义，人数很少；另一派为巴哈教派，主张妥协，提出了与巴布教派截然不同的教义，在伊朗境外得到传播。

* 原载刘复之主编：《人权大辞典》，武汉大学出版社1993年版。

圣杯与剑*

——我们的历史,我们的未来(节选)

[美]理安·艾斯勒著,程志民译

在霍梅尼的新"道德"秩序中,不仅纵容而且实际上命令暴力扣押美国外交官作为人质,并把伊朗投入反伊拉克的"圣战"中,任何不服从现有政权的人都被宣布为反伊斯兰的罪犯,可以处以监禁、拷打,甚至死刑。既不允许言论自由,也不允许出版自由。任何建立反对党的企图都被污蔑为异端。[①] 而且在1983年,10名巴哈教派妇女,包括伊朗第一位物理学家、一位音乐会女钢琴家、一位护士和三位十几岁的女大学生,因信仰男女平等和组织妇女而获罪,并被公开处死。[②]

总之,那些总是把强人统治重新强加重新强加在妇女和男人头上的人认为,所谓的妇女问题——例如合法的优生自由和平等权——是小问题。事实上,如果我们看一下右派的行为——从美国新右派到他们在西方和东方的宗教副本——就可以发现,对他们来说,使妇女退回到她们传统的服从地位是一个最优先考虑的问题。[③]

然而,具有讽刺意味的是,大多数献身于这些理想——如进步、平等与和平——的人仍然看不到"妇女问题"与所要达到的进步的目标之间的联系。对于自由主义者、社会主义者、共产主义者和从中间派到左派的其他人来说,妇女解放是一个次要的或表面的问题——即便涉及这个问题,也要在我们这个地球所面临的"更重要的"问题解决之后。

---

* 原载[美]理安·艾斯勒:《圣杯与剑——我们的历史,我们的未来》,程志民译,社会科学文献出版社1993年版。

① 布伦纳:《霍梅尼的伊斯兰共和国梦》。

② 《妇女国际网络新闻》,第9期(1983年秋),第42页。这些信奉男女平等的妇女并不是因她们的信仰而被处死的第一批巴哈派教徒。塔希里——建立巴哈教派信仰的巴伯的最初信徒之一——在赴死刑时宣称:"只要你们愿意就可以杀死我,但你们无法阻止妇女的解放。"(引自约翰·赫德尔斯顿:《地球只是一个国家》,伦敦,巴哈出版信托公司1976年版,第154页)

③ 艾斯勒和洛耶的《开创自由》将深入考察这个问题。

十二伊玛目派*

宗伟主编

国外一般称为"伊玛目派"，是当今什叶派中人数最多的一个支派。该派认为阿里是先知穆罕默德的合法继承人，是第一代伊玛目。否定前三位哈里发的合法性，相信第十二伊玛目穆罕默德·马赫迪为最后一位伊玛目，认为他"隐遁"起来。在末世将重临人间，带来公正和正义。该派承认《古兰经》的权威，但又认为其中有些部分被奥斯曼审定版本时删去，这部分在"隐遁"伊玛目复临时将公之于世。他们不承认逊尼派的"六大圣训集"，另编有自己的"四大圣训集"，着重突出了阿里及其后裔所传述的圣训。在教法主张上，该派有两个教法学派，即阿赫巴尔派（圣训派）和乌苏尔派（思辨派），后者影响较广，百分之八十的十二伊玛目派穆斯林信守这一教法学派。在十二伊玛目派内部，又分出了谢赫派、巴布派和白哈等派别。十二伊玛目派是什叶派中的温和派和主流派。公元十世纪，为巴格达当政者所支持，得到很大发展。十六世纪，萨法维王朝在伊朗建立，定该派为国教，并以行政手段推行该派。从萨法维以来，该派的宗教领袖一直参与国家的政治生活，形成很重要的社会力量，对近现代伊朗社会政治产生过重要影响。以霍梅尼为代表的十二伊玛目派的宗教力量推翻了巴列维的王朝统治，使该派的政治影响达到了空前的地步。巴布派产生于十九世纪中叶，该派主张以阿里·穆罕默德撰写的《默示录》代替《古兰经》，主张适应社会发展，改良宗教。目前该派在伊朗有几万人，在伊拉克也有一些人信奉。白哈派又是从巴布派中分离出来的一个支派，以密尔扎·侯赛因撰写的《至圣书》取代《古兰经》和巴布派的《默示录》。白哈派在中东约有几十万信徒。主要分布在伊朗、伊拉克、约旦和以色列，在德国、美国、巴拿马等国的穆斯林中也有传播。该派已于 1980 年宣称不是伊斯兰教的支派，而是一独立的宗教。

* 原载宗伟主编：《中国宗教六讲》，中国友谊出版社 1993 年版。

伊斯兰教简明辞典(节选)*

郑勉之主编

巴布教起义 又称"巴布教派运动"。十九世纪中叶伊朗巴布教徒要求社会改革而发动的反抗封建统治的起义。1844年,赛义德·阿里·穆罕默德(Siyyid 'Alí Muḥammad,1819或1820～1850)自称"巴布"。(Báb,意为"信仰之门")宣传新救世主将要降临人间建立起公平与幸福的新制度,受到广大民众的欢迎。1847年巴布被捕后,著名信徒穆罕默德·阿里·巴尔福鲁什(Mullá Muḥammad 'Alí Bárfurúsh)和侯赛因·波什鲁耶(Mullá Ḥusayn Bushrúyih)等人深入民众,积极传播新教义,广大农民、手工业者和商人纷纷入教。由于统治阶级派兵镇压,该教派纷纷举行武装起义,其中规模较大的有1848～1849年的马赞德兰(Mázindarán)起义,1850年的赞詹(Zanján)起义和尼里士(Nayríz)起义,但均失败。1850年巴布被处死。1852年该派谋杀国王未遂,各地起义也相继被镇压,无数教徒被杀害。后该派发生分裂,1863年巴布门徒密扎尔·侯赛因·阿里建立巴哈教派。

巴布派(Babí) 伊朗伊斯兰教改良派,十九世纪中期由设拉子商人阿里·穆罕默德在伊朗创立。穆罕默德自称"巴布",意为"门"。著《默示录》,主张以此替代《古兰经》来引导新的时代。教义宣扬没有压迫,人人平等幸福的世界。主张废除封建专制统治,结束宗教上层阶级的特权势力;商业和一切交易活动完全自由,商人应有优越的社会地位,简化宗教仪式,认为信仰要注重精神,而不是循规蹈矩的表面行为。巴布派早在十九世纪50年代就广泛地传播于伊朗的城市和乡村,起义农民运用该派的反对派特点进行宣传、斗争。在遭到镇压后,巴布派产生了分裂并逐步衰弱。现分布于伊朗的德黑兰、克尔曼、设拉子和尼里兹等地。

巴哈派(Bahá'í) 又译"比哈派"、"白哈派",是十九世纪中叶从伊朗巴布派中分化出来的一个新派别,创始人密尔札·侯赛因·阿里(1817～1892)自称"巴哈安拉",故名。阿里著《至圣书》主张以此取代《古兰经》和《默示录》,认为安拉是超越物质的不可知的实体,并以此而创造出他以外的一切,主张人类统一,所有的人都是兄弟,要真诚相爱,互相信任,对异教宽容,废除圣战,实现世界和平,建立没有国界和语言区别的统一组织,简化宗教仪式,减少宗教节日,缩短斋期,强调对安拉和现存政权的忠诚,反对禁欲苦行。该派现主要分布于伊朗地区,在乌干达等地也有一定的信众。

---

* 原载郑勉之主编:《伊斯兰教简明辞典》,江苏古籍出版社1993年版。

《默示录》 伊斯兰教巴布教派经典。作者为巴布派创始人密尔扎·阿里·穆罕默德(1819～1850)。成书于1847～1850年间,共11章。作者宣称,《默示录》就是高于一切的新圣经,并想以此取代《古兰经》。全书内容包括:商人应处于特权地位,废除每日固定的礼拜时间,给妇女一定的自由;废除限制妇女穿丝绸衣裳和戴贵重金属装饰的规定,取消妇女戴面纱的戒律,对异教徒持不调和态度等。该书被巴布派穆斯林奉为"智慧的泉源",其宗教改革主张亦被以后的巴哈教派所继承。

《至圣书》 伊斯兰教巴哈教派经典。作者为巴哈派创始人密尔扎·侯赛因·阿里(1817～1892)。成书于十九世纪70年代,为伊斯兰教巴布派经典《默示录》续编。据称《默示录》写完11章时,作者在大不里士监狱遇难,计划还有8章,由具有"真主的征兆"的人来完成。密尔扎·侯赛因·阿里宣布自己具有"真主的征兆",是"巴哈安拉"(意即"神的光辉")。他完成了8章。该书主张,所有的人不分种族、民族和社会地位,皆为兄弟,真诚相爱,彼此信任;认为一切宗教都是好的,只要放弃不必要的信条和仪式,均可和解;宣传普遍和平的教义,主张用和平手段建立"正义的王国"及取消国界,建立"世界议会"。作者宣称用此书取代《古兰经》和《默示录》。

巴哈伊教(Bahá'í Faith)*

宗教研究中心编

巴哈伊教的历史虽然还不足200年,但它不仅是当代最活跃的一个新型宗教,而且也是一个独立的、世界性的宗教。

一、创立与发展

巴哈伊教产生于19世纪中叶的伊朗,那里奉伊斯兰教十叶派中的十二伊玛目教派为国教。巴哈伊教在1863年脱胎于十二伊玛目教派中的一支巴布教。1844年,密尔萨·阿里·穆罕默德(Mírzá 'Alí Muḥammad,1820~1850)提出新教义,认为人类要得圣恩,必须通过一座"门"(阿拉伯文为Báb,音译为"巴布"),而他本人即是这座"门"——巴布,其思想很快风行波斯各地,此教派也被称为"巴布教派"。但巴布教派被正统教派视为异端,教徒遭迫害,巴布本人在监禁后于1850年遇害,同期被杀的巴布教徒多达2万。1863年,在巴格达的蕾兹万花园,一名叫巴哈欧拉(Bahá'u'lláh,意为"上帝的荣耀",1817~1892)的波斯贵族宣称自己是巴布生前指定的上帝的新使者,是巴布所预言的安拉"应许要来的人",也是各种宗教的神所允诺过的显示者。巴哈欧拉的出现引起巴布教派内部的分裂,其中大部分教徒追随他而形成新的教派——巴哈伊教。巴哈欧拉一生中的40余年都是在放逐与监禁中度过的。他在狱中完成了100多部著作,系统地阐述了巴哈伊教派的教义与律法,其著述因此成为该教的圣典。由于教徒在伊朗始终受迫害,巴哈伊教便逐步到中亚、印度、缅甸、埃及、苏丹等地发展,1894年,在美国建立了第一个巴哈伊教社团。此时,巴哈伊教徒已有数十万之多。巴哈欧拉去世后,指定其长子阿博都·巴哈('Abdu'l-Bahá,意为"荣耀之仆人",1844~1921)为继承人,成为巴哈伊教团的领袖。阿博都·巴哈曾与其父亲长期受监禁,直到1908年土耳其发生革命,他才获释。之后,他不断对巴哈欧拉的著作进行诠释,并到欧美各国旅行传教。1912年,阿博都·巴哈亲自在芝加哥为西方首座巴哈伊教灵曦堂主持奠基典礼,到他逝世的1921年,巴哈伊教已传播到33个国家和地区,巴哈伊社团在北非、远东、澳大利亚和美国纷纷建立,阿博都·巴哈临终指定其长女之子索基·爱芬迪(Shoghi Effendi,1897~1957)为巴哈伊教的圣护及其教义的阐释者。此后,巴哈伊教的圣典开始被译为各种文字,同时也完善了教内的组织系统,将各地的巴哈伊社

* 原载宗教研究中心编:《世界宗教总览》,东方出版社1993年版。

团组成独立的教会，设立三级教务制：地方灵体会，国家的（或地区性的）总灵体会，及中央教会。到索基·爱芬迪逝世之前，巴哈伊教已传播到200多个国家和地区，并成为世界性的、独立的宗教。1963年，在纪念该教创始人自命为上帝新使者一百周年时，来自56个国家和地区的巴哈伊教徒代表在英国伦敦举行第一届世界代表大会，经选举组成该教第一届“世界正义院”，即万国总灵体会，为巴哈伊教的中央教会。1971年，全世界有5万多个巴哈伊中心点，6000多个地方灵体会，100多个全国性总灵体会。

二、教义、伦理思想、礼仪和经典

巴哈伊教的核心教旨有三条：上帝唯一，宗教同源，人类一家。巴哈欧拉具体阐述了该教这三大原则，认为巴哈伊教是一神宗教，神是独一而全能的，是超自然的精神实体；世界各大宗教虽然对神的称谓不同，如称之为上帝、安拉、佛、主等，但神灵本身是统一的，并且各种宗教本质上都来自同一神圣的根源；因此一个已有宗教信仰的人若再信巴哈伊教，不需放弃原信仰，而巴哈伊教徒也可自由出入各教的庙宇进行崇拜。该教还承认来自各教的神的9名使者，即亚伯拉罕、克里希那、摩西、琐罗亚斯德、释迦牟尼、耶稣、穆罕默德，巴布和巴哈欧拉；主张独立寻求真理；认为宗教与科学并不矛盾而是相辅而成，努力消除各民族和宗教之间、性别间的偏见，创立世界共通的语言，认为人人皆系神的儿女，世界人类同源。

巴哈欧拉除规定教义外，还阐述了该教丰富的社会伦理思想，其特点是积极入世，关心俗世生活，实现其世界大同的宗旨。具体主张有：注意培养良好的品德，如诚实、可靠、正义，崇拜神等；要求信徒忠于其政府，并以无私和爱国的方式为国家利益服务，但反对教徒参与公职竞选及参加政治活动；既要消除物质间的贫富差别，也要平衡物质与精神双方的需求，反对行乞，主张自食其力；消除各种族、各宗教、各阶层、各国家及性别间的偏见，主张男女平等，一夫一妻，促进个体能力的发展，普及教育，维护世界和平，建立世界新秩序，反对任何战争，限制自然资源的开发等。据此社会伦理思想，巴哈伊教徒努力争取为人类服务，实现人类“天下一家”、世界大同的教旨。

巴哈伊教没有专职的教士和人为的礼仪，教徒自行祈祷，每次聚会通常也是以祈祷开始，并以祈祷结束，所用的经文可以是巴布、巴哈欧拉或阿博都·巴哈的著作，亦可以是《圣经》、《古兰经》或其他经文；祈祷语不限，形式不拘。入教时也不行洗礼或举行其他仪式或更换姓名，只要坚信认识了真理，并愿作“人群的仆役”，填写表格，上交灵体会保存后，即成为该教信徒。巴哈伊教反对苦行、修道院生活及托钵僧制，有自己的历法，由巴布创立。巴哈欧拉最后确立：一年为19个月，每月19天，不足365天的日子算过年，每月的第一天教徒要举行灵宴会，每年19次，是巴哈伊教徒重要的宗教活动；灵宴会上教徒通常要祈祷、诵经，协商教务及一些文娱活动和餐饮。第19个月为斋月，共19天，斋月结束的次日为新年（公历的3月21日）；有9个圣日：元旦灵宴节（3月21日）、蕾兹万灵宴节（4月21日、29日和5月2日）、巴布宣布受命的纪念日（5月23日）、巴哈欧拉的忌日（5月29日）、巴布受难日（7月9日）、巴布的诞辰日（10月20日）、巴哈欧拉的诞辰日（11月12日），教徒在9个圣日里不工作，集会做特别祈祷。巴哈伊教还为教徒规定了九项宗教职责：即每日奉祈祷为义务，遵循斋戒；勤奋工作，并视工作为崇拜；传播上帝的事业；禁烟酒及麻醉品；遵守婚约；服从政府而不参与政治活动；不中伤他人及传播流言蜚语；奉巴哈伊教的圣日。[①]

巴哈伊教的经典主要是巴布和巴哈欧拉的著作，以及阿博都·巴哈和索基·爱芬迪对这些圣著的阐释。仅巴哈欧拉的著作就有100多部，主要有：《至圣经》(*Kitáb-i-Aqdas*)，是戒律集；《确信经》(*Kitáb-i-Íqán*)，阐述基本教义和上帝及宗教的本质；《隐言经》(*The Hidden Words*)，是启迪人们心灵及修正人的行为的警语汇集；《七条山谷》(*The Seven Valleys*)，揭示了人的灵魂在寻觅到生活之目的以前所必须经历的七个阶段，等等。[②] 目前，其圣典已被译成800多种语言及方言。除此之外，巴哈伊教也崇奉其他宗教的经典，如《圣经》、《古兰经》等。

三、教务组织及其社团

索基·爱芬迪建立了巴哈伊教独特的教务系统，分为三级：(1) 地方灵体会是基层教会，成年教徒(年满21岁)都可参与选举，由9名灵体委员来管理教务，任期一年；并且凡教徒超过9人的地区就要建立基层教会，每年的4月21日为选举日。(2)在基层教会上设立总灵体会，代表地区性的或国家性的教会，由各地方灵体会代表选举9名总灵体会委员，任期一年。(3)在各总灵体会之上是中央教会——世界正义院，由各总灵体会的代表选举中央教会的9人委员会，任期5年，全面阐述教规，指导全世界巴哈伊教的教务发展及制定新的教规，院址设在以色列的海法市。此外，巴哈伊教还在世界各大洲建立灵曦堂，为九面形建筑，并附有教育和文化机构，是世界性的崇拜上帝之所，亦作为巴哈伊教在各洲的母堂。目前全世界已有八座灵曦堂，分别在美国伊利诺伊州的威尔迈特、德国的法兰克福、乌干达的坎帕拉、澳大利亚的悉尼、巴拿马的巴拿马城、印度的新德里、西萨摩亚的阿皮亚、以色列的海法。

巴哈伊教徒还在世界各地建立巴哈伊社团，并在全球设立了25间巴哈伊出版社，为巴哈伊圣作提供系统的出版和发行，现已将巴哈伊著作译成了802种不同的语言，发行到全世界。由于巴哈伊教没有专职传教士，教徒可人人担负传教的职责，并积极参与世俗的社会文化活动，如在巴西开办农机技术学校，在印度和其他第三世界国家开设识字班和乡村卫生保健班。世界各地的巴哈伊社团都致力于各自地区的社会与经济发展活动之中，主要涉及健康、社会生活、通讯、农业、林业、社会发展等，特别注重教育，仅在亚洲就建立了300多所培训学校及中心。巴哈伊教早在1948年就参与了联合国环境发展计划，参与了联合国有关人权、社会发展、妇女权益、环境保护、居住、食品等会议；其非政府性机构“巴哈伊国际社团”(Bahá'í International Community，总部设在美国纽约)，已被联合国委任为“经济与社会委员会”和“儿童基金会”的咨询机构，参与和制定了多项社会与经济的发展计划。

四、现状与分布

全世界的巴哈伊教徒目前约500多万，占世界人口的0.1%，分布在205个国家和地区，其中亚

① 参见《世界宗教资料》1985年第2期《巴哈伊教今昔》一文。

② 参见英文版《大英百科全书》有关巴哈伊教的介绍。

洲有 251 万多人，北美洲约有 34 万人，拉美约有 75 万人，非洲约有 131 万人。[①] 近年来，巴哈伊教发展很快，因其礼仪简化，宣扬均贫富、消除各种偏见和不平等、以及教义的积极人世性，容易在中下层社会中流传。虽然在其创造地伊朗，其 30 万信徒仍受到迫害，但如今的巴哈伊教已成为影响广泛的世界性宗教。现在巴哈伊教在全球有活动中心 118000 多个，20000 多个地方灵体会。150 个国家或地区性的总灵体会。[②] 1992 年 4 月至 1993 年 4 月间为巴哈伊教的圣年，在此期间，世界各地的巴哈伊组织将举行各类活动，隆重纪念巴哈伊信仰的创始人——巴哈欧拉逝世一百周年。其中有两项重大的庆祝活动，一是在圣地以色列举行世界各灵体会的纪念会，各国家或地区的总灵体会都将派代表参加，另外将在美国纽约举行一项世界大会欢庆世界巴哈伊教徒的大团结。

---

① 数字均引自英文版《1990 年大不列颠统计年鉴》；另据 1992 年 1 月 4 日台湾《自立晚报》报道，全球的巴哈伊教徒已达约 600 万；而巴哈教自称到 1992 年初，全世界共有教徒 750 万，分布在 340 个国家和地区。

② 数字引自《1989 年大不列颠统计年鉴》。

巴哈伊教*

闵家胤

巴哈伊教的先驱巴孛,1819年诞生在波斯。1844年他公开宣示这一新的教义,是即巴哈伊教历的起点。1850年巴孛殉教,他的继承人巴哈欧拉成为巴哈伊教正式的创始人。"巴哈欧拉"在波斯文里的意思是"上帝的荣耀","巴哈伊"的意思则是"巴哈欧拉的信徒"。巴哈欧拉本是一位可以继任首相权位的贵族,由于追随巴孛而被剥夺了一切,过了40年土牢监禁和流放生活。他启示了100多部经典,高举宗教同源和人类一家的旗帜,阐释一种新的人类理想和世界秩序。1892年,他死在目前以色列国的阿卡城,寝陵也在那里。

巴哈欧拉的儿子阿博都·巴哈一直随父亲过监禁和流放生活,直到1908年才获得自由。他以公认的教长身份游历欧美各国,使这一新的宗教走向了世界。他于1913年谢世,遗命长孙守基阿芬第为护教者和教籍翻译者。这位牛津大学的毕业生将巴哈伊教的主要经典译成英文出版,促进了教义的传播。继承其事业的是他的夫人拉巴尼,她是加拿大籍,与守基阿芬第在牛津同学,目前还在世。

巴哈伊信仰的教旨主要有以下几点:

一、宗教同源,上帝只有一个。他们认为,宗教是进化的,各种宗教的启示者,包括克里希那、摩西、所罗亚斯德、释迦牟尼、耶稣、穆罕默德,以及巴孛和巴哈欧拉,都是上帝先后派出的使者,他们宣示的教义在本质上是同一的。因此,巴哈伊在世界各地兴建的灵曦堂都有统一的底层结构——九扇敞开的大门,表示世界九大宗教同宗同源,融合为一体。

二、消除偏见,独立寻求真理。巴哈伊教要求其信徒要独立地阅读和思考,形成合乎逻辑的思想。号召每个人都应当从原来的宗教迷信中解脱出来,深入到每一种宗教的中心去寻求共通的真理:所有的人都是上帝的子民,犹如一树的枝叶,一洋的水滴;宗教的目的是促进人类的爱和团结,而不是造成仇恨和分裂。巴哈伊反对任何形式的宗教狂热和偏执。

三、天下一家,人类团结。上帝爱不同肤色的所有人,犹如牧羊人对白羊、棕羊和黑羊一视同仁。不同种族和民族的人不应视如陌路,而应亲如体肢。"地球乃一国,万众皆其民"——这应是巴哈伊的旗帜和共同的心声。

四、政教分离,服从当地政府。巴哈伊对历史上政教合一造成的宗教干预政治的弊端和政治残害宗教的惨祸深恶痛绝。因此主张:"宗教管理精神方面的事务,政治管理世俗方面的事务。""宗教

---

* 原载《民主与科学》1994年第1期。

不应干涉政治”，各国的巴哈伊都要“服从当地政府”。“不忠于一个公正的政府，就像是不忠于上帝。”

五、宗教与科学并重，比翼齐飞。他们认为：“宗教和科学为人类文明的两个翅膀，借着这两个翅膀，人的智慧可以腾上高空，人的心灵可以进步。用一翅飞翔是不可能的事！假若人要勉强仅用宗教的一翼去飞，就会堕入迷信的深渊。在另一方面，如果仅用科学的一翼去飞，就会跌落在物质主义的污泥中。”“科学给我们准备了工具，宗教则告诉我们如何去使用它。……世界目前的困难就在于科学给人类制造工具，人却用作武器，因为没有宗教来教他们如何去适当地运用这些工具。”

此外，巴哈伊教还主张消除巨富与赤贫，提倡男女平等，努力普及教育，主张推广世界性语言，设立国际仲裁机构，维护家庭和注重教育子女等等。

巴哈伊教的管理体制也很有特色。历史上的许多宗教内部等级森严，被称为“教皇”之类的人君临教徒和苍生，又有按教阶排列的大小教士。往往因对教义的解释不同而造成分裂，形成派系，甚至演成战争。更有一班南郭先生混杂其间，披着宗教的外衣谋取社会地位和安逸生活，甚至骄奢淫逸，无恶不作。有鉴于此，巴哈伊便不设职业性的传教士，都以巴哈伊朋友相称，没有高低贵贱的等差。而经典的解释权是到守基阿芬第为止。其组织体制有地方灵体会、国家总灵体会和世界正义院（在以色列的阿卡城），上通圣灵。这三级都以无记名投票方式选举九位教友在一定任期内组织活动。

目前这一新兴宗教已远播全球 350 个国家和地区，其经典已被译成 700 多种文字，拥有 4200 个巴哈伊中心和数以万计的地方灵体会，教友总数接近 1000 万。在五大洲都有它壮丽的灵曦堂，其中建在印度的灵曦堂被誉为“二十世纪的泰姬陵”。最新一版的《不列颠百科全书》按分布地域之广把巴哈伊教列为仅次于基督教的第二种世界性宗教。巴哈伊教在联合国有常驻机构，是联合国的咨询成员。1963 年在伦敦召开了世界巴哈伊大会，有 5000 人参加；1992 年 11 月在纽约又召开了第三次世界巴哈伊大会，有 30000 代表参加，并通过卫星向全球转播实况。

1924 年，一位美国新闻记者玛莎·露特女士到达广东，曾向孙中山先生介绍巴哈伊信仰，并赠以典籍，得到孙中山先生的赞许。其后，担任过中国驻英领事的清华大学校长曹云祥曾大力著书、撰文和翻译巴哈伊教籍，使这一宗教 30 年代在上海等地有过一定影响，后因战乱而中断。

由于巴哈伊信仰的理想世界同儒家经典中的“大同社会”相似，所以在中国曾把该教意译为“大同教”，在台湾等地一直沿用至今。目前，巴哈伊教（大同教）在汉字文化圈除中国大陆以外的其他地区都有所发展，并成为官方承认、公开活动的一大宗教。几年前，台湾的巴哈伊教友已在台北县林口乡征购得一片土地，准备兴修远东的巴哈伊灵曦堂。在香港和澳门，巴哈伊教也是有影响的宗教之一，该教在远东的国际联络中心就设在香港，在澳门则有巴哈伊的国际学校——联国学校。

巴哈伊教概述*

陈　霞

巴哈伊信仰(The Bahá'í Faith),创立于十九世纪中叶的波斯,经过一百多年的发展,巴哈伊教已成为一个拥有500多万信徒、分布在200多个国家和地区的独立的世界性宗教,其世界教务行政中心设在以色列的海法。

巴哈伊教创始人密尔萨·胡赛因阿里(Mírzá Ḥusayn-'Alí ,1817～1892)被尊称为巴哈欧拉(Bahá'u'lláh,即"神的光辉"),宣称他创教的目的在于改造个人和社会,以达到人类的大团结,世界的大和平,即"地球乃一国,万众皆其民"的宗旨。他声称哈伊教的产生不是在许多业已相互冲突、分裂人类、蒙蔽世人的信念上,又添加一个宗教制度,而是重申以往各宗教所宣称的永恒真理。他的目标并不是贬损以往的先知们的地位,或削弱他们的教义,而是重申他们教义的基本真理,使之配合我们这个时代的需要,符合人类的能力,适用于解决当前人类所面临的问题及困难。他也没有宣称他的启示乃是最终的启示。在人类不断地、无限的发展的将来,于最紧要的关头,全能之主还会赐予人类以更明澈的真理。

一、巴哈伊信仰的历史

19世纪初欧洲资本以商品输出的形式大量涌入伊朗,冲击了伊朗的封建经济。商品经济的发展打破了原有的土地关系,大批农民失去土地。由于外来商品的竞争,手工业者也面临着破产。伊朗的阶级矛盾大大激化了。在这内忧外患之际,爆发了伊朗巴布教徒起义(1848～1852)。

萨叶德·阿里·穆罕默德(Siyyid 'Alí Muḥammad, 1819～1850)是一位波斯商人的后裔,他曾是谢赫教派的信徒和首领。在什叶派伊斯兰信仰中,有关于隐遁伊玛目和马赫迪的信仰。1844年,阿里·穆罕默德提出:"第十二伊玛目和他的信徒之间,存在着中介。这个中介的原型即四道相继的'巴布'('门'),通过这些门,第十二伊玛目在其隐遁其间保持与其信徒的联系。"①同年,他声称自己为巴布,教徒唯有通过这道知识之门才能认识真主和新时代的先知。不久,他去麦加朝觐时更宣称自己为"马赫迪";他的到来是为了在人间建立平等与幸福的"正义之国"。他主张废除剥削,实行财

* 原载《宗教学研究》1994年第1期。

① 任继愈总主编、金宜久主编:《伊斯兰教史》,中国社会科学出版社1990年版,第496页。

产公有。提出每个时代都可有自己的先知，并要求以他的《默示录》取代《古兰经》，建立自己的新教义。他的这些宗教改革后来为巴哈欧拉继承。

巴布很快拥有了大批信徒，并开展了大规模的巴布运动。这些宗教改革运动引起了当局及官方教士的恐怖和憎恨，1847 年伊朗国王将他逮捕入狱，于 1850 年将他杀害。巴布运动的幸存者纷纷前往伊拉克，巴布教派出现了分裂。

巴布曾声称在他之后将有一位比他更伟大的真主的圣使会降临，那位圣使的任务是实现各圣典中许诺的人类大同的到来。他只是即将来临的圣使的先驱。当巴布宣布其启示时，25 岁的巴哈欧拉在德黑兰。他没有亲自见过巴布，但他仍接受了巴布的教义。1852 年，由于巴布信徒刺杀沙王一事，数千名教徒遇难。巴哈欧拉这位新的巴布社团领袖也被囚禁于德黑兰的希查尔监狱。在这个监狱里，他接受了神的启示，开始了新的使命。

巴哈欧拉是波斯马仁特兰人，出身于贵族家庭。他从没上过学，很早就把自己的精力奉献给了慈善事业，而放弃了展现在他面前的仕途。他一生中屡次遭受无知者及极端者的暴力攻击。曾被囚禁于阿卡大牢狱，在那里度过 24 年的囚狱生涯。1892 年，他在阿卡一牢狱附近寿终。

1863 年 4 月，在他前往君士坦丁堡时，巴哈欧拉断定开始向周围人们宣示其在希查尔监狱接受的使命的时刻到了。当时，有一小批流亡者集合在他周围，倾听他对巴布教义的阐述。这批人的数目越来越多，他们确信他不仅是作为巴布的拥护者在训示，而且代表着正在临近即将要宣示的更伟大的圣道。该月下旬，他的伙伴被召集在一个后来命名为雷兹万（“天堂”）的花园中，巴哈欧拉宣示了使命的核心。

他宣示说，他是人类成熟时代上帝的信使，也是宗教史上所许诺的神圣天启的使者，他的降临会对全世界人类的统一产生巨大的精神力量。巴哈欧拉反复强调上帝启示他旨意的基本目的是为了改善人类的品质，发展那些潜藏在人的本性中隐而不见的道德和精神品质。

巴哈伊信仰自此开始独立发展，在巴哈欧拉时代，这个信仰已传到波斯、奥图曼帝国、高架索、土尔其斯坦、印度、缅甸、埃及和苏丹。

巴哈欧拉死后，其长子阿巴斯阿芬弟（'Abbás Effendí，1844～1921）被尊称为阿博都巴哈（“'Abdu'l-bahá 巴哈之仆人”），被委任为合法的继承者及授权阐释教义者。他也饱经了流放和囚禁的磨难。土耳其青年运动后，他才获释定居海法。他曾历游埃及、欧洲及北美，宣传其父亲的教义。在他有生之年，巴哈伊教已传至北非、欧洲、远东及美国。阿博都巴哈逝世于 1921 年。他的逝世标志着巴哈伊教英雄时期的结束及形成、发展时期的开始。到 1963 年，巴哈伊信仰的形成时期才最终完成。所以，巴哈伊教是现代社会的宗教。在美国，它被统计在新宗教里。

二、巴哈伊信仰的主要内容

1. 关于上帝

巴哈伊教主张上帝的一体性，他是独一的，他创造了世界和人，他是永恒的，他的意志不停地在宇宙间操作着。但他的本性却是不可知的。人类只能通过上帝在不同时期所启示的导师去领悟创造者的意志。

上帝在不同时期的启示是与人类各发展阶段上认识的水平相应的。上帝的各位信使都是他在人类的灵性和其潜能觉醒的连续过程中的一个使者，一次又一次的神圣天启是一个既没有开头也不会有终结的过程。虽然每一位显圣的使命会受到时代的局限，而每一位显圣所起的作用，都是渐次不断地展现上帝权能和意旨的整体的一个组成部分。

巴哈伊承认各先知的一致性。所有的大宗教都出自上苍，都来自同一神圣根源。世界上所有伟大宗教本质上都神圣永恒；它们的基本原则完全和谐；它们的目的相同；它们的教义是同一真理的各面；它们的作用相辅相成；它们只在教规的细则方面有所差异；它们的天职代表社会灵性相继进化的各个阶段。

巴哈伊倡导宗教与科学的协调，也十分强调宗教对人类的维系作用。“宗教是世界上建立秩序、为全人类带来和平富足的伟大工具。”“宗教是保护全人类幸福的坚强堡垒，因为敬畏上苍能使人类谨守善行，杜绝邪恶之举。”[①]但宗教是灵光，也可成为障碍。一些有组织的宗教成了在全世界的人民中的冲突和仇恨的根源，巴哈欧拉对此进行了严厉的谴责。他倡导各宗教抛弃前嫌，实现人类大同的至高愿望。

巴哈伊教义废弃了关于上帝的传统偶像，认为这些传统的偶像只适合于演进的早期阶段人类所处在的认识能力状态。人类已经进入不再需要比喻和寓言式语言的时代；信仰已不再是一种盲从而是自觉的认识。教士的指导亦不复需要：“在这开化和教育普及的新的启蒙和训导的时代，理性的天赋可以通过每个人自身的内省而能对神圣指引作出反应。”[②]

巴哈伊反对强行劝诱他人改变信仰。“每一个已经认知天启的人都有义务和追求信仰的人分享自己的认知，但是要由听众自己作出创作的取决。”[③]

2. 关于个人

巴哈伊教义十分重视个人的作用。要改变人类社会，首先得改变每一个人。人的生命不是随心所欲的，而是必须遵循某些基本的原则和要求。生命的主要目标，就是去发掘这些原则和要求。然后使自己的行为与它们吻合，即寻找真理、服从真理。同时，上帝也赋予了人特殊能力，即感官、理解力、传统和灵感来发掘事物的真相。“他选择了人类，并赋予人类独特优越性和能力来认识他和爱慕他。这种能力必须被视为整个创造界的推动力和首要目的。”[④]

人不是单独生存的生命体，每个人都是社会的一部分。唯有服务人群，促进社会的利益，个人才能发展他的潜能。巴哈伊认为，个人发展与社会发展，是两个相互依存、相互强化的程序。

人也不必畏惧死亡，人在这尘世作短暂的停留之后，灵性生命将会长久地延续，肉体死亡后，灵魂进入另一个生存的新阶段。灵魂在人世间的目标是为了发展出朝向完美、迈进永恒之精神。

3. 关于社会

家庭是社会细胞，巴哈伊十分重视家庭对社会的维系作用，他提倡一夫一妻制，男女婚前须保守贞节。巴哈伊律法允许离婚，但强烈反对它。已婚男女若心生离意，巴哈伊地方事理会应设法调解。

---

① 守基·阿芬第：《号召寰宇》，马来西亚巴哈伊总灵体会出版，第17页。

② 《巴哈欧拉》，马来西亚哈总灵体会属下巴哈伊出版信托，第11页。

③ 《巴哈欧拉》，马来西亚哈总灵体会属下巴哈伊出版信托，第11页。

④ 《巴哈欧拉圣典选集》，巴哈伊中文著作单位马来西亚巴哈伊总灵会属下之委员会，第5页。

调解不成功，有关夫妇也须分居一年。一年后仍然不和才允许离婚。

巴哈伊认为妇女的解放，男女平等是实现和平的最重要前提之一。只有当妇女能自由地参与人类各阶层与专业的活动时，才能在全人类道德和心理上创造出导向世界和平的风气。

巴哈伊信仰反对狭隘的爱国主义。巴哈欧拉训示道："一个人不要以爱国而自得，该以爱全世界而自豪。""疯狂的民族主义与理智的、合法的爱国主义毫无相同之处，应该被宽容的忠诚和对全人类的博爱所取代。"[①]世界公民的概念是通过科学的发展使世界缩小成一个邻里的直接结果，也是国家之间无可置疑的相互依存直接结果。热爱全人类并不会排除对自己祖国的热爱。世界社会中某一部分的利益。若透过促进世界整体的利益，将更容易获得满足。

巴哈伊信仰说，人类社会的历史，是整个宇宙演进之延续。人类历史发展的不同时期都一直在出现伟大导师，如佛陀、克里斯那、琐罗亚斯德、摩西、耶稣、穆罕默德，他们是各大宗教的创始人。这些启蒙众生的伟大导师，以他们所带来的各大天启，构成了人类社会前进的脉搏，个人探索的指引明灯。

巴哈伊教认为人类已发展到了成熟阶段。巴哈欧拉的使命就是宣布人类的幼稚期及孩童期已成为过去。人类目前的青春期所发生的动乱，正缓慢地、痛楚地准备使它进入成人阶段，使它接近那个许诺的时代。而巴哈欧拉，就是人类成熟时代上帝的信使。

今天已经出现了人类走向统一的迹象：联合国组织的建立；世界大多数国家纷纷独立；国家建立的过程已告完成。新兴的国家已能与历史悠久的国家一起探讨的共同关心的问题；许多以往相互隔离与敌对的民族和团体已在科学、教育、法律、经济和文化领域开展大规模的国际合作；本世纪科学技术突飞猛进，预示这星球将要出现一个社会演进的高潮，同时也能为解决人类的实际问题提出具体的途径。然而障碍依旧存在。疑虑、误解、偏见、猜忌以及自私自利等观念依然缠绕着各个国家与民族之间的关系。

为了实现人类一体、消除不和的目标，巴哈伊教提倡普及教育。在条件有限时，有关决策机构应优先考虑妇女和儿童的教育，因为唯有通过受过教育的母亲，才能最有效地、最迅速地把知识所带来的好处传播给整个社会。接受人类一体的观点是将世界重新组成一个国家，即全人类的家，并进行管理的先决条件。一个全球性的超级政府必须逐渐形成，必须有一个世界性的立法机关，一个受世界军力支持的施法部门，一个世界法庭将对各方面的纠纷作判决，一个世界通讯机构将被设计，一种世界文字、世界文学，一种统一的世界货币、重量及测量制度，将简化及助长各国各族之间的交流与了解。

三、教务行政制度

未来的巴哈伊世界联邦，它唯一的架构是扩大的巴哈伊教务行政制度，这也是世界联邦的模式与核心。

巴哈伊教务行政制度，跟其他宗教在其教主死后演化而成的制度不同，它稳定地建立在创教者亲笔明确制定的律法、规则和机构的基础上，并严格遵照受权的诠释者依据经典的指示而运作。该

① 《世界和平的许诺》，世界正义院巴哈伊教世界中心海法，第 17 页。

教务制度所服务、所保护及所促进的教义，本质是超自然、超国家主义的，完全非政治性的非集团性的，而且绝对反对种族。任何国家的教友，必须对那里的政府忠诚。巴哈伊教教士不得参加任何一个政治派系。它没有神权，没有牧师，也没有宗教的仪式，全赖教友的自由捐献及义务服役来维持。但巴哈伊信仰以及其信徒的社团，却能牢固地保持教内的团结，而不受到宗教分裂和内部纠纷等古老病害的破坏。

巴哈伊信仰没有神职人员。大都会的，小镇的或乡村的巴哈伊社团活动，均由一个九人理事会来协调。这些理事会由巴哈欧拉的圣文所制订。他把它叫作“正义院”，现在它被称为“地方灵体会”，以强调其非政治性。每名成年巴哈伊一概有被选为理事会成员的权利。选举的日期是每年的四月廿一日。每年改选一次。每隔 19 天就有一个集会，让所有的信徒进行崇拜、磋商事务和联络感情。目前世界有 18279 个巴哈伊地方理事会。如一国之中，有相当数目的巴哈伊社团，就有必要选出一个总理事会，每年改选一次。1991 年的统计表明全球共有 155 个巴哈伊总理事会。每隔 5 年，所有总理事会将以秘密投票的方式，选出国际理事会的九名成员，该机构叫作“世界正义院”，它是巴哈伊国际社团的最高机构。世界正义院办事处设在巴哈伊圣地的海法城。

每一阶段的巴哈伊选举都是秘密票决的，没有任命的职位，也不许有竞选活动和分门立派。处理事务时，理事会成员之间必须互相磋商。他们须以坦诚的、礼貌的及不持偏见的讨论，决定一件事最好的方向，从而达到磋商的目的。如不能取得一致就进行投票，以大多数赞成者为准。

各级理事会对巴哈伊社团的一切宗教性事务具有管辖权，另一部分教务行政是被委以鼓励及辅导理事会及各信徒的一批经验丰富、精明干练的人物，叫“洲际顾问”，每次任期 5 年，目前共有 81 名洲际顾问。

四、崇拜、斋戒及节庆

巴哈伊信仰把宗教的仪式减至最低程度。每一名年龄 15 岁以上的巴哈伊信徒，必须从他指定的三个义务祷文中，任选其一，每日以所指示的简单仪式诵读。

巴哈伊社团通常在私人住宅或租来的场所召开集会。根据巴哈欧拉的指示，一个叫作灵曦堂（“上帝的颂赞之发源处”）的建筑，最终必须在每一个城市或乡村兴建起来。目前，全球有七座灵曦堂，分别坐落在乌干达的巴格达、芝加歌、巴拿巴市、新德里、悉尼、阿培亚和法兰克福。

巴哈伊信仰禁止寺院修道和禁欲主义。巴哈欧拉鼓励人们积极参与团体生活，促进社会大众的利益，维护家庭和婚姻。

巴哈伊教没有圣礼。当一个人接受了巴哈欧拉为上苍的圣使之后，须向其最近的地方理事会宣告他的信奉，经该理事会通过后，接受他成为巴哈社团成员，而无其他仪式。

巴哈伊的日历以太阳年为根据，一年分为 19 个月，每月 19 日。他们视 19 为神性和圣性统一的数字，第 19 个月是斋戒月。即每年的 3 月 2 日到 20 日间，从日出到日落戒用一切食物和饮料，那些年龄不足 15 岁和超过 70 岁者、经期的妇女、孕妇、哺乳期的母亲、病人、旅行者、及粗重工作者，则可豁免。

巴哈伊信仰有九个节日：诺露兹节（巴哈伊新年）、蕾兹万年第一日、蕾兹万年第九日、雷兹万年第十二日、巴孛宣示日、巴哈欧拉逝世日、巴孛殉道日、巴孛诞辰、巴哈欧拉诞辰。此外还有两个纪念阿博都巴哈的节日:圣约及阿博都巴哈逝世日。

1992 在纪念巴哈欧拉逝世一百周年之际,世界正义院向联合国递交了一份题名“世界和平的许诺”的呈文,表达了巴哈伊教对人类未来的关切。走向世界和平,走向人类的大同,是巴哈信徒奋斗的最终目标。

宗教:本质和更新*

B.皮沃瓦洛夫著,戴凤文译

要形成任何一种新的世界宗教,必须有批判性的跨族巨擘。此人有能力从根本上重新思考前辈的生活体验,还能代表他所推荐的伟大先知晓喻未来许多世纪轮回新义的发现。佛教神化了存在的无止无休地周而复始的思想,用神话说明了生命轮回和肉体受难相互更替的机制,看到通过节欲和升入圆寂拯救个人之路。500年后,基督教向世界揭示人之自由的新义;人是仿照上帝——造物主的样子创造出来的,人继承上帝的能动性;拯救人的道路在于实际战胜邪恶势力,忘我地去爱他人。经过700年,伊斯兰教综合了佛教和基督教思想;对个人自由的企冀减弱了,重点转移到个人服从社会,社会服从真主。

从那时起,过去一千多年了,而所有的社会类型重又复现了。佛教和穆斯林的东方特别注意抗拒对自然界和社会准则的干涉。而基督教的欧洲致力于积极改造尘世制度。一方面,由于西方理性文化的非理性后果而造成的人类自我毁灭的威胁,现在正促进佛教和伊斯兰教思想在西欧和北美的传播。另一方面,克服科学技术落后的要求,伴之以基督教在东方诸国的日益渗入。20世纪末的主要特征是,业已形成的世界宗教积极地相互渗透和这些宗教各种结合形式的出现。在这些新宗教中,巴哈主义尤为突出。

上世纪中叶,伊朗出现了一位具有批判精神的教民巨擘,他提出了如今被称作“新世界思维的原理”的原理,一百多年来,巴哈教派所宣扬的思想已在东方土地(伊朗、埃及、土耳其和巴勒斯坦)上逐渐成熟,这片沃土是由先知巴哈安拉(1817～1892)的热情追随者的鲜血浇灌的,现在这些思想已传遍所有大陆。如今约有500万巴哈教徒居住在约200个国家和地区,我国已有几十个巴哈教总会,该教用现代的神学、科学、哲学和政治学语言把佛教、基督教和伊斯兰教结合起来。它的主旨,是以神话形式体现人类(它教诲不断成熟的人们)对立面的统一和斗争规律。人们慢慢醒悟,开始看到他们相互不是敌对的独立体,而是神使它们相互适应的不同部分;神继续营造宇宙精神的殿堂。只有认识到自己是统一的神意的独一无二的和具有自我价值的组成部分,并同样地看待他人,人才能成为真正自由的人。个人或民族在发展自己独特性的同时,也在发展把全人类联合为一个统一主体的全人类的精神联系。

巴哈主义的辩证法基于两个神圣的原则:作为唯一真正尘世主体的人类的有机统一的原则;个人、民族和国家这样的类似神的创造物力量之间的和谐(而不是斗争)原则。领悟这两条原则(其实所有宗教都已有所领悟,但领悟得不透彻),全球万众通过自己独特的(民族的、宗教的、文化的)奋斗实现大同——这种必然性业已成熟,并加以神圣化。

---

* 原载《哲学译丛》1994年第4期。

东方思想宝库*

卞崇道　宫静　康绍邦　蔡德贵主编

快乐有两种：物质的和精神的。物质的快乐有限，最多能持续一天，一月，一年，不会有结果。精神的快乐无涯，上帝的爱，表露于人的性灵中，使他能达到人类道德完美的境界。所以要尽你所能，热诚地用爱的光辉来点亮你的心灯。

——[波斯]阿博都・巴哈
(引自法德尚《新园》第 34～35 页)

试想，上帝如此深长地显示他的爱。在他表露于世间的爱中，各圣使的降世足以证实这观念。圣使们反映其爱于世人，永无穷尽！他们愿牺牲其生命来启迪人心，来指引人类。他们愿被钉死于十字架，为使人类的灵魂获得高度的进展，他们已在其有限的岁月中忍受极痛苦的考验与困难。

你看，能为他人而牺牲其快乐与安逸的人，何其稀少，能为他人的利益而贡献意见或甘心受苦的人，又何其难得。可是，各圣使均为人类而受苦受难，而贡献其生命与血，而牺牲其存在、安乐与一切。各圣使的爱，何可思议！倘没有他们的光耀，人类的灵魂将无复璀璨。他们的爱力何其宏伟！……这是上帝之爱的标记，真理的太阳之光！

——[波斯]阿博都・巴哈
(引自法德尚《新园》第 5 页)

人之子啊！

我爱你的创生，因而我创造你。你应当爱我，使我能呼唤你之名，使你的心灵充满生命之精力。

生命之子啊！

爱我，使我能爱你！如果你不爱我，我的爱便无法传达到你，懂得吧，我的仆人。

生命之子啊！

你的乐园是我的爱，你的天堂是与我重聚会合，进来吧，别再迟延了！这些是在我们的天国里，在我们崇高的领域里，为你注定了的。

人之子啊！

如果你爱我，就离开你自己。如果你在寻求我的愉悦，就别顾虑你自己的。这样你将能消失于我之中，我将能永恒地活在你里面。

* 原载卞崇道、宫静、康绍邦、蔡德贵主编：《东方思想宝库》，吉林人民出版社 1994 年版。

灵性之子啊!

除非你能舍弃自己转向我,你是没平安恬静的,因为你应光耀于我的名下,而并非在你自己的。信赖我,而非你自己,因我殷望你只爱我,并超越于其他一切。

生命之子啊!

我的爱是我的堡垒,凡进来的,将得到安全和荫庇,凡离去的,将会迷失而沉沦!

宣说之子啊!

你是我的堡垒,进去吧,你将能安全居留。我的爱就在你的心中,你明了这点,那你将会发现我是临近你的。

——[波斯]巴哈欧拉

(引自《隐言经》第6~8页)

灵性之子啊!

我创造你本是富足的,你为何自降于贫穷?我创造你本是高尚的,你为何自趋于下流?我从智慧的精髓中给你生命,你为何舍弃了我,向别处寻求你的启迪?以慈爱之土我塑造了你,你为何为他物而劳碌?把眼光转向你自己,你将会发现我树立在你心中,充满力量、权能和自足。

人之子啊!

你是我的领域,我的领域是永不毁灭的,为何你还怕死亡呢?你是我的光源,我的光源是永不会被扑灭的,为何你还惧怕熄灭呢?你是我的荣耀,我的荣耀是永不会消失的。你是我的袍服,我的袍服是永不会破损的。安居在你对我的爱里吧!你将能在光耀之境界中觅见我!

——[波斯]巴哈欧拉

(引自《隐言经》第9页)

情欲之子啊!

你应倾听着:尘俗之眼不能认知永恒之美;那无生命之心,仅能欣乐于那短暂凋零之花。因为物以类聚,只喜欢与同类为伍。

尘土之子啊!

盲了你的肉眼,你将能看到我的圣美;阻塞了你的肉耳,你将能听到我柔和、甜美的声音;腾空你所学的一切知识,你将能分享我的智慧;使你自己高超圣洁,你将能获得一份我永生之洋的财富。

双重视觉的人啊!

闭起一眼,睁开另一眼。闭起那只观看世俗的一切之眼。睁开那只观赏那敬爱者的圣美之眼。

——[波斯]巴哈欧拉

(引自《隐言经》第30~31页)

宗教从真理的种子长成大树,生枝覆叶,开花结果。经过相当的时间,它逐渐衰老,叶落花谢,不再结果,这株树便枯萎了。假如人们抱持着这棵老树,硬说"它还有永不衰减的生命力,它还能结珍美的果实,它还能永生不朽"当然是不合理的。真理的种子必须在人心里重新种植,它才能长成新树,结成新果,让世界面目一新。因此,现在这些信仰分歧的国家与人民,将获得团结,抛弃那些虚伪的模拟,建立起四海一家的真理。人间的战斗和争议都将停止,大家都和谐地作上帝的仆役。

——[波斯]阿博都·巴哈

(引自法德尚著《新园》第10页)

上帝神圣的显示者的宗教，虽然称号不同，其名称各异，事实上只是一个。人一定爱好光明，不管它从那盏灯发出；一定爱玫瑰，不管它生长在什么土地上；一定要寻求真理，不管它来源如何。如果抱残守缺，执着于一盏灯便不是爱光明，执着于一块土地是无意义的，那从泥土里长成的玫瑰，才有欣赏的价值。一心一意爱一棵树是无益的，要分享果实才有益。甘美的果实，不管长在哪棵树上，一定都可口。真实的言论，不管由哪一个讲述的，一定都可采。绝对的真理，不管是哪本书所记载的，一定都可信。如果我们持有偏见，这将是损失与愚昧的根源。宗教间、国家间、种族间的争斗是起于不互相了解。如果我们研究各宗教，发现他们基本的原则，便可见他们本是一致的，因为基本的真理只有一个。由此，世界的宗教家们，将能达到团结和谐的目的。

——[波斯]阿博都・巴哈
(引自法德尚《新园》第 47 页)

上帝创造宗教与科学，作为我们了解的量度。请勿忽视这一神奇的力量，应把一切放在这天平上衡量……使你的信仰能同科学调和，不应互相排斥，因为真理只有一个。当宗教摒除其迷信传统和不合理的教条以后，即能同科学的思想一致，这将是一股伟大的团结与清除的力量，它将扫除一切战祸、纷扰、不和与竞争——全人类将能通过上帝的博爱而团结在一起。

——[波斯]阿博都・巴哈
(引自法德尚《新园》第 55 页)

如有人说偏见与敌意是由宗教而生——然而实际上真正的宗教是友爱之道。如有人说由民族观念而产生偏见，但事实上，全人类同是一民族，都由亚当之树而生的，亚当是这树的根。这树只有一株，各民族是其枝干，而许多个人犹如枝上的叶子、花或果实。所以世间分裂成许多民族，引起流血战斗，摧毁人类的栖所，都是人类愚昧无知与自私动机的结果。

——[波斯]阿博都・巴哈
(引自法德尚著《新园》第 44 页)

巴哈欧拉的教训中，一项最重要的原则是：

处理人民的经济问题：必须使贫穷消除，使每一个人，能依其地位与职级，共同分享利益。

我们现在可看到，一些人财富过多，另一些人则受饥饿困扰着，有独享几座堂皇宫殿的人，也有无立锥之地的人。有人日享山珍海味，有的却没有足量的面包屑来度日。有人穿天鹅绒和皮裘，有的却困乏缺少御寒的衣着。

这种情况是不对的，必须加以纠正。

当然，有人巨富，有人赤贫，需要有个适当的机构来管理，改善这种情况。极端穷富都是不好的。

贫穷饥饿毫无疑问会引起暴政的产生，人们该积极来解决这问题。

在巴哈欧拉的教训中，有提及自动将资财布施于他人的原则。这种自动的布施大于平等。其中所含的精义，是说人不能把自己看得重于他人，应能为他人而牺牲自己的生命与财富。这不是一条强制的法律，迫使人们服从。而是人能自动地为他人舍财舍命，甘愿地捐助穷人。

——[波斯]阿博都・巴哈
(引自法德尚《新园》第 56～57 页)

巴哈欧拉的教诲之一，是主张世界人类同源，人都是上帝之羊，而上帝是仁慈的牧人。这牧人创造羊群，又从而训练它，保护它，所以他的慈爱普及群羊。无疑的，牧人心爱群羊，如果其中有无知者，必加以教育，如果是儿童，必加以训诲使他成熟，如果有病人，必要治疗他们。上帝像仁慈的医生，凡无知与疾病者，必须给予治疗，仇恨与敌意也就不复存在了。

——[波斯]阿博都·巴哈
（引自法德尚著《新园》第 42～43 页）

在巴哈欧拉神圣的教诲中，讲到人的自由。由于真理的力量，他将从自然世界之拘束中解脱而获得自由。人类一日为自然所束缚，即一日为残忍之动物，因为生存竞争为自然世界之一原始需要。生存竞争为所有灾祸之源，是最严重的痛苦。

每一位巴哈伊教教友愿尽量使其子弟能有研求真理知识的机会。根据巴哈欧拉的话："知识好似双翼——对于人而言——像上升的梯。研求知识是重要的，尤其是可能裨益全人类的科学，但不求那些由头到尾只是舞弄文字的学问。对科学或艺术有所成就者，在世人中享有伟大的权利。真的，人类真正的财产就是他的知识。知识是获得荣誉、富饶、欢愉、喜悦、幸福与快乐的途径。"

——[波斯]阿博都·巴哈
（引自法德尚《新园》第 53～54 页）

人之儿女啊！你可知我为何以同样的尘泥创造了你们？是欲使无人能比别人更崇高，心中时时思考，你们是如何被创造的。我以同样的质素创造了你们，所以你们应平和有如同一的灵魂，并以同一的脚行走，以同一的嘴饮食，居住在同一的土地上，以期从你内心深处，通过你的言行，那和谐统一的表征，与超然物外的精髓，能显露出来。这是我对你的训诲，啊！光明之会集者，留意这些忠告，你将能从无比荣耀之树上，获得那神圣之果实。

——[波斯]巴哈欧拉
（引自《隐言经》第 24 页）

人类如鸟，有两翼——一翼是男，另一翼是女。除非两翼健壮并以共同的力量来推动它，这只鸟不能飞向天空。

上帝造万物，都是成双作对的。人、动物、植物，这三大类中一切生物都有两性，两性绝对平等。

在这大自然的两个较低级的物类中——动物与植物——既无某性优于另一性的事。然而，在人类世界里，我们见到大大的差别。女性被视为卑弱，不许有同等的地位与权利。此种情况产生，非由天生，实属于教育。在神圣创造中，没有这区别。在上帝眼里，没有那性是优于另一性的。

男女都属人类，上帝视为平等，在神圣的创造设计中互为配偶互相辅助。在上帝眼里，人类间唯一的差别在于其行为言动之纯洁与正直，唯有在其灵性形象的相似上最近于造物者，最为上帝最（所）喜。

一个思想纯正，教育水准高，科学造诣深，慈善事业成就卓越的人，不管他是男是女，是白是有色，都是有权利享受充分的权利与尊荣，没有任何的区别。

——[波斯]阿博都·巴哈
（引自法德尚《新园》第 50～51 页）

巴哈伊教*

黄汉强　吴志良主编

巴哈伊教，约于 1924 年始由美国的罗德女士传至中国的广州，并在某种程度上得到孙中山先生的认同。当时巴哈伊教又名“巴海运动”。约在 1930 年 9 月底，巴哈伊教传至香港，相信最迟在本世纪的三十年代，巴哈伊教曾传至澳门。1935 年，巴哈伊教在中国又译名为大同教。1980 年，全球华人教徒一致同意，正名为巴哈伊教(台湾仍用大同教一名)。

巴哈伊教于 1844 年 5 月 23 日由巴普于波斯发起，其后由巴哈欧拉加以发扬光大。至 1948 年，巴哈伊教已被联合国承认。巴哈伊教的教义约有十二要点：一、人类平等；二、真理是独立的；三、各种宗教的根本基础是同一的；四、宗教的目的是为了团结人类；五、宗教必须与科学及理论相符；六、男女平等；七、破除一切偏见；八、世界和平；九、普及教育；十、解决经济问题；十一、推广一种共同的世界语；十二、要成立一个公正的国际裁判所。此外该教崇尚“九”这个数字。

八十年代初，巴哈伊教于澳门氹仔岛设立澳门巴哈伊中心，驻澳门的负责人为一伊朗人华赞。巴哈伊教没有专业的神职人员，只是每年由各地区的成年教徒推选出一个由九名男女组成的地方灵体会，目前世界上约有二万个(的)灵体会，再以区域为基础参加国家年会选出总灵体会，目前全球约有一百五十个以上的总灵体会；澳门属港澳巴哈伊教总灵体会(位于香港九龙中间道)；另每五年，各总灵体会成员参加国际大会，选出巴哈伊教的最高行政机构——世界正义院，作为这宗教的决策者。灵体会、总灵体会和世界正义院之间除行政处外，在财政上亦互相支援。约在四十年前，澳门有第一位华人巴哈伊教徒，姓严。至八十年代，有教徒数十人；目前在澳门，巴哈伊教共有澳门、氹仔、路环和渔民社区四个地方灵体会；澳门的第一届巴哈伊总灵体会成立，为世界上的第一百五十个总灵体会。目前澳门教徒人数难以估计，应在一百以上，一千以下；但有一说谓有数千人。

* 原载黄汉强、吴志良主编：《澳门总览》，中国友谊出版公司 1994 年版。

世界全方位文化大交流的揭幕(节选)*

陈凯峰

在继"瓦哈比派"出现以后,阿拉伯地区的这种宗教改革仍然继续深入,19世纪中叶的"塞努西派"和"巴布派"都继承了"瓦哈比派"的理论,并且使它传播得更广、更深,而比较有建树的则是从"巴布派"中独立出来的"巴哈派"。"巴哈派"的理论就比以前各派的理论具有更大的宗教宽容性,且几乎完全背离了整个伊斯兰教的绝对封闭、排斥异教的传统文化意识观念,"宣布对异教徒的宽容和力求在宗教上实现混合主义",而且认为"四海之内皆兄弟,彼此一律平等,大家享有一样的权利"。这已经是走出了狭隘的民族宗教意识的峡谷,跨入了世界文化大交融的新思潮中,并且,明显地已从教义上向欧洲资本主义近代文明妥协,摒弃以往关于使用丝织品、各种装饰和奢侈品的禁令,废除穆斯林不准征收利息的规定,基本上就铲除了通向资本主义道路的最后障碍。尽管在"巴哈派"的对立面还有反对派(如"巴赫迪派"),但不管是哪个派别,都已反映出欧洲文化冲击波的影响痕迹,只是不同的派别接受的程度不一样,相应的意识上宽容度不一样而已,实际上都无法逃避新生活的现实要求的逼迫。

* 原载陈凯峰:《住宅建筑文化论》,厦门大学出版社1994年版。

伊斯兰教与经济(节选)*

张永庆等编著

资本主义经济的冲击,给伊斯兰世界带来的震荡是巨大的,它使穆斯林处于一种彷徨之中。外国资本向伊斯兰国家的渗入以及欧美垄断经济在伊斯兰国家经济生活中的巨大影响,不能不在伊斯兰国家内引起强烈的反应。因此,上述泛伊斯兰主义思潮的出现是可以理解的。然而,在伊斯兰世界内部,对西方的资本主义经济的态度也不尽一致,例如在伊斯兰国家的商人阶层中,却对西方资本主义表现了积极接纳的态度。1848～1852 年,在伊朗曾发生了巴布运动。巴布运动是米尔扎·阿里·穆罕默德发起的。1844 年他提出自己是马赫迪——即期待的救世主。其使命是铲除人间不平,建立正义之国。他在狱中完成的《默示录》,成为后来巴布教派的经典。他宣称自己是"受托而降的新先知",他宣传的理想的"正义国"反映了伊朗的贫民和小商人的愿望。在这个幻想的世界里,没有压迫,没有剥削,人人平等,过着幸福美满的生活。为实现这一理想,他提出了一系列具体措施,即:保障人身自由,尊重财产所有权、继承权,以及偿还负债,支取商业利息,统一币制,修复交通等。①

继巴布运动以后,伊斯兰教巴哈派又应运而生。巴哈派的基本教义,与传统无大的差异,但在许多方面有其自己的见解。传统伊斯兰教中的宗教仪式极为繁琐与复杂,巴哈派首先对其进行了改革,因为这显然不利于资本主义的生活方式。例如,它们认为,每天只要早、中、晚礼拜三次即够了,可以单独礼拜,不需要去清真寺;在旅途中的商人或从事其他"业务"的人,整个礼拜可简化为一次叩头礼,或者只是象征性地念诵"赞美真主"就可以了。巴哈派对独居修道、苦行和其他禁欲主义的思想也表示了否定态度,主张"星夜和白昼的礼拜"不要过度,不要"过多地念诵"经文。这一切都反映了现代资产阶级对待宗教的共同态度,即宗教不应使财产获得者过长时间地离开他从事的事业,不应使劳动者过多地离开为富人进行的劳动。巴哈派的节日次数也有所减少,斋期也缩短了。②

巴哈派反对奴隶制;反对奴隶买卖,这表明他们是资本主义制度的拥护者。他们认为,以雇佣劳动和自由出卖劳动力为基础的生产关系是最合理的。巴哈派教义的重要特点是把舒适和豪华看作理所当然的事情。《古兰经》禁止的一些东西,在巴哈派看来都可以允许。例如,不认为使用金银器皿是一种罪孽,允许穿丝绸衣服,允许听歌曲和音乐,允许使用玫瑰露和上等香水,允许穿什叶派禁止穿的银鼠皮衣,而且规定要建造"尽可能完善"的房屋,并加以装饰美化。巴哈派关心的是富有阶

* 原载张永庆等编著:《伊斯兰教与经济》,宁夏人民出版社 1994 年版。

① 参见金宜久主编:《伊斯兰教史》,中国社会科学出版社 1990 年版,第 497 页。

② 参见[苏联]叶·亚·别利亚耶夫:《伊斯兰教派历史概要》,宁夏人民出版社 1980 年版,第 97 页。

层的利益，他们认为私有制是不可侵犯的。在婚姻问题上，巴哈派认为，一个人限有两个妻子，但为了精神上的安宁，最好只要一个。从这一规定中，明显看出这种带有资产阶级一夫一妻制的道德观与伊斯兰教多妻制道德观的不同。实质上，多妻和多子问题会成为分配遗产时出现重大纠纷的起因，又时常导致私有财产的分散，这明显是有利于资本的积累的。①

巴哈派对行乞所抱的态度也与传统相迥异，在他们看来，“无所事事的闲人和乞丐”是“真主最痛恨的人”，禁止对乞丐实行施舍。当然，巴哈派也不放弃慈善事业，但把它作为对普通的巴哈派信徒施加影响的一种手段，慈善事业由所谓“正义馆”来从事。比之巴布派，巴哈派更加坚决地主张废除伊斯兰教关于穆斯林不准征收利息的规定，它实际上“铲除了伊斯兰教放置在资产阶级从事工商业活动道路上的最后障碍”②。巴哈派运动虽然最终失败了，但它的众多主张，诸如废除不准征收利息的规定，对以后资本主义在伊斯兰国家的发展，有着极其深远的影响。

---

① 参见[苏联]叶·亚·别利亚耶夫：《伊斯兰教派历史概要》，宁夏人民出版社1980年版，第95页。

② [苏联]约·阿·克雷维列夫：《宗教史》，中国社会科学出版社1984年版，第251页。

托尔斯泰一生的最后一年(节选)*

[俄]布尔加科夫著,王庚年等译

(1910年)6月10日

我在雅斯纳雅,陪列夫·尼古拉耶维奇出去骑马散步。不过,在树林的一个拐弯处,我找不到他了。这样我们只好各自回家。午饭前,他知道我很不好意思,就笑着走出房间询问我在什么地方同他失散的,直到弄清始末才放下心来。

关于奥尔列涅夫,他又对我说:

"到现在,我还弄不清他是一个什么样的人,人不按正当的方式去生活。这完全和卖淫没有什么区别。"

在一种幽默的廉价杂志里,列夫·尼古拉耶维奇读到了《托尔斯泰的几则趣事》①文笔很俏皮,他开心地笑了起来。

他说,他正在读关于贝哈主义②的书籍,谈到他对这种宗教的看法,给它的评价很高。

---

* 原载[俄]布尔加科夫:《托尔斯泰一生的最后一年》,王庚年等译,上海译文出版社1994年版。

① 《托尔斯泰的几则趣事》刊登在《幽默的——戈比》杂志,1910年第68期,第4~6页上,在总标题下刊登了三则趣事:《托尔斯泰,瘦子和将军》、《托尔斯泰和汽车》、《托尔斯泰和访问记者》。

② 贝哈主义,一种宗教学说,为19世纪中叶波斯人贝哈乌拉所创建,宣传妥协、博爱,反对采用革命斗争方式。托尔斯泰对这一学说发生了浓厚的兴趣。在1909年间他的来往书信中,对贝哈主义发表过不少同情的论述,他在这一学说中发现了不少与自己宗教学说的共同之处(见《托尔斯泰全集》第79卷,书信第131号,第133号;第80卷,第104号)。同时贝哈主义者也对托尔斯泰学说和要求废除土地和私有制的观点持赞同态度。

宗教改革*

宋瑞芝主编

19 世纪四五十年代，在伊朗兴起了一个新的宗教改革运动，其创始人为密尔扎·阿里·穆罕默德，又称“巴布”（意即“大门”，引申为人与神的中介），故这一运动为“巴布派运动”。

巴布宣称穆罕默德的时代已经过去，古兰经与教典都已陈旧，应由安拉指派新的先知以新的律条取代之。他自称新先知马赫迪[①]降世，仿古兰经写了一本《默示录》，被巴布教徒奉为圣经。

巴布学说含有明显的历史发展观点和社会改革思想。他认为人类社会是一个时代和一个时代依次递嬗互代而发展的。每一时代有该时代的特殊制度与法律。旧的制度与法律由于旧时代的结束与新时代的来临而废除，并代以新的制度。他批评当权者（世俗官吏与高级僧侣）凭借古兰经与教典，不愿抛弃旧制度，是现时人间充满不公平与苦难的原因。他不但宣传一种没有封建压迫、人人一律平等的乌托邦式的社会理想，而且提出了具体的社会改革主张，例如男女平等和保护商人利益、发展商业贸易等。在他的女信徒中出现了著名的伊朗妇女运动的先驱人物。巴布思想的这些民主因素，被他的弟子们发展成社会革命的思想了。

同路德教派的宗教改革一样，巴布教派的宗教改革直接导致了人民起义。19 世纪中期，巴布教徒多次领导了伊朗的人民起义。这些起义具有民主主义与反封建的性质，其进步意义在于破坏了封建制度的基础，为资产阶级关系的发展扫清了道路。巴布教徒起义的直接后果是导致了伊朗近代史上著名的弥尔札·塔吉汗改革。

巴布教派运动后期，巴布的一个门徒密尔扎·侯赛因，又称“比哈乌拉”（“神的光辉”），创立新说，组成一个新的教派，即“比哈派”。这一教派反对暴力和斗争手段，鼓吹友爱、宽容，认为爱是宇宙的规律，只有通过爱真主，才能达到对最高精神（神的旨义）的认识。他们主张一切宗教应相互宽容与和解，以期在全世界范围内建立一种世界主义宗教，甚至主张消灭国界，用世界语组织一个全世界的统一政府。比哈的继承人、比哈之子阿卜杜·比哈接受西方的理性主义思想，使这一教派的伊斯兰的和神秘主义因素逐渐减少，形成一种具有一般的人道主义特征的宗教。经过这一番对伊斯兰教的修琢、改革和现代化之后，比哈教派很快传播到西欧和美洲。在美洲的所有大城市都有比哈教徒，很多有色人种都成为这一教派的追随者。

综上所述，经过近代的宗教改革，伊斯兰教逐渐摆脱中世纪的神秘主义，走上现代化、世俗化的发展道路。

---

* 原载宋瑞芝主编:《外国文化史》，湖北教育出版社 1994 年版。

① 马赫迪为伊斯兰教救世主、第十二世教长。据传说，他不见了已近千年，但他还要出现，消灭大地上不平之事，并建立合理的新制度。

返　祖（节选）*

童天一

菲菲在大门上贴了一张毛主席像，奇迹就开始出现了。

“你的《倒行日记》有办法出版了！”菲菲说。

我在阳台等待那个声音，一时没有听清她的话。

“我到东园路找了一个书商，他叫我们明天将所有日记都带去，如果看中了，他愿出个好价钱一次买断，然后拿去香港或台湾出版。”

我从阳台冲进房间：“为什么要等明天，我们现在就去找他！”

“不，今天我们去见加拿大来的一对夫妇：他们也是搞人类学的，你们肯定谈得来。”

于是我们来到格林夫妇面前。这是外语学院专家楼中的一个套间，先知巴哈欧拉①深邃的目光在相框中注视着我们。格林夫人看上去就是一位地道的华人，可她除了会说“你好”之外便一句中国话也不会讲。她在我们面前随意展开一幅长卷，只见密密麻麻的汉字和英文爬满其间，这种严格按时间顺序排列的符号，叙述的是一个叫巴哈伊教的神秘历史。不久，我便听到了穆罕默德一千一百多年前对信徒们所作的预言：在我之后，将有更伟大的使者来临。一千年之后的一八四四年，伊朗南部一个叫希拉资的美丽城市，一位二十五岁从未上过学的青年宣布，他就是那个伟大的使者。这个青年就是巴孛。许多回教徒在麦加朝圣时，巴孛来到这个回教圣地，他告诉人们：他们所崇拜的、安拉已应许的人已经来了。虽然没有人听，巴孛却已完成了宣示。巴孛返回故乡时，一队士兵逮捕了他，祭师们不愿让这个新宗教传播。但是，锁链和牢狱都无法阻止他传播福音，在短短的时间里，成千上万的人为他的真理而牺牲。

当人们决定杀害他时，巴孛年仅三十一岁。士兵们在广场上准备枪杀巴孛，周围聚拢了一大群人，他们看见年轻的门徒靠在亲爱的恩师胸前。伟大的时刻到了，鼓已敲动，号角已吹响。号声渐渐消逝，大家听到那可怕的命令：“开枪！”上百个已经瞄准的士兵开了枪，广场上布满了大片烟云，火药味弥漫在空气中，但是，云散烟消之后，巴孛无影无踪，他那忠诚的门徒却毫无损伤地站着。奇迹！惊讶！没有人知道该怎么想，人们都说，巴孛已经升天。这一队枪兵和他们的队长从来没有遇见过这样奇特的事，他们派人向各方寻找巴孛。最后还是那位从狱中将巴孛提出来的军官，在原来的地方找到了他。他安详地坐着，正在结束曾被这位军官鲁莽地打断的话。于是，巴孛转向那位军官，笑

* 原载童天一：《返祖》，作家出版社 1994 年版。

① 此处有误，应为“阿博都·巴哈”。——编者注

着说，现在，他在世上的使命已经完成，准备用牺牲来证明他的真理了。

巴孛被重新带进刑场，但行刑队长拒绝再度下令枪杀这个纯良圣洁的青年，他率领部下走了。结果，另一队士兵被派来执行死刑。这一次上百粒子弹聚射在巴孛和他忠诚的信徒身上。

现在，墙上那幅肖像人物出场了，他就是先知巴哈欧拉。当巴孛开始宣示时，巴哈欧拉已经二十七岁，他立即承认巴孛是上帝的圣使，成为巴孛最著名的追随者。巴哈欧拉是一个神圣的建筑师，他为巴孛所传的圣道奠定了基础，为人类的统一构筑了宏伟的蓝图。

一百年前巴哈欧拉就已经作出预言，从二十世纪末至下一个世纪，中国将逐渐强大并成为世界文明发展的中心。因此他号召信徒到中国传道。于是，格林夫妇肩负着先知的使命坐在我面前。我想起客家英杰洪秀全所创的拜上帝会——它比巴哈伊教早一年诞生，想起了不远万里来到中国的白求恩和毛泽东的纪念文章，想起了巴哈伊教总部“世界正义院”就设在与它的发源地伊朗誓不两立的以色列，我的理性几乎迷失。

格林夫人拿出一本橙色的小册子，那是“世界正义院”一九八五年十月对全人类所作的文告：《世界和平的承诺》。她用加拿大英语朗声念道：世代善良百姓所渴慕的，和自古经书圣典所允诺的“太平盛世”即将到来。人类正稳健地朝着世界统一秩序方向发展。本世纪初叶，国际联盟的诞生，继之而来的是基础更广泛的联合国组织，二战之后，绝大多数国家纷纷自主独立，说明了国家的建立过程已告完成，同时新兴的国家已能与历史悠久的国家一起过问彼此关切的事情，许多民族与集团，以往互相隔离敌对，如今却进行广泛的合作和交流。在此得天独厚的世纪，科学与技术突飞猛进，正预示着此星球将面临一个社会演进的高潮，同时也为解决人类共同的问题提出了具体途径。

房间鸦雀无声，菲菲幸福地靠在我身上，格林夫人呷了一口中国绿茶，神情忽然严肃起来：然而，障碍依然存在，猜忌、误解、偏见、怀疑与狭隘的自私集团正困扰着国家与国家、人与人的关系。深刻的灵性与道德的责任驱使我们在此良机不再的时刻，共同邀您来探讨一个世纪前巴哈伊的启示者首次对人类统治者表达的深刻哲理：“绝望之风四面八方吹袭，分裂及折磨人类的纷争正与日俱增。迫在眉睫的剧变与灾难现已出现，然而现时制度却显得可悲无能。”这一预言已为人类共同的经验所证实。目前制度的瑕疵已显而易见，由主权国家组成的联合国，并无法驱逐战争的幽灵，无法遏制国际经济体系崩溃的威胁，对无政府主义及恐怖主义束手无策，更无法解除为这些痛苦所折磨的千百万人们。

人类的光明出路，是统一在巴哈伊教①的世界宗教同出一源、人类一家的观念上，重新建立文明世界并使之非军事化的，成为一个在政治机构、精神抱负、金融贸易、语言文学等基本方面统一的世界，但在这统一的联邦组织中，同时又存在着各国民族的种种特点。

从外语学院出来，菲菲说：“我信世界正义院，你信吗？”

“什么宗教我也不信！”

“为什么？”

“我也不知道。也许是东方教授对我毒害太深。教授虽然热衷于测量各种人体，尤其是混血的人体，却是一位观点奇特的种族主义者。他认为德国和日本的再次强大，主要是因为人种比较单纯。他相信每一种民族都将会成为一个国家，因此，国家的建立过程远不像巴哈伊教所说的已经完成。”

① 据说巴哈伊教（Bahá'í）在联合国设有特殊席位。

菲菲不以为然。

我说:"你可以信巴哈伊教,那是你的事。但我怀疑巴哈伊教的'世界大同,人类一家'的理想能否实现。我给你讲一个真实的故事,听完你就明白。有一个老头给广州一家医院扫地,报酬不高,但这老头干得有声有色,因为他可以捡弃婴卖,每月收入不菲。一天,有对夫妇要求退'货',理由是'货'不对板。你知道,婴儿刚出生时没什么区别,都像红皮老鼠一样,渐渐地,就会越长越白,越来越有人样。但这对夫妇高价买的儿却与众不同,竟一天比一天黑起来,原来是中国姑娘与非洲情人的私生子。这老头死活不肯退货,说当初双方没有讲好实行'三包',你们不要谁还敢要?"

菲菲笑得蹲在地上。

"这世界一家能实现吗?"

"可我觉得你见过格林夫妇之后心情好多了,不是吗?"

我恍然大悟:"好啊,你是要他们给我做心理治疗。难道你也认为我会疯吗?"

她走过来偎在我怀里:"我现在放心了。前几天怪吓人的,我上班时你坐在阳台上,下班时你还坐在那里,连姿势都没变过。"

Bahá'í 巴哈派教徒*

[英]克里斯特尔著，郭龙生等译

发音形式为 ba-hiy，指 19 世纪 60 年代波斯伊斯兰教巴比教派中产生的一场宗教运动。作为巴哈教的真主（“荣耀的上帝”），米尔泽·侯赛因·阿里（1817～1892）宣称：巴比运动的创始人米尔泽·穆罕默德·阿里（1819～1850）曾经预言他是先知。巴哈教徒宣扬神的完整一体、所有信仰的联合、人类的必然统一、全人类的和谐、普遍教育以及对政府的服从。它没有教士的职位，它的所有信徒都应该能宣传信条。为非正式的礼拜所举行的集会常常在家里或租来的大厅里进行，很少正式仪式。但是也有婚礼、葬礼以及婴儿命名仪式。它的总部在以色列的海法。到 1990 年，它的信徒已超过 500 万人。参见：**宗教**

* 原载[英]克里斯特尔：《九十年代最新知识词典》，郭龙生等译，世界图书出版公司 1994 年版。

伊斯兰教教派(节选)*

王怀德

巴布派 这是19世纪在伊朗形成的一个重要派别,创始人是米尔扎·阿里·穆罕默德,他自称"巴布",故名。"巴布"的原意是"门",引伸为把救世主马赫迪的旨意传达给信徒的必经之门。该派宣布,第十二伊玛目已隐遁千年,即将在波斯降临,建立公平和正义的国家。

巴布派的前驱是17世纪末至18世纪初产生在伊朗的一个新教派——赛希特派。当时西方资本入侵,封建王朝腐败,民族手工业破产,致使社会矛盾激化,十二伊玛目派中有人企图通过改革,找到一种适合小资产阶级利益的宗教学说。在这种情况下,赛希特派应运而生。该派信徒相信,隐遁伊玛目返世的日子已为时不远,在他到来之前,将出现一位处在救世主和穆斯林之间的中介人,为救世主(马赫迪)的出现扫清道路。这一派后来在波斯人、阿塞拜疆人和其他中亚少数民族中有不少信徒,现在约占伊朗十叶派信徒3%。赛希特派的改良主义为巴布派打下了思想基础。

1847年,巴布写成《默示录》(《白彦》),阐明其政治主张和教义基础。后来该书成了巴布派的经典,他们甚至想以该书取代《古兰经》。巴布宣称,所有的伊斯兰教先知及其经典是按周期循环的。安拉在一个先知循环结束时,就毁灭这个世界,然后发布新先知的"语言",重建一个新世界。先知穆罕默德的时代已经过去,《古兰经》及各种经典已经过时;旧的制度和法律将为新的所代替;新制度、新法律、新教义不能由世人而必须由真主指派的新先知制定出来。巴布本人就是这样一位先知,《默示录》是新的经典。巴布派主张平等和平均分配财富,但仅限于本派信徒之间。鼓励商业贸易,认为商人在社会上应处于特权地位,收取利息不受限制。废除公共礼拜殿和每日5次礼拜,每个人都可以利用业余时间在自己方便的地方做礼拜。宣布给妇女一定的自由,允许离婚和再婚,废止限制穿丝绸衣服和戴贵重金属饰品的规定。严禁饮酒,不向乞丐施舍;严惩扰乱社会治安和随意伤害人命。该派对异教徒和外国人持不调和态度。

在宗教哲学方面,巴布派将存在分成3部分:安拉的本体,是绝对的、超自然的;自然界和人;现象世界。这三者,唯独安拉能认识自己,是纯粹的反映。数字19在巴布派的教义中占有重要的位置,它表示神性与圣性的统一,是安拉本体的数量反映。他们取消惯用的历法,代之以"纯粹心理和精神的历法";每年19个月,每月19天,每天以安拉的一种德性命名。

巴布派的教义反映了伊朗新兴商业资产阶级的利益,同时也部分地反映了小手工业者和农民的要求,实际上提出了民族主义改革的纲领,因而为商人和城乡劳动群众所接受。1848～1852年间,

* 原载王怀德:《伊斯兰教教派》,宁夏人民出版社1994年版。

以巴布派思想为旗帜，在伊朗各地掀起大规模的反封建起义。

巴布派的活动遭到封建统治者、十叶派上层和外国资本家的反对和镇压。1847 年国王下令逮捕巴布，1850 年将他处死。但巴布之死并没有使巴布派丧失勇气，相反地更激起了他们的斗志。1852 年，3 名巴布信徒谋杀国王未遂。国王受了伤，当局便利用这一事件实行骇人听闻的残酷镇压，大批巴布运动的积极参加者被屠杀。幸免于难的一部分人分散到伊朗各地，组成秘密的宗教团体；也有人逃往伊拉克，置身于奥斯曼帝国当局的保护之下。

在这种情况下，巴布派发生分裂。他的一位门弟子米尔扎·叶海亚继续忠于巴布派教义。他外号索布赫·埃捷尔，意为"永恒的曙光"，故被称为埃捷尔派。现在该派人数不多，约占十叶派人数的 0.3%，分布在伊朗和伊拉克。米尔扎·叶海亚的异母兄弟米尔扎·侯赛因从巴布派分化出来，另组巴哈伊派。

巴哈伊派 米尔扎·侯赛因·阿里脱离巴布派，另立新派，因他自称巴哈乌拉，意为"安拉的光辉"，故名巴哈伊派。该派的创始人在 1871～1874 年完成的《至圣书》为其教义的基础，并企图以它来取代《古兰经》和巴布的《默示录》。

巴哈伊派认为，安拉是超物质的、不可知的实体，通往安拉的每条道路都是敞开的。安拉以其不可知的本质使自身得以显现并创造出他以外的一切。安拉显现的特殊形式便是诸先知的特征。

巴哈伊派主张人类实现统一，世人皆为兄弟。兄弟之间应真诚相爱，彼此信任；他们对异教徒持宽容态度，认为一切宗教都是好的；不主张消灭已有的各种宗教，而要把它们统一在某种理想的宗教学说之中。该派认为，诸先知并不是一个取代一个，因为他们宣布的基本原理都是一样的，他们都是人和最高精神之间的中介人，而最高精神只有根据其表征才能认识。主要的是要爱主真，爱是进步的条件、宇宙的规律。他们宣传普遍和平、幸福、勿抗恶的教义，要求废除圣战，建立"正义王国"；主张取消国界，使用一种世界语言，组织世界统一的议会和政府；信徒要绝对服从最高宗教领导人和现行政权；男女权利和义务平等，人人都有受普及教育的义务。

他们主张简化宗教仪式，规定每天只在早、午、晚举行 3 次简短的礼拜，并且可以用不同的语言念诵由巴哈乌拉编写的经文。信徒可以单独礼拜，而不必到清真寺去参加聚礼。旅途中还可以将整个礼拜简化为一个叩头礼或者对安拉的赞词。净仪的程序也大为简化，规定每天要先洗手，后洗脸，如果没有水，也可以不洗。黑夜和白昼的礼拜都不要过度，不要过多地念诵经文。该派仍坚持巴布规定的每 19 天为一个月，每 19 个月为一年的历法；信徒每月聚会一次，集体举行仪式，包括念诵祈祷文和经文。所念经文可是《圣经》、《古兰经》或其他宗教经书的某些章节。此外，该派还减少宗教节日，缩短斋期。

巴哈伊派对独居修道、苦行和禁欲主义持否定态度，认为讲究舒适和豪华是理所当然的事，不认为使用金银器皿是一种罪孽，允许穿丝绸服装和十叶派所禁止的银鼠毛皮，允许使用玫瑰露和上等香水，允许听音乐。提倡建造尽可能完善的房屋，并加以装饰美化。认为无所事事的人和乞丐是安拉最痛恨的人。

巴哈伊派教义现在主要在伊朗的阿塞拜疆人中流传，信奉者还有马赞德兰人、吉兰特人、波斯人，信徒约占伊朗十叶派总数的 8%。不干预政治是巴哈伊派的口号，伊朗政府不承认该派为正式的宗教少数派，但允许其信徒参加政府机关工作。此外，美国、德国等西方国家也有不少巴哈伊派信徒。20 世纪 50 年代以来，该派在非洲特别是乌干达也有所发展。

致玛丽·哈斯凯尔第 44 封信*

(1912 年 4 月 19 日)

纪伯伦

在黎明之前,我睡眼朦胧。空气中充满悲剧的气息。泰坦尼克号①带着它所载的人不幸地沉没了,它使我想起来倍感痛苦,把我也带到灾难中。——那些无辜的人们啊!

我泪如雨下。

我六时起床,海难的恶梦一直缠绕着我。我用凉水洗了洗,然后喝了一杯咖啡,以缓解我的窒息。

七点半,我和波斯国巴哈教派②首领阿卜杜勒·巴哈在一起。

八时开始工作。人们来来去去的,多数是妇女。他们严肃谦恭地坐在那里,眼睛都不眨地看着。

九时,我画完了,阿卜杜勒·巴哈笑了。一眨眼工夫,我来到客人面前,奇特地这个向我祝贺,那个用劲拉着我的手——好像我给每一个作出了服务。这个说:

"奇迹!启示降临于你了!"

那个讲:

"你发现了教师的精神!"

每个人都说一句。这个用阿拉伯语说道:

"和圣灵在一起工作的人不会失败!在你身上有一种来自上帝的力量!"

接着又说:

"先知们和诗人们是受上帝之光浇灌的!"

第二位笑了,她的微笑中有一段故事——一场暴风雨的故事,叙利亚的,阿拉伯国家的,波斯国的故事。

他的追随者都爱那张画,因为它很像本人,我喜欢这张画,因为它表达了我最好的方面。

我的眼皮是沉重的,瞌睡使它变得沉重。

三个小时够么?我睡三个小时,恢复耗去的精力。

哈利勒

---

* 原载伊宏主编:《纪伯伦全集》(下),甘肃人民出版社 1994 年版。

① 泰坦尼克号,欧洲著名客轮,1912 年 4 月 14 日~15 日夜与冰山相撞,沉于北大西洋,乘客两千人中有 1517 人遇难,海难原因为超速行驶、缺少和不会使用救生艇等。

② 巴哈教派,一译"比哈教派",伊朗巴布教派起义失败后分化出来的一个新教派。因创始人侯赛因·阿里自称"巴哈安拉"(安拉的光辉)而得名。主张人人皆兄弟,宽容异教徒,取消圣战,取消国界,建立"正义王国",实现世界和平。

世界宗教全书(节选)*

顾伯平　陈建平主编

巴哈与巴哈教派

1850年巴布被波斯当局处死后，他的最有名望的一个门徒叶海亚(Mírzá Yaḥyá Ṣubḥ-i-Azal)被指定为继承人，为避免波斯统治者的迫害，巴布教徒的首领们移居伊拉克的巴格达，继续传播巴布派教义。在这些人中，叶海亚的同父异母弟侯赛因·阿里(Mírzá Ḥusayn-'Alí Núrí，1817～1892)不久就充分显示出了他的才能高于他的兄长。阿里才思敏捷，长于思索。他从巴布教徒的起义失败中，看出了巴布教的缺点，决心要消除巴布教中任何东方的东西，使巴布教派能遍布五大洲，传播于世界上的任何一个民族。

1863年4月21日在巴格达(Baghdád)效区一个友人的花园内，阿里宣称他是巴布所预言的安拉所派来的新使者，自称"巴哈安拉"(Bahá'u'lláh，阿拉伯语意思为"真主之光")。巴哈的说法以巴布的《默示录》为依据。巴布曾说过《默示录》应有19章，他只写了11章，其余8章，将由安拉所派的新使者来完成，叶海亚坚决反对其弟自称是安拉所派的新使者。他驳斥说，按巴布的教义，巴布和新使者之间的间隔时间应为巴者死后的1511年或2001年。兄弟二人由此不睦。

由于巴格达靠近波斯，波斯政权仍担心巴布教派对其构成威胁。遂同奥斯曼当局进行协商，解决这一问题。1854年夏，巴布教徒被迁离巴格达，12月到达了亚得里亚安堡(Adrianople)，这是奥斯曼帝国欧洲部分的一个城市，到达欧洲后，巴哈更想抛弃巴布教派教义中的亚洲特点，他向波斯(Persia)、土耳其(Turkey)、俄国(Russia)、普鲁士(Prussia)、奥地利(Austria)和英国的君主及教皇(Pope)、基督教(Christian)和穆斯林神职人员发信，公开宣称自己的使命，从此称巴哈教派，终于完成了由巴布教派向巴哈教派的演变。叶海亚则继续坚持巴布教义，拒绝承认巴哈教派。兄弟两人从此分道扬镳，两派间分歧逐渐加大。当两派之间的分歧导致发生武装冲突时，奥斯曼帝国为保证其国内安宁，对两派实行隔离。叶海亚被送往塞浦路斯岛的法玛占斯塔，直到1912年去世。

巴哈教派被奥斯曼苏丹遣至巴勒斯坦的阿克('Akká)。经长途跋涉，1868年8月，巴哈到达巴勒斯坦。他除积极宣教外，还从事著述。1871～1874年，他完成了主要著作《至圣书》作为该派教义的主要依据，按巴布的说法，这部共472节的作品，将取代《古兰经》和巴布所著的《默示录》。1892年5

* 原载顾伯平、陈建平主编:《世界宗教全书》，上海人民出版社1994年版。

月27日[①]，巴哈去世，令他欣慰的是，巴哈教派已由奥斯曼帝国传到了波斯、高加索(Caucasus)、土耳其斯坦(Turkistan)、印度、缅甸(Burma)、埃及和苏丹。

巴哈死后，他的长子阿卜杜·巴哈('Abdu'l-Bahá)继承了父亲的传教事业。1921年，阿卜杜·巴哈去世后，又指定其长女之子沙基·爱芬迪(Shoghi Effendi Rabbani，1897～1957)为继承人。在他们二人的辛勤指导下，巴哈教派日益发展，分支组织遍于世界各地。在非洲、伊朗、印度、美国、东南亚及太平洋地区的某些地方，均有巴哈教派信徒。到1971年，全世界共有5万多个地点有巴哈教徒；其中全国性的灵会100多个，地方性的灵会6000多个。巴哈的梦想终于变成了现实。

巴哈教的大同思想

巴哈教派是伊朗巴布教派起义失败后分化出来的一个新派别。因其创始人侯赛因·阿里自称"巴哈安拉"(意为"安拉的光辉")而得名。巴哈教不仅远离巴布教派，而且与伊斯兰教也很少有共同之处。

巴哈教派竭力与已经出现于世界上的各种宗教先知所传播的不同预言保持一致。他们相信，人类终究会在某个适当时候，以某种共同的法律为基础而组成为一个共同的宗教大家庭；利剑将铸成犁兴，包含在各种宗教典籍中的神秘真理将会完全显示。对巴哈教徒来讲，佛陀、摩西、基督、穆罕默德以及"巴哈安拉"都是自同一精精神中流溢而出，它们相继获得人的化身，每一次都把新的预言带向尘世，而所有的预言都是以同样的永恒的原则作为基础的。真主在"巴哈安拉"的著作中所代表的与其说是一种超自然的存在，毋宁说是一种本质或无极的精神——完全是某种难以捉摸的东西。我们只有通过它的属性才能了解，正如我们难以把握某些事情的本质的时候，可以通过某些特征去了解他们一样。

巴哈教认为，世界上的每一事物都体现了真主的属性，那怕的是在很细微的程度上；但是"先知"却是真主最完善的造物，因而他们在最大程度上体现了真主。正是在某些基本原则上(一般来说，这些基本原则对于佛教、儒教、犹太教、基督教以及伊斯兰教都是共同的)。巴哈教派认为，他们信奉的一神与世界上各个宗教信奉的神灵，是同一个神，只是称谓上的不同，因此，巴哈教派的信徒，对于各个宗教的教堂庙宇，皆可入而跪拜。该派承认神派往人间的9名使者是：伊卜拉欣(即亚伯拉罕)、克里希那(印度教人物)、摩西(犹太教)、琐罗亚斯德(琐罗亚斯德教)、释迦牟尼(佛教)、耶稣(基督教)、穆罕默德(伊斯兰教)、巴布和巴哈安拉。

宗教政治方面，该派主张人类统一，大家皆兄弟，要真诚相爱，男女平等，人人都有接受教育的义务；要求宽容异教，废除圣战，实现世界和平，建立"正义王国"；取消国界，使用一种世界语言，组织统一的议会和政府；强调信徒要服从最高的宗教领导人和现行政权。

宗教礼仪方面，该派规定每天只要举行早、中、晚3次简单的礼拜即可，可用不同的语言诵念由"巴哈安拉"所写的经文。信徒可以单独举行礼拜，而不必在清真寺内进行。旅途中可以将整个礼拜改为一个叩头礼，或者只要口诵"赞美安拉"即可。净仪的程序也在巴哈教派中得到简化，规定信徒

① 出处有误，应为1892年5月29日。——编者注

每天要先洗手,后洗脸,如果无水,也可不洗。坚持巴布规定的每 19 天为一个月的历法;信徒每月集会一次,举行公共的仪式,包括念诵祈祷文和经文。所念经文可以是《圣经》、《古兰经》或其他宗教经书的某些章节。此外,巴哈教还减少宗教节日,缩短斋期。

在日常生活方面,巴哈教不反对舒适和豪华,不认为使用金银器皿是一种罪恶,允许穿丝绸和什叶派禁穿的银鼠毛皮等,允许使用玫瑰露和上等香水,更允许听音乐。对于行乞、独居修道、苦行和其他禁欲主义的表现,巴哈教派均持否定态度,认为无所事事的闲人和乞丐是安拉最感痛恨的人。

巴哈伊教*

马宁等编著

巴哈伊教在中国台湾地区称“大同教”，是从伊斯兰教巴布教派脱胎分化而成的一个世界性新兴宗教。19世纪中叶由伊朗贵族巴哈欧拉创立，本世纪内获得迅速发展。1935年，原清华大学校长曹云祥在上海翻译该教著作，因该教主张人类一体，世界大同，似乎颇合于中国儒家的“大同理想”，便将其名定为“大同教”。80年代，世界各地华人教徒将教名统一确定为“巴哈伊教”，在台湾地区则两名称混用，仍以称“大同教”者为多。

1954年，伊朗人苏格曼夫妇首先在台南建立巴哈教中心；随后，不少巴哈伊教著作在马来西亚和台湾地区译成中文出版，华人信徒有所增加。1958年在台湾地区正式登记，获准自由传播。

巴哈伊教没有专门神职人员，教徒“自行祈祷”。教义有相信一个上帝、人类同宗、宗教同源、个人独立追求真理、破除迷信偏见、宗教与科学一致、普及教育、男女平等、谋求各国共同福利以保障世界和平等。规定信徒应祈祷，每年斋戒一次，戒饮酒赌博、偷窃及使用暴力，禁说谎及背后论人是非，必须工作，不得乞讨，效忠政府，服从当地法律，重视婚姻及家庭生活。巴哈伊教倡导“工作就是崇拜，服务就是祈祷”，生活与信仰一体，每个教徒都有传教的义务。其总部称“世界正义院”，设于以色列海法。下设地区和国家级的“总灵体会”，再下面为地方灵体会，负责人由教徒选举产生。台湾地区设有“大同教台湾总灵体会”，下设妇女、学校、传导等委员会；1990年，有地方灵体会40个，教徒活动中心12个，活动点203处；1991年底，登记信徒共16573人；还办有2家出版社，发行不定期刊物2种。按照规定，该教每年在4月21日至5月2日之间召开代表大会，选出9位总灵体会委员，1993年是第26届。台湾巴哈伊教与国际巴哈伊教组织和人士有着频繁的联系和来往，与以华人教徒为主的（中国）港澳（地区）以及马来西、新加坡等总灵体会多次举行有关传教活动的联合会议。

* 原载马宁等编著：《今日中国宗教》，今日中国出版社1994年版。

印度灵曦堂*

臧树清

如今印度大地上，最现代化、最富丽堂皇的宗教建筑，要数新德里郊区的巴哈伊教灵曦堂了。

这是一朵巨大的洁白的初绽的莲花：由45个花瓣组成的圆形建筑，直径70米，高34米，内设1300个座位；四周是精美的雕花栏杆、小桥和九个水池；园地为26（中国）亩。莲花为各宗教奉为美丽和纯洁的象征，视为圣花。巴哈伊教宣扬人类同源，“世界仅有一个国家，人类是它的公民”。它承认上帝和其先知的和谐统一，却又主张扫除各种迷信与偏见，强调必须与科学携手并进；尊重男女平等，提倡义务教育；消除极贫与极富。其教义的目标是融合各种族、国家和宗教成为一个人类的大家庭，建立持久的世界和平。显然，它的教义包容了所有宗教的美好成分，同时又充满着矛盾；它试图联合各大宗教为一体，却又在某些方面严重开罪于现存宗教。这个“宗教联合国”的创始者，是18世纪初叶的伊朗人巴哈欧拉。他的传奇性自我牺牲精神和叛逆性格，堪与释伽牟尼相比。他出身于一个著名的贵族家庭，牺牲其所有财富致力于宣扬自己的信条。这也注定他难免传统势力的无情迫害。从君士坦丁堡、阿格狱城，他在监禁和流放中坚持传播教义达40年之久，直到75岁逝世。

所有宗教都有一些崇高教义和可敬的品格。可是，有哪家宗教能解决人类历史和现实中的难题？巴哈伊教正在世界五洲传播，在七个国家建有灵曦堂。1986年建成的新德里灵曦堂，是最富魅力的一座，也是重要的景观之一，前往观瞻者颇众。陪我们参观的是一位马来西亚的华裔女青年、29岁的黄水珠，祖籍福建。她在此为她的信仰作为期半年的义务服务。我们没有机会一睹新型宗教的礼拜仪式，只能在了解其教义和观赏建筑艺术中得到满足。这里气氛肃穆而又高雅。不见香烟，不闻咏唱，没有偶像，没有职业僧尼；也没有其他宗教寺院所共有的那种神秘感和压抑感。

理想化的巴哈伊教，美不胜言的灵曦堂。世界上最早产生宗教的土地上有此一种新型宗教，似乎让人看到一种希望：相互对立的宗教有可能走上互容和谐，消弭仇恨和杀戮。如果大家都以科学和友善为信条，那么，人类将减少多少灾殃和疾苦？

* 原载臧树清：《海外见闻录——中央电视台记者海外采访纪实》，中国广播电视出版社1994年版。

巴哈伊教(Bahá'í)*

郑炜明　黄启臣

巴哈伊教的起源

巴哈伊教是在公元 1844 年在伊朗的希拉兹展开的，创始者为萨叶德·阿里·穆罕默德，又名巴孛(The Báb，或译作巴普)；巴孛一名，在波斯文中含有智识之门的意思。巴孛就在公元 1844 年 5 月 23 日创教，当时称为巴哈伊运动(或译作巴海运动、巴比运动)；巴哈伊这个名词，在波斯的语言里，含有带光者的意思，巴哈伊运动，即有光明的运动的意思。巴孛传教六年，其间经历了无数的宗教和政治的逼害，终于在公元 1850 年 7 月 9 日于塔布里兹殉教。

巴孛死后，巴哈欧拉(Bahá'u'lláh)于公元 1852 年 8 月就在德里兰的一个监狱中继承了巴孛的遗志，继续推广巴哈伊教。巴哈欧拉，波斯语的意思是上帝的荣耀；他在公元 1844 年起就成为巴孛的追随者和得力助手。巴哈欧拉在公元 1863 年起被流放出伊朗，在此之前他完成了两部最重要的巴哈伊教圣典：《隐言经》和《毅刚经》。被流放后的巴哈欧拉，致力于重新团结和组织那些在波斯大举屠杀巴哈伊教徒后逃亡至伊拉克的余众。在随后的近三十年的流亡、传教甚至被监禁的生涯中，他反而成功地将巴哈伊教传播至世界上许多其他地区。在公元 1882 年，巴哈欧拉完成了巴哈伊教的管治教规，即《亚格达斯经》(意为至圣经书)。到公元 1892 年，巴哈欧拉寿终，将发展巴哈伊教的重任传了给长子阿博都巴哈('Abdu'l-Bahá)。

在巴哈伊教的历史上，阿博都巴哈为三个伟大中心人物的最后一个。阿博都巴哈在波斯语中的意思为光荣的仆人。他是巴哈伊教三位伟人中唯一亲访过西方的人物。在公元 1912 年 10 月至 12 月他短居巴黎时，发表了很著名的《巴黎片谈》("Paris Talks")，宣扬了巴哈伊教的教义，使这教广为西方人士注意。公元 1918 年，他发起了一个全球性的传教运动；自公元 1911 年起，他以六十七岁的高龄先后访问了伦敦、巴黎、美国、加拿大等国共四十余个城市；在公元 1921 年，他又访问过利物浦、牛津、爱丁堡、布里斯托和伦敦等城市，也到过史特加、维也纳、布达佩斯和埃及的塞德港。公元 1921 年，阿博都巴哈去世，当时全球已有三十个国家接触到巴哈伊教了。

* 原载郑炜明、黄启臣：《澳门宗教》，澳门基金会 1994 年版。

巴哈伊教的教义

巴哈伊教的教义约有十二要点：一、人类平等；二、真理是独立的；三、各种宗教的根本基础是同一的；四、宗教的目的是为了团结人类；五、宗教必须与科学及理论相符；六、男女平等；七、破除一切偏见；八、世界和平；九、普及教育；十、解决经济问题，消除极端的富饶与贫困；十一、推广一种共同的世界语；十二、要成立一个公正的国际裁判所。此外这教崇尚“九”这个数字，这主要是因为在巴孛的著作中曾提到或用隐语提及与九字有关的年数为该教重要的年数，那可能是“上帝将使显现的那位”降临的时候。（一说因为九是最大的数字。）巴哈伊教相信巴哈欧拉所赐予人们的，是内心的欢乐与幸福；因为上帝的爱在人的心中，故人们是欢乐的与幸福的。而死亡，并非一切的终结；死亡是灵性的重生，所以巴哈伊教徒欢迎“欢乐的死神”。巴哈伊教又强调灵魂不灭，认为灵魂在肉体死亡后能继续生存；如生前作恶，死后灵魂将会受到惩罚，得到永恒的痛苦，所以这教非常重视伦理与道德。最后，巴哈伊教相信上帝的显示者能行神迹。

巴哈伊教传入澳门的经过

巴哈伊教，在阿博都巴哈逝世后，教务由他的儿子[①]守基阿芬弟(Shoghi Effendi)接掌，于公元1921年起，指导了全球巴哈伊进行一连串大规模的世界性传教活动，而中国，正是这教宣扬的一大目标。据公元1917年4月28日阿博都巴哈发表的一篇宣示就已说到：“一定要把巴哈伊教传到中国去……中国是个属于未来的国家……”巴哈教最早于公元1917年传至中国东北，其后在公元1923年4月起，传至北京、天津、济南、南京、上海、苏州、杭州、武汉等等地区，为时将近一年。约于公元1924年的春天，一位来自美国的巴哈伊教徒罗德女士(Miss Martha L. Root)至中国广州传教，经过一位与她相识的朋友廖崇真先生的介绍，得以与孙中山先生相见，向孙中山先生介绍巴哈伊教，颇为孙中山称许；廖崇真又充当她的传译，协助她传教。至公元1930年9月，罗德女士再至广州，仍由廖崇真先生协助传教，在九月六日、七日，上广州市政府无线电播音台演讲，九月二十三日的《广州市政日报》上，有《罗德女士演讲专号》，将她的演讲词中译稿(俱为廖崇真先生译述)刊出，包括《国际新教育》、《世界语运动》、《什么是巴海 Bahá'i 运动?》等。这两次就是巴哈伊教在中国早期最重要的传教活动了。

约在公元1924年3月底，巴哈伊教已由罗德女士传至香港。公元1935年，巴哈伊教在中国又译名为大同教。至公元1980年，全球华人教徒一致同意正名为巴哈伊教；但在台湾间中仍用大同教一名。公元1987年1月31日，在中国的《光明日报》上，就有一篇由车宁慈署名写的介绍巴哈伊教的文章《“二十世纪的泰姬陵”——莲花庙》(按文章中仍称巴哈伊教为大同教)。

在公元1953年的时候，巴哈伊教的教主守基阿芬弟展开他策划的十年全球宣教运动，澳门成为

---

① 此处有误，守基阿芬第应为阿博都巴哈的外孙。——编者注

被巴哈伊教选择为传教的其中一个地区。根据可靠的文献记载，最早到澳门传教的巴哈伊教徒名为法兰西斯·希拉太太(Mrs. Frances Heller)，她来自美国的加州，当时为公元 1953 年 10 月，第一次她是从香港到澳门来，只逗留了一日，第二次是当她从印度开完会回来后，在同一个月的二十日她来到了澳门，从此她就成为巴哈伊教在澳门的一位先锋了，她决定在澳门传教。不久，她认识了夏童容女士，在公元 1955 年 1 月，夏女士成为澳门的第一位中国妇女巴哈教徒。在公元 1953 年 12 月 8 日，来自美国威斯康辛州的舍勒先生和太太(Carl and Loretta Scherer)两人至澳门，成为希拉太太传教的伙伴。这三位就成为最早在中国的土地上定居的巴哈伊教传教先锋。公元 1954 年 7 月 15 日，严沛峰成为第一位信奉巴哈伊教的澳门居民(按直至公元 1954 年 9 月 30 日始获正式批准)。至公元 1964 年 3 月底之前，澳门的巴哈伊教徒共有三十位(其中一位在香港入教)，包括中国人和葡萄牙人，其中 Manuel Ferreira 在公元 1954 年 11 月 8 日进教，是在澳门最早信奉巴哈伊教的葡萄牙人。

从巴哈伊教的行政上说，澳门在公元 1957 年前是隶属于美国巴哈伊总灵体会的亚洲传教委员会；至公元 1957 年，东北亚巴哈伊总灵体会成立，澳门就属这个灵体会管辖。公元 1958 年 4 月 21 日，澳门成立它的第一个巴哈伊地方灵体会。至公元 1962 年，巴哈伊教开始向氹仔、路环两岛进发。公元 1963 年，巴哈伊教的世界正义院成立，成为巴哈伊教的最高行政机构。公元 1976 年 1 月 28 日，巴哈伊教正式在葡国注册，成立葡萄牙巴哈伊总灵体会，至公元 1982 年，澳门的巴哈伊教乃向政府注册。公元 1974 年 4 月，香港巴哈体灵体会成立，澳门的巴哈伊教奉命归香港管辖。一直至公元 1989 年 4 月 30 日，澳门始成立澳门巴哈伊总灵体会。

澳门目前还有澳门、氹仔、路环和渔民社区四个地方灵体会，都归澳门巴哈伊总灵体会管理。八十年代时，澳门约有巴哈伊教徒数十人，目前据说已发展至三千人。

神圣化的基本功能(节选)*

陈麟书

事实证明,不同宗教群体整合功能越强烈,其封闭的排他性也越强烈,而这正是宗教纠纷、冲突和战争的“隐性地雷”。不少开明的宗教家对于这一“不治之症”虽想给予“治疗”,但也深感束手无策。但是,根据为联合国一特别委员会所写的一篇文告《号召寰宇》中指出,目前正在世界各国掀起的一个新的全球性的巴哈伊教(Bahá'í)正力图在这一方面作出贡献。其基本原则是要把世界各宗教精神融为一体,认同各教义仅是同一教理的各方面,以便达到完全和谐,使全人类团结一致。① 巴哈伊教的出现似乎不是偶然的,这对于克服宗教群体整合功能封闭性、狭隘性、宗派性的“不治之症”具有直接的现实意义,就像爱因斯坦早就希望的那样,想建立一个没有宗派性的世界统一的“宇宙宗教”。不过,当代世界著名的英国历史学家汤因比在其《一个历史学家的宗教观》(1978)一书中认为,这是难以做到的。总之,对于宗教群体整合功能,既要看到它对于同一宗教或教派共同体的凝聚作用,也要看到它在教派之间的封闭性和排他性。

---

* 原载陈麟书:《宗教学基本理论》,四川大学出版社 1994 年版。

① 参见守基阿芬第:《号召寰宇》(*Call to the Nations*),马来西亚巴伊总灵体会巴哈伊中文书籍部 1992 年版。

巴哈伊教在台港澳地区的发展及现状*

李桂玲

巴哈伊教作为一种新兴宗教，其历史只不过 130 年，但它的传播范围之广却仅次于基督教和天主教，其教徒的人数虽只有 500 多万，而因它在国际上极为关注贫困、环保、教育、妇女权益及世界和平等问题，在当今的影响也正日益壮大。1935 年，原清华大学校长曹云祥先生就曾将该教的著作译介到中国，名为《新纪元的大同教》，这是第一部中文巴哈伊书籍，大概也是因其教义强调宗教同源、人类一家，与中国儒家所宣扬的大同思想颇为一致而称它为"大同教"①以至于这一名称在海外华人社会里沿用了几十年，在台湾和香港地区也不例外。近年来，巴哈伊教作为一种发展最快的新兴宗教在台、港、澳地区越来越为人们所关注。以下分别介绍巴哈伊信仰在这些地区的发展及现况。

一、台湾的巴哈伊教

巴哈伊信仰在 1947 年传入台湾，当时被称为"巴海大同教"，但教徒很少。1949 年一位赴美的中国留学生在美国皈依了巴哈伊教，后回到台湾定居。1954 年原在上海定居的伊朗籍苏洛曼夫妇来到台湾，以后定居在台南，并正式传教。1956 年在台南建立了台湾第一个巴哈伊教地方灵体会。这些早期的台湾巴哈伊信徒大多是高级知识分子，有的还是在美国受过军事训练的空军军官。许多巴哈伊的书籍也逐渐在台湾被译成中文出版，以吸引更多华人入教。1957 年东北亚总灵体会②成立后，台湾的巴哈伊教事务即归属于它的管辖之下，第二年又成立了台北地方灵体会。但因教徒的流动性较大，台湾巴哈伊地方灵体会发展缓慢。1959 年 10 月台南巴哈伊中心建成并投入使用，该中心是苏洛曼夫妇捐资建筑的，这大大促进了巴哈伊教在台湾的发展。

1967 年"台湾总灵体会"在台北成立，但未获得当局的承认，当时全台教徒人数近 500 人。至 1970 年巴哈伊教才在台湾完成社团法人登记（当时以大同教登记），成为全台九大合法宗教之一，并曾在林口乡获得一处拨地，作为建造"灵曦堂"的堂基。1972 年台湾巴哈伊出版社成立，次年，巴哈伊婚礼的法律效力也得到当局的承认。以后，巴哈伊教在台湾稳步发展，新加入者多为大学生。

到 1985 年，台湾的巴哈伊教徒数已达千人，地方灵体会有 20 个，并从 1986 年开始进入了一个

* 原载《世界宗教文化》1995 年第 3 期。

① 参见《香港的宗教》，香港圣神研究中心/香港天主教社会传播处 1988 年版，第 88 页。

② 东北亚总灵体会当时的中心设在日本的东京。

高增长期，信徒大部分是中国人。1987 年时地方灵体会又增加了一个，还在台北、台中、台南、高雄、屏东及花莲设有 6 个中心，教徒的活动点有 150 多处，教徒有 2310 名。① 到 1990 年时全台有 26 个地方灵体会。各地的地方灵体会每年要举行一次选举，所有的成年教徒均可参加，选出 9 位委员；每年的 4 月 21 日至 5 月 2 日间要举行台湾总灵体会的 9 位委员的选举。

巴哈伊教没有专职的传教士，但传教是每个信徒的义务，在台湾设有“宣教委员会”，并于 1988 年 11 月在台北召开了总传导委员会的研习会，探讨如何利用多种方式传教。近年来，台湾的巴哈伊地方灵体会也逐渐地加强了与地方民间团体及社会各界的联系，参与了环保、教育、幼教、妇女等方面的活动，这既起到了社会宣传的作用，也大力推动了巴哈伊教在台湾的发展。如 1990 年围绕其“天下一家”的核心教义，总灵体会下特设了一“环境保护处”，开展环保问题的一系列的教育工作，还设立“服务人群奖”及在各大专院校设立奖学金，以奖励那些对台湾社会有突出贡献的人才，并请政要人士前来颁奖。

根据台湾 1992 年统计的数字，巴哈伊教在台湾的教徒数近年来成倍增长，已达 14000 人，散居在台湾 150 多个城市及乡镇之中，有 2 个聚会中心向台湾当局申请了登记，有 2 名外籍教务人员，还有一家出版社。到 1992 年中已发展了 62 个地方灵体会，由“台湾总灵体会”负责教务，并将“大同教”的名称于同年 4 月 27 日正式改为“巴哈伊教”，这与全球所有华人区所使用的名称相统一。

同时，台湾(地区)的巴哈伊教与世界其他地区及国家，尤其是港澳的巴哈伊教组织保持了密切的联系，如 1991 年 9 月邀请新加坡、菲律宾及日本的巴哈伊洲际顾问到台湾(地区)访问，1992 年 2 月在高雄举行了第一届东南亚中文青年大会，同年 5 月派出 19 位代表赴以色列海法参加创始人巴哈欧拉逝世 100 周年的纪念大会等。

二、香港的巴哈伊教

巴哈伊信仰据称在 100 多年前就传入了香港，那时香港已发展为一大商埠，巴哈伊教的创始人也鼓励经商，所以这种说法并非不可能。不过那时的巴哈伊商人只是来港经商，且流动性较大。

本世纪二三十年代香港的华人中间开始有少量的巴哈伊，他们大多数为商界人士，但没有正式的组织，直接隶属于英国的总灵体会。直到 1956 年 4 月 21 日的蕾兹万节才成立了香港第一个巴哈伊行政机构——香港地方灵体会，但当时以“巴海”为名，共有 14 名教徒，从 1957 年开始划归东北亚区总灵体会管辖。

1958 年 5 月 29 日。巴哈伊社团在香港正式注册为宗教团体，1969 年设立“总行政委员会”，成为一独立的行政个体，同年还获准成为宗教慈善团体，教徒捐款可免税。但教务方面一直发展缓慢，到 1971 年时成立了香港、九龙和沙田三个地方灵体会，教徒仅有 80 多人。1974 年设立总灵体会，并在港府注册为一非牟利宗教慈善团体，选出第一届总灵体会 9 名委员，此时有 6 个地方灵体会，教徒 270 人。1976 年 12 月还在香港召开了巴哈伊教国际传道大会，近千名来自世界各地的代表出席了会议，可见巴哈伊的国际组织对香港的重视，同时也大大促进了香港的教务。

① 参见《宗教工作基础知识》，中国旅游出版社 1991 年版，第 570 页。

80 年代初为与海外华人统一名称，香港的巴哈伊社团正式定名为“巴哈伊教”，并于 1988 年得到香港立法局的确认，此时有地方灵体会 20 个，教徒约 1000 名；次年于澳门的教务分离而设立总灵体会，全称为“香港巴哈伊信徒总灵体会”，教徒人数增长很快。到 1993 年底，香港有 22 个地方灵体会，教徒多达 2500 多名，每年在 4～5 月份选举地方代表，并推选出 9 名总灵体会的委员。目前，在香港铜锣湾区有一巴哈伊会堂，成为教徒的活动中心。

在香港这一多元宗教的社会里，巴哈伊教也是发展最为迅速的一种新兴宗教。随着教徒近年来的成倍增长，也开展了各种社区服务活动，如设立“香港人群服务奖”，组织母亲节展览及国际书展等。1992 年还成立了“巴哈伊专业人士联谊会”，以密切内部的联系。

因香港特殊的地理位置和重要的经济及商业地位，这里的巴哈伊组织与世界其他地区联系较为密切，同时巴哈伊的国际机构也将香港视为向东亚和东南亚传教的重要基地。巴哈伊国际社团(Bahá'í International Community)在港设有一新闻处，常年派驻国际代表，主要负责传教、出版和发行巴哈伊教的书籍，出版季刊《天下一家》。1994 年夏，香港的总灵体会还组团到内地访问，加深了对大陆国情的了解。

三、澳门的巴哈伊教

巴哈伊信仰在澳门的历史虽然只有 40 多年。但其发展速度却是澳门所有宗教中最快的一个。1953 年巴哈欧拉的曾孙守基・阿芬第就曾提到澳门是当时 130 个还没有巴哈伊教的地区之一，就在同年的 10 月 20 日一位美国加州的女教徒来到澳门，她名叫法兰西斯・希拿，不久又有奈勒夫妇到澳门拓荒，他们在此定居后即开始向周围的人们传播巴哈伊信仰，奈勒还是巴哈伊教圣护所委任的亚洲 9 位顾问之一。但澳门的教务发展非常缓慢，到 1954 年 10 月才有一位广东的华人宣布信仰了巴哈伊教，随后又有了首位葡人巴哈伊，名 Manuel Ferreira，次年唐童容小姐成为第一位女性巴哈伊，并介绍了她的丈夫张先生也信仰了巴哈伊教。1956 年张先生翻译了一些巴哈伊的诗文，并出版了一部巴哈伊的书籍，不仅在澳门使用，还流传到其他地区。到 1958 年，澳门成立了第一个巴哈伊地方灵体会，由四个葡国人、三个中国人和两个美国人组成。到 1960 年地方灵体会的成员首次全部由中国人组成，1974 年信徒发展到 50 多位，并在湾景楼设立了巴哈伊中心，此时，香港和澳门在同一个总灵体会的管辖之下，澳门的两名信徒还被选为总灵体会的成员。

80 年代初巴哈伊教在澳门发生了突变，当时有大量的渔民入教，并于 1984 年成立了巴哈伊中心，同年还成立了一个地方灵体会，这是澳门发展的第二个地方灵体会。至 80 年代后期，巴哈伊教的发展又出现了下一个高潮，信徒增加到 2000 多人；1988 年在路环成立了第三个地方灵体会。

1989 年 4 月澳门正式成立了总灵体会，与香港总灵体会分离，成为世界上第 150 个总灵体会。“总灵体会”成立之时，世界巴哈伊教的精神领袖罗巴尼夫人特意从加拿大赶来祝贺，澳督也派代表到会祝贺并发表讲话。

由于信徒增多，澳门的巴哈伊教社团在 80 年代后期注意参与社会活动，如开办了一间幼稚园。进入 90 年代，开始积极传教，并逐渐得到社会的认同，还于 1992 年初正式登记为一个合法的宗教社团，信徒通过在公共场所张贴广告、组织文艺演出等方式向市民宣传巴哈伊的教义，扩大自己的影响。另外，1988 年开办的“联国学校”，也是目前澳门唯一一所教授英语和普通话的双语学校，招生的对象主要是新移民，1991～1992 年度学生达到 262 名，具有 24 个不同的国籍，学校还得到了澳门政府的资助。

澳门总灵体会一共由 9 位成员组成，在每年的 4 月 21 日至 5 月 2 日的蕾兹万节选举。1993 年至 1994 年度总灵体会的新成员一般文化水平较高，多从事贸易、科技或商业工作。

澳门的巴哈伊社团与世界其他巴哈伊组织的关系较为密切。罗巴尼夫人曾多次到澳门访问；澳门的巴哈伊组织还在 1989 年 2 月选派 6 名信徒前往以色列海法“朝圣”；1993 年 9 月澳门的巴哈伊代表团首次访问了大陆。

1994 年北京国际书展书籍选介·"国际巴哈伊出版社"*

滕守尧

一、《科学与宗教》(Anjam Khursheed: *SCIENCE AND RELIGION*, Bahá'í Studies Publications, 1987.)

本书认为,科学和宗教之间的关系本质上不是敌对的,而是和谐互补的,但是,在过去的四百年间,科学和宗教之间一直在进行着一场赢得人心的争论,争论的焦点是:什么是现存世界的本质? 什么是生存的意义? 争论的结果,似乎科学占了上风。因为科学就此提出了一系列振聋发聩的理论,使宗教的有关教诲黯然失色。多数现代西方人对宗教失去热情,认为宗教充其量是一套过时的价值和信仰,它对原始社会有用,现在就没有必要存在了。有些人干脆把宗教和迷信混同起来,认为它的存在是世界上无数冲突和争斗的根源。在行为和伦理标准方面,科学同样占尽了上风。因为科学总是谦逊地将它的所有的主张和发现摆在世人面前,任从批评和指正。从不逼迫人们去信仰它,更不需要对它的教导感恩戴德。宗教则恰恰相反,它总是傲慢地宣称自己的教条一贯正确。自己的信仰不需要随时修正。在某些历史时刻,它甚至用折磨和火刑柱来硬性推行这些信仰;它常常固执地坚持种种过时的观点,把人们分割成不同的派别,互相争吵不休。科学具有一种在相互竞争的机制中作出理性选择的方法,所以它平稳地进步着,把不同的民族、国家和传统团结在一起,和谐一致地追求知识。许多思想家谴责说,宗教使用虚假的诺言,声称要给信仰者以永恒的报答,这种许诺实际上是一种社会压迫的工具,通过这种工具,统治者使被剥削阶级对其俯首听命,放弃有限的尘世福利。

然而遗憾的是,科学所占的上风终于使它自己也成为现代人迷信的对象。作者指出,在原始的拉丁意义上,"世俗的"(profane)是指庙宇之外的。如今,我们的文明似乎成为科学的庙宇。科学家成了这个新的时代的牧师,而宗教则站在庙宇之外,"神圣"和"世俗"的古老区别整个地颠倒过来了。作者认为,这种将科学和宗教对立起来的倾向是错误的,因为从人类历史的角度看,这种区别并不总是存在着。在古希腊,思想家们自由地进行宗教的洞察、哲学的思辨和科学的研究,这些不同的活动都有一个共同的目标:使灵魂得到营养。也就是说,那时的宗教和科学都在庙宇之外的,但二者都是神圣的。只是在基督教时代,宗教才被改造成一种等级森严的权威性结构,人类的探索才被迫专注于神。作者不否认,在宗教与科学和谐相处时代,科学发展比较缓慢,科学只是在经历一个与倒退的宗教和哲学偏见相冲突的阶段后,才取得今天的成就的。尽管如此,那种认为对宗教与科学之间的精神战争中一个取得了胜利,一个已经失败的看法仍然是一种严重的偏见。他认为,在 17 世纪欧洲

* 原载《中国图书评论》1995 年第 2 期。

思想革命时，科学要取得自己的发展，不得不取消教会所声称的对人类理解和理性的最终发言权。但是，这场冲突，不是处于宗教和科学之间本质上的不和谐与不一致，而是现代科学与黑暗时代的腐朽的宗教教条之间的冲突。同一时期内伊斯兰文明中科学和艺术的繁荣反驳了宗教本质上就是与科学和进步冲突的理论。今天，二者的冲突仍然在继续，这完全是出于对科学和宗教的真正目的和性质的误解。这些误解歪曲了我们对它们之间的和谐关系的知觉。

作者认为，现代“科学迷信”已经走到极端，它取消了宗教在人类起源和命运问题上的发言权，自己却没有很好地解决这个问题。例如，19 和 20 世纪兴起的机械进化论所得出的最终结论是：进化来自突变，突变来自偶然性的机遇。这种很难被科学方法证实的论调使进化过程变得毫无意义，人类整个地变成了无目的动物，而当进化论的“适者生存”观念进一步侵入社会领域时，整个社会伦理便被摧毁了。幸运的是，科学在 20 世纪的一系列新发现，使进化论的种种论调开始动摇，人们发现，机械决定论已经无助于人们更好地理解这个宇宙中发生的事情。当人们深入物质世界的更加秘密的层面时，仿佛从中听到了古老宗教的诱人的回音。这些新的发展提供了使科学和宗教再次和谐相处的可能性。

二、《大同：取得和平的创造性基础》(*Unity-The Creative Foundation of Peace*, by H. B. Danesh, M. D., Bahá'í Studies Publications, 1986.)

本书对我们这个时代的焦点问题“如何取得世界和平”，进行了全面的理论阐述，提出了令人鼓舞的观点。它认为，和平是人类梦寐以求的，但不幸的是，人类的历史却充满了互相倾轧和争执、互相争斗和战争。每一个民族和国家在书写自己的历史时，几乎都以竞争信条和霸权意识作指导，而很少以普遍的人类之爱、人类平等和男女平等为信条。在现存的各民族历史中处处可见对战斗英雄的崇拜，对民族和国家在竞争中的胜利的描述，对自己击败敌人的能力的自豪，以及对自己的破坏和暴力行为找到的理由和根据。但是，人的终极本性是厌恶战争，渴望和平。一个最明显的证据是，虽然各个民族的历史书籍都以战争、胜利和失败为主题，其文学、诗歌、音乐、艺术和精神追求中却充满着对爱、和平和大同的渴望以及对战争和死亡的恐惧和厌恶。目前的现状是，现代世界尽管具有先进的科技，积累了丰富的知识，但对如何制止战争和暴力似乎无能为力，对如何争取和平没有任何有效的办法和措施。按照本书作者的意见，尽管历史和现状如此糟糕，人类和平仍会到来，其逻辑是，和平的前提是大同，大同的前提是人类的成熟，而从幼稚到成熟又是生命发展的必然规律，所以和平是人类的必然归宿。虽说和平是必然归宿，并不意味着和平不需争取了。既然我们已经知道和平的前提是大同，就必须创造大同的条件。大同不仅指世界各个国家和民族的不同，还指每一个人内心的和谐。没有人心的和谐或大同，就没有世界的大同，战争起源于人的内心的混乱，所以有必要首先在人的内心中建造起防止战争的堡垒。只有人的内心达到最大程度的和谐，他才会无条件地承认人与人之间是平等的和人人都是高贵的和独特的观念。这是人类自身成熟的标志。如何达到人心的和谐？作者认为，首先需要改变我们以往的思想模式、我们对爱的理解、我们与他人发生关系的日常方式、我们对自由的理解和追求方式、我们对科学和技术的使用方式、我们对现实的知觉方式等等。以爱为例，作者认为，“爱”也同生命一样，具有一种不断发展的本性和潜力，因而有一个从低级到高级，从局限的爱到终极的爱的发展过程。最低级的是情欲之爱，这种爱往往是疯狂和短暂的，因为情爱的动力是短暂的性欲冲动；其次是家庭之爱，这种爱也是有局限的，因为其纽带是一种血缘关系，而血缘关系不是最坚固的；再其次是对国家的爱，这种爱同样是有限的，因为爱自己的国家往往伴随着对别的国家和民族的憎恨，所以它往往被仇恨抵消。这些爱之所以具有局限性，因为它们以物质纽带连接。最高级的爱是对绝对真理的爱。这种爱的纽带是精神的和永恒的，因而是终极的和完美的。知道了这一点，人们就要一开始选准爱的目标，如果执着于一种有局限的和暂时的目标，我们的爱必然是有局限的和短暂的。反之，我们如果选择的目标是普遍的和富有意义的，我们的爱就是普遍的、永恒的和富有意义的。因此，在爱的领域，人类有着选择的自由，完全可以控制和掌握自己成熟的进程。

作者重点阐述了改进人际关系的战略。他把人际关系区分为三种类型：权威型、沉迷型和综合型。前两种是人类青少年时期特有的形态，后一种是人类成熟期特有的形态。权威型常见于人（或人类）的青少年期。这个时期的人常常感到一种无能为力感和不安全感。为克服这一点，他就把取得权力作为生活的主要目的，成为"向往权力"的人。这种人总想取得一种可以支配他人的地位。当他遇到与他同类型的人时，二者必然产生争斗，造成社会的不安定。由于频繁地与他人冲突，其知觉发生了变化：总是把周围的事物和他人严格地划分为"非好即坏"（或非敌即友、非内即外）的两极。这种性质被称为"两极性知觉"。"权威形态"的第三个性质是"权威服从"，因为向往权力，必然无条件地服从权威。它的第四个性质是"情感和思想的僵化"：因为总有一种不安全感和对权威的依赖感，所以他的思想和行动从不敢离开权威们定的教条。作者认为，"权威形态"的人际关系是人与人、国与国之间争斗的基础。沉迷型的人际关系常见于不成熟的少年、青年和不成熟的社会。所谓"沉迷"，是指沉迷于对快乐的追求。当一个人或一个社会中，物质繁荣超过其精神的成熟程度时，快乐就成为单纯的物质享乐，"自由"被曲解为自由地满足人的生物的和物质的需要，其生活则变成无秩序的、疯狂的和糜烂的。这种人总是以自我为中心，当与他人发生关系时，必然导致整个社会的混乱。综合性的人际关系，以人与人之间的爱为导向，具有多样统一性、责任感和创造性等特征。在这种关系中，人总是以爱心对待别人；总是把别人视为独特的、美好的、重要的，拥有与自己相同的权力和机会，人的思想和行动从不依附权威和教条，总是最大限度地释放出自己的创造精神，并以一种合作的态度与他人发生关系，所以会造成良好的世界秩序。作者认为，这种成熟的人类关系的基础，是高度发达的科学观和宗教观。

三、《关于公元2000年取得人类和平》(J. Huddleston: *Achieving Peace by the Year 2000*, Bahá'í Studies Publications, 1988.)

J. 胡德莱斯顿在这本书中画出人类和平的近期蓝图。书的封面上有这样一句话："变刀剑为犁头！"此话准确地传达了本书的意旨所在。按照作者的意见，在本世纪末实现人类和平是完全可能的。实现的途径有两种，一种是"软"的，一种是"硬"的。前者指"人类大同"观念的高扬，后者指通过国际性条约和其他外交手段来实现这种观念。作者根据以往的经验提出，只有这两种途径密切配合，和平事业才有保证。仅使用软的手段，不能在短时期内见出效果；而在使用硬的手段时没有软的手段作基础，所取得的任何效果都是短暂的和空洞的。为说明如何实行"软"手段，作者详细分析了以往时代引发战争的因素，如民族主义、种族主义、贫富悬殊、宗教争端、男性主导、武器竞赛等等。作者还指出，西方传统一向认为，当人类被逐出伊甸园时，他就是有罪的，只有以耶稣的牺牲来救赎，人类才得到拯救。这一观念得到早期物质主义科学的支持。后者认为，人类来自动物，所以其本性也同动物一样，是侵略性的。这一观念在法国启蒙主义运动中得到纠正，后者认为，人类的本性是善良的。但是，本世纪两次世界大战的发生，又把人性善的观念彻底击碎了。现代人认识到，人的本性要比上述两种早期认识复杂得多。它既有动物性的一面，又有灵性的一面。其动物性的一面如果得到控制和正确引导，就能很好地服务于人类和平。其灵性的一面表现在他可以通过宗教、艺术和人类之爱等，不断达到一种自我超越。如果人类通过自我修养和教育等不断提高灵性的一面，其动物性的一面就能得到全面有效的控制，从而加快和平的进程。在阐述硬的途径时，作者指出，人类和平事业不能满足于理论上的论证，它必须从讨论走向行动。每一个人都有义务为和平事业尽力，每个人不仅应该知道为它做些什么，还应该知道怎么做。越多的人参与其中，和平就越容易实现。紧接着，作者提出了12条具体建议：1.建立全球性和平运动同盟；2.召开世界和平大会；3.制定消除国与国之间战争的条款；4.制定销毁一切攻击性武器的条款；5.制定一套反侵略的普遍性条款；6.建立一种新型的世界和平议会；7.制定对国际争端做出裁决的仲裁条约；8.建立国际和平部队；9.建立独立的和平基金；10.确立男女在和平事业中的平等地位；11.加强“世界公民”意识，制定一套全球性的和平教育计划；12.消除一切加剧国家间紧张关系的活动。作者进而列出在2000年之前实现上述措施的年表。

美国巴哈伊社团访谈*

周燮藩

巴哈伊教是一个独立的、新兴的世界宗教。中国过去译为巴哈教,或根据其教义主张,译名为大同教。在很长的时间内,这个宗教不为世人重视。但在近几十年里,巴哈伊教成了发展最快的世界宗教,就传播的地区而言,仅次于基督教。今年5月,我们应美国太平洋地区发展和教育协会的邀请,走访芝加哥、巴尔的摩和洛杉矶,通过对巴哈伊社团的实地考察和学术对话,对这一新兴宗教及其在美国的发展留下一些深刻的印象。

灵曦堂

我们抵达芝加哥的当晚,就去参观了威尔迈特的灵曦堂。这是巴哈伊在西方的第一座灵曦堂。1912年,阿卜杜·巴哈亲手施放第一块奠基石。直至1953年,才举行落成典礼。和其他灵曦堂一样,底座为九边形,每边一座大门。上部是圆顶。建筑物通体白色,除雕饰的门窗外,遍布种种纹饰和各种宗教的象征图案。外表三层的门窗之上是圆顶,呈雕镂透空的花卉纹样。周围有九座花坛和九个喷泉,栽有各种花草树木。在夜晚的灯光辉映下,建筑物宛如一座象牙雕刻的工艺品,令人感到目眩神迷,叹为精美绝伦。审视整个建筑的造型,融东西于一体,寓杂多于统一,体现出庄重、和谐、典雅、清丽的风格。大概正因为如此,这座灵曦堂在1978年被美国有关部门定为“值得保存的国家文化资源”。

灵曦堂是巴哈伊教的宗教象征。在《阿格达斯经》中称 Mashriq'l-Adhkár,意为“在拂晓时赞颂上帝的场所”。在美国,巴哈伊教徒则称其为 The House of Worship 或 Temple。灵曦堂的九座大门,意味着对世界各宗教的信徒都开放,可以在里面诵读各宗教的经典,或吟唱这些经典的章节。巴哈伊教没有集体的公共礼拜。因此灵曦堂不设讲坛,不举行讲道,也没有教职事务,是教徒祈祷、礼拜和沉思的场所。巴哈伊教徒有时聚集在一起,共同参与礼拜,一般由个别教徒吟唱祷文或诵读经典,也可由一个小组吟诵。在威尔迈特灵曦堂内,仅有1200个座位,高高的圆顶中心,是阿拉伯文“啊,最荣耀者!”这是上帝最美的名字。每当拂晓时,晨曦透过镂空的圆顶照射进堂内,礼拜或沉思的教徒可以接受缕缕曙光,赞颂上帝的美名,感受灵性的体验。此外,灵曦堂周围还计划建立养老

* 原载《世界宗教文化》1995年第3期。

院、孤儿院、医院、学校等社会服务机构。巴哈伊教认为，服务必须以礼拜为中心，而礼拜必须表现于服务。灵曦堂不仅是巴哈伊社团的宗教中心，也是服务社会，造福人群的场所。在这个意义上，建造灵曦堂可以说是巴哈伊教徒的宗教义务。

第一座灵曦堂建成于1920年，位于今土库曼斯坦的阿什哈巴德。后毁于地震。继威尔迈特灵曦堂后，乌干达的坎帕拉、澳大利亚的悉尼、德国的法兰克福、巴拿马的巴拿马城、西萨摩亚的阿皮亚和印度的新德里都建造了灵曦堂。1986年完工的新德里灵曦堂，以莲花为设计原型，由27块大理石花瓣组成。这种奇特的造型和优美的设计，使它现在成了世界闻名的旅游名胜。

巴哈伊研究中心

芝加哥的巴哈伊研究中心，成立时间不长，目前主要任务是建立文献档案、开设有关课程、在各地建立分支机构。该中心的主持人斯托克曼，是毕业于哈佛大学的宗教史博士，现在致力于美国巴哈伊教历史的研究。《巴哈伊信仰在美国：起源，1892～1900》、《巴哈伊信仰在美国，1900～1912》现已出版。我们在芝加哥期间，他还专门打印了一篇论文《巴哈伊教在中国》，供我们参考。

中心的理事会成员伊曼博士，毕业于南加利福尼亚大学，在哈佛大学完成博士后研究，现在致力于道德教育：1993年5月，他作为瑞士兰德研究院国际教育与发展研究所所长来北京，参加东方伦理道德传统与青少年教育国际研讨会。他对东方文化注重道德的传统非常赞赏，希望中国的现代化建设能走新的路子，即在发展经济的同时振兴道德。

他们讨论说，巴哈伊认为，所有的宗教都源自上帝，是上帝的意志在不同时期和不同地区的显现，是同树之果，同枝之叶。亚伯拉罕、克里希纳、摩西、琐罗亚斯德、佛陀、基督、穆罕默德、巴布和巴哈乌拉被视为人类宗教史的九大使者。其中，巴布是巴哈乌拉的先驱，是其宗教使命的预言者。巴哈乌拉是巴布所预言的“上帝应许的显现者”。这些使者宣布的启示，以及他们创立的宗教，几千年来一直深刻地影响着人类的思想行为。然而，由于人类社会的演进，除了各宗教共同涵盖的一套基本的、永恒的真理外，各宗教的组织形式、礼仪律法等，均须随着时代的不同而更改。在今天，人类正从童年走向成年，宗教也在演进。巴哈乌拉作为上帝最新的一位使者，其使命就是要创立一个适应现代生活的未来社会的新型宗教。

他们解释说，其他宗教的信徒愿意接受巴哈伊信仰，不必放弃原有的信仰。人们应该保护各宗教原有的共同真理，放弃人为的教条和偏见。这就是巴哈伊通常所说的“在歧异中求统一”的意义所在。而且，他们还解释说，巴哈伊信仰没有神学，人们要做的是从巴哈乌拉和巴布的经典中，从阿卜杜·巴哈和绍基·埃芬迪的权威解释中寻求答案。巴哈伊明确反对盲目接受任何现成的教条和成见，鼓励信徒自愿和独立地追求真理作为己任。世界各地的巴哈伊社团，都倡导用自己的传统和语言去理解和实践巴哈伊信仰。因此，巴哈伊世界不是一花独放的园地，而是百花盛开的园地。

在讨论中，我们感到，学术化是宗教现代化的重要途径。用现代的学术语言重新解释传统，比较容易摆脱历史的包袱而与现代社会接轨。巴哈伊教的对自身学术研究，或许正是他们所说宗教走向成熟的标志。

马里兰大学的巴哈伊讲座

我们从芝加哥到巴尔的摩，负责接待我们的，是马里兰大学巴哈伊讲座教授苏海勒·布什鲁伊。他和国际发展冲突调解中心、文化和宗教委员会、犹太教研究中心联合组织"中美文化对话"的研讨会，主题是"道德教育和世界伦理的基础"，研讨会通过对各种宗教或文化传统的研究，审查这些宗教或文化传统在伦理道德和价值观念上的共同基础，并寻求相互交流的方法和手段。

苏海勒教授在会上提出巴哈伊教的社会伦理主张，作为解决当前世界性问题的基础。他认为，巴哈伊教的目标是通过改造个人和社会，达到人类一体，世界大同。在人类社会的演进过程中，统一由家庭、部落扩展到民族、城邦和国家。时至今日，地球乃一国，人类皆其民——巴哈伊教追求的世界新秩序——不仅可行，而且也是必需。它的实现，并不要求消除种族、国家、民族、宗教的差别，而是要求抛弃一切种族、国家、民族、宗教的偏见。在这种世界新秩序之下，种种差别依然存在，但得以协调发展，使人类社会更加丰富多彩。种族、国家、民族、宗教之间的纷争、冲突和战争，将让位于和谐、谅解和合作。人类摆脱战争的苦难，卸下沉重的军费负担，将促进世界各地的经济发展和合作，进而消除贫富悬殊的现象。这是世界新秩序的初期阶段，是人类实现和平、友好、繁荣、幸福的世界大同的保证。为了达到这一初期目标，苏海勒教授认为，首先应做到：(1)以婚姻和家庭为社会稳定的基础；(2)男女平等；(3)保护环境和适度发展；(4)服从政府的法律和政策，(5)普及教育，重视道德教育；(6)使用辅助性的世界语言，以及辅助性的世界货币及度量衡；(7)调和科学和宗教。

巴哈伊教徒认为，为了消除偏见，缓和冲突，促进社会各方的谅解和合作，现在就应努力不懈，为"初期阶段"的来临铺平道路。同时，也为进而实现世界大同作出必要的准备。因此，尽管巴哈伊教徒人数不多，但在各种社会活动中极为活跃。早在 1948 年，巴哈伊国际社团就被联合国承认为国际性非政府组织。1970 年后，被联合国委任为经济和社会委员会、儿童基金会等组织的咨询机构。他们积极参与健康教育、营养问题、农业、扫盲运动、基本教育等发展计划。1993 年，马里兰大学把以色列与巴勒斯坦冲突双方的大学生请来，通过对话增进双方的理解。我们感觉到，巴哈伊教的社会伦理主张及其积极活动，也许是它近来获得迅速发展的一个主要原因。

美国的巴哈伊社团

我们访问的最后一周，在洛杉矶较多地参加一些巴哈伊社团活动。按照巴哈伊教规定，每 19 日为一个月，每月的第一天要举行灵宴集会。这是巴哈伊社团较为经常的宗教活动，主要内容有祈祷和吟诵经典；磋商教务；简单会餐和文娱活动。我们在美国的印象是并没有严格按照 19 天一次灵宴节的规定办，但聚会仍是受欢迎的。在我们接触的巴哈伊教徒中，伊朗的移民较多，不同信仰的配偶组成的家庭较多，社会边缘成分的居民较多。当然，我们接触的教徒中，文化素养和社会地位较高的成员也不少。因此我们想到，在美国这样的多元化社会中，不同文化背景的人，在巴哈伊社团生活中可以找到一个高雅而又融洽的社交场所。一个注重道德和文化的社会群体，确实具有较大的吸引力和凝聚力。这恐怕也是巴哈伊社团在美国获得迅速发展的原因之一。

我们在洛杉矶,也是在美国访问期间的一个感受,是巴哈伊教徒中洋溢着对中国、中国文化和中国人民的友好情谊。许多人多次到过中国,经常谈到对中国的美好印象。有的人没有去过中国,则表达了希望访问中国的强烈愿望。很多人在和我们接触时,向我们学习几句简单的中国话,如:“你好”、“谢谢”、“再见”等。在洛杉矶的一次晚会上,一位世界银行驻中国的代表发表长篇讲演,谈他在中国工作期间的观感,以及对中国文化逐渐加深的认识。讲演者讲得动情,听讲者听得入神。讲演后人们报以热烈掌声,并过来与我们握手,表示对中国的赞赏和友谊。讲演者的妻子是一位印第安妇女,她对我们说,她曾多次遇到中国人向她问路,他们把她当作中国人,而她以此自豪。

巴哈伊教徒对中国的感情是有宗教根据的。巴哈乌拉的长子阿卜杜·巴哈,从九岁起一直跟着他的父亲在监禁或流放中生活,虽然他从未到过中国,在1912年获得自由前也从未接触过中国人,可是他在狱中就已认定中国和中国人民有着伟大的前途。他在100多年前写道:“中国是未来的国家”,“中国拥有世界上最丰富的物质和精神资源,其前途必然光明无比”。“中国有最大的潜力,中国人追求真理最为诚挚。”他还说:“在中国,一个人可以教育培养许多崇高的人士,他们将成为人类世界中的明亮烛灯。”他的这些名言,被一些教徒抄写在纸上,挂在客厅里。

在与巴哈伊教徒对话时,对于中国传统文化追求世界大同的理想,中国哲人关于社会伦理的主张,常常与巴哈伊教义不谋而合,他们感到既惊奇又兴奋。他们认为,人类的优秀思想都出自同一本源,同样是指引人类社会前进的明灯,通过对各种文化传统的学习,人类可以体认上帝的意志及目的。他们还认为,凡是信仰和实践同样高尚教诲的人,即使不知巴哈伊之名,也可视为巴哈伊教徒,也许他们会以这样的观点来看待中国人。

另外,巴哈伊教所追求的世界新秩序,是要创造一种超越国籍、种族、肤色、语言、文化及宗教信仰隔阂的世界文明。他们认为,目前的世界中,东方需要物质方面的进步,而西方需要精神方面的进步。如果东西方通过交流和融合,互相取长补短,即可进入世界大同的和平时代。在这种主张中,他们对于中国文化寄予厚望,希望中国能恢复几千年来的崇高地位,在人类历史的新时期扮演重要的角色。

巴哈伊近年发展的概况与特点*

傅聚文

1981 年，依据当时的巴哈伊教的统计材料，如果我们可称其为新兴的“羽毛未丰”的世界性宗教的话。那么时隔十五年，巴哈伊教已发展为世界宗教中地区分布广度位居第二的宗教。回顾巴哈伊近年发展的概况，我看有三大特点：一是发展迅速、分布面广，二是活动积极、参与广泛，三是作用增强、影响扩大。

发展迅速　分布面广

全世界的巴哈伊信仰者，在 1892 年巴哈欧拉逝世时约有 5 万人，1921 年阿博都巴哈逝世时约有 10 万人，1957 年守基·阿芬弟逝世时发展到近 40 万人，1981 年已有 100 万左右。而近年发展尤为迅速，到 1992 年巴哈伊信仰者已达 500 多万人，是 1981 年的 5 倍多。全世界各个种族和大约 2100 个民族、部落之中，都有巴哈伊。

巴哈伊教的发祥地在伊朗。据《1990 年大不列颠统计年鉴》统计，至 1989 年中，基督教(包括天主教、新教、东正教等)分布在 251 个国家和地区，巴哈伊教分布在 205 个国家和地区，位列世界各大宗教分布广度的第二位。据巴哈伊世界中心出版社《巴哈伊世界 1992～1993》一书的统计，巴哈伊分布在 232 个国家和地区，其中国家 187 个，地区 45 个，有巴哈伊居住的分布地点约 120046 个(而 1963 年为 11000 多个，1970 年为 40000 个)，仅 100 多年的时间，巴哈伊教已从伊朗一国传播到 3200 多个国家和地区。

1954 年，巴哈伊国家和地区精神议会(巴哈伊国家和地区级的团体组织，亦称“总灵体会”、“国家灵体会”)仅 12 个，1963 年增加到 56 个，其所属的地方精神议会(亦称“地方灵体会”)有 3555 个。1970～1985 年，在世界各宗教团体数的年平均增长率中巴哈伊教居首位，达 3.63%；1992 年，巴哈伊国家和地区精神议会迅速增至 165 个；地方精神议会迅速增至 20435 个，其中亚洲有 7000 多个。美洲和非洲各有 5900 多个，大洋洲和欧洲各有 800 多个 。

* 原载《当代宗教研究》1995 年第 3 期。

活动积极　参与广泛

近年来巴哈伊的活动非常积极，参与到非常广泛的世界社会生活之中，诸如在教育、文化、医卫、环保、妇幼等领域，在促进经济开发、加强种族团结和保卫世界和平等方面都有令人瞩目的活动。

1979年至1992年，巴哈伊在上述领域的发展项目增长了1020%。1992年较大的发展项目有1344个，其中亚洲532个，美洲279个，非洲286个，大洋洲117个，欧洲30个。

巴哈伊重视教育，认为人人都有受教育的权利。巴哈欧拉说："人是至尊之宝。缺少适当的教育，即剥夺了他的天赋。……上帝曰：人是一座丰富无价的宝石矿。唯教育能使其显现珍藏，使人类从中获益。"1992年，由世界各地巴哈伊开办的各类学校约666所，举办的扫盲项目约186个。接受教育的既有巴哈伊信仰者，也有非巴哈伊信仰者。在赞比亚，大约只有20%的女孩子有机会接受基础教育。

巴布教与巴布教徒起义*

张广根

19 世纪中叶，伊朗是卡扎尔王朝统治下的封建专制国家，伊斯兰教什叶派是伊朗封建统治的精神支柱，自 1502 年(即萨非王朝建立)起，伊朗历代王朝以什叶派的十二伊玛目支派为国教，其宗奉阿里和他的后裔等十二人为伊玛目(教长、政教首领之意)，相信第十二代伊玛目穆罕默德·马赫迪于公元 878 年隐遁，将来还要重新出现，"铲除暴虐"，"使大地充满正义"。正是在此教义的基础上，适应 19 世纪中期时代的需要而产生了巴布教。

卡扎尔王朝统治下的伊朗，国王、高级僧侣和封建主几乎霸占了全部土地，农民被束缚在土地上，往往要把收获物的五分之四交给地主，并缴纳各种苛捐杂税，生活极端贫困；手工业者被组织在封建性的行会里，受封建主和包买商人的层层剥削；商人和小企为主的生命和财产安全也毫无保障；下级僧侣的生活状况和中小商人、手工业者相近。伊朗社会阶级矛盾十分尖锐，随着工业革命的进展，18 世纪下半期，英俄法等列强加紧侵略伊朗并展开了激烈的争夺。自 1763 年英强迫伊朗订立奴役性条约始，伊朗逐步沦为半殖民地国家。英法俄等国通过一系列不平等条约攫取了在伊朗的诸多权利，至 19 世纪中期，伊朗完全沦为半殖民地了，民族矛盾日益激化。在此形势下，笃信十二伊玛目派的伊朗人迫切希望救世拯民的马赫迪能重新出现，巴布教随之产生。

巴布教创始人赛义德·阿里·穆罕默德，1819 年或 1820 年生于设拉子的一个棉布商人家庭，1844 年自称"巴布"。"巴布"的意思是"门"，就是说救世主的意志将通过这个门传达给人们，他本人就是真主与人民的中介人，巴布宣称伊斯兰教救世主第十二教长马赫迪已千年不见。只有当人世间充满不幸和灾难的时刻，他才会降临大地，现在就降临在伊朗，并将建立人人平等的"正义的王国"，是为巴布教基本教义。

1847 年巴布写成巴布教圣经《默示录》，宣称：①人类社会依次更迭向前发展，后一时代要超过前一时代；②每一个时代有其相应的制度。现在一切制度和法律都应按圣经重新制定，巴布宣称他就是受"主"委托而降临的"先知"，《默示录》就是新圣经；③世俗官吏和高级僧侣不愿抛弃旧制度是现时世界不平和倾轧的根源；④主张建立一个没有压迫、人人平等、幸福生活的"正义王国"，王国中不信巴布教的人的财产将被没收，不信巴布教的外国人一律被驱逐；⑤提出了一些符合商人、手工业者利益的要求，如保障人身自由，保护私有财产，负债必须偿还，改良邮电，统一货币等。《默示录》既反映了手工业者城市贫民和农民反封建思想，也反映了商人反封建割据、反外国资本入侵和发展商

* 原载《中学历史教学》1995 年第 12 期。

业的要求。

起初，巴布及其门徒并没有直接向人民宣传教义，幻想用道德感化力量，通过国王、官吏等上层统治阶级来实现他们的理想世界。但是，国王反对他们的教义并于1847年逮捕了巴布(1850年杀害)。巴布教徒才从幻想中醒来，开始到城乡平民中宣传教义。1848年后，一些接近人民的教徒——出身农家的穆罕默德·阿里·巴尔福鲁什等聚集于沙赫鲁德市以东的别达什特村，广泛开展传教活动。他们宣称：新先知即将降临，旧的法律和制度、古兰经与教典都已失败，人民没有向统治者缴纳捐税和服役的义务，那些高高在上的统治者，在即将到来的"正义的王国"里将失去特权降为平民。他们宣布废除封建特权和私有制，一切财产归大家所有，实行男女平等。随后，巴布教徒奔走各地传教，影响迅速扩大，农民、手工业者、小商人和下级阿訇纷纷加入巴布教，在此过程中，培养和形成了起义的领导者和主力军。

1848年9月，伊朗国王病死，统治阶级内部争权夺利，首都和各省官厅发生混乱。巴布教徒决定利用这个良好时机发动武装起义，10月马赞德兰省巴尔福鲁什市(今巴特勒市)的700多名巴布教徒首先发动起义。随后在该市东南的塞克·塔别尔西陵墓建立了根据地，开始实现其社会理想，实行共同劳动，废除私有制，资财公有和共餐制。接着，1850年初巴布教徒在伊斯德起义，5月在津章起义，6月在尼里兹起义。这些起义都取得了不同程度的胜利直到1851年才最后失败。至此大规模的武装斗争终止，自1852年始，巴布教徒斗争方式转向恐怖。8月发生了刺杀国王未遂事件，由此巴布教徒受到了政府大规模的逮捕和屠杀。

巴布教徒起义失败原因主要有三方面。首先，没有先进阶级领导，作为起义的领导阶层的低级阿訇和中小商人，由于其阶级的局限性，没有也不可能提出解决农民土地问题的革命纲领，因而不能广泛发动农民参加起义，甚至当革命斗争受到挫折时走上个人恐怖道路。第二，组织不严密。起义是打着宗教旗号，以教派形式出现，而参加巴布教的人，阶级成分非常复杂，不可能形成一个统一的纲领和领导指挥系统。从而使各地起义处于孤军奋战，互不支援状态；第三，战略上没有主动进攻，起义者在占领个别城市后，采取固守孤立据点的方针，坐受围攻，也促成了起义的失败。

巴布教徒起义斗争锋芒直指卡扎尔封建王朝，而卡扎尔王朝正是外国殖民主义者的代理人，他们斗争也具有反对殖民者争取民族独立的性质。起义震撼了伊朗封建制度，打击了外国殖民者，是一次反封建主义和反殖民主义的伟大斗争。

巴哈伊教(Bahá'í)*

罗肇鸿　王怀宁编

国际性的宗教之一,19 世纪中叶从伊朗伊斯兰教巴布派分化出来的一个新派别,因创始人米尔扎·侯赛因·阿里自称巴哈乌拉(意为"安拉的光辉")而得名。全世界约有 500 万信徒,主要分布于伊朗、土耳其、叙利亚、印度、埃及等地。19 世纪末传入美国,本世纪以来在北美、非洲、拉丁美洲和欧洲都有较大发展。该派奉巴哈乌拉的《至圣书》为主要经典。认为巴哈伊教是普世宗教,最高神独一无二,但可以有不同称谓。通往真高神的每一条道路都是敞开的,它的旨意通过差遣的先知们不断显现,其先知包括各主要宗教的先知,如亚伯拉罕、摩西、耶稣、穆罕默德、克里布南、释迦牟尼、琐罗亚斯德、巴布和巴哈乌拉,主张人类统一、世界大同,人们应博爱相亲、相互信任,消除人间不平等;对异教宽容,一切宗教应统一;废除圣战,实现世界和平,建立"正义王国";取消国界,统一使用一种世界语,组织统一政府;强调绝对服从最高的宗教领导人和现政权。该教主张简化宗教礼仪,每日举行 3 次简短礼拜,信徒可单独进行。使用以 19 天为一个月的历法,每月信徒集会一次举行公共仪式。日常生活无多限制。

* 原载罗肇鸿、王怀宁编:《资本主义大辞典》,人民出版社 1995 年版。

为什么说摩门教是“美国制造”？(节选)*

阮宗泽 宋军

美国人口来自世界各地，其成份错综复杂。各个种族的人在新大陆根据自己的宗教信仰组成各自的宗教组织，所以，美国的宗教派别多如过江之鲫。毫不夸张地讲，几乎世界上所有的宗教信仰者，都可以在这片土地上寻找到它的“知音”，大至盛行于西方世界的基督教，小至一度惨遭霍梅尼迫害的伊朗“白海教”。这些大量“进口”的宗教信仰，编织了一张张多姿多彩的美国精神生活图画，供人们自由选择，各取所需。在茫茫宗教“烟海”中，只有摩门教例外，是唯一“土生土长”的“正宗”美国货。

* 原载阮宗泽、宋军:《为什么偏偏是美国》，世界知识出版社 1995 年版。

巴哈伊教*

王淼洋等主编

巴哈伊教 又称“大同教”。19 世纪产生于中东、当今流行世界的新兴宗教。目前已传播至全世界几百个国家和地区，信徒达 300 多万，经典被译为 600 种文字。1948 年巴哈伊教被联合国接受为非政府组织成员，有代表常驻联合国，并且参与社会经济委员会、儿童基金会和环境计划局的活动。代表人物有巴索、巴哈欧拉、巴哈、守基阿芬第等。其基本教义有主张 10 项：(1)人类一家；(2)独立寻求真理；(3)世界各种宗教的本质是相同的；(4)宗教和科学并不对立而是相辅相成的；(5)男女平等；(6)清除各种民族和宗教偏见；(7)普及义务教育；(8)以精神方法解决世界经济问题；(9)创立世界共通的语言；(10) 世界和平。巴哈伊教要求信徒绝对忠诚所在国的政府及诫令，以一种无私和爱国的方法为国家利益服务。主张“重新建立整个文明世界——一个在组织系统上，所有主要的生活层面均团结一致的世界，不管是政治结构、精神滋长、贸易和财务、书籍和语言，各方面都和谐一致，但却又能长远地保存其中各个联邦政体不同国家的特征与文化”。各种宗教的起源是相同的，本质是一致的。“宗教必须是人类团结、和睦和同心协力的缘由。”此外，要求教徒保持身体、衣服和家庭的清洁，并且视祈祷为义务。1963 年，巴哈伊教的最高教务机构——世界正义院成立，以色列海法市是院址所在地，也是巴哈伊教的世界中心。

* 原载王森洋等主编：《当代西方思潮词典》，华东师范大学出版社 1995 年版。

七谷经[*]

[波斯]巴哈欧拉著,叶灵希译

以宽大、仁慈的上苍为名

赞美属于上苍,她从无有中创造生命。在人的书简上铭记了世纪前的奥秘,从巴扬经典中教导他所未知的,使他成为那些全心信仰的和顺从者的"灿烂之书",使他能在这昧暗而沦落的时代明察创造的万物,由那圣殿,以美妙之音,从永生的顶峰讲述:每个人最终都会在他内心,以他显示之主的身份中见证;诚然,除她之外别无上苍。因而每个人都能达到真实的顶峰,直到他们的心目中洗尽纤尘,唯见上苍。

我表扬并赞美由神圣精粹之洋分出的第一海,从"统一水平线上"闪耀的初晨,于永生天庭升起的朝阳,由世纪前唯一的灯盏点燃的原火;他是崇高天国之阿末,临近天使们中的穆罕穆德,虔诚之境的马末……在那些知晓他的人心里,"无论哪位(名称)将可祈求他:它有极完善之名"。在他的庭院及伴侣们中充满丰裕、持久及永生的和平。

再者,我们倾听着你本体树干上智慧夜莺的高鸣,明了在你心室枝头上确实之鸽的呼唤。诚然,我吸入了你爱袍纯净的芬芳,由阅读你的启示而达到您这集会。自从我注意你提到你献身于上苍,你通达她的生命,以及你对上苍和她启示各名及其"品质曙光之点"的敬爱——我即从各荣光境界向你展露神圣及灿烂的标志,吸引你进入神圣临近及善美的庭院,导引你到那仅可瞧见你敬爱及尊敬者的面庞的境地,同时如无人提及的那个年代一样望见创造的万物。

那统一的夜莺已经在格士依业园中高唱:"她说是时将在你心田书简上呈现微妙奥秘之文——'敬畏上苍,上苍将赋予你智慧',你灵魂之鸟将忆起世纪前神圣的殿宇,翱翔着渴望的双翅于'走向你主行踏之道路'的天庭,在'供食各类果实'之园中,采集共有之果。"

在我生命中,朋友,你将从名称及品德之镜映照出的东方精华之光,品尝那智慧源地青园中的花蕾所结出的果实,思慕将从你手中夺去忍耐与缄默的绳索,使你的心灵在炫耀的光芒中震撼着,先使你从尘世的家园归向那"确实中心"的天庭,把你提升到那境地,你将翱翔于高空,宛如你在世上行走,你于水面移动,如你在陆地上奔跑一般。因此这将使你,我及那些登临智慧天庭者,由全权、仁慈者发出的确实之风,吹拂本体之园,更新你的内心来共同欢庆。

---

* 原载简宁主编:《透视》,国际文化出版公司 1995 年版。

安宁惠临那些依从“正道”的人们。

并且，由寻求者的尘居，到天堂家乡之地的路程，据说有七个境界，有的称它为“七谷”，另一些叫它“七市城”。而且除非这寻求者摒弃“自我”，横越这些境界，他将无法到达那临近和谐的海洋，或畅饮这无比香甜的琼浆。第一个境界是——

探寻之谷

这谷的关键是耐心，没有耐心，寻求者在这旅程上不能抵达任何所在，或获得任何目标。他决不可灰心沮丧。就是努力了上百年，而仍不能景仰他“朋友”的面容，也不可踌躇，那些找寻“为我们”的“卡比”为这信息欢欣。“依我们的意向，我们将指引他们。”在他们的探索中，他们坚定地准备应付一切辛劳，时刻寻求跨越危殆之界，进入生之境地。没有任何桎梏能牵阻他们，任何议论能更改他们的意向。

最主要的是仆人们须洁净其内心——那是神圣宝藏的泉源——的一切痕迹，避免模仿依从先人的旧径而闭上友谊之门，仇视世人。

在旅程中，寻求者会到达这一境界：他瞧见所有的创造物在迷惘、困惑中寻找那“朋友”。多少个雅各在追寻他的约瑟夫，多少个情侣在匆促地寻找那所“爱者”，全世界的殷望者在追寻“唯一敬爱者”。每一刻，他都碰到一个重大事件，每一刻，他都觉察到一个奥秘。因为他的内心摆脱了这两个世界，朝向“敬爱者” 的“卡比”，每一步都得到来自“无形领域”的帮助，使他寻求的欲望增强了。

寻求者须有“麦伦之爱”的渴望。据说有一天有人碰见麦伦在筛着尘沙，一边流着泪珠。他们问：“你在做什么?”他回答道：“我在寻找莉丽!”他们惊喊道：“哎呀！莉丽是纯洁的圣灵，你怎么却在尘土中去找她。”他回答道：“我在每个角落找寻她，希望能在某处找到她。”

诚然，聪慧者耻于在尘土中找寻君王之主，但这却是真情追求的表露。“谁以真诚热心追寻的将找到它。”

真诚寻求者专心一意搜索他所殷望的目标，爱侣除能与他的爱人结合外，没有其他的愿望。除非寻求者牺牲一切，否则他将无法到达他的目的地。把所见，所听和所悟的一切完全腾空，他才能进入圣灵领域和上帝的城市。我们须真情全力去寻找，才能与她畅饮重聚的琼浆；如果我们尝到那美酒，我们将抛弃这个世界。

在这旅程中，那位旅客寻遍天涯海角。在每张面容前他找寻那“朋友”的本质；在每一国土中他搜索那“敬爱者”。他参与各种交往，同各种人为友，希望在某些意念中，发现那“朋友”的隐秘。或是在某些面容前，窥见“敬爱者”的本质。

如得上苍辅助，在旅程中有这无踪迹“朋友”的些微痕迹，或是由上天信使闻及失踪已久的约瑟夫的声音，他将步入——

爱之谷

并溶化在爱火中。在这城市中，呈现了欢乐的天堂。世界明亮的渴望之日普照着，爱的火焰焚烧时，它把理智的果实烧成灰烬。

现在这旅客完全忘却自己及他四周的一切。他不分无知或智识，踌躇或是确定；引导之晨或夜之错觉。他避离无信和信仰，那鸩毒是他的香膏。所以，阿达说：

无信者，谬误——虔诚者，信心

阿达之心，是你苦痛的原子。

这谷的关键在苦痛；如没苦痛这旅程将无终止。在这阶段，那情侣除他的“敬爱者”外，没有其他意念，除他的“朋友”外，不寻示任何庇护。每一时刻，他于“敬爱者”的路中，奉献百条生命，每一步，他于“敬爱者”的足下，掷下千颗头颅。

啊，我的兄弟！未进入埃及之爱前，你不能找到约瑟夫朋友的圣容；未如雅各放弃外在之眼，你绝不能揭开内在的生命；未受爱火焚烧之前，你绝不能与“殷望的爱人”作心灵的沟通。

情侣无所畏惧，凶险不能临近：他寒栗于烈火中，干燥于海洋里

情侣者寒栗于狱火中

理智者干燥于海洋里。

爱不承受生存，也不期望生命；他见生于死亡中，于羞愧中寻求辉煌。为表达疯狂之爱，须有明达理智，欲同那“朋友”作联系，须充满活耀精神。庆幸欢乐的是那些被她绳索所圈中的颈项，及那些在她爱的路上抛下头颅的人。因此，朋友啊！忘却自我，才能找到那“无比者”，跨越世尘，才能见到在天之家。如果点燃生之火焰，转向爱的路径你将化为虚无。

爱不攫取在生之灵

鹰不捕食已死之鼠

爱使世界焚烧于每一回旋。耗尽每一块提举他旗帜的土地，上苍并不生存于他的国土中，智者在他领地无需施用号令。爱之最吞没理智之主，摧毁知识之君。他畅饮七海，仍无法抑制心中的渴望，他问道：“是否还再有呢？”他自行退缩，远离世上的一切。

爱是世间，也是上天的异客；

他内在是七十二之疯狂。

他曾使许多受约束的遇难者欣喜，他的箭，创伤了不少明智者。世上的赤红是他的忿怒，人们苍白的面颊是他的鸩毒，除死他无药可治了。他漫行于山谷阴影下。爱人唇上的毒汁比蜜还要香甜，在寻求者眼中，毁灭胜于千百生命。以爱火焚毁邪恶本质的帘幕，净化及纯洁心灵，才能明悟万界之主的地位。

燃上爱火焚毁所有，

始能进入爱侣之地。

如得创造者的许可，这爱侣将摆脱爱鹰之爪而进入——

智慧之谷

清除了疑惑而进入确信，从晦暗的幻觉到达敬畏上苍的导引之光。揭露他的内眼与他的“敬爱者”私下交谈；启开那真理和虔诚之门，闭上那徒然幻觉之户。在这境界中满足上苍的恩赐，战争视

为和平，在死亡中发现永生的奥秘。以内在和外在之眼，于创造之境，窥见奥秘的复活及人的灵魂。纯洁的心明悟上苍启示的无穷神圣的智慧，于海洋中他发现滴水，滴水中窥见海洋的隐秘。

剖开那原子的核心，啊！

你将于其中找到一个太阳。

旅客在这“谷”中瞧见现代真宰，除恩佑外无有其他。每一时刻他说：“仁慈上苍的创造全无瑕疵：细心视察，试看能否发现一个缺陷?”他在无正道中窥见正义，在正义中感恩。在无知中他找得隐藏无穷的知识，在知识中开拓无尽的智慧。他摧毁了本体及欲念之笼，与永生境界的人们为伍。他登上内在真理之阶，奔向内在意志的天庭。他驾驶着“展示我们各方和他们本体的方舟”，航行过“直到他们明了(这书简)是真理”的海洋。碰着不公正他将坚忍，遇到暴怒他将展露仁爱。

曾经有一爱侣，怀念着同他离别多年的爱人，在疏远的火中耗毁了他自己，以爱的习性来说，他已用尽心中的容忍，身心疲劳，没了她，生命是毫无意义的。时间使他憔悴，多少个日子，因怀念着她而不曾安息。多少个晚上，因苦思着她而不能入睡。他的身体已折磨得十分憔悴，他内心的创伤使他发出苦痛的呼号，他愿以万条生命换取一睹她真容的机会都没有。医生们束手无策，故友不与他为伴。啊！爱的心病是无药可治，仅有他爱人的关怀能拯救他。

终于他的渴念之树结出绝望的果实，愿望之火散成灰烬。一天晚上，他不想再活下去，他出了家门走向市场。突然间一警卫跟上了他。他拔腿便跑，警卫追随不舍，不久另一警卫也加入追逐，阻挡他各条奔逃的出路。这沮丧者内心呼号着，四外奔撞，呜咽自语道：“这警卫一定是‘依沙利儿’，我的死神，这么快地紧追我；他或者是位狂人，企图伤害我。”他继续奔跑，流着被爱神之箭射中的血，他内心悲愤。他来到一座花园围墙前，以说不出的苦痛，他攀上高大的围墙，忘了他的生命，跳进园子。

突然他看到他的爱人，手中持着一盏灯，在寻找一枚她丢失的戒指。这位心内绝望的情侣，注视着他倾迷的爱人，深吸了一口气，高举双手祷告：“啊，上苍！以你的荣耀、富裕和生命赋予那警卫，他是‘耶默利’天使，引导我这可怜的人；或者他是‘意斯拉菲’天使，把生命带给我这沮丧者！”

诚然，他的话语是恳切的，从那宛如狂暴的警卫，他发现许多奥秘的正义，瞧见不少的仁慈，隐藏在帘幕之后，在愤怒中，那警卫带他从渴思爱恋的沙漠，抵达他爱者的海洋中，以重圆之光，照亮那分离的黑夜，促使远方的进入临近之园；引导受困扰的灵魂，找达心灵的神医。

如果那情侣能看到未来之事，他定会先感谢那警卫，并为他作祷告，也将视狂暴为正义；但因未来受帘遮了，他先是呻吟，悲叹。行于知识园中的人，有先见之明，见和平于争斗中，识友谊于愤怒中。

这些是旅客们在这“谷”中的情景；但在这“谷”上的人们，看末端和起点是合一的。而且他们也没瞧见始与终或“先与后”。住在永生城市青园地上的人也不分“前与后”，他们奔驰自所有的最先，弃逐所有的最后。他们淡泊各界的名利，如闪电般迅速地跨越各界之特征。因而说“完全之和谐，排除一切特征”。他们建居于精华的凉荫下。

阿都拉主教——或许至高的上苍圣化了他敬爱的心灵——曾明确而意味深长地阐明说：“你引领我们走上那直路”，那是“指示我们正确之道，以你爱的精华照耀我们，使我们除你之外，不倾向我们本体和其他一切，使我们能全心向你，仅知晓你，仅注视你，除你之外无思其他”。

这些是超越这境界的，据说——

爱的帘幕间隔了情侣和爱人

除此之外我再不能披露什么。

在这时刻，知识之晨升了起来，旅行及漂泊之灯已熄灭了。

尽管拥有力量及光芒；

帘遮的仍是摩西

你如没有翅翼

别想尝试飞行。

经常沉思和默祷，以圣灵协助的羽翼，展翅高飞，你将能探知那“朋友”的奥秘，达到敬爱者的光境。“诚然，我们来自上苍，我们将回归她的身旁。”

历经“智慧之谷”，是限制世界的底层，那旅客来到——

和谐之谷

由上苍之杯畅饮，注视着那“合一的显示”。在这境地，他刺穿复性的帘幕，摆脱情欲的境界，升入单一的天庭。他以上苍之耳谛听，以上苍之眼窥见神圣创造的奥秘。他步入“朋友”的内殿，如知已共处于“敬爱者”的篷帐。他从上苍的衣袖伸展出真诚的手，他显示神秘的力量。他无视自己的名字，声誉或地位，发现本身的声誉建立在对上苍的赞颂上，他于他自己名中瞧见上苍之名，对于他“所有颂歌来自君王”，一切的音律来自于上苍。他坐在“说一切来自上苍”之宝座上，并安息于“除上苍外无力量及权能”地毯上。他以和谐之眼观望万物，他瞻见神圣太阳的辉煌光芒，由精粹晨曦之点，普照所有创造物，而那单一之光，反射在所有创造物上。

“卓越者”明了寻求者，在每一阶段的本体意境中，所见的各种异象，是他己身的幻影。我们举出个例子，使这含意更加明确。看那太阳，虽然它由同一日光普照大地万物，依启示君王的意旨，光芒照耀所有的创造物。但对每一个地方的显示和散布的恩宠，要依其潜能而定。例如一面明镜其反映功能，是依照镜子的敏感程度而定。于晶体中它产生火焰，在其他物件上，它仅表现出其反映功能，而非其全部。通过这些作用，依创造者的意旨，它保持每一物体本身的质地，如我们所见到的。

同样的，每一物体所呈现的颜色，是以其质地而定。黄的球体，发出黄色光彩，红的发出红色光彩，这些的变化是因为物体的感受，而非来自普照的光线。如果一个地方，光被墙壁或屋顶隔绝了，它将完全失去色彩，阳光也不能普照其中。

所以那些不健全的人，把智慧的源地，紧闭在自我和欲念之墙内，让无知和盲目的乌云遮蔽着，帘隔了神圣太阳和“永恒敬爱者”的奥秘。他们远离“信使之主”的明确信仰的珍藏智慧，也被拒于“全惠者”圣殿之外，远离那辉煌的“目标”。这些是当代人们拥有的价值！

如果一只夜莺，鸣叫着从泥土中飞起，停留在心之玫瑰丛荫下，以阿拉伯的音律与柔和的伊朗歌曲，唱出上苍的奥秘——仅其中的一句，能使无气息的本体受到鼓舞，唤起新生命的活力，赋予圣灵于这世上的腐朽之骨——你将瞧见千万忌妒之爪，多少忿怒之啄，在追寻她，并倾尽他们的力量，企图毁灭她。

诚然，对一只甲虫来说，清馨是难闻的。一位患有感冒的病人，对清新的芬芳无所感闻。因而，给予无知者的警语是：

清除你脑中之污液

吸入上苍的新气息。

简而言之，物体的不同本质已清楚说明了。所以当那寻求者注视那现身之处——就是说，当他瞧见五彩缤纷的球体——他仅接受黄，红或白色。这些在人们之中的对立和一些浅见者所散布的黑尘，蒙遮了这个世界。有些人会注视这辉煌之光，有些会沉醉在这统一琼浆中，他们都仅瞧见那太阳的本体而已。

寻求者们对这三种不同的境界，各有其不同的看法。这些对立的因素将继续呈现于世上。那些居于和谐合一的境界的谈论那个世界，另一些居于限制之境界，也有一些在自我的阶段中，而其他的则完全受遮蔽了，所以那不曾看见晴天圣美光辉的无知者，发表其主见，而在每个新纪元，残害那统一海洋中的人民，那折磨本应是他们自身应得的罪行。“如上苍要责罚那些刚愎自用的人，世上将无再有生命，但依从定约，她暂缓处决他们……”

啊，我的兄弟！一颗纯洁的心如一面明镜，以爱之光擦亮它，除上苍外隔绝其他一切，使那真理的太阳，能在其中光耀着，而永生之晨也破晓了。届时你将清楚地明白“我的世间，或我的天庭不能容纳我，仅有我那虔诚仆人的内心能容纳”。你将为你所渴望的新的“敬爱者”而牺牲自己。

每当和谐统一君王的启示之光，普照在那心和灵的御座上，她的光辉呈现于四肢和每一细胞之中，那传统的隐秘将从晦暗中闪耀出来：“虔诚的仆人于祷告中临近我，直至我回应他；当我回应他时，我将成为耳朵，而他将有所听闻……”如此，主人重现于她的住家中，屋中所有的支柱反映着她的光辉。这光的作用和意旨是来自“光源赋予者”，所以一切通过她而运行，以她的意志而呈现。这泉源是临近者们畅饮的，如所说的“那是临近上苍者畅饮的灵泉……”

但是，不可让任何人误解这些言论，是考证学，而使上苍的各意境，沦落为物界的欲念。也不可把他们的“超越者”引向类似的假定。上苍，她的精华是神圣，超越一切升与降，进与出，她自亘古超越人类的本质，也将永远这样。无人曾知晓她，没有任何生灵曾觅得通往她本体之路，每一寻找上苍的长老也在远离她的智慧之谷中徒然徘徊着，所有的圣人欲求明了她的精华而迷失方向，她是神圣的，超越智者的悟性，她是崇高的，超越知识的理解成份！道路受到禁止，欲追寻是不虔敬的，她的证明是她的征兆，她的本质是她的形迹。

所以在“敬爱者”之前的情侣们会说：“啊，你的精华是那唯一指向精华之路。她是神圣的，超越任何类似她的物体。”怎能以空无在史前的草原上驰骋，或是以瞬逝之影追赶那永生的太阳？那“朋友”曾说：“如非你，我们不曾晓你。”“敬爱者”也说：“不能得她的光临。”

诚然，这些各境界的阐解，是来描述有关真理太阳所启示的知识，她把她的光投射到明镜上，虽这辉光是在人的内心，却被隐藏在这世间的意志及情势的帘幕下，如铁笼内的蜡烛，只有在除下其笼罩之后，烛光才会照射上来。

在同样的情形下，当你除下心中受幻境缠裹的帘布，和谐统一之光辉将会被启示。

很明显的，那光线，并无去来之分——更何况是那“精华之本体”和那长久所殷望的“奥秘”呢！啊，我的兄弟，在各境界的旅程应拥有探究的精神，而非盲目依从。一位真诚的寻求者，不畏言论的攻击，或受典故警戒的困惑。

帘幕怎能隔离爱侣和爱恋者呢?

亚历山大的高墙也不能拆散他们!

隐秘重重,异客无数,虽可能仅是一句或一表征,多少的著作也不够容纳"敬爱者"的奥秘,多少页数也未能详述其记载。"知识只是一个点,无知者增加了它。"

在同一原则下,深思各境界不同之处,虽然圣灵的境界无终止之期,有些人还是把它分为四种:时间的世界,它有起源和终止;持续的世界,它有起源,但其终止之时却未被展露;永存的世界,不知其起源,但却知它有个尽头;永恒的世界,它的起源和终止都不可见。互然对这些观点有很多不同的见解,却难一一去论述。因而有些人说,永存的世界是无起源和尽头的,并称永恒之世界,是无形的坚固的上苍居所。也有的称呼这些世界为天庭,为上苍的天国,为天使之国或世间之国土。

爱的路径可分为四个旅程:由人到"真宰","真宰"到人,人与人及"真宰"与"真宰"之间。

在这儿,古代许多奥秘占卜者及巫医们的言论,我们都没提及。既然我不喜欢古代冗长的引证,因为从这些人的摘录,仅证实是学得的知识,并非圣灵的赋惠。我们在这儿的许多摘录,是出于人的习俗的不同和随从朋友们的风俗举止。而且,这些事件是超越这书简的范围。我们不愿列举他们的言论,这并非自满,而是智慧的启示和恩赐的表现。

如"卡诺"曾于海中折毁船只

在这错误中含有千万个正确

否则,尽管这"仆人"处于上苍敬爱者之一的身旁,仍认为"本身"是完全的失落和无有。那么在神圣者之前,更会觉得他是如何的微渺了。我崇高至上的主!而且,我们的目的仅是记述寻求者行程的各个阶段,并非要阐明各方奥秘言论的矛盾。

虽然已经举出这"相对世界"及"品质世界"的起源和终期的简易例子。现在再次举例述明,使其含意能完全呈现。举个例子,让"崇高者"细想其本身;你先和你的儿子有关系,后来和你父亲相连。于你外在的形象,你谈论呈现于这神圣创造境界的力量。于你内在的本体,你表露隐藏的奥秘,它是存在你内心的神圣信赖。因而,先和后,外和里,实在是指你的本体。为你讲述这四种状况,你将能明了这四种圣灵的境界。你内心的夜莺,栖息在所有生存的玫瑰树梢上,无论是呈现或隐藏,都须呼喊道:"她是先和后,是明现和隐藏……"

由于人类因素的限制,这些说明是在比较情景中的阐解。其他有些人,一步能跨越这相对及限制的世界,居留于真确的美境,于权与势之世界建立其幕帐——在一闪耀星火中焚毁这些相对性并以一滴露珠抹去这些字语。他们畅游在圣灵的海洋里,翱翔于神圣高空的光境中。因而于这境界,字语怎能来描述"先"和"后",或描述除了这所瞧见和已描述到的事物!在这境界,先是后的本体,后原本是先。

在你爱的心灵中燃起你的火焰

焚烧一切思念和所有的话语。

啊,我的朋友!瞧着你自己:你如不曾为人之父,或生儿女,就不曾听过这些俗语。如今忘却一切,你可向爱的教长的统一学校中学习,回归上苍,放弃虚无的内在园地而升到你真诚的位置,居留于知识树下的阴影中。

啊,你亲爱的,穷困你自己,使你能进入富有之庭。谦卑你自己,使你能畅饮荣光的溪源,而领悟你所询问诗境的全意。

已经说明，这些境界，要依赖寻求者的洞察力。在每一城市，他将瞧见一世界，在每一“谷”达到一泉源，在每一草原听到歌声。但天庭奥秘之鹰，有许多美妙心灵的欢乐之歌于他的胸膛中，那波斯鸟在他心灵中，隐藏了许多悦耳的阿拉伯音律：但这些都受隐藏，也将继续地隐藏着。

如我宣说，许多心灵将破碎

如我宣说，许多笔杆将折断。

安宁惠临那些完成这崇高的旅程及追随那“真诚者”的引导之光。

那寻求者，在横跨过这超凡、高耸的境界的旅程后将进入——

满足之谷

在这谷中，他觉察到由灵境吹来的神圣满足之风。他焚毁欲念之帘，以内在和外在之眼，悟解“上苍将以她的富裕补偿每一个人”那一天所有东西的内外。从悲痛中他转向欢乐，从苦恼中进入欢畅。他的悲伤和哀悼成为欣喜和狂欢。

虽然外表看来，那寻求者在这“谷”中可能居留在尘土间，但内心里他们却高升至奥秘意境之顶峰。他们品尝内在意味的无穷恩赐，畅饮那心灵的美酒。

口舌无法形容这三重之谷，言语不足以描述，笔不能进入这境地，墨水也仅留下一小污点。在这境界中，心田的夜莺，别有妙歌和奥秘，促使内心骚动，圣灵呐喊。但这奥秘的内在含义，只能低语互相心传，仅可吐露于正义胸怀之间。

仅有心对心能谈论奥秘智者们的天庭

无信使能吐露它，无书简可容纳它。

很多事件使我软弱而沉默

因我的话不能感应他们，而我的

言论也不足以表达。

啊，朋友！直到你进入这神秘之园前，你将不可唇染这“谷”的永恒之酒。如你尝到它，你将漠视所有其他一切东西，而畅饮这满足之酒。你将放弃所有其他而确保施行她的意志，于她的道途中掷下生命，抛弃你的灵魄。但在这境地，你将无须忘却其他的：“仅有上苍，除她之外别无其他。”因在这境界旅行者于一切东西中瞧见他“朋友”的美质，就是在火焰中他瞧见“亲爱者”的面庞。他在幻境中发现真实之奥秘，从品质中他熟悉精粹之谜。他的叹息焚毁那幕纱，一瞥间，去除一切隔帘。以透视之眼，他注视着新世纪，以焕发之心，他领悟微妙的真理。以下这句话足以证实：“这时日我将使你的眼光尖锐。”

历经这纯洁、满足之境界，那旅行者来到——

奇境之谷

颠簸于汪洋大海中，每一时刻，他的好奇心都在增强。现在他把富有的形体看作穷困之本体，把自由的精粹仅视为无能。此时,最辉煌中的美质使他惊愕,他再次困乏他本身。多少奥秘之树受奇境的烈风连根拔起,它曾耗尽多少心灵。因在这“谷”中,这旅行者陷入混乱状态,虽然在那些到达者的眼中,这些奇境是值得珍重和敬爱。在每一时刻他瞧见一个奇异的世界,一个新世纪,并历经重重的惊愕而使他陶醉于“统一之主”的无比杰作中。

诚然,啊,兄弟！如果我们思考每一个创造物,我们将发现无数完善的智慧,觉悟许多新鲜而奥妙的真理,创造奇迹之一是梦境。它曾窥见其中积存多少的奥秘,多少珍藏的智慧,多少隐蔽的境界。留意你如何沉睡在住所中,门户紧闭,突然间你发觉自己已处身在远方的城市中,你却不曾移动你的脚,或倦乏你的身体。不用眼睛,你可看见,不用耳朵而你确有所闻,不用舌头,你会讲话。或许当在十年后,你将在外面世界中亲见今夜所梦的一切实景。

因此,梦里许多的智慧是值得思考,仅有这“谷”中的人能悟解其中的真实因素。第一,这是什么世界,在其中,没有眼、耳、手和舌,一个人却能动用其功能？第二,怎么会在外面的世界中。你瞧见你梦中的实景,而它却已在十年前的酣睡幻境中见过？

试分析这两个境界的不同之处,和它们所隐藏的奥秘。这可使你获得圣灵的确定,天庭的启发而进入神圣的境地。

崇高的上苍,把这些现象安插在人们之中,是要哲学家们否认奥秘的来生;或小看那些来世的应诺。有些人要依理论证,却否认那些他所不明白的道理,低能的大脑是不能领悟这些我们所讲述的事件,仅有“超越,神圣之智力”能了解它:

怎能以低能之理去阐解可兰经,

或用蜘蛛的网诱捕凤凰。

所有这些境界,都可在这“奇境之谷”中亲眼见到。那旅行者在每一时刻欲寻求这些,而全无倦意。因而“先和后之主”在阐明沉思默祷的等级和陈述奇迹之时曾说:“啊主,增加我对你时惊异。”

同样的,反映在人类创作的完善,所有各境界及阶段是遮蔽的;隐藏在他内心。

你仅须知晓你是微小的形体

但其中却隐藏了整个宇宙。

因而,我们必须尽力弃除那内欲的本质,直到展露出人道的真义。

因此,同样的鲁曼他从智慧之泉源尝饮仁慈之水,证实与他儿子内森那复活和死亡之境界,先以梦作为证明和例子,我们在这里联系这点,希望通过瞬息的“仆人”,记忆着“神圣统一”学说之青年,及那较古的指引技艺和“绝对”。他说:“人之子啊,你如能不睡,你就能不死。如你安眠后不再醒来,那你死后将能不再升起。”

啊,朋友,你的心田是永恒奥秘的住所,不能使它成为瞬息即逝的幻想之家;不要耗费你珍贵生命的宝藏,为这迅速消失的世界而忙碌。你由圣洁之境到来,不要把你的思想束缚在世间。你是临近天庭的居住者,不要撰居于世尘。

总而言之,这境界的描述是无尽的,但因受世间人们无理的迫害,这“仆人”没有心思再继续倾述——

故事还没讲完,我却没了心情

请祈祷原谅我。

笔杆在呻吟,墨水流着泪滴,心田之河在阵阵血的波浪中震颤。“没什么能降临我们,除了上苍的意志。”安宁伴随那些随从“正道”的人们。

当跨越奇境的顶峰，那旅行者来到——

真穷与绝对虚无之谷

这境界是本质的消逝而生于上苍之中，本质自身是穷的而在“热爱者”之中是富的。在这儿穷困是表示物质世界的穷困，上苍世界的富有。因当真诚者和虔诚的朋友，抵达这“爱者”的面前，“敬爱者”的美丽光芒，及爱侣们心中之火，将燃起火焰，焚烧所有的隔帘及掩遮，甚至他的所有，由心到皮肤，将受焚烧，除“朋友”外一无所有。

当亘古之日的品质得到揭露

摩西焚毁那世俗尘物的品质

那已达到这境界的是圣洁的，超越这世间的一切。所以如果来到她临近海洋者，并不拥有任何短暂世界有限的物品，不论是外在的财富，或是个人之观点都无所谓。因为任何人所拥有的都受到他自身的限制，任何“真诚者”所拥有的都是圣洁的。

这些言论须作深入推敲，使人能明悟其意旨。“诚然，那正义者将饮一杯由樟脑之源所调和的饮品。”如这“樟脑”的含义揭晓时，那真确的意旨将会明现。在这境界，穷困者说：“穷困是我的荣光。”有关内在和外在之穷困，有许多层次和含义，我想没必要在这儿提及。因而我把它保留至另一个时期，依照上苍的意志和命运的确定。

这就是那个境界，在那里，一切东西的痕迹毁于旅行者之中。在永恒的地平线上，那神圣面庞自昧暗中升起。那“世上所有的将消逝，仅存有你主的面庞……”的意义将被显示。

啊，我的朋友，全神贯注，倾听那心灵之歌，珍惜它就像珍惜你自己的眼睛。因为天庭的智慧，就像春天的云彩，将不会永远下落在人们的心地上。虽然“全能者”的恩惠是永不止息的，但却在每个时期和年代，确定多少份量，配合多少宠恩，是已安排好的。“没有任何东西在那儿，但我们却有其存放的包库。我们仅降下定时的份量。”那“敬爱者”仁慈之云的雨，仅降落在心灵的园地上，也仅赋赐这恩惠于春天的季节。其他季节不能平分这至大恩宠，而那禁地也没这宠爱。

啊兄弟，不是每一海洋都有珍珠，不是每一枝干都能开花，夜莺也将不再歌唱。因此在天庭奥秘之夜莺尚未回到上苍之园，在上天晨曦的曙光尚未归向真理之阳以前，你须竭尽能力，以期能幸运地在这充满尘埃的世间，获得永生花园散布的芬芳，而永居在这城市人们的荫护下，当你达到这至高之地并来到这至大权势的境界，你将注视着“敬爱者”而忘却其他。

那敬爱者照耀着大门和城墙

没有帘遮，啊，有眼光的人们！

现在你放弃滴水的生命，来到赋予生命的大海。这是你所追寻的目标，如果这是上苍的意旨，你将获得。

在这城市中，就是光的帘幕也被分裂而消失，“她的完美，没有面纱，仅有荣光，她的面庞除启示外而无掩遮”。很奇怪，当“敬爱者”如太阳明显，而那不经心者却还在追寻金箔与废铁。终于，她强烈的启示掩盖了他，她盈满回射的光辉隐藏了她。

正如太阳她很明亮地照耀着

但天啊,她却来到这座盲城。

在这"谷",那寻求者,抛下离开他"统一之本质和启示"之境界,抵达这统一、超越这两种的境界。仅有全神欣喜能环绕着这主旨,而不是言论或争辩。任何曾居留在此行程境界,或是曾吸入这园地的气息者,知道"我们"在谈论什么。

在所有这些行程中,那旅行者不可对"律法"有如毛发些微的差别,因这正是"路径"的秘诀所在,也是"真理之树"的果实。在这所有的阶段中,他须紧执着尊从和戒律之袍,并紧握着那照耀所有禁止之物的绳索,使他能从律法之杯中滋长,并显示"真理"的奥秘。

如对这"仆人"的任何阐解不能明了或因而导致紊乱,他须再重新探讨,直到没有任何疑问,其意义须清明如"敬爱者的面庞"由"荣光之境"照耀着。

这些旅程在时间的境界中没有确定的终止之期,但真诚的寻求者——如得无形的确认及教义圣护的协助——将能跨越这七重境界,或者在七息之时,或者在屏息之间,如果这是上苍的意旨和殷望。这是"依从她的意志,她赋惠于这些仆人"。

那些飞翔于单一天庭,抵达"绝对"的海洋,推测这城市——"这是生于上苍之中的境界"——是奥秘智者最高的境地和最遥远爱侣之故乡。但对这奥秘海洋的刹那之间者,这境界是内心堡垒的第一门,也是人通往内心市城的第一路径。内心赋有四种境界,如果找到虔诚的寻求者,将再给予详述。

当笔杆来描述这境界,

它将折断,页数将毁散

沙南

啊,我的朋友,许多猎狗追踪着统一沙漠之羚,许多利爪欲捕捉永生园中的画眉。无情雅雀正埋伏伺侍着这上苍天庭之鸟,而那妒忌的猎人,在暗中追捕爱的草原上的麋鹿。

啊,教士!以你的力量创作一个灯罩,或许它可防护火焰被逆风吹息,虽这光极其渴望能点燃在主的灯中,并照耀于灵境的世界。那些为敬爱上苍而抬起的头,定将受剑刃的砍伐;那充满着渴望的生命,定将受牺牲;那内心铭记敬爱者的定将满溢着血液。以下的叙述是多么恰当啊:

生于无爱,因为它的和平是苦恼

它始于苦痛,它止于死亡。

安宁惠临那些依从于"正道"的人!

李·安东尼先生介绍巴哈伊信仰在美国*

黄陵渝

1996 年 7 月 4 日上午太平洋地区发展与教育协会顾问委员会成员李·安东尼先生(Mr. Anthony Lee)应邀在世界宗教研究所作了题为“巴哈伊信仰在美国——一种成功地综合基督教与伊斯兰教的信仰”的学术报告。

安东尼先生介绍说:“许多学者在研究美国的巴哈伊教信仰时,总是把它归于伊斯兰教范畴。而事实上在美国等地出现的巴哈伊教自身已否认他们的宗教是伊斯兰教,许多普通的巴哈伊教信仰者甚至根本不知道巴哈伊教有伊斯兰教的根基,与此同时他们也不完全像基督教徒那样进行宗教活动。在美国巴哈伊教已成为一种成功地综合了基督教和伊斯兰教的信仰,并在当今世界上显示着其勃勃的生机。”他介绍了巴哈伊教创教、初期受挫、海外传布,尤其是在美国传播并发生显著变化的过程。指出原存在于巴哈伊教中的伊斯兰教成份在北美的巴哈伊教活动中已逐步基督教化,因此现在伊斯兰教与基督教二者的基本因素已和谐地存在于巴哈伊教的思想与活动中,从而使巴哈伊教能达到它的基本目的之一:化解矛盾、排除争端。他还介绍说:在北美,改宗巴哈伊教者多为基督徒,犹太教徒和土著宗教信仰者,却极少有穆斯林改奉巴哈伊教。

报告结束后,安东尼先生认真回答了与会学者们提出的问题,并向世界宗教研究所赠送了书籍。

---

* 原载《世界宗教文化》1996 年第 4 期。

当代西方宗教发展新轨迹管窥*

——从巴哈伊教上帝唯一性、教义、律法的价值取向所想到的

高玉春

巴哈伊教诞生于19世纪60年代。巴孛(1819～1850)是先知穆罕默德的后裔,被人们尊为"所应诺要来的人";巴哈欧拉(1817～1892)是"伟大的显示者",被赞美为巴哈伊教"神圣的建筑师";阿博都·巴哈(1844～1921)是"巴哈欧拉著作的阐释者",被誉为"教长"、"教友之父";守基阿芬第(1897～1957)是阿博都·巴哈的外孙,被称道为"圣护"。巴哈伊教创始人巴哈欧拉在诞生于波斯后的27岁时所启示的圣道,逐步获得了世界各地民族,以及各种文化背景和不同阶层的数百万民众的崇拜和追随。早在19世纪40年代之初,他就获得了"穷人之父"的美誉而闻名遐迩。

巴哈欧拉在他的《隐言经》、《毅刚经》和《阿格达斯经》等圣典中确立了巴哈伊教的基本原则。由于它的广泛翻译和出版,至今,巴哈伊教已是基督教之后世界上传播最广的宗教(1988年的大不列颠年鉴所载资料指出:巴哈伊信徒已分布2112个不同的国家和种族)。阿诺德·汤因比认为,"这可能代表一种新的世界性宗教的显现"。它在当代宗教史上是最为令人注目的现象,值得特别关注、深入研究。

一、弘扬共有信仰团结的新根据:"宗教一元"

巴哈欧拉曾训示:上帝是独一无二的,人类是同源的,宗教是一元的。这就无异于断定,由于宗教的基本原则和法规以及根基稳定的宗教体制,都出自于同一神圣的本源,因而各个宗教的基础是同一的、一致的。巴哈欧拉还形象地比喻道:"上帝的话语有如一盏明灯","它的光辉"在于"尔等皆为同树之果,同枝之叶。你们当相亲相爱,互相合作"①。

阿博都·巴哈也告诫人们:"上帝神圣的显示者的宗教,虽然称号不同,其名称各异,实在只是一个。""人一定爱好光明,不管它从那盏灯发出。一定爱玫瑰,不管它长在什么土里。一定求真理,不管它来源如何。""甘美的果实,不管长在那棵树上,一定都可口。真实的言论,不管哪一个讲述,一定都可采纳绝对的真理;不管是那本书所记载的,一定都可信。"②因而巴哈伊教的信仰者们认定:上帝于一次又一次地给予我们启示的宗教,实际上,只是一个宗教。如同一粒种子先生了根,接着长了

* 原载《高校社科信息》1996年第3期。

① 《巴哈欧拉圣典选集》,马来西亚巴哈伊总灵体会属下之委员会1992年版,第68、69页。

② 《生活的艺术》,澳门巴哈伊总灵体会1993年版,第58、59页。

茎,然后开花结果,不管怎么样,这棵树还是原来的树。太阳每天从不同的水平线上上升,还是同样的太阳,没有改变。

巴博都·巴哈指出:"巴哈欧拉的基础是爱……你们之间须有浓郁的爱,爱他人甚于自己。"①"爱,将使一切人成为同一个大海中之波浪,同一天空中之星辰,同一棵树上之果实。爱,将带给我们真正和谐的实现和真正团结的基础。"②

巴哈欧拉倡导:"激励上帝的信仰和宗教的基本目的是保障人类的福利和促进人类的团结,并且培育人与人之间相互友爱的精神。切莫使其成为纷争与冲突,仇恨与敌对的根源,如此才是正道。"③

上述分析告诉我们,从宗教有着同一神圣本源,引出人类的团结和友爱精神,并召唤"世界上的各宗教领袖们和各国领导者们将会同心协力地为改造和复兴这个时代而努力"④,这就是宗教一元性的价值。

二、神圣唯一性、一体性的新融会:"不断演进的文明"

巴哈欧拉在圣典中反复强调:"你应当认知唯一的真神是无比崇高的,高超于所有的创造物。整个宇宙都反映着他的荣光,而他本身是独立自主的,超越他的创造物。这乃是神圣唯一性的真谛。"⑤又指出,"神圣唯一性信仰的精髓在于承认上帝的显示者和上帝本身是一体的、相同的。""这个意思便是说,上帝显示者的所行所为,其所命定和禁止的一切,在任何情况下都应该毫无条件地被认定与上帝的旨意完全一样。这是上帝唯一性的真正信徒所能期望达到的最高灵性境界。"⑥

巴哈欧拉又认为上帝的唯一性、一体性与社会文明是一脉相承的。指出,作为上帝的创造物的"人被创造的目的是推进不断演进的文明"⑦。而阿博都·巴哈又进一步强调,"我要各位知道物质进步和精神进步是根本不同的,只有两者并驾齐驱,才是真正的进步"⑧。守基阿芬第同样认为,"精神和物质必须双管齐下,以取得快速的复元"⑨。阿博都·巴哈还就物质文明和精神文明的关系作了进一步阐释。他说:"无论物质世界多么发达,它都无法带给人类幸福。只有把物质文明和精神文明联系交融在一起,人类幸福才有希望。物质文明的目的是服务于生活,同时也带来了罪恶。神圣文明的绝妙之处在于它培养了道德,如果神圣文明之道德箴言能溶于物质成功之人类,世界和平及人类幸福、令人雀跃的佳音一定会从四面八方传来,人类将获得卓越的新发展。"⑩

不仅如此,巴哈欧拉还进一步指明了奉行神圣文明之道德箴言的目标。即必须使人们的思维集

① 《生活的艺术》,第30页。
② 法兰尚著:《新园》,马来西亚巴哈伊出版委员会1992年版,第4页。
③ 《巴哈欧拉圣典选集》第51页。
④ 《巴哈欧拉圣典选集》,第51页。
⑤ 《巴哈欧拉圣典选集》,第36页。
⑥ 《巴哈欧拉圣典选集》,第37页。
⑦ 《巴哈欧拉圣典选集》,第50页。
⑧ 《生活的艺术》,第72、73页。
⑨ 《生活的艺术》,第42页。
⑩ 《生活的艺术》,第44页。

中在复兴人类福祉和净化人类心灵的事业上。而“达到这个目标的最好方法是举止端正，生活贞洁，以及品行善良。勇往直前的行动能确保此圣道的胜利，圣法超凡的品格能加强此圣道的力量。巴哈的信徒啊！坚守正直的美德吧！”这乃是每一位信徒必须“遵守的首要德行”。① 巴哈欧拉还规定了遵守“德行”的任务：

首先，要“忘却自我，眷顾他人”。特别是“那些拥有财富的人必须关心穷人”，“用其财富来济弱扶贫”②。“切莫不公平地对待穷人，切莫跟随背信者的途径。”③当然，巴哈欧拉更加强调，“人活在世上就应好好地做些有益人类的事”。“今日凡献身服务全人类者，乃是堂堂正正的人。”④

其次，“交往要保持友善美德”。巴哈欧拉要求人们“个个都能成为人类善行之源泉，与正直的模范。”⑤

再次，要“谨守诚实与诚恳”，“忍耐与仁慈，正直与机智的美德”。其“目标是要给每一个人披上圣洁品格的外衣，同时为其戴上善行的饰品”⑥。

此外，“应当遵守正义”，“行事公正”。并且“禁止人们追随堕落的倾向和肉体的欲望”，“杜绝邪恶与腐败之情欲的驱使”，决然“不受世俗污秽的沾染”，“不受世俗间腐败风气的影响”⑦。

最后，要“受此中庸之道的原则的衡量与支配”。巴哈欧拉所讲的中庸之道实际上即是要把握事物的“度”，不要走向极端，“不可肆意恣行”。正如巴哈欧拉自己所解说的，“不论何事，只要超越适度的界限就无法从中发展出有益的影响力”。“假如任由它超越适度的界限，则将招至巨大的灾害”，因此，“诸凡万物均不可离开此中庸之道。”⑧“凡是超越中庸之道的行为”都必然“给人类带来恶性的影响”。倘若文明走向极端，也势必成为邪恶的根源。

由此，巴哈欧拉引出一个重要结论，即“一个人的价值在于他的服务与美德”，而“不是根据他拥有的虚浮财富”⑨。

应该说，从上帝的唯一性引出物质文明和精神文明“双管齐下”的“文明之道”和做人的“美德”，当是从当代上帝观中剥离出的“价值”。

三、赋予教义的新内涵：“人类同源”

尽人皆知，伊斯兰教教义，仅就宗教信仰而言，是指信安拉、信使者、信天使、信天经、信后世。然而，巴哈伊教除恪守上述传统教义外，又赋予教义以崭新的内容：诸如，人类同源、消除偏见、寻求真理、世界语文、男女平等、普及教育、宗教与科学并行、消除极端的富饶与贫困、福乐、永生、天堂与地

① 《巴哈欧拉圣典选集》，第 13 页。
② 《巴哈欧拉圣典选集》第 2、46、56 页。
③ 《巴哈欧拉圣典选集》，第 62、72 页。
④ 《生活的艺术》，第 31 页。
⑤ 《生活的艺术》，第 18 页。
⑥ 《巴哈欧拉圣典选集》，第 73 页。
⑦ 《巴哈欧拉圣典选集》，第 74、82、74 页。
⑧ 《生活的艺术》，第 43 页。
⑨ 《生活的艺术》，第 51 页。

狱、神迹、道德与伦理的训示等等。

就人类同源，巴哈欧拉强调，人们都是上帝的子女，大家是兄弟姐妹，是同一家庭——人类家庭——之一分子。上帝好比仁慈的牧人，他对白羊、棕羊、黑羊，一视同仁。不论人们肤色如何，不论人们来自何处，上帝都一样爱我们。那么，我们何必视他人为陌生者呢？巴哈欧拉点燃信徒心中的爱火，使来自不同国土的人们，仍能亲如一家。巴哈欧拉在其著作中曾说："我所挚爱的人们啊！团结一致的圣幕已经揭起，你们不要视如陌路。你们是同树之果，同枝之叶。你们是一手中之各指，一体中之各肢。这是天启之笔所昭示的。"①

阿博都·巴哈更加明确地指出："巴哈欧拉的教诲之一，是主张人类同源，人都是上帝之羊，而上帝是仁慈的牧人。这牧人创造羊群，又从而训练它，保护它，所以它的慈爱普及群羊。"这样，"仇恨与敌意也就不复存在了。"②阿博都·巴哈渴望"九合天下、归并列教、统一万邦，好让人们同心同德和谐相处有如一国之子民"。并倡导"联合众心"，"高举人类一体的旗帜"。

巴哈欧拉不仅强调地球乃一国，而且提倡"为全人类服务"。他认为："今天为全人类服务的人才算是一个真正有气概的人。"③

巴哈欧拉不仅主张人类同源，而且指明了实现"人类一体"、"天下一家"的途径：

第一，倡导消除偏见。巴哈欧拉认为，种种偏见必须放弃，不论其为国家的、种族的，或宗教的。人如坚持其偏见，世间则不会有和平。阿博都·巴哈说，"如有人说偏见与敌意是由宗教而生，然而实际上真正的宗教是友爱之道。如有人说由民族观念而产生偏见，但事实上，全人类同是一民族"。④ 显而易见，只有消除种种偏见，才能众心归一，实现宗教、民族乃至全人类的大团结。

第二，倡导男女平等。阿博都·巴哈形象的比喻道："人类如鸟，有两翼——一翼是男，另一翼是女。除非两翼健壮并以共同的力量来推动它，这只鸟不能飞向天空。""男女都属人类，上帝视为平等，在神圣的创造设计中互为配偶、互相辅助。"⑤既然在上帝眼中男人与女人是平等的。那么，我们就勿须强为区别。尽管男人在社会中的责任或许与女人有所不同，但必须彼此平等，共同享受充分的权利与尊荣。

第三，倡导普及教育。巴哈欧拉认为，"上天的诫命"是"每个父亲必须教育其子女"。"凡事忽视这个诫命者，如他是富有的"，则令其尽"子女教育所需金钱的义务"。如父母无教育子女的力量，灵体会应负起此教育责任。巴哈欧拉还指出，儿童教育应使其能为人类服务。教育之日的，应是造就相信"地球仅有一个国，全人类是它的公民"的男女，是造就愿贡献其爱心与服务于世界进步的人。而且，教育必须使我们不再有迷信、偏见与物质欲念的束缚。

第四，倡导消除极端的贫富。巴哈欧拉奉行的一项最重要的原则是，"处理人民的经济问题：必须使贫穷消除，使每一个人能依其地位与职级，共同分享利益"。阿博都·巴哈也认为："我们现在可看到，一些人财富过多，另一些人则受饥饿困扰着；有独享几座堂皇宫殿的人，也有无立锥之地的人；有人日享山珍海味，有的却没有足量的面包屑来度日；有人穿天鹅绒和皮裘，有的却困乏缺少御寒的

① 法兰尚：《新园》，第42页。
② 法兰尚：《新园》，第42页。
③ 《巴哈欧拉圣典选集》，第56页。
④ 法兰尚：《新园》，第44页。
⑤ 法兰尚：《新园》，第51页。

衣着。”“这种情况”“必须加以纠正”[①]。巴哈伊教信徒们认为,我们生命的目的,不在积聚财富以享受这短暂浮生的逸乐。只有在获得灵性的粮食,能够了解我们自己,了解我们生在这世界上的目的以后,物质的财富才对我们有益。

第五,倡导言行合一的道德与伦理观念。巴孛、巴哈欧拉、阿博都·巴哈的书简以及守基阿芬第之著作,无不详尽披露了巴哈伊教信徒生活之规范及言行合一的观点。当然,在其中也阐明了巴哈欧拉教言的伦理与人类行为之最高标准。即如他教诲自己的孩子那样必须“判断要公平”,“言辞要谨慎”,“对一切人都要谦和”。要“做渴者的海,痛苦者的避难所,压迫牺牲者的扶植与护卫”。“要做真理之容的美饰,忠诚之额的冠冕,公正之堂的支柱,人类之体的呼吸,正义之主的知识。”[②]

巴哈欧拉在其圣书中还就人类行为作出训示。他要求:“拥有财富的人,需对贫穷者致最大的关切”[③];“对每个生命的人”要施以“至高的仁慈”;“礼是众德之主”,要做“守礼的人”[④];“待人与待己要公正”;“公平是人类最基本的品德”,“凡是不能公平判断者,缺乏其足以为人的品质”[⑤];要说“仁慈的言语”,它“是人心的磁石,是灵性的粮食”[⑥];要有“对人类伟大无私的爱”,“爱带来真实一致的了解”,它是“真正统一的基础”[⑦]。

显而易见,倡导“人类同源”、“人类一体”,必然强调“天下一家”,“同心同德”,“和睦相处”,为人类服务,是其价值之所在。

四、律法、义务的新职能:“工作就是崇拜”

巴哈伊教的律法与义务既包括清洁、祈祷、斋戒、宣扬上帝之道、禁止饮酒、纪念圣日、结婚的规矩,又将“工作就是崇拜”纳入律法之中。这是对宗教职能的新提升、新概括。

人人应该工作是巴哈欧拉的戒律之一。而且认为,如果以为世人服务的精神去工作,工作便成为巴哈伊教教徒崇拜上帝的一种方式。巴哈欧拉说:“你们都应从事于某种职业,诸如艺术、商业之类。我谕令——从事职业——等于崇拜上帝,崇拜真主。”[⑧]阿博都·巴哈也指出:“按着巴哈伊教义,从事艺术、科学与一切技术,皆认为等于崇拜。……总之,凡人全心全意地尽其全力——只要他是为人类服务的热忱动机所激动——就是在崇拜上帝。为人类服务以适应其需要,这就是崇拜上帝。服务就是祈祷……。”[⑨]既然如此,那么,每一块田地都可以成为上帝的殿宇,每一间工场皆可以成为崇拜的堂屋。

巴哈伊教崇尚“工作就是崇拜”,无疑是与巴哈伊教的实践观相一致的。巴哈欧拉说:“巴哈伊教

① 法兰尚:《新园》,第 56 页。
② 法兰尚:《新园》,第 71 页。
③ 法兰尚:《新园》,第 72 页。
④ 法兰尚:《新园》,第 72 页。
⑤ 法兰尚:《新园》,第 72 页。
⑥ 法兰尚:《新园》,第 73 页。
⑦ 法兰尚:《新园》,第 73 页。
⑧ 法兰尚:《新园》,第 119 页。
⑨ 法兰尚:《新园》,第 119 页。

教友必须以其智慧为主服务，以其生活施行身教，以其行为显示上帝的光辉。”“言词的真实性唯有靠生活行为的表现来验证它。”这就如同阿博都·巴哈的圣简里所说的：“我们已把上帝在这时代的教训付诸实践了。”①

显然，倡导“工作就是崇拜”，既是弘扬劳动大众的主人翁精神，也是褒扬实践的意义，当然，也有利于社会在协调中蓬勃发展。这就是其价值之体现。

五、宗教与社会相适应的新召唤：“效忠政府”

巴哈伊教把“效忠政府”作为必须奉行的律法和义务。不言而喻，这在律法观上、宗教思想史上是一个新飞跃、新突破。

在一百年前，巴哈欧拉训示的一个重要原则是：“住在任何国家里的教友们，必须对那里的政府忠诚与信赖。”②如果一个巴哈伊教徒不忠于他的政府，便是不忠于他的宗教。

阿博都·巴哈也断然指出，“从巴哈伊教的眼光来看，忠于政府是一种最主要的精神与社会原则。”“我们必须服从当地政府，并且对它寄以善意的希望”。“巴哈伊教精神的要素是：为了建立较好的社会秩序与经济环境，必须拥护政府的法律与政策。”“圣护”守基阿芬第曾在一封信里明确指出，“全世界的巴哈伊教教友是一体的，我们在寻求建立一个本质神圣的新世界秩序”，而且强调，“巴哈伊教教友效力于其国家和世界的最好途径是建立巴哈欧拉的世界秩序”③。

巴哈伊教还规定，忠于政府是我们必须养成的品德之一。任何不忠的行为都是罪恶。这样，就把效忠政府的问题即“律法”化，又伦理化了，这样，就能更有效地实施“效忠政府”的社会原则。

事实雄辩地说明，倡导“效忠政府”不仅是巴哈伊教的正确的战略选择，而且也表明巴哈伊教力图与“政府”协调一致，以强化其与社会的适应性，确保巴哈伊教及其社会在稳定与秩序中昌盛、发展，无疑是令人珍视的价值取向。

总之，对巴哈伊教上述宗教思想及其价值的深入开掘，不仅是十分必要的，而且是十分有益的。尤其是系统研究巴哈伊教的教义、律法及其功能，必将使我们更准确地把握当代西方宗教发展的轨迹、规律和趋向。

---

① 法兰尚：《新园》，第 123 页。

② 法兰尚：《新园》，第 131 页。

③ 法兰尚：《新园》，第 131 页。

巴哈伊教的家庭妇女观*

王佃利

巴哈伊教是一种新兴的世界宗教，它关注着人类未来的发展，对全球性的发展问题、环境问题、妇女问题，都提出了自己的见解和主张。

一、平等和谐的家庭观

“地球乃一国，人类皆其民”，是巴哈伊教最重要的箴言。它认为，在由众多民族、国家构成的世界社会中，各民族、国家应凝聚成一个大家庭，这就是巴哈伊教常提到的“天下一家”观念。巴哈伊教不仅以家庭作为社会的基本单位，而且把它作为人类社会发展的起点，认为由一家之爱，就可推己及人，由近及远，扩展到种族、国家之间，进而实现大同的社会理想。这些观点非常近似于中国儒家思想所倡导的“修身、齐家、治国、平天下”的主张。可见，人类思想都有其相同之处。

社会秩序有不同的建构方式，巴哈伊教认为，应当以家庭作为社会秩序重构的出发点。现代社会的快速发展，既造就了巨大的物质财富，也带来了各种各样的危机。体现在当代家庭关系中，代沟的加深，离婚率的上升，都使人面临着感情疏远、淡漠的痛苦，人们出现了一系列精神混乱的症状。巴哈伊教认为应当重新认识家庭在现代社会中的作用，并创造出新的生活规则。家庭不仅是社会结构的基本单位，而且还是社会发展变化的动力源泉所在，是进行社会变革最有潜力的领域。从家庭的变化开始，人类可以进而实现男女平等、种族平等等社会目标。巴哈伊教认为，一种新的、和谐的社会秩序的建立，实际上就是继承各种文化遗产的人们，走到一起来，组成一个和谐的大家庭。巴哈伊教指出，婚姻和家庭是社会最基本的构成要素，一个人的社会化过程，首先必须从家庭开始。在家庭中，人首先学会如何去做一个合格的人。个人的社会能力，也是要靠家庭去培养、造就。通过家庭教育，一个人可获得关于性别角色、集体观念、正义、公平等观念，形成内化的道德价值思想，培养良好的社会行为能力。

对家庭关系，巴哈伊教认为，建立理想的家庭就应抛弃关于性别作用的各种偏见。家庭中男人的傲慢和女人的谦卑，实际上都是家庭发展的误区。对男性和女性权利的不公平划分，常常是导致家庭冲突和纷争的导火索。巴哈伊教认为，指导家庭最根本的原则就是：要求家庭成员将平等与和

* 原载《妇女学苑》1996 年第 4 期。

谐的价值观念内化到心里，使它成为指导家庭行为的规范。因此男性和女性在家庭中的权利彼此平等，彼此间充满协商的精神，并以之来处理彼此之间的分歧。巴哈乌拉认为，只有经过协商，才能达到统一和平等的目标，实现家庭的和谐与公平。同样，儿童的教育、成长，也应当置于同样良好协商精神的家庭环境中进行，父母应为他做出这方面的榜样。当夫妻双方在某些问题上存在着分歧时，协商的作用就特别重要。夫妻双方的权力是平等的，谁也不能力图控制对方。巴哈伊数认为，夫妻之间不是独断的权威关系，而是谦卑的伙伴关系，不是武断的命令指示，而是充满坦白和爱意的协商。

巴哈伊教提供了巩固和强化婚姻与家庭的方法。通过个人精神的培养，可以提高家庭的统一性和强化婚姻契约。巴哈伊教徒通过对上帝的祈祷，沉思上帝的箴言，从而得以提高个人的道德水平，培养诸如信任、公正、团结、同情、仁慈等品质，这些都是发展成熟的家庭关系的基础。这些品质提供了维持婚姻的方式，促进了家庭的稳定与和谐，从而最终导致人类的进步。

二、巴哈伊教的妇女观

巴哈伊教认为在家庭及社会中，人们都是一种平等的关系，因此应提高妇女的地位，男性和女性一样平等地参加社会各领域的工作，反对各种男女不平等现象，反对歧视妇女。同时妇女也应作出积极的努力，改变妇女的传统角色，接受各种各样的教育，学习各种科学知识，外出工作，转换纯粹作为家庭妇女和母亲的形象。另外，巴哈伊教认为，受过教育的母亲，作为儿童的第一个教育者，将对下一代启蒙灌输核心的文化和价值观念，其作用将影响到孩子的未来发展，所以巴哈伊教也特别重视母亲在教育中的作用。

从历史上来看，不管是在东方还是西方，妇女过去一直处于男性权威的阴影之下，处于被压迫和统治的地位。她们不仅在教育上受到限制，也不能同男人 样平等地从事各种社会活动。女性的作用仅仅是负责照料家庭，看管孩子。过去在有的阿拉伯部落中，妇女甚至不被当作人，阿拉伯人把他们的女人计作活的家畜。在他们的语言中，表示妇女的词也具有“驴子”的含义，表示一个男人所拥有的财富可以用适用于这二者的名字来计算。对一个男人最大的侮辱就是朝他喊：“你是个娘们”。巴哈伊教认为，只有到巴哈伊教的创始人巴哈乌拉出现的时候，男女之间不平等现象才开始得以改变。在巴哈伊教的主张中，就有消除性别之间的差异的观点，提倡并实行男女平等，承认男女在各种能力上都是平等的。这些主张都促进了妇女解放运动的发展，使妇女的社会地位获得了提高。

巴哈伊教关注妇女自身的解放，主张妇女从家庭中走出来，参加社会工作，获得公正、平等的社会待遇和家庭地位。据一份调查表明，在传统的婚姻中，已婚妇女有四分之 ，在他们生活中至少遭遇过一件严重不公正的事，而这个数字对男人来说仅是十分之一。这样的差别是由于男女地位不平等造成的。要想改变这样的状况，妇女们必须在自己的职业上有所成就。传统中的母亲是慈爱的，是整天陪伴孩子的形象，但这个理想化的形象常会使女性返回到过去那种从属的地位。巴哈伊教认为，妇女是孩子的第一个教育者，而不是唯一的或无所不包的教育者。妇女教育孩子的责任同男人的责任是一样的，并不应该比男人多承担一些。当妇女作为母亲，男人作为父亲时，妇女除了母亲的角色还拥有作为一个人的权利。她除了在料理家务上的成功以外，女人也应当在工作中取得成功。

只有妇女达到与男人平等的地位，这个社会才能不断地前进。在巴哈伊的女信徒中，她们不仅有自己的工作，还积极地参加各种社会团体活动。据报告，工作女性在她们的婚姻中更幸福。具有双重角色的妇女据说在夫妻双方之间提供了更多的平等和尊敬。

对教育，尤其是妇女和儿童教育的重视，是巴哈伊教开展社会活动的重点，也是他们的特色所在。在过去的历史中，妇女不会读写被认为是聪明的表现，她只要能够处理各种家务活动、看管孩子就可以了，不需要其他的知识。而巴哈伊教认为，母亲是孩子的第一个老师，对子女的道德品质、性格的培养起着至关重要作用。巴哈乌拉认为，对妇女的教育远比男性的教育重要。他说，如果一位母亲是无知的，即使做父亲的拥有再多的知识，那么对孩子的教育也是存在缺陷的。因为对孩子的教育从婴儿刚出生就开始了。母亲和哺乳期中孩子的关系，就如同园丁对待花的嫩芽一样，可以按照自己的意愿任意地进行塑造。只有素质很高的母亲，才能培养出高素质的子女。“教育者首先接受教育”，对母亲的教育是巴哈伊教育观中的重要内容。

巴哈伊教以婚姻和家庭作为社会稳定的基础，强调男女地位的平等，并且积极参加世界各地的妇女活动。巴哈伊教的思想及其行动，在妇女解放的运动中发挥着重要的作用。

巴哈伊教*

李桂玲编著

“巴哈伊教”在台湾又被称为“大同教”。原清华大学校长曹云祥在翻译该教的著作时，因其主张人类一家，世界大同，而将其名称译为”大同教”。该教在 1947 年传入台湾，亦被称为“巴海大同教”，但很少为人所知，教徒也很少。1949 年一位赴美的中国留学生在美国皈依了巴哈伊教，后回到台湾定居。1954 年原在上海定居的伊朗籍苏洛曼夫妇来到台湾，于当年的 10 月 22 口抵达基隆港，正式在台湾传教，其实在他们来台之前，已有一些外籍的巴哈伊教徒先后在台湾经商或做长期访问，约有 10 位信徒散居在台北、台南、桃园、左营和嘉义等地。苏洛曼夫妇定居在台南，并开始传教工作。到 1955 年，巴哈伊教徒已达 21 位，1956 年在台南建立了台湾第一个巴哈伊教地方灵体会。这些早期的台湾巴哈伊信徒大多是高级知识分子，有的还是在美国受过军事训练的空军军官。他们还派人参加了东北亚的区域教徒代表大会。后来，许多有关巴哈伊教的书籍在马来西亚和中国台湾被译成中文出版，以吸引更多华人入教。1957 年东北亚总灵体会成立后，台湾的巴哈伊教事务即归属于它的管辖之下。同年 9 月 28～30 日，在台南举行了首届台湾巴哈伊夏令营活动，来自台北、台南、左营和嘉义的近 20 位教徒参加了活动。1958 年，又成立了台北地方灵体会。但因教徒的流动性较大，使台湾巴哈伊地方灵体会组织极不稳定，且发展缓慢，到 1958 年 4 月，全台只有 22 位教徒。1959 年 10 月台南巴哈伊中心建成并投入使用，该中心是苏洛曼夫妇捐资建筑的，大大促进了巴哈伊教在台湾的发展。

据 1965 年 4 月的统计，全台的教徒有 100 人，分别散居在 25 个地方。另外，每年通过举行夏令营来吸引青年人入教，还向山地民族传教。一年之后，即 1966 年 4 月，屏东与花莲的地方灵体会相继成立，此时全台共有 4 个地方灵体会，教徒人数共有 485 人，其中青年人占有一半的比例，1967 年“台湾总灵体会”在台北成立，会址设在台北市新生南路的一幢大楼内，但未获得台当局的承认，此时，全台教徒人数近 500 人。在 1970 年巴哈伊教在台湾完成社团法人登记(当时以大同教登记)，成为当时全台九大合法宗教之一，并曾在林口乡获得一处拨地，作为建造“灵曦堂”的堂基。1972 年，台湾巴哈伊出版社成立；次年巴哈伊婚礼的法律效力也得到台当局的承认。自此后，巴哈伊教在台湾稳步发展，新加入者多为大学生。

巴哈伊教信徒的生活原则为“工作就是就是崇拜，服务就是祈祷”，信徒每日祈祷，每年斋戒 19 天，要以礼待人，保持清洁，教育儿童，效忠政府并服从当地的法律，重视婚姻及家庭生活，禁止赌博、

* 原载李桂玲编著：《台港澳宗教概况》，东方出版社 1996 年版。

饮酒、乞讨、使用暴力、说谎及偷窃。但不设专职的传教人员,每位教徒都有义务传教。

到1985年台湾的巴哈伊教徒数已达千人,地方灵体会有20个。从1986年开始,巴哈伊教在台湾进入了一个高增长期。另外,在台北的总灵体会内,台湾的巴哈伊教徒经常举行各种聚会,其信徒大部分是中国人,还有来自美国、伊朗、马来西亚等国家的教徒。1987年时,"总灵体会"下辖21个地方灵体会。另外,在台北,台中,台南,高雄,屏东及花莲设有6个中心,教徒的活动点有150多处,教徒有2310人。到1990年时全台有26个地灵体会。各地的地方灵体会每年要举行一次选举,所有的成年教徒均可参加,选出九位委员;每年的4月21日至5月2日间还要举行台湾总灵体会的九位委员的选举。

巴哈伊教没有专职的传教士,但传教是每个教徒的义务,在台湾还设有"宣教委员会",并于1988年11月,在台北召开了总传导委员会的研习会,探讨如何利用多种方式传教。1990年围绕其"天下一家"的核心教义,总灵体会下特设立了"环境保护处",开展环保问题的一系列的教育工作,与其他部门合作,推出"自然教室"儿童户外教学课程,并制作环保短剧,向全台中小学生广播,还举办了"国际儿童环保艺术展",受到公众舆论的广泛注意;另外,还经常举办深造班、夏令营及冬令营等活动,既密切了教徒之间的关系,也扩大了社会影响。再者,利用设立基金会的形式,参与社会服务,如从1980年开始,每年都举办"服务人群奖",以奖励那些对台湾有突出贡献的人才,并请政要人士前来颁奖;还在台湾大专院校设立奖学金,为台湾的社会教育尽一份力量。同时也开展了一系列的传教活动,如1991年9月在台南的巴哈伊中心举行了传教老师的训练营,同年10月又举行了巴哈伊的拓荒者大会;1992年初,在台北总灵体会的办事处开办了地方巴哈伊新闻代表人员训练会。近年来,台湾的巴哈伊地方灵体会也逐渐地加强了与地方民间团体及台当局的联系,参与了环保、教育、幼教,妇女等方面的活动,这既起到了社会宣传作用,也大力推动了巴哈伊教在台湾的发展。

据台湾1992年统计的数字,巴哈伊教在台湾的教徒数成倍增长,已达14000人,散居在台湾150多个城市及乡镇之中,有2个聚会中心向台湾当局申请了登记,有2名外籍教务人员,还有一家出版社。巴哈伊教在台湾发展很快,到1992年中已有62个地方灵体会,由"台湾总灵体会"负责教务,并将"大同教"的名称于4月27日正式改为"巴哈伊教",这与全球所有华人区所使用的名称相统一。

台湾的巴哈伊教与世界其他地区及国家,尤其是港澳的巴哈伊教组织保持了密切的联系,如1991年9月邀请新加坡、菲律宾及日本的巴哈伊洲际顾问到台湾访问、1992年2月在高雄举行了第一届东南亚中文青年大会、同年5月派出19位代表赴以色列海法参加该教创始人巴哈欧拉逝世100周年的纪念大会等。

世界名言大辞典（节选）*

戴镏龄主编

人类有兽性的一面和天使的一面。教育者的目的，是使人的灵魂得到锻炼，克服兽性而转化向天使的一面。

[波斯]巴哈欧拉：《解疑》

拥有财富的人，需对贫穷者致最大的关切。

[波斯]巴哈欧拉。引自法德尚：《新园》

我们必须研求真理，希望靠它的光辉照透乌云与黑暗。

[波斯]巴哈欧拉。引自法德尚：《新园》

我首要的训诫是：应拥有颗纯洁、仁慈和光明的心，这样才能成为亘古的、不朽的和永存的。

[波斯]巴哈欧拉：《隐言经》

公平是人类最基本的品德。你对一切的评价都需靠它。

[波斯]巴哈欧拉。引自法德尚：《新园·教义》

你们是同树之果，同枝之叶。你们是一手中之各指，一体中之各肢。这是天启之笔所昭示的。

[波斯]巴哈欧拉。引自法德尚：《新园》

* 原载戴镏龄主编：《世界名言大辞典》，广西人民出版社 1996 年版。

苏菲派*

陈麟书主编

苏菲派是伊斯兰教中的神秘主义派别。在该派传统中产生的苏布德，其影响也在不断增加。巴哈伊信仰也脱胎于伊斯兰教什叶派。1844 年，阿里·穆罕默德声称自己为巴布，在第十二世伊玛目隐遁期间，教徒只有通过这道知识之门(巴布)才能认识真主和新时代的先知。但巴布运动展开不久就受到了伊朗当局的打击，遭到挫折并出现分裂。新的巴布社团领袖巴哈欧拉(1817～1892)以倡导人类一家和宣称自己是新时代的圣使而开始了巴哈伊信仰。该信仰很快传播到世界各地，现已拥有 500 多万信徒，分布在 200 多个国家和地区，成为独立的世界性的新宗教。1992 年，巴哈伊信仰最高机构“世界正义院”向联合国递交了一份题名为《世界和平的许诺》的呈文，表达了该信仰对人类未来的关切。

* 原载陈麟书主编:《宗教观的历史·理论·现实》，四川大学出版社 1996 年版。

巴哈欧拉的预言*

——情缘之二

苏振清

弗瑞先生(John Farid)具有这样的魅力,使我和他一见之下,便产生了不能自已的激动。他是个很矜持的人,一套整齐的花格西装,米黄色的衬衣,留着一部修剪得非常漂亮的连鬓胡须,眼镜底下,两只沉思的大眼显得十分诚恳。性情比较沉静,可是一握手,一笑,特别是他那闪耀的眼神,处处透露出他内心里那股烈焰腾腾的热情。他和曲连虎相识了好几年,在大连开发区投资兴办了三四个企业,全是高科技,最成功的要算是 DPMC 了,他和曲连虎是同甘苦,共患难朋友,他作为美国 PIC 公司股东代表,为了 DPMC 正常运作,他们有过争论,有过焦躁,有过相互的体谅,也有过共渡难关后的欣慰……他身上有时湿透着南亚的热雨,有时挂着寒带的霜雪,有时又披满亚洲的风尘,飞越太平洋,到达美洲大陆,他四处奔波,曲连虎说从来不见他露出一丝半点疲倦的神色。

他有祖国,却不能把家搬回到祖国去。他的祖国是世界文明古国之一的波斯,现在叫伊朗,位于亚非欧三大洲的交界地带,著名的"丝绸之路"就是东起我国、中经波斯、西达罗马帝国的。50 多年前,他出生在古"丝绸之路"要冲上的一座美丽的波斯古城希拉兹,后来毕业于德黑兰工程技术大学,在国家计划委员会任职,负责银行投资、信贷及工业发展。他为祖国引进先进技术辛勤工作了 12 年。

1979 年伊朗国内发生了动荡,他离开祖国去美国波士顿大学获得商业管理硕士学位,参加了世界银行开发项目工作,成为这方面的专家。

我采访弗瑞先生时,正是中午,早晨他从北京乘飞机来到大连,出席 DPMC 的董事会。他坐在沙发上,茶几上放着面包和西点、香蕉和西红柿,一杯咖啡,这就是他的午餐了。在和我交谈中,他内心里像一条奔腾不息的小河,哗啦哗啦地作响,句句慰愉着你的心胸,不时地又陷入一种沉静的思索之中,那沉静中让你悟出他内心里蕴含着一种热血的奔流。

10 年来,经他牵线搭桥,穿针引线,先后投资建设了太平洋多层线路板有限公司、达利凯电子有限公司、大西洋层压板有限公司等技术含量高的企业,1994 年 12 月,大连经济技术开发区建区十周年的时候,弗瑞先生被评为优秀的国外投资企业家,戴上大红花,请上了主席台。十年前,他和祝玉连、曲连虎唇枪舌剑般地谈判时,他的头发和胡须全是油黑油黑的,现在竟全部花白了。

"细细算起来,来中国,来大连已有 10 年了,为什么到东方来,为什么到中国来,又为什么到大连来,是世界经济发展的趋势在起作用吧!一开始,全家住在美国,而我工作在信贷银行,其性质必须为另外的国家经济建设去服务。我的工作性质决定了不能永远住在美国,然后,就有一个到哪一个

* 原载苏振清:《太平洋之魂——走向 21 世纪的中国电子名家》,文化艺术出版社 1996 年版。

国家去服务的问题，我和太太商量，决定到东方来，到中国来，这不是我们的凭空想象，而是遵照着我们伊朗的'上帝之圣使'巴哈欧拉①的预言而来的。”

他像个诗人，又像个哲学家，也像个战略韬略家，开始给我讲解他全家来中国的奥秘。

“来东方，为中国建议服务！我和太太考虑在思想上我们和中国人的思想接近，伊朗和中国一样，都曾受到过俄、英等帝国的侵略和压迫，我们觉得和中国人民有共同语言。更重要的是，巴哈欧拉引导了我们，他的儿子阿博都·巴哈曾在文章中称颂中国，是世界未来繁荣、发达的国家，而且称赞中国人是寻求真理，追求真理的民族，还说中国人都有一颗金子般善良的心。我和太太觉得和这么好的人一起生活和工作，为这样的国家和民族去服务，是一件非常幸福的事情。

“我和我的太太最先来到香港，后来住在了澳门，那是1981年的时候。一到这儿，便从各种新闻中得知，中国大陆正在轰轰烈烈的改革运动，从报纸的字里行间，听到看到，大陆进入市场经济的建设，香港和澳门的中国人称之为金色的梦，欢愉的梦，五彩的梦，梦想真的变成现实了，许多做生意投资的人都往大陆跑，真像是巴哈欧拉的预言要实现了。未来的发展在东方，世界经济的发展中心将转向中国！

“果然，中国政府行动太快了，1984年4月30日，中国政府通过了《沿海部分城市座谈会纪要》。决定除继续办好4个经济特区外，进一步开放大连、天津、上海、广州等14个沿海港口城市和海南岛，并建14个沿海城市的开发区。这下，把西方人吸引住了，纷纷到大陆，求得发展，寻找恰当的合作伙伴，准备着大干一场。

“因为我的专业和事业，就是搞信贷和选择项目搞投资的，根据我在伊朗的经验和美国先进的科学技术，所以，我决定再次做这方面的工作。我加入香港、澳门及西方国家到大陆投资的行列。不断地向中国朋友介绍，开始了由南向北的行动：开始珠海、上海、广州、宁波、南通、福州、杭州，后来是东北，牡丹江、佳木斯……所有这些城市，我都去看，都去谈。

“我用了四五年来做这种事，一点成功也没有，到了一个城市，一谈，官员们非常感兴趣，都说，这个项目多么好，多么好，然后就是签意向书，意向书签了，就是和银行谈资金问题，外汇平衡问题，产品销售问题，谈呀谈，谈完了就是摆宴吃饭，吃完了饭，要正式签字了，对方又提出来说：国外的另一家公司说了，他们的设备的价格，是你们报价的二分之一，我们前期的准备工作前功尽弃了，我们的合作伙伴把我们公司的名字划掉，换成了另外一家公司的名称，这些合资公司，后来就出现了不少的问题。这个情况，曲先生是知道的，现在有的经营不好，很艰难，有的早就倒闭了。这些合资企业存在着不少问题，如技术含量低，设备是旧的，要么就是技术培训不落实，就造成了不少的损失。

“这样的事件接连发生在3个城市，虽然很恼火，但我相信在中国大陆，会有真正的企业家的，我不死心，继续北上，最远的到了牡丹江和佳木斯，有次接我们的轿车翻了，我差一点丢了性命……”

说到此处，他端起咖啡杯，细细地喝了两口，下巴的骨骼强有力地颌动着，透出了一种办事较真的骨气。那次翻车的情况，曲连虎事先告诉过我，那次是在冰天雪地的东北黑龙江，车翻了，他从破碎的玻璃窗里爬出来，不知是冻的，还是吓的，面色苍白。翻车的那天，气温是零下26度。后来，提起此事时，他总是后怕的大笑。

---

① 巴哈欧拉(1817～1892)，伊朗巴比运动、巴哈伊信仰的先驱，生于伊朗首都德黑兰一个波斯贵族的家里，原名侯赛因·阿里，在巴比运动中他就以“穷人之父”而闻名，巴比运动的领袖巴孛被杀后，他承受了40年的监禁与流放生涯，写了大量的著作，从精神、道德、经济、政治和哲学等层次上描绘出一个人类社会的新框架。参见《巴哈伊信仰及其全球性社团之概述》，第17页。

弗瑞先生放下咖啡杯，接着说。

“我后来见到曲连虎先生，一见面我就非常惊讶！他办事认真，决不贪什么便宜，一张嘴就说：我们需要的是世界上最先进的设备和技术，使我感到曲先生的与众同不同。那时，大连不像现在，还不是一个很活跃的开放城市，城市结构和设施还相当落后，有许多许多的平房和低矮的建筑。我来开发区时，是一大片荒地，开发区政府连房子都没有，住在一排排木板房里，那算是临时办公地点。大连市区也没有像现在这么好的饭店。那时候，最好的就是南山宾馆和接待处——棒棰岛宾馆，那儿有毛泽东、周恩来的别墅。

“但是，最让我惊讶的是，祝和曲二位先生竟相信我提供的 PCB 这个项目。在祝先生和曲先生领着我参观他们的 PCB 工厂时，我心里还在想，这一次和前三个城市一样，到后来也会失败的，但参观过后，曲和祝的言行，是非常诚恳地要上 PCB 项目。记得在谈判起草合同和章程时，曲连虎先生是个很难对付的对手，有关细节问题，你来我往，谈了一天一夜，早晨 8 点要离开深圳，谈判谈到凌晨 4 点。那个早晨，合同、章程等文件也形成了。

“我和曲先生在形成文件的过程中，他逐条逐句地修改、补充、调整，一句句地推敲，正因为这样，我越发地器重他，我那时认为曲先生对事业是忠诚的，他的行动证明他多么关心这个工厂的将来呀！在谈判时，曲和祝二位先生要求得到最好的技术，最先进的设备，否则就压低价格。尽管提供的 MARK V 设备，只落后了一个型号，但曲先生坚持要 MARK VI，没有，就压低价格。当时，因为他的坚持，这些设备美方损失了 30 万美元。尽管这样，我和曲的观点是一致的，要搞一座最先进的 PCB 工厂，当时，我的家已住在中国，并不是赚了钱抬脚就走的，我提供设备和技术，也力争要求最新最先进的。和别的合作伙伴谈判时，他们要的是旧设备，是不合算的。曲和祝二位先生却接受了我的观点，引进的 PCB 生产设备和技术都是高科技的，对此开发区政府称赞曲先生是非常明智的人。

“立项合同签字后，开发区政府很快就批准了，曲连虎先生什么都要最好最新的，厂房要建新的，不用旧厂房。曲先生还主张要由世界最好的设计师来设计，于是世界最著名设计师阿门奈特先生(H. Amanat)来了。和国内的设计院结合起来，于是便有了这样非常漂亮适用的厂房。试生产后，因为科技水平太高了，国内市场还一时派不到用场。又因中东战争，国外市场突然跌落，国外销售非常困难，曲先生领导工厂渡过了一个非常困难的阶段。随着中国国内电子工业的发展，曲连虎先生抓住了有利的时机，一下了打开了中国市场，然后，国外的市场也好转起来了。通过曲先生的努力和良好的管理，技术人员的正确选择，DPMC 已成为中国最好的 PCB 工厂之一，是中国(包括台湾和香港) PCB 行业首先通过 ISO 9000 系列国际质量标准认证的。过去，美方曾派过三位总经理，后来，我们很快就认清楚了不需要国外的总经理，曲连虎先生完全胜任公司总经理的工作，事实证明，曲先生越干越好。到今年年底，公司的利润预计可达到公司注册资金的一半，因为当初正确的选择了高科技的产品和最先进的设备，使曲连虎先生得已施展他的扩产本领。”

说到此处，弗瑞先生用深情的目光瞟了身边的曲连虎一眼，然后，两人会心地笑了。

弗瑞先生最后意味探长地说：“虽然，我的头发变白，但 DPMC 变得年轻了，她是一个最年轻，充满着活力、有进取心的集体。”

苏丹的马列赫迪运动和伊朗的巴布运动(节选)*

汤泽林

发生在19世纪中叶的巴布运动,是伊朗近代史上著名的反封建压迫和殖民统治的运动。当时的伊朗受卡加尔王朝统治。欧洲资本,特别是英国资本的入侵,冲击了原有的封建经济秩序,商品经济的发展瓦解着旧的土地关系,大批农民失去土地,新地主乘机兼并土地,加重地租剥削,手工业者由于外国商品的流入而遭受打击,濒于破产。广大下层群众中积蓄着强烈的不满,1848年,巴布运动爆发。

巴布运动的组织者赛义德·阿里·穆罕默德是伊斯兰教神秘主义的谢赫教派的信徒。他把握了广大大民众迫切要求改变现状,追求幸福生活的心愿,借用十叶派"隐遁的伊玛目"的概念,宣传自己的主张,他说,在人们期待的第十二伊玛目和信徒之间,存在一个中介,是四道相继的"巴布",即门。通过这个中介,第十二伊玛目与信徒保持联系。阿里·穆罕默德宣称自己就是"巴布",人们通过他才能了解玛赫迪(即救世主)的旨意,进而,他又说自己就是玛赫迪,是带领人们铲除人间不平等,建立正义理想王国的。这位巴布写有一部《默示录》,被奉为巴布教派的圣经。巴布以历史进化论证明他的教义的合理性。他说,人类社会是递次向前发展的,每个历史时代都有特定的法律及制度,以代替前一代的法律和制度。各个时代的法律和制度只能由至上神派遣的先知来颁布、执掌。《默示录》即为当时的法律和制度的总汇,他自己就是至上神遣派的先知。

巴布运动使卡加尔王朝大为震惊,也为官方教士所不容。巴布后来被捕入狱,并被杀害。他的死被信徒们视作殉道,激起了反抗王朝的更高热情。1848年,巴布的继承者侯赛因·穆罕默德·巴尔福鲁发动武装起义,迅速波及全国。

1851年,巴布派起义被镇压下去,巴布运动也发生分裂,它的一个早期信徒米尔扎·侯赛因·阿里创巴哈派,这位创始人被尊称巴哈乌拉。巴哈乌拉因涉嫌参与谋刺国王纳希鲁丁(1848~1896年在位)被捕入狱,后被驱逐出境。在国外,他继续传播新教义的活动,但不久就被其异母弟争夺教权的斗争所困扰。后来,巴哈乌拉埋头写作,完成了巴哈教派的经典。这是一种普世宗教,认为宗教是一元的,人类是一体的,上帝是至高无上的神,但可以有不同的名称,如神、安拉、天主等等。上帝的旨意通过他派遣的一个个先知传达到人间,这些先知包括犹太教的、印度教的、琐罗亚斯德教的、佛教的、伊斯兰教的,还有巴布和巴哈乌拉。巴哈教派奉行和平主义,主张以博爱来消除人间不平等,要人们忠于政府,拥护现世国家法律。巴哈乌拉晚年侨居国外。不再介入政治斗争,但仍关心国内巴哈派教徒的命运。他要信徒们隐瞒信仰,承认十叶派为国教,不反抗国王,同时也要求国王不要迫害他的信徒们。

巴哈教派脱胎于巴布教,后来在伊朗国外传播开来,形成一种新的、完全不同于巴布教的世界性宗教。

* 原载汤泽林:《新编世界宗教史(下)·世界近代中期宗教史》,中国国际广播出版社1996年版。

近代伊斯兰教反对殖民主义运动

（节选）*

刘夕海等

（1）伊朗的巴布派运动

19 世纪开始，英、俄不断向伊朗侵略，伊朗逐渐沦为英、俄的半殖民地。外国商品和外国资本大量涌入伊朗，破坏了伊朗农业和手工业相结合的封建自然经济，扼杀了处于萌芽状态的伊朗资本主义手工业工场，使大批手工业者和中小商人破产。外国商品的涌入也加深了统治阶级的危机，原有的旧的封建土地关系遭到破坏，新兴地主乘机兼并土地，增加地租。许多农民失去了土地，挣扎在死亡线上。原先依附于高级阿訇而生存的低级阿訇的生活也每况愈下，因此，他们成为伊朗受压迫阶层的代言人。

巴布运动的创始人密尔札·阿里·穆罕默德 1920 年生于设拉子一个小棉布商人家庭。从小受伊斯兰神秘主义影响，重精神修炼，他甚至不顾烈日在屋顶上全神贯注地赞主、画符。其后，在去什叶派圣地卡尔巴拉朝拜时，思想上受到谢赫派的影响。该派对当时伊朗占统治地位的正统什叶派不满，试图进行宗教改革。该派批评什叶派的“圣训集”有许多自相矛盾的地方，对什叶派的主要信条之一“伊玛目”说作了重要补充，断言在什叶派信徒中可能出现一个介于信徒与最高领袖——“隐遁伊玛目”之间的中介。

1844 年（伊斯兰教历 1260 年）5 月 23 日，是传说中第十二伊玛目隐遁 1000 年之际，密尔札·阿里·穆罕默德宣布：“在第十二伊玛目和他的信徒之间，存在着中介，这个中介的原型即四道相继的‘巴布’（门），通过这些门，第十二伊玛目在其隐遁期间保持与其信徒的联系。”阿里·穆罕默德宣称自己就是信徒与神的意志执行者伊玛目之间的中介——“巴布”。信徒通过他，就可了解救世主的旨意。后来，他更进一步宣称自己是“努格达”——“点”，即最高点或启示点。又改称“哈格里·哈克”，即真理的创造者。他宣布自己是真主的化身，受命来改革被乌里玛们曲解和败坏了的东西，建立正义之国。阿里·穆罕默德的宣传被官方的教士宣布为“异端”，伊朗国王随即下令将其逮捕入狱。

1847～1850 年，阿里·穆罕默德在狱中写成《默示录》，进一步发展了巴布派的教义。巴布派的信徒视该书犹如《古兰经》一样神圣，说它是天启的产物。在《默示录》中，阿里·穆罕默德宣布，穆罕默德的先知地位在 1844 年已经结束，他本人被派往人间执行神交给的使命。神的天启并没有因《古

---

* 原载刘夕海等：《世界近代后期宗教史》，中国国际广播出版社 1996 年版。

兰经》所说的“封印先知穆罕默德”的去世而告终，每个先知都有时间性。只有在所有先知出现后，真主才毁灭世界。在他之后还要出现先知，即“受约人”或“真主的化身”。他要废除传统的伊斯兰教法，用《默示录》取代《古兰经》。他对伊斯兰教法所规定的礼拜、斋戒、婚姻、遗产继承及死亡、复活、天国、火狱等等都作了全新的解释。

对于社会制度，巴布认为人类社会各个时代依次发展，后来的一定超过以前的时代。每个时代皆有特殊的制度和法律，旧的制度和旧法律应随旧时代结束而结束，代之以新制度与新法律。新制度与新法律必须由“主”派下来的先知制定，先知给人的指示就是新圣经。《默示录》就是新的伊斯兰教圣经，一切制度和法律都应按照《默示录》重新制定，以前存在的国家和社会都应改造。

按照阿里·穆罕默德的设想，经过改造后的伊斯兰正义之国是没有压迫、没有剥削，人人平等，过着幸福美满生活的理想之地。没有不公正的封建统治者和贪得无厌的穆斯林教长们的强权势力，也没有异教徒外国人的地位。商业和一切交易都完全自由，利息的征收不受任何限制。废除出殡以外的聚礼，每个人都可以在正常业务活动之余自己感到方便的地方进行礼拜。废除限制穿丝绸衣裳和戴贵重金属饰品的一切规定以及妇女戴面纱的戒律，允许女人与男人交往。注重罚款，取消死刑。根据该派教义，“19”这个数字是神圣的，因为它代表了“瓦希德”——“独一的神”一词的数值。据此，阿里·穆罕默德取消了伊斯兰历法，变一年为19个月，每个月为19天，最后一个月称艾阿俩目，定为斋月。该月气候凉爽，利于斋戒。阿里·穆罕默德还成立一个由19名公众领袖组成的委员会。

巴布派的教义反映了当时伊朗社会中正在萌芽的商业资产阶级的利益，他们反对统治者拥有的不受限制的无限权力。与哈比派用伊斯兰教原旨教义恢复伊斯兰教纯正信仰和礼仪的运动相比，巴布派是要将伊斯兰的正统教义按照自己的意愿进行某些革新和发展，因此被正统穆斯林视为异端。但它毕竟是一种觉醒，对伊斯兰教思想产生了广泛的影响。

巴布派四处传教，运动发展迅速。开始时他们传教的重点在封建统治阶级上层。阿里·穆罕默德被捕后，转而面向中下层穆斯林。巴布派的毛拉·侯赛因·别什鲁伊、哈治·穆罕默德·阿里、毛拉·穆罕默德·阿里、赛义德·雅西·达拉比等深入穆斯林布道，宣称新先知已经降临，新世界即将诞生，《古兰经》与旧制度、旧法典均已失效。教徒无需再向统治者纳税和服役，高高在上的统治者将要失去他们的特权，降为平民。他们进一步提出废除私有制，一切财产归公，男女平等的主张。阿里·穆罕默德在狱中继续与巴布运动保持密切的联系，指导巴布运动的发展。

巴布派的这些宣传受到手工业者、农民、小商人和低级阿訇的热烈欢迎，巴布运动迅速扩大。到1849年2月，全国已有巴布教徒十多万人。

1848年，巴布教徒以反对异教徒的统治为口号，在伊朗北部的马赞得兰、赞詹、尼里兹等地发动了反对封建统治和外国侵略的武装起义。在巴尔福鲁什市，700名巴布教徒在穆罕默德·阿里·巴尔福鲁什的领导下，击溃了当地的驻军，赶走了伊朗国王在本州的州长，并在塞克·塔别尔西陵墓建立起起义根据地。在塔别尔西，他们废除了私有制度，一切财物归公共仓库，实行共餐制。他们自己生产武器和军需品，制造劳动工具和缝制衣服。他们的主张吸引了大批下层群众，起义队伍不断壮大。在赞詹起义的15000名巴布教徒占领了城的东半部，建立起“正义的王国”。宣布人人平等，实行财产共有。起义军修筑了防御工事和街垒，设立铸造厂制造大炮和火药，准备长期战斗。

伊朗国王派出大批军队镇压巴布教徒的起义。为了防止起义扩大，伊朗国王于1850年7月在大不里士将阿里·穆罕默德杀害。巴布教徒与伊朗国王的军队进行了顽强的战斗，在国王优势军队的进攻及欺骗下，1851 年，大规模的巴布教徒起义结束。

此后，巴布教徒转入隐蔽活动。1852 年 8 月，巴布教徒在德黑兰谋刺伊朗国王未遂，伊朗国王对巴布教徒实行大规模屠杀，数百名巴布教徒惨遭杀害。其余的巴布教徒或组成秘密的小团体，或者逃亡国外。声势浩大的巴布运动平息下来。

(2)巴哈派

阿里·穆罕默德被杀害后，他的一个忠实门徒密尔札·叶海亚继续领导这个教派。为了躲避伊朗当局的迫害，叶海亚和一些巴布派教徒转移到巴格达，以便在那里重新建立巴布派所宣传的"正义王国"。

但是叶海亚的同父异母的弟弟密尔札·侯赛因·阿里起来与他争夺对巴布派的领导权。侯赛因·阿里涉嫌参与了 1852 年谋刺伊朗国王的事件，被捕入狱，经奥斯曼帝国政府说情被流放到巴格达。侯赛因·阿里化名为巴哈乌拉，意为"真主的光辉"，宣称只有他才能成为阿里·穆罕默德的继承人。在继承权的问题上，巴布派内部开始了长时间的斗争，发展到互相谋杀的地步，最终引起了巴布派的分裂。巴哈乌拉的追随者被称为巴哈派，忠于叶海亚的信徒仍称为巴布派，两派的激烈斗争引起了奥斯曼帝国政府的注意，只好将他们分开，巴哈派被遣送到巴勒斯坦的阿卡，巴布派被迁到塞浦路斯。

其后，巴哈乌拉埋头于写作，在伊斯兰世界甚至基督教世界宣传巴哈主义。巴哈主义有别于巴布主义，更加符合当时的历史情况，因而巴哈主义取得了比巴布主义更大的影响。

巴哈乌拉的思想大部分包含在《基塔别·阿卡德斯》(亦称《至圣书》)中。他宣称这部作品是天启圣书，将取代《古兰经》和《默示录》。巴哈认为，所有的人，不分种族、民族和社会地位高低，大家都是兄弟，应真诚相爱，相互信任。他主张建立一种普世宗教，上帝可以有不同的名称，诸如神、安拉、天主等，只是人们赋予的不同称谓而已，实质是一样的。巴哈主义对异教徒持宽容态度，在巴哈派清真寺入口处的口号中这样写道："宗教应作为联合的基础，如果它是争执的原因，那么最好没有它。"巴哈派承认各主要宗教的先知，包括印度教、犹太教、琐罗亚德斯教、佛教、基督教、伊斯兰教的先知。他在巴哈派的教义中废除了关于"圣战"的教义，力主通过和平手段建立理想的"正义之国"。

巴哈派教义上的这种倾向必然导致他对伊斯兰教仪式上的简化。巴哈派认为仪式、祈祷、对日常生活的规定和宗教禁令都是次要的。巴哈派废除了清真寺中聚礼的仪式，认为每日早、午、晚朝向阿卡礼拜 3 次就够了，旅途中可将整个礼拜仪式简化为一个叩头礼，或只口诵"赞美真主"即可。净礼的程序也大为简化，如果没有水，也可以不洗。在日常生活中，他认为追求舒适和豪华是理所当然的事情，不应将使用金银器皿视为罪恶。应当允许穿丝绸等贵重服装，允许使用玫瑰露和上等香水，允许听音乐，反对独居修道、苦行及其他禁欲主义的表现。

值得注意的是，巴哈主义坚决主张实行巴布派所废除的穆斯林不准征收利息的规定："这样就铲除了伊斯兰教设置在资产阶级从事工商业活动道路上的最后障碍。"[①]同时他认为私有财产不可侵

---

① 约·阿·克雷维列夫：《宗教史》(下卷)，中国社会科学出版社 1984 年版，第 251 页。

犯。主张严惩偷窃他人财物者，初犯时要驱逐出教门，或关进监狱，第三次被抓住时，要在偷盗者脸上打上耻辱的标志。故意纵火者，要用火烧死，故意杀人者要偿命。

巴哈主义的思想体系虽然起源于伊斯兰教，但在许多方面与伊斯兰教有很大的不同。它符合广大穆斯林在巴布起义失败后希望平等和正义的社会心理，它的关于普遍和平、幸福生活、和勿用暴力招恶的教义吸引了大批信徒。巴哈主义的教义更加符合伊朗成长中的资产阶级以及外国殖民者的利益，因而也获得了国内商人、买办资产阶级的支持和西方殖民主义者的赏识。

巴哈主义否定了巴布主义的革命民主传统，巴哈乌拉公开谴责了巴布派武装斗争的方式。在《至圣书》第288节中，他宣布："任何人都不应该反对管理真主的奴隶的人们。"在《至圣书》第194节中，他向伊朗当局表示："我们不打算在你们的王国里发号施令，我们到这里是为了统治人们的心灵。"巴哈主义没有形成对伊朗统治阶级和外国侵略势力构成威胁的大规模社会运动。当巴哈主义融合到资产阶级改良主义宗教运动中后，就失去了它的独特性，也就失去了那种提出特殊纲领吸引广大信徒的运动本身。巴哈主义逐渐沉寂。

十二伊玛目派*

楼宇烈

十二伊玛目派 属于"伊玛目派"，是当今什叶派中人数最多的一个支派，该派否定前三位哈里发的合法性，认为阿里是先知穆罕默德的合法继承人，是第一代伊玛目；相信第十二伊玛目穆罕默德·马赫迪为最后一位伊玛目，认为他已"隐遁"，在末世将重临人间，带来公正和正义。该派承认《古兰经》的权威，但又认为其中有些部分被奥斯曼审定版本时删去，这部分在"隐遁"伊玛目复临时将公之于世，他们不承认逊尼派的"六大圣训集"，另辑录有自己的"四大圣训集"，着重突出阿里及其后裔所传述的圣训。在教法主张上，该派有两个教法学派，即艾赫巴尔派（圣训派）和乌苏尔派（思辨派），后者影响较广，80%的十二伊玛目派穆斯林信守这一教法学派。在十二伊玛目派内部，曾分出谢赫派、巴布·艾泽里派（即巴布派）和白哈派等。十二伊玛目派是什叶派中的温和派和主流派。公元10世纪，获得官方支持，得到很大发展。16世纪，萨法维王朝在伊朗建立，定该派为国教，并以国家行政手段推行该派。从此以后，该派的宗教领袖一直参与国家的政治生活，形成重要的社会力量，对近现代伊朗社会政治产生过重要影响。以霍梅尼为代表的十二伊玛目派推翻了巴列维王朝的统治，使该派的政治影响达到了空前的地步。巴布·艾泽里派产生于19世纪中叶，该派以阿里·穆罕默德撰写的《默示录》代替《古兰经》，主张适应社会发展，改良宗教，但被穆斯林大众视为异端邪说，目前该派在伊朗有几万人，在伊拉克也有一些人信奉。白哈派是从巴布·艾泽里派中分离出来的个支派，以密扎尔·侯赛因撰写的《至圣书》取代《古兰经》和巴布派的《默示录》。白哈派在中东约有几十万信徒，主要分布在伊朗、伊拉克、约旦和以色列，在德国、美国、巴拿马等国的穆斯林中也有传播。白哈派已不承认自己是伊斯兰教支派，而是一独立的宗教。

* 原载楼宇烈：《东方文化大观》，安徽人民出版社1996年版。

Bahá'í 白哈教派*

[英]大卫・克里斯特尔主编，丁仲华等译

1860年代由波斯伊斯兰教巴布教派分化出来的一个新教派，当时，自称“安拉的光辉”（白哈安拉）的侯赛因・阿里（1817～1892）宣布他就是巴布教派创始人阿里・穆罕默德（1819～1850）所预言的先知。白哈派的教义是：只有安拉是最高神；所有宗教信仰联合起来；人类的统一不可避免；各族人民和睦相处；实行普及教育；服从政府。这一教派没有神职人员，指望信徒人人传教。各地在家庭内或租用的大厅中举行非正式的集体祈祷。仪规很少，但婚丧和婴儿命名均有礼法。总部设在以色列的海法。

* 原载[英]大卫・克里斯特尔：《剑桥百科全书》，丁仲华等译，中国友谊出版公司1996年版。

西亚的伊斯兰教（节选）*

张伟达等

伊朗。自 18 世纪下半叶开始，英、美、法、俄等列强对伊朗展开了激烈的争夺，不断发动侵略战争，强迫与伊朗订立一系列奴役性的不平等条约，给伊朗人民带来了空前的灾难，民族矛盾和阶级矛盾十分尖锐。在这种情况下，1848 年，爆发了以巴布教派名义组织的反对封建压迫和殖民掠夺的人民大起义，史称巴布运动。

巴布教派的创始人为赛义德·阿里·穆罕默德（1820～1850）。1844 年，面对国内十分激烈的民族矛盾和阶级矛盾，他自称"巴布"，意为"门"，宣布伊斯兰教什叶派隐遁的十二伊玛目与信徒之间存在着一个"中介"，此"中介"便是"巴布"，救世主的意志将通过这座"门"传达给人们。不久，他便自称救世主（马赫迪），声称，现在，人世间充满不幸和灾难，救世主将降临伊朗，铲除人间不平，在伊朗建立一个人人平等的正义之国。1847 年巴布被捕。在狱中，他写了《默示录》，成为巴布教派的经典。《默示录》认为，人类社会依次传递向前发展，后一个时代要超过前一个时代；每一个时代都有它相应的制度和法律。旧的制度和法律必将随着旧时代的结束而废止，代之以新的制度和法律；现在，一切制度和法律都应按照《默示录》重新制定；世俗官吏和高级僧侣不愿抛弃旧制度，是现世世界不平和倾轧的根源；一个没有压迫、法律公正、人人平等的正义王国必将建立。巴布为实现这一理想，提出了一套具体措施，保障人身自由和财产私有权，经商自由，负债要还，统一货币，修复交通；在宗教方面简化宗教礼仪，取消妇女戴面纱的戒律等。巴布的这套设想反映了伊朗下层人民群众和小商人的利益。因此，在巴布被捕后，接替他的侯赛因·穆罕默德、巴尔福鲁什以及女使徒查玲·塔什便向广大人民群众宣布巴布的教义，得到各地手工业者、农民、小商人和下层僧侣的支持和接受。

1848 年 9 月，巴布教徒发动了武装起义。因力量悬殊，加上起义者内部组织不严，1852 年初便被镇压下去。此后，教派内部发生了分裂，一部分后来便形成了巴哈教派。该派创始人为侯赛因·阿里，因其尊号为巴哈乌拉而得名。巴哈乌拉出身于一个封建贵族家庭，因不满朝政，成为巴布的早期信徒之一。巴布起义失败后，他因涉嫌被捕入狱。1853 年获释后，被驱逐出伊朗。他先到巴格达。在那里，他化名为巴哈乌拉，意为"神的光辉"，宣布只有他才是巴布的继承人。巴哈乌拉在他近 40 年的被驱逐和被囚禁的生活中，埋头写作，宣传他的教义、思想和社会主张。该派主张集中反映在该派的新经典——《基塔别·阿克德斯》即《至圣书》中。巴哈教派对异教徒采取宽容的态度，力求在宗教上实现混合主义，提出上帝是独一无二的，宗教是一元的，人类是一体的。他提倡一种普世宗

* 原载张伟达等：《世界现代前期宗教史》，中国国际广播出版社 1996 年版。

教，这宗教与现有的一切宗教没有任何关系，而且在一个共同的综合体内结合起来。在宗教仪式上，巴哈教派认为，仪式、祈祷对人们日常生活的规定以及其他宗教禁令，都是次要的。因此，巴哈教派废除了在清真寺内聚礼的仪式，把对日常生活的规定简化为仅仅是对卫生的要求，摒弃了巴布派关于禁用丝织品、各种装饰和奢侈品的命令。在社会学说上，巴哈乌拉阉割了巴布派革命民主的内容，主张忠于政府，拥护国家法制、政策，谴责武装斗争，号召以博爱来消除贫富差别、社会不平等，最终实现人类一体、世界大同。巴哈主义既没有遭到当局和统治阶级的反对，因为对他们没有造成任何危险；也没有得到人民群众的支持。巴哈教徒散居于土耳其、印度、缅甸、叙利亚、埃及和苏丹等国。19 世纪末，巴哈教派传入美国，逐渐形成为一种独特的宗教——巴哈教。

巴哈教派*

[美]A. J. 巴姆著，巴姆比较哲学研究室译

不断的冲突、野蛮的迫害和谋杀，形成通过一个神以寻求和平的另一个世界宗教的背景。在底格里斯岸边的巴格达，1863 年侯赛因·阿里公开宣布了他的神启，以展示真主的人类联合、宗教统一的意志。打头响应的是巴伯，他在 1844 年 5 月 23 日宣称自己建立了一个新宗教。他遭受过监禁，并与大约两万名泛神教徒一起饱受迫害，在二十年间这些信徒不断被残杀。巴伯在 1850 年被暗杀后，巴哈乌拉在靠近德黑兰的土地被没收，人也被放逐——先是去巴格达，然后是康士坦丁堡、安德罗浦，最后是巴勒斯坦湾邻近海发的亚克，在当地的迦密山上，这一运动的国际总部从此建立起来。到 1892 年他去世，其子阿伯都尔·巴哈，确定了这一组织的领导，并在 1921 年靠索格黑·埃芬迪，这位“信仰的卫士”而兴盛。埃芬迪死于 1957 年。巴哈尔一个主要派别认为“世袭卫道派”的演变和他们的运动无关，但一个坚定的组织宣称马逊·雷米为“第二位卫士”，因此而造成了一个宗教的分裂，这个宗派过去是反对宗教之间的不团结的。

不管如何，巴哈教义有着广泛的适应性，尤其是当被视作广泛的原则和超越运动的历史特殊性来认识时。其中十二个观点是基本的。“(1)人类一体。(2)真理的探讨是独立的。(3)所有宗教的基础是一致的。(4)宗教应当是团结的事业。(5)宗教必须符合科学和理性。(6)男女平等。(7)必须忘却各种偏见。(8)世界和平。(9)普及教育。(10)经济问题的宗教解决。(11)世界语。(12)国际法庭。”“谁能不去赞美所有或绝大多数上述观念？它们意味着建立一个世界联邦；其中所有种族、民族、信仰和阶级的人们，将会紧密和永久地团结起来；国民的自治和个人自由以及两者基础的个人积极性，都将受到坚决和完全的保护。这个世界联邦必须……建立一个全球立法机关，其成员受全体人类的信任，他们将控制所有民族的全部资源，还会建立调整生活、满足欲望和爱憎分明地处理种族与人民之间关系所需的种种法律。”(索格黑·埃芬迪，节选自他写于 1936 年 3 月 11 日的一封信。)美国大约一万巴哈教徒的关注焦点是在伊利诺斯州的威尔美特建巴哈神庙，倡议者是“美国和加拿大巴哈派民族宗教联合会”。在 1962 年巴哈教宣称二百六十个国家已扎下了他们教义的根子。

* 原载[美]A. J. 巴姆：《巴姆哲学文集：比较哲学与比较宗教》，巴姆比较哲学研究室译，四川人民出版社 1996 年版。

巴哈伊教与中庸之道[*]

——兼论与儒教的中庸和佛教的中道的关系

高玉春

芸芸学子莫不知儒教文化的中庸之道，然而并非都十分明了巴哈伊教的中庸之道及其特点。

被巴哈伊教誉为“神圣的建筑师”的巴哈欧拉认为：无论是人类的语言，抑或是在苦难中受考验时，甚至“当权者的所作所为”，“都务必要合乎中庸之道”，“符合中庸的原则”。而且断言：“不论何事，只要超越适度的界限，就无法从中发展出有益的影响力。”“假如任由它超越适度的界限，则将招至巨大的灾害。”因此，“诸凡万物均不可离开此中庸之道。”①由此可见，中庸之道对于巴哈伊教来说，不仅是其重要的命题，是认识和解决一切社会问题的要义和基本方法，亦是“治愈”“这个疮痍遍布的世界”的“良方”。

众所周知，儒教倡导中庸之道，佛教亦有中道之说。它们与巴哈伊教的中庸之道，有没有共同性呢？

我以为，三者的共同性在于：

1. 视中庸为最高“真理”。巴哈欧拉的中庸之道的本义是要把握事物的“度”。切不可走向极端，“超越适度的界限”。巴哈欧拉认为：“坚持正义的人，在任何情况下，都不会僭越中庸之道的界限。他靠着明察秋毫的他的指引，看穿一切事物的真理。”②

儒教所说的“中庸”也叫“中道”、“中行”。“中”即中正、中和、不偏不倚；“庸”即平常、常道。“中庸”之意为无“过”与“不及”，即对立的两端之间的适度状态。《中庸》指出：“执其两端”，“用其中于民”。这种“执两用中”之说，即为中庸之道。

佛教所讲的中道，即脱离“两边”（两个极端）的不偏不倚道路或观点、方法。《大宝积经》卷一百一十二指出：“常是一边，无常是一边，常无常是中，无色无形，无明无知，是名中道诸法实现。”该经卷五又说：“若说有边则无有中，若说有中则无有边，所言中者，非有非无。”《大智度论》卷四十三也强调：“常是一边，断是一边，离是两边行中道。”又指出：“诸法有是一边，诸法无是一边，离是两边行中道。”大小乘佛教对中道解释不尽相同。小乘佛教一般以八正道为中道，天台宗以实相为中道，法相宗以唯识为中道，三论宗以“八不”为中道。古印度大乘佛教“八不中道”。龙树《中论·观因缘品》载：“不生亦不灭，不常亦不断，不一亦不异，不来亦不出。”陈述了中正不偏的“中道”之理。他把中道提高到一般方法论的高度，强调中道就是真正把握一切事物现象的实相的方法和途径。中国三论宗

---

* 原载《世界宗教文化》1997年夏季号。

① 《生活的艺术》，澳门巴哈伊总灵体会1993年版，第43页。

② 《巴哈欧拉圣典选集》，马来西亚巴哈伊总灵体会属下之委员会1992年版，第87页。

吉藏的《中观论疏》卷一也认定,“因于中道发生正观”。他还将中道归结为佛性。《中观论疏》卷二指出:“中道佛性,不生不灭,不常不断,即是八不。”佛教还将这种不堕极端,脱离“两边”(两个极端)的不偏不倚的观点,视为佛教的最高“真理”。

2.视中庸为最高的道德规范。巴哈欧拉倡导言行合一的伦理观念。他告诉人们:“在万物之中,他喜欢公义。”又说,“在我的心目中,最可爱的是正义,倘若你殷望我,别远离它。”[①]他教诲他的孩子“判断要公平”,做“公正之堂的支柱”、“正义之主的徽识”。巴哈欧拉不仅号召人们要“公开地对待你们自己和他人”,而且劝解“世界的君王”时时警惕自己,待人不可不公平,连轻微的如芥菜粒一般大小的不公正的行为都不可行。“走在正义的道途上吧!因为这才是正道。”[②]

孔子高度赞誉中庸的伦理价值。他在《论语·雍也》中指出:“中庸之为德也,其至矣乎,民鲜久矣。”视中庸为立身行事的最高道法。孔子在《礼记·中庸》中不仅把“中庸”作为一种美德,而且作为道德修养和处理事物的基本原则和方法。它要求人们恪守“中庸”要义,从潜在的思想感情到外在行为规范都要合乎群臣、父子等五伦关系之礼。孔子还声称:“喜怒哀乐之未发谓之中,发而皆中节谓之和。”认为人的心态,人的修养达到“中和”的境界,就会产生“天地位焉,万物育焉”的效果。

佛教在修习上着重于三十七道品的宗教道德修养。其中的八正道(正见、正思维、正语、正业、正命、正方便、正念、正定)是达到佛教最高理想境地(涅槃)的八种方法和途径。佛陀提倡不苦不乐的中道,因而在原始佛教也把八正道称为中道。而通过八正道的修行趋向涅槃的一个基本涵义是无漏即智慧福德圆满。

3.视中庸为常行准则。巴哈欧拉认为中庸之道是事物法则的体现,因而人们“行事要合乎中庸之道,不可肆意咨行”。巴哈欧拉还进一步指出:人们的所行所为当“受此中庸之道的原则的衡量与支配”[③]。显然,逆中庸之道而行必然导致其恶果。正如巴哈欧拉所强调的,“凡是超越中庸之道的行为都不会有好的影响”。到头来,必将“招至巨大的灾害”。譬如,自由等“诸如此类的事件,无论明智的人多么地推崇它们,如果是走向极端,也会带给人类恶性的影响”。“倘若文明走向极端也将成为邪恶的根源。”[④]

孔子提倡中庸之道,反对过火行为,以利于社会稳定。孔子在《论语·泰伯》中说:“人而不仁,疾之已甚,乱也。”如不以“仁”待人,或是对于不仁的人采取极端行为,必然引发祸乱、动乱。

佛教一般以八正道、四摄、六度等为修行佛道法门,既可脱离世俗贪爱,亦能达到济度众生的目的。

综上所述,我认为,作为文化范畴的中庸之道,既有特定时空的意义,也有其超时空的价值。巴哈伊教的中庸之道、儒教的中庸、佛教的中道,就其文化形态而言,有其相近的内涵、普遍性形式,自然是构成当代人类共同精神财富的重要组成部分。在现代物质文明和精神文明失衡的情况下,人们可以从中吸取积极、有益的思想,它对于调节人际关系,增强社会凝聚力和向心力,进一步加强道德建设仍能发挥积极作用。

巴哈伊教文化、儒教文化、佛教文化是一种活的历史文化,其信仰主体的思维模式、思维方式发

① 法德尚:《新园》,马来西亚巴哈伊出版委员会1992年版,第56页。
② 《巴哈欧拉圣典选集》,第56页。
③ 《巴哈欧拉圣典选集》,第88页。
④ 《巴哈欧拉圣典选集》,第88页。

生趋同的变化，表明已经出现东方文化、西方文化、阿拉伯文化大交融的新趋向。

巴哈欧拉的中庸之道不仅有着与儒教的中庸、佛教的中道的同一性一致性，而且在比较中也显现了它所独具的与现时代相协调的特点。

1. 倡导团结友爱的正道。巴哈伊教认为，各个宗教虽然名称各异，但实在只是一个。因而当“保障人类的福利和促进人类的团结并且培育人与人之间相互友爱的精神。切莫使其成为纷争和冲突，仇恨与敌视的根源，如此才是正道，才是坚定不移的根基。凡是树立在此根基上的宗教，才永远不会受世俗变迁的影响而力量削减，也不会受无数世纪的周转而结构瓦解”①。

2. 倡导物质文明和精神文明的交融性。巴哈欧拉崇尚人类文明，阿博都·巴哈强调：“我要各位知道物质进步和精神进步是根本不同的，只有两者并驾齐驱，才是真正的进步。”②他还就物质文明和精神文明的关系作了进一步阐释：“无论物质世界多么发达，它都无法带给人类幸福。只有把物质文明和精神文明联系交融在一起，人类幸福才有希望。”③巴哈欧拉还针对西方文明的畸形状况警戒人们：“在所有的事情中，中庸之道是我们所期望的，如果一件事情做得过度了，那将是罪恶的根源，看看西方的文明，它正好给全世界人民提出了警告。”④

3. 倡导消除极端的富饶与贫困的共存。在“巴哈欧拉的教训中，一项最重要的原则是：处理人民的经济问题，必须使贫富消除，使每一个人能使其地位与职级，共同分享利益”。他针对社会不公的现象尖锐地指出：“有人日享山珍海味，有的却没有足量的面包屑来度日”；“有人穿天鹅绒和皮裘，有的却困乏缺少御寒的衣着”。“这种情况是不对的，必须加以纠正。”⑤巴哈欧拉还提出了建立无极端贫富的平衡社会的实施原则。“其中所含的精义，是说人不能把自己看得重于他人，应能为他人而牺牲自己的生命与财富。”“人能自动地为人舍财舍命，甘愿地捐助穷人。”万万不能“只注重自己的逸乐”。如果自私必“将受到惩罚”⑥。

4. 倡导爱国与爱世界的一致性。巴哈欧拉昭示：“爱自己的国家是信仰上帝的一条训诫。”但他又宣称：“独爱自己国家者并不值得骄傲，真正值得夸耀的是那些热爱全世界的人们。”

5. 倡导建立神圣的世界秩序。守基·阿芬第在一封信里明示：“巴哈伊教教友效力于其国家和世界的最好途径是建立巴哈欧拉的世界秩序。”⑦阿博都·巴哈进一步强调：“为了建立较好的社会秩序与经济环境，必须拥护政府的法律与政策。”⑧巴哈伊教还把忠于政府视为必须养成的品德之一，并且认为任何不忠的行为都是罪恶。显而易见，这种“正道”、“交融”、“共富”、“一致”及其秩序观是与世界潮流相协调的。应该说，这就是巴哈伊教的中庸之道的时代价值之所在。

---

① 《巴哈欧拉圣典选集》，第 51 页。
② 《生活的艺术》，第 72～73 页。
③ 《生活的艺术》，第 44 页。
④ 《生活的艺术》，第 72 页。
⑤ 法德尚：《新园》，第 56、57 页。
⑥ 法德尚：《新园》，第 57 页。
⑦ 《生活的艺术》，第 71 页。
⑧ 法德尚：《新园》，第 131 页。

巴哈教的世界主义*

金宜久

巴哈教(亦称"巴哈伊"、"大同教")是当代新兴的世界性宗教。本文讨论该教宣扬的世界主义的基本内容以及信徒应予信仰和遵循的四项基本原则。与其他世界性宗教相比,它在教义上则有更为广泛的包容性;在组织设置方面则有更为适应现代生活的灵活性;在社会生活中,则更为关注人们普遍关心的种种社会现实和伦理问题。这一切都与它的世界主义相适应。该教之所以强调其世界主义是与它的奠基者所处的社会生活环境、阶级出身、个人经历密不可分的。他关于普世之爱的说教系该教建立的思想基础;而其思想渊源则是波斯伊斯兰教十叶派内的异端思想的引申和发展。巴哈教的世界主义本身是宗教混合主义在社会政治思想的反映;而宗教混合主义不过是苏非泛神论思想在有关当代社会政治问题上的应用和再现。

作者金宜久,1933 年生,中国社会科学院世界宗教研究所研究员。

巴哈教(Bahá'í,"巴哈伊")是当代的新兴宗教。19 世纪末 20 世纪初,该教由十叶派伊斯兰教中衍生而出。它得名于奠基者、波斯人巴哈乌拉(Bahá'u'lláh,意为"主的荣耀",1817～1892)。巴哈乌拉的著作和思想由阿布杜·巴哈(1844～1921)和沙基·爱芬迪(1897～1957)[①]从而为巴哈社团确立了新领袖。沙基·爱芬迪是阿布杜·巴哈的长女之子。他临终前指定沙基·爱芬迪为巴哈社团的继承人和巴哈教义的阐释者,阐释并把它的宗教和社会主张传播到欧美各地。这对巴哈教发展为世界性宗教,起了重要作用。从它诞生迄今近一个世纪的时间里,已在世界各国和地区建立起从地方到中央的巴哈社团。

本世纪 30 年代,它以"大同教"之名在中国活动,它的汉译著作一度在国内流传。[②] 当前,在香港、澳门、台湾等地都有它的信众和机构。在香港即将回归祖国之际,对该教作一全面了解,是有必要的,也是具有现实意义的。

1995 年 9 月,联合国第四届世界妇女大会在北京召开,同时举行世界妇女北京论坛。巴哈教派出庞大的代表团与会。会议期间,它在会内会外积极宣传其社会主张。限于篇幅,本文仅讨论它所宣传的世界主义。

---

* 原载《世界宗教研究》1997 年第 2 期。

① 巴哈乌拉在临终前,指定他的长子阿布杜·巴哈为他的著作和思想的阐释者。

② 曹云祥以中国传统的大同思想译巴哈教为"大同教"。曹曾任北洋政府驻伦敦总领事,1922～1927 年,他任清华大学校长,离职以后寓居上海。他可能是最早向国内读者介绍巴哈教著作的人。

一、什么是巴哈教的世界主义

人们可从巴哈乌拉、阿布杜·巴哈和沙基·爱芬迪的著作中，从巴哈教的出版物中，看到它所宣扬的世界主义的基本内容。例如，巴哈乌拉提出“全地球是一国，全人类是其公民”的主张[①]，就由该教“巴哈伊国际社团新闻社”出版的《天下一家》(中文版)，在每期封面上刊载的“地球乃一国，人类皆其民”的口号体现出来。[②] 阿布杜·巴哈根据其父的遗著提出的“我们在寻求建立一个本质神圣的新世界秩序”，“这是一条联合全世界属于任何国家、宗教、和阶级的人类的大道”[③]同样的，由“巴哈伊国际社团新闻处”出版的《人类之繁荣》(中、英文版)中，提出要“推动一个拥有立法、裁判和行政机构的世界联邦的形成”等等[④]，都明确地表述其世界主义主张。巴哈教不仅提出了上述主张，与此相应的，还规定教徒不论生活在何国、何地，不应通过暴力的或非法的手段来现实其社会主张。就是说，它主张“宗教不过问政治”、“教徒不得参加任何一个政治派系”，禁止教徒“从事任何可能有损于社会的活动”、“不能从事任何不忠或颠覆的活动”。“忠于政府是一种最主要的精神与社会的原则”，“为了建立较好的社会秩序与经济环境，必须拥护政府的法律与政策。”[⑤]只应通过积极的宣教布道和社会活动来实现上述主张。

概括起来，它所宣扬的世界主义以及为实现其世界主义的社会主张，巴哈教徒应信仰并遵循以下四条基本原则。即

(一)人类一体、天下一家；

(二)建立体现世界新秩序的国际裁判所；

(三)为实现其世界主义不能从事任何政治派系活动和颠覆活动；

(四)忠于所在国的政府、拥护其法律与政策。

可是，在当代国际斗争时紧时缓、国际形势变化多端的情况下，在世界多极化格局正在形成的过程中，巴哈教所主张的建立新世界秩序，建立世界性政府——国际裁判所，推动世界联邦的形成等等，本身是一种超阶级的、理想主义的，或者说，是一些善良人们的空想。人类自进入阶级社会以来，阶级对阶级的压迫、剥削、奴役、屠杀、战争……从未中止，这为人们带来巨大灾难。古今中外的思想家们，为建立正义、平等、和平、自由的理想社会，提出过种种世界大同的理想。可惜的是，这种种理想从来也没有变为现实。巴哈教要实现其世界主义主张，在一个相当长的时期内，同样是不可能的。

至于它提出的所谓“宗教不过问政治”，这在实际上具有主张政教分离的味道。其实，巴哈教在当今世界上，并没有在哪个国家居于统治的或执政的地位。当前，除在个别国家受到迫害外，它在各国都取得了合法地位。这同该教明确表示忠于现政权、拥护政府的政策和法令、不从事政治派系活动、不从事颠覆活动的社会政治主张有关。巴哈教所坚持的四条基本原则，在现实社会生活中，可以

① 曹开敏译:《新园》，台湾大同教出版社 1977 年版，第 9 页。

② 巴哈伊国际社团新闻社:《天下一家》。

③ 《新时代之大同教》，台湾大同教出版社 1973 年版，第 16 页；阿布杜·巴哈:《已答之问题》序(曹云祥、孙颐庆译)，台湾大同教出版社 1975 年版。

④ 巴哈伊国际社团新闻处:《人类之繁荣》，1995 年，第 8 页。

⑤ 曹开敏译:《新园》，第 112、113 页。

使它的信徒不致从事颠覆、破坏活动。与此同时，它则起着稳定社会、维护现存秩序，从而维护所在国当政者的统治利益的作用。这是它在世界各国得以存在和发展的基本原因。

可能巴哈社团已认识到实现其世界主义的理想并非一蹴而就的。因而它在各国的社团当前积极参与的是种种社会性活动、尤其是世界性活动，在这类活动中宣传它的世界主义。

二、巴哈教世界主义的基本特征

巴哈教是当代最为活跃的世界性宗教之一。作为新兴宗教，它需要继承前人的宗教思想和传统，从事有关的宗教礼仪活动。同时，它也要有别于前人的宗教，以确立自身存在的价值。巴哈教在其世界主义思想指导下，很自然地要求在教义思想上，有比其他宗教更为广泛的包容性；在组织设置方面，有比其他宗教更为适应现代生活的灵活性；在现实生活中，有比其他宗教更为关注人们普遍关心的种种社会现实和伦理问题。

巴哈教在教义思想上的广泛的包容性，完全是以巴哈乌拉关于神灵、宗教和人类的思想而提出的。这种包容性体现在巴哈教关于上帝独一、宗教同源的思想上。它的宗教主张的基本点可以简单地概括为“上帝是独一无二的，宗教是一元的，人类是一体的”。[①] 具体说来，它在教义上主张“一切宗教之基础相同”[②]。“大同教的信仰者相信各种宗教都来自同一神圣的根源。”[③]它认为，世界各种宗教信仰的神的名称尽管不同，可以是上帝、天主、真主、或其他名称，其实是同一个神明；神本身是统一的，只是信仰不同宗教的人们赋予他以不同的称谓罢了。“上帝所一次又一次地给予我们的，实际上，都只是一个宗教。”[④]同样的，它认为神明通过他的先知或使者向人类显示的宗教教义从未中止。各不同宗教的创始人或奠基者都是神于不同时期向人类先后派遣的、显示他的宗教教义的“显示者”(或圣显、先知、使者)。该教承认伊布拉欣(或亚伯拉罕)、克里希那(印度教)、摩西(犹太教)、琐罗亚斯德(琐罗亚斯德教)、释迦牟尼(佛教)、耶稣(基督教)、穆罕默德(伊斯兰教)、巴布(十叶派的巴布教派)和巴哈乌拉都是神明于不同时期派遣人间的“圣显”，他们的目的相同、地位相等。因此，巴哈教宣称，无论信仰什么宗教的人，他所信仰的神明也为巴哈教信奉；其他宗教的教徒为了做一名巴哈教徒，不需要改变“原有的宗教信仰”。[⑤] 在它的布道活动中，为使宣教对象不致反感，它在信仰上持认同原则。“对基督教徒来说，巴哈教就是基督教；对佛教徒来说，巴哈教就是佛教；对福利的苏非来说，它则以苏非的神秘主义语言说话；对理性主义者来说，它则以逻辑的语言说话。”[⑥]与此相应的是，它允许巴哈教徒可以到任何一个宗教的寺院庙宇中过宗教生活。它的称为“灵曦堂”的礼拜场所，采用九边九门的建筑式样，以此“象征世上九个大宗教”[⑦]可见，巴哈教宣扬的宗教混合主义，正是它的世界主义的思想基础。

---

① 曹开敏译:《新园》，第 45 页。
② 曹开敏译:《新园》，第 60 页。
③ 曹开敏译:《新园》，第 5 页。
④ 曹开敏译:《新园》，第 5 页。
⑤ 曹开敏译:《新园》，第 5 页。
⑥ 卡诺·塞尔:《巴哈教》，伦敦，1912 年，第 48 页。
⑦ 曹开敏译:《新园》，第 94 页。巴哈教所说的九大宗教指前述九位“先知”所创立的宗教。

巴哈教的组织章程,完全体现了它在机构设置方面的灵活性。而这种组织章程是传统宗教所没有的,这多少类似于现代的社团、党派组织。根据该教的组织章程,它不设立专职的教务人员(既无传教士,也没有传教机构)。在实际生活中,它的每个教徒都有传播巴哈教义和发展教徒的义务。该教通过基层组织——地方性的灵体会开展活动。地方灵体会每年改选一次,由教徒推选产生。其作用除组织教徒的宗教生活外,主要是领导教徒关心并开展社会性的和政治性的活动。[①] 地方灵体会之上有国家(或地区)的总灵体会以及它的中央教会机构——世界正义院。这种宗教设置,便于它把从事宗教和社会活动的精英推举到各级灵体会的领导机构中去,便于它推行其世界主义的社会、政治主张。

根据巴哈教义,关心并服务社会不仅是教徒的社会义务,而且把它提高到宗教信条来对待,“工作就是崇拜!服务就是祈祷!”作为它的“完美的定则”,这就是为什么巴哈教积极参与社会活动、参与国际会议的原因所在。可以说,它积极从事宗教、社会活动的思想动力不是别的,正是世界主义。这既是它宣传、动员群众的活力所在,也是它关注小至家庭生活和个人的道德观念,大至世界所有社会问题并积极参与国际社会活动的基本原因。从其参与的活动来看,巴哈教主要关注的是以下问题:

——提倡教育、组织学术交流;

——关心环境保护、生态平衡;

——重视家庭生活、个人安全和保健;

——关心世界和平、反对战争;

——反对种族偏见、促进种族团结;

——从事社会公益服务;

——反对贫困、反对歧视;

——反对暴力、反对犯罪;

——关心人权、关心妇女、儿童的地位和权益;

——关心伦理道德。如此等等。

可见,这多少是有别于传统宗教(如佛教、基督教、伊斯兰教)的。与其说巴哈教是一个世界性的宗教团体,不如说它更像是一个以信仰为纽带的、有着明确社会、政治主张的、世界性的社团或政党。巴哈教正是依靠它的宗教主张,热衷于从事这些活动,得以从其他宗教中尤其是从基督教、伊斯兰教和万物有灵论的信徒中吸收教徒,并得到不断地发展和壮大的。[②]

---

① 巴哈教的地方灵体会由当地教徒推选九名委员组成;它的总灵体会(九名委员)和世界正义院则分别由地方灵体会和国家的总灵体会推选代表选举产生。它在联合国的经济和社会理事会和儿童基金会中拥有顾问地位,它与世界卫生组织、环境规划组织有合作关系。表明它关注社会现实问题。

② 巴哈教的发展极为迅速。1963 年,估计教徒数为 40.8 万,地方灵体会为 3555 个。到了 1992 年,其教徒数已达 500 万,地方灵体会为 20435 个。总灵体会由分布于 56 个国家或地区发展到 165 个国家或地区,见 The Bahá'i World,1992~1993,Bahá'i World Centre,Haifa,1993,p. 305.

三、巴哈教世界主义形成的社会历史条件

巴哈教提出其世界主义，是与它的奠基者所处的生活环境、阶级出身和生活经历密不可分的。

19世纪初，英、法、俄等西方强国的势力开始渗入波斯社会。强加给波斯的种种不平等条约给人民带来空前的灾难。原来就很落后的封建自给经济因欧洲列强势力的入侵遭到破坏。随着商品经济的发展，外国资本掠夺的加剧，国内的封建剥削也日趋严重。农民不得不忍受地租、高利贷的残酷剥削，城镇的手工业生产者和“巴扎”(集市)的小商人，在外来商品的倾销和冲击下也面临破产的威胁。这使得社会阶级矛盾日趋激化。在这样的社会历史条件下，巴布教派运动兴起。它得到城乡广大中下阶层的支持而蓬勃发展起来。巴布教派作为波斯十叶派(十二伊玛目派)的一个异端派别兴起于19世纪中叶。巴布教派运动失败后，其领导层产生意见分歧；从该教派中分化出巴哈教派。

巴哈乌拉是巴布教派的最早追随者之一。巴布教派运动遭到当局镇压后，运动转入低潮。与该教派的普通成员不同，他出身于波斯大臣之家，自幼受过良好教育，这为他成为巴布后的领导成员以及提出新的宗教主张准备了有利条件。1852年，部分教派成员图谋刺杀国王纳希鲁丁(1848～1896年在位)未遂，巴哈乌拉涉嫌被捕并在德黑兰被监禁四个月；次年，他被释放时家产已被查抄，本人也被逐出波斯。

巴哈乌拉和家眷在少数忠实的信徒的陪同下，旅居奥斯曼帝国管辖下的巴格达。他在当地的隐居和精神修炼表明他所受的苏非主义的影响。这时，他的异母胞弟专程来巴格达与他争夺教权，教派内部发生激烈冲突，从而从中分化出巴哈教派；波斯当局也感到他对国内教徒的影响，要求奥斯曼政府使之远离巴格达。这导致奥斯曼政府“邀请”他定居伊斯坦布尔(君士坦丁堡)。可是，在他迁居伊斯坦布尔后，他的胞弟又来到新居地，教争复起。1868年，奥斯曼政府再次干预，他的胞弟被逐往地中海的波尔岛；巴哈乌拉及其追随者也被逐并监禁在荒凉的阿卡(在海法附近，今以色列境内)。①

巴哈乌拉在被监禁和被驱逐的40年间，除接触少数家眷和追随者外，与世隔绝，远离社会和教徒，身受种种痛苦和磨难。他从事沉思和写作，以构思他的新信仰、新宗教的蓝图；他继巴布之后，简化宗教仪式(如改变伊斯兰教的一日五次礼拜为三次礼拜)，使之适应更多的人的宗教生活；他向一些国家的君主或统治者写信宣传他的新使命，借以表明他所创立的新信仰、新宗教的普世主义。由于他出身于波斯显贵大臣之家，世代受王室的爵封厚禄。阶级出身的局限，使他在迫害和折磨面前，没有任何的反抗或不满。相反的，他却从巴布派运动失败中，消极地接受教训，甘愿逆来顺从，忍受屈辱，采取了妥协或忍让的态度，要教徒委曲求全，以德报怨。他从自我的体验出发，深感人间需要同情与温暖，需要和平、正义和统一。在他所撰写的著作(启示)中，充分反映了他为创立新信仰、新宗教而忍辱负重的思想。

人类为推展文明之不断前进而生……适切于人类崇高品格的德行是对全人类对大地众生的慈悲、同情、自制与仁爱。

作非分之想或躐等之求是不智的。应该各安其分。换言之，每一个生物都要顺乎受命于天

① Wendi Momen, *A Basic Bahá'í Dictionary*, George Ronald Oxford, 1991, pp. 39-41.

的状态。①

如果苦难不在我的道里降临于你,你怎能跟那些满足于我的喜悦者走在一起？如果试炼不在你追求我的历程里折磨你,你怎能在欣慕我的圣美中获见光明?②

我降给你的苦难便是我的赐福,表面上它是火焰与复仇;实际上它是光明与怜悯!③

这种关于社会、伦理方面的普世之爱的说教,为他建立超阶级的新信仰、新宗教奠定了思想基础。除了阶级的局限外,巴哈乌拉在被放逐、被监禁的切身经历以及他所处的客观环境也不允许他在社会和政治诸方面提出更为激进的主张来。巴哈教派经过近半个世纪的酝酿和发展,逐渐抛弃其宗派立场,终于演变为独立的世界性宗教,即巴哈教。

四、巴哈教世界主义的思想渊源

巴哈教在形成其世界主义思想过程中,巴哈乌拉以前所受的宗教教育无疑有着重要的影响。

根据伊斯兰教的教义,在穆罕默德之后不再有先知或使者;根据十叶派的十二伊玛目支派的教义,第十二世伊玛目于874年隐遁。在此期间,隐遁伊玛目(即马赫迪或救世主)通过“萨夫尔”(意为“使节”)或“巴布”(意为“门”)的“纳伊布”(代理人)与教徒取得联系,这位代理人在隐遁伊玛目与教徒之间起着中介作用。据称,此即有四任“纳伊布”主持教务的小隐遁时期,941年,第四任代理人根据隐遁伊玛目的旨意不再指定新的代理人,从此开始没有代理人的大隐遁时期(从941年迄今)。④1502年,波斯沙法维王朝(1502～1736)建立,奉十叶派教义为国教。这时的十叶派教义中,夹杂着浓厚的苏非神秘主义思想影响。17世纪中叶起,十叶派内兴起反苏非神秘主义的宗教改革思潮。它将十叶派内一度具有重要影响的苏非主义,排斥在该派正统教义之外。然而,不可忽视的是,神秘主义通常成为各种“异端”反官方教义采取的最方便的形式,这在十叶派随后的发展中充分显示出来。

在伊斯兰教中,人们通常认为关于真主的知识分为两类。一类是表义的知识,它可通过他人传授和个人勤奋学习获得;另一类是隐秘的知识,它唯有经过掌握奥秘者的密传方可获得。在十叶派内,人们则进而深信,穆罕默德是真主的“知识之城”,阿里是进入真主“知识之城”的门。18世纪中叶,波斯的谢赫·阿赫德·阿沙伊(1741～1826)竭力抬高阿里及其家族成员的地位,主张他们不同于常人,而是真主的德性在现世的化身。⑤ 他强调以阿里为首的、直至伊玛目马赫迪的十二位伊玛目都是人们获得真主知识的知识之门。他关于获得真主知识手段的主张,吸引了大批信众,从而在十叶派内形成“异端”派别——谢赫教派。它的教义主张通过继承人哈吉·赛义德·卡西姆(?～1843)的布道活动在波斯得到广泛传播。据说仅在伊拉克一地就有10万信徒。该教派关于达到真主知识可以通过伊玛目之门,但这对渴望得到真主知识的普通信徒来说,仍是高不可攀的。由于在

① 曹开敏译:《新园》,第63页。

② 曹开敏译:《大同教隐言经》(50),台湾大同教出版社1973年版,第13页。

③ 《大同教隐言经》(51),第13页。

④ 金宜久主编:《伊斯兰教史》,中国社会科学出版社1990年版,第183～188页。

⑤ 卡诺·塞尔:《巴哈教》,伦敦,1912年,第4～5页。

卡西姆去世后没有确定继承人，它的信徒才失去新领袖。[①]

然而，这却为巴布教派的兴起和发展做了必要的思想准备。深受谢赫教派思想影响的米尔扎·阿里·穆罕默德(通称“巴布”，1820～1850)进一步发展了谢赫教派关于“知识之门”的思想。他提出，他本人就是人们达到伊玛目马赫迪的知识之“门”(巴布)。其真实含义在于：人们可通过他这座可闻可见的“门”，达到伊玛目马赫迪，由此往上可至阿里进而达到真主的知识。[②] 这对教徒的吸引力是不言而喻的。以“巴布”为名的新教派诞生后，不仅得到迅速发展，而且有大批谢赫教派教徒转而追随他的门下。随后，他又宣称他本人就是马赫迪，追随者日众。这引起当局的惊恐和正统派教士的愤怒。最终他被逮捕、监禁并成为信仰的牺牲品。

巴哈教派在承继谢赫教派思想的基础上，承认巴布为“知识之门”，人们可通过他达到伊玛目马赫迪的知识，进而可达到真主的知识。它在教义思想方面的发展，集中表现为强调先知显现的持续性和统一性。每一位先知都不过是上帝赋予的使命的显现，巴哈乌拉不过是继巴布后的新时代的先知和使者。这为其世界主义寻求了宗教上的论证。

巴哈乌拉关于上帝的普世之爱的神学思想为巴哈教的世界主义定下了基调。阿布杜·巴哈对其父的思想作了如下阐释。他说：

> 上帝的爱好像一盏灯，它照在人类的心中，使他们的心地光明起来。……因为他的爱是灵魂的生命，是永远的博爱。……总之，人世间的爱，是由上帝的光照耀着的。
>
> 所以我们必须把各种不同的人类互相联络起来，以促进世界和平。这是很明显的，人世中最大的力量，是上帝的爱。它能把各色的人民，用爱的方法去使他们互相结合着，成就他们的国家和家庭。[③]
>
> 在先前我们早已说过，神的本身也需要一切生物的存在。……造物主倘使没有造物，是绝对不可能的！……没有天地万物，便不知神的万能。如果我们说，在某一个时代并无生物的存在，这种论调，就是否认上帝的存在。……上帝是永生不灭的，换句话说，他没有起源，也没有终止。正同世界的存在一样的无始无终。……宇宙是永久不灭的。[④]

巴哈乌拉关于上帝显现的观点、阿布杜·巴哈关于上帝与宇宙同为永恒的观点，表明了巴哈教宣扬的是宗教混合主义；而宗教混合主义不过是苏非神秘主义的泛神论思想的体现。巴哈教的世界主义正是苏非泛神论思想在它所处时代有关社会和政治问题的应用。

[巴哈教，国内有人译称 Bahá'í 为“巴哈伊教”，但作者坚持“巴哈教”这种译称，理由是：该教名称源自其奠基人米尔扎·侯赛因·阿里·努里，在波斯通称为巴哈·安拉(Bahá'u'lláh)或巴哈乌拉(Bahá'u'lláh)，故译巴哈伊(Bahá'í)为巴哈教，“巴哈伊”的译音本身含有巴哈的追随者、巴哈的主义、巴哈的宗教……之意。译称“巴哈伊教”有累赘之感。是否妥当，请学界同仁讨论——责任编辑李富华]

---

① 卡诺·塞尔：《巴哈教》，伦敦，1912 年，第 5 页。

② 卡诺·塞尔：《巴哈教》，伦敦，1912 年，第 9 页。

③ 阿布杜·巴哈：《已答之问题》序(曹云祥、孙颐庆译)，台湾大同教出版社 1975 年版，第 162～163 页。

④ 阿布杜·巴哈：《已答之问题》序(曹云祥、孙颐庆译)，台湾大同教出版社 1975 年版，第 102 页。

伊朗巴布教徒起义与清同治年间西北回民起义的比较研究*

徐晓萍

伊朗与中国是古丝绸之路上的两个大国,具有四、五千年的悠久历史。伊朗古称波斯,在我国史书上被称为安息国,其自汉代起就同我国有着千丝万缕的联系,并且两国在社会历史发展过程中,有很多的相似之处。本文特撷取中伊两国历史的一个断面,即伊朗巴布教徒起义和清代同治年间西北回民起义来作以比较分析,以求得对世界历史的通贯认识。而若按历史的时间横截面而言,似乎应把伊朗巴布教徒起义与中国太平天国运动作以比较,本文之所以取同治年间西北回民起义(为行文方便,下文将省略为西北回民起义)与之比较,却是基于伊斯兰教的考虑,因为在这一点上,二者有更多的共通点。

一、社会历史背景及起义原因之比较

十九世纪上半叶,伊朗是卡扎尔王朝统治下的封建君主专制国家,国王是最高统治者,其下设立由首相领导的枢密院负责管理国家日常事务。全国分为四个省三十个州,省有总督,州设州长,均由王亲国戚充任。他们实际上是独立的诸侯,有权铸币、自征赋税、处理刑事案件,只是名义上服从国王,特别是游牧部落的贵族,只要王权稍有衰弱,他们就起来反叛。各地封建诸侯之间,也不时发生争权夺利的武装斗争。① 而十九世纪的中国也恰好处于封建君主专制统治的清朝政权之下,但中央有一套完善的政权机构,且地方行政组织也非常严密,皇帝通过监察制度对各级官员进行考察监督,从而把军政大权牢牢地掌握在自己手中。在这一点上,中国封建统治的高度中央集权化要比伊朗浓厚得多。

正如所有封建国家的状况一样,农民被禁锢在地主的土地上,承担着各种徭役和赋税。在伊朗,农民每年要把收成的五分之四交给地主,且还要缴纳各种实物贡赋及杂税,牧民也要按百分之五六的比例,缴纳牛羊。② 伊朗的手工业较为发达,客观上促进了商业的发展,国内贸易主要掌握在中小商人手中,每个城市都设有商人同业公会。但是到十九世纪初,由于封建诸侯的叛乱,阻碍着商品交换的正常发展和国内市场的建立,加上统治者的横征暴敛,国内关卡林立,度量衡又不统一,这一切

* 原载《西北史地》1997年第3期。

① 参见李希泌、刘明:《伊朗巴布教徒起义》,商务印书馆1980年版,第3页。

② 参见李希泌、刘明:《伊朗巴布教徒起义》,商务印书馆1980年版,第5页。

都严重破坏了手工业生产和商业贸易，大大阻碍了社会经济的发展。[①] 从广泛意义上讲，伊朗和中国的社会状况及下层百姓所面临的剥削压迫是基本相同的。

十九世纪正是帝国主义向外扩张的时期，在这一阶段，伊朗和中国都不同程度遭到外国殖民势力的侵略，1800 年至 1814 年间，英法等国迫使伊朗签订了一系列不平等条约，获得了在伊朗购买土地、自由贸易、领事裁判等特权。俄国则两次发动对伊朗的侵略战争，侵占了格鲁吉亚、阿塞拜疆等大片土地，勒索了二千万卢布的赔款，并获取了相应的特权。到十九世纪中叶，伊朗已完全沦为半殖民地了。[②] 而中国在经过鸦片战争之后，也逐渐沦为半殖民地。可以说，伊朗与中国沦为半封建半殖民地社会几乎是同步的，都在 1840～1848 年这段时间。随着帝国主义的侵入，大量外国商品不断涌进，严重摧残了殖民地国家的手工业生产，使得原来农业和家庭手工业相结合的经济基础日趋瓦解，并且也引起了封建剥削的加强和国内阶级矛盾的急剧尖锐化。加上连年的自然灾害和瘟疫泛滥，广大人民已被驱入了贫病饥饿和流离失所的深渊。革命起义的风暴势在弦发。

在伊朗巴布教徒起义和西北回民起义之前，两国均发生过起义和骚乱。1847～1848 年间伊朗津章、大不里士、伊斯法罕和其他城市都发生了城市贫民、小商人和手工业者的骚动和起义。[③] 而西北回民起义之时，几遍全国的太平天国运动、捻军起义及云南回民起义还烽烟未息。这些起义前的革命风暴无疑极大地推动和影响到巴布教徒和西北回民起义的爆发。

所不同的是，1848 年 9 月伊朗国王去世所引起的统治阶级内部争权夺利的混乱政局，为巴布教徒起义提供了有利的契机。[④] 而中国此时统治阶级内部还基本稳定。但西北回民起义的直接原因来自于民族压迫，这在伊朗却并不存在。中国封建统治者乃至非穆斯林群众对回教的歧视由来已久。在经历了苏四十三和田五起义之后，清政府不仅悉数斩决了起义百姓，而且还严禁回民信奉新教（哲赫忍耶），禁止汉民信仰伊斯兰教，禁止添造礼拜寺。[⑤] 这一政策不仅加深了回族与其他民族之间的矛盾，同时也使伊斯兰教内部日益分化，严重削弱了回族的整体力量。值得指出的是，清政府实质上已把整个回族做为镇压对象，而不仅限于新教。在处理民族纠纷方面，清政府官员多袒护汉族，地主武装团练也任意残杀回族，这些均构成了西北回民起义的直接原因。

二、伊斯兰教状况及其作用之比较

列宁指出："在宗教外衣下表示政治抗议……是各国人民在一定发展阶段上共有的现象。"[⑥]诚然，伊朗的巴布教徒起义及中国太平天国运动都是以宗教形式发起的。而西北回民起义则因回族本身全民信仰伊斯兰教之故而披上了浓厚的宗教色彩。这里我们有必要对两国伊斯兰教的状况及其在起义中的作用作以比较。

---

① 王荣堂、姜德昌主编：《世界近代史》（上册），吉林人民出版社 1984 年版，第 526 页。

② 上海师范大学《世界近代史》编写组：《世界近代史》（上册），上海人民出版社 1973 年版，第 381～382 页。

③ 李希泌、刘明著：《伊朗巴布教徒起义》，商务印书馆 1980 年版，第 16 页。

④ 李希泌、刘明著：《伊朗巴布教徒起义》，商务印书馆 1980 年版，第 19 页。

⑤ 宁夏哲学社会科学研究所编：《清代中国伊斯兰教论集》，宁夏人民出版社 1981 年版，第 94 页。

⑥ 《列宁全集》第 4 卷，第 213 页。

早在公元1502年，伊斯兰教十叶派就被宣布为伊朗国教①，而中国的宗教信仰则呈现出多重复杂性，伊斯兰教自唐宋传入我国，一直都未能像佛教一样受到统治阶级的支持而得以广泛传播，只是处于不被了解和受歧视的地位，仅为一些少数民族信奉，没有造成全国范围的影响。

伊斯兰教自创立不久，即分为两派——逊尼派和十叶派。宗教内部教民利益的不同客观上促使了代表不同阶层利益的新教派的产生，而新教派的产生又加剧了伊斯兰教内部矛盾斗争的激化。于是这种教派的纷立，便贯穿了伊斯兰教发展过程的始终。在伊朗巴布教徒起义及中国西北回民起义之前，两国伊斯兰教内部都出现了新教派，并成为推动起义的精神核心。

历史上伊朗曾利用十叶派在民众中的威信推翻了信仰逊尼派的阿拉伯人、阿富汗人的异族统治。但随着十叶派被确立为国教，高级阿訇们获得了政治经济上特权，与世俗封建主一起成为剥削压迫人民的统治阶级。② 而十叶派低级阿訇的境况却有不同，他们不仅没有政治经济特权，许多人还不得不经营手工业、小商业甚至农业来维持生活。因此，他们的生活地位和劳动人民比较接近，同时，也是人民群众中唯一有文化知识的阶层。③

当什叶派已不能代表广大劳动人民的利益时，一个新的教派——巴布教便酝酿诞生了。而什叶派内部的分化也客观导致了低级阿訇转向新教派，并成为其中的领导者。1844年赛义德·阿里·穆罕默德自称“巴布”(门的意思)，创立巴布教，他宣称救世主将降临伊朗。在其书《默示录》中他阐述：人类社会依次向前发展，每一个时代有它相应的制度，现在一切制度和法律都应按照《默示录》重新规定；世俗官吏和高级阿訇不愿抛弃旧制度，是现时世界不平和倾轧的根源；要建立一个“正义王国”，没有压迫，人人平等。《默示录》还具体规定了保障人身自由和财产私有制以及保护商人利益的内容。④ 此后，巴布教徒又提出了一些更激进民主的思想，如废除封建特权和私有制，男女平等等。⑤巴布教代表了伊朗中小商人的利益，但也反映了劳动人民的愿望。因而城市手工业者、中小商人、农民、低级阿訇纷纷加入，巴布教徒的队伍迅速壮大起来。

中国的伊斯兰教各教派均属于逊尼派，但教内斗争也同样非常激烈。十八世纪中叶(乾隆年间)出现了马明心创立的哲赫忍耶派⑥若按时间跨度上讲，哲赫忍耶与西北回民起义的关系并不象其与苏四十三、田五起义那样直接而密切，但细究起来，其实不然，哲赫忍耶的精神始终影响着西北回民起义。⑦ 在起义队伍中，马化龙树帜于金积堡，穆生花在平凉回应，马桂源起兵于西宁，马占鳌攻占河州，马文禄举事于肃州。这些人虽新老教派不同，但始终以马化龙为中心，在马化龙起义到被杀的八年中，“关陇诸回视金积堡为向背”⑧。马化龙即是宁夏伊斯兰新教教主，穆生花则为新教第二代传教者穆宪章的侄孙，马桂源亦属新教中人。唯河州马占鳌系老教首领，马文禄亦不属新教，但是马占鳌在创立了太子寺一役的辉煌后，投降了清政府，并以广大回教群众的鲜血，换来了六十年的世袭军阀统治，这无疑又重演了苏四十三起义时老教协同官府镇压新教的悲惨一幕。而肃州马文禄由于

① 李希泌、刘明著:《伊朗巴布教徒起义》，商务印书馆1980年版，第10页。
② 李希泌、刘明著:《伊朗巴布教徒起义》，商务印书馆1980年版，第11页。
③ 李希泌、刘明著:《伊朗巴布教徒起义》，商务印书馆1980年版，第5页。
④ 王荣堂、姜德昌主编:《世界近代史》(上册)，吉林人民出版社1984年版，第529～530页
⑤ 上海师范大学《世界近代史》编写组:《世界近代史》(上册)，上海人民出版社1973年版，第384页。
⑥ 勉维霖才:《宁夏伊斯兰教派概要》，宁夏人民出版社1981年版，第58页。
⑦ 勉维霖才:《宁夏伊斯兰教派概要》，宁夏人民出版社1981年版，第73页。
⑧ 李范文、余振贵主编:《西北回民起义研究资料汇编》，宁夏人民出版社1988年版，第280页。

影响不大，并不具备代表性。所以可以说，西北回民起义虽然在广泛意义上讲是一场全体回族的大起义，但从另一侧面说，它无疑也是哲赫忍耶另一次走向“束海达依”(即为安拉的正道而牺牲)的道路。

对于宗教在起义中所起到的作用，两国的情况大致相同。首先新的教派作为一种宗教组织，它为经济文化落后的广大起义群众提供了斗争的组织形式和领袖集团，尤其是一些阿訇的加入使得起义更具有号召力。其次就是伊斯兰教中有关“圣战”或“舍希德”(指穆斯林为宗教而死，死后安拉可以赦免其在人间的一切罪恶)的传统，成为组织动员广大穆斯林的精神力量，使得他们勇往直前，不畏牺牲。

三、起义的性质、失败原因及影响之比较

伊朗巴布教徒起义参加者虽然成份复杂，但总体而言，它仍是一场反帝反封间的农民运动，尽管起义没有反帝口号，但做为殖民地统治阶级的本国封建主，某种程度已成为帝国主义的代言人，因而反封间接上也就等于反帝了。中国西北回民起义的性质亦是如此，只是不同的是，其反帝倾向并不明显，而更带有反抗民族压迫、宗教歧视的民族运动特色。

伊朗巴布教徒起义(1848～1852)在经历了五年的浴血奋战后终于被镇压下去。中国西北回民起义(1862～1873)也于 1873 年以失败告终。历史的发展总有惊人的相似之处，在探究巴布教徒起义和西北回民起义失败的原因上，我们仍不难发现许多共同点。两者的失败可以说是一种历史的必然，因为受历史发展的客观规律及阶级的局限，十九世纪世界上所有反封建农民运动都毫无例外地失败了，唯有一个新的阶级诞生并领导革命，才能打破旧的封建统治枷锁。但两者的失败还是有一些主观原因可寻的。

首先，起义均没有提出科学、明确的政治纲领，更没有夺取全国政权的远大目标。伊朗巴布教徒虽然宣布建立“正义王国”，但并没有规定土地纲领，而这正是千万农民所迫切需要的。他们在战略上也始终停留在消极防守地位，攻占一城一地后，即安于坚壁自守，而不是采取积极的进攻行动，最终陷于了等待挨打的被动局面。中国西北回民起义也同样未提出过类似的口号或纲领，虽然他们的共同目标是反清，但似乎更侧重于民族复仇，在回民起义领袖中，平凉的穆生花还是较有创见的，在攻占平凉后，穆生花便打起了“成正元年”的国号，遥尊马化龙为最高领袖，但因马化龙不同意，这一反清政权终未得建立。[①] 身居新教教主的马化龙在金积堡被围之后，其子马耀邦主张率众经后套去包绥，与退踞该处的西捻结合，进攻北京，以钳制左宗棠进攻西北，但马化龙却说：“我不当皇帝，何必进攻北京？”[②]于是起义军仍消极坐守，终于惨遭围剿。但是这里我们也应看到，回民起义军之所以“思归故土”，不肯远离西北，固然有其狭隘的民族观念的一面，但这也与当时形势是相符的。中国的回族多集中在西北，离开民族聚居区，不仅原居地的百姓要遭到清军的洗劫，同时出入非本民族区，仍然要面临清军的追剿，且又得不到其他民族的援助，其损失更为惨重，这也正是马化龙所顾虑的。

① 参见李范文、余振贵主编：《西北回民起义研究资料汇编》，宁夏人民出版社 1988 年版，第 272 页。

② 李范文、余振贵主编：《西北回民起义研究资料汇编》，第 289 页。

为此，他抱着一丝幻想，以自家性命去换取起义百姓的生途，但终成悲剧。

其次，起义者组织涣散，缺乏统一领导，因而造成了力量的分散，使统治阶级得以逐一镇压。伊朗巴布教徒分别在马赞得朗、津章、伊斯得、尼里士起义，虽然一时声势浩大，但基本上是各自为战，没有联合，更没有具体的组织上的统一指挥。中国西北回民起义更是明显存在这一问题。曾因兵败退居金积堡的陕西回民军首领白彦虎曾向马化龙建议，金、灵、吴的陕甘回民全部西撤，与河州、西宁的回民联合，严守六盘山脉，以固甘肃地盘，但马化龙终未采纳。① 白彦虎虽自率军西去援助过西宁、肃州义军，但终敌不过清军的强大攻势，呈败军之势远去新疆。

再次，起义军内部阶级分化，产生的分歧矛盾，客观上促使了起义的失败。在伊朗巴布教徒队伍中，混杂着代表大商人阶层的分子，弥尔查忽辛·别哈乌拉就是典型代表，他全力反对巴布教徒的战斗精神，告诫人们"宁人杀我，毋我杀人"，并号召他的信徒执行国王和阿訇的一切命令，因为他们是"神圣正义的化身"。其信徒自称别哈教徒，主要是商人集团，他们成了一切私有财产和社会不平等的坚决拥护者，彻底与巴布教徒分道扬镳了。② 而中国西北回民起义亦由于起义军内部具体目标不一，加上清政府剿抚兼施，"以回制回"的政策实施，使得起义军内部就分化瓦解了。以马占鳌为首的老教起义者放下义旗，投降了清政府，并成为清镇压其他回民起义的帮凶。起义领袖的反复，应该说是由其阶级地位所决定的③，因为起义领袖多是些小有资产的商人或阿訇，其经济利益决定了其阶级属性和妥协性，他们不可能象农民和城市贫民那样义无反顾地投身到运动中去。由于他们的投降或分裂，极大地销蚀了起义队伍的力量，失败已不可扭转。

除上述原因外，中国西北回民起义的失败还有两点不同于伊朗巴布教徒的原因，即回民起义军未能联合其他汉族起义军，妥善处理好民族关系。由于对汉族统治阶层的痛恨而引起的回族对整个汉族人民的仇视，形成了回汉之间的尖锐对立。虽然起义领导人马化龙、马占鳌也曾看出这种对立的不利，劝回民不要与汉族为仇，但他们没有把汉族上层和下层区分开来，因而也没有采取积极的政策和措施去争取汉族群众，所以造成了回族的孤立无援。④ 此外也由于全国范围的反清运动走向低潮，受形势影响，西北回民起义更无法力挽狂澜，失败终不可避免。

伊朗巴布教徒起义，参加者有十余万人，蔓延数省，震撼全国，沉重地打击了封建统治阶级，冲击了封建制度的基础，为资本主义的发展开辟了道路。在巴布教徒起义的呼声下，伊朗统治阶级不得不自上而下地实行一些改革。首相弥尔扎·达吉汗在他执政的三年中(1848～1851)中，首先着手改革军队，严禁军官的无纪律现象，严禁克扣士兵的薪饷。削减诸汗对农民的剥削，规定农民应缴诸汗的贡赋的数额。注意整顿国家财政，禁止盗窃国家资财，卖官鬻爵，受贿贪污等恶习。对一些不做工作的官员实行裁减，留用者也减薪一半。剥夺了给部分王子和大臣的土地赏赐，改发少量生活津贴。此外，他还采取措施，奖励发展国内工业和商业，兴修水利以发展农业，发展伊朗教育，建立大学，发刊报纸。这些措施的推行，不仅缓和了国内矛盾，巩固了封建统治，而且使军事和财政实力大有改变，财政赤字消失。但是，弥尔扎·达吉汗改革，遭到了宫廷贵族、高级阿訇和外国列强的反对，不久被赶下了首相宝座，一八五二年一月，被国王处死。

① 参见李范文、余振贵主编:《西北回民起义研究资料汇编》，第 289 页。

② 参见[苏]霍斯涅尔、鲁布佐夫主编:《东方各国近代史》第 1 卷，三联书店 1957 年版，第 450 页。

③ 参见甘肃省民族研究所编:《伊斯兰教在中国》，宁夏人民出版社 1982 年版，第 237 页。

④ 参见李范文、余振贵主编:《西北回民起义研究资料汇编》，第 447 页。

巴布教徒起义不仅推动了伊朗社会前进，而且也有力地打击了欧洲列强侵略势力，支援了亚洲各国人民的革命斗争。

巴布教徒起义给伊朗人民和亚洲各国人民留下了宝贵的斗争经验，鼓励了伊朗人民和亚洲人民不断开展新的争取自身解放的斗争。

关于现象的归纳整理：基点与结构（节选）*

陈振濂

马克·托贝的主要贡献在于他提取了书法中的宗教精神。当评论家指出他是美国现代主义的先驱之时，他却潜心于书法不思更改。1918年他皈依巴哈教派（Bahá'í，19世纪伊朗强调精神一体的穆斯林教派），从此投身于东方宗教氛围之中。1923年以后，他又逐渐转向远东的中国毛笔书法绘画。由于文化背景隔阂所导致的隔膜难以逾越，他在渡海抵达中国与日本之后，开始钻研比表面形式更内在的宗教——禅宗，以求在形而上的层次上感悟书法那超人的宗教力量。毫无疑问，从皈依巴哈教到信奉禅宗，他在宗教精神的感性把握上具有一以贯之的特征，而他在进入禅宗境界，并在日本禅院中玄想静坐、杳杳冥冥之时，他已更确切地理解了书法的内在价值。因而，当回到西方之后，他那典型的宗教化的抽象形式并非全是书法形象，其间含有明显的书法精神。虽然其后一段时间，马克·托贝曾经被大城市的喧嚷、光亮搞得神情恍惚，在作品中表现出与书法日趋遥远的图案式构筑，但其中的茫茫太虚之感却仍然具有东方式的精神内蕴。

---

* 原载陈振濂：《书法美学教程》（修订版），中国美术学院出版社1997年版。

献给巴哈欧拉(Ⅰ)*

简 宁

是什么使手中的黄金生锈
神呵,让我写下欢愉,我却写下了忧郁
让我在天空写下日光朗照
我却用泥泞写下了大风卷走

谁偷走了渠中的水,谁就用头颅走路
丢失的青铜之马来到了大雾的渡口
时代骑在它的背上,像一个幽灵
矫健的身姿,灼红的双眼,却面容模糊

抛砖引玉的人现在空垂双手
在他把自己垒进墙壁之后
玉还在深山生长,而他已太老
想重新谈论泪水,他不再能够

这就是这个日子的天气,天色转暗
路边上有个声音嘀咕"给颗烟抽"
我听见了,我停下了,但一言不发
巴哈欧拉,今夜我该向人类传达怎样的问候

* 原载《简宁的诗》,人民文学出版社 1997 年版。

记三教九流图（节选）*

危仁晸

我国古人这种不同流派长期共存的思想，在西方世界也存在。我在美国芝加哥就参观过一处名叫"巴哈伊教"的活动中心。教堂宽敞明亮，高大华丽，顶端是个巨大的上尖下圆建筑，颇像一顶瓜皮帽。里面有一些房间，供人索取资料，阅读研究，还有书籍赠阅。此教的创立者是伊朗人巴哈欧拉，他说，"宗教同源同宗"，"天下一家"，"各大宗教好像发源自同一泉源的渠流，这些渠流所经之处，灌溉了无数的田园，如今都到达了大海洋"，而"巴哈伊教"则是它们的"汇集地"云云。

我国有信教和不信教的自由。我们唯物论者不信宗教，对于什么这个教、那个教，对于什么"三教九流同归大道"，什么"宗教同源同宗"，我也没有研究。但宗教作为一种社会存在，宗教文化作为重要的历史文化积淀，对它有些了解还是有益的。特别是面对世界上一些地区由于不同的宗教信仰而造成的对立，少林寺内《混元三教九流图赞》所主张的共存和互融的宗教思想，给予人们的启示或许还是具有某种意义的。

* 原载危仁晸：《海天片羽》，金城出版社 1997 年版。

万有神教巴赫庙*

林海音

在艾镇的第二天，梨华开车带我到附近威密特去参观巴赫庙，一个任何宗教的信徒都可以去礼拜的地方。巴赫（Bahá'í）源自波斯，是万有神教的一派，宣传全世界的宗教都归于一个上帝的观念。巴赫本人生于1817年，所以也不过是个百年多的新教。正因为他的主旨是万神归一，所以他主张全世界各处要建设美丽的庙宇，无论是什么教的男女信徒，都可以到此礼拜、祈祷、沉思。这个庙宇，应当是富有科学、教育、博爱意义的社会机构。因此各宗教信徒来此礼拜，是可以的；讲道或传教，却不被允许。现在全世界据说有四十个国家有巴赫庙，美国的这个是1953年才建成的。

我不懂任何宗教，包括这万有神教，但是那美丽的庙宇建筑和它周围的环境，却真可爱，这个白色的庙宇不大，它的风格不同于任何庙宇，但是你会觉得它有阿拉伯、埃及、罗马、西班牙……种种的情调，这就是它的本意，因为它就是不要让人觉得它是属于某种风格，或某个宗教的。里面只有红丝绒座位，并无讲坛，外面的庭园，有花坛和喷水池。有一样事我倒很想知道，就是每年来这里的人，是观光的多？还是礼拜的多？

* 原载《林海音文集·英子的乡恋》，浙江文艺出版社1997年版。

巴哈教派国际联盟*

[美]爱德华·劳森编,汪弥等译

巴哈教派国际联盟(Bahá'í International Community) 国际非政府组织,在联合国经济及社会理事会享有第II类咨询地位。巴哈教派国际联盟在149个国家拥有400万成员。

该联盟建于1844年,是一个代表世界各族人民的典型,包括了几乎所有民族、各种行业和职业,代表了1600个以上民族群体。它由信奉巴哈教派信仰的信徒组成。巴哈教派是一个独立的世界宗教组织,由米尔扎·侯赛因·阿里(Mírzá Ḥusayn 'Alí)(米尔扎系波斯人加在皇族姓名下的尊称或冠于学者、官吏姓名前的敬称。——译者)建于波斯(现伊朗)。米尔扎·侯赛因·阿里被称为巴哈安拉(Bahá'u'lláh),即安拉之光辉(Glory of God)。基于其教派的人类生而同一的基本信仰,该团体参与了联合国与人权有关的所有行动,特别致力于消除偏见和歧视。该联盟也宣扬巴哈派宗教学说,提倡男女平等、普及义务教育、使用国际辅助语言、公正解决世界经济问题、建立统一法庭和世界联邦。

该联盟有一个广泛的出版计划,包括宗教和儿童出版物、期刊《巴哈派世界》(Bahá'í World),月刊《巴哈派新闻》(Bahá'í News)、季刊 Lapensee Baha'ie, Maailman-Kansalainen, Opinioni Bahá'í"和《世界秩序》(World Order)。

Bahá'í International Community, Address: 866 United Nations Plaza, Suite 120, New York, NY10017(USA). Telephone: (212) 486-0560. Cable: BAHAINTCOM. Fax: (212) 838-7027. Telex: 666363BICNY. Secretary-General: Donald M. Barrett.

* 原载[美]爱华·劳森编:《人权百科全书》,汪弥等译,四川人民出版社1997年版。

洁白无瑕的莲花*

——印度巴赫伊教礼拜堂欣赏

龚华等编著

以泰姬·玛哈尔陵闻名于世的印度建筑，在本世纪 80 年代中期，又给世界建筑界带来了一次不小的震动。由伊朗建筑师萨帕设计的新德里巴赫伊教礼拜堂以其冰清玉洁的建筑形象，引起了世界建筑界的瞩目，被公认为是 80 年代最著名的建筑之一。

巴赫伊教是印度众多宗教流派中的一种，迄今流传已有 200 多年的历史，在世界各地都有它的信奉者。出生于伊朗的建筑师萨帕本人也是巴赫伊教的门徒。他是在有近 40 名国际著名建筑师参加的国际竞赛中获得这个设计任务的。在设计之前萨帕考察了全印度数以百计的庙宇和教堂。在深思熟虑之后，萨帕确定了以和睦与团结作为建筑构思的出发点，并且以新颖与亲切作为建筑造型的主题。他说："我要设计新的、典雅的、非外来的、令人感到熟悉和亲切的。"经萨帕巧妙的构思与精心的设计，最后呈现在我们面前的是一朵洁白完美的莲花。根据巴赫伊教的教义，礼拜堂须有九边九个门，以此来象征该教亲密与团结的精神。萨帕将这九条边设计成九瓣莲花的花瓣，从而形成了巴赫伊教礼拜堂清新脱俗的鲜明形象。萨帕认为"莲花不仅是印度所有宗教门徒团结的象征，而且是世界上最完美无瑕的花"。整个礼拜堂实际上不仅是宗教仪式的场所，它还是一个综合性的社区中心，除了礼拜堂本身的内容，其中还包括了托儿所、学校、诊所、老人之家、图书馆等设施。建筑的平面呈一莲花状的圆形，直径 70 米，总高 40.8 米。莲花坐落于一个微微高起的平台之上，四周设有水池、步道、桥和踏步。九个方向的花瓣分三层，共 27 片。第一层作为门厅的雨篷向外开启，第二、三层重叠向内，下面连成整体，上部微微绽开，顶部设有玻璃天窗，以获取自然的光线。花瓣是新型混凝土薄壳结构，所以尽管体量巨大但它的壁厚仅为 13 厘米，这样整个建筑在视觉上显得非常的轻巧。当年伍重设计悉尼歌剧院之初，设想的也是这种结构，但由于当时建筑技术条件的限制未能成功，最后只能用超量的混凝土强行浇筑而成，否则，悉尼歌剧院可能会更加风采迷人，造价也不会大大超出预算。和悉尼歌剧院一样，巴赫伊教礼拜堂的表面也为白色，采用的是朝鲜产的白水泥，并以希腊产、意大利加工的白色大理石作饰面。内部的地面也以白色的大理石作铺砌。整个建筑无论是空间感觉还是造型效果都非常的纯净圣洁。

巴赫伊教礼拜堂的成功与设计者对该教深深的信仰与热爱是密切相关的，正因为设计师萨帕发自内心的神圣之笔才使建筑具有了圣洁完美的震撼力。它是印度建筑文化中又一颗璀璨的明珠。

* 原载龚华等编著：《空间的艺术：中外建筑精品欣赏》，少儿出版社 1997 年版。

巴哈伊信仰[*]

李 刚

巴哈伊信仰(The Bahá'í Faith),创立于十九世纪中叶的波斯。经过一百多年的发展,巴哈伊教已成为一个拥有500多万信徒、分布在200多个国家和地区的独立的世界性宗教。其世界教务中心设在以色列的海法。

巴哈伊教创始人密尔萨·胡赛因·阿里(Mírzá Ḥusayn-'Alí, 1817～1892)被尊称为巴哈欧拉(Bahá'u'lláh,即"神的光辉"),宣称他创教的目的在于改造个人和社会,以达到人类的大团结,世界的大和平,即"地球乃一国,万众皆其民"的宗旨。他声称巴哈伊教的产生不是在许多已相互冲突、分裂人类、蒙蔽世人的信念上,又添加一个宗教制度,而是重申以往各宗教所宣称的永恒真理。他的目标并不是贬损以往的先知们的地位,或削弱他们的教义,而是重申他们教义的基本真理,使之配合我们这个时代的需要,符合人类的能力,适用于解决当前人类所面临的问题及困难。他也没有宣称他的启示乃是最终的启示。在人类不断地、无限的发展的将来,于最要紧的关头,全能之主还会赐予人类更明澈的真理。

一、巴哈伊信仰的历史

19世纪初欧洲资本以商品输出的形式大量涌入伊朗,冲击了伊朗的封建经济。商品经济的发展打破了原有的土地关系,大批农民失去土地。由于外来商品的竞争,手工业者也面临着破产。伊朗的阶级矛盾大大激化了。在这种内忧外患之际,爆发了伊朗巴布教徒起义(1848～1852)。

萨叶德·阿里·穆罕默德(Siyyid 'Alí Muḥammad,1819～1850)是一位波斯商人的后裔,他曾是射赫教派的信徒和首领。在什叶派伊斯兰信仰中,有关于隐遁派伊玛目和马赫迪的信仰。1884年,阿里·穆罕默德提出:"第十二伊玛目和他的信徒之间,存在着中介,这个中介的原型即四道相继的'巴布'('门'),通过这些门,第十二伊玛目在其隐遁期间保持与其信徒的联系。"[①]同年,他声称自己为巴布,教徒唯有通过这道知识之门才能认识真主和新时代的先知。不久,他去麦加朝觐时更宣称自己为"马赫迪";他的到来是为了在人间建立平等与幸福的"正义之国"。他主张废除剥削,实行财

* 原载李刚:《古今中外宗教概观》,巴蜀书社1997年版。

① 任继愈总主编,金宜久主编:《伊斯兰教史》,中国社会科学出版社1990年版,第496页。

产公有。提出每个时代都可有自己的先知，并要求以他的《默示录》取代《古兰经》，建立自己的新教义。他的这些宗教改革后来为巴哈欧拉所继承。

巴布很快拥有了大批信徒，并开展了大规模的巴布运动。这些宗教改革运动引起了当局及官方教士的恐怖和憎恨。1847 年伊朗国王将他逮捕入狱，并于 1850 年将他杀害。巴布运动的幸存者纷纷前往伊拉克，巴布教派出现了分裂。

巴布曾声称在他之后将有一位比他更伟大的真主的圣使会降临，那位圣使的任务是实现各圣典中许诺的人类大同的到来。他只是即将来临的圣使的先驱。当巴布宣布其启示时，25 岁的巴哈欧拉在德黑兰。他没有亲自见过巴布，但他仍然接受了巴布的教义。1852 年，由于巴布信徒刺杀沙王一事，数千名教徒遇难。巴哈欧拉这位新的巴布社团领袖也被囚禁于德黑兰的希查尔监狱。在这个监狱里，他接受了神的启示，开始了新的使命。

巴哈欧拉是波斯马仁特兰人，出身于贵族家庭，他从没上过学，很早就把自己的精力奉献给了慈善事业，而放弃了展现在他面前的仕途。他一生中屡次遭受无知者及极端者的暴力攻击。曾被囚禁于德黑兰的监狱，1852 年被先后放逐到巴格达、君士坦丁堡及爰丁诺堡。最后被囚禁于阿卡大牢狱，在那里度过了 24 年的囚徒生涯。1892 年，他在阿卡一牢狱附近寿终。

1863 年 4 月，在他前往君士坦丁堡时，巴哈欧拉断定开始向周围人们宣示其在希查尔监狱接受的使命的时刻到了。当时，有一小批流亡者集合在他的周围，倾听他对巴布教义的阐述。这批人的数目越来越多，他们确信他不仅是巴布的拥护者在训示，而且代表着正在临近的即将要宣示的更伟大的圣道。该月下旬，他的伙伴被召集在一个后来命名为蕾兹万（“天堂”）的花园中，巴哈欧拉宣示了使命的核心。

他宣示说，他是人类成熟时代上帝的信使，也是宗教史上许诺的神圣天启的使者，他的降临会对全世界人类的统一产生巨大的精神力量。巴哈欧拉反复强调上帝启示他旨意的基本目的是为了改善人类的品质，发展那些潜藏在人的本性中隐而不见的道德的精神品质。

巴哈伊信仰自此开始独立发展，这个信仰已传到波斯、奥斯曼帝国、高加索、土耳其斯坦、印度、缅甸、埃及和苏丹。

巴哈欧拉死后，其长子阿巴斯阿芬弟（'Abbás Elfendi，1844～1921）被尊称为阿博都巴哈（“'Abdu'l-Bahá，巴哈之仆人”），被委任为合法的继承者及授权阐释教义者。他也饱经了流放和囚禁的磨难。土耳其青年运动后，他才获释定居海法。他曾历游埃及、欧洲及北美，宣传其父亲的教义。在他有生之年，巴哈伊教已传至北非、欧洲、远东及美国。阿博都巴哈逝世于 1921 年。他的逝世标志着巴哈伊英雄时期的结束及形成、发展时期的开始。到 1963 年，巴哈伊信仰的形成期才最终完成。所以，巴哈伊教是现代社会的宗教。在美国，它被统计在新宗教里。

二、巴哈伊信仰的主要内容

1. 关于上帝

巴哈伊教主张上帝的一体性，他是独一的，他创造了世界和人，他是永恒的，他的意志不停地在宇宙间操作着。但他的本性却是不可知的。人类只能通过上帝在不同时期所启示的导师去领悟创造者的意志。

上帝在不同时期的启示是与人类各发展阶段上认识的水平相应的。上帝的各位信使都是他在人类的灵性和其潜能觉醒的连续过程中的一个使者。一次又一次的神圣天启是一个既没有开头也不会有终结的过程。虽然每一位显圣的使命会受到时代的局限，而每一位显圣所起的作用，都是渐次不断地展现上帝权能和意旨的整体的一个组成部分。

巴哈伊承认各先知的一致性。所有的大宗教都出自上苍，都来自同一神圣根源。世界上所有伟大宗教本质上都神圣永恒；它们的基本原则完全和谐；它们的目的相同；它们的教义是同一真理的各面；它们的作用相辅相成；它们只有在教规的细则方面有所差异；它们的天职代表社会灵性相继进化的各个阶段。

巴哈伊倡导宗教与科学的协调，也十分强调宗教对人类的维系作用，“宗教是世界上建立秩序、为全人类带来和平富足的伟大工具。”“宗教是保护全人类幸福的坚强堡垒，因为敬畏上苍能使人类谨守善行，杜绝邪恶之举。”[①]但宗教既是灵光，也可成为障碍。一些有组织的宗教成了在全世界的人民中的冲突和仇恨的根源，巴哈欧拉对此进行了严厉的谴责。他倡导各宗教抛弃前嫌，实现人类大同的至高愿望。

巴哈伊教废弃了关于上帝的传统偶像，认为这些传统的偶像只适合于演进的早期阶段人类所处在的认识能力状态。人类已经进入不再需要比喻和寓言式语言的时代：信仰已不再是一种盲从而是自觉的认识。教士的指导亦不复需要：“在这开化和教育普及的新的启蒙和训导的时代，理性的天赋可以通过每个人自身的内省而能对神圣指引作出反应。”[②]

巴哈伊反对强行劝诱他人改变信仰。“每一个已经认知天启的人都有义务和追求信仰的人分享自己的认知，但是要由听众自己作出创作的取决。”[③]

2.关于个人

巴哈伊教义十分重视个人的作用。要改变人类社会，首先得改变每一个人。人的生命不是随心所欲的，而是必须遵循某些基本的原则和要求。生命的主要目标，就是去发掘这些原则和要求。然后使自己的行为与它们相吻合，即寻找真理、服从真理。同时，上帝也赋予了人特殊能力，即感官、理解力、传统和灵感来发掘事物的真相，“他选择了人类，并赋予人类独特优越性和能力来认识他和爱慕他。这种能力必须被视为整个创造世界的推动力和首要目的”[④]。

人不是单独生存的生命体，每个人都是社会的一部分。唯有服务人群，促进社会的利益，个人才能发展他的潜能。巴哈伊认为，个人发展与社会发展，是两个相互依存、相互强化的程序。

人也不必畏惧死亡，人在这尘世作短暂的停留之后，灵性生命将会长久地延续。肉体死亡后，灵魂进入另一个生存的新阶段。灵魂在人世间的目标是为了发展出朝向完美、迈进永恒之精神。

3.关于社会

家庭是社会的细胞，巴哈伊十分重视家庭对社会的维系作用，他提倡一夫一妻制，男女婚前须保

---

① 守基阿芬迪：《号召寰宇》，马来西亚总灵体会出版，第 17 页。
② 《巴哈欧拉》，马来西亚总灵体会属下巴哈伊出版信托，第 11 页。
③ 《巴哈欧拉》，马来西亚总灵体会属下巴哈伊出版信托，第 11 页。
④ 《巴哈欧拉圣典选集》，巴哈伊中文著作单位马来西亚巴哈伊总灵体会属下之委员会，第 5 页。

持贞节。巴哈伊律法允许离婚，但强烈反对它。已婚男女若心生离意，巴哈伊地方理事会应设法调解。调解不成功，有关夫妇也须分居一年。一年后仍然不和才允许离婚。

巴哈伊认为妇女的解放、男女平等是实现和平的最重要前提之一。只有当妇女能自由地参与人类各阶层与专业的活动时，才能在全人类道德和心理上创造出导向世界和平的风气。

巴哈伊信仰反对狭隘的爱国主义。巴哈欧拉训示道："一个人不要以爱国而自得，该以爱全世界而自豪。""疯狂的民族主义与理智的、合法的爱国主义毫无相同之处，应该被宽容的忠诚和对全人类的博爱所取代。"①世界公民的概念是通过科学的发展使世界缩小成一个邻里的直接结果，也是国家之间无可置疑的相互依存的直接结果。热爱全人类并不会排除对自己祖国的热爱。世界社会中某一部分的利益，若透过促进世界整体的利益，将更容易获得满足。

巴哈伊信仰指出，人类社会的历史，是整个宇宙之延续。人类历史发展的不同时期都一直在出现伟大导师，如佛陀、克里希纳、琐罗亚斯德、摩西、耶稣、穆罕默德，他们是各大宗教的创始人。这些启蒙众生的导师，以他们所带来的各大天启，构成了人类社会前进的脉搏，个人探索的指引明灯。

巴哈伊教认为人类已发展到了成熟阶段。巴哈欧拉的使命就是宣布人类的幼稚期及孩童期已成为过去，人类目前的青春期所发生的动乱，正缓慢地、痛楚地准备使它进入成人阶段，使它接近那个许诺的时代。而巴哈欧拉，就是人类成熟时代上帝的信使。

今天已经出现了人类走向统一的迹象：联合国组织的建立；世界大多数国家纷纷独立；国家建立的过程已告完成。新兴的国家已能与历史悠久的国家一起探讨共同关心的问题；许多以往相互隔离与敌对的民族已在科学、教育、法律、经济和文化领域开展大规模的国际合作；本世纪科学技术突飞猛进，预示这星球将要出现一个社会演进的高潮，同时也能为解决人类的实际问题提出具体的途径。然而障碍依旧存在。疑虑、误解、偏见、猜忌以及自私自利等观念依然缠绕着各个国家和民族之间的关系。

为了实现人类一体、消除不和的目标，巴哈伊教提倡普及教育。在条件有限时，有关决策机构应优先考虑妇女和儿童的教育，因为唯有受过教育的母亲，才能最有效地、最迅速地把知识所带来的好处传播给整个社会。接受人类一体的观点是将世界重新组成一个国家，即全人类的家，并进行管理的先决条件。一个全球性的超级政府必须逐渐形成，必须有一个世界性的立法机关，一个受世界军力支持的司法部门，一个世界法庭将对各方面的纠纷作判决，一个世界通讯机构将被设计，一种世界文字、世界文学，一种统一的世界货币、重量及测量制度，将简化及助长各国之间的交流与了解。

三、教务行政制度

未来的巴哈伊世界联邦，它唯一的机构是扩大的巴哈伊教务行政制度。这也是世界联邦的模式与核心。

巴哈伊教务行政制度，跟其他宗教在其教主死后演化而成的制度不同，它稳定地建立在创教者亲笔明确制订的律法、规则和机构的基础上，并严格遵照授权的诠释者依据经典的指示而运作。该

① 《世界和平的许诺》，第17页（世界正义院巴哈伊教世界中心海法）。

教务制度所服务，所保护及所促进的教义，本质是超自然、超国家主义的，完全非政治性的非集团性的，而且绝对反对种族。任何国家的教友，必须对那里的政府忠诚。巴哈伊教教士不得参加任何一个政治派系。它没有神权，没有牧师，也没有宗教的仪式，全赖教友的自由捐献及义务服役来维持。但巴哈伊信仰以及其信徒的社团，却能牢固地保持教内的团结，而不受宗教分裂和内部纠纷等古老病害的破坏。

巴哈伊信仰没有神职人员。大都会、小镇或乡村的巴哈伊社团活动，均由一个 9 人理事会来协调。这些理事会由巴哈欧拉的圣文所制订。他把它叫作“正义院”，现在它被称为“地方灵体会”，以强调其非政治性。每名成年巴哈伊信徒都有被选为理事会成员的权利。选举的日期是每年的 4 月 21 日，每年改选一次。每隔 19 天就有一个集会，让所有的信徒进行崇拜、磋商事务和联络感情。目前世界有 18279 个巴哈伊地方理事会。如一国之中，有相当数目的巴哈伊社团，就有必要选出一个总理事会，每年改选一次。1991 年的统计表明全球共有 155 个巴哈伊总理事会。每隔 5 年，所有总理事会将以秘密投票的方式，选出国际理事会的 9 名成员，该机构叫作“世界正义院”，它是巴哈伊国际社团的最高机构，世界正义院办事处设在巴哈伊圣地的海法城。

每一阶段的巴哈伊选举都是秘密投票，没有任命的职位，也不许有竞选活动和分门立派。处理事务时，理事会成员之间必须互相磋商。他们须以坦诚的、礼貌的及不持偏见的讨论，决定一件事最好的方向，从而达到磋商的目的。如不能取得一致就进行投票，以大多数赞成者为准。

各级理事会对巴哈伊社团的一切宗教性事务具有管辖权。另一部分教务行政是被委任以鼓励及辅导理事会及各信徒的一批经验丰富、精明干练的人物，叫“洲际顾问”，每次任期 5 年。目前共有 81 名洲际顾问。

四、崇拜、斋戒及节庆

巴哈伊信仰把宗教的仪式减至最低程度。每一名年龄 15 岁以上的巴哈伊信徒，必须从他指定的三个义务祷文中，任选其一，每日以所指示的简单仪式诵读。

巴哈伊社团通常在私人住宅或租来的场所召开集会。根据巴哈欧拉的指示，一个叫作灵曦堂（“上帝的颂赞之发源处”）的建筑，最终必须在每一个城市或乡村兴建起来。目前，全球有七座灵曦堂，分别坐落在乌干达、芝加哥、巴拿马市、新德里、悉尼、阿培亚和法兰克福。

巴哈伊信仰禁止寺院修道和禁欲主义，巴哈欧拉鼓励人们积极参与团体生活，促进社会大众的利益，维护家庭和婚姻。

巴哈伊教没有圣礼。当一个人接受巴哈欧拉为上苍的圣使之后，须向其最近的地方理事会宣告他的信奉，经该理事会通过后，接受他为巴哈伊社团成员，而无其他仪式。

巴哈伊的日历以太阳年为根据，一年分为十九个月，每月十九日。他们视十九为神性和圣性统一的数字。第十九个月是斋月。即每年的三月二日到二十日间，从日出到日落戒用一切食物和饮料。那些年龄不足十五岁和超过七十岁者、经期的妇女、孕妇、哺乳期的母亲、病人、旅行者及粗重工作者，则可豁免。

巴哈伊信仰有 9 个节日：诺露兹节（巴哈伊新年）、蕾兹万节第一日、蕾兹万节第九日、蕾兹万节第十二日，巴布宣示日、巴哈欧拉逝世日、巴布诞辰、巴哈欧拉诞辰。此外还有两个纪念阿博都巴哈的节日：圣约日及阿博都巴哈逝世日。

1992 年在纪念巴哈欧拉逝世一百周年之际，世界正义院向联合国递交了一份题名为“世界和平的许诺”的呈文，表达了巴哈伊教对人类未来的关切。走向世界的和平，走向人类的大同，是巴哈伊信徒奋斗的最终目标。

巴布派*

马贤　马忠杰主编

巴布派是19世纪中叶伊朗设拉子商人赛义德·阿里·穆罕默德所创。因他自称“巴布”(阿拉伯语,原意为门,引申为把先知马赫迪的意志传达给信徒的门户)而得名。该派宣称,伊斯兰教第12位伊玛目已千年不见,目前将要在伊朗降临,建立人人平等的正义国家。1847年,巴布自称“先知的马赫迪”,并仿照《古兰经》写了一本名为《白彦》(意为宣言)的书,阐述巴布教派的宗教思想和社会主张,被该派信徒视为与《古兰经》同样尊贵的经典。巴布派解释说,所有伊斯兰教先知及其经典是按周期循环的,当一个循环结束之时,取而代之的是新循环的开始。安拉在前一个先知循环完结的时候,毁灭这个世界,然后发表新先知的“语言”,重建一个新世界。先知穆罕默德的时代已经过去,《古兰经》及各种经典业已过时,现在是新先知马赫迪降世的时代,马赫迪将在人间建立新制度、新教义,他们主张取消教法中关于斋戒、婚姻、继承权等有关规定;取消公共礼拜殿和呆板的礼拜仪式,每人都可在其方便的时候做礼拜。严禁饮酒和乞讨,也禁止向乞丐施舍,允许离婚和再婚。严禁扰乱社会治安和随意伤害人命。

在宗教哲学方面,巴布派把存在分成三个部分:①安拉本体,是绝对的,超自然的;②自然界和人;③现象世界。在这三者中,唯独安拉能认识自己,是纯粹的反映。数字的学问在巴布派教义中也占有很重要的位置,他们认为19是表示神性和圣性统一的数字,是安拉本体的数量反映。他们取消了惯用的历法,代之以“纯粹心理和精神的历法”;每年19个月,每月19天,每天都以安拉的德性命名。此外,巴布派教徒还建议把巴布的出生地和关押过他的地方作为拜谒之地。

1848年秋,在巴达什特召开会议宣布:全体脱离伊斯兰教及其教法,号召推翻伊朗封建统治、建立新国家、主张消灭私有财产,并没收统治者财产分给平民,废除一切苛捐和劳役,实现男女平等。此举得到伊朗下层群众的拥护和支持,从而举行了大规模起义,但均遭镇压。1850年巴布被统治当局杀害后,广大城市贫民、农民和手工业者纷纷入教,形成了一股新的力量。

巴布派在伊朗国内遭到镇压后,曾参加起义的密尔扎·叶海亚逃到巴格达,领导巴布教徒继续进行斗争。其兄密尔扎·侯赛因·阿里从巴布派分化出来另创白哈派。1868年,密尔扎·叶海亚则在塞浦路斯岛另立苏布赫·艾泽里(意为永恒的早晨)新派别,作为巴布教派的精神继承者。目前仍流行于伊朗的德黑兰、克尔曼、设拉子和尼里兹等地。

(张广麟)

* 原载马贤、马忠杰主编:《伊斯兰教基础知识》,上海东方出版中心1997年版。

戒杀生与宗教相残 从那烂陀寺到灵曦堂*

——访印札记之三(节选)

朱景和

如今印度大地上,最现代化,最富丽堂皇的宗教建筑,要数新德里郊区的巴哈伊教灵曦堂了。

这是一朵巨大的洁白的初绽的莲花:由45个花瓣组成的圆形建筑,直径70米,高34米,内设1300个座位;四周是精美的雕花栏杆、小桥和9个水池;园地为26(中国)亩。莲花为各宗教奉为美丽和纯洁的象征,视为圣花。巴哈伊教宣扬人类同源,“世界仅有一个国家,人类是它的公民。”它承认上帝和其先知的和谐统一,却又主张扫除各种迷信与偏见,强调必须与科学携手并进,尊重男女平等,提倡义务教育;消除极贫与极富,其教义的目标是融合各种族、国家和宗教成为一个人类的大家庭,建立持久的世界和平。显然,它的教义包容了所有宗教的美好成分,同时又充满着矛盾;它试图联合各大宗教为一体,却又在某些方面,严重开罪于现存宗教。这个“宗教联合国”的创始者,是18世纪初叶的伊朗人巴哈欧拉,他的传奇性自我牺牲精神和叛逆性格,堪与释伽牟尼相比。他出身于一个著名的贵族家庭,牺牲其所有财富致力于宣扬自己的信条,这也注定他难免传统势力的无情迫害。从36岁开始,他便经受着流放和监禁生活的折磨。在巴格达、康士坦丁堡、阿格狱城,他在监禁和流放中坚持传播教义,达40年之久,直到75岁逝世。

所有宗教都有一些崇高教义和可敬的品格。可是,有哪家宗教能解决人类历史和现实中的难题?巴哈伊教正在世界五洲传播,在7个国家建有灵曦堂。1986年建成的新德里灵曦堂,是最富魅力的一座,也是重要的景观之一,前往观瞻者颇众。陪我们参观的是一位马来西亚的华裔女青年,29岁的黄水珠,祖籍福建。她在此为她的信仰作为期半年的义务服务。我们没有机会一睹新型宗教的礼拜仪式,只能在了解其教义和观赏建筑艺术中得到满足。这里气氛肃穆而又高雅,不见香烟,不闻咏唱,没有偶像,没有职业僧尼,也没有其他宗教寺院所共有的那种神秘感和压抑感。

理想化的巴哈伊教,美不胜言的灵曦堂。世界上最早产生宗教的土地上有此一种新型宗教,似乎让人看到一种希望:相互对立的宗教,有可能走上互容和谐,消弭仇恨和杀戮。如果大家都以科学和友善为信条,那么,人类将减少多少灾殃和疾苦?

* 原载朱景和:《我当电视记者30年》,北京大众文艺出版社1997年版。

精神上的环保主文（节选）*

[美]阿尔·戈尔著，陈嘉映等译

由 M. 侯赛因·阿里于 1863 年在波斯创立的巴哈伊教派是那些最新的普救济世宗教派别中的一个。其教义不仅告诫我们要正确看待人类与自然的关系，还必须重视文明与环境的关系。可能是由于其主导思想形成于加速工业化时期，巴哈伊教派看起来十分注重这一大变革中的精神含义并对这一变革有着鲜活的描述："我们无法把人类的心灵与其自身之外的环境分离开来，并且宣称一旦变革其中之一，一切都会得到改善。人与自然是一个有机整体。人的内在生命塑造了环境，而其本身又受到环境的深刻影响。一方作用于另一方，人类生活中每一个影响深远的变化都是双方相互作用的结果。"巴哈伊教派的神圣典籍中还有这样的警句："常常被学识渊博的艺术与科学的阐释者们大加吹捧的文明，如果让它逾越适用的界限的话，将给人类带来极大的灾难。"

* 原载[美]阿尔·戈尔：《濒临失衡的地球——生态与人类精神》，陈嘉映等译，中央编译出版社 1997 年版。